化学工程与技术研究生教学丛书

多相流态化

刘明言　马永丽　白丁荣　许光文　主编

天津大学研究生创新人才培养项目资助

科学出版社

北 京

内 容 简 介

本书为系统介绍多相流态化的研究生教材。内容包括流态化现象、气固流态化、液固流态化、气液固流态化等整个流态化谱的基础理论,并单独设章阐述了气液固浆态床、气固微型流态化、液固及气液固微型流态化和多相流态化测试技术等前沿热点内容。本书既有流态化基础知识的阐述,又有数值模拟前沿领域及工业应用示例的展示,具有重要的理论意义和实践价值。

本书可作为高等学校及科研院所相关学科的研究生教材,也可作为相关生产企业的研究开发人员、生产及管理者的参考书。

图书在版编目(CIP)数据

多相流态化 / 刘明言等主编. —北京:科学出版社,2022.8
(化学工程与技术研究生教学丛书)
ISBN 978-7-03-072853-1

Ⅰ. ①多… Ⅱ. ①刘… Ⅲ. ①多相流-研究生-教材 Ⅳ. ①O359

中国版本图书馆 CIP 数据核字(2022)第 145643 号

责任编辑:陈雅娴 李丽娇 / 责任校对:杨 赛
责任印制:张 伟 / 封面设计:无极书装

科 学 出 版 社 出版
北京东黄城根北街 16 号
邮政编码:100717
http://www.sciencep.com
北京中石油彩色印刷有限责任公司 印刷
科学出版社发行 各地新华书店经销

*

2022 年 8 月第 一 版 开本:787×1092 1/16
2023 年 4 月第二次印刷 印张:30 1/2
字数:723 000
定价:149.00 元
(如有印装质量问题,我社负责调换)

编写委员会

主　编　刘明言　马永丽　白丁荣　许光文

编　委　(按姓名汉语拼音排序)

安　敏　　白丁荣　　管小平　　李　琛

刘对平　　刘明言　　陆　勇　　马可颖

马永丽　　孟霜鹤　　邵媛媛　　谭　波

夏　清　　徐庶亮　　许光文　　杨　宁

叶　茂　　张　涛　　周秀红　　祝京旭

序

固体颗粒的流态化是一类重要的单元过程，在关系国计民生的许多工业部门具有广泛的应用。因此，从事流态化相关的研究生教学和科学研究意义重大。

天津大学在多相流态化的科学研究和研究生培养方面起步较早，积累了一定的研究生教学和科学研究实践经验，尤其在气液固三相流态化的科学研究和研究生教学方面，40多年来没有间断，受到国内外同行的支持和肯定。但是，我们一直使用自编讲义给研究生授课，缺少合适的研究生教材。我的1995级博士生刘明言，2000年从中国科学院过程工程研究所博士后出站回到天津大学后，一直从事气液固流态化的科学研究和研究生教学及培养工作，并在三相流态化研究领域取得了一定的成果。刘老师的学生马永丽2019年博士毕业留校，作为一名青年教师，她在三相流化床流动行为的介尺度建模等前沿方向也取得了较好的进展，这些研究为反应器的科学设计和工业放大奠定了基础。恰逢天津大学开展"天津大学研究生创新人才培养"项目，刘老师申请了编写《多相流态化》研究生示范教材项目，我很支持。

该书的编写除了天津大学的同仁参加外，还邀请了加拿大西安大略大学、沈阳化工大学、中国科学院大学、东南大学、中国科学院过程工程研究所、中国科学院大连化学物理研究所、山东能源集团兖矿科技有限公司等国内外高等学校、科研院所及企业的多位知名流态化专家学者加入编委会，极大地提升了该研究生教材的理论和实践水平。在这里对各位专家学者的辛勤付出表示衷心的感谢！

该书不仅阐述了多相流态化的经典内容，如气固流态化、液固流态化、气液固流态化及多相流态化测试技术等，还与时俱进地增加了当今流态化研究的前沿领域，如微型流态化、数值模拟及工业应用新进展等，内容丰富新颖，相信研究生及相关读者朋友选用该书会受益匪浅。同时，相信该书的出版对于目前我国正在开展的新工科专业建设和研究生培养质量提升都会起到积极的促进作用。

胡荣宗

2022年3月
于天津大学

前　言

工程科技知识是铸造大国重器的基础。不同于发达国家或小型国家，我国是一个发展中的大国，国情决定具有工程特色的课程建设不仅不应被削弱，反而应该进一步加强。

多相流态化是应用气体或液体等流体悬浮或输送处理固体颗粒的单元过程和技术。与流态化操作对应的过程装备是流化床系统。相对于固定床操作，流化床操作的传递效率可以提高几个数量级。因此，流态化工程技术是一类超传递过程强化技术，在化工、炼油、能源、环境、生物、医药等工业领域应用十分广泛。从化工等过程工业研究生人才培养的角度，多相流态化的理论知识是最重要和最具工程特色的教学内容之一。因此，做好多相流态化课程的示范教材建设，能够为新工科建设打下坚实的基础。但是多相流态化相关的研究生教材还很缺乏，已出版的类似教材或者专著均是多年前的版本，新内容有待补充，尤其是气液固流态化方面的内容，总体内容急需更新。

天津大学在流态化的科学研究和研究生培养等方面具有一定的基础积累，但是此前一直使用自编讲义作为教材。此次借天津大学研究生示范教材建设之际，编者应科学出版社邀约，在过去多年自编讲义的基础上，吸收近年来的科研新成果编写了本书，旨在更好地服务于新工科背景下的研究生教学课程体系建设。

本书由天津大学及兄弟学校和科研院所的多位学者合作编写。第 0 章绪论(天津大学刘明言、夏清、马永丽)首先介绍流态化现象等基本知识。第 1~8 章依次介绍整个流态化谱的内容，分别是：第 1 章、第 2 章(山东能源集团兖矿科技有限公司谭波、沈阳化工大学白丁荣)阐述气固流态化，第 3 章(天津大学马可颖、邵媛媛、祝京旭)介绍液固流态化，第 4 章(天津大学马永丽、周秀红、刘明言)介绍气液固流态化，第 5 章(中国科学院过程工程研究所杨宁、安敏、管小平)介绍气液固浆态床，第 6 章(沈阳化工大学许光文、白丁荣)和第 7 章(天津大学马永丽、李琛、刘明言)介绍气固、液固和气液固微型流态化，第 8 章(中国科学院大连化学物理研究所叶茂、刘对平、孟霜鹤、张涛、徐庶亮，东南大学陆勇)介绍多相流态化测试技术等。各章内容主要涉及：实验及测试研究、理论分析及建模、数值模拟及工业应用示例等。本书除阐述多相流态化的基本原理和方法外，还强调流态化的历史沿革及前沿进展等内容，包括近年来兴起的微型流态化、介科学方法建模、先进测试技术等。许多内容是编者的最新国家科学研究项目的成果总结。

本书得到"天津大学研究生创新人才培养"项目(No. YCX19064)资助，在此表示感谢。还要特别感谢：国家自然科学基金委员会介尺度重大研究计划重点项目(No. 91434204)和集成项目(No. 91834303)、国家自然科学基金面上项目(No. 20576091；No. 21376168；No. 22178256)和国家自然科学基金青年基金项目(No. 22008169)，以及多相复杂系统国家重点实验室开放基金项目(No. MPCS-2019-D-11；No. MPCS-2021-D-06)和资源化工与材料教育部重点实验室(沈阳化工大学)开放基金项目(No. 2021E7-0070)等的资助。

众所周知，流态化已有 100 年左右的发展历史，流态化的文献也浩如烟海。限于编者的知识和能力，以及教材篇幅，在书稿的选材上肯定会挂一漏万。由于成书时间仓促，在内容上也会有不妥之处。如蒙读者指出，将不胜感谢！

编 者

2022 年 4 月

目　录

第0章

绪 论

0.1 流态化概论

0.1.1 概述

流态化是应用流体(气体、液体或者气体和液体)对固体颗粒的悬浮或输送等作用,使原处于相对静止的固体颗粒转变为具有类似液体属性的运动状态,从而实现对固体颗粒的某种物理操作处理,或者强化颗粒和流体之间有效接触和混合、传递和反应过程,使固体颗粒参与的物理或化学过程更为高效地进行的单元过程和技术。国民经济的许多工业部门都会遇到如何有效处理颗粒、增强颗粒和流体间的相互接触等方面的工程技术问题,而流态化就是处理和实现颗粒与流体间高效接触的创新方法和技术,从而为企业带来效益。显然,流态化是化工等过程工业领域的核心工程科技,对其进行研究开发具有十分重要的理论意义和实践价值。

流态化是一个复杂系统,至少包含两个物理相,如气相和固相,或者液相和固相等,而两相及两相以上的系统一般统称为多相系统。因此,本书所提到的"流态化"和"多相流态化"的表述意义是等同的,"流态化"加上"多相"两字是为了强调"多相"。另外,与流态化对应的装置是流化床系统。

在整个流态化的研究和应用过程中,固体颗粒是流态化关注的重点,也是流态化的对象。如果没有固体颗粒,或者不关注固体颗粒,就谈不上流态化。而在固体颗粒的流态化过程中,作为流化介质的流体,可以是气体,也可以是液体,或者气体和液体组成的混合流体。因此,以流化固体颗粒的流化介质划分,整个流态化谱主要有:气固流态化、液固流态化和气液固流态化等。在整个流态化系统中,气固流态化的工业应用最广泛和重要,研究队伍最庞大,研究内容和成果最丰富,国内外已有不少优秀专著给予介绍[1-10]。限于篇幅,本书仅用两章内容对传统气固流态化的主要基础知识、研究进展和工业应用进行阐述。

相对于气固流态化,液固和气液固流态化的基础研究相对较少,许多应用也有待进一步开发[11-13]。但是,不可否认,液固流态化和气液固流态化具有广阔的工业应用前景,是流态化研究不可或缺的重要方向。因此,本书用两章内容详细介绍液固、气液固流态化的基础知识和近年来取得的研究进展。而对于与三相流化床有一定交集的气液固浆态床(浆态鼓泡塔)这类三相物理操作装置或高效反应器[12]，其特性介于气液鼓泡塔和气液固流化床之间，部分遵循流态化规律，也具有气液鼓泡塔的特征，近年来其研究和工业应用取得了较大进展，本书单独安排一章进行阐述。

气固、液固和气液固微型流态化是近年来发展的流态化研究新方向。近年来尤其是20世纪中后期，随着过程工业的迅速发展，一系列新问题包括资源和能源过度消耗、安全和环保问题等日益突出，研究开发高效、绿色和环保的过程强化新技术是解决这些问题的途径之一。过程强化研究开始的标志是1983年在英国曼彻斯特大学召开的世界首次过程强化年会，会议内容涉及离心场的应用、紧凑高效换热、强化混合和集成技术等。如今，过程强化研究已成为关注的热点。化工过程强化能够提高单位体积的反应、传热和传质的速率，实现传递速率与反应速率匹配、传热性能与产热速率匹配、停留时间与反应速率匹配、反应器形式与反应类型匹配，最大限度地发挥系统的潜能，实现化工过程更紧凑、更安全、更绿色、更环保、更经济。显然，化工过程装备系统几何尺寸的微型化是实现过程强化的有效途径之一[14]。流态化领域的研究也受到启发，微型流态化研究开始受到关注，有可能成为未来流态化研究的重要方向。因此，本书设置两章专门对气固、液固和气液固微型流态化的最新研究成果加以介绍。

流态化是一个多相复杂系统，对其进行有效的流动和传递等性能的测试十分困难。因此，流态化研究的每一步进展，除了在多相理论分析、建模及数值模拟方面取得进展外，也离不开先进而有效的多相流态化测试技术的开发和应用。多相流态化测试技术手段的突破至关重要[15-16]。因此，本书最后对多相流态化研究和应用过程中采用的各种测试技术和方法加以介绍。

本章将简要阐述流态化的历史沿革、基本现象、分类、特性和工业应用等。

在介绍流态化的基础知识之前，首先简要阐述与流态化密切相关的固体颗粒及其堆积而成的固体颗粒床层的特性，并阐述单个固体颗粒在流体中的沉降速度的计算等，作为学习后续章节内容的预备知识[17]，本科期间学过者可忽略。

0.1.2　流态化历史沿革

如前所述，流态化是一门关于采用流体使固体颗粒悬浮或输送起来，像液体一样运动，强化颗粒和流体之间的有效接触的物理单元操作或化学反应过程的学科。

流态化工程是一门既古老又年轻的学科[6]。明代宋应星所著《天工开物》[18]和 Agricola 所著 *De Re Metallia*(《冶金术》)[19]中都记载了古代人们从矿物中富集金属的"淘金盘"、跳汰法以及分离谷物中杂物的风力扬析法等实例。前两者是古代的液固流态化，后者是古代的气固流态化。1879年，世界上第一个流态化技术专利问世，并于1895年授权。1922年，世界上第一台流态化工业装置温克勒(Winkler)流化床粉煤气化炉获德国专利[20]。之后，在当时煤的气化和燃烧以及石油的催化裂化(FCC)等工业应用的推动下，流态化工程科学与技术研究形成了热潮。

将流化床作为石油催化裂化的反应器的早期研究是与第二次世界大战交织在一起的。当时有400多家石油和化学工业公司投入了大量的工程资源和资金开展研究，用于从喷气燃料油到化肥、从塑料到合成纤维等产品的生产。早在20世纪初，当时世界上最大的石油公司——美国标准石油公司就开始采用蒸馏和热裂解工艺从原油生产小分子油品。为解决石油裂解过程中催化剂的焦化失活等问题，开发了流化床反应器。流态化催化裂化的起步始于发现废白土有催化裂化作用。1934 年将润滑油精制的废白土与原料和原料油相混合，经过加热能生产更多的汽油，说明酸性催化裂化剂能催化重油裂化过程，从而奠定了流态化催化裂化的化学反应基础。为了在大型催化裂化装置上实现上述反应，最开始采用的是装填片状催化剂的多种固定床和移动床反应器。但是，系统研究后发现其既不高效也不经济，于是决定采用粉状催化剂，建成一套 100 B/d(1 B=158.987 L)中型装置进行试验。1942 年建立了世界上第一套用于矿物油催化裂化的循环流化床装置系统。流态化催化裂化技术的突破，帮助石油公司迅速扩大了轻质油品的生产，满足了社会对汽油和柴油的需求，并在第二次世界大战中立了大功。20 世纪 40 年代末，将流态化技术应用于砷黄铁矿的焙烧等冶金工艺过程。在此期间，人们借助流化床的理论和实验研究成果改进了流化床的设计。1950 年，"流态化"术语和内容出现在化工教材中[21]，1956 年出版了流态化专著[22]。

20 世纪 60 年代，德国 Lünen 的 Vaw-Lippewerk(利浦工业园)建成了第一套工业流化床反应器，用于煤的燃烧，后又用于氢氧化铝的煅烧。之后，流态化的研究和应用取得了一系列成果，可参阅经典的流态化文献[12-13, 23-28]。

我国的流态化研究主要由 20 世纪 40～50 年代在国外获得学位后归国的著名学者引领开展。曾经在天津大学工作过的著名化学工程学家汪家鼎院士于 1948 年在《化学工程》期刊上发表了《流动化固体法应用于煤之干馏》，将流态化技术拓展应用于煤化工[29]。国际著名流态化专家郭慕孙院士于 1958 年出版了《流态化技术在冶金中之应用》，介绍了流态化技术在冶金领域中的应用[30]。

1962 年 8 月 20～25 日，在郭慕孙院士的倡导下，由中国科学院技术科学部、中国化学化工学会和中国金属学会联合组织，在北京召开了第一次全国流态化会议。会议宣读并讨论了 78 篇论文和研究工作报告。在郭慕孙院士的建议下，于 1986 年 11 月 27 日在北京成立了专门进行流态化及颗粒学研究的一级学会——中国颗粒学会，并于 2003 年创刊了英文国际会刊 Particuology。目前，中国颗粒学会已发展成有 9 个专业委员会、2000 多名个人会员、97 个团体会员的团体，成为流态化研究的主要队伍。国内外有系列流态化会议，可关注中国颗粒学会网站。

国内流态化方面的发展历史与不少中国科学院和中国工程院院士的研究工作密切相关，具体可参考中国科学院和中国工程院的网站。

综合文献分析可以看出，国内外流态化的研究重点经历了从多气泡的鼓泡流态化/密相流态化到无气泡气固接触的稀相流态化/快速流态化/浅床流态化，又到处于连续相与分散相转变的过渡状态湍动流态化，再到循环流态化/介尺度结构/数值模拟和仿真等量化描述的过程。

流态化技术已有约百年的历史，如今流态化仍是一门充满活力的现代工程新技术，尤其在现代煤化工、石油化工和动力等行业领域，流化床是其核心的装置系统。随着现代科技的发展与工业需求的不断增长，流态化技术在今后相当长一段时间内必定还将得到进一步发展。

限于篇幅，这里不展开分析和综述。有兴趣者可以进一步参阅相关文献[1-10,31-35]。

0.1.3 流态化研究的前沿方向

随着工业领域新技术需求的提出，以及工程技术新理论和新方法的不断出现，多相流态化的研究和应用也不断与时俱进。今后流态化的发展趋势概括起来主要有：

(1) 基于流态化工程科学未来发展趋势的基础研究。

流态化工程的理论分析研究包括：①介科学方法在流态化复杂系统量化描述和控制方面的推广和应用研究；②流态化工程的先进实验及测试技术研究，以及应用大数据和人工智能的研究；③基于超算的流态化工程数值模拟和虚拟过程工程研究；④微型流态化等过程强化新方向；⑤其他基础研究新方向。

(2) 基于新的工业应用的流态化新工艺和新技术的研究等。

未来的工业应用和产品需求，以及科技发展对流态化提出许多新的研究需求。主要包括：①各种自然资源，如煤、石油、天然气、油页岩、矿产、盐湖、天然气水合物等的高效、经济和绿色利用过程中的流态化技术研究开发；②各类能源，包括新能源和可再生能源的经济高效利用中的流态化技术研究开发等，如太阳能、风能、生物质能、海洋能、地热能等的利用过程中的流态化技术研究开发；③其他诸多应各种产品要求而产生的应用研究新方向等，如针对石油循环流化床的催化裂化工艺过程，中国石油化工股份有限公司石油化工科学研究院根据产品应用要求，创新催化裂化流化床技术研究，以及采用变径流化床的研究等。

开展流态化研究首先需要对流态化的基础知识有所了解，如颗粒及颗粒床层的特性、颗粒自由重力沉降、流态化现象及分类、流化床的主要特点、流化床的流体力学特性、流化床的总高度、提高流态化质量的措施、气力输送、流态化的工业应用等。以下将简要介绍这些基本知识，更深入和更专门的流态化相关内容将在各章详细介绍。

0.2 颗粒及颗粒床层的特性

0.2.1 颗粒的特性

1. 颗粒的形状

固体颗粒从形状角度可分为球形颗粒和非球形颗粒。一般固体颗粒的形状及特性描述参数如图 0-1 所示。常见固体颗粒的形状如表 0-1 所示。

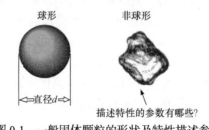

图 0-1   一般固体颗粒的形状及特性描述参数

表 0-1 常见固体颗粒的形状

形状	英文	形状	英文	形状	英文	形状	英文
球形	spherical	粒状	granular	海绵状	spongy	聚集体	agglomerate
立方体	cubical	棒状	rodlike	块状	blocky	中空	hollow
片状	platy, discs	针状	needle-like	尖角状	sharp	粗糙	rough
柱状	prismoidal	纤维状	fibrous	圆弧状	round	光滑	smooth
鳞状	flaky	树枝状	dendritic	多孔	porous	毛绒	fluffy, nappy

颗粒形状通常用一些定性术语描述，如表 0-2 所示。

表 0-2 颗粒形状的定性描述

颗粒形状	定性描述	颗粒形状	定性描述
球形	圆球形体	片状体	板片状形体
滚圆形	表面比较光滑，近似椭圆形	枝状体	形状似树枝体
多角形	具有清晰边缘或粗糙的多面体	纤维状	规则或不规则的线状体
不规则体	无任何对称的形体	多孔状	表面或体内有发达的空隙
粒状体	各方向具有近似尺度的不规则体		

一些工业产品对颗粒性能和形状的要求见表 0-3。

表 0-3 一些工业产品对颗粒性能和形状的要求

产品种类	对颗粒性能的要求	对颗粒形状的要求
涂料、墨水、化妆品	固着力、反光性	片状
橡胶填料	增强性、耐磨性	非长方形
塑料填料	冲击强度	长方形
炸药引爆物	稳定性	球形
洗涤剂和食品	流动性	球形
铸造型砂	强度、排气性	球形
抛光剂	抛光性	球形
磨料	研磨性	多角状

2. 颗粒的描述参数

固体颗粒形状不同，描述其特性需要的参数也不同。

1) 球形颗粒

球形颗粒的尺寸由直径 d 确定。其他参数均可表示为直径的函数。例如：

体积

$$V = \frac{\pi}{6}d^3 \tag{0-1}$$

表面积

$$S = \pi d^2 \tag{0-2}$$

比表面积(单位颗粒体积具有的表面积)

$$a = \frac{S}{V} = \frac{6}{d} \tag{0-3}$$

式中，d 为球形颗粒的直径，m；S 为球形颗粒的表面积，m^2；V 为球形颗粒的体积，m^3；a 为球形颗粒的比表面积，m^2/m^3。

2) 非球形颗粒

球形颗粒只用一个参数颗粒直径就可描述其特性，非球形颗粒则必须有两个参数才能确定其特性，见图 0-1。工程上常用球形度和颗粒的当量直径两个参数描述单个非球形颗粒的形状和大小。

(1) 球形度 ϕ_s。颗粒的球形度表示颗粒形状与球形的差异，定义为与该颗粒体积相等的球形颗粒的表面积除以颗粒的表面积，即

$$\phi_s = \frac{S}{S_p} \tag{0-4}$$

式中，ϕ_s 为颗粒的球形度或形状系数，无量纲；S 为与该颗粒体积相等的球形颗粒的表面积，m^2；S_p 为颗粒的表面积，m^2。

由于同体积不同形状的颗粒中，球形颗粒的表面积最小，因此对非球形颗粒总有 $\phi_s < 1$。颗粒的形状越接近球形，ϕ_s 越接近 1；对于球形颗粒，$\phi_s = 1$。

常见颗粒的球形度见表 0-4。

表 0-4   常见颗粒的球形度 ϕ_s

颗粒	球形度	颗粒	球形度	颗粒	球形度
云母粉	0.28	水泥	0.57	食盐	0.84
煤粉	0.75	沙子	0.75~0.98	食用糖	0.85
钨粉	0.85	铁催化剂	0.58	矩鞍形填料	0.14
碎石	0.5~0.9	钾盐	0.70	拉西填料	0.26~0.53
碎玻璃	0.65	可可粉	0.61	鲍尔填料	0.3~0.37

(2) 颗粒的当量直径。当量直径表示非球形颗粒的大小，通常有两种表示方法。

(i) 等体积当量直径。颗粒的等体积当量直径为与该颗粒体积相等的球形颗粒的直径

$$d_e = \sqrt[3]{\frac{6}{\pi}V_p} \tag{0-5}$$

式中，d_e 为颗粒的等体积当量直径，m；V_p 为颗粒的体积，m^3。

(ii) 等比表面积当量直径。与非球形颗粒比表面积相等的球形颗粒的直径称为该颗粒的等比表面积当量直径。根据此定义并结合式(0-3)得

$$d_a = \frac{6}{a} \tag{0-6}$$

式中，d_a 为颗粒的等比表面积当量直径，m。

依据式(0-5)和式(0-6)可以得出颗粒的等体积当量直径和等比表面积当量直径之间的关系：

$$d_a = \phi_s d_e \tag{0-7}$$

所以非球形颗粒的等比表面积当量直径一定小于其等体积当量直径。

常见的颗粒当量直径表示方法见表 0-5。

表 0-5 当量直径表示方法

名称	符号	算式	物理意义或定义
等体积当量直径(体积直径)	d_e	$d_e = \sqrt[3]{\dfrac{6V}{\pi}}$	与颗粒具有相同体积的球形颗粒的直径
等表面积当量直径(表面积直径)	d_s	$d_s = \sqrt{\dfrac{S}{\pi}}$	与颗粒具有相同表面积的球形颗粒的直径
等比表面积当量直径(比表面积直径)	d_a	$d_a = \dfrac{d_e^3}{d_s^2} = \dfrac{6}{a}$	与颗粒具有相同比表面积的球形颗粒的直径
阻力当量直径(阻力直径)($Re < 0.5$)	d_d	$d_d = \sqrt{\dfrac{F_R}{C\rho u^2}}$	在黏度相同的流体中，与颗粒速度相同且具有相同运动阻力的球形颗粒的直径
斯托克斯当量直径(Stokes 直径)	d_{St}	$d_{St} = \sqrt{\dfrac{18\mu u}{g(\rho_p - \rho)}}$	在同一流体中的层流区($Re < 0.5$)内，与颗粒具有相同沉降速度的球形颗粒的直径
投影面积直径	d_{at}	$d_{at} = \sqrt{\dfrac{4A}{\pi}}$	与颗粒在稳定位置的投影面积相等的圆的直径
随机定向投影面积直径	d_p	$d_p = \sqrt{\dfrac{4A_i}{\pi}}$	与颗粒在任意位置的投影面积相等的圆的直径
投影周长直径	d_π	$d_\pi = \dfrac{L}{\pi}$	与颗粒在稳定位置的投影外形周长相等的圆的直径

注：F_R 为颗粒阻力；C 为曳力系数；ρ 为流体密度；u 为颗粒沉降速度；μ 为流体黏度；g 为重力加速度；ρ_p 为颗粒密度。

(3) 比表面积 a。

依照比表面积的定义，对于非球形颗粒，比表面积为

$$a = \frac{S_p}{V_p} \tag{0-3a}$$

由式(0-3a)和式(0-4)得

$$V_p = \frac{S}{a\phi_s}$$

再将 $S = \pi d_e^2$ 和 $V_p = \frac{\pi}{6}d_e^3$ 代入，可得

$$a = \frac{6}{\phi_s d_e} \tag{0-8}$$

3) 颗粒群

工业生产中通常需要处理大小不等的颗粒物料，这时需对颗粒群进行筛分分析，以确定颗粒的粒度分布，再求其平均直径。

(1) 颗粒群的粒度分布。颗粒粒度的测量方法有筛分法、显微镜法、沉降法、电感应法、激光衍射法、动态光散射法等。本书主要介绍常用的筛分法。

筛分是用单层或多层筛面将松散的物料按颗粒粒度分成两个或多个不同粒级产品的过程。它是机械分离方法分离固固混合物的操作。筛分时，筛面上有筛孔，尺寸小于筛孔尺寸的物料通过筛孔，称为筛下产品；尺寸大于筛孔尺寸的物料被截留在筛面上，称为筛上产品。若用 n 层筛面，可得 $n+1$ 种产品。

筛分分析在一套标准筛中进行，标准筛的筛网为金属丝网。各国标准筛的规格不尽相同，常用的泰勒制是以每英寸(1 in = 2.54 cm)边长的孔数为筛号，称为目。例如，100目的筛子表示每英寸筛网上有 100 个筛孔。

用标准筛测粒度分布时，将一套标准筛按筛孔上大下小的顺序叠在一起，若从上向下筛网的序号分别为 1、2、3、…、$i-1$ 和 i，相应筛孔的直径分别为 d_1、d_2、d_3、…、d_{i-1} 和 d_i。将称量后的颗粒样品放在最上面的筛子上，整套筛子用振荡器振动过筛，不同粒度的颗粒分别被截留于各号筛网面上。第 i 号筛网上颗粒的尺寸应在 d_{i-1} 和 d_i 之间，分别称取各号筛网上的颗粒质量，即可得到样品的粒度分布。

(2) 颗粒群的平均直径。停留在第 i 层筛网上的颗粒的平均直径 d_{pi} 值可按 d_{i-1} 和 d_i 的算术平均值计算，即

$$d_{pi} = \frac{d_i + d_{i-1}}{2} \tag{0-9}$$

根据各号筛网上截留的颗粒质量，可以计算直径为 d_{pi} 的颗粒占全部样品的质量分数 x_i，再根据实测的各层筛网上的颗粒质量分数，按下式计算颗粒群的平均直径：

$$\overline{d_p} = \frac{1}{\sum \dfrac{x_i}{d_{pi}}} \tag{0-10}$$

式中，$\overline{d_p}$ 为颗粒群的平均直径，m；x_i 为粒径段内颗粒的质量分数；d_{pi} 为被截留在第 i 层筛网上的颗粒的平均直径，m。

0.2.2   颗粒床层的特性

固体颗粒堆积在一起形成颗粒床层。流体流经颗粒床层时，如果床层中的固体颗粒

静止不动，则此时的颗粒床层又称为固定床。描述颗粒床层的主要特性参数如下。

1. 床层的空隙率

床层中颗粒之间的空隙体积与整个床层体积之比称为空隙率(或称空隙度)，以 ε 表示，即

$$\varepsilon = \frac{床层体积 - 颗粒体积}{床层体积}$$

式中，ε 为床层的空隙率，m^3/m^3。

空隙率的大小与颗粒形状、粒度分布、颗粒直径与床层直径的比值、床层的填充方式等因素有关。对于颗粒形状和直径均一的非球形颗粒床层，其空隙率主要取决于颗粒的球形度和床层的填充方法。例如，采用湿装法(在容器中先装入一定高度的水，然后逐渐加入颗粒)填充颗粒，通常形成较疏松的排列。

填充方式对床层空隙率的影响较大，即使相同的颗粒，同样的填充方式重复填充，每次所得的空隙率也未必相同。非球形颗粒的球形度越小，则床层的空隙率越大。由大小不均匀的颗粒所填充成的床层，小颗粒可以嵌入大颗粒之间的空隙中，因此床层空隙率比均匀颗粒填充的床层小。粒度分布越不均匀，床层的空隙率就越小；颗粒表面越光滑，床层的空隙率也越小。因此，采用大小均匀的颗粒可提高固定床的空隙率。

空隙率在床层同一截面上的分布是不均匀的，在容器壁面附近，空隙率较大，而在床层中心处，空隙率较小。器壁对空隙率的这种影响称为壁效应。壁效应使得流体通过床层的速度不均匀，流动阻力较小的近壁处，流速较床层内部快。改善壁效应的方法通常是限制床层直径与颗粒直径之比不得小于某极限值。若床层的直径比颗粒的直径大得多，则壁效应可忽略。

床层的空隙率可通过实验测定。在体积为 V 的颗粒床层中加水，直至水面达到床层表面，测定加入水的体积 $V_水$，则床层空隙率为 $\varepsilon = V_水 / V$。也可用称量法测定，称量体积为 V 的颗粒床层的质量为 G，若固体颗粒的密度为 ρ_s，则空隙率为 $\varepsilon = (V - G/\rho_s)/V$。

一般非均匀、非球形颗粒的乱堆床层的空隙率在 0.47～0.7 之间。均匀的球体最松排列时的空隙率为 0.48，最紧密排列时的空隙率为 0.26。

2. 床层的自由截面积

床层截面上未被颗粒占据的、流体可以自由通过的面积称为床层的自由截面积。

小颗粒乱堆床层可认为是各向同性的。各向同性床层的重要特性之一是其自由截面积与床层截面积之比在数值上与床层空隙率相等。同床层空隙率一样，由于壁效应的影响，壁面附近的自由截面积较大。

3. 床层的比表面积

床层的比表面积是指单位体积床层中具有的颗粒表面积，即单位体积床层中颗粒与流体接触的表面积。如果忽略床层中颗粒间相互重叠的接触面积，对于空隙率为 ε 的床层，床层的比表面积 $a_b(m^2/m^3)$ 与颗粒的比表面积 a 具有如下关系：

$$a_b = a(1-\varepsilon) \tag{0-11}$$

床层的比表面积也可用颗粒的堆积密度估算，即

$$a_b = \frac{6\rho_b}{\rho_s d} = \frac{6(1-\varepsilon)}{d} \tag{0-12}$$

式中，ρ_b 为颗粒的堆积密度，kg/m^3；ρ_s 为颗粒的真实密度，kg/m^3。

4. 床层的当量直径

流体在固定床中流动时，实际是在固定床颗粒间的空隙内流动，而这些空隙所构成的流道的结构非常复杂，彼此交错连通，大小和形状有很大差别，很不规则。因此，流体在固定床中的流动情况比流体在管道中的流动要复杂得多，尚难以精确描述。通常采用简化模型处理，即将固定床中不规则的流道简化成一组与床层高度相等的平行细管。当然，目前也有尝试采用数值模拟方法进行一定程度的定量描述。简化模型中细管的当量直径可由床层的空隙率和颗粒的比表面积计算。根据流体力学中非圆形管道的当量直径的定义，床层的当量直径 d_{eb} 为

$$d_{eb} = 4 \times 水力半径 = 4 \times 流通截面 / 润湿周边长度$$

则对颗粒床层的当量直径可写为

$$d_{eb} \propto (流通截面 \times 流道长度)/(润湿周边长度 \times 流道长度)$$

有

$$d_{eb} \propto 流道容积/流道表面积$$

考虑床截面积为 $1\ m^2$、高度为 $1\ m$ 的固定床，即单位体积的固定床层

$$床层体积 = 1 \times 1 = 1(m^3)$$

假设细管的全部流动空间等于床层的空隙体积，故

$$流道容积 = 1 \times \varepsilon = \varepsilon\ (m^3)$$

若忽略床层中因颗粒相互接触而彼此覆盖的表面积，则

$$流道表面积 = 颗粒体积 \times 颗粒比表面积 = 1 \times (1-\varepsilon)a\ (m^2)$$

所以，床层的当量直径为

$$d_{eb} \propto \frac{\varepsilon}{(1-\varepsilon)a} \tag{0-13}$$

5. 流体通过固定床层的压降

流体通过固定床层的压降主要有两方面：一是流体与颗粒表面间的摩擦作用产生的压降；二是流动过程中孔道截面积突然扩大和突然缩小，以及流体对颗粒的撞击产生的压降。

层流时，压降主要由表面摩擦作用产生，而湍流时以及流体在薄固体颗粒堆积的床层中流动时，突然扩大和突然收缩的损失起主要作用。采用前述的简化流动模型，将流

体通过固定床层的流动看作流体通过一组当量直径为 d_{eb} 的平行细管的流动，其压降为

$$\Delta P_f = \lambda \frac{L}{d_{eb}} \frac{\rho u_1^2}{2} \tag{0-14}$$

式中，L 为床层高度，m；d_{eb} 为床层流道的当量直径，m；u_1 为流体在床层内的实际流速，m/s。

u_1 与按整个床层截面计算的空床流速 u (也称为表观流速，后面的章节也用 U 表示表观速度)的关系为

$$u_1 = \frac{u}{\varepsilon} \tag{0-15}$$

将式(0-13)和式(0-15)代入式(0-14)得

$$\frac{\Delta P_f}{L} \propto \frac{\lambda}{2} \frac{(1-\varepsilon)a}{\varepsilon^3} \rho u^2$$

写成等式的形式为

$$\frac{\Delta P_f}{L} = \lambda' \frac{(1-\varepsilon)a}{\varepsilon^3} \rho u^2 \tag{0-16}$$

流体通过床层的摩擦系数是床层雷诺数 Re_b 的函数：

$$Re_b = \frac{d_{eb}u_1\rho}{\mu} = \frac{\rho u}{a(1-\varepsilon)\mu} \tag{0-17}$$

康采尼(Kozeny)在滞流($Re_b<2$)情况下进行实验，得到

$$\lambda' = \frac{K}{Re_b} \tag{0-18}$$

式中，K 称为康采尼常数，通常取 $K=5$。将式(0-18)代入式(0-16)得

$$\frac{\Delta P_f}{L} = 5\frac{(1-\varepsilon)^2 a^2 u\mu}{\varepsilon^3} \tag{0-19}$$

式(0-19)称为康采尼方程。

欧根(Ergun)在较宽的 Re_b 范围内进行实验，得到如下关联式：

$$\lambda' = \frac{4.17}{Re_b} + 0.29 \tag{0-20}$$

将式(0-17)、式(0-20)代入式(0-16)得

$$\frac{\Delta P_f}{L} = 4.17\frac{(1-\varepsilon)^2 a^2 u\mu}{\varepsilon^3} + 0.29\frac{(1-\varepsilon)a\rho u^2}{\varepsilon^3} \tag{0-21}$$

对于一般(非球形)颗粒，将式(0-8)代入得

$$\frac{\Delta P_f}{L} = 150\frac{(1-\varepsilon)^2 u\mu}{\varepsilon^3 (\phi_s d_e)^2} + 1.75\frac{(1-\varepsilon)\rho u^2}{\varepsilon^3 (\phi_s d_e)} \tag{0-22}$$

式(0-22)称为欧根方程，适用于 Re_b 为 0.17～330 的情况。当 Re_b 较小时，流动基本为层

流，式(0-22)中第二项相对较小，可忽略；当 Re_b 较大时，流动为滞流，式(0-22)中第一项相对较小，可以忽略。

理解这些基础知识对计算最小流化速度很有帮助。

0.3   颗粒自由重力沉降

颗粒的自由沉降速度与流化床中颗粒的带出速度直接相关，因此，作为流态化的基础知识，首先介绍固体颗粒在重力作用下的自由沉降原理及沉降速度计算。

颗粒的自由沉降是指在沉降过程中，任一颗粒的沉降不因其他颗粒的存在而受到干扰，即流体中颗粒的浓度很低，颗粒之间距离足够大，并且容器壁面的影响可以忽略。单个颗粒在大空间中的沉降或气态非均相物系中颗粒的沉降都可视为自由沉降。

0.3.1   球形颗粒的自由沉降

若将一个表面光滑的刚性的密度大于流体的球形颗粒置于静止的流体中，则颗粒所受重力大于浮力，颗粒将在流体中降落。由于流体具有黏性，因此颗粒一旦开始在流体中降落，就会受到因颗粒表面与流体之间摩擦而产生的与下降运动方向相反的阻力。此时，颗粒共受到三个力的作用，即重力、浮力和阻力，如图 0-2 所示。重力向下，浮力向上，阻力与颗粒的运动方向相反(向上)。对于一定的流体和颗粒，重力和浮力是恒定的，而阻力却随颗粒的降落速度而变。

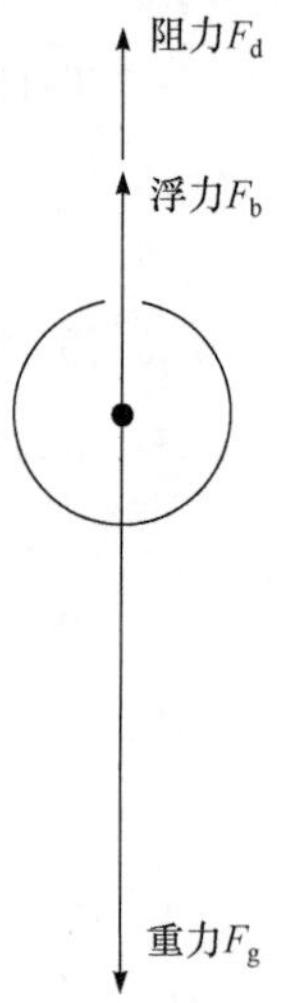

阻力 F_d

浮力 F_b

重力 F_g

图 0-2　沉降颗粒的受力情况

若颗粒的密度为 ρ_s，直径为 d，流体的密度为 ρ，则颗粒所受的三个力为

$$重力 \qquad F_g = \frac{\pi}{6}d^3\rho_s g \tag{0-23}$$

$$浮力 \qquad F_b = \frac{\pi}{6}d^3\rho g \tag{0-24}$$

$$阻力 \qquad F_d = \xi A \frac{\rho u^2}{2} \tag{0-25}$$

式中，ξ 为阻力系数，无量纲；A 为颗粒在垂直于其运动方向的平面上的投影面积，$A = \frac{\pi}{4}d^2$，m^2；u 为颗粒相对于流体的降落速度，m/s。

由牛顿第二运动定律可知，上面三个力的合力应等于颗粒的质量与其加速度 a 的乘积，即

$$F_g - F_b - F_d = ma \tag{0-26}$$

或

$$\frac{\pi}{6}d^3(\rho_s - \rho)g - \xi\frac{\pi}{4}d^2\left(\frac{\rho u^2}{2}\right) = \frac{\pi}{6}d^3\rho_s\frac{du}{d\theta} \tag{0-26a}$$

式中，m 为颗粒的质量，kg；a 为加速度，m/s^2；θ 为时间，s。

颗粒开始沉降的瞬间，初速度 u 为零，则阻力 F_d 为零，此时的加速度 a 为最大值；颗粒开始沉降后，阻力随速度 u 的增加而加大，加速度 a 则相应减小，当速度达到某一值 u_t 时，阻力、浮力与重力平衡，颗粒所受合力为零，使加速度为零，此后颗粒的速度不再变化，开始做速度为 u_t 的匀速沉降运动。

从以上分析可见，静止流体中颗粒的沉降过程可分为两个阶段，即开始的加速段和后来的匀速段。

由于小颗粒的比表面积很大，颗粒与流体间的接触面积很大，颗粒开始沉降后，在极短的时间内，阻力便与颗粒所受的净重力(重力减浮力)接近平衡。因此，颗粒沉降时加速阶段时间很短，对整个沉降过程来说一般可以忽略。

匀速阶段中颗粒相对于流体的运动速度 u_t 称为沉降速度，由于该速度是加速段终了时颗粒相对于流体的运动速度，故又称为终端速度，也可称为自由沉降速度。从式(0-26a)可得出沉降速度的表达式。

当 $a = 0$ 时，$u = u_t$，则

$$u_t = \sqrt{\frac{4gd(\rho_s - \rho)}{3\xi\rho}} \tag{0-27}$$

式中，u_t 为颗粒的自由沉降速度，m/s；d 为颗粒直径，m；ρ_s 和 ρ 分别为颗粒和流体的密度，kg/m³；g 为重力加速度，m/s²。

0.3.2 阻力系数

用式(0-27)计算沉降速度时，首先需要知道阻力系数 ξ 值。根据量纲分析，ξ 是颗粒与流体相对运动时雷诺数 Re_t 的函数，ξ 随 Re 及 ϕ_s 变化的实验测定结果见图 0-3。图 0-3 中，ϕ_s 为球形度，Re_t 为雷诺数，有

$$Re_t = \frac{du_t\rho}{\mu}$$

式中，μ 为流体的黏度，Pa·s。

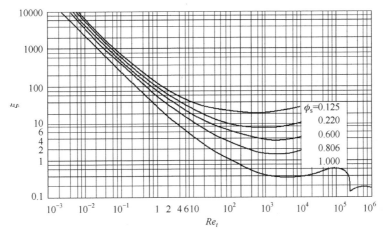

图 0-3 ξ-Re_t 关系曲线

从图 0-3 中可以看出，对球形颗粒($\phi_s = 1$)，曲线按 Re_t 值大致分为三个区域，各区域内的曲线可分别用相应的关系式表达如下。

Re_t 非常低($10^{-4} < Re_t < 1$)时的流动称为爬流(又称蠕动流)，此时黏性力占主导地位，惯性力项可忽略不计，可以推出流体对球形颗粒的阻力为

$$F_d = 3\pi\mu u_t d \tag{0-28}$$

式(0-28)称为斯托克斯(Stokes)定律，$10^{-4} < Re_t < 1$ 的区域，称为层流区或斯托克斯定律区。与式(0-25)比较可得

$$\xi = \frac{24}{Re_t} \tag{0-29}$$

过渡区或艾伦(Allen)定律区($1 < Re_t < 10^3$)

$$\xi = \frac{18.5}{Re_t^{0.6}} \tag{0-30}$$

湍流区或牛顿(Newton)定律区($10^3 < Re_t < 2 \times 10^5$)

$$\xi = 0.44 \tag{0-31}$$

将式(0-29)、式(0-30)和式(0-31)分别代入式(0-27)，便可得到球形颗粒在相应各流区的沉降速度公式，即

层流区
$$u_t = \frac{d^2(\rho_s - \rho)g}{18\mu} \tag{0-32}$$

过渡区
$$u_t = 0.27\sqrt{\frac{d(\rho_s - \rho)g}{\rho}Re_t^{0.6}} \tag{0-33}$$

湍流区
$$u_t = 1.74\sqrt{\frac{d(\rho_s - \rho)g}{\rho}} \tag{0-34}$$

式(0-32)、式(0-33)和式(0-34)分别称为斯托克斯公式、艾伦公式和牛顿公式。球形颗粒在流体中的沉降速度可根据不同流型，分别选用上述三式进行计算。由于沉降操作中涉及的颗粒直径都较小，操作通常处于层流区，因此斯托克斯公式应用较多。

在层流沉降区内，由流体黏性引起的表面摩擦力占主要地位。在湍流区内，流体黏性对沉降速度已无明显影响，而是流体在颗粒后半部出现的边界层分离所引起的形体阻力占主要地位。在过渡区，则表面摩擦阻力和形体阻力都不可忽略。在整个范围内，随雷诺数 Re_t 的增大，表面摩擦阻力的作用逐渐减弱，形体阻力的作用逐渐增强。当雷诺数 Re_t 超过 2×10^5 时，出现湍流边界层，此时边界层分离的现象减弱，所以阻力系数 ξ 突然下降，但在沉降操作中很少达到这个区域。

0.3.3 影响因素

式(0-32)～式(0-34)是表面光滑的刚性球形颗粒在流体中做自由沉降时的速度计算式。如果颗粒分散相的体积分数较高，颗粒间有明显的相互作用，容器壁面对颗粒

沉降的影响不可忽略，这时的沉降称为干扰沉降或受阻沉降。液态非均相物系中，当颗粒分散相浓度较高时，往往发生干扰沉降。在实际沉降操作中，影响沉降速度的因素如下。

1. 颗粒的体积浓度

当颗粒的体积浓度小于 0.2%时，前述各种沉降速度关系式的计算偏差在 1%以内。当颗粒浓度较高时，由于颗粒间相互作用明显，便发生干扰沉降。

2. 器壁效应

沉降容器的壁面和底面会对沉降的颗粒产生曳力，使颗粒的实际沉降速度低于自由沉降速度。当容器尺寸远远大于颗粒尺寸(如 100 倍以上)时，器壁效应可以忽略，否则应考虑器壁效应对沉降速度的影响。在斯托克斯定律区，器壁对沉降速度的影响可用下式修正：

$$u_t' = \frac{u_t}{1 + 2.1\dfrac{d}{D}} \tag{0-35}$$

式中，u_t' 为颗粒的实际沉降速度，m/s；D 为容器直径，m。

3. 颗粒的形状

同一种固体物质，球形或近球形颗粒比同体积的非球形颗粒的沉降要快一些。非球形颗粒的形状及其投影面积 A 均对沉降速度有影响。

由图 0-3 可见，相同 Re_t 下，颗粒的球形度越小，阻力系数 ξ 越大，但 ϕ_s 值对 ξ 的影响在层流区内并不显著。随着 Re_t 的增大，这种影响逐渐变大。

需要指出的是，上述自由沉降速度的公式不适用于非常细微颗粒(如<0.5 μm)的沉降计算，这是因为此时流体分子热运动使得颗粒发生布朗运动。当 $Re_t > 10^{-4}$ 时，布朗运动的影响可不考虑。

上述各区沉降速度关系式可用于多种情况下颗粒与流体在重力方向上相对运动的计算。例如，颗粒密度大于流体密度的沉降操作和颗粒密度小于流体密度的颗粒浮升运动；静止流体中颗粒的沉降和流体相对于静止颗粒的运动；颗粒与流体逆向运动和颗粒与流体做同向运动但速度不同时相对运动速度的计算。

0.3.4　沉降速度的计算方法

在给定流体介质中，颗粒的沉降速度可采用试差法和摩擦数群法等方法计算。

1. 试差法

根据式(0-32)、式(0-33)和式(0-34)计算沉降速度 u_t 时，首先需要根据雷诺数 Re_t 值判断流型，才能选用相应的计算公式。但是 Re_t 中含有待求的沉降速度 u_t，所以沉降速度 u_t 的计算需采用试差法，即先假设沉降属于某一流型(如层流区)，选用与该流型相对应的沉降速度公式计算 u_t，然后用求出的 u_t 计算 Re_t 值，检验是否在原假设的流型区域内。如果与原假设一致，则计算的 u_t 有效。否则，按计算的 Re_t 值所确定的流型，另选相应的计算公式求 u_t，直到用 u_t 的计算值算出的 Re_t 值与选用公式的 Re_t 值范围相符为止。

2. 摩擦数群法

为避免试差，可将图 0-3 加以转换，使两个坐标轴之一变成不包含 u_t 的无量纲数群，进而可求得 u_t。

由式(0-27)可得

$$\xi = \frac{4d(\rho_s - \rho)g}{3\rho u_t^2}$$

又因为

$$Re_t^2 = \frac{d^2 u_t^2 \rho^2}{\mu^2}$$

上两式相乘可消去 u_t，即

$$\xi Re_t^2 = \frac{4d^3 \rho(\rho_s - \rho)g}{3\mu^2} \tag{0-36}$$

再令

$$K = d\sqrt[3]{\frac{\rho(\rho_s - \rho)g}{\mu^2}} \tag{0-37}$$

得到

$$\xi Re_t^2 = \frac{4}{3}K^3 \tag{0-36a}$$

因 ξ 是 Re_t 的函数，则 ξRe_t^2 必然也是 Re_t 的函数，所以图 0-3 ξ-Re_t 曲线可转化成 ξRe_t^2-Re_t 曲线，如图 0-4 所示。计算 u_t 时，可先将已知数据代入式(0-36)求出 ξRe_t^2 值，再由图 0-4 的 ξRe_t^2-Re_t 曲线查出 Re_t，最后由 Re_t 反求 u_t，即

$$u_t = \frac{\mu Re_t}{d\rho}$$

若计算流体介质中具有某一沉降速度 u_t 的颗粒的直径，可用 ξ 与 Re_t^{-1} 相乘，得到一不含颗粒直径 d 的无量纲数群 ξRe_t^{-1}：

$$\xi Re_t^{-1} = \frac{4\mu(\rho_s - \rho)g}{3\rho^2 u_t^3} \tag{0-38}$$

同理，ξRe_t^{-1}-Re_t 曲线绘于图 0-4 中。根据 ξRe_t^{-1} 值查出 Re_t，再反求直径，即

$$d = \frac{\mu Re_t}{\rho u_t}$$

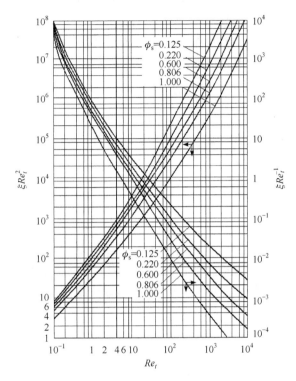

图 0-4 ξRe_t^2 -Re_t 和 ξRe_t^{-1} -Re_t 关系曲线

采用摩擦数群法求 u_t 或 d 时可避免试差，非常方便。

依照摩擦数群法的思路，可以设法找到一个不含 u_t 的无量纲数群，作为判别流型的判据。将式(0-32)代入雷诺数定义式，根据式(0-37)得

$$Re_t = \frac{d^3(\rho_s - \rho)\rho g}{18\mu^2} = \frac{K^3}{18} \tag{0-39}$$

在斯托克斯定律区，$Re_t < 1$，则 $K < 2.62$。同理，将式(0-34)代入雷诺数定义式，由 $Re_t = 1000$ 可得牛顿定律区的下限值为 69.1。因此，$K \leqslant 2.62$ 为斯托克斯定律区，$2.62 < K < 69.1$ 为艾伦定律区，$K > 69.1$ 为牛顿定律区。

这样，计算已知直径的球形颗粒的沉降速度时，可根据 K 值选用相应的公式计算 u_t，不用试差。

借助于固体颗粒的流态化实现颗粒的一些处理过程的技术称为流态化技术。流态化技术已广泛应用于过程工业的多个领域，如固体颗粒物料的干燥、混合、煅烧、输送及催化反应过程。由于流态化现象比较复杂，人们对它的规律性了解还很不够，无论在工业设计放大方面，还是在操作和控制等方面，都有许多值得进一步研究的方向和内容。鉴于目前气固流化床系统已具有广泛工业应用，这里以气固流化系统为例，简要介绍流态化的基本概念、原理和方法。

0.4 流态化现象及分类

流态化现象是一种固体颗粒在流体(气体、液体或者二者的组合)的接触作用下,由原始相对静止的状态转变为具有某些流体属性的流动状态。

0.4.1 流态化现象

实验表明,当流体以不同的表观(空塔)速度由下向上通过固体颗粒床层时,随着表观流速的增加,会出现以下几种不同的阶段和流动形态,简称流型。由于流态化的流型及其过渡十分复杂,目前学术界也有一些不同的观点,因此本章仅简要介绍流态化现象,更深入的内容将在后面各章加以阐述。

1. 固定床阶段

当表观流速较低时,颗粒所受的曳力较小,能够保持静止状态,颗粒间尚没有发生相对运动,此时流体只能穿过静止颗粒之间的空隙而流动,这种颗粒床层称为固定床,如图 0-5(a)所示,床层高度为 L_0 不变,称为固定床阶段。

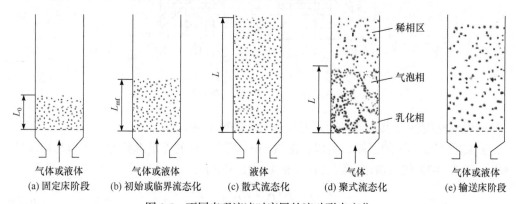

图 0-5   不同表观流速时床层的流动形态变化

2. 流化床阶段

1) 初始流态化或临界流态化

当表观流速增至一定值时,颗粒床层开始松动,颗粒位置也在一定区间内开始调整,床层略有膨胀,但颗粒仍不能自由运动,床层的这种状态称为初始流态化或临界流态化,如图 0-5(b)所示,此时床层高度为 L_{mf}。对应的表观气速称为初始流态化速度或临界流态化速度。

2) 传统流态化

初始流态化之后,如果继续增大表观流速,固体颗粒将悬浮于流体中做随机运动,床层开始膨胀、增高,空隙率也随之增大,此时颗粒与流体之间的摩擦力恰好与其净重力相平衡。此后床层高度将随表观流速增加而升高,这种床层具有类似于液体的性质,故称为流态化，如图 0-5(c)、(d)所示。这是传统意义上的流态化，对应的流化床称为传统流化床或膨胀床。一般意义上的流态化指的就是传统流化床操作。在传统流态化阶段，是明显的密相流态化，固体颗粒不被流化介质带出流化床。

传统流态化常存在两种不同的流态化形式。

(1) 散式流态化。散式流态化的特点是固体颗粒均匀地分散在流态化介质中，故也称均匀流态化。随流速增大，床层逐渐膨胀而没有气泡产生，颗粒间的距离均匀增大，床层高度上升，并保持稳定的上界面。通常，两相密度差小的系统趋向于形成散式流态化，故大多数液固流态化属于散式流态化。

(2) 聚式流态化。对于密度差较大的气固流态化系统，一般趋向于形成聚式流态化。在气固系统的流化床中，超过流态化所需最小气量的那部分气体以气泡形式通过颗粒层，上升至床层上界面时破裂，这些气泡内可能夹带少量固体颗粒。此时床层内分为两相，一相是空隙小而固体浓度大的气固均匀混合物构成的连续相，称为乳化相；另一相则是夹带少量固体颗粒而以气泡形式通过床层的不连续相，称为气泡相。由于气泡在床层中上升时逐渐长大、合并，至床层上界面处破裂，因此床层极不稳定，上界面以某种频率上下波动，床层压降也随之相应波动。

应当指出，颗粒与流体之间的密度差大小决定了绝大多数的液固流态化属散式流态化，气固流态化属聚式流态化，但这并不是绝对的。当固体颗粒粒度和密度都很小，而气体密度很大时，气固系统的流态化可能出现散式流态化；当固体密度很大时，液固流态化也可能为聚式流态化。

3. 输送床阶段

当表观流速再升高达到某一极限时，颗粒分散悬浮于流体中，并不断被流化介质夹带离开流化床，传统流化床的床层上界面消失，这种床层称为输送床，如图 0-5(e)所示。流化床内的颗粒开始被带出流化床时的表观流速称为带出速度，其数值与颗粒在该流体中的沉降速度接近或密切相关。如果被带出的颗粒经回收后又重新进入流化床参与循环，则称为循环流化床(circulating fluidized bed，CFB)。

0.4.2　流态化的分类

流态化的分类方法很多。为了研究流态化过程的共同规律，可依据流态化过程中涉及的相的不同进行分类。

1. 气固流态化

气固流态化是指用气体作为流化介质对固体颗粒进行流化的一种流态化系统，对应的流化床称为气固流化床。气固流化床应用最广泛，研究也最充分。根据流化床内颗粒运动状态的不同，气固流化床又分为以下三类。

1) 传统流化床

传统流化床是指处于流化状态的固体颗粒始终处在流化床内，也可称为膨胀床。

2) 循环流化床

在循环流化床中，处于流化状态的固体颗粒会在流化介质(气体、液体或者二者的组合)的作用下离开流化床，经颗粒收集装置收集后，重新进入流化床进行循环。一般循环流化床在轴向上明显存在上稀下浓的不均匀分布。

3) 输送床

输送床是指处于流化状态的固体颗粒在流化介质的作用下离开流化床，不再收集和返回流化床。

2. 液固流态化

液固流态化是指用液体作为流化介质，对固体颗粒进行流化的一种流态化系统，对应的流化床称为液固流化床。液固流化床研究尚不充分。同气固流化床类似，液固流化床也可以根据固体颗粒的运动状态分为三类：传统流化床、循环流化床、输送床。

3. 气液固流态化

气液固流态化是指用气体和液体同时作为流化介质，对固体颗粒进行流化的一种流态化系统，对应的流化床称为气液固流化床。气液固流化床研究也不够充分。同气固流化床类似，气液固流化床也可以根据固体颗粒的运动状态分为三类：传统流化床、循环流化床、输送床。

0.5   流化床的主要特点

以气固流化床为例阐述流化床的主要特点。气固流化床中，气固两相的运动状态就像沸腾的液体，因此也称为沸腾床。整个流化床层表现出类似液体的性质。例如，具有流动性，无固定形状，随容器形状而变，可以从小孔喷出，从一个容器流入另一个容器；对于没有固体颗粒带出流化床的流动形态，床层颗粒具有明显的上界面，当容器倾斜时，床层的上界面将保持水平，当两个床连通时，两个上界面将自动调整到同一水平面；比床层密度小的物体将浮在床层表面上；床层任意两截面间的压差可用压差计测定，基本等于两截面间单位面积床层的净重力，如图 0-6 所示。这些特点使流化床内颗粒可以像液体一样连续地进出系统。

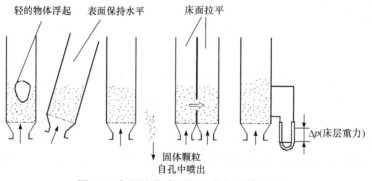

图 0-6   气固流化床展示的类似液体的特点

流化床内的固体颗粒处于悬浮状态并不停地运动，这种颗粒的剧烈运动和均匀混合使床层基本处于全混状态，整个床层的温度、浓度均匀一致，这一特征使流化床中气固系统的传质传热大大强化，床层的操作温度也易于调控。但颗粒的激烈运动使颗粒间和颗粒与固体器壁间产生强烈的碰撞与摩擦，造成颗粒破碎和固体壁面磨损；同时当固体颗粒连续进出床层时，会造成颗粒在床层内的停留时间分布不均，导致固体产品的质量不均。

在聚式流态化操作条件下，大部分气体以气泡形式通过床层，与固体颗粒接触时间较短，相反，乳化相中气体与颗粒接触时间较长，造成气固两相接触时间不均匀。

显然，流态化技术有优点也有缺点，掌握流态化技术，了解其特性，应用时扬长避短，可以获得更好的经济效益。

0.6　流化床的流体力学特性

0.6.1　流化床的压降

1. 理想流化床

在理想情况下，流体通过颗粒床层时，克服流体阻力产生的压降与表观气速之间的关系如图 0-7 所示，大致可分为以下几个阶段。

1) 固定床阶段

流体流经固体颗粒床层的压降已在前文中做过讨论。此时气速较低，床层静止不动，气体通过床层的空隙流动。当增大表观气速时，随表观气速的增加，气体通过床层的摩擦阻力也相应增加。如图 0-7 中 AB 段所示，在双对数坐标图中呈直线上升。

当表观气速增大到某一定值，床层压降恰好等于床层净重力时，气体在垂直方向上给予床层的作用力(曳力)刚好能将全部床层颗粒托起(如图 0-7 中的 B 点所示)。此时，床层变松，并略有膨胀，但是固体颗粒仍保持接触而没有流化(这里也结合了降低流化速度时的压降曲线而判定)，如图 0-7 中 BC 段所示。

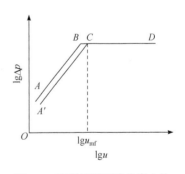

图 0-7　理想情况下流化床内的 Δp-u 关系曲线

2) 流化床阶段

当表观气速继续增大超过 C 点时，床层开始松动，颗粒重排，床层空隙率增大，颗粒逐渐开始悬浮在流体中自由运动，床层的高度也随表观气速的提高而增高，但整个床层的压降仍保持不变，仍然等于单位面积的床层净重力。流态化阶段的 Δp 与 u 的关系如图 0-7 中 CD 段所示。

当降低流化床表观气速时，床层高度、空隙率也随之降低，Δp-u 关系曲线沿 DC 返回。当达到 C 点时，固体颗粒就互相接触而成为静止的固定床了。如果继续降低表观气速，床层压降不再沿 *CBA* 折线下降，而是沿 *CA'* 线而变化。比较 *AB* 线和 *A'C* 线可见，相同表观气速下，*A'C* 线压降较低，这是由于从流化床阶段进入固定床阶段时，床层曾被吹松，其空隙率比相同表观气速下未曾被吹松过的固定床的大，因此相应的压降会小一些。与 *C* 点对应的表观气速称为临界流化速度 u_{mf}。临界流化速度是最小的流化速度，操作时的流化速度必须大于临界流化速度。相应的床层空隙率称为临界空隙率 ε_{mf}。

流化阶段中床层的压降可根据颗粒与流体间的摩擦力恰与其净重力平衡的关系求出，即

$$\Delta p A = W = A L_{mf}(1-\varepsilon_{mf})(\rho_s - \rho)g \tag{0-40}$$

整理得

$$\Delta p = L_{mf}(1-\varepsilon_{mf})(\rho_s - \rho)g \tag{0-40a}$$

式中，A 为流化床床层截面积；L_{mf} 为开始流化时床层的高度。

随着表观气速的增大，床层高度和空隙率 ε 都增加，而 Δp 维持不变，压降不随表观气速改变而变化是流化床(指传统意义上的膨胀床)的一个重要特征。

整个流化床阶段的压降为

$$\Delta p = L(1-\varepsilon)(\rho_s - \rho)g \tag{0-40b}$$

在气固系统中，ρ 与 ρ_s 相比较小因而可以忽略，Δp 约等于单位面积床层的重力。

3) 输送床阶段(图 0-7 中没有给出这个阶段的压降图)

当表观气速增大到某一数值后，床层上界面消失，床层空隙率增大，所有颗粒都悬浮在气流中，并被气流带走。此时，气流中颗粒浓度降低，由浓相变为稀相，压降变小，形成两相同向流动的状态，并呈现出复杂的流动情况，即进入气流输送状态。此阶段起点的表观气速称为带出速度或最大流化速度，即传统流化床操作所容许的理论最大表观气速。此阶段的特性将在后面的循环流化床(颗粒回收后循环)和气力输送部分讨论。

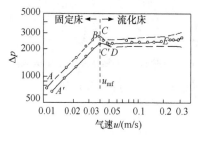

图 0-8　气体流化床实际Δp-u 关系曲线

2. 实际流化床

实际流化床的情况比较复杂，其Δp-u 关系曲线如图 0-8 所示。

该曲线与理想流化床Δp-u 曲线的主要区别是：

(1) 在固定床区域 *AB* 和流化床区域 *DE* 之间有一个"驼峰" *BCD*，这是因为固定床的颗粒间相互挤压，需要较大的推动力才能使床层松动，直至颗粒达到悬浮状态时，压降Δp 便从"驼峰"段降到水平段 *DE*，此后压降基本不随表观气速而变，最初的床层越紧密，"驼峰" 段越陡峭。

(2) 由于流化床阶段 Δp 保持不变，压降线 *DE* 应为水平线，而实际流化床中 *DE* 线右端略微向上倾斜。这是由于气体通过床层时的压降，除绝大部分用于平衡床层颗粒的重力外，还有很少一部分能量消耗于颗粒之间的碰撞及颗粒容器壁之间的摩擦。

(3) 图 0-8 中 *EDC'*(流化床阶段)和 *C'A'*(固定床)阶段的交点 *C'* 即为临界点，该点所对

应的表观气速称为临界流化速度 u_{mf}, 空隙率称为临界空隙率 ε_{mf}, 其值比没有流化过的原始流化床的空隙率稍大一些。

(4) 在图 0-8 中还可见到, DE 线的上下各有一条虚线, 这是气体流化床压降的波动范围, 而 DE 线是这两条线的平均值。压降的波动是因为从分布板进入的气体形成气泡, 在向上运动的过程中不断长大, 到床面即行破裂。在气泡运动、长大、破裂的过程中产生压降的波动。

0.6.2 传统流化床的不正常现象

1. 腾涌现象

腾涌现象主要出现在气固流化床中。若床层高度与直径的比值过大, 或表观气速过高, 或气体分布不均, 会发生气泡聚并现象。当气泡直径长到与床层直径相等时, 气泡将床层分为几段, 形成相互间隔的气泡层与颗粒层。颗粒层被气泡层推着向上运动, 到达上部后气泡层突然破裂, 颗粒则分散落下, 这种现象称为腾涌现象。

出现腾涌时, Δp-u 曲线上表现为 Δp 在理论值附近大幅度的波动, 如图 0-9 所示。这是因为气泡层向上推动颗粒层时, 颗粒与器壁的摩擦造成压降大于理论值, 而气泡破裂时压降又低于理论值。

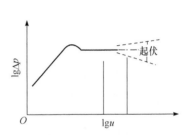

图 0-9 腾涌发生后的 Δp-u 曲线

流化床发生腾涌时, 不仅气固接触不均, 颗粒对器壁的磨损加剧, 而且引起设备振动, 因此应采用适宜的床层高度、床径比及适宜的表观气速, 以避免腾涌现象的发生。

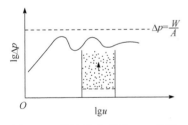

图 0-10 沟流发生后的 Δp-u 曲线

2. 沟流现象

沟流现象是指气体通过床层时形成短路, 大部分气体穿过沟道上升, 没有与固体颗粒很好地接触。沟流现象使床层密度不均且气固接触不良, 不利于气固两相的传热、传质和化学反应; 同时由于部分床层变成死床, 颗粒不是悬浮在气流中, 故在 Δp-u 图上表现为低于单位床层面积上的重力, 如图 0-10 所示。

沟流现象的出现主要与颗粒的特性和气体分布板的结构有关。粒度过细、密度大、易于黏连的颗粒, 以及气体在分布板处的初始分布不均, 都容易引起沟流。

流化床 Δp-u 关系曲线可以帮助判断流化床的操作是否正常。流化床正常操作时, 压降波动较小。若波动较大, 可能是形成了大气泡。若发现压降直线上升, 然后又突然下降, 则表明发生了腾涌现象。反之, 如果压降比正常操作时低, 则说明产生了沟流现象。实际压降与正常压降偏离的大小反映了沟流现象的严重程度。

0.6.3 传统流化床的操作范围

要使固体颗粒床层在流化状态下操作, 必须使表观气速高于临界气速 u_{mf}, 而最大气速又不得超过颗粒带出速度 u_t，因此，流化床的操作范围应在临界流化速度和带出速度之间。临界流化速度可通过实验测定或关联式计算获得，带出速度与颗粒的沉降速度有关，详细内容请参阅第1章。

流化床的操作范围可用比值 u_t/u_{mf} 的大小衡量，该比值称为流化数。对于均匀的细颗粒，$u_t/u_{mf}=91.7$；对于大颗粒，$u_t/u_{mf}=8.6$。u_t/u_{mf} 值常在 $10\sim90$ 之间。u_t/u_{mf} 值是表示正常操作时允许表观气速波动范围的指标，大颗粒床层的 u_t/u_{mf} 值较小，说明其操作灵活性较差。

实际上，不同生产过程的流化数差别很大。有些流化床的流化数高达数百，远远超过上述 u_t/u_{mf} 的高限值。在表观气速几乎超过床层的所有颗粒带出速度条件下，夹带现象未必严重。这是因为气流的大部分以几乎不含固相的大气泡通过床层，而床层中的大部分颗粒则是悬浮在表观气速依然很低的乳化相中。此外，在许多流化床中都配有内部或外部旋风分离器以捕集被夹带颗粒并使之返回床层，因此，也可以使用较高的表观气速以提高生产能力。

0.7 传统流化床的总高度

流化床的总高度分为密相段(浓相区)和稀相段(分离区)。流化床界面以下的区域称为浓相区，界面以上的区域称为分离区。

0.7.1 浓相区高度

当表观气速大于临界流化速度时，床层开始膨胀，表观气速越大或颗粒越小，床层膨胀程度越大。由于床层内颗粒质量是一定的，因此，浓相区高度 L 与起始流化高度 L_{mf} 之间有如下关系：

$$AL_{mf}(1-\varepsilon_{mf})\rho_s = AL(1-\varepsilon)\rho_s \tag{0-41}$$

对于床层截面积不随床高而变化的情况，可得到下式：

$$R_c = \frac{L}{L_{mf}} = \frac{1-\varepsilon_{mf}}{1-\varepsilon} \tag{0-41a}$$

式中，R_c 为流化床的膨胀比。确定 L 的关键是确定 ε。

对于散式流化床，空隙率 ε 与流速的关系为

$$\frac{u}{u_t} = \varepsilon^n \tag{0-42}$$

式中，u 为表观速度，m/s；u_t 为颗粒的沉降速度，m/s；n 为实验常数，对于一定的系统为常数；ε 为流化床的空隙率。

对于多数属于聚式流态化的气固系统，影响床层膨胀比的因素很多。这是由于气固流化系统的床层上界面剧烈起伏波动，剧烈程度随床层直径、表观气速而变，而准确地确定上界面的位置是比较困难的。某一规格的设备所得出的实验结果用于其他规格设备时，

其效果会有出入。图 0-11 表明床层高度波动的幅度与床层直径和表观气速明显相关。目前尚无普遍的计算公式可供使用，只有一些适用于特定条件下的经验式和半经验式。设计时应更多地考虑实际生产中的数据。

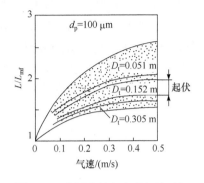

图 0-11　床层直径和表观气速对气体流化床膨胀比的影响

0.7.2　分离区高度

流化床中的固体颗粒都有一定的粒度分布，而且在操作过程中也会因为颗粒间的碰撞、磨损产生一些细小的颗粒。因此，流化床的颗粒中会有一部分细小颗粒的沉降速度低于表观气速，在操作中被带离浓相区，经过分离区而被流体带出器外。另外，气体通过流化床时，气泡在床层表面上破裂时会将一些固体颗粒抛入分离区，这些颗粒中大部分颗粒的沉降速度大于表观气速，因此，它们到达一定高度后又会落回床层。这样使得离床面距离越远的区域，其固体颗粒的浓度越小，离开床层表面一定距离后，固体颗粒的浓度基本不再变化。如图 0-12 所示，固体颗粒浓度开始保持不变的最小距离称为分离区高度，又称输送分离高度(transport disengaging height，TDH)或夹带分离高度。床层界面之上必须有一定的分离区，以使沉降速度大于表观气速的颗粒能够重新沉降到浓相区而不被气流带走。气体出口需比分离区高度更高。

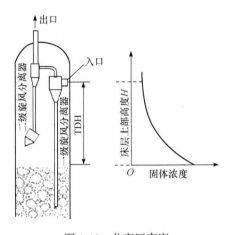

图 0-12　分离区高度

分离区高度的影响因素比较复杂，系统物性、设备及操作条件均会对其产生影响，至今尚无适当的计算公式。也有建议设计分离区高度与浓相区高度相等。

0.8　提高流态化质量的措施

流化质量是指流化床均匀的程度，即气体分布和气固接触的均匀程度。流化质量不高对流化床的传热、传质及化学反应过程都非常不利。特别是在聚式流化床中，由于气相多以气泡形式通过床层，造成气固接触不均匀，严重影响流化床的操作效果。通常，流化床内形成的气泡越小，气固接触的情况越好。提高流化质量主要从以下几个方面入手。

0.8.1　分布板

在流化床中，分布板的作用除了支持固体颗粒、防止漏料外，还有分散气流使气体得到均匀分布。但是，分布板对气体分布的影响通常只局限在分布板上方不超过 0.5m 的区域内。床层高度超过 0.5 m 时，必须采取其他措施，才能改善流化质量。

设计良好的分布板应对通过它的气流有足够大的阻力，从而保证气流均匀分布于整个床层截面上，也只有当分布板的阻力足够大时，才能克服聚式流化的不稳定性，抑制床层中出现沟流等不正常现象。实验表明，当采用某种致密的多孔介质或低开孔率的分布板时，可使气固接触非常良好，但同时气体通过这种分布板的阻力较大，会大大增加鼓风机的能耗，因此，通过分布板的压降应有适宜值。据研究，适宜的分布板压降应等于或大于床层压降的 10%，并且其绝对值应不低于 3.5 kPa。床层压降可取为单位截面上的床层重力。

工业生产用的气体分布板形式很多，常见的有直流式、侧流式和填充式等。直流式分布板如图 0-13 所示。单层多孔板结构简单，便于设计和制造，但气流方向与床层垂直，易使床层形成沟流；小孔易于堵塞，停车时易漏料。多层多孔板能避免漏料，但结构稍微复杂。凹形多孔板能承受固体颗粒的重荷和热应力，还有助于抑制鼓泡和沟流。侧流式分布板如图 0-14 所示，在分布板的孔上装有锥形风帽(锥帽)，气流从锥帽底部的侧缝或锥帽四周的侧孔流出。目前这种带锥帽的分布板应用最广，效果也最好，其中侧缝式锥帽采用最多。填充式分布板如图 0-15 所示，它是在直孔筛板或栅板和金属丝网层间铺上卵石和石英砂。这种分布板结构简单，能够达到均匀布气的要求。

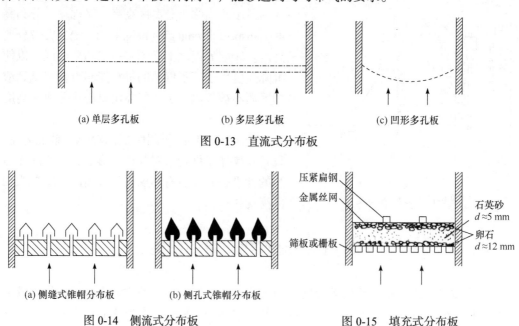

(a) 单层多孔板　　　　(b) 多层多孔板　　　　(c) 凹形多孔板

图 0-13　直流式分布板

(a) 侧缝式锥帽分布板　　　　(b) 侧孔式锥帽分布板

图 0-14　侧流式分布板

图 0-15　填充式分布板

0.8.2　设备内部构件

在床层中设置某种内部构件后，能够抑制气泡长大并破碎大气泡，从而改善气体在床层中的停留时间分布、减少气体返混和强化两相间的接触。

挡网、挡板和垂直管束都是工业流化床广泛采用的内部构件。当表观气速较低时可采用挡网，它是用金属丝制成的，常采用网眼为 15 mm × 15 mm 和 25 mm × 25 mm 两种规格。

通常采用百叶窗式的挡板，这种挡板大致分为单旋挡板和多旋挡板两种类型，以单旋挡板用得最多。

采用挡板可破碎上升的气泡，使颗粒在床层径向的粒度分布趋于均匀，改善气固接触状况，阻止气体的轴向返混。但挡板也有不利的一面，它阻碍颗粒的轴向混合，使颗粒沿床层高度按其粒径大小产生分级现象，使床层的轴向温差变大，因而恶化了流化质量。

为了减少床层的轴向温度差，提高流化质量，挡板直径应略小于设备直径，使颗粒沿四周环隙下降，再被气流通过各层挡板吹上去，从而构成一个使颗粒得以循环的通道。环隙越大，颗粒循环量越大。床径小于 1 m 时，环隙宽度为 10~15 mm，床径为 2~5 m 时，环隙宽度为 20~25 mm，有时可大到 50 mm。环隙的大小还应视过程的特点而异，颗粒作为载体时，环隙宜大；颗粒作为催化剂时，环隙宜小。对于挡板间距的确定目前还没有明确的结论，工业使用的板间距为 150~400 mm 或更大。

垂直管束(如流化床内垂直放置的加热管)是床层内的垂直构件，它们沿径向将床层分割，可限制气泡长大，但不会增大轴向温差，操作效果较好，目前应用逐渐增多。

0.8.3 粒度分布

颗粒的特性尤其是颗粒的尺寸和粒度分布对流化床的流动特性有重要影响。

Geldart[36]根据颗粒的密度与粒度分布将床层分为四类，如图 0-16 所示。极细颗粒由于颗粒间的黏附力大，易聚结，使气流形成沟流，不能正常流化；极粗颗粒流化时床层不稳定，也不适于一般的流化床。在适合于流化床的颗粒粒度范围内，又可分为细颗粒床层和粗颗粒床层。有人提出用床层的膨胀特性来判断粗颗粒床层和细颗粒床层。粗颗粒床层在临界流化速度 u_{mf} 或稍大于 u_{mf} 时出现气泡，此时床层的膨胀比约为 1，最小鼓泡速度基本上等于临界流化速度 u_{mf}，即粗颗粒床层基本上没有散式流化阶段，开始流化即为

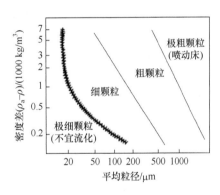

图 0-16　流化颗粒的粒度范围

聚式流化。细颗粒床层在表观气速超过 u_{mf} 后，床层均匀膨胀，为散式流化，直到表观气速达到某一值时才出现气泡，最小鼓泡速度可以是 u_{mf} 的若干倍。因此，粒度分布较宽的细颗粒可以在较宽的表观气速范围内获得良好的流化质量。

另外，细颗粒高表观气速流化床在化工中受到重视和应用。气固两相接触面积大，接触均匀性好，有利于提高反应转化率和床内温度均匀性。同时，高表观气速还可减小床径。

后来，Grace[37]和 Yang[38]分别于 1986 年和 2007 年对 Geldart 的颗粒流态化分级图进行了修正和完善。

0.9　气力输送简介

利用气体在管道内的流动来输送粉粒状固体的方法称为气力输送。作为输送介质的

气体通常是空气，但在输送易燃易爆粉料时，也可采用惰性气体，如氮气等。由于气力输送与颗粒流态化密切相关，因此也在此处简要介绍。

气力输送方法从 19 世纪开始即用于港口、码头和工厂内的谷物输送。因与其他机械输送方法相比具有许多优点，所以在许多领域得到广泛应用。气力输送的主要优点有：

(1) 系统密闭，避免了物料的飞扬、受潮、受污染，改善了劳动条件。

(2) 可在运输过程中(或输送终端)同时进行粉碎、分级、加热、冷却及干燥等操作。

(3) 设备紧凑，占地面积小，可以根据具体条件灵活地安排线路。例如，可以水平、倾斜或垂直地布置管路。

(4) 易于实现连续化、自动化操作，便于同连续的化工过程衔接。

但是，气力输送与其他机械输送方法相比也存在一些缺点，如动力消耗较大，颗粒尺寸受到一定限制(<30 mm)；在输送过程中物料破碎及物料对管壁的磨损不可避免，不适于输送黏附性较强或高速运动时易产生静电的物料。

在气力输送中，将单位质量气体所输送的固体质量称为混合比 R(或固气比)，其表达式为

$$R = \frac{G_s}{G} \tag{0-43}$$

式中，G_s 为单位管道面积上单位时间内加入的固体质量，kg/(s·m^2)；G 为气体质量流速，kg/(s·m^2)；R 为气力输送装置的一个经济指标。

混合比在 25 以下(通常 R=0.1~5)的气力输送称为稀相气力输送。在稀相气力输送中，气速较高，固体颗粒呈悬浮态，工业应用较多。混合比大于 25 的气力输送称为密相气力输送。在密相气力输送中，固体颗粒呈团聚状态。

0.9.1　稀相气力输送

1. 稀相气力输送分类

在稀相气力输送中，根据管内的压力大小，可以分为吸引式和压送式。

1) 吸引式

输送管中的压强低于常压的输送称为吸引式气力输送。气源真空度不超过 10 kPa 称为低真空式，主要用于近距离、小输送量的细粉尘的除尘清扫；气源真空度在 10~50 kPa 之间的称为高真空式，主要用于粒度不大、密度介于 1000~1500 kg/m^3 的颗粒的输送。吸引式输送的输送量一般不大，输送距离一般不超过 50~100 m。

吸引式气力输送的典型装置系统如图 0-17 所示，这种装置往往在物料吸入口处设有带吸嘴的挠性管，以便将分散于各处的或在低处、深处的散装物料收集至储仓。这种输送方式适用于需在输送起始处避免粉尘飞扬的场合。

2) 压送式

输送管中的压强高于常压的输送称为压送式气力输送。按照气源的表压强可分为低压式和高压式两种。气源表压强不超过 50 kPa 的为低压式。这种输送方式在一般化工厂中用得最多，适用于小量粉粒状物料的近距离输送。高压式输送的气源表压强可高达

700 kPa，用于大量粉粒状物料的输送，输送距离可长达 600～700 m。压送式气力输送的典型装置系统如图 0-18 所示。

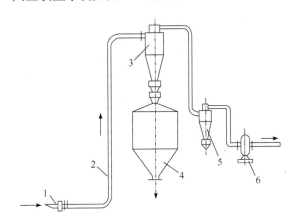 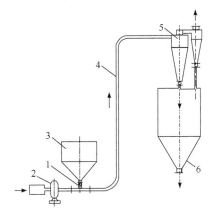

图 0-17 吸引式气力输送典型装置

1. 吸嘴；2. 输送管；3. 一次旋风分离器；4. 料仓；
5. 二次旋风分离器；6. 抽风机

图 0-18 压送式气力输送典型装置

1. 回转式供料器；2. 压气机械；3. 料斗；
4. 输料管；5. 旋风分离器；6. 料仓

2. 稀相气力输送中的气流速度

稀相气力输送相对需要较高的气速，但气速过高不仅动力消耗大，而且颗粒破碎和管道磨损也更加严重，还会增加系统尾部分离设备的负荷。因此，应将气速尽可能降低，但气速不能低于流化床能正常操作的最低气速。最低气速可根据流体的运动方向分别确定。

1) 水平管内的输送

输料管内颗粒的运动状态随输送气流速度显著变化。一般来说，气速越大，颗粒在输料管内越接近均匀分布；气速逐渐下降时，颗粒在管截面上开始出现不均匀分布，越靠近底部管壁，颗粒分布越密。当气速小于某一数值时，部分颗粒便沉积于底部管壁，一边滑动，一边被推着向前运动；气速进一步下降时，沉积的物料层反复做不稳定的移动，最后完全停滞不动，造成堵塞。

颗粒开始沉积时的气速称为沉积气速，沉积气速是水平输送时的最低气速，实际操作时，气速必须大于沉积气速。

水平输送时，颗粒在垂直方向上似乎只受重力作用，应沉降在管的底部。实际上由于湍流气体在垂直方向上的分速度所产生的作用力，以及由于颗粒形状不规则而受到推力在垂直方向上的分力等作为对抗重力的因素，颗粒仍能被悬浮输送。

2) 垂直管中的输送

垂直管中进行向上的稀相气力输送时，在一定的固体负荷下，若气速足够高，则颗粒也能充分分散地流动。当气速逐渐降低时，气固速度都降低，空隙率也减小，气固混合物的平均密度 $\bar{\rho}$ 增大。当气速降低至某一值时，颗粒已不能悬浮在气体之中，而是汇集在一起形成柱塞状，于是输送状态被破坏而形成腾涌，此时的气速称为噎塞速度。噎塞速度是在垂直管中进行稀相气力输送的最低气速。

3) 倾斜管中的输送

研究表明，当倾斜管与水平线的夹角在 10°以内时，沉积速度没有明显变化；当倾斜管与垂直线的夹角在 8°以内时，其相应的噎塞速度也没有显著变化。但当倾斜管与水平线夹角为 22°~45°时，沉积速度比在水平管中的沉积速度高 1.5~3 m/s。

沉积速度和噎塞速度与颗粒物性、混合比、供料器的类型和构造、输料管直径和长度及配管方式等许多因素有关。在气力输送装置中，一方面由于粒子之间及粒子与管壁之间存在摩擦、碰撞或黏附作用，另一方面也由于在输料管中气体速度分布不均匀，存在"边界层"，因此，理论计算所确定的最佳气速通常与实际采用的输送气速经验值并不一致。设计时通常采用生产实践中积累的经验数据。

0.9.2   密相气力输送

密相气力输送的特点是低风量高风压，物料在管内呈流态化或柱塞状运动。此类装置的输送能力大，输送距离可长达 100~1000 m，尾部所需的气固分离设备简单。由于物料或多或少呈聚团状低速运动，物料的破碎及管道磨损较轻，但操作较困难。密相气力输送广泛应用于水泥、塑料粉、纯碱、催化剂等粉状物料的输送。

图 0-19 为脉冲式密相气力输送装置。一股压缩空气通过发送罐内的喷气环将粉料吹松，另一股表压为 150~300 kPa 的气流通过脉冲发生器和电磁阀以一定的脉冲频率间断地吹入输料管入口处，将流出的粉料切割成料栓与气栓相间的粒度系统，凭借空气的压强推动料栓在输送管中向前移动。

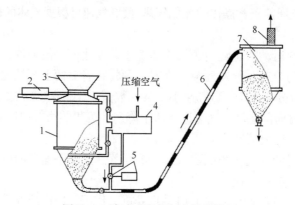

图 0-19   脉冲式密相气力输送装置

1. 发送罐；2. 气相密封插管；3. 料斗；4. 气体分配器；5. 脉冲发生器和电磁阀；6. 输送管道；7. 受槽；8. 袋滤器

0.10   流态化工业应用简介

流态化技术自问世以来，已广泛应用于石油、化工、冶金、选矿、轻工、生物、医药、环境、能源等过程工业的许多领域，发挥了巨大的作用[1-14]。这里仅简要介绍几个典型的工业化应用示例，更详细的内容在后面各章进一步阐述。

0.10.1 煤气化炉

气固流化床 1921 年出现于德国，应用于粉煤气化。温克勒(Fritz Winkler)的流化床粉煤气化炉(图 0-20)于 1922 年获得德国专利。第一台煤气发生炉高 13 m，截面积 12 m²，于 1926 年顺利投入运行，第二次世界大战期间应用于石油催化裂化。目前煤气化炉得到了很大的发展，形成了新型气化炉，并已在工业生产中发挥非常重要的作用。

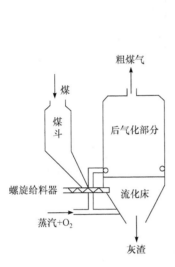

图 0-20 气固流化床粉煤气化炉

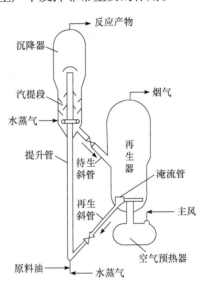

图 0-21 气固相催化裂化反应装置系统

0.10.2 石油加工中的气固相催化裂化反应系统

石油炼制过程中，催化裂化反应器是催化裂化工艺的核心部分，决定重质油轻质化产品的质量。流态化技术在催化裂化反应器中的应用，不仅使催化裂化生产出更多的高辛烷值汽油、柴油、液化气等，而且满足了反应原料重质化的需求，如从重油发展到掺炼渣油等。

催化裂化反应器和再生器之间必须有大量的催化剂循环。催化剂不仅要周期性地反应和再生，以维持一定的活性水平，而且要起到取热和供热的热载体作用。能否实现稳定的催化剂循环，是催化裂化装置设计和生产中的关键性问题。催化裂化装置的催化剂循环采用密相输送的方法，在提升管催化裂化装置中采用斜管或立管输送(图 0-21)。气固相催化裂化反应装置系统工业化现场图见图 0-22。

全球有多套低、中温气固非均相催化反应装置系统。

0.10.3 气固循环流化床燃煤锅炉

流化床锅炉是流态化技术的另一重要应用。19 世纪 80 年代，随着蒸汽机的发明，开发了固定床层燃技术。至 20 世纪 30 年代，层燃锅炉已不能满足需求，从而开发了煤粉燃烧技术。至 20 世纪中期，工业的迅速发展和燃煤锅炉产生的严重污染问题，迫切要求发展煤的清洁燃烧技术。20 世纪 60 年代末，流化床煤燃烧技术应运而生，主要开发了鼓

图 0-22　气固相催化裂化反应装置系统工业现场图

泡流化床燃煤技术。流化床锅炉被誉为"最环保的锅炉"，具有燃料适应性广、燃烧效率高、可实现炉内脱硫、低 NO_x 排放等优点。20 世纪 70 年代末至 80 年代初，开发了循环流化床煤燃烧技术。从 1995 年至今，循环流化床快速发展。1995 年法国 Gardanne 电站 250 MW 大型循环流化床锅炉成功运行。2003 年美国 JEA 电站 300 MW 高参数循环流化床锅炉成功运行。2009 年世界上第一台 460 MW 超临界循环流化床锅炉在波兰 Lagisza 诞生，标志着循环流化床锅炉大型化技术取得了重要进展。2013 年 4 月由我国自主研发的国电四川电力股份有限公司白马电厂 600 MW 超临界循环流化床锅炉成功运行。截至 2020 年底，我国已经投运 40 多台 350～660 MW 超临界循环流化床锅炉。世界上第一台主再热汽温超过 600℃的超临界循环流化床锅炉于 2016 年在韩国三陟开始运行。2019 年我国启动了两个 660 MW 超临界循环流化床锅炉项目(贵州威赫和陕西彬长)，并于 2020 年核准通过了 700 MW 超临界循环流化床锅炉项目，800 MW 循环流化床锅炉已由美国 FW 公司设计完成。

以循环流化床技术演变的新型燃烧技术正在崛起，以低能耗和零排放为主题的循环流化床新技术进入了一个新的发展阶段。近年来，化学链燃烧技术(chemical looping combustion，CLC)、氧燃烧 FBC(fluidized bed combustion)技术、新型循环流化床气化技术及各种二氧化碳捕集技术得到了快速的发展。随着我国"双碳"目标的提出及日趋严格的排放要求，以流化床反应器为关键设备显示出良好的工业应用前景。

与固定床燃煤锅炉不同，流化床锅炉是煤粉等物料采用流化床燃烧方式的锅炉。流化床锅炉按流体动力特性可分为鼓泡流化床锅炉和循环流化床锅炉，按炉膛内的烟气压力可分为常压流化床锅炉和增压流化床锅炉。为了实现锅炉煤粉的高效无污染燃烧，采用传统气固流化床和气固循环流化床锅炉是很好的选择。

循环流化床是劣质煤清洁煤燃烧最好的技术之一[39-40]。循环流化床锅炉由于其具有中温燃烧且炉内温度分布均匀、燃烧在还原条件下进行、炉内存在大量还原性物料等特点，相较于煤粉锅炉具有天然的 NO_x 低排放优势。大量的运行实践表明，在床温设计合理、过量空气系数控制得当的条件下，循环流化床锅炉的 NO_x 原始排放一般可以在

$200 \ mg/m^3$ 以内，能够直接满足绝大多数国家和地区的 NO_x 排放要求。

循环流化床燃煤锅炉装置系统的原理流程示意图、循环流化床锅炉 3D 示意图及实物图如图 0-23 所示。炉膛(快速流化床)或燃烧室、旋风分离器及返料装置被称为循环流化床锅炉的三大核心部件，并构成了循环流化床锅炉的颗粒循环回路，是循环流化床锅炉的特有系统。其他重要部分是尾部对流烟道，安装有过热器、省煤器和空气预热器等。

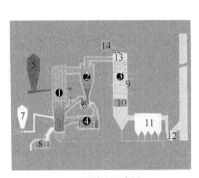 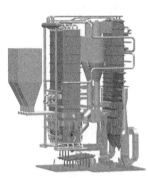 

(a) 原理流程示意图 　　　(b) 循环流化床锅炉3D示意图 　　　(c) 实物图

图 0-23　循环流化床燃煤锅炉装置系统

1. 炉膛；2. 旋风分离器；3. 过热器；4. 外置式换热器；5. 煤仓；6. 返料装置；7. 石灰石进料口；8. 灰冷却器；9. 省煤器；10. 空气预热器；11. 除尘器；12. 引风机；13. 尾部对流烟道；14. 汽包

循环流化床燃烧技术对我国燃煤污染控制和消纳大量洗煤矸石、泥煤有重要意义。我国在循环流化床燃烧大型化、高参数方面已达到世界领先水平。但是，相关的循环流态化的研究还有待进一步加强。

0.10.4　液固、气液固循环流化床废水处理系统

液固、气液固循环流化床生物反应器废水处理流程示意图如图 0-24 所示[41]。反应器主要由上行床、下行床和两个床层顶部的分离器组成。上行床是缺氧环境、下行床是好氧环境，颗粒通过上、下连接管在两个床层之间循环。污水由上行床底部进入，带动底部的生物载体颗粒向上流动。在此过程中，颗粒上附载的微生物与污水充分接触，实现反应过程。部分液体及富含微生物的载体颗粒在液固分离器中经上部连接管进入下行床。下行床底部通入的空气为系统提供了好氧环境从而实现有机物氧化过程和氨氮硝化过程，到达下行床底部的生物颗粒经下部连接管进入上行床进行新一轮的循环。处理后的达标水由下行床的顶部排出。

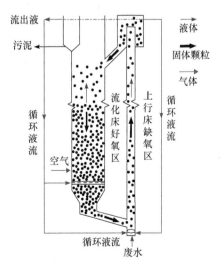

图 0-24　液固、气液固循环流化床废水处理流程示意图[41]

液固和气液固循环流化床在生物、医药、环境等领域的其他应用，如乳清中蛋白质的连续回收，苯酚连续酶促聚合，乳酸发酵与提取生产，大豆蛋白质的连续无溶剂回收，直接、高通量、连续蛋白质复性，烷基化反应，重金属去除等，请参阅文献[12,42-45]。

0.10.5　高效零结垢气液固循环流化床蒸发器

蒸发是化工、石油、制药、环境、海水淡化等领域的关键单元操作，也是耗能的主要环节。据调研，现有的蒸发技术及装置存在以下问题：待蒸发溶液由于含有易结垢成分，在加热管内壁面上极易结垢；结垢等使传热效率下降，蒸汽消耗量增加，生产时间延长，从而造成企业能耗大幅度增加，生产效率低下。因此，急需既能防垢又能强化蒸发过程的技术及装置，以实现过程防垢和过程节能降耗。气(汽)液固三相循环流化床蒸发浓缩技术及装置可以很好地解决上述问题。其基本原理是：向蒸发器内加入一定量的惰性固体颗粒，从而形成气(汽)液固三相循环流化床，通过处于流化状态的固体颗粒不断扰动蒸发器加热管内壁面上的流体边界层，从而达到在线防垢和强化蒸发过程等目的。固体颗粒始终在蒸发设备里面，作为设备的一部分，与待蒸发溶液很容易分离，是一种高效零结垢蒸发浓缩器。

用于中药提取液浓缩的高效零结垢气(汽)液固循环流化床蒸发浓缩器如图0-25所示，颗粒的加入可以强化料液的沸腾蒸发和避免加热室管内结垢，具有极大的应用价值。

图 0-25　高效零结垢中药提取液气(汽)液固循环流化床蒸发浓缩器

0.10.6　流化床干燥器

流化床干燥器也称为沸腾床干燥器，用于干燥颗粒物料，具有很高的传热传质效率。流态化原理在干燥中的应用示意图见图 0-26。其中，颗粒在热气流中上下翻动，彼此碰撞和混合，气固间进行传热、传质，以达到干燥目的。

流化床在药物浸膏的干燥、制粒和包衣等方面有比较广泛的工业应用。流化床喷雾干燥技术适宜处理流体浸膏。根据喷嘴位置的不同，有底喷、顶喷和切向喷之分。无论何种喷射方式，原浓缩浸膏都被高速喷射的气流撕裂成无数小液滴，当液滴和热的流化气

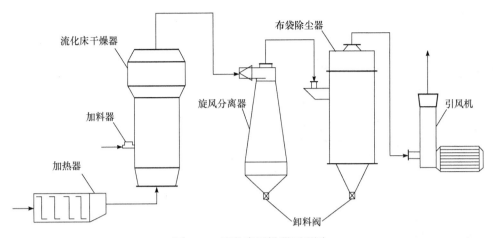

图 0-26　流化床干燥器原理图

体接触时，表面上的液体迅速蒸发，湿浓缩浸膏被干燥。喷雾干燥粉大部分呈球体。小液滴有很大的比表面积，在与干燥热空气密切接触时，数秒内即被干燥，由于包围在粒子表面上的液体的蒸发，因而被干燥的浸膏液滴被冷却，并且由于产品迅速离开干燥区，避免了产品过热，故比较适合于中药浸膏等具有热敏性的物料的干燥。采用喷雾干燥技术可以使干浸膏粉和药材色泽、气味一致，有效成分稳定。

　　流化床喷雾制粒工艺是将流态化与喷雾技术巧妙地结合，将原料的混合、制粒及干燥工艺过程集中在一个设备内，一步法完成制粒任务，也称为一步干燥制粒。具有工艺简单、设备紧凑、能耗低、适合于热敏物料和颗粒易溶解等优点，在制药中得到广泛应用。流化床喷雾制粒装置原理如图 0-27 所示[46]。

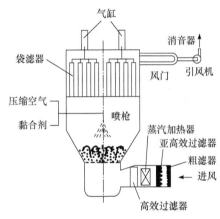

图 0-27　流化床喷雾制粒装置原理图[46]

　　流化床喷雾包衣工艺过程与流化床喷雾制粒工艺类似，其操作一般采用底喷形式。应用流化床喷雾包衣装置可以制作缓释微丸等。

0.10.7　其他物理化学过程

　　流态化在其他物理化学过程中的应用包括：气液固流化床用于生物化工如发酵等过程，气液固浆态床用于费-托合成等；流化床对流换热、混合、造粒、吸附；高温非催化固相加工反应如燃烧、生物质气化；化学合成如苯酐和马来酸酐合成；流化床冶金如矿石磁化焙烧、矿物浮选、铀加工；环保如流化床废物焚烧等；电子工业如结晶硅生产等；其他工业领域等。

　　总之，流态化技术具有广泛的工业应用，几乎涉及过程工业的方方面面，在本书后续相应的章节中将进一步介绍。感兴趣者还可以参考文献[2-3,5-6,8-10,12,32,34,47-49]中的详细介绍。

习 题

0-1 描述颗粒及颗粒床层特性的参数有哪些?

0-2 如何计算颗粒的自由重力沉降速度?

0-3 什么是流态化? 其典型的流型有哪些?

0-4 描述流态化现象、流化形式及其特点。

0-5 流化床系统各阶段受力的本质特征有哪些?

0-6 临界流态化速度、压降的概念及其获取方法是什么?

0-7 如何获取散式流态化的膨胀比?

0-8 流态化颗粒的分级概念是什么?

0-9 如何判断流化质量及改善流化质量的措施?

0-10 简述流态化的发展史和前沿方向。

0-11 简述多相流态化的分类。

0-12 化工厂某气固流化床在常压和 20℃下操作, 固体颗粒群的直径范围为 $50\sim175\ \mu m$, 平均颗粒直径为 $98\ \mu m$, 其中直径大于 $60\ \mu m$ 的颗粒不能被带出。试求流化床的初始流化速度、带出速度和流化数。

参 考 文 献

[1] Kwauk M. Particulate fluidization: An overview[J]. Advances in Chemical Engineering, 1991, 17: 207-360.

[2] 金涌, 祝京旭, 汪展文, 等. 流态化工程原理[M]. 北京: 清华大学出版社, 2001.

[3] Yang W C. Handbook of Fluidization and Fluid-Particle Systems[M]. New York: Marcel Dekker Inc., 2003.

[4] Kwauk M. Fluidization-Idealized and Bubbleless, with Applications[M]. Beijing: Science Press, New York: Elis Horwood, 1992.

[5] 郭慕孙, 李洪钟. 流态化手册[M]. 北京: 化学工业出版社, 2007.

[6] 李佑楚. 流态化过程工程导论[M]. 北京: 科学出版社, 2008.

[7] Li J H, Huang W L. Towards Mesoscience: The Principle of Compromise in Competition[M]. Heidelberg: Springer, 2014.

[8] Yates J G, Lettieri P. Fluidized-Bed Reactors: Processes and Operating Conditions, Particle Technology Series, Vol.26[M]. Cham : Springer International Publishing Switzerland, 2016.

[9] 袁渭康, 王静康, 费维扬, 等. 化学工程手册[M]. 北京: 化学工业出版社, 2019.

[10] Grace J R, Bi X T, Ellis N. Essentials of Fluidization Technology[M]. Weinheim: Wiley-VCH Verlag GmbH & Co. KGaA, 2020.

[11] 胡宗定. 气液固三相流化工程[J]. 化学工程, 1986, 2: 20-27.

[12] Fan L S. Gas-Liquid-Solid Fluidization Engineering[M]. Boston: Butterworth-Heinemann, 1989.

[13] Fan L S. Bubble Wake Dynamic in Liquids and Liquid-Solid Suspensions[M]. Boston: Butterworth-Heinemann, 1990.

[14] 邢卫红, 陈日志. "化工过程强化"专栏——主编寄语[J]. 化工进展, 2020, 39(12): 47-57.

[15] 李向阳, 王浩亮, 冯鑫, 等. 多相反应器的非均相特性测量技术进展[J]. 化工进展, 2019, 38(1): 45-71.

[16] 程易, 王铁峰. 多相流测量技术及模型化方法[M]. 北京: 化学工业出版社, 2017.

[17] 柴诚敬, 贾绍义. 化工原理(上)[M]. 3 版. 北京: 高等教育出版社, 2016.

[18] The Particuology Editors. Forword greetings to our readers[J]. Particuology, 2003, 1(1): 1.

[19] Agricola G. De Re Metallia[M]. Basil: Hieronymus Froben & Nicolaus Episcopius, 1556.

[20] Winkler F. Verfahren zum Herstellen Wassergas[P]. German Patent 437970, 1922.

[21] Brown G. Unit Operations. Chapter 20: Fluidization of Solids[M]. Hoboken: John Wiley & Sons Inc., 1950.

[22] Othmer D F. Fluidization[M]. New York: Reinhold Publishing Corp., 1956.

[23] Wilhelm R H, Mooson K. Fluidization of solid particles[J]. Chemical Engineering Progress, 1948, 44: 201-218.

[24] Leva M. Fluidization[M]. New York: McGraw Hill, 1959.

[25] Kunii D, Levenspiel O. Fluidization Engineering[M]. Hoboken: John Wiley & Sons Inc., and Toppan Co., 1969.

[26] Davidson J F, Harrison D. Fluidization[M]. Waltham: Academic, 1971.

[27] Grace J R, Matsen J M. Fluidization[M]. New York: Plenum Press, 1980.

[28] Fan L S, Zhu C. Principles of Gas-Solid Flows[M]. Cambridge: Cambridge University Press, 1998.

[29] 汪家鼎. 流动化固体法应用于煤之干馏[J]. 化学工程, 1948, XV: 1-2, 33-40.

[30] 郭慕孙. 流态化技术在冶金中之应用[M]. 北京: 科学出版社, 1958.

[31] 李洪钟, 郭慕孙. 回眸与展望流态化科学与技术[J]. 化工学报, 2013, 64(1): 52-62.

[32] Smith P G. Applications of Fluidization to Food Processing[M]. Oxford: Blackwell Science Publishing Company, 2007.

[33] 黎强, 邱宽嵘, 丁玉. 流态化原理及应用[M]. 徐州: 中国矿业大学出版社, 1994.

[34] 陈甘棠, 王樟茂. 多相流反应工程[M]. 杭州: 浙江大学出版社, 1996.

[35] 吴占松, 马润田, 汪展文. 流态化技术基础及应用[M]. 北京: 化学工业出版社, 2006.

[36] Geldart D. Types of gas fluidization[J]. Powder Technology, 1973, 7(5): 285-292.

[37] Grace J R. Contacting modes and behaviour classification of gas-solid and other two-phase suspensions[J]. Canadian Journal of Chemical Engineering, 1986, 64(3): 353-363.

[38] Yang W C. Modification and re-interpretation of Geldart's classification of powders[J]. Powder Technology, 2007, 171(2): 69-74.

[39] 张缦, 夏良伟, 王凤君, 等. 循环流化床低氮燃烧技术及应用[R]. 科技成果, 2020.

[40] 宋畅, 吕俊复, 杨海瑞, 等. 超临界及超超临界循环流化床锅炉技术研究与应用[J]. 中国机电工程学报, 2018, 38(2): 338-347.

[41] 陈少奇, 邵媛媛, 马可颖, 等. 液固循环流化床的开发与应用——过程集成与强化[J]. 化工进展, 2019, 38: (1): 122-135.

[42] Muroyama K, Fan L S. Fundamentals of gas-liquid-solid fluidization[J]. American Institute of Chemical Engineers, 1985, 31(1): 1-34.

[43] Zhu J X, Zheng Y, Karamanev D G, et al. (Gas-)liquid-solid circulating fluidized beds and their potential applications to bioreactor engineering[J]. Canadian Journal of Chemical Engineering, 2000, 78(1): 82-94.

[44] Atta A, Razzak S A, Nigam K D P, et al. (Gas)-liquid-solid circulating fluidized bed reactors: Characteristics and applications[J]. Industrial and Engineering Chemistry Research, 2009, 48(17): 7876-7892.

[45] Wang J Y, Shao Y Y, Yan X L, et al. Review of (gas)-liquid-solid circulating fluidized beds as biochemical and environmental reactors[J]. Chemical Engineering Journal, 2020, 386: 1-17.

[46] 朱民, 卓震. 流化床喷雾制粒工艺过程参数的优化[J]. 化工装备技术, 2003, 24(3): 4-7.

[47] Richardson J F, Zaki W N. Sedimentation and fluidization: Part I[J]. Transactions of the Institution of Chemical Engineers, 1954, 32: 35-53.

[48] 郭慕孙. 流态化浸取和洗涤[M]. 北京: 科学出版社, 1979.

[49] 佟庆理. 两相流动理论基础[M]. 北京: 冶金工业出版社, 1982.

第1章

气固流态化基础

气固流态化以气体为流化介质，将固体颗粒悬浮其中，从而使固体颗粒具有像流体一样的流动特性。气固流态化具有气固间传质和传热速率快、混合迅速、温度均匀可控、处理量大等特征，因而特别适用于各种固体加工的物理和化学过程，如湿颗粒物料干燥、不同粒度或密度物料的混合和分离、物料表面改性、以固体颗粒为传热介质的高效传热、各种固体颗粒燃料的热解、气化和燃烧、各种气固非催化和催化反应等。气固流态化是多相流态化科学和技术的重要组成部分。本章对气固流态化的基础知识进行详细介绍，其研究进展和工业应用在第 2 章阐述。

1.1 流型及其转变

在气固流态化状态下，随着气体和固体的特性以及气体速度的不同可以出现不同的流态化状态，通常称为流型。在不同的流型下，气固流动呈现不同的宏观(床层轴、径向分布)和微介观(如气泡)特征。本章详细介绍这些不同流态化流型的判别和流化特性等基础规律。

1.1.1 散式和聚式流态化的区分

当流化介质的表观速度超过固体颗粒的起始或临界流化速度后，床层开始膨胀。根据气体和颗粒在流化状态下的分散情况，床层可以呈现两种流态化现象：聚式流态化和散式流态化[1-2]。一般认为，气固系统多为聚式流态化，仅当固体颗粒为密度较低、粒度较小的物料时，才有可能形成散式流态化。

气泡和聚团的存在以及颗粒在流体中分布不均匀是聚式流态化的特征，而散式流态化则恰好相反。一般来说，呈现聚式流态化还是散式流态化，主要受流体速度、固体颗粒直径和固体颗粒与流体之间密度差的影响[1]。有理论定性预测和实验定量评价两种流化状态的识别方法。预测是指在已知气体与颗粒物性参数及流化床操作条件下，不需要通过实验考察，而经计算或查图表所得到的某些数据即可预知该体系流化质量。特征数是常用的判据。

1948 年由 Wihelm 和 Kwauk(郭慕孙)首先提出以临界流化速度 u_{mf} 为特征速度的弗劳德(Froude)数 Fr_{mf} 来判别散式流态化和聚式流态化。1962 年 Romero 和 Johanson 基于流态化稳定理论，引入流化床的几何尺寸，对 Fr_{mf} 判别方法进行了修正，提出了由 4 个无量纲数组成的判别式。其他学者也提出了以气泡或液泡的最大稳定尺寸 d_{bm}、无量纲特征数 Dn 等特征数来划分散式流态化和聚式流态化的方法[3]。由于实验条件有所不同，判别式的准确程度和适用范围也各有差异。

除特征数判别外，还有根据颗粒特性的 Geldart 判据和 Grace 判据等方法定性预测。

实验定量评价则包括床层塌落法、床层局部空隙率波形分析法等实验方法及局部不均匀指数 δ、整体非理想指数 f_h 等判据。

表 1-1 列出了几种常用的无量纲特征数判据。这些判别式表明流态化的状态很大程度上取决于固体颗粒的性质，主要是颗粒的密度和平均直径。

表 1-1　散式和聚式流态化判别式[1]

作者	判别式	散式	聚式
Wihelm & Kwauk	$Fr_{mf}=\dfrac{u_{mf}^2}{gd_p}$	$Fr_{mf}<0.13$	$Fr_{mf}>1.3$
Romero & Johanson	$R=Fr_{mf}Re_{mf}\left(\dfrac{\rho_p-\rho_f}{\rho_f}\right)\left(\dfrac{H_{mf}}{D_t}\right)$	$R<100$	$R>100$
Harrison & Davidson	$\dfrac{d_{bm}}{d_p}=71.3\left(\dfrac{\mu_f^2}{gd_p^2\rho_f^2}\right)\left(\dfrac{\dfrac{\rho_p}{\rho_p-\rho_f}-\varepsilon_{mf}}{1-\varepsilon_{mf}}\right)\times\left[\left(1+\dfrac{gd_p^3\rho_f(\rho_p-\rho_f)}{54\mu_f^2}\right)^{1/2}-1\right]^2$	$\dfrac{d_{bm}}{d_p}<1$	$\dfrac{d_{bm}}{d_p}>10$
Verloop & Heertjes	$N_{tr}=\sqrt{gd_p^3\left(\dfrac{\rho_p-\rho_f}{\mu_f}\right)}$	$N_{tr}<50$	$N_{tr}>5000$
Foscoho & Gibilaro	$u_e=\dfrac{(gd_p)^{0.5}}{u_t}\left(\dfrac{\rho_p-\rho_f}{\rho_p}\right)^{0.5}$ $u_\varepsilon=0.56n(1-\varepsilon_1)^{0.5}\varepsilon_1^{n-1}$	$u_e<u_\varepsilon$	$u_e>u_\varepsilon$
Liu、Kwauk & Li	$Dn=\left(\dfrac{Ar}{Re_{mf}}\right)\left(\dfrac{\rho_p-\rho_f}{\rho_f}\right)$	$0\leqslant Dn\leqslant10^4$	$Dn\geqslant10^6$

1.1.2　流态化流型及转变

如绪论中所述，在气固系统中，根据气体速度的变化，气固流态化呈现不同的流动形态，并可以通过同时测取床层上部压降 ΔP_U 和下部压降 ΔP_L 随气体速度变化而判定，如图 1-1 所示。

在固定床状态下[图 1-1(a)]，床层下部压降 ΔP_L 随气体表观速度 u_f 的增大而增加，而床层上部为空床，压降 ΔP_U 几乎为零且随表观速度 u_f 变化很小。固定床中的压降和气速的关系可用欧根(Ergun)公式表示[4]:

$$\frac{\Delta P}{H}=150\frac{(1-\varepsilon)^2}{\varepsilon^3}\frac{\mu_f u_f}{d_p^2}+1.75\frac{(1-\varepsilon)}{\varepsilon^3}\frac{\rho_f u_f^2}{d_p} \tag{1-1}$$

式中，d_p 为颗粒(球形度为 1)的等比表面积平均当量直径；μ_f 为气体动力黏度；ε 为床层空隙率；ρ_f 为气体密度。

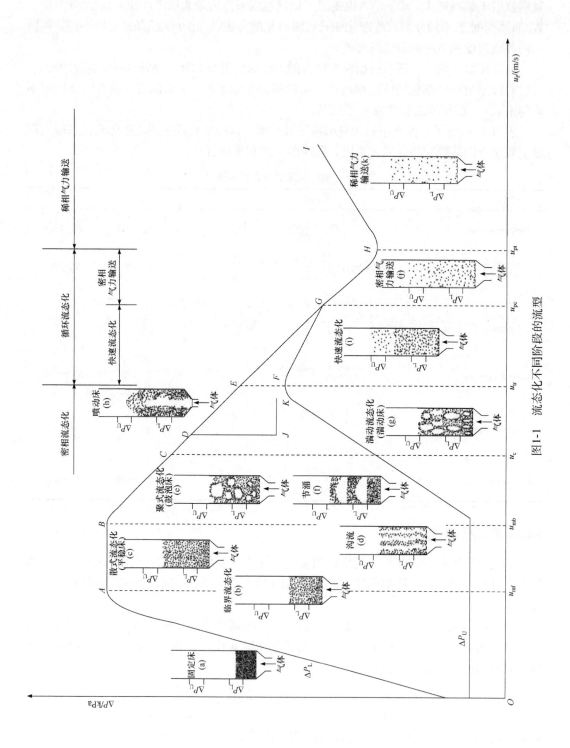

图1-1 流态化不同阶段的流型

提高气体速度到临界流化速度 u_{mf} 时，系统进入临界流化状态[图 1-1(b)]。此后，床层压降 ΔP_L 将不再变化，ΔP_U 依然很小。表 1-2 列举了部分 u_{mf} 常用公式。

表 1-2　临界流化速度计算关联式

作者	关联式	说明
Leva[5]	$$u_{mf} = 0.00923 \frac{d_p^{1.82}\left[\left(\rho_p - \rho_f\right)\rho_f\right]^{0.94}}{\mu_f^{0.88}\rho_f^{0.06}}$$	$Re_{mf} < 10$
	$$u_{mf} = \left(1.33 - 0.381\lg Re_{mf}\right)0.00923 \frac{d_p^{1.82}\left[\left(\rho_p - \rho_f\right)\rho_f\right]^{0.94}}{\mu_f^{0.88}\rho_f^{0.06}}$$	$Re_{mf} > 10$
Wen & Yu[6]	$$Re_{mf} = \frac{d_p u_{mf} \rho_f}{\mu_f} = \left(33.7^2 + 0.0408 Ar\right)^{0.5} - 33.7$$ $$Ar = \frac{d_p^3 \rho_f \left(\rho_p - \rho_f\right)g}{\mu_f^2}$$	$0.001 < Re_{mf} < 4000$
Grace[7]	$$Re_{mf} = \frac{d_p u_{mf} \rho_f}{\mu_f} = \left(27.2^2 + 0.0408 Ar\right)^{0.5} - 27.2$$ $$Ar = \frac{d_p^3 \rho_f \left(\rho_p - \rho_f\right)g}{\mu_f^2}$$	
Broadhurst & Becker[8]	$$Re_{mf} = \left[\frac{Ar}{2.42 \times 10^5 Ar^{0.85}\left(\frac{\rho_p}{\rho_f}\right)^{0.13} + 37.7}\right]^{0.5}$$ $$Ar = \frac{d_p^3 \rho_f \left(\rho_p - \rho_f\right)g}{\mu_f^2}$$	$0.01 < Re_{mf} < 1000$ $500 < \rho_p/\rho_f < 50000$ $1 < Ar < 10^7$
Ergun[4]	$$\frac{1.75}{\varepsilon_{mf}^3 \phi_s}Re_{mf}^2 + \frac{150\left(1 - \varepsilon_{mf}\right)}{\varepsilon_{mf}^3 \phi_s^2}Re_{mf} = Ar$$	固定床
Kunni & Levenspiel[1,4]	$$u_{mf} = \frac{d_p^2 \left(\rho_p - \rho_f\right)g}{150\mu_f} \times \frac{\varepsilon_{mf}^3 \phi_s^2}{1 - \varepsilon_{mf}}$$	$Re_{mf} < 20$
	$$u_{mf}^2 = \frac{d_p^2 \left(\rho_p - \rho_f\right)g}{1.75\rho_f}\varepsilon_{mf}^3 \phi_s$$	$Re_{mf} > 1000$

从临界流化速度 u_{mf} 后继续增大气体速度会出现两种情况：对于粒度较小和较轻的固体颗粒(A 类颗粒)，超过 u_{mf} 的多余气体会进入固体颗粒群使其均匀膨胀而形成散式流化。继续提高气速，多余气体则形成气泡快速通过床层而形成聚式流态化，气泡产生时相对应的速度称为最小鼓泡速度 u_{mb}，相对应的床层空隙率称为最小鼓泡空隙率 ε_{mb}；对于粒度较大和较重的固体颗粒，如 B 类颗粒和 D 类颗粒，超过 u_{mf} 的多余气体则直接以气泡形式很快通过床层。对于此阶段的两种流态，前者(点 AB 间)又称为平稳床[图 1-1(c)]，后者又称为鼓泡床[图 1-1(e)]。当气速超过临界流化速度而床层未出现流态化，即为沟流[图 1-1(d)]。

平稳床仅存在于 u_{mf} 和 u_{mb} 之间的很小范围内，床层空隙率 ε 可用下式计算[9]：

$$\frac{\varepsilon^3}{1-\varepsilon}\frac{(\rho_{\mathrm{p}}-\rho_{\mathrm{f}})gd_{\mathrm{p}}^2}{\mu_{\mathrm{f}}}=210(u-u_{\mathrm{mf}})+\frac{\varepsilon_{\mathrm{mf}}^3}{1-\varepsilon_{\mathrm{mf}}}\frac{(\rho_{\mathrm{p}}-\rho_{\mathrm{f}})gd_{\mathrm{p}}^2}{\mu_{\mathrm{f}}} \tag{1-2}$$

床层中一旦出现气泡，则可以确定系统的稳定性已被破坏，即进入鼓泡床。对于 u_{mb} 的计算，Rietema[10]给出了 u_{mb} 和床层弹性模量 E 的函数：

$$u_{\mathrm{mb}}=\sqrt{\frac{E}{\rho_{\mathrm{p}}}\left(\frac{\varepsilon_{\mathrm{mb}}}{3-2\varepsilon_{\mathrm{mb}}}\right)} \tag{1-3}$$

弹性模量 E 不仅与床层上固体物料性质相关，还与床体结构、颗粒粒径分布、颗粒间的接触力等因素相关，不同操作条件和颗粒特性条件下的弹性模量 E 可用下式计算[11]：

$$E=4.08d_{\mathrm{p}}^{0.26}pF_{\mathrm{a}}^{0.20} \tag{1-4}$$

式中，p 为绝对操作压力；F_{a} 为细粒子作用因子，有

$$F_{\mathrm{a}}=\sum_i\left(\frac{d_{\mathrm{p,e}}}{d_{\mathrm{p}i}}x_i\right) \tag{1-5}$$

式中，x_i 为 i 组分细颗粒在床中的质量分数（$d_{\mathrm{p}i}<d_{\mathrm{p,e}}$）；$d_{\mathrm{p,e}}$ 为颗粒平均粒径。

另外，还可利用经验公式计算[9]：

$$u_{\mathrm{mb}}=2.07\mathrm{e}^{0.716F_{\mathrm{f}}}\frac{d_{\mathrm{p}}\rho_{\mathrm{f}}^{0.06}}{\mu_{\mathrm{f}}^{0.347}} \tag{1-6}$$

式中，F_{f} 为直径小于 45 μm 的细颗粒质量分数。

对于粒度较大和较重的固体颗粒，几乎观察不到散式流态化，即 $u_{\mathrm{mb}}\approx u_{\mathrm{mf}}$。

气泡的形成可以认为是散式流态化向鼓泡流态化(鼓泡床)转变的标志。随气速的不断增加，形成气泡相、乳化相两个明显的相和一个在床面之上的自由空域。这个阶段内的床层压力波动幅度体现了气泡运动的剧烈程度。当床体直径较小或细而长时，则易出现节涌现象[图 1-1(f)]。节涌流最小气体速度 u_{msl} 可由下式计算[12]：

$$u_{\mathrm{msl}}=u_{\mathrm{mf}}+0.07\sqrt{gA_{\mathrm{D}}} \tag{1-7}$$

式中，A_{D} 为流化床直径。

在某些系统中，即使流态化速度高于 u_{msl} 也不会发生节涌，如床层太浅，或者气泡的尺寸受到分裂的限制。只有满足以下条件时节涌才会发生：

$$u_{\mathrm{c}}>u_{\mathrm{f}}>u_{\mathrm{msl}},\quad d_{\mathrm{bm}}>0.66A_{\mathrm{D}},\quad H>H_{\mathrm{entry}} \tag{1-8}$$

式中，u_{c} 为鼓泡流化向湍动流化过渡时的气体速度；u_{f} 为气体表观速度；d_{bm} 为最大稳定气泡直径；H 为气体分布板以上的垂直高度；H_{entry} 为最小床高，可以通过下式预测：

$$H_{\mathrm{entry}}=0.35A_{\mathrm{D}}\left(1-1/\sqrt{N_{\mathrm{or}}}\right) \tag{1-9}$$

式中，N_{or} 为气体分布板上的开孔数。当气泡合并和破碎达到平衡时，最大稳定气泡直径通过式(1-23)预测。

床层流态化程度加剧导致一些颗粒进入床层上部空间，从而上部压差 ΔP_{U} 逐步增大。

随气速的进一步提高，气泡相和乳化相的界线变得十分模糊，此时床层压降的波动频率大大提高而振幅减小。这时对应的流型即为湍动流态化[图 1-1(g)]。相对于鼓泡床而言，湍动床中气泡聚并、破裂的频率极高，气泡直径变小，两相行为减弱，从而流动均匀，气固接触率提高，但夹带现象趋于严重。对于鼓泡流态向湍动流态转变的临界速度，多数学者选取振幅达到极大值时的气体速度 u_c 作为起始转变速度，而将振幅达到平稳时气体速度 u_k 作为完全湍动流态化速度[13]：

$$\left(\frac{\partial^2 N_\mathrm{B}}{\partial u^2}\right)_{u=u_c} = 0 \tag{1-10}$$

式中，N_B 为单位床层体积的气泡个数。表 1-3 列出了部分湍动流态化转变速度 u_c 的关联式，更多关联式可参考文献[3]。如果床层压降沿线 $CDJK$ 变化，即随气体速度增加，床层压差突然急剧下降到 J 点后不再变化，则进入了喷动床流态化[图 1-1(h)]。

表 1-3　湍动流态化转变速度 u_c 的关联式[3]

研究者	关联式
Yerushalmi & Cankurt(1979)	$u_c = 3.0\left(\rho_p d_p\right)^{0.5} - 0.77$
Lee & Kim(1988)	$Re_c = 0.700 Ar^{0.485}$
Cai 等(1989)	$\dfrac{u_c}{\sqrt{gd_p}} = \left(\dfrac{\mu_{f20}}{\mu_f}\right)^{0.2}\left[\left(\dfrac{0.211}{A_\mathrm{D}^{0.27}} + \dfrac{0.0242}{A_\mathrm{D}^{1.27}}\right)^{1/0.27}\left(\dfrac{\rho_{f20}}{\rho_f}\right)\left(\dfrac{\rho_p - \rho_f}{\rho_f}\right)\left(\dfrac{A_\mathrm{D}}{d_p}\right)\right]^{0.27}$
Nakajima 等(1991)	$Re_c = 0.663 Ar^{0.467}$
Dunham 等(1993)	A 类颗粒，B 类颗粒：$Re_c = 1.201 Ar^{0.386}\left(H/A_\mathrm{D}\right)^{0.128\ln(\rho_s d_s)+0.264}$ D 类颗粒：$Re_c = 1.207 Ar^{0.450}\left(H/A_\mathrm{D}\right)^{0.128\ln(\rho_s d_s)+0.264}$
Bi & Grace(1995)	$Re_c = 1.243 Ar^{0.447}$
Chehbouni 等(1995)	$\dfrac{u_c}{\sqrt{gA_\mathrm{D}}} = 0.463 Ar^{0.145}$

如果在湍动流态化下继续提高气速，床层表面将变得更加模糊，在气流夹带作用下，颗粒不断地离开床层。颗粒夹带速率随气速增大至某一临界值时有一个明显提高，在没有颗粒补充的条件下，床层颗粒会被很快吹空，即 ΔP_U 出现最大值。反之，如果持续补充颗粒，这种操作便可持续进行，即为快速流态化[图 1-1(i)]，相应流化床为快速流化床。临界值一般称为最小输送速度 u_{tr} 或显著夹带速度 u_{se}。

在满足流化床直径 A_D 大于 5 cm，床高 H 大于 5 m 的条件下，显著夹带速度 u_{se} 可用下式估算：

$$u_{se} = 1.53 Ar^{0.5}\frac{\mu_f}{\rho_f \rho_p} \tag{1-11}$$

表 1-4 为常见 u_{tr} 经验关联式，由于 u_{tr} 与流化床直径、床高、测量位置等因素相关，很难判断哪个公式更精确。

表 1-4　最小输送速度 u_{tr} 的常见经验关联式[3]

作者	关联式
Lee & Kim	$Re_{tr} = 2.916 Ar^{0.354}$
Perales 等	$Re_{tr} = 1.415 Ar^{0.483}$
Bi & Fan	$Re_{tr} = 2.28 Ar^{0.419}$
Adanez 等	$Re_{tr} = 2.078 Ar^{0.458}$
Tsukada 等	$Re_{tr} = 1.806 Ar^{0.458}$
Chehbouni 等	$Re_{tr} = 0.169 Ar^{0.545} \left(A_D/d_p \right)^{0.3}$

流化状态转变为快速流态化，从而由颗粒夹带量有限的低气速流态化(散式、鼓泡、湍动)进入到高气速流态化。快速流态化是一种散式化的聚式流态化：气泡相转变为连续相，而乳化相转变为分散相，原上部稀相区和下部浓相区的界面变得弥散甚至消失，颗粒浓度沿床层轴向呈上部稀下部浓分布，沿径向呈中心稀边壁浓分布。重要的是，快速流态化有明确的颗粒特性和操作条件要求，采用高气速操作并通过固体循环方式不断向床层补充固体物料以达到高气固通量和高固体浓度的流态化。其床层平均空隙率不仅与气速相关，也与固体循环速率有关。因此，在快速流化速度下为保证床层保持浓相区，固体流率的气体速度成为快速流态化的又一特征参数，称为快速点速度 u_{tf}。其与物料特性无量纲参数 Ar 的关联式为[3]

$$Re_{tf} = 0.785 Ar^{0.73} \tag{1-12}$$

$$Re_{tf} = \frac{d_p \rho_f u_{tf}}{\mu_f} \tag{1-13}$$

对于快速点速度下的最小固体循环量 G_{sm}，有

$$Re_m = 6.08 Ar^{0.78} \tag{1-14}$$

$$Re_m = \frac{d_p \rho_p u_d}{\mu_p} = \frac{d_p G_{sm}}{\mu_f} \tag{1-15}$$

对于任意固体循环量 G_s，u_{tf} 可以通过以下关联式计算[14]：

$$\frac{u_{tf}}{\sqrt{gA_D}} = 1.463 \left(\frac{G_s A_D}{\mu_f} \frac{\rho_p - \rho_f}{\rho_f} \right)^{0.288} \left(\frac{A_D}{d_p} \right)^{-0.69} Re_t^{-0.24} \tag{1-16}$$

在快速流态化下，床层压降主要用于悬浮和输送颗粒并使颗粒加速。随气速的提高，床层颗粒浓度不断变小，轴向分布趋于均匀，床层压降随之降低，直至达到某一临界值

时，床层上下部压降趋于一致($\Delta P_{\mathrm{L}} = \Delta P_{\mathrm{U}}$)，标志着进入密相气力输送，如图 1-1(j)所示。其典型特征为：床层压降主要用于输送颗粒，并克服气、固两相与壁面的摩擦。当气体速度增大到床层压降主要受气、固两相与壁面摩擦的支配时，流型就转变为稀相气力输送[图 1-1(k)]，所对应的气体速度即为最小气力输送速度 u_{pt}，判别式为[4]

$$\left[\frac{\partial}{\partial u_{\mathrm{f}}} \left(\frac{\mathrm{d}p}{\mathrm{d}H} \right) \right]_{G_{\mathrm{s}}} = 0 \tag{1-17}$$

有学者利用实际观测到的气力输送空隙率(为 0.96)，给出了细颗粒的 u_{pt} 计算公式[3]：

$$18Re_{\mathrm{pt}} + 2.7Re_{\mathrm{pt}}^{1.687} - 13.32Ar = 0 \tag{1-18}$$

$$Re_{\mathrm{pt}} = \frac{d_{\mathrm{p}}\rho_{\mathrm{f}}u_{\mathrm{pt}}}{\mu_{\mathrm{f}}} - 24 \left(\frac{\rho_{\mathrm{f}}}{\rho_{\mathrm{p}}} \right) Re_{\mathrm{m}} \tag{1-19}$$

或者[14]：

$$\frac{u_{\mathrm{pt}}}{\sqrt{gA_{\mathrm{D}}}} = 0.684 \left(\frac{G_{\mathrm{s}}A_{\mathrm{D}}}{\mu_{\mathrm{f}}} \frac{\rho_{\mathrm{p}} - \rho_{\mathrm{f}}}{\rho_{\mathrm{f}}} \right)^{0.442} \left(\frac{A_{\mathrm{D}}}{d_{\mathrm{p}}} \right)^{-0.96} Re_{\mathrm{t}}^{-0.344} \tag{1-20}$$

由此，快速流态化存在的必要条件为：特定的气速 u，$u_{\mathrm{tf}} < u < u_{\mathrm{pt}}$；与气速相适应的固体循环流率 $G_{\mathrm{s}} > G_{\mathrm{sm}}$；合适的固体颗粒特性。

值得指出的是，上述为气固流态化系统最常见的流型。在实际气固系统中，还可以根据需要对流型进一步划分。例如，Zhu 等[15]在 2008 年提出，在循环流化床中，存在循环湍动流化床(circulating turbulent fluidized bed，CTFB)这一流型。其假设是：如果提供足够的压头，CFB 可以在低于最小输送速度 u_{tr} 的情况下运行。新流型模糊了传统的静态流态化和循环流态化的界限，主要特点为：可在整个 CTFB 上保持均匀的高密度气固流动，横截面平均固体浓度高于 0.25；没有循环流化床中明显的环-核流动结构，径向偏析有限，固体通量的径向分布相对均匀，无净向下流动的颗粒。Sun 等[16]于 2019 年提出了包含 CTFB 新流型相图，同时将快速流化床划分为高、低密度循环流态化两种流型，并总结了流型之间的过渡边界特征。有兴趣者可参考文献[15-16]。

1.1.3　颗粒特性

颗粒特性是影响气固流态化现象的最重要参数。Geldart 根据颗粒尺寸和密度与对应流化行为的不同，将颗粒分为 A、B、C、D 四类[4]，分别对应图 0-16 中的细颗粒、粗颗粒、极细颗粒和极粗颗粒区域。不同颗粒的流化特性不同，在实际过程中应当根据工艺过程的要求选择合适的流化颗粒。此外，即使对同样的颗粒，也可以通过调节温度、压力、外力场等方法来改变颗粒的流化行为。

1) A 类颗粒

A 类颗粒又称充气性颗粒，粒径一般在 20～100 μm 范围内，表观密度小于 1400 kg/m³，Ar 为 1～80。该类颗粒有较好的流化特性，在一定气速下可形成良好的散式流态化，继续提高气速时，即使出现少量气泡也能产生明显的颗粒循环与混合，气泡的破裂与会合频繁。催化裂化装置所使用的催化剂属典型的 A 类颗粒。

2) B 类颗粒

B 类颗粒又称砂粒似颗粒，粒径一般在 40~500 μm、表观密度在 1400~4000 kg/m³ 范围内，Ar 为 80~30000。该类颗粒易于形成鼓泡床，即气速超过临界流化速度，床层就会形成气泡相与乳化相，气泡的尺寸随床高与气速呈线性增加，且只是聚并而很少破裂，返混较少。砂粒是典型的 B 类颗粒。

3) C 类颗粒

C 类颗粒属黏结性颗粒，粒径一般在 20 μm 以下。传统上认为该类颗粒难以正常流化，易形成节涌和沟流，其原因在于此类颗粒粒径很小，颗粒间的作用力相对变大，极易导致颗粒团聚。此类颗粒在固相加工中应用较多。

4) D 类颗粒

D 类颗粒属可喷动的颗粒，粒径一般在 500 μm 以上，密度较大，$Ar > 30000$。该类颗粒在流化时极不稳定，难以形成良好的流态化，其原因在于此类颗粒粒径大，导致临界流化速度相当大，除直径较大的气泡外，一般气泡的上升速度比乳化相中的气速慢，从而乳化相中的气体可能从气泡底部流入气泡并穿流而过。传统的流态化燃烧锅炉中的煤颗粒即属于此类颗粒。

1.1.4 宏观流动状态和局部流动状态

流态化的流动状态可以从宏观(床层内颗粒浓度分布)和局部(床层内单颗粒或颗粒簇)两个角度进行描述。

对于散式流态化，颗粒在床层内近似均匀分布，颗粒浓度可用床层空隙率 ε 表示，计算公式可采用式(1-2)，边壁效应的存在导致床层中间的空隙率小于靠近流化床壁面处的空隙率。单固体颗粒主要受颗粒的重力与气体对颗粒的曳力影响，当曳力与重力相等时，颗粒被气流带出床外，此时的气速为颗粒下落的终端速度 u_t，一般表示为与固体颗粒和流体性质的函数：

$$u_t = f\left(C_D, \rho_f, \rho_p, d_p\right) \tag{1-21}$$

式中，C_D 为曳力系数。另外，当固体颗粒的粒度分布较宽时，小颗粒的流化早于大颗粒，大小颗粒间的撞击会将小颗粒的动能传递给大颗粒，从而降低床层的临界流化速度 u_{mf}。

气固流化床中两相流动、传热、传质和化学反应行为与其固有的气泡现象有密切关系。对于鼓泡床，乳化相的膨胀和气体的产生引起床层的膨胀，膨胀高度是这两个因素的线性叠加，床层压力波动幅度的变化则是由气泡量变化引起的。在气速 $u<u_c$ 范围内，气泡的聚并占主导地位，床层压力幅度随气速增大而增加。在轴向方向上，由于夹带、扬析的作用，在密相区上方的自由空域内聚集了部分由气体从密相床层中带出的颗粒，形成了稀相区，两者的界线分明，颗粒浓度呈下浓上稀分布。而在径向方向上，由于乳化相旋涡流的存在，颗粒浓度的分布情况要复杂一些，特别是乳化相颗粒流动还受床结构和表观气速的影响，情况显得更加复杂。

在湍动流态化中，气泡破碎占主导地位，气泡相与乳化相间的界线变得模糊，传统鼓泡床稳定的气泡被膨胀的乳化相和无规则形状的气体空穴取代，运动规律和上升速度严重偏离传统气泡行为。同时，气速的提高导致轴向、径向颗粒浓度的变化。在轴向方向上，颗粒浓度分布变得比较均匀，而在径向方向上，颗粒浓度呈中心区颗粒浓度较低、边壁区浓度较高的极不均匀分布，且径向颗粒浓度的分布受床径影响较小。另外，气体径向扩散随气速增大而增加，轴向扩散及返混降低，颗粒的混合和返混随气速增大而加剧。

气泡在进入快速流态化后消失，颗粒浓度沿轴向方向一般呈 S 形分布，曲线拐点为密相区、稀相区的分界线。固体颗粒循环量一定时，气速增大则密相区范围减小；气速一定时，循环量的增加则会使密相区范围扩大。稀相区在固体颗粒循环量较低或气速较高条件下会覆盖整个床体，对一定气固流速、高密度或大颗粒的物料，会在床体底部形成较低的空隙率。在径向方向，颗粒浓度在颗粒间的碰撞和颗粒湍流度的作用下，呈指数分布，在壁面区域的低气速中存在较高的颗粒浓度。当固体颗粒浓度达到一定值时，在壁面局部位置就会因颗粒的聚集而形成一个薄薄的呈波浪形的密相层，并会使更多颗粒进入该区域。波浪形的密相层在重力和核心流动所产生的曳力作用下向下流动，当波峰变高时，波浪层中的颗粒被吹离壁面区域，从而大量颗粒又从壁面区域进入核心区域。在这个过程中，波浪形颗粒层被吹裂成小的颗粒团簇而形成一个大涡旋并引起局部颗粒浓度剧增，从而改善了局部湍流强度。由此，快速流化床的流动可表示为沿径向上的中心-环形流结构，轴向上密相区和稀相区共存。床层径向颗粒浓度、速度及气体速度的不均匀分布，颗粒在表面的速度虽然较小，但流动方向可能向上，因而气固流动呈现"密相向上悬浮"状态。

对于气力输送，固体颗粒呈较均匀分布，整体表现为流体性质，颗粒向前运动主要靠气体与颗粒间的相对速度。比较直观的描述为 Zenz 所作的以颗粒流率为参变数的压降 $\Delta P/L$ 对气速的相图[17]。

1.1.5　流型图谱及应用

流型图谱是一种表示不同流化形态间过渡关系的简便方法，又称为相图，一般采用具有代表性的物理量作为纵、横坐标。物理量不同，相图也不同。

以表观气速为横坐标，单位床高压降为纵坐标的流型图是 Zenz[18]在 1949 提出的最早流型图，通称 Zenz 图(图 1-2)。Zenz 图因简单明了、容易测量、物理意义明确而被广泛应用。其缺点是无法区分密相床中的各个操作区域，不能直接显示颗粒和气体物理性质的影响。Li 等[17]的流型图(图 1-3)以表观气速 u 为横坐标、平均空隙率 ε 为纵坐标描述了各流型间的转换关系，从图中可以看到主要影响因素，如快速点速度 u_c 主要取决于颗粒性质，足够大的气速和颗粒循环速率是形成快速流态化的必要条件等。

Grace[19]的流型图(图 1-4)以无量纲颗粒直径 d_p^* 为横坐标，无量纲气体速度 u^* 为纵坐标，并包含了颗粒的物理特性。该图中给出不同流态化流型的操作范围，但高气速流态化中快速流

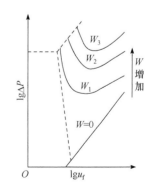

图 1-2　Zenz 流型图[18]

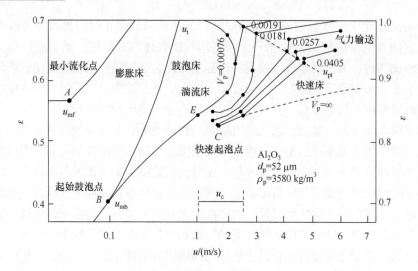

图 1-3   超细粉流态化流型图[17]

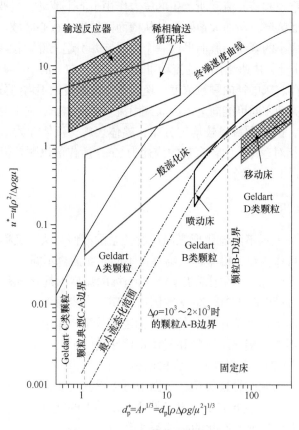

图 1-4   Grace 的流态化流型图[19]

态化和气力输送之间没有明确边界。Bi 等[20]通过定义 A 型噎塞速度 u_{CA} 划分快速流态化和气力输送两个操作区域对图进行了完善。

Sun 等[16]包含 CTFB 的流型图(图 1-5)表示了气固两相流结构和颗粒浓度分布的情况，随着流型从固定操作过渡到连续操作，流化床内的主导流逐渐从密相连续变为稀相连续，主导相的这种变化可以看作表征流化床气固接触模式动态特性的一个重要特征。同时总结了流型之间的过渡边界特征。

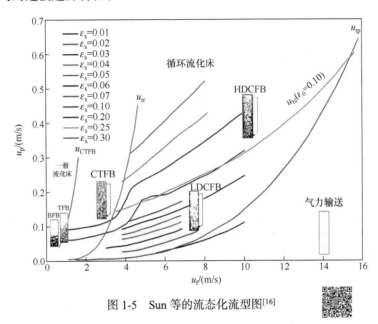

图 1-5　Sun 等的流态化流型图[16]

Shaul 等[21]的流型图(图 1-6)显示了床高 H 和床直径 A_D 对 A、B 和 D 类颗粒流态化流型及其转变的影响。对于气固流化床中的流动形态及其转变在床径/颗粒直径约小于 150 时发生的明显变化，参见本书第 6 章气固微型流态化。

还有其他一些不同物理量关系的流型图，如表观气速-固体循环速率、床层颗粒浓度-特征速度等。对于床层颗粒浓度，学者们进一步提出：同一操作条件下流化床的不同部位可能处于不同流型状态；流型转变也并非整个床层同时转变。

清华大学的循环流化床锅炉定态设计和流态重构理论是目前国内外流型图谱成功应用的范例之一。该理论基于循环流态化图谱(图 1-7)，横、纵坐标轴分别为流化速度和取料携带率，颗粒粒径作为第三轴。该图根据循环流化床颗粒循环能力的不同(一级旋风或两级旋风分离器)以及为维持流化状态所需的 G_s-u_f 关系，定义了循环流化床燃烧室上部细颗粒物料所形成的快速床状态可选的操作区域；结合不同煤质在循环流态化操作条件下对应的颗粒与床壁面磨损关系，定义了控制磨损所允许的操作极限。从而得到了清华大学推荐的循环流化床理想的操作点或状态(图 1-7 中五角星处)。该定态操作点随着床层物料直径的变化可以调节，以提高对不同粒度原料的适应性，同时实现燃烧过程中脱硫、氮氧化物抑制的目的。与循环量平行的两条曲线分别代表燃用硬煤和软煤的磨损极限[22]。

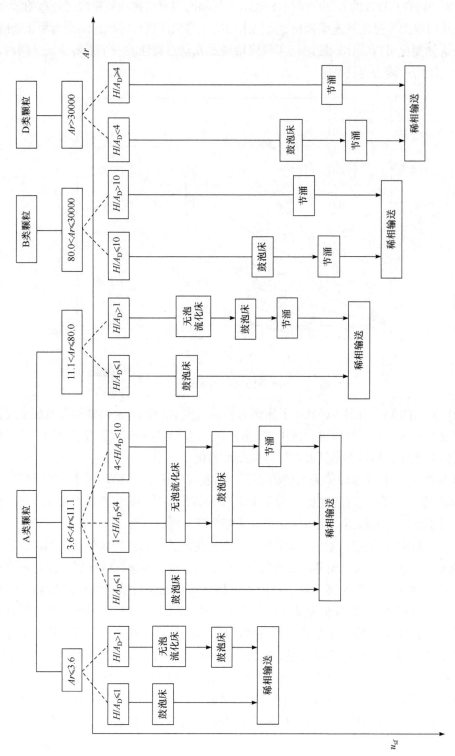

图1-6 Shaul等的流态化流型图[21]

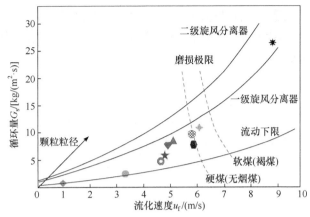

图 1-7　循环流化床锅炉定态设计图谱[22]

▲.A 技术；◑.B 技术；⬢.C 技术；✳.D 技术；▼.E 技术；
✦.F 技术；◆.G 技术；▨.H 技术；◍.I 技术；★.清华推荐

1.2　鼓泡流态化

1.2.1　主要特征

1. 气泡相结构

气泡是鼓泡流态化中最明显、直观的现象。目前尚没有气泡形成的完整理论，有学者认为不稳定流动是气泡形成的根本原因[23]。

快速气泡(带晕气泡)和慢速气泡(无晕气泡)是常见的两种气泡，如图 1-8 所示。晕是气泡的上升速度大于颗粒间的气体速度时，在气泡的周围形成气体的环流而形成的，其形成条件与气泡上升速度有关。这层气泡晕犹如一个独立的气相并随气泡一起向上运动，从而引起气体短路，大大改变了气固接触程度。

第一个成功解决气体和固体的运动以及气泡上升压力分布问题的是戴维森(Davidson)气泡模型，并从理论上预测了气泡晕的大小。此后，许多学者提出了扩展和替代分析。在众多气泡模型中，默里(Murray)[25]对气泡晕大小的理论预测结果与实际接近。图 1-9 表示的是气固流化床中气泡的典型结构形状，图中 r_c、r_θ 分别表示气泡、气泡晕的

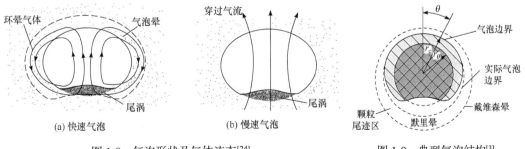

图 1-8　气泡形状及气体流态[24]　　　　　　图 1-9　典型气泡结构[3]

半径，θ为分析气泡附近固体颗粒运动时的分析角度。戴维森气泡模型的球形气泡与实际的肾形气泡有一定的形状差异，预测的晕厚度也大于实际观察数值，但模型简单，适合分析流化过程中遇到的复杂现象。

由图 1-8 可以看出，气泡上部是几乎不含颗粒的空穴，呈球冠状，下部为尾涡，充满颗粒，尾涡部分的体积与气泡的体积之比被称为尾涡分数 f_w。气泡上下两部分所占体积分数是由颗粒物料的种类、粒度及形状决定的，一般而言，对于颗粒密度较轻的球形颗粒，尾涡分数 f_w 为 0.3，而非球形颗粒则约为 0.2。

流化床内和自由空域内颗粒的运动或混合受气泡尾涡影响很大，在床层上部自由空域的颗粒主要来自气泡尾涡携带的颗粒。目前对气泡尾涡内部流体流动的精确结构还不完全清楚，现有两种不同的观点[24]：第一种观点是设想气固流化床中气泡可以与液体中的气泡类比，但气、液的气泡雷诺数 Re_b 是不同数量级的，由此计算气固系统中的上升气泡，将导致尾涡中颗粒和气体的涡旋运动；第二种观点则定义尾涡是无旋运动，这就要求雷诺数和韦伯数相似，而韦伯数是随表面张力变化的，但气固系统中不存在气泡的表面张力。因此，要确定这个重要而复杂的尾涡体就需要进行全面的实验。

2. 乳化相结构

乳化相是指鼓泡床内除气泡外，颗粒及其空隙所组成的区域，其平均空隙在床层出现气泡后就可看作为恒值。乳化相大的运动是大量气泡上升、聚并和破碎作用的结果。大量气体成串上涌时形成的大范围环流俗称湾流。

1) 小颗粒物料(Geldart A、Geldart B)

乳化相流动的形态受多种因素影响，不能用一个流动形态所概括。在操作条件和床型的影响下，各区域范围的情况也有所不同。图 1-10 为不同高度 H、床径 A_D 及不同布风方式下的实验结果。图 1-10(a)中，靠近容器壁和接近床层底部的固体颗粒表现出较强的向上流动倾向，并随高度增高，逐渐向床的中心移动，到达高处后再低速翻转向下。图 1-10(b)所示条件下，乳化相靠壁面处的固体颗粒向上流动，并在床轴处向下流动，形成涡流环；在图 1-10(c)条件下则相反。床层加深[图 1-10(d)]，床层表面处的颗粒沿壁面和轴心向下流动，在底部则从两层之间向上流动。对于更深的床层[图 1-10(e)]，则出现了上大下小的两个涡流环，第二个涡流环形成于原始涡流环的上方，在床层中心线上向上流动，在较高气速下，上部涡流环中的固体颗粒循环变得更加剧烈，并控制乳化相的整体运动。在非常浅的床层中($H/A_D < 0.5$)，采用均匀的多孔分布板可能会形成长宽比≈1的涡环[图 1-10(f)]；而采用风嘴分布板，涡环半径则受风嘴间距的影响[图 1-10(g)]。

对于 Geldart A 类颗粒，乳化相向上流动的转变比 Geldart B 类颗粒更接近 u_{mf}。

2) 大颗粒物料(Geldart D)

图 1-11 显示了大颗粒物料在乳化相中的气泡状态。在多孔分布板表面可以看到长的透镜状气泡缓慢地向上移动，在床的上方变成接近球形的气泡。这些气泡生长迅速，且

没有固定的上升路径，并在其尾部逐渐显出较小的尾涡。这种流动状态与细颗粒系统相反。实际上，其尾涡分数 $f_w \approx 0.1$。

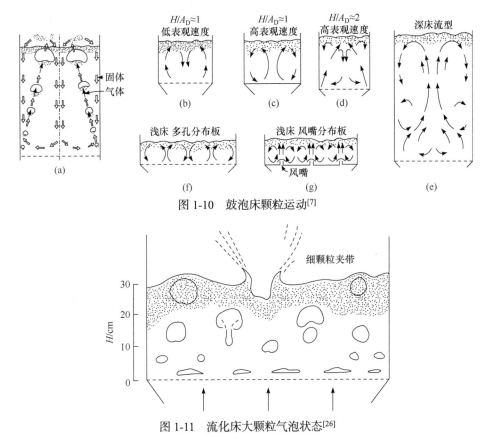

图 1-10　鼓泡床颗粒运动[7]

图 1-11　流化床大颗粒气泡状态[26]

如果提供更高的速度和压力，则可能出现节涌或湍流，此时气泡聚结成大的空隙，从而产生大的床层振荡和床面的周期性隆起[27]。此外，浅层中的气泡-气泡相互作用不是由垂直聚并引起的，而是由邻近的大气泡对较小气泡的侧向吸收引起的，水平管束可以减少气泡的聚并，在占床层体积 8% 的三角形管阵列中，气泡直径和上升速度并没有随着气体流量的增加而明显增加，气泡大小约为管间距的 1.5 倍[28]。

1.2.2　气泡参数

受固体颗粒类型、分布板形式、风嘴尺寸及气泡在床层中的位置等因素影响，气体通过分布板进入床层时，首先形成气泡/射流(图 1-12，图 1-13)，射流是一个比气泡稍大的加长气穴。在随后的上升过程中，气泡还会发生聚并(图 1-14)、破碎(图 1-15)。

图 1-12 显示气泡直接由气体空穴"瓶颈"部分的收缩面在分布器风嘴上形成的过程。图 1-13 则为长条状射流的形成过程，初始射流不穿透床层，只存在于分布器控制区之内。

鉴于对射流性质的认识程度，对于射流穿透长度 L_j(风嘴到细长气穴末端的平均距离)

的预测一般采用经验公式估算，见表1-5。

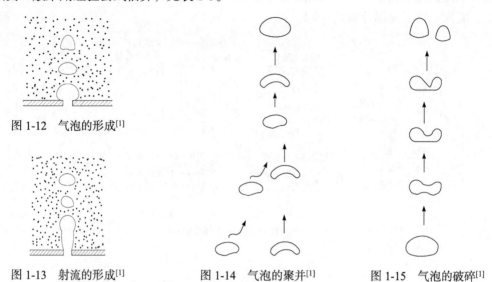

图1-12   气泡的形成[1]

图1-13   射流的形成[1]   图1-14   气泡的聚并[1]   图1-15   气泡的破碎[1]

表1-5   射流穿透长度关联式

喷口形式	作者	公式	适用范围
单个风嘴	Yang & Keairns[29]	$\dfrac{L_j}{d_{or}} = 6.5\sqrt{\left(\dfrac{\rho_f}{\rho_p - \rho_f}\right)\dfrac{u_{or}^2}{g d_{or}}}$	常态， 50 μm $< d_p <$ 3800 μm， 208 kg/m³ $< \rho_p <$ 11750 kg/m³
多个风嘴	Yang & Keairns[30]	$\dfrac{L_j}{d_{or}} = 15\left[\left(\dfrac{\rho_f}{\rho_p - \rho_f}\right)\dfrac{u_{or}^2}{g d_{or}}\right]^{0.187}$	常态， 50 μm $< d_p <$ 3800 μm， 208 kg/m³ $< \rho_p <$ 11750 kg/m³
水平射流	Merry[31]	$\dfrac{L_j}{d_{or}} = 5.25\left(\dfrac{\rho_f u_{or}^2}{\rho_p(1-\varepsilon)g d_p}\right)^{0.4}\left(\dfrac{\rho_f}{\rho_p}\right)^{0.2}\left(\dfrac{d_p}{d_{or}}\right)^{0.2} - 4.5$	常温常压， 40 m/s $< u_{or} <$ 200 m/s

对于在分布板风嘴处形成的初始气泡而言，不同分布板形式在流化床中生成的气泡尺寸不尽相同，但气泡频率 n_0 与分布板小孔孔径、颗粒粒度及流化床层高度等因素无关，它随通过喷口的气体体积流量 G_{or} 的增加而趋向一稳定值，18～21 s^{-1}。n_0 与 G_{or} 及初始气泡体积 V_{b0} 的关系式为[3]

$$n_0 = \frac{G_{or}}{V_{b0}} \tag{1-22}$$

部分初始气泡尺寸公式如表1-6所示，其中 N_0 为分布板上孔道数量。

表 1-6　初始气泡直径关联式

分布板形式	作者	公式
单个风嘴	Davidson[32]	$d_{b0} = 1.295 \dfrac{G_{or}^{0.4}}{g^{0.2}}$
多孔式	Kato & Wen[33]	$d_{b0} = 1.295 \left[\dfrac{A_t (u - u_{mf})}{N_0} \right]^{0.4} \Big/ g^{0.2}$
	Chiba 等[34]	$d_{b0} = 1.49 \left[\dfrac{A_t (u - u_{mf})}{N_0} \right]^{0.4} \Big/ g^{0.2}$
	Mori & Wen[35]	$d_{b0} = 1.38 \left[\dfrac{A_t (u - u_{mf})}{N_0} \right]^{0.4} \Big/ g^{0.2}$
泡罩式	Fryer & Potter[36]	$d_{b0} = 1.81 \left[\dfrac{A_t (u - u_{mf})}{N_0} \right]^{0.4} \Big/ g^{0.2}$
密孔式	Geldart[37]	$d_{b0} = 1.43 \left[\dfrac{A_t (u - u_{mf})}{N_0} \right]^{0.4} \Big/ g^{0.2}$
	Mori & Wen[35]	$d_{b0} = 0.00376 (u - u_{mf})^2$
不分分布板形式	秦霁光[38]	$d_{b0} = 1.7 \left[\dfrac{A_t (u - u_{mf})}{N_0} \right]^{0.4} \Big/ g^{0.2}$

　　气泡尾涡区为局部低压区，对后面的气泡有吸引作用，因此气泡的聚并发生在垂直方向(图 1-14)，即使两个相同尺寸的气泡并排上升，其过程同样为这种垂直方向的聚并。气泡破碎则始于在气泡上部边缘上形成的缺口，缺口的形成来自颗粒和气泡之间的相对运动所产生的一些扰动(图 1-15)。气泡聚并与破碎之间可达到一个动态平衡而形成床层中气泡的最大稳定尺寸和平均尺寸。一般而言，Geldart A 类颗粒系统的运动黏度和气泡最大稳定尺寸均较小，而 Geldart B 类颗粒和 Geldart D 类颗粒系统一般被认为不存在气泡最大稳定尺寸。

　　对于 Geldart A 类颗粒床层，其最大稳定气泡直径 d_{bm} 可用下式估算[39]：

$$d_{bm} = \frac{2 \left(u_t^* \right)^2}{g} \qquad (1\text{-}23)$$

式中，u_t^* 为对应于所用颗粒的 2.7 倍的颗粒直径得到的颗粒终端速度。

　　在 $u - u_{mf} < 0.48$ m/s，0.3 m $< A_D < 1.3$ m，60 μm $< d_p < 450$ μm 范围，有[35]

$$d_{bm} = 1.49 \left[A_D^{\,2} (u - u_{mf}) \right]^{0.4} \qquad (1\text{-}24)$$

　　对于气泡平均尺寸 d_b 的经验公式，因各研究者对床中气泡尺寸的界定和测量技术的不同而存在差异，表 1-7 列出了部分常用关联式，其中 d_{b0} 为初始气泡直径。

表 1-7 气泡平均尺寸关联式

作者	关联式	适用范围
Mori & Wen[35]	$d_b = d_{bm} - (d_{bm} - d_{b0})\mathrm{e}^{\left(-0.3\frac{H}{A_0}\right)}$	$u - u_{mf} < 0.48$ m/s； 0.3 m $< A_D <$ 1.3 m； 60 μm $< d_p <$ 450 μm
Kato & Wen[33]	$d_b = 0.147\rho_p d_p\left(\dfrac{u}{u_{mf}}\right)H + d_{b0}$	
秦霁光[38]	$d_b = 1.28(u - u_{mf})^{0.8}\left[H + \dfrac{1.5g^{1/7}}{(u - u_{mf})^{2/7}}\left(\dfrac{A_t}{N_0}\right)^{4/7}\right]^{0.7}\Big/g^{0.2}$	
Darton 等[40]	$d_b = 0.54(u - u_{mf})^{0.4}\left(H + 4\sqrt{A_t/N_0}\right)^{0.8}g^{-0.2}$	无节涌但有最大稳定气泡 的无约束气泡流化床
Cai 等[41]	$d_b = 0.38H^{0.8}\left(\dfrac{p}{p_a}\right)^{0.06}(u - u_{mf})^{0.42}\mathrm{e}^{\left[-1.4\times10^{-4}\left(\frac{p}{p_a}\right)^2 - 0.25(u-u_{mf})^2 - 0.1\frac{p}{p_a}(u-u_{mf})\right]}$	0.1 MPa $< p <$ 7.1 MPa； Geldart B 类颗粒和 Geldart D 类颗粒中的细颗粒部分

全床层的气泡平均直径 d_{bb} 可用下式计算：

$$d_{bb} = \frac{1}{H_f}\int_0^{H_f} d_b \mathrm{d}H \tag{1-25}$$

在无内构件的自由流化床中，单个孤立气泡的上升速度 $u_{b\infty}$ 可表示为

$$u_{b\infty} = k_b\sqrt{gd_b} \tag{1-26}$$

式中，k_b 为常数。Davidson 和 Harrison[42]还提出了一个适用于计算各种条件下的全床气泡平均上升速度 u_{bb} 的半经验关联式：

$$u_{bb} = u - u_{mf} + 0.71\sqrt{gd_{bb}} \tag{1-27}$$

若考虑床直径的影响，则有[43]：

$$u_{bb} = \lambda(u - u_{mf}) + 0.71\nu\sqrt{gd_{bb}} \tag{1-28}$$

式中，两个参数 λ 和 ν 依颗粒的不同而变化，计算关联式见表 1-8。

表 1-8 λ 和 ν 的计算关联式

Geldart A 类颗粒[43]	Geldart B 类颗粒[44]	Geldart D 类颗粒[44]
$\lambda \approx 0.8$	$\lambda = 0.17u_{mf}^{-0.33}$	$\lambda = \begin{cases} 0.26 & H/A_D < 0.55 \\ 0.35\sqrt{H/A_D} & 0.55 \leqslant H/A_D < 8 \\ 1 & 8 \leqslant H/A_D \end{cases}$
$\nu = \begin{cases} 3.2A_D^{0.33} & 0.05 \leqslant A_D < 1 \\ 3.2 & 1 \leqslant A_D \end{cases}$	$\nu = \begin{cases} 2\sqrt{A_D} & 0.1 \leqslant A_D < 1 \\ 2 & 1 \leqslant A_D \end{cases}$	$\nu = 0.87$

1.2.3　乳化相参数

鼓泡床中固体颗粒运动及气体流动的主要特征如图 1-16 所示。在乳化相中，假设气体上升速度为 u_q，固体颗粒下移速度为 u_s，对于真实的气固相对速度 u_τ 则有

$$u_\tau = u_q + u_s = u_{mf}/\varepsilon_{mf} \tag{1-29}$$

由于通过任一床层截面的固体物料是平衡的，因此 u_s 可表示为

$$u_s = \frac{\delta f_w u_{bq}}{1 - \delta - f_w \delta} \tag{1-30}$$

同时，气泡相和乳化相的气体流量也是平衡的

$$u = \left(1 - \delta - f_w \delta\right)\varepsilon_{mf} u_q + \left(\delta + f_w \delta \varepsilon_{mf}\right) u_{bq} \tag{1-31}$$

$$u_{bq} = \frac{1}{\delta}\left\{u - \left[1 - \delta(1 + f_w)\right]u_{mf}\right\} \tag{1-32}$$

在高速条件下，u_{bq} 主要取决于 u；在 δ 很小的低速条件下，可忽略 $\delta(1+f_w)$，由此，乳化相中气体上升速度 u_q 可表示为

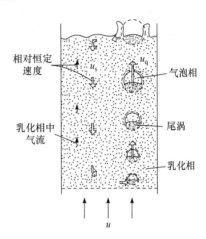

图 1-16　鼓泡床颗粒运动和气体流动模型[45]

$$u_q = \frac{u_{mf}}{\varepsilon_{mf}} - \left(\frac{f_w u}{1 - \delta - f_w \delta} - f_w u_{mf}\right) \tag{1-33}$$

当乳化相气流方向变为向下时，取 $u = u_{cr}$，$u_q < 0$，则

$$u_q/u_{mf} \geqslant \left(1 - \delta - f_w \delta\right)\left(1 + \frac{1}{f_w \delta}\right) \tag{1-34}$$

取 $\varepsilon_{mf} = 0.5$，$f_w = 0.2 \sim 0.4$，且 δ 很小时，则有

$$u_q/u_{mf} \geqslant 6 \tag{1-35}$$

由此，当气速增大至 $u_q/u_{mf} > 6$ 后，乳化相中气流方向倒转。这是气泡上升速度加大后，固体颗粒置换增加，夹带气体增多所致。

当乳化相中进入气泡尾涡的固体颗粒与离开气泡尾涡返回乳化相的颗粒相等时，气泡相和乳化相的固体交换达到平衡，此时的固体交换系数 $(K_{ce})_{be}$ 可表示为

$$(K_{ce})_{be} = \frac{\text{由密相间尾涡传递的固体体积}}{\text{气泡体积} \times \text{时间}} = \frac{K_s(1 - \varepsilon_{mf})}{\delta} = \frac{3(1 - \varepsilon_{mf})u_{mf}}{(1 - \delta)\varepsilon_{mf} D_{be}} \tag{1-36}$$

固体颗粒轴向扩散系数 D_{sa} 为[46]

$$D_{sa} = \frac{f_w^2 \delta \varepsilon_{mf} d_e u_b^2}{3 u_{mf}} \approx \frac{\varepsilon_{mf} D_{be} f_w^2 (u - u_{mf})}{3 \delta u_{mf}} \tag{1-37}$$

固体颗粒径向扩散系数 D_{sr} 为[47]

$$D_{sr} = \frac{3}{16} \frac{\delta}{1-\delta} \frac{u_{mf} D_{be}}{\varepsilon_{mf}} \tag{1-38}$$

1.2.4 气体返混与混合

气固流化床床层温度的均匀程度取决于气固混合程度。现有试验结果表明，床层中不仅存在轴向的扩散混合，还存在向上的返混。其混合程度会随物料粒度的减小而增大，表观轴向扩散系数则随床径的增大而有显著增加[3]。图 1-17、图 1-18 为气固混合分析中的两个分析模型。

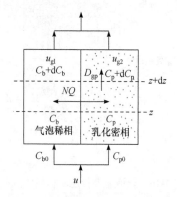

图 1-17 气固两相密相扩散模型[3]

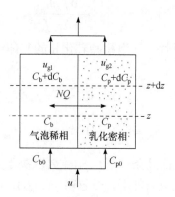

图 1-18 气体逆流返混模型[3]

1. 密相扩散模型

鼓泡流化床的固体颗粒混合机理为扩散传递机制，大型流化床则是附加有小规模扩散混合的大循环机制。在气体混合过程中，气泡稀相和密相之间有气体错流，气泡内的气体流型是活塞流，密相内的气体流型是活塞流与轴向扩散的叠加，密相内气体轴向扩散系数等于固体轴向扩散系数[48]。由此，建立 May 模型。

扩散模型的微分方程为

$$D_{ga} \frac{d^2 C}{dz^2} - u \frac{dC}{dz} = 0 \tag{1-39}$$

边界条件是

$$\left. \begin{array}{ll} z=H, & C=C_H \\ z=-\infty, & C=0 \end{array} \right\} \tag{1-40}$$

方程的解为

$$C = C_H \exp\left[-\frac{u}{D_{ga}}(H-z) \right] \tag{1-41}$$

May 模型可用于中小流化床中的气固混合现象解释，但对于轴向扩散系数 D_{ga} 的理论推导却是困难的，同时，该模型固体轴向扩散系数等于密相内气体轴向扩散系数的假设是合理的，却不一定真正成立。对于大型流化床而言，床层的气固混合属于小规模混合叠加大循环流流型，而不是涡流扩散。van Deemter[49]应用 May 模型时，不再假设固体和密相气体扩散系数相等，而用气泡相与乳化相的气体体积交换率 NQ 代替，并由此确定了密相气体的轴向扩散系数和两相之间的气体交换系数，物理模型如图 1-17 所示。

对气泡相

$$u_{g1}\frac{dC_b}{dz} + NQ(C_b - C_p) = 0 \tag{1-42}$$

对乳化密相

$$u_{g2}\frac{dC_b}{dz} + NQ(C_p - C_b) - (1-\varepsilon_b)D_{gp}\frac{d^2C_p}{dz^2} = 0 \tag{1-43}$$

令 $z=-\infty$ 时，$C_p=0$，$C_b=0$，则方程组的解为

$$\frac{C_p}{C_0} = \left(\frac{q^2-1}{4q} + \frac{q+1}{2q}\right)\exp\left[-\left(\frac{q-1}{2}\right)\left(\frac{NQ}{u}\right)(H-z)\right] \tag{1-44}$$

$$q^2 = 1 + \frac{4u^2}{(1-\varepsilon_b)D_{gp}NQ} \tag{1-45}$$

式中，u_{g1} 和 u_{g2} 分别为气泡内和密相内的气体表观速度；C_b 和 C_p 分别为气泡内和密相内的气体浓度；C_0 为出口浓度；N 为单位体积的气泡数；Q 为气泡相与密相间单位时间气体交换的体积；ε_b 为气泡空隙率；q 为气泡相与密相间单位时间对流气体交换的体积；D_{ga} 为密相所占断面积的密相气体轴向扩散系数。该模型可以解释气固流化床中的返混现象，但难以从理论上导出扩散系数 D_{gp}，而且在床层气泡运动的作用下，其数值比固定床中的轴向气体扩散系数大得多。

2. 逆流返混模型

有学者认为床层中气泡的上升运动对周围固体颗粒的排挤作用将导致部分颗粒向下运动，同时，还可能伴随着夹带部分气体向下运动，从而造成气固的逆流混合。另外，气泡尾涡可以使部分气体和固体颗粒进入气泡的尾涡，与气泡内的气体和颗粒进行交换而混合。由此提出气固流化床中气固混合的逆流返混模型，其物理模型如图 1-18 所示。

对于床层高度为 dz 的单位面积微元，由物料平衡可知：

对气泡相

$$u_{g1}\frac{dC_b}{dz} + NQ(C_b - C_p) = 0 \tag{1-46}$$

对乳化密相

$$u_{g2}\frac{dC_b}{dz} + NQ(C_p - C_b) = 0 \tag{1-47}$$

边界条件是当 $u/u_{mf}>5$ 时，可发生逆流返混。

$$z = H, \quad C_p = C_H, \quad C_b = C_{bH} \\ z = 0, \quad C_p = C_{p0}, \quad C_b = C_{b0} \\ z = -\infty, \quad C_p = 0, \quad C_b = 0 \Big\}$$ (1-48)

解得

$$C_p = C_{pH} \exp\left[\frac{NQu}{u_{g1}u_{g2}}(H - z)\right]$$ (1-49)

需注意的是，与扩散模型的 u_{g2} 相比，为负值。

当在低气速操作时，u_{g1} 很小，存在气固并流流动，则边界条件为

$$z = H, \quad C_b = C_{b0}, \quad C_p = C_{p0} \\ z = \infty, \quad C_b = C_{bH}, \quad C_p = C_H \Big\}$$ (1-50)

$$C_H = \frac{u_{g1}}{u}C_{b0} + \frac{u_{g2}}{u}C_{p0}$$ (1-51)

解方程组，得

$$C_p = -\frac{u_{g1}}{u}(C_{b0} - C_{p0})\exp\left(-\frac{NQu}{u_{g1}u_{g2}}z\right) + \frac{u_{g1}}{u}C_{b0} + \frac{u_{g1}}{u}C_{p0}$$ (1-52)

当 $C_{p0}=0$ 时

$$C_p = -\frac{u_{g1}}{u}C_{b0}\left[1 - \exp\left(-\frac{NQu}{u_{g1}u_{g2}}z\right)\right]$$ (1-53)

修正为式(1-49)，扩散模型的气体扩散系数与逆流返混模型的变换系数之间存在如下关系：

$$D_{ga} = -\frac{u_{g1}u_{g2}}{NQ}$$ (1-54)

式中，u_{g2} 为负值。

1.2.5　固体返混与混合

对大型流化床和高气速操作条件，利用气体扩散混合模型求得气体轴向扩散系数用于固体的混合时，计算结果与实验观测结果之间存在相当的差距，而采用逆流返混模型预测的固体扩散系数与实验结果较为吻合[50]，逆流返混模型比扩散模型更接近实际。

Deemter[50]采用的逆流返混模型如图 1-19 所示，图中 K_s 为假定的与床层高度无关的气泡相与密相间的单位时间、单位体积床层的固体颗粒体积变换速率，则有

$$u_{s1}(C_{s10} - C_{s20}) = D_{sa}\frac{C_{s20} - C_{s2H}}{H}$$ (1-55)

式中，u_{s1} 为气泡内示踪物速度；C_{s10} 和 C_{s20} 分别为气泡内和密相内的示踪物初始浓度；

C_{s2H} 为高度 H 处密相内的示踪物浓度；D_{sa} 为密相所占断面积的密相固体轴向扩散系数。

由两相间物流平衡得

$$u_{s1}\left(C_{s20} - C_{s2H}\right) = K_s H\left(C_{s10} - C_{s20}\right) \qquad (1\text{-}56)$$

求解得

$$D_{sa} = \frac{u_{s1}^2}{K_s} \qquad (1\text{-}57)$$

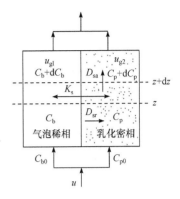

图 1-19　固体逆流返混模型[3]

然而，对于固体扩散系数随着床层直径的增大和操作气速的提高而大大提高，甚至高达 1～2 个数量级的现象，用扩散和逆流返混机理均无法解释。有学者认为，在大型流化床中，气固混合机理是循环流动上叠加扩散逆流返混，即除扩散和逆流返混外，床层中还可能存在大范围内气固混合物的循环流动[3]，这将有待于进一步的研究。关于床层中安装内部构件对颗粒物料混合特性的影响，有兴趣者可自行查阅相关资料。

1.2.6　传热特性

鼓泡流化床中传热一般包括四个方面：床层到内浸表面(包括床内埋管、床壁面等)、气体与固体颗粒之间、颗粒表面到其中心及颗粒之间。主要的传热发生在床层与内浸表面以及气体与颗粒之间。传热的方式主要为对流传热和辐射传热。

1. 气体与颗粒间的传热

在鼓泡流化床中，气体与颗粒间的传热主要发生在流化床的进口部分，对流传热占主导作用。气体在颗粒周围空隙间的流动状态、气体流速、颗粒的大小和密度、床体结构特性以及分布器的构造等因素都对气、固之间的传热有很大的影响。常用的研究方法有稳态法和非稳态法。

在稳态法中，假定床层中固体颗粒为理想混合，保持均一的温度，通过壁面的传热或冷、热颗粒的置换来保持床层的热稳定状态，初始的气体和颗粒温度都是均匀的，穿过床层的气体为活塞流。如果不考虑热损失和辐射传热，可以通过测定靠近床层进口处气体温度的改变来求得气、固之间的平均传热系数：

$$h_{pg} = \frac{c_{pg} u_f \rho_f}{al} \ln \frac{T_{g,in} - T_p}{T_g - T_p} \qquad (1\text{-}58)$$

在非稳态法中，出口处气体温度随时间而变化。在可以确定气体在进、出口处温度的条件下，根据床内气、固热量平衡可以计算颗粒在任何时间的温度。若不考虑热损失，则气体通过床层失去的热量与颗粒获得的热量相等：

$$c_{pg} G_g \mathrm{d}T_g = h_{pg} a\left(T_g - T_p\right)\mathrm{d}l = c_{pg}\frac{\mathrm{d}T_p}{\mathrm{d}t}\mathrm{d}W \qquad (1\text{-}59)$$

假定气体为返混流，即气体在床层中完全混合，且在一定高度以上床层气体温度等

于气体的出口温度，则有

$$\ln\frac{\left(T_{g,in}-T_{g,out}\right)_0}{\left(T_{g,in}-T_{g,out}\right)_t}=\frac{h_{pg}alc_{pg}G_g}{Wc_{pp}\left(h_{pg}al+c_{pg}G_g\right)}t \tag{1-60}$$

将式(1-60)中的温度函数对时间在半对数坐标上标绘，根据所得斜率就可得到传热系数 h_{pg}。

由于准确测定气体与颗粒间的传热系数具有一定的困难，气体与颗粒间的传热系数通常用努塞特数($Nu=hd_p/k_g$)表示，并与颗粒雷诺数($Re=u_fd_p\rho_f/\mu_f$)和普朗特数($Pr=c_{pg}\mu_f\rho_f/k_g$)关联，部分关联式见表1-9。

表1-9 努塞特数 Nu 关联式

作者	关联式	适用范围
Kunii & Levenspiel[7]	$Nu_{gp}=2+1.8Re^{1/2}Pr^{1/3}$	大颗粒固定床
Kunii & Levenspiel[7]	$Nu_{gp}=0.3Re^{1/3}$	$0.1<Re<100$
Kunii & Levenspiel[7]	$Nu_{gp}=2+0.6Re^{1/2}Pr^{1/3}$	$100<Re$
Kato 等[51]	$Nu_{gp}=0.59Re^{1.1}\left(d_p/L_b\right)^{0.9}$	$3<Re<50$
Gunn[52]	$Nu_{gp}=\left(7-10\varepsilon+5\varepsilon^2\right)\left(1+0.7Re^{0.2}Pr^{1/3}\right)+\left(1.33-2.4\varepsilon+1.2\varepsilon^2\right)Re^{0.7}Pr^{1/3}$	$0.35<\varepsilon<1$

2. 床层与传热表面间的传热

床层与传热表面间的传热模型主要有气膜模型[53]和颗粒团更新模型[54]。气膜模型以气体对流换热为基础，粒子通过改变气膜厚度影响床层与壁面的传热，未考虑颗粒物性对传热的影响，计算结果与实际偏差较大。颗粒团更新模型强调颗粒对传热的主导作用，当颗粒团和表面接触时间较长时，该模型计算值与实际吻合较好；但接触时间短时，计算值远大于实际。同时，这两种模型均未考虑高温下的热辐射传热。

1) 气膜模型

气膜模型(图1-20)假定在换热表面上存在一层厚度一般小于颗粒直径的气膜，气膜厚度取决于气体的速度、性质及固体颗粒湍动程度。气膜内固体颗粒向下运动且不与传热表面直接接触，热量从颗粒传递到换热面必须通过这层气膜。计算传热的关系式为

$$Nu=0.55\left(\frac{A_D}{L_b}\right)^{0.05}\left(\frac{A_D}{d_p}\right)^{0.17}\left[\frac{(1-\varepsilon)\rho_pc_{pp}}{\rho_fc_{pg}}\right]^{0.25}Re^{0.8} \tag{1-61}$$

式中，L_b 为床层高。考虑气体黏度及颗粒的运动对气膜厚度的影响，则有[55]

$$\begin{cases}h=0.64k_gG_gE_\phi/\mu_f\\E_\phi=\beta L_{mf}R/tu_f\end{cases} \tag{1-62}$$

式中，E_ϕ 为流化效率；L_{mf} 为起始流化时的床高；R 为床层膨胀率(L_f/L_{mf})；β 为经验常数；t 为颗粒流经整个流化床的时间。

Levenspiel 等[56]认为只有在颗粒与表面相接触的位置上才会有气膜存在，从而提出了不同气体流动条件下的关系式：

在层流状态下

$$
\begin{cases}
Nu = hA_D/k_g = \left(0.417/A_1\right)\left(1-\varepsilon\right)^{1/2} Re^{1/2} \\
A_1 = \left(1+B_1^2\right)^{3/2} - B_1^3 \\
B_1 = 0.0294\left(1-\varepsilon\right)^{1/2} Re^{1/2}
\end{cases}
\tag{1-63}
$$

在湍流状态下

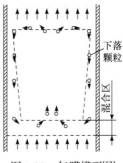

图 1-20　气膜模型[53]

$$
\begin{cases}
Nu = hA_D/k_g = \left(0.417/A_2\right)\left(1-\varepsilon\right)^{4/5} Re^{1/3} \\
A_2 = \left(1+B_2^{5/4}\right)^{2/3} - B_2^{1/4} \\
B_2 = 0.478\left(1-\varepsilon\right)^{4/5} Re^{1/5}
\end{cases}
\tag{1-64}
$$

2) 颗粒团更新模型

颗粒团更新模型(图 1-21)认为在传热过程中颗粒主要以颗粒团形式存在，具有均匀物

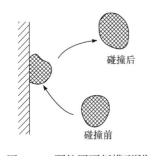

图 1-21　颗粒团更新模型[54]

性和各向同性，当颗粒团与传热面接触时，沿传热面运动时热量从颗粒团传至壁面。颗粒团更新模型中的气体只是起鼓动和输送颗粒的作用，颗粒团由于气泡作用在壁面附近不断更替，从而热量的传递效率与颗粒团在传热面上的滞留时间和颗粒团自身的性质(浓度、比热容、导热系数)有关。该模型建立在颗粒团的非稳态传热基础上，其过程是温度为 T_b 的颗粒团从床层中心向温度为 T_w 的壁面运动，时间 $t=0$ 时，颗粒团与壁面接触，$t=\tau$ 时，颗粒团离开壁面返回流化床主流区。假定颗粒团内颗粒分布均匀且半径无限大，则上述过程的数学方程为

$$
\frac{\partial T_p}{\partial t} = \alpha_p \frac{\partial^2 T_p}{\partial x^2}
\tag{1-65}
$$

式中，α_p 为颗粒团的热扩散系数；x 为颗粒团到壁面的垂直距离。

初始条件和边界条件为

$$
T_p\left(x,0\right) = T_b
\tag{1-66}
$$

$$
T_p\left(x,t\right) = T_w
\tag{1-67}
$$

$$
T_p\left(x \to \infty, t\right) = T_b
\tag{1-68}
$$

解方程得

$$
\frac{T_p\left(x,t\right) - T_b}{T_w - T_b} = \mathrm{erfc}\frac{x}{2\sqrt{\alpha_p \tau}}
\tag{1-69}
$$

局部瞬间热流量 q_i 为

$$q_i = \sqrt{\frac{k_c c_{pc} \rho_c}{\pi \tau}} \left(T_w - T_b\right) \tag{1-70}$$

式中，k_c、ρ_c、c_{pc} 分别为颗粒团的导热系数、密度和比热容。局部瞬间传热系数 $h_{i,t}$ 定义为

$$h_{i,t} = \frac{q_i}{T_w - T_b} = \sqrt{\frac{k_c c_{pc} \rho_c}{\pi \tau}} \tag{1-71}$$

$$k_c = \frac{0.9065}{\dfrac{0.13}{k_g} + \dfrac{0.667}{k_p}} \tag{1-72}$$

总平均传热系数 h_{ave} 为

$$h_{ave} = \sqrt{k_c c_{pc} \rho_c S} \tag{1-73}$$

式中，S 为总搅动系数。

然而，当 τ 趋于零时，局部瞬间传热系数 $h_{i,t}$ 将趋于无限大，与事实不吻合。Baskakov[57] 引入气体的热阻描述气体对传热的影响，该模型修正为

$$h = \frac{1}{\dfrac{1}{h_1} + \dfrac{1}{h_2}} = \frac{1}{\dfrac{1}{\sqrt{\dfrac{k_c c_{pc} \rho_c}{\pi \tau}}} + \dfrac{1}{\dfrac{2k_g}{d_p}}} \tag{1-74}$$

式中，h_1 为颗粒对传热的贡献；h_2 为气体对传热的贡献。

需指出的是，虽然模型所描述的过程与实验事实比较吻合，但模型的表述公式都只能符合部分实验数据，而在用于工业设计计算时要注意其有效性。工程设计应用公式多为从实验数据导出的关联式，如 Wen 和 Leva[58] 的关联式：

$$Nu = 0.16 \left(c_{pp} \rho_p d_p^{1.5} g^{0.5} / k_g\right)^{0.4} \left(G_g d_p \eta / \mu_f R\right)^{0.36} \tag{1-75}$$

式中，床层膨胀率 R 定义为 $R = L_f / L_{mf}$；流态化效率 $\eta = (u_f - u_{均匀膨胀}) / u_f$。

3. 辐射传热

设鼓泡床床层温度为 T_b，传热表面的温度为 T_s，则辐射传热系数 h_r 可表示为[59]

$$h_r = Q_r / \left(T_b - T_s\right) = \sigma \varepsilon_{br} \left(T_b^2 + T_s^2\right)\left(T_b + T_s\right) \tag{1-76}$$

式中，Q_r 为辐射传热面积热流量；σ 为斯特藩-玻尔兹曼常量；ε_{br} 为总辐射系数，取决于物体形状、性质以及授体和受体的辐射率。

在鼓泡床中，辐射传热取决于气、固两相的流动状态。当颗粒浓度相对较大时，参与辐射传热的主要是靠近壁面的颗粒，从而辐射传热主要发生在近壁面的颗粒与壁面之间。随着气体速度的提高，床内气泡比例随之加大，在壁面附近的颗粒由于与壁面间的

辐射传热，温度很快低于床层平均颗粒温度，对壁面的直接辐射传热减弱，同时，远离壁面的颗粒因颗粒与颗粒之间更易发生辐射及对流传热，从而使床层主体的颗粒也有了参与辐射传热的机会。床壁附近颗粒的冷却效率与壁面和颗粒之间的传导热阻有关，而颗粒和壁面之间的气膜厚度决定了传导热阻的大小。因此，壁面与颗粒之间的辐射传热随颗粒尺寸的增大、表面温度的升高而增强，即颗粒越大，气膜面积越大，热阻越高，温差越大，辐射传热的效应就越大。

气速对辐射传热的影响取决于床内温度分布变化与气速的关系。当气速略高于初始流化气速，颗粒层开始松动形成流化床时，床层温度均匀，辐射传热系数显著提高。而流化床形成以后，床层温度已达均匀，气速对床层温度的影响减弱，从而表现为气速变化对辐射传热的影响明显减小。因此，气速对辐射传热的影响可以认为是具有阶段性的，以初始流化速度为界，低于初始流化速度，辐射传热系数随气速的升高而增大，高于初始流化速度时，辐射传热系数不随气速的升高而变化。

1.3　湍动流态化

1.3.1　主要特征

湍动流态化常被认为是介于鼓泡流态化和快速流态化之间的一种过渡流型。在气体速度相对较低时，气泡在湍动流化床中是存在的，此时的湍动流化和鼓泡流化的流体力学行为在某种程度上是相似的。随气速的提高，气泡的清晰界面逐渐消失，气泡与乳相间的边界变得较为模糊，当气速增大到稀相流态化时，各类气体气穴(指在湍动流化床中高度变形且无规则形状的气泡)已难以区分。

鼓泡床中气泡的相互作用以聚并为主，湍动床中气泡的相互作用则以破碎为主。与鼓泡床相比，在湍动床内的气穴中包含更多的颗粒，乳化相中则含有更多的隙间气体。同时，这些气穴没有明显的上升轨迹，只是在不断聚集、破碎过程中无规律地上升。气泡尺寸的减小导致上升速度降低，从而湍动床床层的膨胀程度高于鼓泡床，床层中的气固接触加强，气体短路减少。

湍动流化与鼓泡流化的明显区别在于[25]：①存在一个上表面，自由空域内大颗粒浓度差值增大；②气泡尺寸较小，常以不规则形状出现；③气泡波动剧烈，床层中乳化相与气泡区分困难；④气泡运动随机，气固接触频繁，热量和质量的传递优于鼓泡床。

1.3.2　气体返混与混合

气体混合特性的信息对于预测反应器性能至关重要，而在湍流流型中，气体流型发展为间断的、连续的和不连续的相，很难对其进行分析。

一维两相扩散模型同样适用于湍动流化床中的气体轴向扩散，稀、密两相的轴向扩散系数及相间传质系数可采用拟合气体停留时间分布(RTD)曲线的方法获得。一般而言，由于床层中密相颗粒的剧烈返混和混合的关系，稀相轴向扩散系数小于密相气体轴向扩散系数[60]。

轴向扩散模型是表征流化床中流体扩散的常用模型。湍流流化床中气体的轴向混合可用三个系数表征：轴向扩散系数、轴向返混系数和径向扩散系数。轴向气体返混表征的是气体逆气体主流动方向的湍动，它与轴向气体扩散和径向气体扩散存在以下关系：

$$\frac{D_{ga}}{uA_D} = \frac{D_{gr}}{uA_D} + b\frac{uA_D}{D_{gr}} \tag{1-77}$$

式中，b 为表征气速径向分布均匀度的常数。在湍动流化床中，b 值介于 $5\times10^{-4}\sim5\times10^{-3}$ 之间[3]。在较低气速下，对于 Geldart A 类颗粒，式(1-77)中右边第二项可以忽略，则轴向返混系数与轴向扩散系数的数值相近。湍动流化床中的气体轴向扩散一般可用示踪气体的动态示踪测取。在湍动流化床中气体轴向扩散系数 D_{ga} 一般介于 $0.1\sim1$ m²/s 之间，且随床径的增大而增大[61]；在鼓泡流化区，D_{ga} 随气速的增加而增大[62]；在 u_c 处，D_{ga} 达到最大值，进而随气速的进一步增加而减小。根据一维拟均相扩散模型，拟合 RTD 曲线计算气体扩散系数，得到气体轴向扩散系数 D_{ga} 的关联式为[63]

$$D_{ga} = 0.1835\varepsilon^{-4.4453} \tag{1-78}$$

气体轴向扩散系数 D_{ga} 的关联式可表示为[62]

$$Pe_g = \frac{uH}{D_{ga}} = 0.071Ar^{0.32}\left(\frac{d_p}{A_D}\right)^{0.4} \tag{1-79}$$

考虑床层直径对 D_{ga} 的影响，则有[61]

$$Pe_g = \frac{uH}{D_{ga}} = 3.47Ar^{0.149}Re^{0.0234}Sc^{-0.231}\left(\frac{H}{A_D}\right)^{0.285} \tag{1-80}$$

式(1-80)的应用范围为：$A_D \leqslant 0.6$ m，55 μm$<d_p<$360 μm。在没有有关装置具体数据的情况下，建议使用该公式。

气体轴向返混系数也可采用稳态气体示踪法求取，但示踪气体是被注入到空隙中还是被注入到密相中对测量的气体返混有很大的影响。湍动流化床中的气体轴向返混与床层中的颗粒返混密切相关，当颗粒的向下移动速度大于颗粒浓相中气体上升速度时，气体将被夹带向下流动。D_{ga} 在 u_c 处达到最大值，然后随气速的进一步增加而降低[59]，同时，床层中心区的气体返混比边壁区弱[64]。

对于湍动流化床中的 Geldart B 类颗粒，则与鼓泡流化相似，气体径向扩散系数比气体轴向扩散系数小一个数量级[65]。

1.3.3 固体返混与混合

在湍流流态化条件下，大装置中的颗粒混合速率要比小装置中快，颗粒的有效轴向扩散随床径增大及气速提高而增强[65]。与气体轴向扩散不同的是，轴向颗粒扩散系数在 u_c 处并没有出现最大值[66]。对于不同颗粒，细颗粒床中的颗粒扩散要比粗颗粒床的高，这与不同的尾涡分数、湍流的影响以及细颗粒床中团簇的剧烈运动有关。轴向固体分散系数和径向气体分散系数之间存在很强的相关性,两者都以类似的方式随着湍流流态化中气体速度的增加而增加。

Geldart B 类颗粒床中的轴向扩散系数的数据关联经验式为[65]

$$\frac{uA_D}{D_{sa}} = 4.22 \times 10^{-3} Ar \tag{1-81}$$

Baird 等[67]将基于各向同性湍流模型的涡流扩散系数概念应用于高气体流速下的固体混合,形式如下:

$$E_a = K A_D^{4/3} P_m \tag{1-82}$$

式中,K 为无量纲常数;P_m 为单位质量固体的能量耗散率

$$P_m = (u - u_{mf})g \tag{1-83}$$

对于 Geldart A 类颗粒操作,在鼓泡和湍动流化区域,Lee 等[68]的经验关联式为

$$\frac{D_{sa}}{\left[g(u - u_{mf}) \right]^{1/3} A_D^{4/3}} = 0.365 Re_t^{-0.368} \tag{1-84}$$

由于缺乏湍动流化床中固体混合的数据,在高表观气速下进行鼓泡塔中液体混合的模拟可能是有用的。整体的对流再循环、上升气泡引起的涡流引起的湍流扩散和分子扩散等机制也可以解释湍流流化床中的固体混合。

1.3.4　传热特性

床层密度直接影响流化床中床层与换热面之间的传热,而床层密度与气速紧密相关。床层与换热面表面间的对流和传导换热随气速的增加而提高,当气速增加到一定值后,表面与床层的接触和更新引起的传热的增大量被床层颗粒浓度的降低引起的传热减小量抵消,表现为总传热系数在气速达到某值后,随气速的提高而降低[69]。催化裂化类颗粒对应传热最大值处的气速与 u_c 接近[70];对于 Geldart B 类颗粒,u_c 值一般高于传热最大值处的气速[71]。

悬浮物-表面传热是由于颗粒从本体到传热表面的对流流动、颗粒与壁面之间气体的传导而引起的颗粒对流、气体通过与传热表面接触的床层的渗流而引起的气体对流和辐射进行的。尽管这三种成分并非严格有效,但通常认为它们彼此独立且可加,即[61]

$$h = h_{pc} + h_{gc} + h_r \tag{1-85}$$

式中,h_{pc} 为颗粒对流传热系数,W/(m² · K);h_{gc} 为气体对流传热系数,W/(m² · K);h_r 为辐射传热系数,W/(m² · K)。

1. 对流换热

对于湍动流化床中传热的计算尚缺乏专一的关联式。可采用 Molerus 等[69]关联式估算湍动流化床中床层与表面间的对流和导热传递系数

$$h = \frac{\lambda_f}{l_1} \left[\frac{0.125(1-\varepsilon_{mf})\left\{1+33.3\left[\sqrt[3]{\dfrac{u-u_{mf}}{u_{mf}}\dfrac{\rho_p c_{pp}}{\lambda_f g}}(u-u_{mf})\right]^{-1}\right\}}{1+\dfrac{\lambda_f}{2c_{pp}\mu_f}\left\{1+0.28(1-\varepsilon_{mf})^2\left(\dfrac{\rho_f}{\rho_p-\rho_f}\right)^{0.5}\left[\sqrt[3]{\dfrac{\rho_p c_{pp}}{\lambda_f g}}(u-u_{mf})\right]^2\dfrac{u_{mf}}{u-u_{mf}}\right\}} + 0.165 Pr^{1/3}\left(\dfrac{\rho_f}{\rho_p-\rho_f}\right)^{1/3}\left[1+0.5\left(\dfrac{u-u_{mf}}{u_{mf}}\right)^{-1}\right]^{-1} \right] \tag{1-86}$$

式中，特征长度 l_1 为

$$l_1 = \left[\frac{\mu_f}{\sqrt{g}(\rho_p-\rho_f)}\right]^{2/3} \tag{1-87}$$

对于 Geldart D 类颗粒，建议采用下式[72]：

$$h = \frac{0.0247\lambda_g}{d_p^{1/4} l_t^{3/4}}\left[\left(\frac{d_p}{l_t}\right)^{3/2} Pr\right]^{1/3} \tag{1-88}$$

该式建立在湍动流态化条件下，与气流速度无关，主要为气体对流换热，其湍流长度 l_t 为

$$l_t = \left[\frac{\mu^2}{g(\rho_p-\rho_f)\rho_f}\right]^{1/3} \tag{1-89}$$

2. 悬浮段换热

对于悬浮段位置的传热可用下式计算[73]：

$$h_{pc} = 3.26\times10^{-2} Re_p^{1.9}\left(\frac{c_{pp}}{c_{pg}}\right)^{1.9}\left(\frac{\rho_p}{\rho_f}\right)^{0.8}\left(\frac{A_D}{d_p}\right)^{-0.6} d_p\lambda_f \tag{1-90}$$

颗粒尺寸和气流速度对悬浮段处换热的影响比床的其他部分更大。悬浮段内的传热还应考虑床面以上距离的影响。George 等[74]发展了一种相关性来解释这一点(TDH 为输送段分离高度)：

$$h_{fb} = h_\infty + (h-h_\infty)\left[1+34(3.5z/\text{TDH})^x\right] \tag{1-91}$$

需要说明的是，对于 $100\ \mu m \leqslant d_p \leqslant 900\ \mu m$，气体单独或气体颗粒悬浮引起的热传递，$h_\infty$ 在悬浮段不能忽略。

3. 辐射换热

在高温湍动流化床中的辐射传热系数可由下式估算[69]：

$$h_r = \frac{4\sigma \left[T_w + \left(\dfrac{T_b - T_w}{2 + \lambda_f / c_{pp}\mu_f} \right) \right]^3 \dfrac{1}{1 + \lambda_f / c_{pp}\mu_f}}{(1/e_w) + (1/e_b) - 1} \tag{1-92}$$

式中，σ 为玻尔兹曼常量；e_w、e_b 分别为传热表面、床层有效辐射系数。

1.4　循环流态化

1.4.1　轴向流动特性

循环流态化气固两相的流动行为相当复杂，受多种因素影响。局部的颗粒聚集现象和整体的颗粒浓度、速度及气体速度等轴径向分布的不均匀性之间的相互关联和影响，是循环流态化气固两相流动行为的重要特征[4]。

1. 相结构

循环流化床气固两相的局部结构是由稀相为连续相、密相(颗粒聚集物)为分散相组成的，且不随设备结构、气固物性和操作条件的变化而发生根本性变化，只是稀、密两相的比例及其在空间的分布发生相应的变化。

在气固两相流中，颗粒聚团形成和分解的主要原因在于颗粒之间及流体与颗粒之间的相互作用。当流体与颗粒的相互作用频率 f_f 远远大于颗粒之间的相互作用频率 f_p，气固两相流处于分散的稀相流动状态。f_f 和 f_p 的定义式为[75]

$$f_f = \frac{\rho_f}{\rho_p} \left(\frac{18\nu}{d_p^2} + \frac{2.7\nu^{0.313} u_p^{0.687}}{d_p^{1.313}} \right) \tag{1-93}$$

$$f_p = \frac{6\sqrt{2} \langle u_p^2 \rangle^{\frac{1}{2}} (1 - \varepsilon)}{d_p} \tag{1-94}$$

在流体处于均匀稀相输送状态且忽略耗散能量条件下，有[76]

$$\frac{f_f}{f_p} = \frac{\rho_f}{\rho_p} \frac{1}{\sqrt{2} \langle u_p^2 \rangle^{\frac{1}{2}} (1 - \bar{\varepsilon})} \left\{ \frac{3\nu}{d_p} + \frac{0.45\nu^{0.313}}{d_p^{0.313}} \left[\frac{u_p}{1 - \bar{\varepsilon}} \left(\frac{\rho_p}{(\rho_p - \rho_f)\bar{\varepsilon}} - 1 \right)^{0.687} \right] \right\} \tag{1-95}$$

对于 ρ_p/ρ_f 较大的体系，当 ε 从小变大时，f_f/f_p 在开始时基本保持不变，表明颗粒要发生团聚，当 $\bar{\varepsilon}$ 超过某一临界值时，f_f/f_p 突然急剧上升，并趋于无穷大，则所有颗粒均匀地分散在流体中。对应于 f_f/f_p 急剧上升的空隙率为颗粒聚集体存在的最大空隙率 ε_{max}(通常 $\varepsilon_{max} > 0.99$)。当 ρ_p/ρ_f 过小时，两相流系统将从聚式流态化向散式流态化过渡[77]。

Bai 等[78]将颗粒聚集体分为絮状、带状、簇状和片状。床层中心区多为小于 1 cm 的絮状物，1~2 cm 的颗粒较密集的簇状物则易在壁面附近形成。簇状物随床内平均浓度的升高而形成片状物，中心区的带状物的形成则来自从片状物尖端分离下来的颗粒和颗粒或絮状物之间的相互作用。颗粒聚集体的存在形式是颗粒在运动过程中气固相互作用最小的最稳状态，有学者给出了絮状物出现概率 P_d 与径向尺寸 l_d 的经验关联式[79]：

$$P_d = 33.4(1-\varepsilon)Re^{-0.47} \tag{1-96}$$

$$l_d = 34.4(1-\varepsilon)0.61Re^{-0.075} \tag{1-97}$$

式中，$Re = \rho_f u_f d_p / \mu$。

2. 轴向流动规律

一般而言，循环流化床空隙率的轴向分布有两种形态：在密相气力输送状态下是均匀状态，而在快速流态化状态下则是不均匀的。在典型流动状态下，可以用底部密相、顶部稀相、中间有一拐点的 S 形分布描述。图 1-22 显示了 Geldart A 类颗粒在提升管横截面的平均空隙率沿轴向上的分布，分布曲线上的拐点表明密相和稀相区的边界。在固体颗粒循环量一定时，密相区范围随气速增加而减小[图 1-22(a)～(c)]；在一定气速下，密相区范围随固体颗粒循环量增加而扩大[图 1-22(c)～(a)]；当固体颗粒循环量较低或气速很高时，稀相区会覆盖整个提升管[图 1-22(d)]。

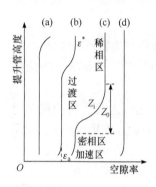

图 1-22 Geldart A 类颗粒空隙率轴向分布[24]

对 S 形空隙率分布可用下式表示[24]：

$$\frac{\overline{\varepsilon} - \varepsilon_a}{\varepsilon^* - \overline{\varepsilon}} = \exp\left(\frac{Z - Z_i}{Z_0}\right) \tag{1-98}$$

式中，Z 为轴向坐标(提升管高度)，m；Z_i 为稀、密相两区间的拐点的高度，m；Z_0 为密相区和稀相区的过渡段长度。$Z_0 = 0$ 时，表示稀相区和过渡区界面清晰；当 $Z_0 \to \infty$ 时，则表示空隙率沿轴向上分布不均匀。Z_0 可用经验公式表示：

$$Z_0 = 500\exp\left[-69\left(\varepsilon^* - \varepsilon_a\right)\right] \tag{1-99}$$

底部密相区空隙率近似值 ε_a 的经验公式为

$$1 - \varepsilon_a = 0.2513\left(\frac{18Re_a + 2.7Re_a^{1.687}}{Ar}\right)^{-0.4037}, \quad Re_a = \frac{d_p \rho_f}{\mu_f}\left(u - \frac{G_p}{\rho_p}\frac{\varepsilon_a}{1-\varepsilon_a}\right) \tag{1-100}$$

上部稀相区空隙率近似值 ε^* 则为

$$1 - \varepsilon^* = 0.05547\left(\frac{18Re^* + 2.7Re^{*1.687}}{Ar}\right)^{-0.6222}, \quad Re^* = \frac{d_p \rho_f}{\mu_f}\left(u - \frac{G_p}{\rho_p}\frac{\varepsilon^*}{1-\varepsilon^*}\right) \tag{1-101}$$

对于 Geldart A 类颗粒和 Geldart B 类颗粒，可取 $\varepsilon_a = 0.85 \sim 0.93$，$\varepsilon^* = 0.97 \sim 0.993$。

不均匀性是循环流化床内的气固流动的自然属性，轴向空隙率呈上稀下浓的不均匀分布受多种因素影响。空隙率轴向 S 形分布只有当颗粒循环速率等于颗粒饱和夹带速率时才能出现[76]，在快速床出口具有强约束条件下，床层还会形成中部高、两端低的 C 形空隙率分布[80]。为此，Bai 等[81]较完整地对空隙率的各种轴向分布进行了描述，这些规律同样适用方形床。有兴趣的读者可参考文献[81]。

需指出的是，在入口没有二次进气的条件下，床层底部的颗粒含率 ε_{sd} 随颗粒循环速率的变化分两种情况：当颗粒循环速率 $G_s < G_s^*$ 时，空隙率呈单调指数函数分布，ε_{sd} 随 G_s 增大而增大；当颗粒循环速率 $G_s \geqslant G_s^*$ 时，空隙率呈 S 形分布时，ε_{sd} 与 G_s 无关，只取决于气体速度及气固物性，几乎不受颗粒储量、快速流化床直径等因素影响，关联式为[4]

$$\frac{\varepsilon_{sd}}{\varepsilon_s'} = 1 + 6.14 \times 10^{-3} \left(\frac{u_f}{u_p}\right)^{-0.23} \left(\frac{\rho_p - \rho_f}{\rho_g}\right)^{1.21} \left(\frac{u_f}{\sqrt{gA_D}}\right)^{-0.383} \qquad \left(G_s < G_s^*\right) \tag{1-102}$$

及

$$\frac{\varepsilon_{sd}}{\varepsilon_s'} = 1 + 0.103 \left(\frac{u_f}{u_p}\right)^{1.13} \left(\frac{\rho_p - \rho_f}{\rho_f}\right)^{-0.013} \qquad \left(G_s \geqslant G_s^*\right) \tag{1-103}$$

其中，$u_p = G_s/\rho_p$；ε_s' 为气固滑落速度等于颗粒终端速度时的颗粒含率，即

$$\varepsilon_s' = \frac{G_s}{\rho_p (u_f - u_t)} \tag{1-104}$$

式中，G_s^* 为饱和颗粒夹带速率，可用下式预测：

$$\frac{G_s^* d_p}{\mu} = 0.125 Fr^{1.85} Ar^{0.63} \left(\frac{\rho_p - \rho_f}{\rho_f}\right)^{-0.44} \tag{1-105}$$

式(1-106)、式(1-107)区分了 ε_{sd} 与颗粒循环速率的不同变化规律，具有较高的准确性。

与 ε_{sd} 相同，当 $G_s < G_s^*$ 时，床层顶部出口处的颗粒含率 $\varepsilon_s^* (= 1 - \varepsilon^*)$ 随颗粒循环速率增大而增大：

$$\varepsilon_s^* = 4.04 \left(\varepsilon_s'\right)^{1.214} \tag{1-106}$$

$G_s \geqslant G_s^*$ 时，ε_s^* 为常数，几乎不受床层直径等其他因素影响：

$$\frac{\varepsilon_s^*}{\varepsilon_s'} = 1.0 + 0.208 \left(\frac{u_f}{u_p}\right)^{0.5} \left(\frac{\rho_p - \rho_f}{\rho_f}\right)^{0.085} \tag{1-107}$$

1.4.2　径向流动特性

1. 空隙率

循环流化床空隙率的径向分布一般呈床中心大(约 0.9 以上)、壁面处小的分布现象。当截面平均空隙率固定时，空隙率径向分布只与径向位置($\phi = r/R$)有关，可表示为[82]

$$\bar{\varepsilon} = \varepsilon^{0.190 + \phi^{2.2} + 3\phi^{1.1}} \tag{1-108}$$

Patience[83]认为式(1-108)估算的床层中心处的颗粒通量过小，建议将床层中心处的局部空隙率为截面平均空隙率的 0.19 次方改为 0.4 次方，并提出了类似关联式：

$$\frac{\overline{\varepsilon}^{0.4} - \varepsilon}{\varepsilon^{0.4} - \overline{\varepsilon}} = 4\phi^6 \tag{1-109}$$

上述两个关联式的优点在于可以通过实验(如压降测定)得到操作条件下的截面平均空隙率，但均过高地估计了壁面的颗粒密度，特别是在床层密度较高时。为此，对于上部稀相及下部密相的空隙率的径向分布，Wei 等[84]提出一个统一关联式：

$$\frac{1-\varepsilon}{1-\overline{\varepsilon}} = 2.2 - \frac{2}{1+\exp(10r/R - 7.665)} \qquad 0.68 < \overline{\varepsilon} < 0.95 \tag{1-110}$$

2. 颗粒速度

由于颗粒的湍动、返混以及聚集与解体等，几乎在床层的所有径向位置都可能存在向上、向下运动的颗粒。床层中心区主要是向上运动，速度为 $1.5u_f \sim 5u_f$；边壁区则是向下运动，速度一般为 $-1.0 \sim -2.0$ m/s；中心区与边壁区的分界点为速度为零的径向位置。

在密相气力输送状态下，颗粒均向上流动，即颗粒在整个床层截面的速度均为正值；当气速一定时，随颗粒循环速率增大，床层中心颗粒速度上升，边壁处颗粒速度减慢。当颗粒循环速率一定时，随气速的增大，床层径向各点颗粒浓度均减小[85]。对于密相气力输送状态下的颗粒速度径向分布，建议用下式估算：

$$\frac{u_p}{u_t} = a\left(\frac{G_s}{\rho_f u_f}\right)^b \left(\frac{u_f - u_t}{\sqrt{gA_D}}\right)^c \exp\left(e\frac{z}{H}\right) \tag{1-111}$$

其中

$$\begin{cases} a = 13.758 - 7.290\phi + 13.96\phi^2 - 20.022\phi^3 \\ b = 0.0821 - 0.456\phi + 1.336\phi^2 - 1.184\phi^3 \\ c = 0.854 + 1.717\phi - 5.761\phi^2 + 5.210\phi^3 \\ e = \begin{cases} 0.0146 & (\phi \leqslant 0.9) \\ 0.0126 & (\phi > 0.9) \end{cases} \end{cases} \tag{1-112}$$

式(1-111)的适用范围为

$$1.5 \text{ m/s} < u_f < 7.0 \text{ m/s}, \quad 0.1 < \frac{G_s}{\rho_f u_f} \leqslant 6.0 \tag{1-113}$$

在快速流态化条件下，颗粒循环速率及气速对颗粒速度径向分布的影响与密相气力输送状态时相同，但影响程度更大。

同时，沿床层径向存在颗粒的交换，且净交换量是由床层中心指向边壁区的，即当操作条件一定时，中心区向上的颗粒通量随床层轴向位置的升高而逐渐减小[86]。当床层截面空隙率较大时，无量纲颗粒通量(局部颗粒通量 G_{sr} 与颗粒循环速率 G_s 之比)径向分布出现一个所谓的"相似分布状态"，此时，核心区半径对颗粒循环速率及床层直径的变化不敏感，不同颗粒循环速率下的颗粒通量径向分布可用下式表示[87]：

$$\frac{G_{sr}}{G_s} = a_1 - b_1 \left(\frac{r}{R}\right)^{c_1} \tag{1-114}$$

式中，a_1、b_1 随操作条件而变化，而 c_1 还可能受床层结构的影响。由实验数据，有[88]

$$a_1 = 1.41 \times 10^5 Re_D^{-1.05} \overline{\varepsilon}^{-2.31} \tag{1-115}$$

$$b_1 = 1.18 \times 10^2 Re_D^{-0.12} \overline{\varepsilon}^{-0.93} - 30.46 \tag{1-116}$$

$$c_1 = \frac{2b_1}{a_1 - 1} - 2 \tag{1-117}$$

Wei 等[88]将颗粒通量的径向分布划分为环-核型、抛物线型和 U 型 3 类，并给出了各类型间的转变条件。

3. 气体速度

对于快速流化床稀相段和稀相输送，床层内气体速度径向分布也具有很大的不均匀性。在表观速度固定时，减少截面平均空隙率或增大颗粒循环速率，相对于床层中心，壁面处的颗粒浓度增加较大，局部气体速度在中心区增大，在边壁区减小；增大表观速度时，床层径向各点局部气体速度均增大，床层中心稀相区的局部气体速度更明显，从而气体速度径向分布趋于不平坦。当颗粒直径增大时，局部气体速度径向分布则趋于平坦。

颗粒浓度较小（$\overline{\varepsilon} \geqslant 0.95$)时，气体速度的径向分布可用下式计算：

$$\frac{u}{u_k} = \frac{n+2}{n}\left(1 - \phi^n\right) \tag{1-118}$$

其中

$$\begin{aligned}&\phi = r/R \\ &n = \frac{1}{7} + 1133.7\left(1 - \overline{\varepsilon}\right)^{0.55} Re_D^{-0.67} \\ &Re_D = A_D u_f \rho_f / \mu\end{aligned} \tag{1-119}$$

u_k 为表观速度，当$(1-\overline{\varepsilon}) \to 0$ 或 $Re_D \to \infty$ 时，$n \to 1/7$，即气体速度分布趋于单一气流流动时的 1/7 次方法则。气固之间的相对速度称为气固滑落速度，目前常用的为一维滑落速度，又称表观滑落速度 $\overline{u}_{slip}$

$$\overline{u}_{slip} = \frac{u_f}{\varepsilon} - \frac{G_s}{\rho_p(1-\overline{\varepsilon})} \tag{1-120}$$

遗憾的是，一维滑落速度并不完全反映气固间的相互运动。颗粒在床内的聚集及床层径向流动结构造成 $\overline{u}_{slip}$ 远远大于单颗粒的终端速度 u_t[89]。同时，径向流动的不均匀性造成了表观平均滑落速度远远大于局部滑落速度的平均值[85]。因此，需加深对气固局部滑落速度特性的了解。类似于表观滑落速度，局部滑落速度可表示为

$$u_{slip} = \frac{u_{fs}}{\varepsilon_{se}} - \frac{G_{sr}}{\rho_p(1-\varepsilon_{se})} \tag{1-121}$$

式中，G_{sr} 为局部颗粒通量；ε_{se} 为局部空隙率；u_{fs} 为局部表观气速。

为了区分颗粒聚集以及床层径向的颗粒不均匀分布(如环-核型)对表观滑落速度的影响，Yang 等[85]提出了均匀空隙率滑落速度 $\bar{u}'_{slip}$ 的概念，假设空隙率沿床层径向均匀分布，则有

$$\bar{u}'_{slip} = \frac{2}{R^2}\int_0^R u_{slip}(r)r\mathrm{d}r = \frac{2}{R^2}\int_0^R \left[u_{f,k}(r) - u_p(r) \right]r\mathrm{d}r \tag{1-122}$$

该式的滑落速度 $\bar{u}'_{slip}$ 仅反映颗粒聚集对气固滑落的贡献,对于径向不均匀分布对气固滑落的贡献由 $\bar{u}_{slip} - \bar{u}'_{slip}$ 描述。与主要由颗粒聚集造成的 $u_{slip}-u_t$ 相比，$\bar{u}_{slip} - \bar{u}'_{slip}$ 是相当大的[84]，表明截面平均滑落速度远远大于气体与颗粒团之间的真实滑落速度。需指出的是，上述规律及其分析仅限于颗粒浓度较稀的情况。在颗粒浓度较高时，气固滑落速度沿径向分布可能是很不均匀的，并在 r/R=0.6～0.9 出现一个极大值。

1.4.3　气体返混与混合

床层内气、固流动速度沿床层径向的不均匀分布，颗粒沿床层的内循环流动，中心稀相区与边壁密相区之间的交换，以及絮状物的不断形成与解体决定了循环流化床内仍有较严重的气固返混。在快速流化床中，气体以连续相形式流动，气体混合过程因而可表示为拟均相的扩散过程，混合程度用轴向扩散系数 D_{ga} 及径向扩散系数 D_{gr} 表征，通常由气体示踪(稳态示踪或脉冲示踪)实验确定。描述扩散过程的基本方程为

$$\frac{\partial C}{\partial t} + \frac{u}{\varepsilon}\frac{\partial C}{\partial Z} = D_{ga}\frac{\partial^2 C}{\partial Z^2} + \frac{D_{gr}}{r}\frac{\partial}{\partial r}\left(r\frac{\partial C}{\partial r} \right) \tag{1-123}$$

实验方法不同，方程的边界条件及初始条件存在差异。理论上，为获得真实的气体扩散系数，在求解过程中还应考虑气体速度 u 及空隙率 ε 的轴、径向分布。

1.　气体停留时间分布

气体通过循环流化床时总的混合程度由气体停留时间分布(RTD)描述。快速流态化条件下的 RTD 曲线会因气体流动明显偏离平推流而具有一定的拖尾及不对称现象[90]。

气体 RTD 与床层内气固流动行为关系密切。实验表明[91]：操作气速一定时，增大颗粒循环速率将使床层任一截面上的颗粒浓度增大，从而导致颗粒浓度径向不均匀分布程度增大，致使气体速度在床层中心区增大而在边壁区减小，RTD 曲线表现出早出峰、长拖尾的现象。同理，当颗粒循环速率一定时，增大操作气速则床层径向任一点气速均增大，尤其是边壁低速区增大明显，因而此时气体 RTD 曲线呈早出峰、短拖尾现象。即气体平均停留时间随操作气速增大而减小，随颗粒循环速率增大而增大。在不同的出口结构下，气体停留时间的分布也有所变化，这与出口几何形状和快速流化区内固体颗粒滞留量有关[92]。

2. 气体轴向扩散系数

宏观上讲，气体在快速流化床中的轴向返混很小，特别是在高气速下，可近似为平推流。但并不意味着在快速流化床中不存在气体的轴向混合或扩散。相对于气体单相流动，颗粒的存在使气体流动不均匀程度增加，因此存在气体轴向扩散系数随颗粒循环速率增大而增加；在快速流化床中，表征气体扩散的佩克莱(Peclet)数 Pe_{Z_g} 有

$$Pe_{Z_g} = \frac{u_f H}{D_{ga}} = 5 \sim 30 \tag{1-124}$$

目前对气速变化引起床内湍动程度以及流动不均匀性的变化，还有未解之处。关于操作气速对轴向扩散系数的影响也存在不同观点：①认为气体湍动程度随气速增加而增加，因而 D_{ga} 随气速增大而增大[93]；②认为气速增加将抑制气体轴向混合，因而 D_{ga} 随之减小[94]；③认为气速小于 4～5 m/s 时，D_{ga} 随气速增大而增大，而在气速大于 4～5 m/s 时，D_{ga} 随气速增大而减小[95]。

颗粒物性对气体轴向混合的影响也非常复杂。一般认为：对小颗粒，由于其能追随流体的涡流而脉动，吸收了流体的涡能，从而削弱了流体能，因而使气体轴向扩散系数减小；对大颗粒，由于其存在的尾迹效应增加了流体湍能，因而增强了气体的轴向扩散[96]。然而目前还不能给出有关上述粒径的定量判据，因此，根据实际使用的颗粒的直径及密度，还不能预测 D_{ga} 随粒径增大的结果。

因此，对于气体轴向扩散系数还没有普遍适用的关联式。对于催化裂化类细粒，李佑楚和吴培[94]的关联式可用作参考：

$$D_{ga} = 0.1953 \bar{\varepsilon}^{-1.1197} \tag{1-125}$$

3. 气体径向扩散系数

由于径向气体速度的不均匀分布及环-核两区间的相互作用，快速流化床中的气体径向扩散明显。但由于颗粒对气体湍流程度影响的复杂性，不同的研究者获得了不同甚至相反的实验结论，例如[1]：与单一气相流动相比，颗粒的存在使气体径向扩散系数减小；气体速度及颗粒循环速率对 $D_{gr}/u_f R$ 值无影响；D_{gr} 随气速增大而减小，但也存在 D_{gr} 随气速增大而增大的结果；颗粒循环速率对气体径向扩散系数 D_{gr} 的影响结果也是如此。这些矛盾现象固然与各研究者的实验条件不同有关，但更重要的是反映了在快速流化床中，颗粒的存在对气固流动不均匀性及湍动强度带来的影响，与单相气流相比，气体混合程度已发生了很大的变化。

一般情况下，气体轴向扩散系数比径向扩散系数大 2～3 个数量级，但径向扩散对气体混合的贡献仍不容忽视。需要指出的是，如果假设气体速度沿径向分布是均匀的，将极大程度地过高估计气体径向扩散系数[97]。

目前有关气体混合的研究结果还相当分散，建立普遍适用的关联式或模型还有待进一步研究。

1.4.4 固体返混与混合

颗粒聚集造成返混、边壁区颗粒向下流动及横向颗粒交换是快速流化床中固体混合的主要因素。

1. 颗粒停留时间分布

颗粒停留时间分布是提升管内复杂的颗粒流动的体现，具有平均停留时间较长及停留时间分布较宽的特点[98]：RTD 曲线出峰早是由于床层中心区颗粒近于平推流，通过床层快；而边壁区 RTD 曲线则呈现为出峰晚、长拖尾的现象。颗粒在快速流化床中的内循环流动，通常表现在床层出口处的 RTD 曲线为双峰[99]：第一个峰预示由于操作气速较高，一部分颗粒以近似于平推流的方式快速从床层中心区流出床层；第二个峰则表示由于横向交换，由中心区到边壁区的颗粒再次循环进入中心区而流出床层。

采用颗粒示踪、气相检测的实验结果[100]表明，在相同操作条件下，气、固停留时间分布存在差异。气体的停留时间分布较窄，峰值较高；固体颗粒停留时间分布较宽，有明显的拖尾。

2. 颗粒轴向扩散系数

颗粒的轴向扩散系数 D_{pa} 远大于气体轴向扩散系数，并随床层高度增加而逐渐减小，从而床层底部 D_{pa} 值最大[101]。颗粒轴向扩散系数受颗粒循环速率的影响较小，在较低气速下(小于 4~7 m/s)随气速增大而增大，当气速较高时则相反[100]。

对于分散颗粒的轴向扩散系数，可用下式表示[102]：

$$Pe_{pa} = 71.86\left(1-\bar{\varepsilon}\right)^{0.67} Re_D^{0.23} \tag{1-126}$$

Rhodes[103]给出的结果为

$$Pe_{pa} = 9.2 A_D \left(G_s A_D\right)^{0.33} \tag{1-127}$$

需指出的是，上述两式均忽略了颗粒速度及浓度的径向分布。目前，有关颗粒轴向扩散的研究还远未成熟。

3. 颗粒径向扩散系数

颗粒径向混合主要是由气固流动沿径向的不均匀性及中心稀相区与边壁密相区之间的粒子交换所造成的。颗粒径向扩散系数与气体径向扩散系数具有同一量级，其佩克莱数可表示为[104]

$$Pe_{pr} = \frac{u_f A_D}{D_{pr}} = 150 + 5.6\times10^{-4}\left(1-\varepsilon_s\right) \tag{1-128}$$

Wei 等[102]的实验结果为

$$Pe_{pr} = 225.7\left(1-\varepsilon\right)^{0.29} Re_D^{0.3} \tag{1-129}$$

式(1-129)表明，在循环流化床中，颗粒径向扩散系数受操作气速及颗粒浓度影响。

1.4.5　传热特性

循环流化床的传热主要包括气体与颗粒之间的传热以及床层与传热面之间的传热，后者占主要作用，一般认为是由 3 部分组成：颗粒对流传热(h_{pc})，气体对流传热(h_{gc})，辐射传热(h_r)。总的传热系数可表示为

$$h = Q\big/\big[A(T_b - T_w)\big], \quad h = h_{pc} + h_{gc} + h_r \tag{1-130}$$

式中，A 为传热面积，m^2；Q 为传热量，W；h 为传热系数，$W/(m^2 \cdot K)$。

1. 传热规律与影响因素

从本质上来说，循环流化床中的传热规律是由气体和颗粒的流动特性决定的，主要因素和作用机制如图 1-23 所示[105]。

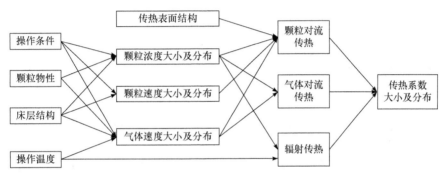

图 1-23　影响床层与表面间传热过程的主要因素及其作用机制[106]

影响传热的主要因素包括床层密度、气体表观速度、固体颗粒循环量、颗粒尺寸、传热面的垂直尺寸、床层温度、床壁形状和传热面的位置，其中，床层密度是循环流化床内传热的最重要影响因素。这些因素对传热的影响是通过颗粒对流传热、气体对流传热和辐射传热实现的。

2. 颗粒对流传热

颗粒对流传热过程如图 1-24 所示，颗粒团由床中心区域向床壁运动，于床壁 x_1 位置与床壁接触，在沿着床壁向下运动 L_1 距离过程中将热能传递给床壁，随后在 x_2 位置离开床壁，重新混入床层流体中。这个过程被新的颗粒团不断地更新和重复。

颗粒对流传热在一般的循环流化床中是非常重要的传热过程。在多种解释循环床内传热机理的传热模型中，主要集中在颗粒团的更新机制和气膜的作用上。

(1) 单颗粒碰撞模型。用于解释鼓泡床传热机理的单颗粒模型同样适用于循环床，重点考虑与壁面相邻的第一层颗粒的传热行为，认为在颗粒沿壁面向下流动的过程中，热量先从紧靠壁面的颗粒传递到其周围的气体上，再由气体传至壁面。若不考虑辐射换热，单个颗粒在颗粒团中的能量平衡式为

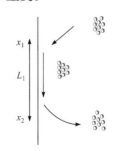

图 1-24　颗粒对流传热过程

$$\frac{\rho_{p} c_{pp} \pi d_{p}^{3}}{6} \frac{\mathrm{d}T}{\mathrm{d}t} = \frac{4\lambda_{f}}{d_{p}} \frac{\pi d_{p}^{2}}{4} (T_{w} - T) \tag{1-131}$$

平衡时间为

$$\tau_{p} = \frac{\rho_{p} c_{pp} d_{p}^{2}}{6\lambda_{f}} \tag{1-132}$$

由此可知，当颗粒与传热表面的接触时间远小于 τ_{p} 时，传热通过第一层颗粒团与传热面之间的气膜完成；接触时间在 $\tau_{p}/3$ 左右时，传热发生在床壁与颗粒之间；如果滞留时间接近于 τ_{p}，颗粒温度与传热表面温度相近，传热系数下降。基于颗粒运动及分子碰撞理论，Martin[107]建立了一个分子碰撞模型，提出传热系数的计算公式为

$$h_{pr} = \frac{(1-\varepsilon)\lambda_{p}\left(1 - e^{-Nu_{pc}/2.6Z}\right)}{d_{p}} \tag{1-133}$$

式中，Nu_{pc} 为颗粒与床壁间传热的努塞特数；Z 为介质的热性质函数。

考虑气体对传热的影响作用，有[4]

$$h_{pr} = 3\pi(1-\varepsilon)\lambda_{f}/d_{p} \tag{1-134}$$

单分子颗粒碰撞模型可较好地反映颗粒对传热的影响，但对于小颗粒及温度较低时，计算结果与实验结果偏差会比较大。

(2) 颗粒团-气膜更新模型。颗粒团-气膜更新模型的基础是 Mickley 和 Fairbanks[54] 的颗粒团模型。模型引入颗粒团与壁面间气体的热阻，用以描述循环床中颗粒团与壁面间的气体膜对流传热的作用。一些研究者给出的颗粒团对流传热系数计算公式为

$$h_{pc} = \left(\frac{1}{h_{g}} + \frac{1}{h_{c}}\right)^{-1} = \frac{1}{\dfrac{d_{p}}{n\lambda_{f}} + \left(\dfrac{\tau\pi}{4k_{c}c_{pc}\rho_{c}}\right)^{0.5}} \tag{1-135}$$

由此，有 5 个方面的因素需要考虑：气膜的厚度(d_{p}/n)、床壁的覆盖率(f)、颗粒团与床壁的接触时间(τ)、颗粒团的空隙率(ε_{c})及颗粒团的导热系数(k_{c})。

关于气膜厚度，有不同的研究结果，如 $0.1d_{p}$[106]、$0.4d_{p}$[108]，以及气膜厚度 d_{p}/n 与床层密度的关系式[109]：

$$n = 34.84\rho_{susp}^{0.581} \tag{1-136}$$

在传热系数中，颗粒团和气体传热部分与传热表面被颗粒团覆盖比例的关系为

$$h = fh_{pc} + (1-f)h_{gc} \tag{1-137}$$

对于床壁的覆盖率 f，有[109]

$$f = 3.5\rho_{susp}^{0.37} \tag{1-138}$$

颗粒团的特征长度 L 的确定是计算颗粒团在表面上的接触时间的先决条件，L 与床

层区域平均密度 ρ_{susp} 的关系为[108]

$$L = 0.0178\rho_{\text{susp}}^{0.598} \tag{1-139}$$

由此关系式推算颗粒团的特征长度与实验结果吻合得很好。除此以外，还有特征长度与颗粒团从开始在床壁上运动直至达到最大速度 u_{m} 和接触时间 τ 的关系式[110]：

$$L = u_{\text{m}}^2 \big/ g\big[\exp(-gt/u_{\text{m}})-1\big] + u_{\text{m}}\tau \tag{1-140}$$

对于颗粒团空隙率，有[111]

$$\varepsilon_{\text{c}} = 1.23\rho_{\text{susp}}^{0.54} \tag{1-141}$$

气体的导热系数 λ_{f} 可从气膜的平均温度推算出，颗粒团的比热容 c_{pc}、密度 ρ_{c} 和空隙率 ε_{c} 之间有以下关系：

$$c_{\text{pc}} = \left[(1-\varepsilon_{\text{c}})c_{\text{pg}}\frac{\rho_{\text{p}}}{\rho_{\text{c}}} + \varepsilon_{\text{c}}c_{\text{pg}}\frac{\rho_{\text{g}}}{\rho_{\text{c}}}\right] \tag{1-142}$$

$$\rho_{\text{c}} = \big[(1-\varepsilon_{\text{c}})\rho_{\text{p}} + \varepsilon_{\text{c}}\rho_{\text{f}}\big] \tag{1-143}$$

关于颗粒团的导热系数 k_{c}，Gelperin 和 Einstein[112]提出的关系式被很多研究者使用：

$$\frac{k_{\text{c}}}{\lambda_{\text{f}}} = 1 + \frac{(1-\varepsilon_{\text{c}})(1-\lambda_{\text{f}}/\lambda_{\text{p}})}{\dfrac{\lambda_{\text{p}}}{\lambda_{\text{f}}} + 0.28\varepsilon_{\text{c}}^{0.63}(\lambda_{\text{f}}/\lambda_{\text{p}})^{0.18}} \tag{1-144}$$

用此颗粒团-气膜更新模型可解释很多传热实验的数据，也有较好地吻合了一些实验结果，但是用以全面预测传热系数还有一些问题需要进一步研究。

3. 气体对流传热

一般情况下，气体对流传热在循环流化床总传热中所占份额较小，只在床层密度小、床壁没有被颗粒团大量覆盖的情况下才变得比较明显。

气体对流传热系数 h_{gc} 可用下式计算[113]：

$$Nu_{\text{gc}} = 0.009Pr^{1.3}Ar^{1.2} \tag{1-145}$$

在此式中显示了气体对流传热系数与气体表观速度并无直接关系。考虑颗粒运动的影响作用，有[114]

$$h_{\text{gc}} = \frac{\lambda_{\text{f}}c_{\text{pp}}}{d_{\text{p}}c_{\text{pg}}}(\rho_{\text{drsp}}/\rho_{\text{p}})^{0.3}(u_{\text{t}}^2/gd_{\text{p}})^{0.21}Pr \tag{1-146}$$

式中，ρ_{drsp} 为向上运动的带有悬浮颗粒的气体密度。

4. 辐射传热

辐射传热主要发生在高温操作条件下，与颗粒对流传热和气体对流传热一起发挥作用。床层与床壁之间的辐射传热和气体对流传热一样，也是发生在热颗粒与未被颗粒覆盖的床壁之间。辐射传热主要与循环流化床的床层密度和床层温度的变化密切相关[4]。

大多数的辐射传热计算都是基于颗粒团-气膜更新模型，即颗粒团和壁面都是黑体，气膜为透明体，辐射传热的热量是由壁面处的气膜厚度决定的[115]。

假定颗粒团有效辐射系数是 $\varepsilon_{\mathrm{eff}}$，流化床床壁和颗粒团都是灰体，且流化床中心区域和床壁为两个无限大的平行体，辐射传热系数可表示为

$$h_{\mathrm{r}} = \frac{\sigma\left(T_{\mathrm{b}}^4 - T_{\mathrm{w}}^4\right)}{\left(1/\varepsilon_{\mathrm{eff}} + 1/\varepsilon_{\mathrm{w}} - 1\right)\left(T_{\mathrm{b}} - T_{\mathrm{w}}\right)} \tag{1-147}$$

考虑床体的形状及颗粒团内部的颗粒排列对颗粒团辐射传热的影响，颗粒团的有效辐射传热系数可用下式表示[116]：

$$\varepsilon_{\mathrm{eff}} = 1 - \mathrm{e}^{-KL_{\mathrm{m}}} \tag{1-148}$$

式中，L_{m} 为平均光波长，对长圆柱形循环床，L_{m} 大约是床直径的 1/10，对其他形状的床体，L_{m} 约为床体积与截面积之比的 3.5 倍；K 为平均衰减系数，假定颗粒的直径远远大于辐射波长，有

$$K = \delta\frac{\pi d_{\mathrm{p}}^2}{4} = \frac{3\left(1 - \varepsilon\right)}{2d_{\mathrm{p}}} \tag{1-149}$$

式中，δ 为单位体积内的颗粒数目。

描述辐射传热机理还有一些其他模型。例如，适用于有光滑床壁流化床的双流动模型[117]，而多流动模型[118]则更适用于粗糙床壁的流化床，像工业用的循环流化床锅炉。

循环流化床中，床层与传热表面间的总平均传热系数可表示为

$$\begin{aligned}
h &= fh_{\mathrm{pc}} + \left(1 - f\right)h_{\mathrm{gc}} + h_{\mathrm{r}} \\
&= \frac{f}{\dfrac{d_{\mathrm{p}}}{n\lambda_{\mathrm{f}}} + \left(\dfrac{\tau\pi}{4k_{\mathrm{c}}c_{\mathrm{pc}}\rho_{\mathrm{c}}}\right)^{0.5}} + \left(1 - f\right)\left(\frac{\lambda_{\mathrm{f}}}{d_{\mathrm{p}}}\right)\left(\frac{c_{\mathrm{pp}}}{c_{\mathrm{pg}}}\right)\left(\frac{\rho_{\mathrm{susp}}}{\rho_{\mathrm{p}}}\right)^{0.3}\left(\frac{u_{\mathrm{t}}^2}{gd_{\mathrm{p}}}\right)^{0.21Pr} \\
&\quad + \frac{\sigma\left(T_{\mathrm{b}}^4 - T_{\mathrm{w}}^4\right)}{\left(1/\varepsilon_{\mathrm{eff}} + 1/\varepsilon_{\mathrm{w}} - 1\right)\left(T_{\mathrm{b}} - T_{\mathrm{w}}\right)}
\end{aligned} \tag{1-150}$$

1.5 气 力 输 送

绪论中已简要介绍了气力输送的系统及其应用方式。本节进一步介绍涉及气力输送设计的相关基础。

1.5.1 密相气力输送

比较典型的密相气力输送的定义或密相与稀相的划分界限主要有以下几种[119]：①固

气比大于 10、15、25 或 80 时；②物料的体积浓度大于 40%、50%时；③气力输送时，物料充满管道的一个或多个断面时；④水平输送的气体量不足以使所有物料处于悬浮状态时，垂直输送有颗粒回落现象时；⑤用 Zenz 相图对气力输送进行分类。

1. 管道压降

对于气力输送，管道压降是气力输送设计的重要参数之一，要计算系统的功率消耗，首先计算系统的压降。在气力输送系统中，通常是固体颗粒加入气体中然后由气流使之加速，用于固体颗粒加速的功率消耗(或单位管长上的压降)完全可与充分发展流动状态相比。而在弯管和支管处，由于颗粒与壁面的碰撞会造成颗粒的减速，从而需要再加速，导致压降更高。

Muschelknautz 和 Krambrock[120]对密相输送中塞流情况的分层流进行了基础实验研究，并建立了相应关系式。以这种方式运输的物料主要是对流态化具有高度亲和力的精细材料，粉煤灰就是其中之一。Wen 和 Yu[6]发展了细煤密相波状流的关联式：

$$\Delta P/L = g\rho_f\varepsilon + g\rho_p(1-\varepsilon) + 2f_s\rho_p\frac{(1-\varepsilon)}{D_t}(v_g - v_p)^2 + 2f_g\rho_f\frac{\varepsilon}{D}(v_p)^2 \tag{1-151}$$

式中，f_g 为气体摩擦系数；f_s 为在颗粒与管壁和颗粒本身的相互作用中要考虑的固体摩擦系数，需实验获得。也可应用经验关联式：

$$\begin{cases} f_s = 0.52(\mu_s)^{-0.3} Fr^{-1}Fr^{*0.25}(d_p/D)^{-0.1} \\ Fr = u_f/(gD_t)^{0.5} \\ Fr^* = u_p/(gD_t)^{0.5} \end{cases} \tag{1-152}$$

对于压降，也可应用经验公式：

$$\Delta P = 41.85v_s^{0.45}(d_p/D)^{0.25}(p_s L) \tag{1-153}$$

对于柱塞流密相输送：

$$\Delta P = \left(1 + 1.084\lambda Fr^{0.5} + 0.542Fr^{-0.5}\right)\frac{2g\mu_w m_s L_s}{AU_p} \tag{1-154}$$

式中，λ 为应力传递系数，约为 0.55；Fr 为弗劳德数，$Fr = u_p^2/gD$；μ_w 为壁面摩擦系数，约为 0.25；m_s 为质量流量；U_p 为堵塞速度；L_s 为料栓长度。

有研究表明，通过阀塞的压降和阀塞长度为线性关系。管塞在管道中输送时可以保持完整性，但也可能劣化，出现内部裂纹，然后进入管道底部的不可移动管塞。这种情况在非常细的材料中比在聚合物颗粒的输送中发生得更多。

一般来说，密相输送中向输送空气中注入固体和向固体中注入输送空气是两种常用技术。一些材料主要是塑料颗粒，如果处理和注射方式得当，可以自然形成柱塞。

目前常用的压降计算方法是 Barth 从能量守恒的观点出发提出的附加压降模型[121]：

$$\Delta P = \Delta P_{\mathrm{g}} + \Delta P_{\mathrm{s}} = \left(\lambda_{\mathrm{g}} + \lambda_{\mathrm{s}}\mu \right) \frac{\rho_{\mathrm{f}}\mu_{\mathrm{f}}^2}{2D_{\mathrm{t}}} \tag{1-155}$$

式中，ΔP_{g}、ΔP_{s} 分别为气体相、固体相造成的压力损失。气相压力损失系数 λ_{g} 可引用经典公式来计算，而实验测定附加压力损失系数 λ_{s} 存在一定困难，主要依据模化理论获得相应的关系式，如：

$$\lambda_{\mathrm{s}} = 0.25 Fr^{-0.82} \tag{1-156}$$

有学者发现在密相输送中，附加压力损失主要是由固相引起的。同时，由于粉体密相输送规律的复杂性，目前还没有一个通用性强的公式，因此对于不同输送条件、不同物性的粉体，需做专门的实验获得相应的压力损失公式。

2. 输送速度

沉积速度 u_{ss} 和噎塞速度 u_{ch} 分别对应水平管和垂直管气力输送压降-气速关系图上压降最低点时的气速，因此目前一般采用两者作为分类标准之一：当气速小于 u_{ss} 或 u_{ch} 时为密相输送，反之则为稀相输送；密相输送进一步可划分为分层流动和柱塞流动。

对于水平管道，沉积速度既是稀相输送的最小气流速度，也是密相输送中分层流中的最大气流速度。关于 u_{ss} 的计算公式较多，但均为不同实验条件下，且是在小规模实验装置上的实验数据回归得到，为纯经验或半经验表达式，目前还没有一个通用表达式用于工业装置的设计。实际应用时，需要根据输送物料性质结合类似物性物料所得的经验公式来计算以避免造成大的偏差，或采用 Rizk[122] 所得的公式

$$u_{\mathrm{ss}} = 10^{-(1440 d_{\mathrm{p}} + 1.96)} \left(\frac{u_{\mathrm{f}}}{gD_{\mathrm{t}}} \right)^{1100 d_{\mathrm{p}} + 2.5} \tag{1-157}$$

临界速度是稳定输送的最小表观气体速度，与输送物料特性、输送装置及操作条件有关。在低固气质量比流量下，临界速度与沉积速度接近，固体质量流量越大，两者相差越明显。与沉积速度类似，影响临界速度的因素较多，对其的确定还仅限于半经验性描述，缺乏基于机理性的通用型表达式。工程应用多采用下式计算：

$$u_{\mathrm{s}} \frac{\rho_{\mathrm{f}}}{\rho_{\mathrm{p}}\left(1 - \varepsilon_1 \right)} = 0.018 \left[\frac{u_{\mathrm{c}}}{\sqrt{\left(\rho_{\mathrm{p}}/\rho_{\mathrm{f}} + 1 \right)\left(1 - \varepsilon_1 \right) D_{\mathrm{t}} g f_{\mathrm{f}}}} \right]^4 \tag{1-158}$$

对于垂直气力输送，在工程设计时，可根据下式判断输送过程中是否出现噎塞现象：

$$\frac{u_{\mathrm{sp}}^2}{gD_{\mathrm{t}}} > 0.12 \tag{1-159}$$

噎塞速度的计算公式可为

$$\frac{2gD_{\mathrm{t}}\left(\varepsilon_{\mathrm{ch}}^{-4.7} - 1 \right)}{\left(u_{\mathrm{ch}} - u_{\mathrm{sp}} \right)^2} = 6.81 \times 10^5 \left(\frac{\rho_{\mathrm{f}}}{\rho_{\mathrm{p}}} \right)^{2.20} \tag{1-160}$$

最小流化输送速度 u_{pt} 是密相输送和移动床输送转变时的表观气速：

$$\frac{u_{pt}}{\varepsilon_{mf}} = \frac{u_{mf}}{\varepsilon_{mf}} + \frac{u_{su}}{1-\varepsilon_{mf}} \tag{1-161}$$

对于最小流化速度 u_{mf}，有

$$\begin{cases} Ar = \rho_f(\rho_p - \rho_f)g\,d_p^3/u_f^2 \\ \dfrac{u_{sp}}{u_{mf}} = 135.7 - 45.0\lg Ar + 4.1(\lg Ar)^2 & 10^2 < Ar < 4\times10^4 \\ \dfrac{u_{sp}}{u_{mf}} = 26.6 - 2.3\lg Ar & 4\times10^4 < Ar < 8\times10^6 \\ \dfrac{u_{sp}}{u_{mf}} = 10.8 & 8\times10^6 < Ar \end{cases} \tag{1-162}$$

1.5.2 稀相气力输送

1. 管道压降

压降比为气固两相混合物流经管道的总压降与纯气流以相同的速度流经同一管道时产生的压降之比。气固两相流动产生的总压降由多种压降组成，是物料与管壁摩擦、碰撞及物料间的相互作用所致，与输送距离、管径等因素有关。预测气力输送系统的压降有几种方法，但通常最可靠的方法是输送试验方法。在气力输送设计中，对压力损失的计算多采用经验公式。压力损失主要由下列几部分组成：空气和物料在水平输料管中的压力损失；空气和物料在垂直输料管中的压力损失；物料加速时引起的压力损失；弯头等管件处的压力损失；压缩机、接管、消音设备引起的压力损失；料气分离等设备处引起的压力损失。同时，在计算过程中进行了简化处理。例如，对于空气和物料在水平输料管中的压力损失，主要是由于空气和物料在运输过程中沿管壁的摩擦，物料颗粒间的相互摩擦、碰撞以及保持物料颗粒呈悬浮状态所消耗的压力损失。一般采用下列经验公式计算：

$$\Delta P_{平} = \Delta P_{沿}(1 - \mu K) \tag{1-163}$$

式中，$\Delta P_{平}$ 为气体和物料在直管运动中的压力损失；$\Delta P_{沿}$ 为纯气体沿直管运动的压力损失；μ 为混合比；K 为由实验确定的阻力系数：

$$\begin{cases} K = 1.25 D_t \dfrac{\phi}{\phi-1} \\ \phi = \dfrac{气体流速}{悬浮速度} \end{cases} \tag{1-164}$$

对于低中压气力输送

$$\Delta P_{沿} = \lambda \frac{L}{D} \frac{\rho_气 V_气^2}{2} \tag{1-165}$$

其他压力损失计算与此类似。

虽然有研究人员发现了稀相气力输送中的减阻现象，即纯气体流动中的能量损失大于将少量小颗粒加入流动中时的能量损失。这种现象可能是小颗粒与流动的湍流结构相互作用的结果[25]。然而，设计一个利用这一现象的系统在目前看来并不实际。

2. 最小输送速度

在水平管道输送中的最小输送速度是防止颗粒向管道底部沉积或在管道底部滑动所需的最小平均气体流速。最小输送速度相当于跳动速度，在气力输送系统中低于该速度就会发生跳跃现象。将静止的颗粒带起所需的气体速度要大于跳动速度，因为颗粒在带起的过程中必须克服这些额外的颗粒间的或者颗粒与壁面间的相互作用力(如黏性力等)。

在水平悬浮固体颗粒流动中，固体颗粒的垂直运动强烈地受终端沉降速度与摩擦速度比率的影响。在圆形管中，平均气流速度与摩擦速度的比如下[25]：

$$\frac{u}{U_f} = 5\lg\left(\frac{\rho_f D_p U}{\mu_f}\right) - 3.90 \tag{1-166}$$

式中，U_f 为根据混合物的密度计算的摩擦速度；D_p 为颗粒扩散系数。对于直径为 D_d 的管道：

$$U_f \approx \sqrt{\frac{D_d \Delta p}{4L\left[\alpha_p \rho_p + (1-\alpha_p)\rho_f\right]}} \tag{1-167}$$

在最低输送条件下的摩擦速度可能与系统结构和操作条件相关，可通过两步进行修正。首先，在无限稀相下获得速度，再作浓度修正，与固体颗粒浓度相关的函数可由下式给出：

$$\frac{U_f}{U_{f0}} = 1 + 2.8\left(\frac{u_t}{U_{f0}}\right)^{\frac{1}{3}} \alpha_p^{0.5} \tag{1-168}$$

式中，u_t 为颗粒终端速度；U_{f0} 为在最低输送条件下颗粒浓度为 0 时的摩擦速度。

$$\begin{cases} \dfrac{u_t}{U_{f0}} = 4.90\left(\dfrac{d_p}{D_d}\right)\left(\dfrac{D_d U_{f0}\rho}{\mu_f}\right)\left(\dfrac{\rho_p - \rho_f}{\rho_f}\right) & d_p > \dfrac{5\mu_f}{\rho_f U_{f0}} \\[4mm] \dfrac{u_t}{U_{f0}} = 0.01\left(\dfrac{D_d U_{f0}\rho_f}{\mu_f}\right)^{2.71} & d_p < \dfrac{5\mu_f}{\rho_f U_{f0}} \end{cases} \tag{1-169}$$

对于气力输送的研究并不仅限于以上内容，研究人员还开展了弯管、倾斜管、大管径、远距离、高压、强黏滞性物料等输送条件方面的工作，快速摄影机、惯性测量装置等测试方法为深入理解气力输送机理提供了有利条件，但这一研究领域仍然存在许多挑战和有待解决的问题。例如，与大多数技术一样，在气力输送的各个分支和课题中虽然已经进行了大量的模拟实验，但还需要进一步的实验证明模拟的有效性。为了保证基本物理模型的正确性，特别是粒子与壁面和自身的摩擦，需要创造性的、新颖的实验。

1.5.3　输送流化床

输送床早期又称为气流输送反应器。输送床与气力输送的管道相似，与流化床明显的区别为颗粒在床层(管道)内的停留时间。理论上，任一瞬间，在颗粒粒径相同的流化床层内的每个颗粒离开床层的概率相等，与其进入床层的时间无关。而在输送床内，粒径相同的颗粒都具有相同的停留时间[123]。同时，输送床还可具有高浓度、高速率的特点。因此，目前应用于燃烧、材料制备、脱硫、煤热解等多个领域，也发展了如加压循环输送床、流化床-输送床耦合装置、复合式气力输送反应器、密相输运床等多种形式。

在早期高空隙率的输送床中，颗粒的终端速度一般按 Stokes 定律计算[123]，而对于目前的密相颗粒的终端速度，Satija 等[124]给出了仅适用于空气流动的密相颗粒终端速度 u_t 的方程：

$$\left(\rho_p - \rho_f\right)g = 0.75 C_{Ds}\frac{\rho_f}{\phi_s d_p}u_t^2 \tag{1-170}$$

式中，C_{Ds} 为密相颗粒的曳力系数；ϕ_s 为密相颗粒球形度。

钟林等[125]给出的流化床-输送床的复合床的颗粒带出速度 u_t 为

$$u_t = \left[\frac{2d_p^{1.5}\left(\rho_p - \rho_f\right)g}{15\left(\rho_f\mu\right)^{0.5}}\right]^{2/3} \tag{1-171}$$

在相近操作条件下，输送床团聚物随固体循环流率的变化规律与高密度循环流化床一致[126]。密相输送床团聚物频率沿径向方向逐渐降低，沿轴向方向呈升高趋势；团聚物持续时间沿径向方向呈增长趋势，沿轴向方向逐渐下降。团聚物的频率会随表观气速的增大而增大，而持续时间相反。

流化床与输送床结合，可以利用不同粒径固体颗粒各自不同的流化及气力输送特性，达到固体颗粒的自然分级与不同条件下的高效转化，目前已应用于多个领域。

符 号 说 明

A_D	流化床直径，m	d_b	平均气泡直径，m
Ar	阿基米德数，$Ar=d_p^3\rho_f(\rho_p-\rho_f)g/\mu^2$	d_{b0}	初始气泡直径，m
A_t	流化床横截面积，m²	d_{bm}	最大稳定气泡直径，m
a_b	单位体积床层的颗粒表面积，	d_{or}	(分布器)喷口直径，m
	$a_b=6(1-\varepsilon)/d_p$，m²/m³	d_p	颗粒等比表面积平均当量直径，
c_{pg}	气体比热容，kJ/(kg·K)		颗粒直径，m
c_{pp}	固体颗粒比热容，kJ/(kg·K)	$d_{p,e}$	颗粒平均粒径，m
D_{be}	不含颗粒气泡的当量直径，m	E	弹性模量，N/m²
D_{ga}	气体轴向扩散系数，m²/s	F_a	细粒子作用因子
D_{gr}	气体径向扩散系数，m²/s	Fr_{mf}	以临界流化速度 u_{mf} 为特征速度
Dn	流态化质量判别数		的弗劳德数，$Fr_{mf}=u_{mf}^2/gd_p$
D_{sa}	颗粒轴向扩散系数，m²/s	f_w	尾涡分数
D_{sr}	颗粒径向扩散系数，m²/s	G_g	气体流量，kg/(m²·s)
D_t	管直径，m	G_{or}	通过分布器喷口的气体体积流

	量，m^3/s	TDH	输送段分离高度，m
G_p	固体颗粒循环量，kg/s	T_g	气体温度，K
G_s	固体循环量，$kg/(m^2 \cdot s)$	$T_{g,in}$	气体进口处的温度，K
G_{sm}	最小固体循环量，$kg/(m^2 \cdot s)$	$T_{g,out}$	气体出口处的温度，K
H_f	总膨胀床层高度，m	T_p	颗粒温度，K
h	传热系数，$W/(m^2 \cdot K)$	T_w	床壁温度，K
h_∞	膨胀床上方传热系数，	t	颗粒流经整个流化床的时间，s
	$W/(m^2 \cdot K)$	u	气体流速，m/s
h_{fb}	自由空域传热系数，$W/(m^2 \cdot K)$	$u_{b\infty}$	单个孤立气泡的上升速度，m/s
h_{gc}	气体对流传热系数，$W/(m^2 \cdot K)$	u_{bq}	气泡上升速度，m/s
h_{pc}	颗粒对流传热系数，$W/(m^2 \cdot K)$	u_c	鼓泡流化向湍动流化过渡时的气
h_{pg}	颗粒与气体间传热系数，		体速度，m/s
	$W/(m^2 \cdot K)$	u_{ch}	噎塞速度，m/s
h_r	辐射传热系数，$W/(m^2 \cdot K)$	u_{cr}	乳化相中因返混导致气体流向改
K	无量纲常数		变后的气体速度，定义式
K_s	相间固体交换速率，1/s		$u_{cr} = u_{mf}\left(1 + \dfrac{1}{f_w \varepsilon_{mf}}\right)$，m/s
k_g	气体导热系数，$W/(m \cdot K)$		
k_p	颗粒导热系数，$W/(m \cdot K)$	u_d	与最小固体循环量相对应的气体
L_b	流化床床层高，m		速度，m/s
L_j	射流穿透长度，m	u_e	弹性波速度，m/s
l	颗粒与气体相互接触的距离，m	u_f	气体表观速度，m/s
N_0	分布板上孔道数量	u_{fs}	局部表观速度，m/s
N_B	单位床层体积气泡数	u_{mb}	最小鼓泡速度，m/s
N_{or}	气体分布板上的开孔数	u_{mf}	最小流化速度，m/s
Nu_{gp}	气体和颗粒间传热的努塞特数，	u_{msl}	节涌流最小气体速度，m/s
	$Nu_{gp} = h_{gp}d_p/k_g$	u_{or}	(分布器)喷口气体速度，m/s
n	空隙率指数	u_{pt}	最小气力输送速度，m/s
n_0	气泡频率，s^{-1}	$\langle u_p^2 \rangle^{\frac{1}{2}}$	颗粒脉动速度的均方值，m/s
Pe_g	气体佩克莱数，无量纲		
p	操作压力，Pa	u_q	乳化相中气体上升速度，m/s
p_a	环境压力，Pa	u_s	乳化相中固体颗粒下移速度，m/s
Q_r	辐射传热面积热流量，W/m^2	u_{se}	显著夹带速度，m/s
Re_c	基于 u_c 的雷诺数	u_{ss}	沉积速度，m/s
Re_D	基于床径 A_D 的雷诺数，	u_t	颗粒终端速度，m/s
	$Re_D = A_D u_{mf}\rho_f/\mu_f$	u_{tf}	快速点速度，m/s
Re_m	基于 u_d 的雷诺数	u_{tr}	最小输送速度，m/s
Re_{mf}	以临界流化速度 u_{mf} 为特征速度	u_ε	空隙扰动的传播速度，m/s
	的雷诺数，$Re_{mf} = d_p u_{mf}\rho_f/\mu_f$	u_τ	真实的气固相对速度，m/s
Re_{pt}	由物料特性决定的相对雷诺数	V_{b0}	初始气泡体积，m^3
Re_t	基于 u_t 的雷诺数	v	实际速度，m/s
Re_{tf}	基于 u_{tf} 的雷诺数	W	颗粒质量，kg
Re_{tr}	基于 u_{tr} 的雷诺数	x	基于颗粒粒径的拟合指数
Sc	施密特数，$Sc = \mu_f/\rho_f A_D$	Z	轴向坐标(提升管高度)，m
T_b	床层温度，K	Z_i	床层底部密相区的高度，m

z	平均扩张床面位置到床顶部的	λ_f	气体热导率，W/(m·K)
	距离，m	λ_p	颗粒热导率，W/(m·K)
δ	气泡相的体积分数	μ_f	气体动力黏度，kg/(m·s)
ε	床层空隙率	μ_{f20}	20℃的流体黏度，kg/(m·s)
$\bar{\varepsilon}$	平均床层空隙率	ρ_f	气体密度，kg/m³
ε_{ch}	噎塞时管道风空隙率	ρ_{f20}	20℃的流体密度，kg/m³
ε_l	受限鼓泡条件下的空隙率	ρ_p	颗粒密度，kg/m³
ε_{mb}	最小鼓泡空隙率	ρ_{susp}	截面平均床层密度，kg/m³
ε_{mf}	最小流态化空隙率	σ	玻尔兹曼常量
ε_s	颗粒含率	ϕ_s	颗粒的形状系数
ε_{se}	局部空隙率		

习　题

1-1　在内径 0.3 m、高 4 m 的圆柱形流化床中装有 50 kg 催化裂化催化剂。催化剂平均直径为 60 μm，颗粒密度为 1600 kg/m³，松散填充空隙率为 0.42。如果在环境条件下，催化剂颗粒被空气以 0.5 m/s 的表观速度流化，根据气固两相理论估算膨胀床高度。假设固体在气体空隙中的含量可以忽略。

1-2　对于某流化床，已知：床层空隙率 $\varepsilon_m = 0.55$；流化气体为空气，$\rho_f = 1.2$ kg/m³，$\mu = 18 \times 10^{-6}$ Pa·s；颗粒（不规则形状的砂），$d_p = 160$ μm，$\phi_s = 0.67$，$\rho_p = 2600$ kg/m³。试用不同方法求取最小（临界）流化速度 u_{mf}。

1-3　试分析循环倍率对循环流化床锅炉传热的影响，制约提高循环倍率的因素有哪些。

1-4　在一气固两相流的水平管道流中，管道直径为 50 mm，被输送颗粒的密度为 2500 kg/m³，颗粒是粒径为 50 μm 的玻璃球体。颗粒的平均体积分数为 0.1%，气体的密度为 1.2 kg/m³，气体的运动黏度为 1.5×10^{-5} m²/s。试计算该系统的最低输送速度和单位长度的功率消耗。

参 考 文 献

[1] 吴占松，马润田，汪展文，等. 流态化技术基础及应用[M]. 北京：化学工业出版社，2006.

[2] 黎强，邱宽嵘，丁玉. 流态化原理及应用[M]. 徐州：中国矿业大学出版社，1994.

[3] 郭慕孙，李洪钟. 流态化手册[M]. 北京：化学工业出版社，2008.

[4] 金涌，祝京旭，汪展文，等. 流态化工程原理[M]. 北京：清华大学出版社，2001.

[5] Leva M. 流态化[M]. 郭天民，谢舜韶，译. 北京：科学出版社，1963.

[6] Wen C Y, Yu Y H. Mechanics of fluidization[J]. The Chemical Engineering Progress Symposium Series, 1966, 162: 100-111.

[7] Kunii D, Levenspiel O. Fluidization Engineering[M]. 2nd ed. New York: Butterworth-Heinemann, 1991.

[8] Broadhurst T E, Becker H A. Onset of fluidization and slugging in beds of uniform particles[J]. AIChE Journal, 1975, 21(2): 238-247.

[9] Abrahamsen A R, Geldart D. Behaviour of gas-fluidized beds of fine powders part Ⅰ. Homogeneous expansion[J]. Powder Technology, 1980, 26(1): 35-46.

[10] Rietema K. The Dynamics of Fine Powders[M]. London: Elsevier Applied Science, 1991.

[11] 蔡平，金涌，俞芷青，等. 弹性波在气-固流化床中传播速度的测定[J]. 高校化学工程学报，1986, (1): 90-93.

[12] Stewart P S B, Davidson J F. Slug flow in fluidised beds[J]. Powder Technology, 1967, 1(2): 61-80.

[13] Cai P, Jin Y, Yu Z, et al. Mechanistic model for onset velocity prediction for regime transition from bubbling to turbulent fluidization[J]. Industrial & Engineering Chemistry Research, 1992, 31(2): 632-635.

[14] Bai D, Jin Y, Yu Z. Flow regimes in circulating fluidized beds[J]. Chemical Engineering & Technology, 1993, 16(5): 307-313.

[15] Zhu H, Zhu J. Comparative study of flow structures in a circulating-turbulent fluidized bed[J]. Chemical Engineering Science, 2008, 63(11): 2920-2927.

[16] Sun Z, Zhu J. A consolidated flow regime map of upward gas fluidization[J]. AIChE Journal, 2019, 65(9): 16672-1-16672-15.

[17] Li Y, Kwauk M. The dynamics of fast fluidization//Grace J R, Matsen J M. Fluidization[M]. New York: Plenum Press, 1980.

[18] Zenz F A. Two-phase fluid-solid flow[J]. Journal of Industrial and Engineering Chemistry, 1949, 41(12): 2801-2806.

[19] Grace J. Contacting modes and behaviour classification of gas-solid and other two-phase suspensions[J]. The Canadian Journal of Chemical Engineering, 1986, 64(3): 353-363.

[20] Bi H T, Grace J R, Zhu J X. Regime transitions affecting gas-solids suspensions and fluidized beds[J]. The Institution of Chemical Engineers, 1995, 73(A2): 154-161.

[21] Shaul S, Rabinovich E, Kalman H. Generalized flow regime diagram of fluidized beds based on the height to bed diameter ratio[J]. Powder Technology, 2012, 228: 264-271.

[22] 杨海瑞, 吕俊复, 岳光溪. 循环流化床锅炉的设计理论与设计参数的确定[J]. 动力工程, 2006, 26(1): 42-48, 69.

[23] Murray J D. On the mathematics of fluidization. Part 1. Fundamental equations and wave propagation[J]. Journal of Fluid Mechanics, 1965, 21(3): 465-493.

[24] Fan L S, Zhu C. 气固两相流原理[M]. 张学旭, 译. 北京: 科学出版社, 2018.

[25] Murray J D. On the mathematics of fluidization. Part 2. Steady motion of fully developed bubbles[J]. Journal of Fluid Mechanics, 1965, 22(1): 57-80.

[26] Geldart D, Cranfield R R. The gas fluidisation of large particles[J]. Chemical Engineering Journal, 1972, 3(1): 211-231.

[27] Canada G S, McLaughlin M H, Staub F W. Flow regimes and void fraction distribution in gas fluidization of large particles in bed without tube banks[J]. AIChE Symposium Series, 1978, 74(176): 14-27.

[28] Glicksman L R, Lord W K, Sakagami M. Bubble properties in large-particle fluidized beds[J]. Chemical Engineering Science, 1987, 42(3): 479-491.

[29] Yang W C, Keairns D L. Momentum dissipation of and as entrainment into a gas-solid two-phase jet in a fluidized bed[J]. Journal of Technical Writing and Communication, 1980, 305-314.

[30] Yang W C, Keairns D L. Estimating the jet penetration depth of multiple vertical grid jets[J]. Industrial & Engineering Chemistry Fundamentals, 1979, 18(4): 317-320.

[31] Merry J M D. Penetration of a horizontal gas jet into a fluidised bed[J]. Transactions of the Institution of Chemical Engineers, 1971, 49: 189-195.

[32] Davidson J F. Bubbles in fluidized beds[M]//Guazzelli E, Oger L. Mobile Particulate Systems. Dordrecht: Springer, 1995: 197-220.

[33] Kato K, Wen C Y. Bubble assemblage model for fluidized bed catalytic reactors[J]. Chemical Engineering Science, 1969, 24(8): 1351-1369.

[34] Chiba T, Terashima K, Kobayashi H. Behaviour of bubbles in gas-solids fluidized beds: Initial formation of bubbles[J]. Chemical Engineering Science, 1972, 27(5): 965-972.

[35] Mori S, Wen C Y. Estimation of bubble diameter in gascous fluidized beds[J]. AIChE Journal, 1975, 21(1): 109-115.

[36] Fryer C, Potter O E. Bubble size variation in two-phase models of fluidized bed reactors[J]. Powder

Technology, 1972, 6(6): 317-322.

[37] Geldart D. The effect of particle size and size distribution on the behaviour of gas-fluidised beds[J]. Powder Technology, 1972, 6(4): 201-215.

[38] 秦霁光. 流化床中气泡的汇合长大和床层膨胀[J]. 化工学报, 1980, 31(1): 83-94.

[39] Grace J R. Fluidized-bed hydrodynamics[M]//Hetsroni G. Handbook of Multiphase Systems. Washington D C: Hemishere,1982.

[40] Darton R C, La Nauze R D, Davidson J F, et al. Bubble growth due to coalescence in fluidised beds[J]. Transactions of the Institution of Chemical Engineers, 1977, 55(4): 274-280.

[41] Cai P, Schiavetti M, de Michele G, et al. Quantitative estimation of bubble size in PFBC[J]. Powder Technology, 1994, 80(2): 99-109.

[42] Davidson J F, Harrison D. Fluidised Particles[M]. New York: Cambridge University Press, 1963.

[43] Werther J. Scale-up modeling for fluidized bed reactors[J]. Chemical Engineering Science, 1992, 47(9-11): 2457-2462.

[44] Werther J, Hartge E U. New Fluid Mechanical Correlations for the Iea-model[C]. Finland: the IEA Technical Meeting, 1992.

[45] Kunii D, Levenspiel O. Bubbling bed model: Model for flow of gas through a fluidized bed[J]. Industrial & Engineering Chemistry Fundamentals, 1968, 7(3): 446-452.

[46] Yoshida K, Kunii D, Levenspiel O. Axial dispersion of gas in bubbling fluidized beds[J]. Industrial & Engineering Chemistry Fundamentals, 1969, 8(3): 402-406.

[47] Kunii D, Levenspiel O. Lateral dispersion of solid in fluidized beds[J]. Journal of Chemical Engineering of Japan, 1969, 2(1): 122-124.

[48] May W G. Fluidized-bed reactor studies[J]. Chemical Engineering Progress, 1959, 55(12): 49-56.

[49] van Deemter J J. Mixing and contacting in gas-solid fluidized beds[J]. Chemical Engineering Science, 1961, 13(3): 143-154.

[50] Deemter J J V, Drinkenburg A A H. Proceedings of the International Symposium on Fluidization[M]. Amsterdam: Netherlands University Press, 1967.

[51] Kato K, Ito H, Omura S. Gas-particle heat transfer in a packed fluidized bed[J]. Journal of Chemical Engineering of Japan, 1979, 12(5): 403-405.

[52] Gunn D J. Transfer of heat or mass to particles in fixed and fluidised beds[J]. International Journal of Heat and Mass Transfer, 1978, 21(4): 467-476.

[53] Dow W M, Jakob M. Heat transfer between a vertical tube and a fluidized air-solid mixture[J]. Chemical Engineering Progress, 1951, 47 (12): 637-646.

[54] Mickley H S, Fairbanks D F. Mechanism of heat transfer to fluidized beds[J]. AIChE Journal, 1955, 1(3): 374-384.

[55] Leva M, Grummer M. A correlation of solids turnovers in fluidized systems[J]. Chemical Engineering Progress, 1952, 48(6): 307-313.

[56] Levenspiel O, Walton J S. Bed-wall heat transfer in fluidized system[J]. Chemical Engineering Progress, 1954, 50(9): 1-13.

[57] Baskakov A P P. The mechanism of heat transfer between a fluidized bed and a surface[J]. International Journal of Chemical Engineering, 1964, 4: 320-324.

[58] Wen C, Leva M. Fluidized-bed heat transfer: A generalized dense-phase correlation[J]. AIChE Journal, 1956, 2(4): 482-488.

[59] Davidson J F, Clift R, Harrison D. Fluidization[M]. 2nd ed. London: Academic Press, 1985.

[60] Abba I A. A Generalized Fluidized Bed Reactor Model Across the Flow Regimes[M]. Vancouver:

University of British Columbia, 2001.

[61] Bi H T, Ellis N, Abba I A, et al. A state-of-the-art review of gas-solid turbulent fluidization[J]. Chemical Engineering Science, 2000, 55(21): 4789-4825.

[62] Foka M, Chaouki J, Guy C, et al. Gas phase hydrodynamics of a gas-solid turbulent fluidized bed reactor[J]. Chemical Engineering Science, 1996, 51(5): 713-723.

[63] Li Y, Wu P. Circulating fluidized bed Ⅲ[M]. Oxford: Pergamon Press, 1991.

[64] Li J H, Weinstein H. An experimental comparison of gas backmixing in fluidized beds across the regime spectrum[J]. Chemical Engineering Science, 1989, 44(8): 1697-1705.

[65] Lee G S, Kim S D. Axial mixing of solids in turbulent fluidized beds[J]. Chemical Engineering Journal, 1990, 44(1): 1-9.

[66] Du B, Fan L S, Wei F, et al. Gas and solids mixing in a turbulent fluidized bed[J]. AIChE Journal, 2002, 48(9): 1896-1909.

[67] Baird M H I, Rice R G. Axial dispersion in large scale unbaffled columns[J]. Chemical Engineering Journal, 1975, 9(2): 171-174.

[68] Lee G S, Kim S D, Baird M H I. Axial mixing of fine particles in fluidized beds[J]. Chemical Engineering Journal, 1991, 47(1): 47-50.

[69] Molerus O, Burschka A, Dietz S. Particle migration at solid surfaces and heat transfer in bubbling fluidized beds—Ⅱ. Prediction of heat transfer in bubbling fluidized beds[J]. Chemical Engineering Science, 1995, 50(5): 879-885.

[70] Grace J R, Shemilt L W, Bergougenou M A. Fluidization Ⅵ[M]. New York: Engineering Foundation, 1989.

[71] Leu L P, Hsia Y K, Chen C C. Wall-to-bed heat transfer in a turbulent fluidized bed[J]. AIChE Symposium Series, 1997, 93(317): 83-86.

[72] Molerus O, Mattmann W. Heat transfer mechanisms in gas-fluidized beds. Part 2: Dependence of heat transfer on gas velocity[J]. Chemical Engineering & Technology, 1992, 15(4): 240-244.

[73] Hashimoto O, Mori S, Hiraoka S, et al. Heat transfer to the surface of vertical tubes in the freeboard of a turbulent fluidized bed[J]. International Journal of Chemical Engineering, 1988, 14(3): 267-271.

[74] George S E, Grace J R. Heat transfer to horizontal tubes in the freeboard region of a gas fluidized bed[J]. AIChE Journal, 1982, 28(5): 759-765.

[75] Hestroni G. Handbook of Multiphase Systems[M]. Washington D C: Hemisphere, 1982.

[76] 李静海. 两相流多尺度作用模型和能量最小方法[D]. 北京: 中国科学院化工冶金研究所, 1987.

[77] Chen A H, Wu W Y, Li J. Particle aggregation in particle fluid two-phase flow// Fluidization 94-Science and Technology[M]. Beijing: Chemical Industrial Press, 1991.

[78] Bai D, Jin Y, Yu E. Cluster observation in a two-dimensional fast fluidized bed[C]// Kwauk M, Hasatani M. FLUIDIZATION'91 Science and Technology. Beijing: Science Press, 1991: 110-115.

[79] 魏飞, 杨国强, 金涌, 等. 高密度循环流化床中气固两相流动结构的一维成像分析[J]. 化工学报, 1994, (5): 523-530.

[80] Wu R L, Lim C J, Grace J R, et al. Instantaneous local heat transfer and hydrodynamics in a circulating fluidized bed[J]. International Journal of Heat and Mass Transfer, 1991, 34(8): 2019-2027.

[81] Bai D R, Jin Y, Yu Z Q, et al. The axial distribution of the cross-sectionally averaged voidage in fast fluidized beds[J]. Powder Technology, 1992, 71(1): 51-58.

[82] Zhang W, Tung Y, Johnsson F. Radial voidage profiles in fast fluidized beds of different diameters[J]. Chemical Engineering Science, 1991, 46(12): 3045-3052.

[83] Patience G S, Chaouki J. Solids Hydrodynamics in the Fully Developed Region of CFB Risers[C]// Fluidization Ⅷ. New York: Engineering Foundation, 1996.

[84] Wei F, Lin H, Cheng Y, et al. Profiles of particle velocity and solids fraction in a high-density riser[J]. Powder Technology, 1998, 100(2-3): 183-189.

[85] Yang Y, Jin Y, Yu Z, et al. Local slip behaviors in the circulating fluidized bed[J]. AIChE Symposium Series, 1993, 89(296): 81-90.

[86] 白丁荣, 蒋大洲, 金涌, 等. 循环流化床颗粒内循环流动结构的实验研究[C]//第六届全国流态化会议文集. 武汉: 华中理工大学, 1993.

[87] Rhodes M J. Modelling the flow structure of upward-flowing gas-solids suspensions[J]. Powder Technology, 1990, 60(1): 27-38.

[88] Wei F, Lu F B, Jin Y, et al. Mass flux profiles in a high density circulating fluidized bed[J]. Powder Technology, 1997, 91(3): 189-195.

[89] 白丁荣, 金涌, 俞芷青, 等. 快速流化床中平均滑落速度及絮状物的特性[J]. 化学工程, 1989, 17(6): 44-49.

[90] Viitanen P I. Tracer studies on a riser reactor of a fluidized catalyst cracking plant[J]. Industrial & Engineering Chemistry Research, 1993, 32(4): 577-583.

[91] 白丁荣, 易江林, 施国强, 等. 循环流化床气体返混及停留时间的分布[J]. 高校化学工程学报, 1992, 6(3): 258-263.

[92] Brereton C M H. Axial gas mixing in a circulating fluidized bed[M]//Basu P, Large J F. Circulating Fluidized Bed Technology Ⅲ. Toronto: Pergamon Press, 1988.

[93] 罗国华, 杨林. 快速流化床中轴向气体扩散[C]. 北京: 第五届全国流态化会议, 1990.

[94] 李佑楚, 吴培. 快速流化床中气体轴向混合特性[J]. 化工学报, 1991, (5): 25-31.

[95] Dry R J, White C C. Gas residence-time characteristics in a high-velocity circulating fluidised bed of FCC catalyst[J]. Powder Technology, 1989, 58(1): 17-23.

[96] Tsuji Y, Morikawa A, Shiomi H. LDV measurements of an air-solid two-phase flow in a vertical pipe[J]. Journal of Fluid Mechanics, 1984, 139: 417-434.

[97] Berruti F, Pugsley T S, Godfroy L, et al. Hydrodynamics of circulating fluidized bed risers: A review[J]. The Canadian Journal of Chemical Engineering, 1995, 73(5): 579-602.

[98] Bader R, Findlay J G, Knowlton T M. Gas/solids flow patterns in a 30.5-cm-diameter circulating fluidized bed[M]//Basu P, Large J F. Circulating Fluidized Bed Ⅱ. Oxford: Pergamon Press, 1988.

[99] Kojima T, Ishihara K I, Guilin Y, et al. Measurement of solids behaviour in a fast fluidized bed[J]. Journal of Chemical Engineering of Japan, 1989, 22(4): 341-346.

[100] 白丁荣, 金涌, 俞芷青. 循环流态化 (Ⅳ) : 气、固混合[J]. 化学反应工程与工艺, 1992, (1): 116-125.

[101] Wolny A, Kabata M. Mixing of solid particles in vertical pneumatic transport[J]. Chemical Engineering Science, 1985, 40(11): 2113-2118.

[102] Wei F, Jin Y, Yu Z, et al. Lateral and axial mixing of the dispersed particles in CFB[J]. Journal of Chemical Engineering of Japan, 1995, 28(5): 506-510.

[103] Rhodes M J. Modelling the flow structure of upward-flowing gas-solids suspensions[J]. Powder Technology, 1990, 60(1): 27-38.

[104] Koenigsdorff R, Werther J. Gas-solids mixing and flow structure modeling of the upper dilute zone of a circulating fluidized bed[J]. Powder Technology, 1995, 82(3): 317-329.

[105] 白丁荣, 金涌, 俞芷青. 循环流态化 (Ⅴ) : 传递规律[J]. 化学反应工程与工艺, 1992, 8(2): 224-235.

[106] Basu P, Nag P K. Heat transfer to walls of a circulating fluidized-bed furnace[J]. Chemical Engineering Science, 1996, 51(1): 1-26.

[107] Martin H. Heat transfer between gas fluidized beds of solid particles and the surfaces of immersed heat exchanger elements, part Ⅰ [J]. Chemical Engineering and Processing: Process Intensification, 1984,

18(3): 157-169.

[108] Wu R L, Grace J R, Lim C J, et al. Suspension-to-surface heat transfer in a circulating-fluidized-bed combustor[J]. AIChE Journal, 1989, 35(10): 1685-1691.

[109] Lints M C, Glicksman L R. Parameters governing particle-to-wall heat transfer in a circulating fluidized bed//Avidan A. Circulating Fluidized Bed Technology Ⅳ[M]. New York: AICHE, 1994.

[110] Glicksman L. Circulating fluidized bed heat transfer//Basu P, Large F J. Circulating Fluidized Bed Technology Ⅱ[M]. Oxford: Pergamon Press, 1988.

[111] Lints M. Particle-to-wall heat transfer in circulating fluidized beds[M]. Boston: Massachusetts Institute of Technology, 1992.

[112] Gelperin N L, Einstein V G. Heat transfer in fluidized beds//Davidson L F, Harrison D. Fluidization[M]. London: Academic Press, 1971.

[113] Eckert E R G, Drake R M. Analysis of Heat and Mass Transfer[M]. New York: McGraw-Hill, 1972.

[114] Wen C Y, Miller E. Heat transfer in solids-gas transport lines[J]. Journal of Industrial and Engineering Chemistry, 1961, 53(1): 51-53.

[115] Thring R H. Fluidized bed combustion for the stirling engine[J]. International Journal of Heat and Mass Transfer, 1977, 20(9): 911-918.

[116] Hottel H C, Sarofim A F. Radiative Transfer[M]. New York: McGraw-Hill, 1967.

[117] Chen J C, Cimini R J, Dou S S. A theoretical model for simultancous convective and radiative heat transfer in cireulating fluidized bed//Basu P, Large J F. Circulating Fluidized Bed Ⅰ[M]. Oxford: Pergamon Press, 1988.

[118] Leckner B, Golriz M R, Zhang W, et al. Boundary layer-first measurement in the 12MW research plant at chalmers university[C]//Authony E J. Proceedings of the 11th International Conference on Fluidized Bed Combustion. Munireal: ASME, 1991.

[119] Konrad K. Dense-phase pneumatic conveying: A review[J]. Powder Technology, 1986, 49(1): 1-35.

[120] Muschelknautz E, Krambrock W. Vereinfachte berechnung horizontaler pneumatischer forderleitungen bei hoher butbeladung mit feinkornigen produkten[J]. Chemie Ingenieur Technik, 1969, (41): 1164-1172.

[121] 孟庆敏, 周云, 陈晓平, 等. 粉体密相气力输送研究综述[J]. 锅炉技术, 2011, 42(3): 1-5.

[122] Rizk F A. Encyclopedia of Fluid Mechanics// Cheremisinoff N P, Arastoopour H. Solids and gas-solids flows[M]. Houston: Gulf Publishing Company, 1986.

[123] 佚名. 气流输送反应器[J]. 硫酸工业, 1967, (6): 27-32.

[124] Satija S, Fan L S. Terminal velocity of dense particles in the multisolid pneumatic transport bed[J]. Chemical Engineering Science, 1985, 40(2): 259-267.

[125] 钟林, 钟梅, 董利, 等. 流化床-输送床耦合装置中煤颗粒的气力分级[J]. 化工学报, 2011, 62(9): 2499-2506.

[126] 曾鑫, 阳绍军, 王圣典, 等. 密相输运床的团聚物频率和持续时间[J]. 化工学报, 2013, (5): 1614-1620.

第2章

气固流态化进展及应用

目前气固流态化已经在化工、石油、环保、水泥、冶金、轻工、动力、农业、医药、矿产等领域众多的物理和化学过程得到应用。为适应新材料、新工艺等对气固流态化过程的不同要求，新型气固流态化技术不断涌现，气固作用机理及床层气固相结构等研究不断深入，先进的研究方法不断开发并应用于气固流态化研究，持续推动气固流态化技术的发展。本章重点介绍气固流态化技术的研究进展和新应用。

2.1 气固流态化的研究进展

2.1.1 喷动流化床

喷动床的流动结构主要由稀相喷动区、密相环形区和泉涌区构成[1]，如图 2-1 所示[2]。图中箭头表示颗粒运动方向：高速运动的流体夹带颗粒在床轴中心处形成一股向上的喷泉，即喷动区，其周围形成的环形密相下移颗粒区称为环形区，颗粒向上到达床界面时形成泉涌，称为泉涌区，随后落入环形区并下移至床底部时再进入喷动区，从而完成颗粒的循环运动。将流化气体引入环形区时则为喷动流化床，与喷动床的本质区别在于环形区内颗粒呈流化状态[3]。

喷动床流动状态随表观气速的变化如图 2-2 所示，从图中可以看出，喷动现象存在一个有限的流速范围。图中最大喷动床高 H_m 可用下式计算[4]：

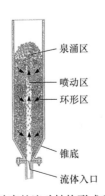

图 2-1 喷动床的流动结构形式和颗粒运动[2]

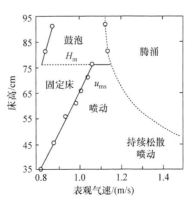

图 2-2 喷动床流动状态相图[2]

$$H_m = D_c^2 \left[\frac{0.218}{D_i} + 0.0005 \frac{(\rho_p - \rho_f)g}{\rho_f u_{mf} u_t} \right] = \frac{D_c^2}{D_i} \left(0.218 + \frac{0.0038}{\varepsilon_{mf}^{1.5}} \frac{D_i}{d_p} \right) \tag{2-1}$$

式中，D_c、D_i 分别为喷动床床直径和喷嘴直径。经转换，H_m 可表示为

$$H_m = \frac{D_c^2}{d_p} \left(\frac{D_c}{D_i} \right)^{2/3} \frac{568b^2}{Ar} \times \left(\sqrt{1 + 35.9 \times 10^{-6} Ar} - 1 \right)^2$$

$$Ar = d_p^3 (\rho_p - \rho_f) g \rho_f / \mu^2 \tag{2-2}$$

式中，常温下 $b=1.11$，高温下 $b=0.9$。其他学者通过不同方法得到了不同表述方式的 H_m 计算关联式，有兴趣者可以查阅相关资料。

对于喷动颗粒粒径的临界值

$$(d_p)_c = 60.6 \left[\frac{\mu^2}{(\rho_p - \rho_f) g \rho_f} \right]^{1/3} \tag{2-3}$$

最小喷动气速 u_{ms} 通常由喷动床的压降曲线确定，也可用下式计算[5]：

$$u_{ms} = \left(\frac{d_p}{D_c} \right) \left(\frac{D_i}{D_c} \right)^{1/3} \sqrt{\frac{2gH(\rho_p - \rho_f)}{\rho_f}} \tag{2-4}$$

式中，d_p 为颗粒直径。需要注意的是，当床径大于 0.5 m 时，式(2-4)所得的数值需再乘以 $2.0D_c$。

唐凤翔等[6]利用不同喷动流化床结构特征与不同物料体系的实验数据进行非线性回归，得到一个新的 u_{ms} 经验关联式：

$$\frac{1}{1-\varepsilon_{mf}} \frac{d_p u_{ms} \rho_f}{\mu} = \cos(\theta/6) \sin(\theta/2) \tan(\beta/2) f(D_c/D_{cref}) \times$$

$$\left(\frac{H}{D_c} \right)^{0.43} \left(\frac{d_p}{D_c} \right)^{1.90} \left(\frac{D_i}{D_c} \right)^{0.33} \left[\frac{\rho_f (\rho_p - \rho_f) g D_c^3}{\mu^2} \right] \times \left[0.051 - 0.00046 \left(\frac{d_p u_{ms} \rho_f}{\mu} \right)^{0.83} \right] \tag{2-5}$$

式中，D_{cref} 为当量直径；θ 为分布板开孔方向与分布板之间的夹角；β 为流化床底部锥角。

图 2-3 显示的是柱锥形喷动床的喷动区直径 D_s 沿床高度变化的形式。图中(a)为最常见的形式，但随床直径的增加而转变成(b)，或随颗粒粒径的减小转变为(c)，随着气体入口直径的增大则转变为(d)。室温下的喷动区直径可由下式计算[7]：

$$D_s = 1.99 \frac{G^{0.489} D_c^{0.678}}{\rho_b^{0.411}} \tag{2-6}$$

$$\rho_b = \rho_p (1 - \varepsilon_{mf})$$

式中，ρ_b 为颗粒松散填充密度；$G = \rho u$ 为喷动气体表观质量能量。高、低温下可用下式[8]表示：

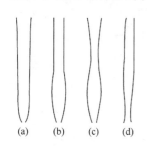

图 2-3   喷动区直径 D_s 沿床高度变化的形式[2]

$$D_s = 5.61 \left[\frac{G^{0.433} D_c^{0.586} \mu^{0.133}}{(\rho_b \rho_f g)^{0.283}} \right] \tag{2-7}$$

图 2-4 和图 2-5 展示了部分喷动流化床的工业应用。

图 2-4 所示用于颗粒包衣的平底喷动流化床来源于 Wurster[9]的"空气悬浮"技术。图 2-5 所示的是商业规模气化炉的首选设计,在锥形底座的倾斜侧设有额外的进气口。

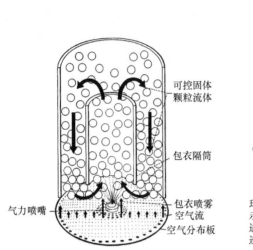

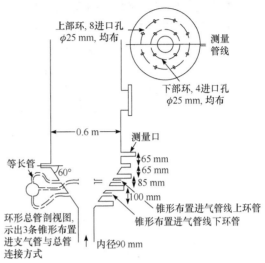

图 2-4　用于颗粒包衣的平底喷动流化床[2]　　　　图 2-5　商业规模喷动流化床气化炉[2]

2.1.2　离心流化床

离心流化床又称旋转流化床、超重力流化床,最早由苏联学者提出,其基本原理是利用多相流体系在超重力(离心力场)条件下的独特流动行为强化两相间的相对速度和相互接触,从而实现高效的传质传热和化学反应过程[10],具有传热传质速率高、流化质量好、操作范围广等优点。根据获取超重力的方式,离心流化床大致可分为卧式和立式两大类。图 2-6 所示为立式离心流化床结构,转鼓轴线处于垂直位置,一般适用于密度较小的固体颗粒;图 2-7 为卧式离心流化床结构,转鼓轴线处于水平位置,适用于处理密度较大的固体颗粒。图 2-8 是为克服传统的离心流化床工业应用过程中床体振动、进出料系统复杂等缺陷所提出的一种新型静态流化床结构,其原理是利用气体的切向曳力在

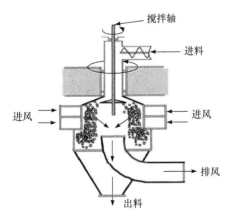

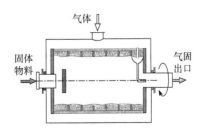

图 2-6　立式离心流化床结构[10]　　　　图 2-7　卧式离心流化床结构[10]

外周形成颗粒床层,气体的径向曳力使颗粒径向流化[11]。迄今,已有无需容器机械旋转即可实现颗粒流化的报道[12]。

离心流化床内颗粒是由内表面向外逐层流态化的[13],如图 2-9 所示。离心流化床半径为 r_0 的开孔转鼓内装有|r_0-r_i|的固体颗粒后,当转鼓以转速 ω 转动时,固体颗粒在离心力的作用下均匀地分布在转鼓内壁上,速度为 u_f 的气体沿垂直于转鼓轴线方向进入转鼓,固体颗粒则受到与离心力方向相反的气体作用力。当气体作用力与离心力平衡时,为离心流化床的固定床阶段;床层表面 r_i 处颗粒开始流化时,转鼓壁面处 r_0 的表观气速 u_f 称为初始流化速度;当 r_0 处的颗粒开始流化时的 u_f 称为临界流化速度。

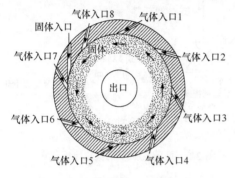

图 2-8   新型静态离心流化床结构[13]

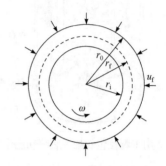

图 2-9   离心流化床的系统结构

传统重力流化床动力学关系已不适用于离心流化床。对于离心流化床流化速度与床层压降的预测,现主要存在两种不同类型的压降与表观气速关系的观点[13],如图 2-10 所示。观点一认为,在固定床阶段,压降与表观气速呈直线关系,在部分流化阶段,压降随气速增加的增加幅度下降,关系曲线呈圆弧状,而在完全流化阶段的压降为常数[14]。观点二与观点一的主要分歧在完全流化阶段,观点二认为压降随气速的增加而减小,不是常数[15]。产生不同观点的原因可能是在建立预测模型时假设条件的简化和不同实验条件下的关联式不能扩展,如观点一的计算模型适用浅离心床[14],观点二的预测模型考虑了圆柱状转鼓的"曲率效应",却低估了重力影响[15]。在现有的压降与流化速度计算的修正式中,郝英立等[16]的计算方程式解析解与上述观点一、观点二的实验结果吻合得很好。

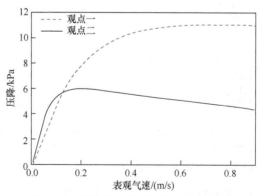

图 2-10   两种压降-表观气速关系曲线[13]

目前国内对离心流化床的研究多集中于不同物料干燥过程的应用,国外学者已开始了超细粉离心流态化技术研究。离心流化床对一些 Geldart C 类颗粒表现出良好的流化行为[17],甚至可以实现纳米粉体的流态化,与传统流化床相比,离心流化床的最小流化速度可以高出一个数量级[18]。超细粉离心流态化技术现已实现了工业化[19]。

2.1.3 气固并流下行流化床

相对于提升管和传统流化床,气固并流下行流化床的主要优势为[20]:①轴向和径向的两相流结构更加均匀;②不存在最小气体速度;③流动发展区长度比上升管短得多。

气固并流下行流化床通常适应短接触时间的快速反应,特别是中间产物为所需产物的反应器[20]。其基本结构包括分布器、下行管反应器及分离器 3 部分(图 2-11)[21]。顶部分布器主要用于固体分配,相应的提升管底部分布器则用于提供均匀的气体分配。

气固并流下行流化床的颗粒与气相在重力方向上同时向下流动,根据气固速度之间的关系,颗粒和气体运动过程分为第一加速段、第二加速段和恒速段 3 个运动阶段[22],如图 2-12 所示。当气固两相进入下行管后,颗粒速度等于气体速度时,颗粒所受的曳力为零并处于失重状态,这一阶段为第一加速段。此后,颗粒所受曳力成为阻力,当颗粒和气体之间的滑移速度 u_{slip} 达到某值时,阻力与重力平衡,此阶段为第二加速段。随即进入恒速段,表现为重力与阻力平衡,颗粒和气体速度保持不变,滑动速度 u_{slip} 恒定。

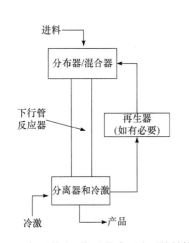

图 2-11 气固并流下行流化床反应系统结构[21]

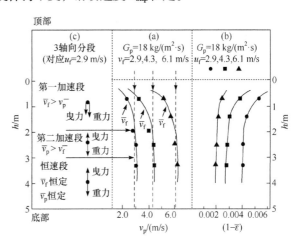

图 2-12 气固顺重力场运动过程[20]

与提升管有指数型及 S 型两种不同的颗粒浓度分布不同,气固并流下行流化床的轴向颗粒浓度在入口处最大,并随距入口高度的增加而降低,最终趋于稳定[图 2-12(c)]。这是由于下行管内气体无需悬浮颗粒,无法维持一个颗粒高浓度区。

下行管内为单相气体做湍流流动时,气体速度由床中心到边壁缓慢降低至零,下降幅度与 $(1-r/R)^{1/7}$ 成正比;有颗粒加入时,则呈缓慢增加趋势,至边壁附近 $r/R = 0.9$ 处达到最大值后减小[23]。从反应的角度讲,下行管反应器的气体以更接近于平推流的形式通过反应器,对减少气体返混、提高产品的转化率及选择性均很有利[24]。下行管中颗粒速度径向分布、滑落速度 u_{slip} 径向分布与气体速度径向分布极为相似。

为提高气固并流下行流化床的固含率，有学者开展了高密度下行床的相关研究。研究结果表明，由于进料采用了预加速段，颗粒在下行床流动过程中只出现了第二加速段和恒速段，在完全发展段，固含率随气速增大而变小，但随固体循环速率的增大而线性增大[25]。

目前，虽然对气固并流下行流化床已经进行了相当多的基础性研究，但对于其流动结构、高密度流动、平均粒径和粒径分布的影响、入口和出口结构的影响、传热和传质、反应堆模型、气固分离器及上行管和下行管的耦合等研究还需要进一步的工作，以便气固并流下行流化床获得更多应用。

2.1.4　气固逆流下行流化床

克服气固并流下行流化床固含率低的另一个方法是采用气固逆流下行流化床。气固逆流下行流化床的概念源于郭慕孙院士的广义流态化理论，采用气固逆流接触，目的在于强化气固两相间的传质与传热，提高床层的颗粒浓度[26]。

加入逆流气体后，逆流床空隙率降低，床中心空隙率随逆流床气速的增高而增大，边壁空隙率则略有减小，径向空隙率分布趋于均匀(图 2-13)；在逆流床气速一定的条件下，床中心颗粒浓度随上行床气速的增大而增大，边壁处则相反(图 2-14)；而逆流进口处固体颗粒流是未充分发展的(图 2-15)[27]。

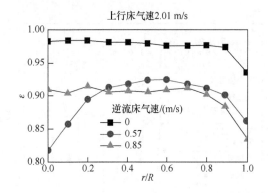

图 2-13　逆流床气速对径向空隙率的影响[27]

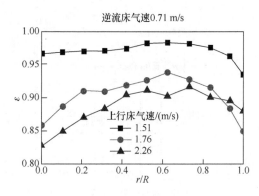

图 2-14　上行床气速对径向空隙率的影响[27]

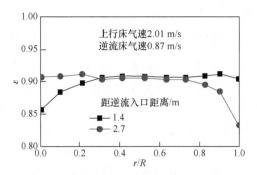

图 2-15　不同高度处径向空隙率分布[27]

由于气体对颗粒的曳力随逆流气速 u_f 增大而增加，颗粒速度 u_p 随 u_f 的增大而减小。

对于充分发展段 u_p 可用下式计算，其计算值与实验值的平均相对偏差小于 11%[26]：

$$\frac{u_\mathrm{p}}{u_\mathrm{t}} = 3.4393 \left(\frac{\rho_\mathrm{f} u_\mathrm{f} \overline{d_\mathrm{p}}}{\mu} \right)^{-0.1608} \overline{\varepsilon_\mathrm{s}^k} \tag{2-8}$$

式中，$\overline{\varepsilon_\mathrm{s}^k}$ 为颗粒浓度；k 为无量纲径向位置 r/R 的函数：

$$k = 0.251 + 0.109 r/R - 0.879(r/R)^2 + 0.709(r/R)^3 \tag{2-9}$$

轴向压降计算可采用下式[28]：

$$\Delta P = g \rho_\mathrm{p}(1-\varepsilon)\Delta H + g \rho_\mathrm{f} \varepsilon \Delta H - \Delta P_\mathrm{ac} + \Delta P_\mathrm{f} \tag{2-10}$$

式中，前两项表示固含率变化对压降的影响；ΔP_ac 为固体颗粒加速引起的压力损失；ΔP_f 为气固悬浮流的摩擦损失(但向下方向的压力增益)。当气固两相流充分发展并达到稳定状态时，颗粒没有加速或减速，固含率和摩擦力没有变化，压力梯度应该是恒定的。

目前对于气固逆流下行床的相关研究报道还很少，数值模拟计算在逆流下行床的流动结构初步的理论研究过程中的作用突显。

2.1.5　高密度循环流化床

颗粒循环速率 $G_\mathrm{s}>200\ \mathrm{kg/(m^2 \cdot s)}$ 且床内颗粒体积分数大于 0.1 的循环流化床为高密度循环流化床[29-30]。与低密度循环流化床相比，高密度循环流化床靠近管壁附近没有下落的颗粒，但径向颗粒浓度梯度仍然存在，轴向固体浓度更趋于平缓，气体和固体都更接近平推流[30]。立管结构、固体颗粒的排料及控制装置、整个系统的固体颗粒容量是高密度循环流化床设计需要考虑的三个重要因素[29]。

充足的储料量及满足颗粒流动的动力压头是实现高密度流化的主要条件。图 2-16 为一个在实验室条件下获得高密度循环流化床的方法[29]，第二个伴床内的高颗粒储量给颗粒向主提升管中的流动提供了很大的推动力，大大提高了颗粒的循环速率及主提升管中的颗粒密度。该系统易于实现稳定操作，使在实验室规模装置条件下实现高气、固通量及高颗粒浓度的操作成为可能。

气固两相高通量流动时的流动特性与低通量时的流动特性存在明显的不同[31]：对于空隙率，当 $G_\mathrm{s}>200\ \mathrm{kg/(m^2 \cdot s)}$ 时，颗粒浓度沿轴向分布趋于均

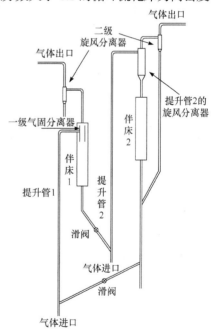

图 2-16　高密度循环流化床概念图[29]

匀，空隙率随颗粒循环速率增高的变化较小，只能提高浓相高度，直至超出提升管顶部；对于床层总压降，当固气比小于 40 时，床层压降与固气比几乎呈正比关系，当固气比大

于 40 时，床层流化状态从通常的循环流化转换成高密度流化状态。

对于高密度循环流化床是否存在环-核流动结构，目前还没有统一结论[32-36]。魏飞等[37]则认为在不同的操作条件下存在环-核型分布、拱形分布和 U 形分布，其相关模型预测与实验结果吻合良好。

除实验研究外，基于气固两相流流体力学模型的发展，对高密度循环流化床的流动结构进行计算机模拟也成为高密度循环流化床研究的重要方法。近年来，将从非均匀致密气体理论出发的颗粒流动力学理论(kinetic theory of the granular flow，KTGF)耦合到两流体模型中，得到了一些高密度循环流化床的流动结构的模拟结果[38]，对于不同粒径，修正模型参数可获得与实验结果相近的模拟结果，并得到了一些难以通过实验测量的有趣结果[39-40]。

高密度循环流化床具有许多与低密度循环流化床不同的特性，了解其复杂的气体流体力学行为仍然是一个挑战。

2.1.6　高循环倍率循环流化床

循环流化床锅炉燃烧技术因具有燃料适应性广、燃烧效率高和负荷调节范围大、污染物排放浓度低、可实现在燃烧过程中脱硫等特点，已成为当前重要的煤炭洁净燃烧技术。经过近几十年的发展，循环流化床锅炉燃煤技术已从小容量、低参数发展到目前的大容量、超临界状态。特别是近年来，为了适应高效节能、炉内深度脱硫和降低氮氧化物原始排放的要求，循环流化床燃煤锅炉正在从传统的低循环倍率向高循环倍率发展，在工业实践中不断取得成功[41]。

与大多数化学反应器不同的是，循环流化床锅炉是一个气体流动和固体流动的开放系统，是"一进二出"的物料平衡系统。"一进"指给煤与石灰石的加入，"二出"指飞灰与底渣的排出，保证炉膛内合理的物料浓度分布是循环流化床锅炉稳定运行的基本条件。燃煤循环流化床物料平衡的影响因素可以归纳为两点：煤的成灰磨耗特性和循环系统的综合效率。目前，我国已建立了独立的循环流化床燃煤理论体系和循环流化床设计体系，即燃烧室由下部的鼓泡床(或湍流床)与上部的快速床流型组合，以及快速床可能存在不同的状态，提出了"定态设计"的概念以解决快速床流型的多态性问题[42]。如第 1 章图 1-7 所示，在一定的负荷条件下，炉膛内物料浓度分布为一个固定的状态，此时循环流率为一定值，即定态设计理论核心为保证一定负荷下锅炉的循环流率。

循环流化床锅炉的给煤粒度具有宽筛分的特点，通常在 0~8 mm。其中，大颗粒对炉内传热和循环而言并没有显著意义，而细颗粒是形成上部快速床流动的必要条件，对于炉膛内受热面的换热具有决定性的影响，也是循环流率的形成来源。因此，保持细颗粒存量不变，上部快速床流动状态则可维持不变，保证稀相段换热系数基本保持不变，从而满足锅炉负荷要求。通过降低粗颗粒床料的质量份额，使得炉膛内的物料浓度分布更加合理，即为流态重构。循环流化床锅炉流态重构的实现要求分离器、物料回送装置、煤种成灰特性之间相匹配，才能建立物料平衡，并使得炉膛内流态维持在目标状态下。根据循环倍率定义，分离器效率的提高无疑增大了循环灰量，循环倍率也相应增大，也就是说，流态重构的循环流化床锅炉均为高倍率循环流化床锅炉。

流态重构的高倍率循环流化床锅炉不仅在节能方面具有明显优势，其大循环灰量促进了锅炉自动控制、低成本炉内脱硫方面的推广应用。对于锅炉自动控制系统，主要采用即燃碳热量平衡的负荷控制思想。即循环流化床锅炉机组主要参数的稳定不用某个时间点的能量和物质平衡来控制，而是通过一段时间累积的能量和物质的平衡作用得到。

目前，基于流态重构的节能型循环流化床技术已成为中国自主创新的循环流化床发展新方向。

2.1.7　多床循环流化床

1. PCF-FBC 复合燃烧

流化床燃烧方式在燃烧劣质燃料、低污染物排放方面具有优势，但燃烧效率低；而煤粉燃烧方式则相反，它具有较高的燃烧效率，但在煤种适应性和减少污染方面不如流化床燃烧方式。复合燃烧使二者结合起来，取长补短，从而得到更广泛的煤种适应性、更高的燃烧效率和更有效的污染物排放控制。

煤粉-流化床复合燃烧(pulverized-coal fluidized bed，PCF-FBC)概念是由吴少华[43]首先提出的。现有粉煤-流化床锅炉有等径结构[43]和缩扩结构[44]两种炉膛结构。对于等径结构，合适的流化速度为 2.0 m/s；对于缩扩结构，合适的流化速度为 1.6~2.0 m/s[45]。

对于复合燃烧，国外主要集中于不同燃料混燃的复合燃烧技术上，国内则主要集中在层燃-悬浮复合燃烧技术上。与流态重构相比，PCF-FBC 复合燃烧研究相对较少，工业应用也较少有报道。

2. 化学链燃烧

化学链燃烧(chemical looping combustion，CLC)技术是一种洁净、高效的新一代燃烧技术，有可能成为解决能源与环境问题的创新性突破口。

化学链燃烧的基本原理是利用载氧体,将传统的燃料与空气直接接触反应分解为空气侧反应和燃料侧反应两个气固反应，如图 2-17 所示。

(1) 燃料侧反应(燃料反应器)：利用载氧体在空气侧反应器中从空气获得的氧，与燃料进行无火焰燃烧。

(2) 空气侧反应(空气反应器)：在燃料反应器中失去氧的载氧体在空气反应器中与空气中的氧发生氧化反应，再生为载氧体。

为了明确化学链燃烧反应的机理和开发适用的固体反应材料,很多国家的科研机构对多种气体和固体燃料的化学链燃烧反应进行了大量探索性研究,包括各种

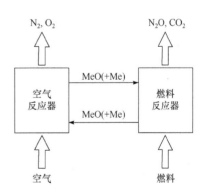

图 2-17　化学链燃烧技术原理[46]

载氧体的选择与性能(如 Fe、Ni、Co、Cu、Mn、Cd 等金属及其氧化物和其他合成新材料等)，反应系统分析及其与其他系统的耦合(如图 2-18 所示的煤气化)、反应器设计与优化等。

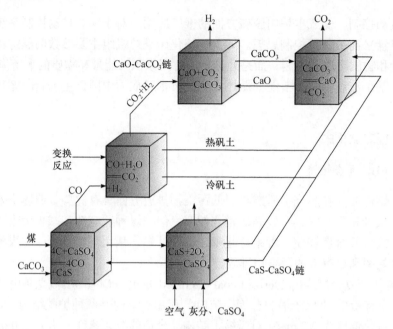

图 2-18   基于煤气化的化学链燃烧动力系统[47]

化学链燃烧系统要求运行过程中气体与氧载体的接触良好，氧载体在燃料反应器与空气反应器间循环良好。流化床反应器是固体燃料化学链燃烧的理想选择。现有双流化床化学链反应器系统虽然各有特征，但基本系统均由两个相连的高速提升管和低速鼓泡流化床组成[46,48-50]。

化学链燃烧技术基于化学能梯级利用，在 CO_2 减排、NO_x 排放方面具有优势，且比传统燃烧方式有更高的能源利用效率。目前，虽然化学链燃烧技术尚未成熟，但其作为一种变革性技术仍表现出良好的发展前景。

3. 三床流化床

双流化床气化工艺已引起全球关注，许多研究机构已经建立了相应的试验台，并且已经实现了一些商业应用。为防止灰在床料中积聚，底灰与床料定期从燃烧室底部排出，同时，为防止焦油排放，床料一般采用成本较高的多孔颗粒，如多孔氧化铝颗粒，床料的定期排出必然增大运行成本，为此，Murakami 等[51]提出了一种利用焦油吸收材料的新型气化系统，其主要特点是采用了三层床结构(包括热解器、气化器和燃烧室)，焦油吸收材料(多孔氧化铝)的循环路径与燃料和硅砂的循环路径分开，燃料系统和焦油吸收颗粒采用独立循环系统，热解器和气化炉各有一个两级流化床[52]，因此称为三床双循环流化床气化炉，如图 2-19 所示。

三床双循环流化床气化炉的系统建设和运行成本大大降低，且可采用多种燃料，如生物质、高灰分煤和液体燃料，因此被认为是一项极具潜力的技术。

类似地，Xiao 等[53]以分离热解/气化、焦油裂解/重整和煤焦燃烧反应为特征的不耦合三床气化系统，Tursun 等[54]的三床生物质气化系统均未采用两级流化床。

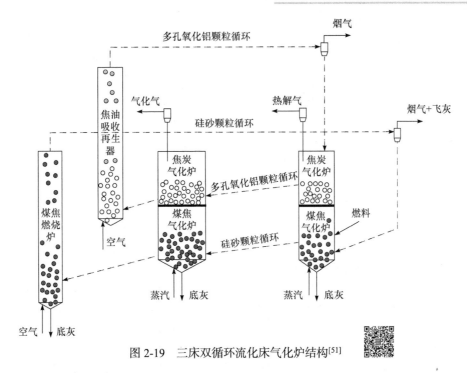

图 2-19　三床双循环流化床气化炉结构[51]

2.1.8　流态化强化技术

流态化强化技术的方法大致有三类：第一类是优化床层设计，如增加内部构件等；第二类是颗粒设计，对流化颗粒进行表面改性，或对较难流化的颗粒采用添加另类颗粒；第三类是利用外力场的附加能量削弱颗粒间的黏附力，改善流化质量[55]。

1. 优化床层设计

1) 内部构件

广义上讲，内部构件是指密相床内除气体分布器、换热管和旋风分离器料腿之外的所有物件。内部构件对于较粗的颗粒(Geldart B 类颗粒和 Geldart D 类颗粒)系统作用比较显著，而对较细颗粒(Geldart A 类颗粒)则作用相对较小。内部构件的主要形式有水平构件、垂直构件和立体构件。塔形内构件[图 2-20(a)]已在萘氧化制苯酐的流化床反应器中取得了成功应用。脊形内构件[图 2-20(b)]在原理上与塔形构件类似，适于内置许多垂直换热器的床型，在丙烯氨氧化制丙烯腈流化床和合成聚乙烯醇单体的流化床反应器中取得成功应用。

2) 床层设计

床层设计主要是从气固流型过渡的原理出发，根据需要设计不同的流态化床型，从而达到减小或消除气固流化床中的气泡，提高气固接触效率,实现无气泡气固接触目的[1]。

(1) 变径流化床。在轻烃裂解等反应工艺中，要求提升管反应器具有底部颗粒固含量高和温度分布均匀，上部则可以快速输送产物的特点。为此，有学者提出了变径流化床的概念,即流化床上下两部分的直径不同,两段提升管催化裂解多产丙烯技术(maximizing

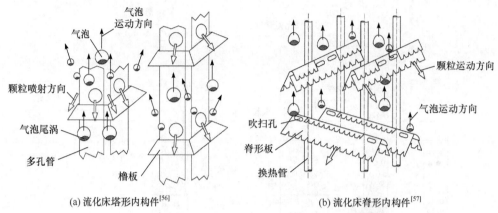

气泡运动方向
气泡
颗粒喷射方向
气泡尾涡
多孔管
槽板

颗粒运动方向
气泡运动方向
吹扫孔
脊形板
换热管

(a) 流化床塔形内构件[56]　　　　　(b) 流化床脊形内构件[57]

图 2-20　流化床塔形和脊形内构件

yield of propylene by two-stage riser catalytic pyrolysis technology)则是其中的典型案例之一[58]。韩超一等[59]在提升管变径的基础上，在扩径段增设了导流筒及钝体内构件，提出了内循环型流化床反应器(inner loop fluidized bed reactor，ILFBR)。这种结构可使颗粒在扩径段内的停留时间更短，并能通过增加存料高度的方法将 G_s 提高至 300 kg/(m² · s)以上。目前 ILFBR 技术仍处于基础研究阶段，尚未有工程实际应用。

(2) 多层流化床。多层流化床在流化床原有优点的基础上，还具有减小气固两相轴向返混、抑制气泡聚并生长、降低扩散阻力及增高传热传质速率的特点，是流态化重要强化技术之一。目前已有不同规模的多层流化床应用于催化裂化、煅烧、还原、干燥等领域。同时，新应用领域也在不断拓展，如热解[60]、气化[61]、CO_2 吸附[62]等。在多级流化床中，流动形态由下床层的充分混合转变为上床层的平推流，混合和分离可以同时发生，下层混合，后续床层分离[63]。Mahalik 等[63]所建立的相关系数良好的混合指数相关式，可有效地应用于同时进行混合和分离的流化床凝聚燃烧炉或气化炉。多层流化床的稳定操作区间小于单层流化床，且随固体颗粒材料的不同，操作区间存在差异[64]。

2. 颗粒设计

颗粒设计是指选取与制备具有适当密度与粒度及粒度分布的颗粒或颗粒团，使其表现出 Geldart A 类颗粒的良好流态化特性，甚至表现出散式流态化的特征[1]。

1) 原始颗粒设计

具有多样粒度分布的颗粒物料比单一粒度的颗粒物料表现出更好的流态化行为，当选取或制备的颗粒密度及平均粒度落入 Geldart 相图的 A 区时，一般可以获得较好的流态化质量。已有通过原始颗粒设计实现无气泡散式流态化的报道。

2) 添加组分的设计

向流化性能差的原始物料中添加流化性能好的其他物质颗粒或粒度不同的同种物质，往往可以改善原始颗粒物料的流态化质量。Kato(加藤邦夫)及其团队开发的粉粒流化床(powder particle fluidized bed, PPFB)即为这方面的成功典范。图 2-21 为 PPFB 方案：将粒径为几到几十微米的细粉(Geldart C 类颗粒)连续送入几百微米粗颗粒普通流化床(Geldart B 类颗粒)，细粉与粗颗粒一起分散和流态化，反复黏附在床层中的粗颗粒表面并与之分离。在流化过程中，细粉不附着、不聚集，而是伴随着气体通过床层，细粉粒径和气体速度越小，流动层高度越高，则细粉在床层内平均滞留时间越长[65]。粗颗粒的存在有助于增强湍流作用，从而有效地分散和流态化细颗粒，该流态化技术已应用于各种工艺[66]，证明了细粉的有效流态化。

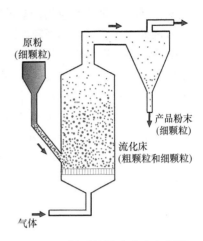

细颗粒的内聚性导致在某些操作条件下无法实现连续操作。为提高细颗粒的干燥效率，扩大细颗粒浆液连续干燥的操作范围，Guo 等[67]将 PPFB 干燥器改进为粉末颗粒喷动床(powder particle spouted bed，PPSB)干燥器。与 PPFB 干燥器相比，PPSB 干燥器具有更高的干燥效率和更大的操作范围，实现了微粒浆液的连续干燥。

图 2-21　粉-粒颗粒流化床方案[65]

3. 外力场

外力场可以有效地削弱和克服黏性颗粒之间的黏聚力，减小聚团尺寸，从而改善黏性颗粒的流态化质量。常用的有振动场、声场和磁场。

1) 振动场

振动场引入后，对于保持床的稳定性，维持流态化所需气体的体积有重要的作用。目前，振动流态化技术的主要研究局限在流体力学和热量传递、干燥特性及振动参数的影响方面，作为化学反应器的研究还有待加强。另外，由于引入了振动设备，系统的复杂性增加，机械性能也成为影响振动流化床发展及大型化的障碍之一[1,68]。

2) 声场

声场流态化是将声波从流化床顶部或底部传入流化床中，以改善颗粒的流态化效果。与其他方法相比，声场流态化具有不受颗粒物性限制，可以采用辐射方式引入流化床而不需要内部构件等优点。目前，对于声场流态化的研究还处于起步阶段，仅局限于声波频率和声压级对流化状况的影响，尚未有对声波的波形、传递距离、通过床层后能量衰减情况、能量作用方式、破碎气泡的机理等方面的研究[1,55]。

3) 磁场

当固体颗粒为铁磁性物质或固体颗粒物料中混有相当数量的铁磁性颗粒时，外加磁场可以防止气泡与颗粒聚团的形成与长大，从而改善流态化质量。磁场流化床具有很好的稳定性，可在较宽范围内操作[1,69]。磁场要求床料具有磁性或将床料与磁性颗粒混合流化，在一定程度上限制了磁场流化床的应用。

除此之外，外力场还有电场[70-71]、辅助射流[72]、脉冲[73-74]、离心场[75]等方法。

2.1.9　解耦与耦合技术

将燃烧和气化分别在不同的反应器中进行，解除反应间的耦合，并通过循环热载体实现燃烧向气化的反应热传输的气化方式称为燃烧解耦双流化床气化(dual fluidized bed gasification，DFBG)，其原理如图 2-22 所示。DFBG 有气化炉和燃烧室两个流化床反应器。在燃烧室中，燃料来自气化炉中未反应的煤焦。在两个反应器之间，循环使用一种热载体颗粒(heat carrier particle，HCP)，以将燃烧放热带入气化炉，这种热量反过来维持高吸热燃料裂解和气化反应在气化炉中发生。因此，这种气化技术也称为双流化床气化或串行流化床气化。DFBG 的一个显著特点是燃烧和气化过程分离，避免了气化气被所用燃烧空气中的氮气稀释。与其他吹氧气化技术相比，DFBG 不需要制氧，成本较低。对 DFBG 而言，由于气化反应速率和燃烧反应速率的不同，其优越之处在于将密相鼓泡或湍流流化床气化炉耦合到稀相提升管焦炭燃烧室[76]。

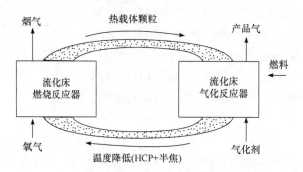

图 2-22　燃烧解耦双流化床原理[76]

　　如图 2-23(a)[77]所示为一种解耦燃烧流化床气化炉，它是一个鼓泡流化床气化炉和一个气力输送提升管煤焦燃烧室的耦合。该气化装置的显著优点与其他双床气化过程相似，即燃烧废气与气化气产品分离，产品气的热值和低惰性气体(通常为 N_2 和 CO_2)含量高。此外，气化装置的设计比其他常见的双床气化装置更加紧凑，从而降低了热损失，节省了空间。控制鼓泡流化床气化炉和提升管煤焦燃烧室之间的颗粒循环、燃料质量和热量分配则是设计气化装置及其相关技术的关键。

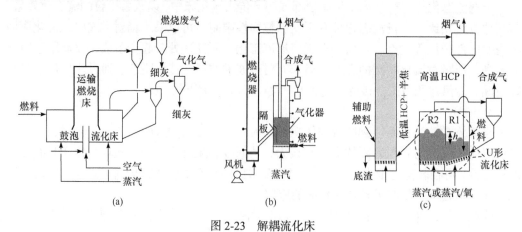

(a)　　　　　　　　　(b)　　　　　　　　　(c)

图 2-23　解耦流化床

　　图 2-23(b)[78]是由循环流化床(燃烧反应器)、旋风分离器和鼓泡流化床(气化反应器)串联组成的煤气化试验系统，其中，在鼓泡流化床物料循环溢流口处加装的隔板能防止

反应器之间发生气体串混。流化风采用空气、蒸汽为气化剂，气力输送介质选用氩气。Xu 等[79]提出的新型双床气化(解耦双床气化)工艺示于图 2-23(c)，与常规的双床气化明显不同的是，在流化床气化反应器内设有隔板。隔板浸入流态化颗粒中，但在隔板下端和床分布器之间留有一个通道，允许颗粒和气体从一个隔室流向另一个隔室。因此，该床具有 U 形结构，又称为 U 形流化床。该技术可以使用高含水燃料，同时有效地代替一部分气化所需的蒸汽，提高了系统的操作灵活性和热效率。

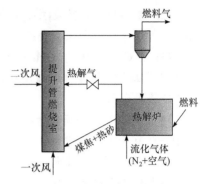

图 2-24 生物质解耦燃烧系统[80]

基于解耦热化学技术开发的生物质解耦燃烧系统示于图 2-24[80]。该解耦燃烧系统由鼓泡流化床燃料热解器和提升管焦燃烧室组成，燃料直接供给到热解器中干燥、热解，生成的热解气被送入提升管燃烧室的中部作为再燃燃料，同时还原底部热解产生的焦炭燃烧生成的氮氧化物。该系统在四川泸州老窖股份有限公司得到成功应用[81]。

2.1.10 细颗粒流化床

气泡尺寸综合反映了气固系统的流化属性，细颗粒床和粗颗粒床的气泡特征有显著的差别。粗、细颗粒床的分类判据可用无量纲数 FG[82]表达

$$FG = \frac{\mu_f u}{g \overline{d_p}^2 \rho_p} \tag{2-11}$$

当 FG<0.1 时，床层呈现粗颗粒床流化属性；当 FG>0.2 时，床层呈现细颗粒流化床属性；当 0.1<FG<0.2 时，流化床层显示粗颗粒床与细颗粒床之间的过渡状态。此时，操作条件稍有变更，就能改变床层的流化状态。

细颗粒在流态化时的膨胀有三个主要特征[83-84]：①严重的沟流；②当床层突然被破坏时，床面突然上升，随着气速的进一步提高，床层均匀膨胀；③一旦流化，床层膨胀率随气速的增加变化不大。实验发现，当颗粒在流态化过程中团聚时，底部存在一个大团聚体的固定床区，中间存在一个较小团聚体的流态化区，甚至存在一个较小团聚体的稀相区(其中包括进一步向上流态化的离散、无关联颗粒)，如图 2-25 所示。

细颗粒按其流态化特性可分为四种类型：

(1) 沟流型。此类型通常有两种情况：一是由粒径从几微米到几十微米不等的离散细颗粒直接形成的，且没有足够的黏合力来聚集，随气速的增加，料面波动大，气流经较大的沟流缝隙通过床层，夹带损失严重；二是通道或堵塞物是由粒径小于 1 μm 的细颗粒的团聚体形成的，且有的团聚体之间表现出很强的内聚性。这些通道或堵塞物是可以被破坏的，并能通过外力场获得稳定的流态化。

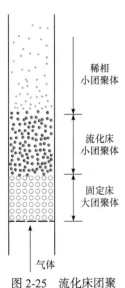

图 2-25 流化床团聚体宏观结构[84]

(2) 似 Geldart A 类聚团流化型。在床层内部形成了类似 Geldart A 类颗粒性能的聚团，在气流作用下，整个床层表现为 A 类颗粒的散式流态化性能。

(3) 似 Geldart B 类、Geldart D 类聚团流化型：整个床层从上到下全部为类似 Geldart B 类或 D 类颗粒的团聚体，流态化行为与 Geldart B 类或 D 类颗粒的流态化行为相似，流化性能需要改善。

(4) 过渡状态：在流化床的上部区域有较小的团聚体，而在下部区域有较大的团聚体，其中一些甚至不能流化，即底部为聚团固定床，上部为小聚团流化。这些团聚体的大小不同，经过反复的固体循环，通常可以达到一些稳定的、相对单一的值。因此，相对均匀的流态化可能会随之发生。

一般来说，Geldart C 类细颗粒表现出明显的黏聚力，可以离散地流态化，但只能作为团聚体，为了确保团聚体的流态化，其最小流态化速度必须小于工作流体速度。

用 t_θ 表示每单位最终床层高度 z_∞ 的受阻沉降时间

$$t_\theta = \frac{\theta_c}{z_\infty} = \frac{z_e - z_c}{V_m z_\infty} \tag{2-12}$$

式中，z_c 为塌床临界高度，m；z_e 为塌床密相区高度，m；V_m 为阻碍沉降速度，m/s；θ_c 为受阻沉降时间，s。

用表示颗粒系统流化后的表观当量比表面积 $\hat{S}_e$

$$\hat{S}_e = \frac{1}{d_p (\rho_p - \rho_f)} \tag{2-13}$$

代入表征流化质量的无量纲沉降时间 Θ

$$\Theta = \frac{\mu}{d_p (\rho_p - \rho_f)} \frac{\theta_c}{z_\infty} \tag{2-14}$$

则有

$$\Theta = \mu \hat{S}_e t_\theta \tag{2-15}$$

如果测出了系统团聚流化后的 t_θ，且系统的 Θ_e 已知，则可求出系统的颗粒表观当量比表面积 $\hat{S}_e$。

关联董元吉[85]在常温常压下对不同单组分 A 类和 B 类颗粒塌落过程的测试数据，有

$$\Theta = 3.22 \times 10^{-5} t_\theta^{1.59} \tag{2-16}$$

$$\hat{S}_e = 1.779 t_\theta^{0.589} \tag{2-17}$$

2.1.11 纳米颗粒流化床

部分纳米、亚微米及微米颗粒能够以团聚体的形式实现平稳流化；亚微米和微米颗粒的聚团流化表现为似 Geldart A 类颗粒聚团流化和似 Geldart B 类/D 类颗粒聚团流化。纳米级 SiO_2 颗粒能以团聚体的形式实现平稳的无气泡散式流化：表观气速很低时，与普通 Geldart C 类颗粒的流化相似，有节涌、沟流现象出现；当气速增大到一定程度时，颗粒

以稳定团聚体的形式实现无气泡均匀流化[86]。这一现象定义为聚团散式流态化(agglomerate particulate fluidization，APF)，具有操作区域宽、膨胀比高及沿床层轴向没有明显结构差异的特点。具有聚团散式流化特性的纳米级粒子还被定义为 E 类颗粒[87]。无论对于 Geldart C 类颗粒的聚团鼓泡流态化(agglomerate bubbling fluidization，ABF)，还是 E 类颗粒的 APF，二次颗粒的物性参数(聚团尺寸、聚团密度、聚团结构)都是影响聚团流化行为的关键因素，纳米颗粒的 APF 和 ABF 两种流型的差异如表 2-1 所示[86-88]。

表 2-1　APF 和 ABF 两种流型的比较[88]

项目	APF	ABF
原生粒径	纳米级	微米级、超微米级、纳米级
聚团	多孔，疏松，质量小	紧密，质量大
堆密度	小($<100 \ \mathrm{kg/m^3}$)	大($>100 \ \mathrm{kg/m^3}$)
气泡	无气泡	有气泡
流化特征	床层膨胀比高	床层膨胀比高
	聚团分布均匀	底部大聚团，上部小聚团
	床层均相膨胀，床层密度随操作气速的升高而减小	床层膨胀比和乳相密度随操作气速的升高变化不大

两种流型的判别式为[89]

$$\begin{cases} \Pi = Fr_{\mathrm{mf}} Re_{\mathrm{mf}} \dfrac{\rho_{\mathrm{a}} - \rho_{\mathrm{f}}}{\rho_{\mathrm{f}}} \dfrac{H_{\mathrm{mf}}}{A_{\mathrm{D}}} < 100 \quad \text{APF} \\[3mm] \Pi = Fr_{\mathrm{mf}} Re_{\mathrm{mf}} \dfrac{\rho_{\mathrm{a}} - \rho_{\mathrm{f}}}{\rho_{\mathrm{f}}} \dfrac{H_{\mathrm{mf}}}{A_{\mathrm{D}}} > 100 \quad \text{ABF} \end{cases} \quad (2\text{-}18)$$

式中，ρ_{a} 为流化床中团聚体的初始密度，$\mathrm{kg/m^3}$；Fr_{mf} 为最小流化速度下的弗劳德数($= u_{\mathrm{mf}}^2 / d_{\mathrm{a}} g$，$d_{\mathrm{a}}$ 为团聚体平均直径)，无量纲；Re_{mf} 为最小流化速度下的雷诺数，无量纲。

对于黏性颗粒，除了考虑聚团与最外层黏附颗粒之间的黏性力和最外层黏附颗粒的重力外，还需考虑流体曳力的作用，其聚团特性用流态化聚团数 Ae_{f} 表征[90]：

$$Ae_{\mathrm{f}} = \frac{c\mu_{\mathrm{f}}}{u\rho_{\mathrm{f}}\rho_{\mathrm{ag}}d_{\mathrm{p}}^2 g} \quad (2\text{-}19)$$

式中，c 为颗粒间黏性剪切强度，$\mathrm{N/m^2}$；ρ_{ag} 为黏性颗粒聚团密度，$\mathrm{kg/m^3}$。当 $Ae_{\mathrm{f}} \leqslant 40000$ 时，流化质量较好。

对于最小流化速度，在低 Re 的情况下，纳米颗粒的最小流化速度仍可用传统流化床中非聚团流态化模型计算[86]

$$u_{\mathrm{mf}} = \frac{(\phi_{\mathrm{s}} d_{\mathrm{p}})^2}{150} \frac{(\rho_{\mathrm{s}} - \rho_{\mathrm{f}})g}{\mu_{\mathrm{f}}} \left(\frac{\varepsilon_{\mathrm{mf}}^3}{1 - \varepsilon_{\mathrm{mf}}} \right) \quad (2\text{-}20)$$

在膨胀系数 $n > 3$ 时，式(2-20)计算值与实验值偏差较小。Zhu 等[89]根据实验数据提

出了用来预测 APF 纳米颗粒最小流化速度的关系式

$$u_{\mathrm{mf}} = \frac{\Delta p}{H} \frac{d_{\mathrm{a}}^2}{150} \frac{\varepsilon_{\mathrm{gmf}}^3}{\left(1 - \varepsilon_{\mathrm{gmf}}\right)^2} \tag{2-21}$$

式中，$\varepsilon_{\mathrm{gmf}}$ 为团聚体空隙率。

对聚团尺寸的研究主要基于两种模型：一种是力平衡模型，即当聚团大小达到稳定时，聚团内部对表层纳米颗粒的吸附作用力与流体对其剪应力相同；另一种是能量平衡模型，即当聚团达到稳定时使其破碎的能量等于聚团所能获得的破碎能。由于研究方法和纳米颗粒之间的差异性，目前还没有统一的聚团尺寸预测模型[91-94]。

目前，对纳米颗粒流态化的研究仍以试验研究为主，对其应用研究开展不足，并且一些基础理论还建立在微细和超细黏附性颗粒表面性能上，没有体现出纳米颗粒的特性。

纳米流态化技术已经用于大规模生产纳米炭黑和二氧化钛。纳米团块的流态化也已用于通过涂层工艺生产更先进的材料。对于近年来研究最多的材料之一的碳纳米管(carbon nanotube，CNT)，流化床技术是目前最经济的大批量生产碳纳米管的方法。Wang 等[95]已成功地实现了在纳米团聚流化床反应器(nano-agglomerate fluidized bed reactor，NAFBR)中大规模低成本地制备碳纳米管。相关设备、工艺如图 2-26[96]所示，向装有 Fe/Al₂O₃ 粉末或其他过渡金属氧化物催化剂的催化剂活化反应器中通入一定混合比例的 N₂ 和 H₂ 或 CO 的混合气体，空速为 0.3～3 h⁻¹，在 500～900℃时，纳米级过渡金属氧化物颗粒将被还原为纳米金属颗粒，形成粒径在 1～1000 μm 之间的纳米团聚体催化剂；将催化剂输送到流化床反应器中，并输入一定混合比例的 H₂ 或 CO、碳原子数少于 7 的低碳碳氢化合物气体和 N₂ 的混合气体，空速为 5～10000 h⁻¹，表观气速为 0.08～2 m/s，床层密度保持在 20～800 kg/m³，在 500～900℃条件下，催化剂和碳纳米管产物的纳米团聚体保持在密相流化状态，从而从流化床反应器中获得碳纳米管。

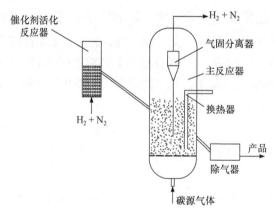

图 2-26   纳米团聚流化床及反应装置的结构

2.1.12   流化床的大型化及微型化

1. 流化床的大型化

在循环流化床锅炉大型化过程中，依然存在物料平衡、温度均匀分布、气固浓度分布、二次风穿透、床料平衡与控制等问题[97]。

　　受锅炉尺寸和分离器效率的限制，大型流化床锅炉多采用多分离器设计，而多分离器并联布置易引起气固不均匀分布，从而导致炉膛温度和热流密度的不均匀分布。对此，有学者提出了环形炉膛的流化床锅炉技术方案。与矩形炉膛六分离器轴对称布置气固流动均匀性优于中心对称布置的结论不同，在环形炉膛结构下，六分离器间循环物料的分布规律和分布均匀性基本不受中间分离器布置方式的影响[98]。分离器压差的变化不仅与烟气流量正相关，还与物料质量浓度负相关，而烟气流量和物料质量浓度均与锅炉负荷相关。因此，在实际运行中可能存在一个可以维持分离器压差基本不变的锅炉负荷值[99]。

　　如前几节所述，炉膛内气固间质量和热量传递、受热面换热及温度均衡等均与炉膛中气固间强烈的混合有关，随锅炉大型化，炉膛内除不可避免地增设了隔墙、换热面等结构外，炉膛外形尺寸也不同于现有绝大部分实验台或锅炉，需要对炉内气固流动特性重新认识[97]。有研究结果表明，当系统床料量高于临界值时，在风速大于快速流态化起始点风速的条件下，提升管内可形成轴向快速流态化 S 形分布，上部为饱和携带状态，且气固浓度和循环流率的大小不受炉膛高度及床料量影响[100]。

　　在循环流化床锅炉大型化过程中，没有现成锅炉可以进行现场测试的，试验和数值模拟是重要研发手段之一。例如，在国内第 1 台超临界循环流化床锅炉——白马 600 MW 循环流化床锅炉研发过程中，学者通过实验和数值模拟手段研究了受热面热流分布特性：通过对比实验室实验台的实验数据及模拟计算结果，验证炉膛气、固流场分布特性规律，从而推导出可预测大型循环流化床锅炉炉膛的计算模型[97]。结果表明，循环流化床炉膛中，热流分布取决于炉膛侧热量传递和受热面侧工质吸热情况，传热系数仍为对流和辐射两部分，其值取决于炉膛气、固流动特性和受热面温度分布[101]。

　　近几十年，煤炭在我国能源结构中的主导地位不会有太大变化，循环流化床锅炉技术大型化对电力事业发展仍具有很重要的现实意义。

　　2. 流化床的微型化

　　微型流化床是一种典型的微化工反应器[102-104]，近年来受到国内外学者的广泛关注。关于微型流化床更具体的内容可参见第 6 章和第 7 章。

2.2　气固流动数值模拟和反应器模型

2.2.1　气固两相模型

　　在气固流化床的模型中，通常使用两相模型(气泡相-乳化相)或三相模型(气泡相-尾涡-乳化相)。通过将实验结果与模型计算值的比较发现，三相模型计算结果与实验结果吻合良好，但存在计算缺陷[103]，而对气泡相中的颗粒分率给予恰当的考虑后，两相模型也能很好地预测实验结果[104]。随着对流态化现象的进一步研究和气泡模型的提出，Davidson 等[105]在两相模型的基础上又明确地提出了气泡两相理论，其实质为：①流化床中颗粒和气体的分配服从 Toomey 两相理论；②床层的膨胀完全是由气泡造成的；

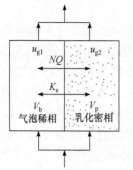

图 2-27　气固流化床两相模型

③床内存在尺寸均匀和均匀分布的气泡；④两相间存在质量交换。

图 2-27 是两相模型示意图，V_b 和 δ 分别为床层中气泡相体积及其所占体积分数，颗粒乳化相体积及其所占体积分数则用 V_p 和 $(1-\delta)$ 表示；气泡相和乳化相中气体、固体的表观速度分别为 u_{g1}、u_{s1} 和 u_{g2}、u_{s2}；气泡相中气体为活塞流，密相中存在气体和固体的轴向分散，轴向分散系数用 E_{gp} 和 E_{sp} 表示，按密相断面计；K_g 和 K_s 为两相间床层体积单位时间的气、固交换系数。u_{g2} 和 u_{mf} 不一定相等，有[106]

$$V_b + V_p = V \tag{2-22}$$

$$u_{g1} + u_{g2} = u_f \tag{2-23}$$

$$u_{s1} = f_w\left(u_f - u_{mf}\right) \tag{2-24}$$

$$u_{s1} + u_{s2} = 0 \tag{2-25}$$

上述描述方程表明床层有固体交换，但不存在固体净流动。

$$u_{g1} = \left(u_f - u_{mf}\right)\left(1 + \varepsilon_{mf} f_w\right) \tag{2-26}$$

$$u_{g2} = u_{mf} - \varepsilon_{mf} f_w\left(u_f - u_{mf}\right) \tag{2-27}$$

当随着气体速度增加，气泡直径增大，因气固转换而出现返混时，u_{g2} 改变为负号。此改变流向的速度定义为 u_{cr}，则

$$\frac{u_{cr}}{u_{mf}} = 1 + \frac{1}{\varepsilon_{mf} f_w} \tag{2-28}$$

对于相间的固体交换系数 K_s

$$K_s = \frac{u_{s1}^2}{D_{sa}} = \frac{\left[f_w\left(u_f - u_{mf}\right)\right]^2}{D_{sa}} \tag{2-29}$$

相间的固体交换速率 K_g 由气体通过气泡的穿流和气泡周围的涡流扩散组成。穿过一个气泡的体积流量为[105]

$$q_t = \frac{3}{4}\pi d_{bc}^2 u_{mf} \tag{2-30}$$

而一个气泡的涡流扩散气量为

$$q_c = 0.975 d_g^{1/2} d_{bc}^{-1/4} g^{1/4} \pi d_{bc}^2 \tag{2-31}$$

每个气泡交换的气体总量为

$$Q = q_t + q_c = 3\pi d_{bc}^2 u_{mf}\big/4 + 0.975 d_g^{1/2} d_{bc}^{-1/4} g^{1/4} \pi d_{bc}^2 \tag{2-32}$$

N 表示单位床层的气泡数目，定义为

$$N = \frac{6\delta}{\pi d_{bc}^3} \tag{2-33}$$

单位床层体积两相间交换的气体总量为

$$NQ = 4.5\left(\frac{\delta}{d_{bc}}\right)u_{mf} + 5.85\delta d_g^{1/2} g^{1/4} d_{bc}^{5/4} \tag{2-34}$$

当进入湍动流态化后，床内的两相行为减弱，气体的返混也减小。当流化状态转为快速流态化后，则相应地由密相(乳化相)为连续相转化为稀相为连续相。宏观上看，轴向颗粒浓度床顶部低、底部高，径向则为中心区稀、边壁区浓。但微观上颗粒的团聚仍然存在，此时可以考虑为具有气固散式相和颗粒团聚体的两相结构。

2.2.2 反应器模型

鼓泡流化床的两相模型一般均将气泡相中气体考虑为平推流，乳化相中的气体则为平推流或全混流。设床层流化前、后的高度为 L_{mf}、L_f，进口、出口、气泡相及乳化相气体浓度分别用符号 C_i、C_o、C_b 和 C_e 表示，对反应为一级的两种情况分析如下[105]。

1. 乳化相全混

对床层高度为 L 处的单个气泡，由物料平衡可得

$$\left(q_t + k_g S\right)\left(C_e - C_b\right) = V_b \frac{dC_b}{dt} = u_{g1} V_b \frac{dC_b}{dl} \tag{2-35}$$

利用边界条件 $L=0$，$C_b=C_i$，对上式积分得

$$C_b = C_e + \left(C_i - C_e\right)e^{-QL/u_{g1}V_b} \tag{2-36}$$

床层的物料组成为：①反应组分从气泡相传到乳相的量为 $NQ\int_0^{L_f} C_b dL$；②从乳相到气泡相的量为 $NQL_f C_e$；③从乳相底部进入的量为 $u_{mf}C_i$；④从乳相顶部出去的量为 $u_{mf}C_e$；⑤在乳相中的反应量为 $k_c L_f C_e(1-NV_b)$，k_c 的定义以床层乳相的体积作为基准。按单位床层截面对乳化相作物料平衡，物料平衡的关系为：①+③=②+④+⑤。由此化简可得

$$\frac{C_0}{C_i} = Ze^{-X} + \frac{\left(1 - Ze^{-X}\right)^2}{k' + \left(1 - Ze^{-X}\right)} \tag{2-37}$$

其中

$$k' \equiv k_c L_{mf}/u = k_\tau PW/F \tag{2-38}$$

$$Z = 1 - u_{mf}/u \tag{2-39}$$

$$X = \frac{QL_f}{u_b V_b} = \frac{6.34 L_{mf}}{d_{bc}(g d_{bc})^{0.5}}\left[u_{mf} + 1.3 d_g^2\left(\frac{g}{d_{bc}}\right)^{0.25}\right] \tag{2-40}$$

式中，P 为总压力；W 为催化剂质量；k 为以 $r=(1/W)(dn/dt)=k_\tau P$ 为定义的反应速率常数。

2. 乳化相为平推流

对床内任一高度为 dl 的一段床层作物料衡算，有

$$u_{mf}\frac{dC_e}{dl}+\left(u-u_{mf}\right)\frac{dC_b}{dl}+k_cC_e\left(1-NV_b\right)=0 \tag{2-41}$$

其解为

$$C_b=A_1e^{-m_1L}+A_2e^{-m_2L} \tag{2-42}$$

其中，m_1、m_2 为

$$m_{1,2}=\frac{\left(X+k'\right)\pm\sqrt{\left(X+k'\right)^2-4\left(1-Z\right)k'X}}{2L_f\left(1-Z\right)} \tag{2-43}$$

A_1、A_2 为积分常数，可由下列边界条件求出

$$L=0,\quad C_b=C_{bi},\quad dC_b/dl=0$$

最终结果为

$$\frac{C_0}{C_i}=\frac{1}{m_1-m_2}\left[m_1e^{-m_2L_f}\left(1-\frac{m_2L_f}{X}\frac{u_{mf}}{u}\right)-m_2e^{-m_1L_f}\left(1-\frac{m_1L_f}{X}\frac{u_{mf}}{u}\right)\right] \tag{2-44}$$

从鼓泡到湍动流化是一个渐变过程，在过渡区内的行为介于两者之间，其反应很难由单一的鼓泡床模型或一维轴向返混模型进行描述。表 2-2 为几种湍动流化床反应模型。

表 2-2　湍动流化床反应模型[1]

作者		主要模型公式	主要假设
Avidan	气相：	$u\dfrac{dC}{dz}-D_{z,g}\dfrac{d^2C}{dz^2}+\text{Rate}=0$	一维拟均相，轴向返混
Sun 和 Grace	稀相：	$u\dfrac{dC_b}{dz}-k_ga_i\varepsilon_B\left(C_b-C_e\right)+\phi_b\text{Rate}_b=0$	无轴向返混，浓相气速为零
	浓相：	$k_ga_i\varepsilon_B\left(C_e-C_b\right)+\phi_e\text{Rate}_e=0$	
Foka 等	稀相	$u\dfrac{dC_b}{dz}-k_ga_i\varepsilon_B\left(C_b-C_e\right)=0$	稀相无颗粒，无轴向返混，浓相气速为零
	浓相：	$k_ga_i\varepsilon_B\left(C_e-C_b\right)+\text{Rate}_e=0$	
Venderbosch	气穴相：	$u\dfrac{dC_b}{dz}+k_ga_i\left(C_b-C_e\right)=0$	气穴相无颗粒，无轴向返混，浓相气速为零
	浓相：	$-D_{z,g\text{-}e}\dfrac{d^2C_b}{dz^2}+k_ga_i\left(C_e-C_b\right)+\text{Rate}_e=0$	
Jiang 等	气穴相：	$u_b\dfrac{dC_b}{dz}+k_ga\left(C_b-C_e\right)-\text{Rate}_b=0$	气穴相无轴向返混
	浓相：	$u_e\dfrac{dC_e}{dz}-D_{z,g\text{-}e}\dfrac{d^2C_e}{dz^2}+k_ga_i\left(C_e-C_b\right)+\text{Rate}_e=0$	

续表

作者		主要模型公式	主要假设
Thompson 等	稀相：	$u_b \dfrac{dC_b}{dz} - D_{z,g\text{-}b} \dfrac{d^2 C_b}{dz^2} + k_g a_i \varphi_b (C_b - C_e)/\varphi_e + \rho_b \text{Rate}_b = 0$	
	浓相：	$u_e \dfrac{dC_e}{dz} - D_{z,g\text{-}e} \dfrac{d^2 C_e}{dz^2} + k_g a_i \varphi_b (C_e - C_b)/\varphi_e + \rho_e \text{Rate}_e = 0$	

注：a_i 为单位体积中的相界面积，1/m；C 为反应物浓度，mol/m^3；C_b 为稀相中的反应物浓度，mol/m^3；C_e 为浓相中的反应物浓度，mol/m^3；$D_{z,g}$ 为气体轴向扩散系数，m^2/s；$D_{z,g\text{-}e}$ 为浓相中的气体轴向扩散系数，m^2/s；$D_{z,g\text{-}b}$ 为稀相中的气体轴向扩散系数，m^2/s；k_g 为稀、浓相间传质系数，m/s；u 为气体表观速度，m/s；u_b 为稀相中的气体上升速度，m/s；u_e 为浓相中的气体上升速度，m/s；z 为轴向高度，m；ε_B 为稀相中的气体体积分数；φ_b 为稀相中的颗粒体积分数；φ_e 为浓相中的颗粒体积分数；ρ_b 为稀相中的颗粒密度，kg/m^3；ρ_e 为浓相中的颗粒密度，kg/m^3；φ_b 为稀相体积分数；φ_e 为浓相体积分数。

　　根据方法原理的不同，循环流化床气固流动模型可以分为理论模型(半经验半理论模型)和经验模型两大类。理论模型的基础是牛顿流体力学方程，其模型参数由分子力学和统计力学导出或通过湍流理论模拟确定；经验模型则是进行了数学化描述的实验观察，其模型参数由实验确定。局部结构模型、一维轴向流动模型、环-核流动模型及二维流体力学模型为经验模型，一般均考虑了气、固两相流动的局部不均匀。其中以环-核流动模型较为常用，而新的最小多尺度作用模型(EMMS 模型)则具有进一步扩展为通用性理论的潜力。

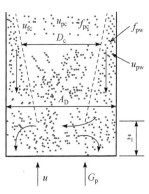

图 2-28　Bolton 和 Davidson
模型的构思结构[107]

　　1) 环-核流动模型

　　图 2-28 所示为 1988 年 Bolton 和 Davidson 建立的环-核流动模型构思结构。因不仅可以描述气固流动的轴向不均匀性，也可以一定程度地描述气固流动在径向的变化，又被称为 1.5 维模型。其基本概念是将气固流动沿床层截面划分为两个区域(通道)，即中部核心区及边壁环隙区，然后假定在每个区域内气体速度、颗粒速度及颗粒浓度为均匀分布，两区之间通常存在着气、固两相的质量及动量交换。环-核流动模型的基本方程式是根据对环核两区的物料及动量进行衡算而得到的。当气固流动状态以快速流化为主导时，就可应用环-核流动模型来描述其流动规律。

　　在大多已发表的环-核流动模型中，Bai 等[108]的环-核流动模型只需实验测定特定操作条件下的截面平均空隙率 $\bar{\varepsilon}$，便可以给出描述环-核流动的有关参数。

　　Bai 等[108-109]根据气固相互作用最小原理建立了一个理论性的环-核两区模型。该模型中对单位质量颗粒气固两相间的相互作用功为

$$E = \frac{1}{(1-\varepsilon)\rho_p} \left[\alpha^2 F_{D1} \varepsilon_1 u_1 + (1-\alpha^2) F_{D2} \varepsilon_2 u_2 \right] \tag{2-45}$$

其中，下标 1、2 分别表示核心区及环隙区(图 2-29)；F_{D1} 及 F_{D2} 可分别表示为

$$\begin{cases} F_{D1} = (1-\varepsilon_1)\rho_p g - \dfrac{2}{\alpha R}\tau_{pi} \\ F_{D2} = (1-\varepsilon_2)\rho_p g - \dfrac{2}{(1-\alpha^2)R}(\alpha\tau_{pi}-\tau_{pw}) \end{cases} \tag{2-46}$$

式中，τ_{gi} 为环核界面处气体的摩擦应力，N/m²；τ_{gw} 为环形区气体与壁面间的摩擦应力，N/m²；τ_{pi} 为环核界面处颗粒的摩擦应力，N/m²；τ_{pw} 为环形区颗粒与壁面的摩擦应力，N/m²。

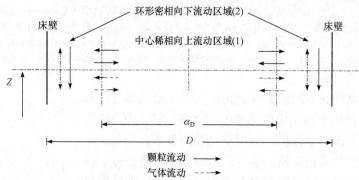

	空隙率	气体速度	颗粒速度	压力降
中心稀相向上流动区域	ε_1	u_1	v_1	$\left(-\dfrac{dP}{dz}\right)_1$
环形密相向下流动区域	ε_2	u_2	v_2	$\left(-\dfrac{dP}{dz}\right)_2$
截面平均	$\bar{\varepsilon}$	u_f	$G_s/\rho_p(1-\bar{\varepsilon})$	$\left(-\dfrac{dP}{dz}\right)_w$

图 2-29　Bai 等的环-核流动模型结构[108]

稳定环-核流动的气固两相必须满足物料平衡、动量平衡和两区间等压力梯度，有

$$\begin{cases} G_g = \alpha^2\rho_p\varepsilon_1 v_{g1} + (1-\alpha^2)\rho_g\varepsilon_2 v_{g2} \\ G_s = \alpha^2\rho_p(1-\varepsilon_1)v_{p1} + (1-\alpha^2)\rho_p(1-\varepsilon_2)v_{p2} \\ \varepsilon = \alpha^2\varepsilon_1 + (1-\alpha^2)\varepsilon_2 \\ \left(-\dfrac{dp}{dZ}\right)_1 = \left(-\dfrac{dp}{dZ}\right)_w \\ \left(-\dfrac{dp}{dZ}\right)_2 = \left(-\dfrac{dp}{dZ}\right)_w \end{cases} \tag{2-47}$$

$$\begin{cases} v_{g1} - v_{p1} \geqslant u_t \\ v_{g2} - v_{p2} \geqslant u_t \end{cases} \tag{2-48}$$

式中，$\left(-\dfrac{dp}{dZ}\right)_1$、$\left(-\dfrac{dp}{dZ}\right)_2$ 和 $\left(-\dfrac{dp}{dZ}\right)_w$ 分别表示气体流过中心区、环形区和在床层壁面处

测得的压力梯度。根据动量平衡关系有

$$\begin{cases} \left(-\dfrac{\mathrm{d}p}{\mathrm{d}Z}\right)_1 = (1-\varepsilon_1)\rho_p g + \varepsilon_1\rho_g g + \dfrac{2}{\alpha R}(\tau_{g1}+\tau_{p1}) \\[3mm] \left(-\dfrac{\mathrm{d}p}{\mathrm{d}Z}\right)_2 = (1-\varepsilon_2)\rho_p g + \varepsilon_2\rho_g g - \dfrac{2\alpha}{(1-\alpha^2)R}(\tau_{g1}+\tau_{p1}) + \dfrac{2\alpha}{(1-\alpha^2)R}(\tau_{gw}+\tau_{pw}) \\[3mm] \left(-\dfrac{\mathrm{d}p}{\mathrm{d}Z}\right)_w = (1-\overline{\varepsilon})\rho_p g + \varepsilon\rho_g g + \dfrac{2}{R}(\tau_{gw}+\tau_{pw}) \end{cases} \quad (2\text{-}49)$$

其中，环-核两区之间及环隙区与壁面之间的气、固摩擦力可以用以下方程预测：

$$\begin{cases} \tau_{gi} = \dfrac{1}{2}f_{gi}\rho_p\varepsilon_1\left(v_{g1}-v_{g2}\right)\left|v_{g1}-v_{g2}\right| \\[3mm] \tau_{pi} = \dfrac{1}{2}f_{pi}\rho_p\left(1-\varepsilon_1\right)\left(v_{p1}-v_{p2}\right)\left|v_{p1}-v_{p2}\right| \\[3mm] \tau_{gw} = \dfrac{1}{2}f_{gw}\rho_g\varepsilon_2 v_{g2}\left|v_{g2}\right| \\[3mm] \tau_{pw} = \dfrac{1}{2}f_{pw}\rho_p\left(1-\varepsilon_2\right)v_{p2}\left|v_{p2}\right| \\[3mm] f_{gi} = \begin{cases} 16/Re_1 & (Re_1 \leqslant 2000) \\ 0.079/Re_1^{0.313} & (Re_1 > 2000) \\ Re_1 = \alpha D u_1 \rho_g/\mu \end{cases} \\[6mm] f_{gw} = \begin{cases} 16/Re_2 & (Re_2 \leqslant 2000) \\ 0.079/Re_2^{0.313} & (Re_2 > 2000) \\ Re_2 = (1-\alpha)D v_{g2}\rho_g/\mu \end{cases} \\[6mm] f_{pi} = 0.046\big/\left|v_{p1}-v_{p2}\right| \\[3mm] f_{pw} = 0.046\big/\left|v_{p2}\right| \end{cases} \quad (2\text{-}50)$$

于是，以式(2-47)为等式约束条件、式(2-48)为不等式约束条件来最小化 E[式(2-45)]，即可求得环-核流动的基本参数 α、ε_1、ε_2、v_{g1}、v_{g2}、v_{p1} 及 v_{p2}，进而求得：

①环、核区内气体局部通量

$$G_{g1} = \alpha^2\rho_g\varepsilon_1 v_{g1}, \qquad G_{g2} = \left(1-\alpha^2\right)\rho_g\varepsilon_2 v_{g2} \quad (2\text{-}51)$$

②环、核区内颗粒局部通量

$$G_{s1} = \alpha^2\rho_p\left(1-\varepsilon_1\right)v_{p1}, \qquad G_{s2} = \left(1-\alpha^2\right)\rho_p\left(1-\varepsilon_2\right)v_{p2} \quad (2\text{-}52)$$

③气固返混比

$$k_g = \left|G_{g2}\right|/G_g = \dfrac{\left(1-\alpha^2\right)\rho_p\left|v_{g2}\right|\varepsilon_2}{\rho_g u_g}, \qquad k_p = \left|G_{s2}\right|/G_s = \dfrac{\left(1-\alpha^2\right)\rho_p\left|v_{p2}\right|\left(1-\varepsilon_2\right)}{G_s} \quad (2\text{-}53)$$

④气固在环-核两区间的净交换速率

$$R_\mathrm{g} = \frac{\mathrm{d}\left(\alpha^2 \rho_\mathrm{g} \varepsilon_1 v_\mathrm{g1}\right)}{\mathrm{d}Z}, \qquad R_\mathrm{p} = \frac{\mathrm{d}\left[\alpha^2 \rho_\mathrm{g}\left(1-\varepsilon_1\right)v_\mathrm{p1}\right]}{\mathrm{d}Z} \qquad (2\text{-}54)$$

⑤气、固两相的传递常数

$$k_\mathrm{dg} = \frac{A_\mathrm{D}}{4\alpha\rho_\mathrm{g}\varepsilon_1} R_\mathrm{g}, \qquad k_\mathrm{dp} = \frac{A_\mathrm{D}}{4\alpha\rho_\mathrm{p}\left(1-\varepsilon_1\right)} R_\mathrm{p} \qquad (2\text{-}55)$$

⑥曳力系数及滑落速度。

应用该模型，其计算结果不仅与有关实验结果吻合良好[108-109]，还发现了某些实验很难测定，或尚未测定的重要现象。这些现象合理、可信，但有待于实验的进一步验证。

2) 两相模型与多尺度分析方法

两相模型是以系统内的两相不均匀结构为核心，将整体流动分解为颗粒聚集的密相和流体聚集的稀相，分析稀相和密相的流动行为以及两相之间的相互关系，引入反映两相互作用的相间参数，建立耦合两相动力学参数和相间参数的模型。

李静海、郭慕孙在研究快速流化床的局部结构时，提出了能量最小多尺度作用模型(EMMS 模型)。该模型提出流体控制、颗粒控制、流体-颗粒相互协调的概念，认为在快速床中流体用于颗粒的悬浮输送能最小，并以此作为系统的稳定性条件，与气体、固体各自的动量守恒、质量守恒方程一起求解，成功预测了反映快速床局部结构的稀相空隙度、密相空隙度、稀相与密相体积分数、稀相气速、密相气速、稀相颗粒速度、密相颗粒速度、聚团平均尺寸 8 个参数，可望成为预测各种流化床结构的有效方法[110]。

EMMS 模型可用于定义流型过渡、计算局部不均匀流动结构、饱和夹带量、轴向和径向的空隙率分布。在聚式流化中，颗粒相倾向于自发地聚集形成气泡或颗粒团聚物等离散相与相应的乳化相或稀相等共存的动态非均匀结构，称为介尺度结构。即其尺度介于单颗粒(微尺度结构)和整体流场分布(宏尺度结构)之间。颗粒流体系统中存在三种尺度的作用：①微尺度，即单颗粒与流体之间的作用，稀相和密相中都存在这一作用；②介尺度，即稀相和密相之间的相互作用；③宏尺度，即整个颗粒流体系统与其边界的相互作用，包括系统的边壁、入口和出口形状等。由于宏尺度作用，系统中出现流动状态的空间分布，这一作用相当于拟流体模型的边界条件，目前还很难确定。

EMMS 模型的求解问题是非线性规划问题，常用方法为将密相和稀相空隙率分别假定为最小流态化空隙率ε_mf和1.0，通过修改原 EMMS 模型中的团聚物尺寸方程和曳力系数的表达式，得到 EMMS 模型的简化解析解。或通过 EMMS 模型的基本方程进行推导，将非线性规划问题转化为非线性方程组的求解问题，得到 EMMS 模型的解析解。该方法计算简单、收敛性好，解析解与非线性规划程序的数值解完全一致。

颗粒流体系统的主要特征是非均匀的多尺度结构。两相模型考虑了颗粒流体系统的非均匀结构特征，是对这类系统进行量化计算的有效方法，能够较好地描述稀、密两相流中非均匀流动结构的时均行为特征。但是，两相模型没有考虑颗粒流体运动的动力学过程，因此两相模型较难描述颗粒流体系统内流体动力学参数的时间和空间分布。

2.2.3　计算流体力学模型

模拟颗粒流体两相流的流体动力学模型很多，目前使用较多的为两相模型和计算流体力学模型。特别是随着两相流理论研究的深入和计算机的快速发展，计算流体力学(CFD)在颗粒流体两相流的研究中得到日益广泛的应用。

流场及随时间变化的动态行为的分析需要借助于计算流体力学模型所提供的动力学分析方法，一般将颗粒流体两相流动系统分解为流体相和颗粒相，根据对两相流处理方法的不同，通常分为双流体模型、颗粒轨道模型和拟颗粒模型三类。

1. 双流体模型

双流体模型将颗粒相处理成连续相，使得颗粒相方程组具有与气相方程组相同的形式，可用统一的形式和求解方法。同时，该模型能通过颗粒压力和黏度来处理颗粒间的相互作用，便于求解颗粒浓度较高的体系，计算结果可以给出颗粒相空间分布的详细信息，易与实测结果进行比较。目前，双流体模型是两相计算流体力学发展的主流。

值得注意的是，由于拟流体的假设难以考虑颗粒流体系统中的稀、密两相结构，因此很难用于分析颗粒流体两相流的不均匀流动结构，还未达到两相结构的定量化和预测流域过渡的水平。同时，由于封闭模型的本构方程难以确定，在进行数值计算时也存在一些困难。

2. 颗粒轨道模型

双流体模型的最大缺点在于采用 Euler 方法处理颗粒相，对颗粒运动采用平均方法处理，从而无法得到颗粒运动的轨迹，而这正是颗粒相采用 Lagrange 方法处理的颗粒轨道模型的优势所在。

颗粒轨道模型将流体相处理为连续相，颗粒相处理为离散体系，跟踪所有颗粒的运动轨迹，又称为离散颗粒模型。颗粒轨道模型中，在 Euler 坐标系下考察连续流体相的运动，流体的运动规律用两相耦合的 Navier-Stokes 方程进行描述，流体运动的控制方程可采用现有单相流动方程的形式。在 Lagrange 坐标系下考察单个离散颗粒的运动，通过对大量颗粒轨迹进行统计分析得到颗粒群的运动规律。因此，在颗粒轨道模型中，计算颗粒的运动轨迹是需要解决的关键问题。流体中的每个颗粒都受到流体和相邻颗粒的共同作用，根据对颗粒间碰撞处理方式的不同，可将颗粒轨道模型分为两大类。一类是硬球模型，即把颗粒看成是刚性的，两个颗粒间为瞬时弹性碰撞，颗粒间的相互作用可用冲量方程描述，碰撞前后的颗粒速度关系由给定的恢复系数和摩擦系数求得。另一类是软球模型，也称离散单元法，即认为存在多颗粒间的相互作用，一个颗粒可以和多个颗粒同时接触，但颗粒间的接触不是瞬时的完全弹性碰撞，有一定的有限接触时间，因此引入弹簧、缓冲器和滑动器的概念描述颗粒碰撞时的形变，用弹性、阻尼及滑移机理进行颗粒的受力分析，采用牛顿定律计算颗粒的运动速度。

颗粒轨道模型物理概念明确，符合颗粒流体两相流动的结构特征，直接跟踪单个颗粒，便于模拟有蒸发、挥发、燃烧及反应的颗粒的历程，可以给出颗粒运动的详细信息。

受计算机速度和储存量的限制，主要针对大颗粒、小装置、短时间的计算，还不能得到可与真实条件下实验结果相比较的宏观信息。为了降低计算量，现发展了一种基于硬球模型的直接模拟，引入碰撞概率的概念，用统计抽样方法跟踪样本颗粒。然而，简化计算使得颗粒轨道模型不再可以跟踪所有颗粒的运动，计算结果的准确性相对较差。

3. 拟颗粒模型

为了能详细了解颗粒流体间的相互作用，最彻底和详尽的模拟应当是模拟所有气体分子和颗粒之间的相互作用。在计算能力还不能实现的条件下，葛蔚和李静海提出了基于分子运动论思想的拟颗粒模型[111]，即将气体离散为大量气体微团(拟颗粒)，是比真实颗粒小很多的虚拟颗粒。气体的运动借助拟颗粒的运动状态描述，气体与固体颗粒间的相互作用由拟颗粒与固体颗粒的作用代替，适合对系统机理的研究。为解决拟颗粒模型计算量大的问题，宏观拟颗粒模型[111]采用加权平均和有限差分等手段将粒子间作用提升到符合 Navier-Stokes 方程的流体微元尺度的宏观模拟，能初步应用于实际问题的求解。受计算量限制，目前这种方法用在大规模模拟上比较困难，但是作为微观模拟方法，拟颗粒模型较传统计算流体力学方法更有表现力和适应性，可以用来改进双流体模型和颗粒轨道模型的本构方程。

2.3　先进的气固流态化测量技术

2.3.1　流化床压降

流化床中测量最多的参量是时均压差和瞬时压力脉动，常用的测量手段包括液压压力计和压力传感器。传感器灵敏度较高，实验室中常用的是硅压阻传感器，主要特点是安装和结构简单、体积小、质量轻、分辨率和动态响应高，但是易受到温度的影响。

硅压阻传感器是利用硅片的压阻效应和集成电路工艺技术相结合的一种新小型化、高灵敏、低漂移的压力(差)传感器，先后在航空、医药、生物、石油等领域得到广泛的应用。特别是在小型化方面，目前小于 1 mm 的硅压阻传感器已获得实际应用，这是一种将压阻电桥、补偿放大甚至信号处理电路都集成在同一硅片内的智能化传感器。通常这类传感器输出信号的响应时间可达到 1 ms 以内，目前定型产品的量程在 $100 \sim 5 \times 10^8$ Pa 范围内。已有学者通过分析压力波动幅度、压力波动均方根谱密度和气速等变量研究流化床内流体的非均匀结构分布。

2.3.2　颗粒温度

Cody 等[112]开发并验证了一种用测振计测量声学噪声技术测定气固鼓泡床中颗粒温度的技术。基本原理为：与热力学中定义的温度相比，颗粒温度不是热力学性质，而是一个稳态常数，在颗粒流动场中，由颗粒间的非弹性碰撞和流体对颗粒曳力间复杂的相互作用决定。由于流化床内的颗粒碰撞是非弹性的，颗粒温度只能通过流化气体提供给床层的动力而成为一个动态常数，从而建立颗粒温度与颗粒矢量速度间的函数关系。通过恒定量级的颗粒冲击力的傅里叶变换，建立噪声与流化床壁面颗粒平均脉动速度的关系，从而建立噪声与颗粒温度的函数关系。

Wildman 等[113]则使用摄像机测量了颗粒温度，其理论基础也是颗粒温度与颗粒速度间的函数关系，颗粒速度的测量则由一种基于测量均方位移随时间变化的方法替代，由此便完成了使用摄像机对颗粒温度的测量。

2.3.3　气体和颗粒速度

流化床内气体速度的测量是最棘手的问题之一，局部气速的测定仍待解决。示踪颗粒法可以用来测量气体速度，常用仪器为激光多普勒仪，但该方法只适用于颗粒浓度较低的情况。气体示踪探影跟踪法原则上也可测得局部气体速度，但只适用于床壁附近，否则需配以 γ 射线摄影机，此方法设备昂贵，操作费时，不宜广泛采用[104]。

相对气体速度，固体颗粒速度测量方法较多，除上述示踪法外，颗粒运动速度的测量技术还有摄像法、光纤速度测量系统、多普勒激光测速仪等[104]。其中，高速摄像法是研究流化床中颗粒行为最常见的手段之一，该技术的原理极简单，但对于照明有较高的要求，最大难度在于图像的处理工作。高速摄像法不适用于尺寸小、速度高的颗粒。

光纤速度测量是以光导纤维作为探头，将颗粒经两组光纤的反射光信号的延滞作为颗粒速度的参数进行测量。经许多研究者不断地完善，以及计算机计算速度和存储能力的提高，此方法的应用更为广泛。这种方法的优点是简单、干扰少，缺点是为保证高的测量精度，取样频率要求很高，从而导致大量的计算。多普勒激光测速仪是利用多普勒效应进行颗粒运动速度的测量，其优点是精度高，对流场没有干扰，缺点是系统复杂，使用技术要求高，且只适用于颗粒浓度不高区域中较小颗粒运动速度的测量。多普勒激光测速仪最常用的激光入射法有参考光束法和双光速两种。

2.3.4　颗粒浓度

对于流化床中平均颗粒浓度的测量，最简单的办法是测量某段长度的压降，然后通过压降计算公式计算获得。测量局部固体颗粒浓度及其瞬时值的方法有多种，常用的测量方法如下[104]。

利用放射性元素的技术：固体颗粒能吸收穿过流化床床层的 X 射线或 γ 射线。基于此原理，X 射线或 γ 射线可用于流化床中固体颗粒浓度的测量。

电容固体颗粒浓度测量技术：电容器固体浓度测量探头通常由测量探头、自振荡电路及解调电路三部分组成。电容探针测量系统灵敏度高，易制造，可用于流化床内局部颗粒浓度瞬时值的测量，还可用于高温高压场合。缺点是标定困难，易受到环境电磁场的干扰，温度变化也会导致一定的测量误差。

光纤测量系统：光纤探头也可用于流化床中颗粒浓度的测量，现有两种信号处理方法。一种是颗粒直径大于光纤直径时，反射光主要是由单个颗粒产生的，则最终被转换成的脉冲信号个数取决于通过探头表面的颗粒个数。该方法的优点是精度高，缺点是测量时间长且必须知道颗粒速度。另一种是颗粒直径小于光纤直径时，反射光主要来自颗粒群。此时，只要经过标定，就可得到颗粒浓度和电信号强度的关系。该方法的优点是简单、易用，不需要知道颗粒的速度，缺点是对光源的稳定性要求高。目前，这种方法被广泛应用于流化床中颗粒浓度的测量。

2.3.5 气泡和颗粒尺寸

常用的气泡尺寸测量方法有直接观察(或图像法)和探头测量两种方法。其中，在用有机玻璃或其他透明材料制成的二维床中采用直接观察或摄像的方法来测量气泡是最基本的方法，既可以测量单气泡和尾涡的大小、上升速度，又可以观察分析气泡群的聚并分裂，测量精度会受二维床的壁效应影响。三维床中的气泡一般不能直接测量，需借助计算机分析处理录像机录制的 X 射线图像。该方法的最大优点是不干扰床内流场，缺点是不能区分处于同一高度的两个气泡且设备庞大复杂。目前，计算机层析成像技术已被引进流化床测试技术中，从而实现了流体流动的可视化，已有实验室成功显示出了三维气泡图像[108]。常用探头有光学式、电容式，无论哪种探头，都要尽量防止干扰床内流动状况。由于光学信号不易受干扰，光纤探头目前也应用于气泡测量。

激光散射法是利用波长恒定的激光为光源照射以一定方式分散的颗粒，通过安放在特定角度的接收器收集变化的光信息，从而计算出颗粒的粒度分布数据。这种方法具有测量范围宽、测量速度快、分辨率高及操作简单的优点，一般测量 0.1 μm 以上的颗粒，测量 0.03 μm 以上颗粒的仪器也已实际应用。

其他测量颗粒直径的方法还有显微镜法、沉降法和电传感法。

2.4　气固流态化的工业应用

流态化技术具有广泛的工业应用，绪论部分已做了概括性介绍。本节针对气固流态化技术简要介绍其有关工业应用的特点。

2.4.1 物理过程

在一些工业生产过程中，需要对大量的固体颗粒物料进行输送、干燥或加热，而流态化可以使固体物料像流体一样流动。同时固体物料有较大的热容量，这就给上述过程提供了比其他方法更有效、更方便和更经济的条件。

1. 固体干燥

流化床干燥机适用于任何类型的湿固体，只要该固体可以通过热气体流化即可。图 2-30 为几种常规流化床干燥器。

对于要干燥颗粒的停留时间特性并不重要的白云石、高炉矿渣等无机材料，通常使用图 2-30(a)所示的单级流化床干燥器。因温度不需要很高，可以使用低品位热源作为这种类型操作的传热介质。单级操作近似于混合流，容易出现干燥不均匀或过热等现象，可通过流动固体的多级处理改善。图 2-30(b)和(c)所示为由放置在床中的垂直隔板形成的多级干燥器。图 2-30(b)为多段错流卧式流化床干燥器，热空气可多次与湿物料接触。不同温度的热气体分别与各段物料接触，在各床之间控制不同的操作温度,从而可处理热敏性物料。图 2-30(c)

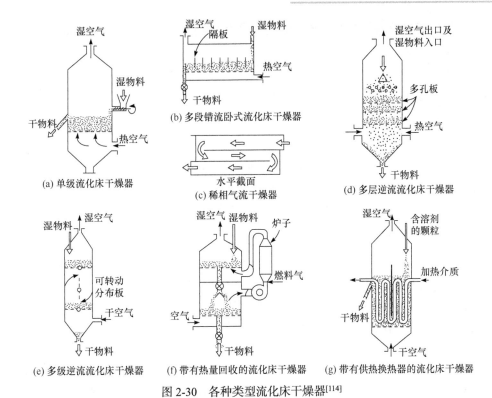

(a) 单级流化床干燥器
(b) 多段错流卧式流化床干燥器
(c) 稀相气流干燥器
(d) 多层逆流流化床干燥器
(e) 多级逆流流化床干燥器
(f) 带有热量回收的流化床干燥器
(g) 带有供热换热器的流化床干燥器

图 2-30　各种类型流化床干燥器[114]

所示是稀相气流干燥器,用高速热气流在夹带颗粒的同时带走其水分来实现干燥,可在一根直管中完成,也可分为数段接触。工业中常将气流干燥与卧式多段流化床干燥串联使用。

图 2-30(d)为可实现气体和固体逆流接触的多层逆流流化床干燥器。多孔板或大滤网充当气体的再分配器和分离器,从而消除了溢流管和降液管。维持多层流化床正常操作的关键在于各层流化床之间压降的匹配。图 2-30(e)适合于要求严格控制操作温度与物料停留时间的热敏性物料(如药品、生化制品等)。对于某些对温度敏感的材料,进气温度必须保持较低水平,为了抵消由此导致的热效率降低,可以从干燥固体中回收热量。图 2-30(f)的两级盐干燥器即是这种操作的示例。

在图 2-30(a)~(f)的设计中,流化气体的热量是干燥颗粒的能源。图 2-30(g)所示的干燥器可以通过流化床内的热交换管或板提供热量。这种设计适用于干燥非常潮湿的原料,含水量越高越有利于干燥。该系统通过在高压下运行并用过热蒸汽流化,从而可以获得比普通干燥机高得多的热效率,过程中产生的中压或低压蒸汽还可用于下一个干燥机或其他操作。

2. 传热

流化床由于传热速率快、温度均匀的独特性能而被广泛用于传热。图 2-31(a)为用于将热金属器皿快速淬火和回火至一定温度以便获得所需合金性能的流化床。这种操作要求较高的传热速率,需要细颗粒流化床。非接触式气固热交换器的示例如图 2-31(b)所示,流化状态的炽热固体颗粒的热量被管内流动的冷气体所吸收。图 2-31(c)是用于从流化床反应器中回收热颗粒热量并产生蒸汽的热交换器示意图，起源于化工反应器。

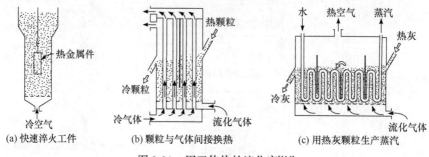

(a) 快速淬火工件   (b) 颗粒与气体间接换热   (c) 用热灰颗粒生产蒸汽

图 2-31   用于传热的流化床[114]

3. 物料混合与分级

流态化技术由于良好的混合特性，可以实现通用技术很难达到的不同种类粉状物料的均匀混合，如图 2-32 所示。将黑白两种粉末物料流化，物料经上升管上升再经床层下降，经过多次循环之后就可达到均匀混合的目的。

将物料按不同密度、不同筛分段加以区分称为分级。将气固流态化引入矿物分选是化工学科与矿物加工学科交叉结合的产物。例如，流态化干法选煤就是利用煤与矸石物理化学性质(密度、粒度、光泽、磁性、导电性等)的差别实现分选的。其技术特点是：以气固两相悬浮体流化床层作为分选介质，与传统湿式选煤方法和风力选煤方法不同，其分选效果与湿法重介质选煤相当。为了改善分选效果，通常在普通鼓泡流化床的基础上同时引入振动、磁场等外作用力。图 2-33 为几种典型的气固流化床分选装置示意图。

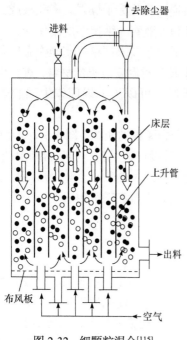

图 2-32   细颗粒混合[115]

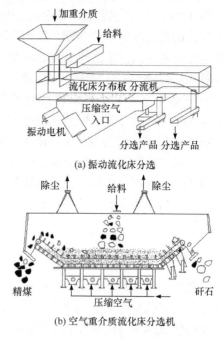

(a) 振动流化床分选

(b) 空气重介质流化床分选机

图 2-33   几种典型的气固流化床分选装置[116]

4. 吸附

当要从大量载体气体中分离出非常稀薄的组分时，连续多级流化吸附工艺优于传统的固定床工艺。所需要组分周期地吸附在活性炭颗粒上，然后利用蒸汽提取。图 2-34为工艺实例。图 2-34(a)为从空气中回收稀二硫化碳(约 0.1%)的多级工艺。为了减少处理大量空气所需的能量消耗，每级料层都非常浅(5～8 cm)，并放置在简单的穿孔钢板上。在这些多级装置中，为降低运行成本，重要的是使易碎吸附剂固体的磨损最小化。可优先利用流体力学原理来循环固体颗粒，以防止吸附剂的机械磨损。图 2-34(b)为从烟气中除去二氯乙烷($C_2H_4Cl_2$)的示例。

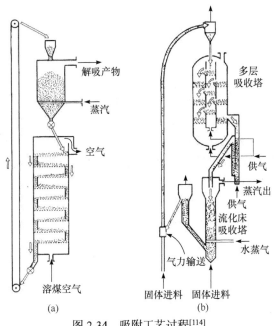

图 2-34　吸附工艺过程[114]

5. 包涂

流化床包涂技术可用于以下三种状况：①金属制件表面包涂塑料粉；②金属制件表面包涂油漆粉；③物体的涂敷和颗粒的增长。颗粒表面包涂某种化学盐类制剂可使原有颗粒直径增大，并对原有颗粒起保护作用。

金属制件的包涂过程也是制件的冷却过程，包涂的厚度远大于涂漆，经济实用，因而已在工业中广为应用。其过程可参考图 2-35(a)。物体的涂敷和颗粒的增长就是在颗粒表面包涂某种化学盐类制剂，使原有颗粒直径增大，并对原有颗粒起保护作用。这种操作还用于从盐溶液或精细固体浆液中生长颗粒。对细颗粒而言，进料液有时可以起到黏结剂的作用，然后通过反复进行团聚和干燥而得到较大的粗糙颗粒。在这些操作中，了解聚集的机制非常重要。图 2-35 说明了此类过程的几个设计特征。喷淋的正确位置对于避免计划外的固体团聚以及防止容器壁逐渐被固体覆盖至关重要。

流化床包涂技术可以用于多种多效颗粒的制备过程，在材料、粉体、制药、化肥等领域具有广泛的应用。

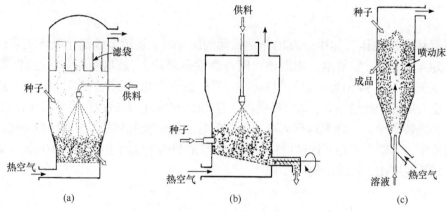

图 2-35   流化床粒状物料包涂设备[114]

6. 熔融物料凝固制成颗粒

为了获得粒度范围狭窄的粗颗粒，开发了如图 2-36(a)所示的喷洒固化工艺：喷洒的熔融尿素以液滴的形式通过高塔落下，被向上流冷空气冷却并固化。仍然需要冷冻的少量大液滴落入塔底的尿素颗粒流化床中。它们很快被一层较小的固体覆盖，由于在床层中不断地运动，最终凝固成较大的颗粒在床周围移动，然后凝固。图 2-36(b)所示的流化床则可以更好地控制颗粒粒径，该过程结合了浅流化床和多个喷头床。熔融尿素由浅床底部的喷嘴喷出，空气被用于喷嘴助喷和流化气体。成品由装置的另一端导出，经过筛分后，没有达到要求的颗粒被送到进口端重新加工。与传统的加工方法相比，这种类型的操作可获得更窄的颗粒粒度分布。

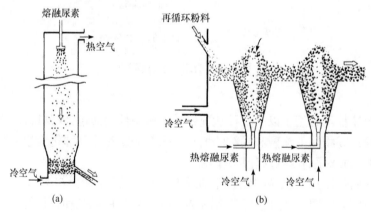

图 2-36   熔融物料凝聚成颗粒[114]

2.4.2   非催化反应过程

1. 燃烧和焚化

低品位煤和油页岩无法在常规锅炉中高效燃烧，作为替代燃烧系统，研究人员在 20 世纪 60 年代初转向流化床燃烧(fluidized bed combustion，FBC)。最初的流化床燃烧为鼓泡床燃烧，随后人们提出了通过床固体颗粒的再循环控制床温的概念：在高气体速度下，床中的颗粒剧烈地流化燃烧并被带走，通过热交换后到达旋风分离器，至此，颗粒被冷却并再循环至床内以控制其温度。这种快速的流化床设计导致强烈的湍流和燃烧室中非常均匀的温度曲线，并可使煤颗粒几乎可以完全燃烧。20 世纪 80 年代初，Lurgi 和 Ahlstrom 完成了此概念的商业化。目前，从世界领域来看，流化床燃烧已成为一个独立的学科分支。

流化床燃烧也广泛应用于固体废物的无害处理。流化床焚烧可以避免其他燃烧方法中烟气含有有害气体的问题。流化床焚化炉的结构和系统有些与流化床锅炉类似。在烟气中还会含有二噁英、氯和重金属蒸气，因此必须对烟气进行有效净化。一般而言，流化床焚化炉会加入一定的助燃燃料，否则难以维持燃烧或稳定运行。

2. 气化

20 世纪 70 年代中期的石油危机促进了煤炭气化的发展，其中包括比常规电厂效率更高的蒸汽轮机和燃气轮机联合循环发电系统。流化床煤气化技术是气化碎煤的主要方法，经过多年发展形成了多种炉型，如温克勒气化炉、U-gas 气化炉、KRW 气化炉等[117]。

循环流化床应用于煤气化过程可克服鼓泡流化床中存在大量气泡造成气固接触不良的缺点，同时可避免气流床所需过高的气化温度，从而克服大量煤转化为热能而不是化学能的缺点。图 2-37 为德国鲁奇公司的 1.7 MW 中试循环流化床气化炉简图。主要特点为灰中含碳率低；煤气生产成本低；常压操作，易于制造和控制。图 2-38 为 ICC(Institute of Coal Chemistry)灰熔聚粉煤流化床气化炉简图，以空气(或氧气或富氧)和蒸汽为气化剂，在适当的煤粒度和气速下使床层中粉煤沸腾，在部分燃烧产生的高温下进行煤的气化。该工艺借助质量的差异达到灰团与半焦的分离，提高了碳利用效率，这是灰熔聚粉煤流化床气化不同于一般流化床气化的关键技术。

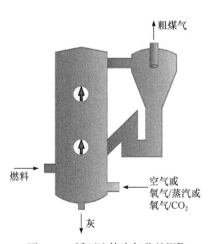

图 2-37　循环流体床气化炉[117]

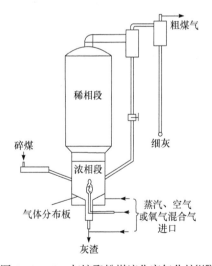

图 2-38　ICC 灰熔聚粉煤流化床气化炉[117]

3. 煅烧和焙烧

煅烧石灰石和白云石颗粒的反应是强吸热反应，需要消耗大量的热量。为了回收大量的热量,多采用多级流化床,图 2-39(a)显示的是这种类型的第一个商业化装置,为 1949 年新英格兰石灰公司(New England Lime Company)设计和建造。原料由顶部送入设备,并逐级向下流动。空气与燃料油则由底部加入,与从床顶加入的物料呈逆流接触,将煅烧炉自上而下分为物料预热段、燃烧室与空气预热段。这种安排有利于热量的综合利用。图 2-39(b)是为生产细粉状石灰而设计的反应器。浆体被喷入床层,在床层停留时间很短,成品出床层后即进行筛分,收集并迅速冷却,以防止产生逆反应。

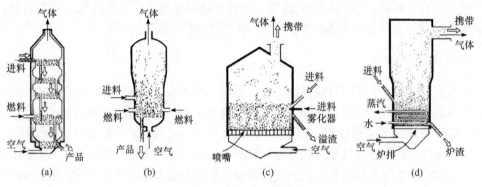

图 2-39　煅烧和焙烧[114]

　　流化床的温度均匀,可将含铜或钴的硫化矿石焙烧成硫酸盐,然后通过用水或稀硫酸浸出将其与氧化铁渣分离。硫酸盐焙烧通常是在比氧化物焙烧更低的温度下进行的,需要更长的颗粒停留时间。如图 2-39(c)所示流化床比其他具有较短颗粒停留时间的反应器更适合这种类型的操作。图 2-39(d)是用于黄铁矿焙烧的一个示例,具有相对较浅的床、较高的气体流速、较大的自由空域、较高的工作温度和浸入式冷却管。

4. 还原

　　从 1960 年前后开始,特别是在美国,对铁矿石(氧化铁)的流态化还原进行了广泛的研究,开发了一种由高品位矿粉生产钢铁的方法取代高炉,作为生产铁的基本手段。图 2-40(a)所示为 Ç-Iron 工艺,用于直接还原铁矿石,该工艺采用了间歇给料及多层操作。图 2-40(b)所示的 FluoSolids 工艺为另外一种方法,通过将燃料油直接注入热床中

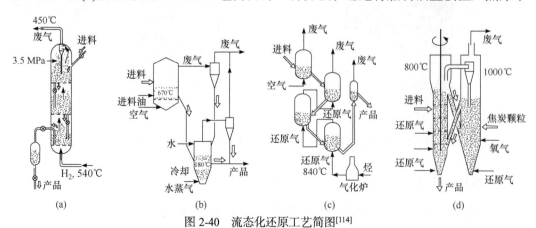

图 2-40　流态化还原工艺简图[114]

完成,所用空气量低于燃烧所需。图 2-40(c)所示为流体铁矿石直接还原工艺(Fior 工艺),采用多级反应器。中试试验已证明了该工艺的技术可行性,产品主要为一种自由流动的粉末,其中含有高达 89%的金属铁,产品的总含铁量高达 93%。图 2-40(d)所示的还原工艺设置了旋转孔盘以防止矿石结块,粗铁矿石颗粒是送入装有带孔圆盘的 700℃还原反应器中。

2.4.3　催化反应过程

1. 催化裂化

催化裂化是国民经济中有重大影响的工业过程之一。重质油品或渣油等通过催化剂使长链产品发生断键,生成汽油、煤油及轻烯烃类有价值的产品,同时部分油品发生过裂解生成焦炭沉积在催化剂表面。该工艺的反应器和再生器的布置方式、催化剂的类型和粒径以及所使用的输送管,均因工艺而异,但是其基本要素是相同的,并且在所有情况下都涉及流化床的使用。

图 2-41(a)所示为 SOD Ⅳ型流化催化裂化装置,其特点是一对 U 形管用于循环细粉状催化剂。液态油由反应器下方的提升管处送入,在气化时降低上流混合物的堆积密度,并促进催化剂的循环。图 2-41(b)所示为 UOP 直立式流化催化裂化装置,特点是再生器中压力比反应器高,单根提升管和采用微球催化剂。

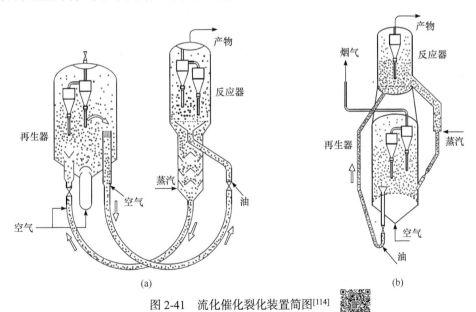

(a)　　　　　　　　　　　　　　　　(b)

图 2-41　流化催化裂化装置简图[114]

20 世纪 80 年代中期,由于渣油产量的增加,国内外一些石油公司和研发单位相继提出了气固并流下行顺重力场运动的超短接触(下行管)反应器设想。图 2-42 所示为一种下行超短接触催化裂化装置示意图。主要特点是气、固并流上行由气、固顺重力场并流下行替代,颗粒流动接近于平推流,接触时间更短。

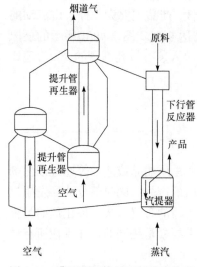

图 2-42　典型超短接触下行管流化床
反应器[21]

2. 合成反应

对于固体催化的气相反应，在流化床和固定床中优先选用流化床的主要原因是需要严格控制反应区的温度。

1) Sohio 法制得的丙烯腈

Sohio 工艺被认为是流化床在合成反应中最成功的应用之一，工艺反应器如图 2-43 所示，空气通过底部分配器均匀地供入流化床中，丙烯和氨的混合物通过上部分配器吹入床中，以确保进料气在床中的均匀分布。分布器之间的床的下部富含氧气，用作碳燃烧和催化剂再生的区域。为了使反应区和再生区更清晰和分开，有时在上分配器的正下方放置一块水平的多孔板。旋风分离器必须保证将小于 44 μm 的颗粒几乎全部收集并返回床层，以保持良好的床层流动性。水通过床内冷却管产生高压蒸汽，然后将其用于驱动空气压缩机并为下游的精馏操作产生过程热。除了成束的垂直冷却管外，垂直内部构件还位于反应器中，以控制床的流化质量和传热。

2) 费-托合成

费-托(F-T)合成是在 340℃ 左右的狭窄温度范围内，由 H_2 和 CO 气体合成烯烃(汽油)，是强放热过程。20 世纪 50 年代曾有人试图开发密相流化床作为费-托合成的装置，但由于放大问题而搁置。图 2-44 为稀相循环流化床装备示意图，循环系统的反应器侧是稀相

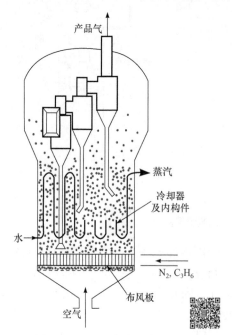

图 2-43　Sohio 合成工艺[114]

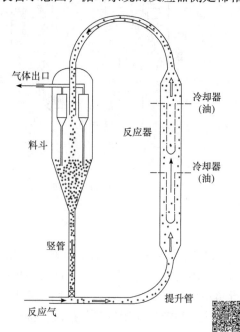

图 2-44　稀相循环流化床费-托合成装备示意图[114]

流动,相当于提升管,H₂ 和 CO 携带催化剂向上提升。循环系统另一侧的分离料斗和竖管是移动床,为粉状催化剂的平稳循环流动提供推动力。在反应器中设置了数组盘管冷却器以吸收反应热。虽然该工艺几经改进并已商业化,但提升管反应器并没有明显的优势,而且由于床层密度较湍动床低,并非是此类反应的最佳反应器。为降低投资与操作费用,密相床合成装置又受到关注。

3. 聚合

聚乙烯(PE)是当今世界上最大体积的塑料,在很大程度上要归功于出色的催化剂和出色的流化床工艺。

图 2-45 为高密度聚乙烯流化床反应器流程,聚合反应在流化床反应器中进行。图 2-45(a)工艺在操作气速过高时,颗粒夹带增多,将导致较细的颗粒在扩大段、换热器中沉积结块而终止运行。图 2-45(b)工艺取消了扩大段、换热器,可以防止细颗粒沉积结块,但原料纯度要求高、乙烯循环量大、技术难度大、维修和操作要求高的缺点依然存在。为此,又开发了鼓形流化床(图 2-46),这种结构用少量气体就能使气泡沿壁面上升。由于底部气室设置的挡板内外气量不同,分布板上挡板与床壁之间的气速较高,使粒子形成内循环,可解决粒子容易黏附在壁面上和结块的问题。

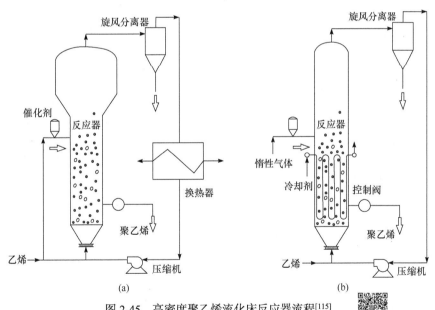

图 2-45 高密度聚乙烯流化床反应器流程[115]

近几年来,多区循环反应器(multizone circulating reactor,MZCR)在聚烯烃工艺中迅速崛起。其特点之一为由向上的提升管和下行的移动床组成循环系统:从结构形式上分为提升管和下行管,从流动方式上分为气-固并流上行和移动床下行,从功能上分为高、低 H₂ 浓度区(浓度差达 10⁴ 倍)。另一个特点是在移动床顶部引入液态烯烃,液态烯烃汽化不仅可以有效地控制床层温度,形成上升气流,还可以遏制提升管气流进入下行管,从而保持低 H₂ 浓度区。

2.4.4　先进材料制备

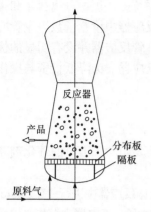

图 2-46　鼓形流化床反应器[115]

纳米颗粒和气凝胶等纳米材料由于其独特的性能和较大的比表面积,适合作为催化剂和微生物的载体以及分离过程中有效的吸附剂,在许多工业和环境修复过程中得到广泛应用。纳米颗粒在制药行业也特别重要,因为其增强的生物利用度可用于药物传递系统。此外,它们还可用于储氢纳米材料、锂离子电池和燃料电池等,在许多先进材料制备、改性等领域有许多重要的应用。

流态化是分散和处理细粉体的最佳技术之一,但纳米颗粒不能单独稳定流态化,由于颗粒之间有很强的黏结力,纳米颗粒流态化表现为表观尺寸较大、多孔、呈分形结构的团聚体的流态化现象。纳米颗粒流态化过程中会产生气泡、窜流、聚类和扬析等问题。这些问题影响粉末在气相中的良好分散,并导致明显的气体旁路。为了解决这些问题,增强纳米颗粒的流态化,也可以使用外力辅助的方法(如声波、电场、磁场、振动等)。

符 号 说 明

Ae_f	流态化聚团数	u_f	表观速度,m/s
Ar	阿基米德数, $Ar = d_p^3 \rho_f (\rho_p - \rho_f) g / \mu_f^2$	u_{mf}	最小(临界)流化速度,m/s
D_c	喷动床直径,m	u_{ms}	最小喷动气速,m/s
D_{cref}	当量直径,m	u_t	颗粒终端速度,m/s
D_i	喷嘴直径,m	V_b	气泡体积,m³
D_s	喷动区直径,m	V_m	阻碍沉降速度,m/s
d_{bc}	气泡晕直径,m	v_f	实际气体流速,m/s
d_p	颗粒直径,m	$\overline{v}_f$	实际平均气体流速,m/s
E	单位质量颗粒气固两相间的相互作用功,J/kg	v_p	实际颗粒速度,m/s
		$\overline{v}_p$	实际平均颗粒流速,m/s
Fr_{mf}	最小流化速度下的弗劳德数, $Fr_{mf} = u_{mf}^2 / d_a g$	z_c	塌床临界高度,m
		z_e	塌床密相区高度,m
f_w	气泡尾涡体积分数	β	喷动流化床底部锥角,°
H	静床高,m	ε_s	颗粒浓度
H_m	最大喷动床高,m	Θ	单组分无量纲沉降时间
k_c	以床层乳相的体积作为基准的相间传质系数	Θ_e	系统等效无量纲沉降时间
		θ	分布板开孔方向与分布板之间的夹角,°
k_g	气泡与乳相间的传质系数		
L_f	流化状态的床层高度,m	θ_c	受阻沉降时间,s
N	单位床层的气泡数目	ε_{mb}	最小鼓泡流态化空隙率
Q	单个气泡交换的气体总量	ε_{mf}	最小流态化空隙率
S	气泡表面积,m²	μ	流体黏度,kg/(m·s)
u	气体流速,m/s	ρ_f	流体密度,kg/m³
		ρ_p	颗粒密度,kg/m³

习　题

2-1　对于离心流化床,当床层开始流化时,向上运动的流体对固体颗粒产生的曳力等于颗粒重力,床层压降又全部转化为流体对颗粒的曳力。根据 Ergun 公式导出离心流化床的初始流化速度。

2-2　试分析高密度下行床实验研究的困难。

2-3　试讨论流化床用于工业操作的优缺点。

2-4　对于气固流态化研究工作,你希望从事的研究方向是什么?为什么?

参 考 文 献

[1] 郭慕孙, 李洪钟. 流态化手册[M]. 北京: 化学工业出版社, 2007.

[2] Fayed M E, Otten L. Handbook of Powder Science & Technology[M]. 2nd ed. New York: Van Nostrand Reinhold Co., 1997.

[3] 卜伟, 程榕, 郑燕萍. 喷动流化床的研究进展及其在造粒方面的应用[J]. 浙江化工, 2008, 39(5): 15-18, 7.

[4] Littman H, Morgan M H Ⅲ, Vuković D V, et al. Prediction of the maximum spoutable height and the average spout to inlet tube diameter ratio in spouted beds of spherical particles[J]. The Canadian Journal of Chemical Engineering, 1979, 57(6): 684-687.

[5] Mathur K B, Gishler P E. A technique for contacting gases with coarse solid particles[J]. AIChE Journal, 1955, 1(2): 157-164.

[6] 唐凤翔, 张济宇. 喷动流化床最小喷动流化速度的多因素影响与关联[J]. 化工学报, 2004, 55(7): 1083-1091.

[7] McNab G S. Prediction of spout diamete[J]. Britain Chemical Engineering Progress Technology, 1972, 17: 532.

[8] Wu S W M, Jim L C, Epstein N. Hydrodynamics of spouted beds at elevated temperatures[J]. Chemical Engineering Communications, 1987, 62(1-6): 251-268.

[9] Wurster D E. Air-suspension technique of coating drug particles[J]. Journal of the American Pharmaceutical Association, 1959, 48: 451-454.

[10] 官益豪. 气固离心流化床动力学及干燥过程热力分析[D]. 成都: 四川大学, 2006.

[11] 江茂强, 赵永志, 郑津洋. 新型静态旋转流化床内气固流动行为的数值模拟[J]. 过程工程学报, 2009, 9(S2): 175-179.

[12] Eliaers P, de Broqueville A, Poortinga A, et al. High-G, low-temperature coating of cohesive particles in a vortex chamber[J]. Powder Technology, 2014, 258: 242-251.

[13] Chen Y M. Fundamentals of a centrifugal fluidized bed[J]. AIChE Journal, 1987, 33(5): 722-728.

[14] Kroger D G, Levy E K, Chen J C. Flow characteristics in packed and fluidized rotating beds[J]. Powder Technology, 1979, 24(1): 9-18.

[15] Fan L T, Chang C C, Yu Y S, et al. Incipient fluidization condition for a centrifugal fluidized bed[J]. AIChE Journal, 1985, 31(6): 999-1009.

[16] 郝英立, 施明恒. 离心流化床初始流化状态的研究(Ⅰ): 基本理论[J]. 化工学报, 1997, 48(2): 152-159.

[17] Qian G H, Bágyi I, Burdick I W, et al. Gas-solid fluidization in a centrifugal field[J]. AIChE Journal, 2001, 47(5): 1022-1034.

[18] Quevedo J, Pfeffer R, Shen Y Y, et al. Fluidization of nanoagglomerates in a rotating fluidized bed[J].

AIChE Journal, 2006, 52(7): 1022-1034.

[19] Nakamura H, Deguchi N, Watano S. Development of tapered rotating fluidized bed granulator for increasing yield of granules[J]. Advanced Powder Technology, 2015, 26(2): 494-499.

[20] Zhu J X, Yu Z Q, Jin Y, et al. Cocurrent downflow circulating fluidized bed (downer) reactors: A state of the art review[J]. The Canadian Journal of Chemical Engineering, 1995, 73(5): 662-677.

[21] 祝京旭, 魏飞, 杨勇林. 气固下行流化床反应器 I：下行管反应器的发展及其应用[J]. 化学反应工程与工艺, 1996, 12(2): 214-224.

[22] 祁春鸣, 俞芷青. 气-固并流下行快速流态化的研究(I)[J]. 化工学报, 1990, 41(3): 273-280.

[23] Yang Y L, Jin Y, Yu Z Q, et al. Local slip behaviors in the circulating fluidized bed[J]. AIChE Symposium Series, 1993, 89(296): 81-90.

[24] 祝京旭, 魏飞. 气固下行流化床反应器 II：气固两相的流动规律[J]. 化学反应工程与工艺, 1996, 12(3): 323-335.

[25] Liu W, Luo K B, Zhu J X, et al. Characterization of high-density gas-solids downward fluidized flow[J]. Powder Technology, 2001, 115(1): 27-35.

[26] 李正杰, 董鹏飞, 宋文立, 等. 气固逆流下行流化床中颗粒速度的径向与轴向分布[J]. 过程工程学报, 2012, 12(3): 376-381.

[27] 张晓杰, 吴文渊, 杨励丹, 等. 颗粒流体两相逆流径向空隙率分布的实验研究[J]. 化学反应工程与工艺, 1995, 11(1): 92-95.

[28] Luo K B, Liu W, Zhu J X, et al. Characterization of gas upward-solids downward countercurrent fluidized flow[J]. Powder Technology, 2001, 115(1): 36-44.

[29] Bi H T, Zhu J X. Static instability analysis of circulating fluidized beds and concept of high-density risers[J]. AIChE Journal, 1993, 39(8): 1272-1280.

[30] Grace J R, Issangya A S, Bai D. Situating the high-density circulating fluidized bed[J]. AIChE Journal, 1999, 45(10): 2108-2116.

[31] Issangya A, Bai D, Bi H T, et al. Axial solids holdup profiles in a high-density circulating fluidized bed riser//Wauk M K, Li J. 5th International Conf on Circulating Fluidized Beds[M]. Beijing: Science Press, 1996.

[32] Bai D, Shibuya E, Masuda Y, et al. Distinction between upward and downward flows in circulating fluidized beds[J]. Powder Technology, 1995, 84(1): 75-81.

[33] Bai D, Shibuya E, Nakagawa N, et al. Characterization of gas fluidization regimes using pressure fluctuations[J]. Powder Technology, 1996, 87(2): 105-111.

[34] Contractor R M, Garnett D I, Horowitz H S, et al. A new commercial scale process for *n*-butane oxidation to maleic anhydride using a circulating fluidized bed reactor//New Developments in Selective Oxidation II, Proceedings of the Second World Congress and Fourth European Workshop Meeting[C]. Amsterdam: Elsevier, 1994: 233-242.

[35] Issangya A S. Flow Dynamics in High Density Circulating Fluidized Bed[D]. Vancouver: University of British Columbia, 1998.

[36] Grassler T, Wirth K E. Radial and axial profiles of solids concentration in a high-loaded riser reactor//Werther J. Circulating Fluidized Bed Technology VI[M]. Würzburg: Dechma Press, 1999.

[37] 魏飞, 陆坊斌, 金涌, 等. 高密度循环流化床中局部颗粒质量流率及操作域的划分[J]. 化工学报, 1996, 47(3): 346-351.

[38] Wang X, Jiang F, Lei J, et al. A revised drag force model and the application for the gas-solid flow in the high-density circulating fluidized bed[J]. Applied Thermal Engineering, 2011, 31(14-15): 2254-2261.

[39] Wang X F, Jin B S, Zhong W Q, et al. Modeling on the hydrodynamics of a high-flux circulating fluidized

bed with geldart group A particles by kinetic theory of granular Flow[J]. Energ & Fuel, 2010, 24(2): 1242-1259.

[40] Jin B S, Wang X F, Zhong W Q, et al. Modeling on high-flux circulating fluidized bed with geldart group B particles by kinetic theory of granular flow[J]. Energy & Fuel, 2010, 24(5): 3159-3172.

[41] Yue G X, Cai R X, Lu J F, et al. From a CFB reactor to a CFB boiler: The review of R&D progress of CFB coal combustion technology in China[J]. Powder Technology, 2017, 316: 18-28.

[42] 岳光溪, 吕俊复, 徐鹏, 等. 循环流化床燃烧发展现状及前景分析[J]. 中国电力, 2016, 49(1): 1-13.

[43] 吴少华, 暴中玉, 孙恩召, 等. 煤粉流化床复合燃烧[J]. 节能技术, 1992, 10(1): 15-17.

[44] 孙锐, 王正阳, 孙绍增, 等. 流化-悬浮两段式复合燃烧装置: 200710144893.7[P]. 2008-06-11.

[45] 徐鹏飞. 煤粉-流化床复合燃烧数值模拟[D]. 哈尔滨: 哈尔滨工业大学, 2013.

[46] Lyngfelt A, Leckner B, Mattisson T. A fluidized-bed combustion process with inherent CO_2 separation: Application of chemical-looping combustion[J]. Chemical Engineering Science, 2001, 56(10): 3101-3113.

[47] 金红光, 洪慧, 韩涛. 化学链燃烧的能源环境系统研究进展[J]. 科学通报, 2008, 53(24): 2994-3005.

[48] Berguerand N, Lyngfelt A. Design and operation of a $10kW_{th}$ chemical-looping combustor for solid fuels-Testing with South African coal[J]. Fuel, 2008, 87(12): 2713-2726.

[49] Kronberger B, Lyngfelt A, Löff ler G, et al. Design and fluid dynamic analysis of a bench-scale combustion system with CO_2 separation: Chemical-looping combustion[J]. Industrial & Engineering Chemistry Research, 2005, 44(3): 546-556.

[50] Son S R, Kim S D. Chemical-looping combustion with NiO and Fe_2O_3 in a thermobalance and circulating fluidized bed reactor with double loops[J]. Industrial & Engineering Chemistry Research, 2006, 45(8): 2689-2696 .

[51] Murakami T, Yang T, Asai M, et al. Development of fluidized bed gasifier with triple-beds and dual circulation[J]. Advanced Powder Technology, 2011, 22(3): 433-438.

[52] Murakami T, Asai M, Suzuki Y. Heat balance of fluidized bed gasifier with triple-beds and dual circulation[J]. Advanced Powder Technology, 2011, 22(3): 449-452.

[53] Xiao Y H, Xu S P, Tursun Y, et al. Catalytic steam gasification of lignite for hydrogen-rich gas production in a decoupled triple bed reaction system[J]. Fuel, 2017, 189(1): 57-65.

[54] Tursun Y, Xu S P, Abulikemu A, et al. Biomass gasification for hydrogen rich gas in a decoupled triple bed gasifier with olivine and NiO/olivine[J]. Bioresource Technology, 2019, 272: 241-248.

[55] 马空军, 贾殿赠, 刘成, 等. 声场流化床流动特性研究进展[J]. 化工进展, 2011, 30(6): 1177-1181.

[56] 金涌, 俞芷青, 张礼, 等. 流化床反应器塔型内构件的研究[J]. 化工学报, 1980, 31(2): 117-128.

[57] 金涌, 俞芷青, 张礼, 等. 流化床脊形内构件[J]. 石油化工, 1986, (5): 269-277.

[58] 刘清华, 杨朝合, 赵辉, 等. 变径提升管内颗粒流动特性的研究[J]. 石油化工, 2009, 38(1): 40-45.

[59] 韩超一, 陈晓成, 吴文龙, 等. 内构件对变径提升管内气固流动特性的影响[J]. 石油炼制与化工, 2016, 47(1): 5-10.

[60] 高士秋, 许光文, 周琦, 等. 一种固体燃料的多段分级热解气化装置和方法: CN 201110027951.4[P]. 2012-05-23.

[61] Chen Z H, Li Y J, Lai D G, et al. Coupling coal pyrolysis with char gasification in a multi-stage fluidized bed to co-produce high-quality tar and syngas[J]. Applied Energy, 2018, 215(1): 348-355.

[62] Das D, Meikap B C. Comparison of adsorption capacity of mono-ethanolamine and di-ethanolamine impregnated activated carbon in a multi-staged fluidized bed reactor for carbon-dioxide capture[J]. Fuel, 2018, 224(Jul. 15): 47-56.

[63] Mahalik K, Roy G K, Mohanty Y K. Mixing and segregation characteristics of multistage fluidized bed reactor-statistical approach[J]. International Journal of Innovative Research in Science, Engineering and

Technology, 2016, 5(2): 1700-1711.

[64] 许徐飞, 周琦, 邹涛, 等. 溢流管式多层气固流化床稳定操作气速范围的影响因素[J]. 过程工程学报, 2012, 12(3): 361-368.

[65] Kato K, Takarada T, Matsuo N, et al. Residence time distribution of fine particles in a powder-particle fluidized bed[J]. Kagaku Kogaku Ronbunshu, 1991, 17(5): 970-975.

[66] Ahmed Mahmoud E, Nakazato T, Nakajima S, et al. Separation rate of fine powders from a circulating powder-particle fluidized bed (CPPFB)[J]. Powder Technology, 2004, 146(1-2): 46-55.

[67] Guo Q, Hikida S, Takahashi Y, et al. Drying of microparticle slurry and salt-water solution by a powder-particle spouted bed[J]. Journal of Chemical Engineering of Japan, 1996, 29(1): 152-158.

[68] 杨静思, 周涛, 宋莲英, 等. 细颗粒振动流态化研究进展[J]. 化工时刊, 2007, 21(3): 30-34.

[69] 骆振福, 樊茂明, 陈清如. 磁场流化床的稳定性研究[J]. 中国矿业大学学报, 2001, 30(4): 350-353.

[70] Lepek D, Valverde J M, Pfeffer R, et al. Enhanced nanofluidization by alternating electric fields[J]. AIChE Journal, 2010, 56(1): 54-65.

[71] Kashyap M, Gidaspow D, Driscoll M. Effect of electric field on the hydrodynamics of fluidized nanoparticles[J]. Powder Technology, 2008, 183(3): 441-453.

[72] Quevedo J A, Omosebi A, Pfeffer R. Fluidization enhancement of agglomerates of metal oxide nanopowders by microjets[J]. AIChE Journal, 2010, 56(6): 1456-1468.

[73] Saidi M, Basirat Tabrizi H, Grace J R. A review on pulsed flow in gas-solid fluidized beds and spouted beds: Recent work and future outlook[J]. Advanced Powder Technology, 2019, 30(6): 1121-1130.

[74] Ali S S, Asif M, Ajbar A. Bed collapse behavior of pulsed fluidized beds of nano-powder[J]. Advanced Powder Technology, 2014, 25(1): 331-337.

[75] Matsuda S, Hatano H, Muramoto T, et al. Modeling for size reduction of agglomerates in nanoparticle fluidization[J]. AIChE Journal, 2004, 50(11): 2763-2771.

[76] Suda T, Murakami T, Aoki S, et al. Biomass gasification in dual fluidized bed gasifier in Challenges of Power Engineering and Environment//Wang Y, Dong Q, Liu M. Challenges of Power Engineering and Environment[M]. Berlin, Heidelberg: Springer Berlin Heidelberg, 2007: 1213-1217.

[77] Murakami T, Xu G W, Suda T, et al. Some process fundamentals of biomass gasification in dual fluidized bed[J]. Fuel, 2007, 86(1-2): 244-255.

[78] 吴家桦, 沈来宏, 肖军, 等. 串行流化床煤气化试验[J]. 化工学报, 2008, 59(8): 2103-2110.

[79] Xu G W, Murakami T, Suda T, et al. Efficient gasification of wet biomass residue to produce middle caloric gas[J]. Particuology, 2008, 6(5): 376-382.

[80] Zhang J W, Wu R C, Zhang G Y, et al. Technical review on thermochemical conversion based on decoupling for solid carbonaceous fuels[J]. Energy & Fuels, 2013, 27(4): 1951-1966.

[81] 韩振南. 高含水含氮生物质废弃物双流化床解耦燃烧基础及工业应用[D]. 北京: 中国科学院过程工程研究所, 2017.

[82] 北京化工研究院化学反应工程组. 细颗粒流化床的若干特性[J]. 石油化工, 1979, 8(11): 737-745.

[83] 王兆霖, 李洪钟. 细颗粒的团聚流态化及其判定[J]. 化工冶金, 1995, 16(4): 312-319.

[84] Wang Z L, Kwauk M, Li H Z. Fluidization of fine particles[J]. Chemical Engineering Science, 1998, 53(3): 377-395.

[85] 董元吉. 流态化系统床层坍塌动力学[D]. 北京: 中国科学院化工冶金研究所, 1981.

[86] 王垚, 金涌, 魏飞, 等. 原生纳米级颗粒的聚团散式流态化[J]. 化工学报, 2002, 53(4): 344-348.

[87] 王垚, 金涌, 魏飞, 等. 纳米级 SiO_2 聚团散式流化中聚团参数及曳力系数[J]. 清华大学学报(自然科学版), 2001, 41(45): 32-35.

[88] Wang Y, Gu G S, Wei F, et al. Fluidization and agglomerate structure of SiO_2 nanoparticles[J]. Powder

Technology, 2002, 124(1-2): 152-159.

[89] Zhu C, Yu Q, Dave R N. Gas fluidization characteristics of nanoparticle agglomerates[J]. AIChE Journal, 2005, 51(2): 426-439.

[90] 周涛, 李洪钟. 黏性 SiC 颗粒聚团流态化特性[J]. 化工学报, 1998, 49(5): 528-533.

[91] Valverde J M, Castellanos A. Fluidization of nanoparticles: A simple equation for estimating the size of agglomerates[J]. Chemical Engineering Journal, 2008, 140(1): 296-304.

[92] Wang H, Zhou T, Yang J S, et al. Model for calculation of agglomerate sizes of nanoparticles in a vibro-fluidized bed[J]. Chemical Engineering & Technology, 2010, 33(3): 388-394.

[93] Liang X, Wang J, Zhou T, et al. Modified model for estimation of agglomerate sizes of binary mixed nanoparticles in a vibro-fluidized bed[J]. Korean Journal of Chemical Engineering, 2015, 32(8): 1515-1521.

[94] Tamadondar M R, Zarghami R, Boutou K, et al. Size of nanoparticle agglomerates in fluidization[J]. The Canadian Journal of Chemical Engineering, 2016, 94(3): 476-484.

[95] Wang Y, Wei F, Luo G H, et al. The large-scale production of carbon nanotubes in a nano-agglomerate fluidized-bed reactor[J]. Chemical Physics Letters, 2002, 364(5-6): 568-572.

[96] Wei F, Wang Y, Luo G, et al. 2009. Continuous mass production of carbon nanotubes in a nano-agglomerate fluidized-bed and the reactor: US7563427[P]. 2002-01-29.

[97] 程乐鸣, 许霖杰, 夏云飞, 等. 600MW 超临界循环流化床锅炉关键问题研究[J]. 中国电机工程学报, 2015, 35(21): 5520-5532.

[98] 吕清刚, 宋国良, 王东宇, 等. 新型 660MW 超超临界环形炉膛循环流化床锅炉技术研究[J]. 中国电机工程学报, 2018, 38(10): 3022-3032.

[99] 张国胜. 超临界大型循环流化床锅炉物料平衡运行规律分析[J]. 热力发电, 2018, 47(9): 133-137.

[100] Hu N, Yang H R, Zhang H, et al. Experimental study on gas-solid flow characteristics in a CFB riser of 54M in height[C]. Xi'an: Proceedings of the 20th International Conference on Fluidized Bed Combustion, 2010.

[101] 程乐鸣, 王勤辉, 施正伦, 等. 大型循环流化床锅炉中的传热[J]. 动力工程, 2006, 26(3): 305-310.

[102] Potic B, Kersten S R A, Ye M, et al. Fluidization with hot compressed water in micro-reactors[J]. Chemical Engineering Science, 2005, 60(22): 5982-5990.

[103] Philippsen C G, Vilela A C F, Zen L D. Fluidized bed modeling applied to the analysis of processes: review and state of the art[J]. Journal of Materials Research and Technology, 2015, 4(2): 208-216.

[104] 金涌, 祝京旭, 汪展文, 等. 流态化工程原理[M]. 北京: 清华大学出版社, 2001.

[105] Davidson J F, Harrison D. Fluidised particles[M]. New York: Cambridge University Press, 1963.

[106] Latham R, Hamilton C, Potter O E. Back-mixing and chemical reaction in fluidized beds[J]. Britain Chemical Engineering, 1968, 13: 666-671.

[107] Fan L S, Zhu C. 气固两相流原理[M]. 张学旭, 译. 北京: 科学出版社, 2018.

[108] Bai D R, Zhu J X, Jin Y, et al. Internal recirculation flow structure in vertical upflow gas-solids suspensions Part Ⅰ. A core-annulus model[J]. Powder Technology, 1995, 85(2): 171-177.

[109] Bai D R, Zhu J X, Jin Y, et al. Internal recirculation flow structure in vertical upflow gas-solid suspensions Part Ⅱ. Flow structure predictions[J]. Powder Technology, 1995, 85(2): 179-188.

[110] 李洪钟, 郭慕孙. 回眸与展望流态化科学与技术[J]. 化工学报, 2013, 64(1): 52-62.

[111] Chen F G, Ge W, Wang L M, et al. Numerical study on gas-liquid nano-flows with pseudo-particle modeling and soft-particle molecular dynamics simulation[J]. Microfluidics and Nanofluidics, 2008, 5(5): 639-653.

[112] Cody G D, Goldfarb D J, Storch G V Jr, et al. Particle granular temperature in gas fluidized beds[J].

Powder Technology, 1996, 87(3): 211-232.

[113] Wildman R D, Huntley J M. Novel method for measurement of granular temperature distributions in two-dimensional vibro-fluidised beds[J]. Powder Technology, 2000, 113(1-2): 14-22.

[114] Kunii D, Levenspiel O. Fluidization Engineering[M]. 2nd ed. New York: Butterworth-Heinemann, 1991.

[115] 吴占松, 马润田, 汪展文, 等. 流态化技术基础及应用[M]. 北京: 化学工业出版社, 2006.

[116] Sahu A K, Biswal S K, Parida A. Development of air dense medium fluidized bed technology for dry beneficiation of coal: A review[J]. International Journal of Coal Preparation and Utilization, 2009, 29(4): 216-241.

[117] 贺永德. 现代煤化工技术手册[M]. 2 版. 北京: 化学工业出版社, 2011.

第 3 章

液固流态化

液固流态化的发展始于气固流态化，早在 20 世纪 50 年代就得到广泛的研究。由于液固相间的密度差相对比气固相间的密度差小得多，因此颗粒在床层中均匀膨胀而流化，近似于理想化的流态化，称为散式流态化。当液固两相的密度相差较大时，如使用水作为液相流化密度很大的铅颗粒时，也能观察到典型的类似气固聚式流态化的现象。液固流态化具有液固接触面积大、传质传热效率高、温度分布均匀等优点，在化工、能源、冶金、材料、食品、环保等领域具有广阔的应用前景。根据液体流动方向以及颗粒与液体的密度差异，可将液固流态化分为正向液固流态化和逆向液固流态化。本章重点讨论两种流化形态下的颗粒流动特性及其工业应用现状。

3.1 正向液固流态化

正向液固流态化是指使用密度大于液体的颗粒作为固相，液体自下而上穿过颗粒床层，颗粒受到液体对其向上的曳力作用不断向上均匀膨胀处于流化状态的过程。

在正向液固流化床体系中，随着液体速度的不断增加，颗粒床层呈现出四种不同的流动状态。具体的颗粒床层转变过程如图 3-1 所示。

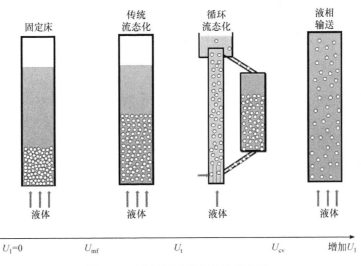

图 3-1 正向液固流化床的流型转变

(1) 固定床。当流体通过颗粒床层的表观液速(U_l)较低时,颗粒受到液体向上的曳力不足以克服其自身的净重力(减去浮力之后),颗粒在床层中保持静止状态,床层处于固定床区。

(2) 传统流态化。随着表观液速的增加,颗粒受到液体对其向上的曳力逐渐增大,当液速增加到一定值时,颗粒受到液体向上的曳力等于其自身的净重力,颗粒开始流化,颗粒进入流化状态的最小表观液速称为最小流化速度(U_{mf})。继续增加液速,颗粒床层进入传统流态化区域。在此区域内,床层具有清晰的浓稀相界面,上层为液体的自由空域区,下层为颗粒均匀分布的密相区。

(3) 循环流态化。进一步增加表观液速,密相区内的颗粒不断向上均匀膨胀,浓稀相分界面也随之升高,当液速增加到接近颗粒终端速度(U_t)时,浓稀相界面逐渐变得模糊并伴有少量小颗粒被带出床体;继续增加液速到 U_t 后,大量的颗粒被液相带出床体,颗粒床层进入循环流态化区。此时,若要维持颗粒床层流化状态的稳定,需要不断地向床体内添加颗粒。通过连通的管道将颗粒储料罐(或下行的流化床)与处于循环流态化区的床体相连即可得到一个连续操作的循环流化床。在循环流化床内,颗粒在轴向上的分布较为均匀,在径向上呈不均匀的分布状态。

(4) 液相输送。进一步增加表观液速达到一定值时,颗粒在径向上分布的不均匀性开始大大降低,床层进入液相输送区。颗粒床层从循环流态化区到液相输送区转变的表观液速称为临界转变速度(U_{cv})。颗粒床层从循环流态化区进入液体输送区将会随颗粒循环量的增加而延迟,这是由于固体循环量的增加必将提高固含率,即增加了径向流动的不均匀性。为了降低这种径向上的不均匀性,必须提高液速,因此 U_{cv} 随着颗粒循环量的增加而增大。

在传统流态化区内,还存在一种特殊的操作状态,若向传统流化床中加入足够量的固体颗粒,当床层膨胀高度大于流化床高度时,由于缺少足够膨胀空间,在流化床顶部部分颗粒因床层膨胀而溢出,此时要维持颗粒床层流化状态的稳定,可通过外部连通的管道将这部分溢出的颗粒输送到流化床底部,从而形成稳定的颗粒循环,这种操作床型被 Zhu 课题组[1-2]首先开发提出,并命名为液固传统循环流化床,其对应的流化状态称为传统循环流态化。这种液固传统循环流化床在较低的操作液速($U_{mf} < U_l < U_t$)下即能实现较大的颗粒浓度,因此具有很大的应用空间。

修正的正向液固流态化的操作区域流型图如图 3-2 所示,首先由 Liang 等[3]提出,并由 Sun 和 Zhu 等[2]做了进一步的改进。该流型图与 Grace[4]针对气固体系提出的流型图相似。Grace[4]认为流型之间的过渡可以仅从流体力学的角度描述。对于一个理想的较为均匀的球形颗粒体系,颗粒的直径为 d_p,密度为 ρ_p,一个稳定向上流动的流体穿过颗粒床层与其接触,流体的密度为 ρ_f,黏度为 μ_f,在无明显的颗粒间作用力及边壁效应时,床层的膨胀可以描述为

$$\varepsilon = f(\rho_f, g, \rho_p - \rho_f, \mu_f, d_p, U_f) \tag{3-1}$$

方程(3-1)不考虑反应器的尺寸、分布器的形状、固体颗粒的质量及颗粒的大小分布、颗粒形状和温度等次要因素的影响。可将方程(3-1)写成无量纲形式

$$\varepsilon = f[d_p^*, U_f^*, (\rho_p - \rho_f)/\rho_f] \tag{3-2}$$

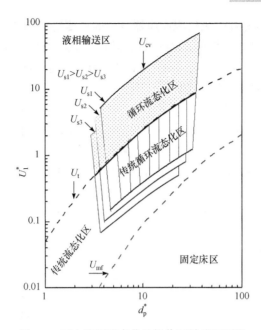

图 3-2　正向液固流态化的操作区域流型图[2]

对于正向液固流化床体系，无量纲颗粒直径 d_p^* 和无量纲表观液速 U_l^* 分别为

$$U_l^* = U_l \left[\frac{\rho_l^2}{\mu_l g (\rho_p - \rho_l)} \right]^{1/3} \tag{3-3}$$

$$d_p^* = d_p \left[\frac{\rho_l g (\rho_p - \rho_l)}{\mu_l^2} \right]^{1/3} \tag{3-4}$$

图 3-2 类似地使用无量纲参数 d_p^* 作为横坐标，U_l^* 为纵坐标，对正向液固流化床的流型进行划分。正如图中所展示的：在给定固体颗粒后，液固流化床最初处于固定床区；当 U_l 达到最小流化速度 U_{mf} 后，床层进入传统流态化区，在此区域内还包括一种传统循环流态化的操作状态，在较低液速下可实现较高颗粒浓度的循环操作；继续增加 U_l 到 U_l 超过颗粒的终端速度 U_t 后，流化床转入循环流态化区；进一步增加 U_l，当 U_l 超过 U_{cv} 时，流化床进入液相输送区。图 3-2 中阴影部分表示传统循环流化床和循环流化床的操作区域。在相同的表观颗粒速度 U_s 下，两个区域在 U_t 处相接，形成一个连贯的循环流化床的操作区域。

3.1.1　正向液固流化床

1. 最小流化速度

在正向液固流态化体系中，颗粒床层由固定床转变为流态化的临界状态称为最小流态化，其对应的液体速度称为最小流化速度或临界流化速度。最小流化速度是液固流化床操作的下限，也是传统液固流化床反应器设计的重要特征参数之一。

最小流化速度的确定一般采用测量床层压降的方法。郭慕孙[5]研究了床层压降随液速变化的关系，如图 3-3 所示。图中的实线 *ABCDE* 代表增加液速时床层压降的变化趋势：在较小的液速范围内，床层处于固定床区，床层的压降随液速的增加呈线性增加趋势，即曲线 *AB*。当液速达到 *B* 点后，固定床开始膨胀，不同颗粒体系中床层膨胀的程度皆不相同，多者可达到初始床层高度的 5%～10%。由于床层的膨胀，其空隙率有所增加，因此床层压降的增加率较之前有所减少。当液速达到 *C* 点时，床层颗粒开始流化，直到 *D* 点颗粒全部流化，颗粒床层进入传统流态化区。在传统流态化区中，所有的颗粒均处于流化状态，此时床层的压降等于单位断面床层的颗粒有效净重量(扣除浮力之后)，另外在此流化区内，随着液速的增加，颗粒床层的压降几乎不再变化。

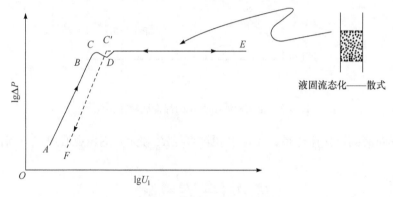

图 3-3　床层的压降与液体速度的关系[5]

采用降速法测得的床层压降变化趋势如图 3-3 中 *EDF* 曲线所示：从 *E* 点开始逐渐降低液速，床层不断收缩，床层的高度随之下降，当达到 *D* 点后颗粒流化停止。若继续降低液速，床层压降沿 *DF* 曲线下降，这是由于从流化床降速得到的固定床代表最高空隙度的颗粒排列，若将床层加以震动仍可恢复到原有的 *AB* 曲线，或达到 *AB* 曲线的左边。一般最小流化速度是以降速法所得的流化床区压降曲线与固定床区压降曲线的交点来确定的，也就是图中的 *C'* 点，*C'* 点所对应的横坐标即为最小流化速度 U_{mf}。用升速法获得的压降曲线由于体系的迟滞效应而带有任意性，因而不宜使用。

在液固体系临界流化状态下：颗粒受到液体对其向上的曳力等于其自身的净重力。如果不考虑液体和颗粒与床壁之间的摩擦力，则液体的压降应与床层的有效重力保持平衡，由此可得以下关系式：

$$\Delta P / H_{mf} = (1 - \varepsilon_{mf})(\rho_p - \rho_l)g \qquad (3-5)$$

式中，ΔP 为床层的压降，$kg/(m^2 \cdot s^2)$；H_{mf} 为最小流化速度对应的床层高度，m；ε_{mf} 为最小流化速度对应的床层空隙率；ρ_p 和 ρ_l 为固体颗粒和液体的密度，kg/m^3；g 为重力加速度，m/s^2。

固定床中液体流速与压差的关系可用绪论中描述的经典 Ergun 公式(0-22)表达，此公式考虑了颗粒形状的影响：

$$\frac{\Delta P}{H} = 150 \frac{(1-\varepsilon)^2}{\varepsilon^3} \frac{\mu_f U_f}{d_p^2 \phi_s^2} + 1.75 \frac{(1-\varepsilon)}{\varepsilon^3} \frac{\rho_f U_f^2}{d_p \phi_s}$$

将方程(3-5)和方程(0-22)联立求解，可得到临界流化状态时关于 U_{mf} 的表达式：

$$\frac{1.75}{\phi_s \varepsilon_{mf}^3} \left(\frac{d_p U_{mf} \rho_f}{\mu_f} \right)^2 + \frac{150(1-\varepsilon_{mf})}{\phi_s^2 \varepsilon_{mf}^3} \left(\frac{d_p U_{mf} \rho_f}{\mu_f} \right) = \frac{d_p^3 \rho_f (\rho_p - \rho_f) g}{\mu_f^2} \tag{3-6}$$

计算最小流化速度的关联式很多，大多数关联式具有一定的局限性，仅适用于特定的操作雷诺数范围，Wen 和 Yu[6]整理了许多研究者使用多种球形及非球形颗粒作为固体颗粒，以水、空气、CO_2、氩气及 H_2-N_2 混合气体作为流体的最小流化速度实验数据，颗粒 ϕ_s 的范围为 0.36～1.0，粒径范围为 0.05～50 mm，结果发现对各种不同的流化体系均有如下近似关系式：

$$\frac{1}{\phi_s \varepsilon_{mf}^3} \approx 14 \tag{3-7}$$

$$\frac{1-\varepsilon_{mf}}{\phi_s^2 \varepsilon_{mf}^3} \approx 11 \tag{3-8}$$

将方程(3-7)和方程(3-8)代入方程(3-6)可得

$$\frac{d_p U_{mf} \rho_f}{\mu_f} = \left[C_1^2 + C_2 \frac{d_p^3 \rho_f (\rho_p - \rho_f) g}{\mu_f^2} \right]^{1/2} - C_1 \tag{3-9}$$

将无量纲的 Ar 数和 Re_{mf} 代入方程(3-9)，即可得

$$Re_{mf} = \left[C_1^2 + C_2 Ar \right]^{1/2} - C_1 \tag{3-10}$$

式中，$C_1 = 33.7$，$C_2 = 0.0408$。该方程适用于全部雷诺数，且在气固和液固体系均可适用。

对于雷诺数较低的情况，Ergun 公式中黏度损失项(第一项)占主导，其动能损失项(第二项)可以忽略；对于雷诺数较高的情况，黏度损失项可以忽略，仅需考虑动能损失项。按与上述相同的方法，可以推导出在特别高或特别低的雷诺数情况下，最小流化速度的简化方程，具体如下：

$$U_{mf} = \frac{d_p^2 (\rho_p - \rho_f) g}{1650 \mu_f} \quad (Re_p < 20) \tag{3-11}$$

$$U_{mf}^2 = \frac{d_p (\rho_p - \rho_f) g}{24.5 \rho_f} \quad (Re_p > 1000) \tag{3-12}$$

2. 床层膨胀特性

在正向液固流化床中，当液速超过最小流化速度后，床层进入传统流态化区，而传统液固流化床正是在此操作区域内运行。在传统液固流化床中，颗粒床层具有较为清晰稳定的上界面，界面上部为液体自由空域区，下部为流化的液固两相区。随着液速的增

加，颗粒床层均匀向上膨胀，床层上界面也随之不断上升。床层的均匀膨胀使得颗粒在液固两相区内的分布相当均匀，因此流经颗粒床层的液相具有相同的停留时间。

传统液固流化床最基本的特征是床层均匀膨胀，表现为散式流态化的特性，其与气固聚式流态化的差别主要表现在以下几个方面：

(1) 颗粒在床层内分布均匀，颗粒的运动较为缓慢。

(2) 有清晰、稳定的液固界面，床层压降稳定、波动较小。

(3) 流经床层的液体具有相同的水力停留时间。

(4) 颗粒的受阻沉降速度远比相同颗粒直径下气固体系的小。

在传统液固流化床中，颗粒并不总是处于均匀膨胀状态。在此流化状态下，经常会观察到一种缓慢向上移动的水平液层，且在此液层中基本不含颗粒，这种非均匀流动的现象称为液波。在液、固两相的密度相差较大时，如用水流化密度较大的铅颗粒，在床层中可观察到类似于气固鼓泡流态化下非均态的聚式流态化现象[7]。

3.1.2   正向液固循环流化床

1. 基本结构

在正向液固流化床中，当液速超过颗粒的终端速度后，床层处于循环流态化区，而液固循环流化床正是在此操作区域内运动。图 3-4 为典型的液固循环流化床结构示意图。该装置主要由上行床(提升管流化床)、下行床(颗粒储料罐)、液固分离器以及连接上行床和下行床的颗粒进料管及颗粒返料管组成。在上行床的下部设置两个分布器，分别为主水流分布器和辅助水流分布器。主水流分布器为管状分布器，辅助水流分布器为多孔分布器。上行床内的颗粒在主水流和辅助水流的共同作用下向上运动，在液固分离器内进行液固分离，颗粒通过颗粒返料管返回到颗粒储料罐，流体则流回储水罐。由于上行床是处于循环流态化区的床层，液体流速较高，颗粒被不断带出上行床，要维持上行床内有稳定颗粒量，需从储料罐底部经颗粒进料管向上行床底部不断地输入颗粒，从而形成颗粒的周期性循环。颗粒的循环量可经储料罐上部设置的颗粒循环量测量装置进行测定。辅助水流主要用于松动上行床底部的颗粒并使从颗粒储料罐输入的颗粒能顺利进入上行床内，在一定程度上起到控制流入上行床内颗粒流量的作用，可视为一个颗粒流量控制装置(也称为非机械阀)。只有当辅助水流足够大时，上行床底部的颗粒才能在辅助水流的作用下向上运动到主水流分布器的顶端，然后被主水流(及辅助水流)带到上行床的顶部。在一定程度上，辅助水流越大，流入上行床的颗粒也越多，颗粒的循环量也越大，通过调节辅助水流和主水流的比例可分别控制固体循环量和液体流量。

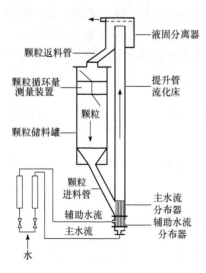

图 3-4   液固循环流化床示意图[8]

在循环流化床体系中，由于颗粒的循环进出，在整个床层内颗粒的分布基本是均匀的。但对于密度较大的颗粒，在较低的液速下，床层的底部和顶部会出现颗粒不均匀分布的现象。在床层的径向方向，颗粒的分布是不均匀的，沿床层中心到壁面方向呈逐渐增加的趋势。相比而言，液体速度在不同颗粒流化状态则呈现不同的分布情况。下面分别介绍液固循环流化床内颗粒及液体速度的分布情况。

2. 液固循环流化床中颗粒的轴、径向分布

在给定辅助液速的情况下，根据循环流化区内颗粒循环量(以表观颗粒速度表达，$U_s = G_s/\rho_p$)与总表观液速间的关系将循环流化区分为颗粒循环量随液速迅速增加的初始循环流化区，以及颗粒循环量基本不随液速变化的完全发展循环流化区[9]。在给定总液体速度时，颗粒循环量随辅助液速的增加而增加，这是由于增加辅助液速使得更多的颗粒被带入床层区域。在固定辅助液速时，由于颗粒的夹带，颗粒循环量随总液体速度的增加首先迅速地增加，当液速增加到能带走辅助水流提供的所有颗粒后，颗粒循环量不再随总液体速度的增加而增加。

如图 3-5[10]所示：在初始循环流化区，较轻的颗粒(玻璃珠和塑料珠)在整个床层的轴向分布是均匀的，而密度较重的钢珠颗粒呈现不均匀的轴向分布趋势($U_l = 0.26$ m/s 和 0.28 m/s)，这可能是由于钢珠颗粒在此区域内的流动还未完全发展。升高液速，当颗粒床层进入完全发展循环流态化区后，颗粒循环量随液速的变化趋于平缓，颗粒在床层轴向上的分布较为均匀。

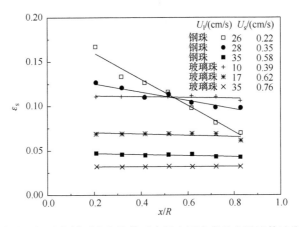

图 3-5　玻璃珠和钢珠在循环流态化体系中轴向固含率分布随液体速度的变化[10]

与气固循环流态化相比，液固循环流态化体系中，液、固相的密度比非常高，且液体的黏度远高于气体的黏度，因此，液固体系更易表现出较为稳定和可预测的特性。

Zheng 等[8]研究了不同的操作条件下液固循环流化床的颗粒径向分布，结果如图 3-6和图 3-7 所示。玻璃珠和塑料珠的固含率在床层的径向上皆呈现不均匀的分布情况：在床壁面处较高，床中心处较低。固含率在径向上的分布没有明显的浓稀界线，床中心处固含率分布较为均匀，其平均固含率低于整个横截面的平均固含率，沿着床中心到壁面方向，固含率逐渐升高，直到床壁面处达到最大值。增加液速[如图 3-6(a)，从 $U_l = 10$ cm/s

到 $U_1 = 15$ cm/s]，固含率径向分布的非均匀性也随之增加。进一步增加液速到某一定值，这种径向分布的非均匀性又开始减弱，这表明颗粒从循环流化区过渡到液体输送区。另外从图 3-6 中还可以看出，与玻璃珠颗粒相比，较轻的塑料珠颗粒的径向分布更加平缓。

如图 3-7 所示，当液速一定时，固含率径向分布的不均匀性和平均固含率皆随颗粒循环速度的增加而增加。

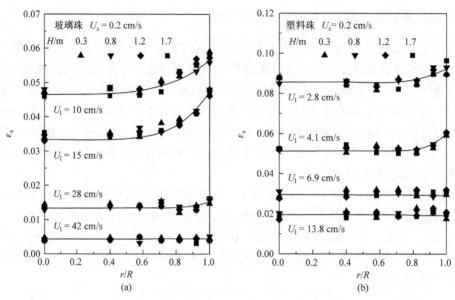

图 3-6　固含率在 4 个轴向位置上的径向分布及其操作条件对径向分布的影响[8]

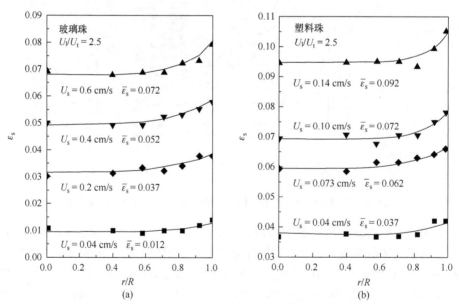

图 3-7　相同的轴向位置 $H = 0.8$ m 时不同颗粒循环速度下固含率的径向分布[8]

3. 液固循环流化床中液体速度的径向分布

Zheng 和 Zhu[11]研究了液固循环流化床中液体速度(V_l)的径向分布。以玻璃珠作为固相,在液固循环流化床体系中,液体速度的径向分布情况如图 3-8 所示:在传统的流态化区内(如 U_l = 4 cm/s),液速在径向上的分布是均匀的;当升高表观液速大于颗粒的终端速度后,床层进入液固循环流态化区,液速在径向的分布开始不均匀:床中心处的液速较高,床壁面处的液速较低;当表观液速达到一定值时(如 U_l = 28 cm/s),床层将从循环流态化区转变到液相输送区,液速在径向上的分布逐渐趋于均匀。Zheng 和 Zhu[11]认为这种径向上的均匀流动是由液体输送区低颗粒密度和高表观液速造成的。另外,颗粒循环量也能显著影响液速的径向分布,在相同的表观液速下,颗粒循环量越大,液速的径向分布越不均匀。

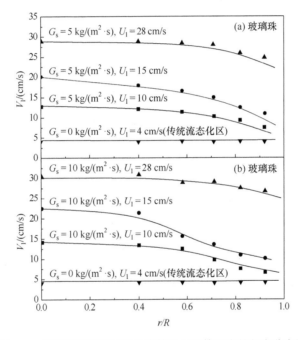

图 3-8　玻璃珠液固循环流化床体系中液体速度的径向分布[11]

与气固循环流化床相比,液固循环流化床中颗粒、液体的分布更加均匀,液固相间接触更加高效,从而提高了液固反应效率,有利于液固循环流化床的工业应用。

3.1.3　流动预测模型

正向液固流化床在传统流态化区内,颗粒床层随液速的增加而均匀膨胀,颗粒在床层内呈均匀分布,液体均匀地通过颗粒床层,且具有相同的水力停留时间,因此这种液体均匀通过颗粒床层的现象可近似用平推流反应器解释。

在传统液固流化床中,床层的膨胀情况可用 Ergun 方程(2-6)进行预测,但 Ergun 方程(2-6)仅在床层空隙率小于 0.8 的情况下适用。

预测传统液固流化床床层膨胀特性的方程很多,其中 Richardson 和 Zaki[12]方程是最为经典的预测方程，具体如下：

$$\frac{U_1}{U_i} = \varepsilon^n \tag{3-13}$$

$$\lg U_i = \lg U_t + \frac{d_p}{D_c} \tag{3-14}$$

其中

$$n = 4.65 + 19.5\frac{d_p}{D_c} \qquad Re_t < 0.2$$

$$n = \left(4.35 + 17.5\frac{d_p}{D_c}\right)Re_t^{-0.03} \qquad 0.2 < Re_t < 1$$

$$n = \left(4.45 + 18\frac{d_p}{D_c}\right)Re_t^{-0.1} \qquad 1 < Re_t < 200$$

$$n = 4.45Re_t^{-0.1} \qquad 200 < Re_t < 500$$

$$n = 2.39 \qquad Re_t > 500$$

式中，U_1 为表观液速，m/s；ε 为床层空隙率；$\lg U_i$ 为 $\lg U_1$ 与 $\lg\varepsilon$ 的关系曲线中 ε 为 1 时 $\lg U_1$ 轴对应的截距；n 为曲线的斜率或床层的膨胀指数；U_t 为颗粒终端速度，m/s；d_p 为颗粒直径，m；D_c 为床层直径，m；Re_t 为对应于颗粒终端速度的雷诺数。

　　在液固循环流化床体系内，由于颗粒在床层径向上存在不均匀分布以及颗粒和液相间具有较大的滑移速度，适用于传统液固流态化体系的预测方程(如 Richardson 和 Zaki 方程)在液固循环流化床体系内并不适用。Sang 和 Zhu[13-14]提出了一个经验方程用于预测液固循环流化床体系的平均固含率，预测模型如下：

$$\bar{\varepsilon}_s = \frac{U_s}{\dfrac{U_1}{1-\bar{\varepsilon}_s} - 1.2U_t\left(1-\bar{\varepsilon}_s\right)^{n-1}} \tag{3-15}$$

式中，$\bar{\varepsilon}_s$ 为床层平均固含率；U_1 为表观液速，m/s；U_s 为表观颗粒速度，m/s；U_t 为颗粒终端速度，m/s；n 为 Richardon 和 Zaki 方程中床层的膨胀指数。

　　Song 等[15]通过将 CFD 模拟的数据与 Sang 和 Zhu 的经验方程得到的结果进行比较，进一步证实了 Sang 和 Zhu [13]提出的经验方程可很好地预测正向和逆向液固循环流化床体系的平均固含率。

3.1.4　工业应用

　　正向液固流化床由于具有相间接触面积大、颗粒分布均匀、液体流动接近于理想流、传质效率高、可有效强化反应过程且容易实现连续操作等优点，在环境、生物、冶金、化工等领域具有较好的应用前景。下面具体介绍几个典型的应用实例[16]。

1. 乳清蛋白的提取

乳清蛋白具有很高的营养成分，是蛋白之王。在奶酪的生产过程中，有 20%～30%的乳清蛋白流入乳清废液中。在乳清中提取乳清蛋白不仅可以回收营养物质，而且可以避免直接排放造成污染环境，是实现可持续发展的重要举措。

传统法提取乳清蛋白一般采用固定床离子交换技术，该过程虽然操作简单、易于控制，但是由于原料中含有固体颗粒杂质，在进行生产前需要对原料进行预处理，避免将固体颗粒杂质带入固定床造成床层堵塞。膨胀床虽能解决床层堵塞的问题，但需要对吸附剂颗粒进行洗脱和再生，无法连续生产。为了解决以上问题，Lan 等[17-20]使用液固循环流化床对乳清蛋白进行提取，并实现了工艺的连续化操作。

液固循环流化床离子交换系统装置如图 3-9 所示。该装置主要由上行床和下行床两部分组成，在下行床中可进行蛋白质的吸附，上行床中进行蛋白质的脱附及吸附剂的再生，具体流程如下。

在下行床中，吸附剂颗粒和料液分别从装置顶部和底部进入，并在装置中进行逆向接触完成蛋白质的吸附过程；吸附后的颗粒经底部水洗液水洗后从底部进料管进入上行床，洗脱液从上行床底部通入，在上行床中附着蛋白质的脱附剂颗粒(吸附后的颗粒)与洗脱液并行向上流动，并进行蛋白质的脱附。脱附后再生的吸附剂颗粒经顶部的液固分离器进行分离，洗脱组分从顶部排出，吸附剂颗粒经水洗液水洗后从顶部返料管进入下行床，完成吸附剂颗粒的循环再生。上行床和下行床之间通过颗粒进料管和颗粒返料管中的密集颗粒实现动态密封。为了防止上行床和下行床中液体的混合，颗粒在进入颗粒进料管和颗粒返料管之前均需要经过水洗处理。从整个过程来看，蛋白质的吸附和脱附是两个独立的过程，使用液固循环流化床，分别在下行床和上行床中实现蛋白质的吸附和脱附，通过将两个高效流化床组合在一起，从而实现蛋白质的连续化生产。

Lan 等[19-20]使用液固循环流化床离子交换系统成功提取了乳清蛋白和牛血清蛋白，乳清蛋白的回收率可达到 78.4%，牛血清蛋白的回收率高达 84%。

相比于传统的固定床和膨胀床，液固循环流化床使用离子交换技术进行蛋白质的提取，在一个集成反应器中完成蛋白质的吸附和脱附两个独立的单元操作，从而实现蛋白质提取过程的连续化生产。这种方法过程简单、操作简便、占地面积小、生产效率高、可连续生产，为实现离子交换技术进行产品的分离开辟了一条新的途径。

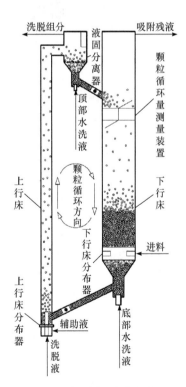

图 3-9　液固循环流化床离子交换系统装置图[17]

2. 含酚废水中苯酚的去除

含酚废水对人类和生态环境造成很大危害，是我国水污染控制中重点解决的有害废水之一。生物酶技术由于具有条件温和、效率高、成本低、可降低重复污染等优点已成为水处理应用研究的热点。由于在酶催化过程中产生的一些抑制产物覆盖在催化剂的表面使其失活，因此需要对催化剂进行不断地替换或再生。鉴于循环流化床优良的性能且容易实现连续化生产，Trivedi 等[21-22]将液固循环流化床应用到含酚废水的处理中。

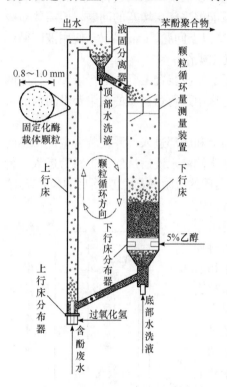

图 3-10   液固循环流化床去除苯酚装置
示意图[21]

图 3-10 为典型的液固循环流化床处理含酚废水的装置[21]，主要包括：上行床、下行床、液固分离器以及下部进料管和上部返料管等，可同时实现在上行床中进行苯酚的催化聚合反应以及在下行床中进行固定化酶载体颗粒的再生。上行床是一个快速流化床，通入上行床的液体分为两部分，主水流为含酚废水，辅助水流为过氧化氢。固定化大豆种皮过氧化物酶载体颗粒在主水流和辅助水流的共同作用下与其并行向上流动。在此过程中，苯酚在固定化酶催化作用下发生聚合反应，生成的苯酚聚合物覆盖在催化剂载体颗粒表面使催化剂失活。失活后的固定化酶载体颗粒经液固分离器分离后，从上部返料管进入下行床，进行催化剂载体颗粒的再生，处理后的水从上行床顶部排出。下行床是一个逆向流动的传统流化床，5%(体积分数)乙醇再生液从下行床底部通入，与向下运动的固定化酶载体颗粒进行逆向接触，在此过程中，催化剂载体颗粒进行再生且生成了附加产物酚醛树脂。再生后的催化剂载体颗粒通过下部进料管再次进入上行床中进行下一轮的催化反应，含有酚醛树脂的溶液从下行床的顶部排出。为避免上行床和下行床中液体的混合，确保两个过程的独立，在上下两个床层间的连接管中设置了动态密封以及上、下的冲洗过程。Trivedi 等[21-22]在液固循环流化床中进行了苯酚连续聚合反应的应用研究。在优化的流体动力学操作条件下，保持苯酚和过氧化氢的摩尔含量比为 1：2，可实现 54%的苯酚转化率。

利用液固循环流化床进行含酚废水中苯酚的去除，在上行床中进行酶催化反应，下行床中进行催化剂的再生，将两个独立的操作进行集成，从而实现同时进行酶催化和催化剂颗粒再生的连续化操作。另外，在此过程中生成了一种具有高附加值的产物——酚醛树脂，从而达到了催化除酚和生产酚醛树脂的双集成。

3. 乳酸的发酵和提取

乳酸是一种用途广泛的有机酸。工业上生产乳酸主要通过生物发酵的方法。该方法生产成本低、原料来源广，但发酵过程中产生的乳酸产物容易抑制乳酸的发酵，需要及时将乳酸产物移出。离子交换树脂具有选择性高、分离速度快、交换容量大等优势，可应用于乳酸的发酵分离，避免在分离过程中产生大量的难以处理的固体废物。固定床离子交换法具有树脂利用率较低、生产设备占地面积大、生产效率低等缺点且无法实现连续化生产[23]。美国先进分离技术公司(Advanced Separation Technologies Inc)开发的连续离子交换分离技术，通过使用 20 个树脂柱组成的旋转圆盘实现工艺的连续化生产，但该工艺具有结构复杂、流程烦琐、出口浓度呈现周期性变化等缺点，使得乳酸发酵生产成本增加[24]。Patel 等[25]使用一种双颗粒液固循环流化床(dual particle liquid-solid circulating fluidized bed，DPLSCFB)进行乳酸发酵和分离过程的应用研究，可实现乳酸发酵和分离的连续化生产。

图 3-11 为双颗粒液固循环流化床生物反应器示意图，主要由上行床和下行床组成，另在下行床中开辟了一个乳酸发酵区。下行床主要进行乳酸的发酵和吸附过程，上行床进行乳酸的脱附过程。该系统使用两种载体颗粒，一种是固定乳酸杆菌的载体颗粒，用于乳酸的发酵；另一种是离子交换树脂颗粒，用于乳酸的分离。具体操作过程如下：乳清溶液从下行床的底部进入乳酸发酵区，其中所含的乳糖在载体颗粒上固定的乳酸杆菌的作用下进行发酵生成乳酸。随着发酵的进行，当发酵区乳酸的浓度高于离子交换区时，在浓度梯度的作用下，乳酸从发酵区向离子交换区移动。在离子交换区，乳酸与向下运动的离子交换树脂充分接触并吸附于树脂颗粒上，随着颗粒向下运动到达下行床的底部，经底部水洗液水洗后从下部连接管进入上行床，吸附残液从下行床顶部排出。在上行床中，吸附后的离子交换树脂颗粒与底部进入的氢氧化钠溶液并流向上流动。在此过程中，吸附于树脂颗粒上的乳酸与氢氧化钠溶液接触生成乳酸钠，乳酸钠溶液从上行床顶部排出。脱附后的树脂颗粒经液固分离器分离、顶部水洗液水洗后，从上部连接管进入下行床，

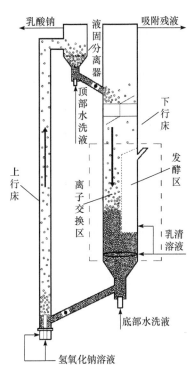

图 3-11　双颗粒液固循环流化床
装置示意图[25]

进行下一轮的循环。Patel 等[25]使用双颗粒液固循环流化床生物反应器进行乳酸的发酵和连续提取研究，结果发现：以乳清溶液作为进料时，发酵区和离子交换系统均稳定运行后，上行床出口处乳酸产物浓度约为 0.4 g/L。

双颗粒液固循环流化床可在乳酸发酵过程中及时移走乳酸，使得下行床的发酵区和出口处的 pH 均保持稳定，实现乳酸的原位分离，从而提高原料的利用率并减弱乳酸产物的抑制作用。该工艺将两个高效流化床反应器组合在一起，进行乳酸的吸附和脱附过程的连续性操作，并在此基础上加入一个乳酸发酵区，将乳酸的发酵和分离过程相结合，从而实现乳酸发酵和分离过程的一体化操作。这种双颗粒液固循环流化床系统可显著简

化生产工艺流程，使得乳酸发酵的生产和分离过程更加高效，占地面积更少，从而实现工业生产的过程集成和过程强化。

4. 生物污水处理

流化床生物反应器将传统的活性污泥法和生物膜法相结合并引入颗粒流态化技术。在颗粒上附着微生物，通过流态化手段使颗粒悬浮于污水系统中，由于颗粒具有较大的比表面积，可有效地提高系统中微生物的浓度，从而提高污水处理效率，整个处理过程中污泥产量低，有机负荷高。由于在污水处理过程中，C、N、P 的去除需要在不同的环境下进行，为了实现生物污水处理的连续化生产，祝京旭团队[16, 26-31]开发了一种新型高效的循环流化床生物反应器。

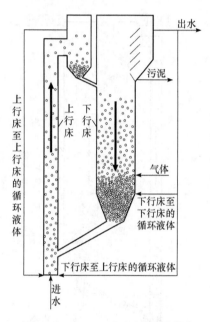

图 3-12　CFBBR-Ⅰ流程装置图[29]

Chowdhury 等[29]开发的第一代循环流化床生物反应器(CFBBR-Ⅰ)结构如图 3-12 所示。CFBBR-Ⅰ是实验室规模的反应器，主要由上行床、下行床和两个床层顶部的液固分离器组成。上行床是缺氧环境，下行床为好氧环境，颗粒通过上、下连接管在两个床层之间进行循环。具体工艺流程如下：污水由上行床底部进入，带动底部的生物载体颗粒向上流动。在此过程中，颗粒上附载的微生物与污水充分接触，实现硝酸盐的反硝化过程。到达液固分离器中的部分液体及富含微生物的载体颗粒经上部连接管进入下行床。在下行床中，载体颗粒向下流动，下行床底部通入的空气为系统提供足够溶氧，载体颗粒附着的微生物在下行床中进行有机物氧化过程和氨氮硝化过程。经处理后达标的水从下行床的顶部排出。下落到下行床底部的生物载体颗粒经下部连接管进入上行床中进行新一轮的循环。在整个循环流化床体系中，由于下行床中的颗粒层比上行床中的颗粒层更加紧实，当富含微生物的颗粒从上行床进入下行床后，由于颗粒间的摩擦碰撞以及流体的剪切力，颗粒表面的生物膜很容易脱落，使得下行床中颗粒的密度增加，进而增强了下行床内颗粒的流动性。在下行床的液固分离器底部设置一个斜板式污泥沉降区，用于收集并定期排出污泥。为保证生物载体颗粒在两个床层中的稳定流动以及液体在床层有足够的水力停留时间，增设了上行床和下行床的自循环系统；另外为了将下行床中氨氮硝化反应后生成的硝态氮返回上行床进行反硝化反应去除硝态氮，增设了下行床到上行床的循环系统。

CFBBR-Ⅰ可以实现两种不同需氧环境下的生物反应，在上行床的缺氧区进行反硝化反应，在下行床好氧区进行硝化反应及有机物氧化反应，通过将两个流化床相结合从而实现污水生物处理的连续性操作。该循环系统也被证实可实现强化生物除磷过程。这种过程集成强化的方式，可在较小的反应体积内实现较大的处理量，反应效率高、占地面积小，整个反应过程中污泥产量少且不需要污泥回流，使得污水处理的费用显著降低。使用CFBBR-Ⅰ进行生物污水处理，在进水水质 COD 为 273 g/m³、NH₄⁺-N 为 19 g/m³、总氮为 31.2 g/m³、总磷为 3.8 g/m³ 的情况下，可去除 90.5% COD、72.4%总氮和 78.9%总磷。

进一步地，祝京旭团队发现颗粒循环对 CFBBR-Ⅰ 的生物处理能力影响不大，仅在强化生物除磷过程中起到作用。为了降低污水处理过程中颗粒循环造成的能耗，Andalib 等[30]开发了一种双流化床生物反应器(CFBBR-Ⅱ)，如图 3-13 所示。CFBBR-Ⅱ与 CFBBR-Ⅰ都是由上行床(缺氧区)和下行床(好氧区)构成，但在 CFBBR-Ⅱ中两个床体的高度和尺寸相同，且均在传统流态化区内操作，整个反应体系中只进行液体的循环，颗粒不循环。若要实现独立于系统操作的颗粒循环，可通过在两个床体间安装叶轮来实现颗粒周期性循环。与 CFBBR-Ⅰ相比，CFBBR-Ⅱ的两个床体均处于传统流态化区，液体流速较低，作用在载体颗粒生物膜上的剪切率较小，这使得 CFBBR-Ⅱ具有更低的载体颗粒脱离速率和更长的固体停留时间(solid residence time，SRT)，因此可较大程度地降低污泥的产

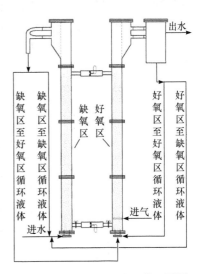

图 3-13　CFBBR-Ⅱ流程装置图[30]

率。CFBBR-Ⅱ体系的污泥产率在 0.06~0.071 gVSS/g SCOD[30]，远低于 CFBBR-Ⅰ的污泥产率(0.12~0.16 g VSS/g SCOD)[29]。与传统活性污泥法污泥产率 0.4~0.8 gVSS/g SCOD 相比，CFBBR-Ⅰ和 CFBBR-Ⅱ都极大地降低了系统的污泥产率，具有很大的优势。使用CFBBR-Ⅱ进行生物污水处理，在进水水质 COD 为 262 g/m³、NH₄⁺-N 为 26.1 g/m³、总氮为 29.5 g/m³、总磷为 4.4 g/m³ 的情况下，可去除 92.4% COD、81.7%总氮和 13.6%总磷。以上结果表明，CFBBR-Ⅱ可成功应用于污水生物处理过程中。

随后祝京旭团队在加拿大伦敦阿德莱德污水处理厂建立了一套中试规模的循环流化床污水处理装置[31]，处理量为 5 m³/d。该中试污水处理设备能达到接近于实验室规模的污水处理效率。

3.1.5　最新进展

目前，在面临资源紧张、环境保护等全球性问题的情况下，正向液固流化床在工业生产中所展现的优势受到越来越多的关注，尤其是在生产过程强化及集成方面。随着对正向液固流化床认识的加深，近几年人们对正向液固流化床的关注从基础研究已逐渐转移到过程的强化、工艺的集成和新应用的开发上来。下面介绍正向液固流化床最新的研究进展。

1. 反应过程的集成和强化

液固循环流化床将两个流化床进行串并联，从而实现不同反应过程的连续化生产，

这种新的操作方式为传统生产模式的改进提供了新思路，在之后的工业应用开发中，可根据工艺需求并结合反应器的特点，将反应器进行有效的组合和改进，从而实现反应过程的集成与强化。对一些较为复杂的生产过程，若单一集成满足不了工艺的需要，可考虑进行多重集成与强化。除了以上介绍的工业应用，开展了越来越多的生产工艺开发。例如，Wei 和 Liu[32]使用液固流化床进行粗泥分离的研究；Daniel 等[33]使用集成的流化床反应器成功地去除了工业废水中的 Mo、Cr、W、Cu、Ag 和 Zn，并通过后续的工艺将其进行回收利用。

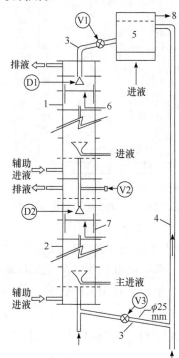

图 3-14   多级循环流化床[34]

1. 装料段；2. 颗粒重生段；3. 颗粒返料管；4. 上行床；5. 颗粒储料罐；6. 不锈钢丝网；7. 下行床；8. 溢流；V1～V3. 阀门；D1、D2. 颗粒分布器

2. 多级流化床反应器

Chavan 等[34-35]提出一种新型多级循环流化床反应器，如图 3-14 所示。载体颗粒的反应或再生可以同时在传统的流态化区域内进行，这种新型反应器在提高传质传热效率、减小颗粒的返混、调节水力停留时间等方面具有优良的性能。Chavan 及其团队使用离子交换树脂作为固相、水作为连续相研究床层内颗粒的流动特性，并提出了一个多层感知器神经网络(multilayer perceptron neural network, MLPNN)模型用于预测固含率。这种新型多级循环流化床形式的提出为改进生产工艺、提高生产效率提供了新思路。

3. 开发新的应用

回流分级机是一种用于矿物的分离及分级的设备，其在传统流化床上部设置一排平行的倾斜狭窄通道以助于颗粒的分离。He 等[36]研究了倾斜狭窄通道内颗粒的流动情况，提出了一个新的理论模型预测在固定液速下颗粒分离的有效尺寸范围。这些研究结果对工业上狭窄倾斜结构的设计和应用开发都有一定的指导意义。

4. 液固传统循环流化床反应器

液固传统循环流化床反应器是 Zhu 课题组[1-2]近期提出的一种新型流化床反应器，在较低液速下可实现较高颗粒浓度的循环操作，其结合了传统液固流化床和液固循环流化床的优势，具有操作液速低、颗粒返混少、颗粒浓度高、传质传热效率高等优点，具有较广的应用前景。Sun 和 Zhu[2]分别以表观液速 U_l 为横坐标，整体床密度为纵坐标，通过将实验数据与 CFD 模拟结果相结合，得到了如图 3-15 所示的正向液固流化体系的流型图。传统流态化区为位于最左侧的一条单独的曲线，这条曲线的表观颗粒速度 $U_s = 0$ cm/s；循环流态化区位于右侧区域，液速起始于 U_t，随着 U_s 的增加，整体床密度也随之变化；

传统循环流态化区位于传统流态化区和循环流态化区之间，填补了这块操作区域的空白。在固定 U_s 条件下，趋势线无缝衔接穿过传统循环流态化区和循环流态化区，进一步表明两个区域间存在内部联系。有关液固传统循环流化床反应器的研究还处于初始阶段，相关的基础研究和应用开发有待研究者进一步的开展。

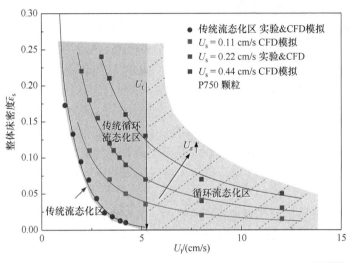

图 3-15　正向液固流化体系的流型图[2]

颗粒 P750：$d_p = 750 \ \mu m$，$\rho_p = 330 \ kg/m^3$，$U_t = 5.2 \ cm/s$

5. 液固微小型流化床反应器

微小型流化床是一种非常有前景的反应器，具有颗粒比表面积极高、构造简单、压降较小、颗粒分布较均匀、操作可控性好等优点，这些优点结合其反应体积小、颗粒填充量少及便于颗粒装载和回收的操作特点，使得微小型流化床的安全性更高，更适合于反应动力学研究和高通量催化剂的筛选评估。另外，将微小型流化床进行集成在精细化工等领域具有很好的应用前景。Li 等[37]研究了液固微小型流化床的最小流化速度及床层的膨胀情况，通过修正 Ergun 方程得到了预测液固微小型流化床内最小流化速度的方程；通过将实验得到的膨胀曲线用含有比例系数的 Richardson 和 Zaki 方程的形式进行拟合，在液固微小型流化床体系内修正了指数 n 及比例系数 k。Yang 等[38]在微型液固流化床中使用 Fe^{3+}/TiO_2 光催化剂进行降解亚甲基蓝的研究，考察了光催化剂分别附于床层内壁、玻璃微珠表面或两种皆存在的情况下对亚甲基蓝光催化降解活性的影响，这些研究结果为液固微小型流化床反应器的应用开发提供了理论依据。有关液固微小型流化床的详细内容将在第 7 章详细介绍。

3.2　逆向液固流态化

逆向液固流态化是指使用密度小于液体的颗粒作为固相，液体自上而下穿过颗粒床层，颗粒受到液体对其向下曳力的作用不断向下均匀膨胀处于流化状态的过程。

　　有关逆向流化床的报道可追溯到 1970 年，Page[39]首次以液体作为流化介质，以轻颗粒作为固相，进行了有关逆向流化床的实验，研究了轻颗粒在液体的作用下向下流化处于悬浮状态的特性。1981 年，Shimodaira 等[40]首次申请了有关逆向流化床在污水处理中应用的专利，开创了逆向流化床应用研究的先例。直到 20 世纪 90 年代，人们才逐渐认识到逆向流化床的优点，越来越多的研究者开始进行有关逆向流化床基础和应用的研究。与传统的正向流化床相比，逆向流化床具有流化速率低、耗能少、固体颗粒磨损小、能有效控制生物膜厚度、固体颗粒夹带少、传质传热效率高、易于重新流化等优点，在生化、生物工程、环境、食品和石化工程等领域具有很好的应用前景。

　　在逆向液固流化床体系内，颗粒受到流体向下的曳力与其自身的浮力方向相反，在不同的操作液速下，颗粒床层表现为不同的流动状态。与正向液固流化床流动特性相同，逆向液固流化床流化后也表现为均匀膨胀的特性。但对于较低密度的颗粒体系($<534\,\mathrm{kg/m^3}$)，Ulaganathan 和 Krishnaiah[41]发现固体颗粒从下层最先开始流化，且需要经过一段半流化状态才能达到完全流化，因此在操作范围内将床层划分为：固定床区、半流化区和完全流化区。

　　Sang 等[14,42]进一步扩大了液速的操作范围，详细地研究了逆向液固流化床的流动状态，并将逆向液固流化床划分为：固定床区、传统流态化区、循环流态化区和液相输送区，具体结果如图 3-16 所示。

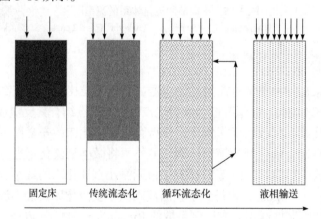

图 3-16　逆向液固流化床的流型转变[14]

　　(1) 固定床。当通过颗粒床层的表观液速(U_l)较低时，颗粒受到液体对其向下的曳力小于其自身的净浮力(减去重力之后)，颗粒悬浮于液体上层并处于静止状态，此时的床层属于固定床区。

　　(2) 传统流态化。随着表观液速的增加，当达到一定值时，颗粒受到向下的曳力等于其自身的净浮力，颗粒开始流化，颗粒进入流化状态的最小表观液速称为最小流化速度($U_{l,mf}$)；继续增加表观液速，床层进入传统流态化区，在此区内床层具有清晰的液固界面，上层为颗粒均匀分布的密相区，下层为液体的自由空域区。

　　(3) 循环流态化。进一步增加表观液速，浓相区颗粒不断向下均匀膨胀，浓稀相分界面也随之下降，当液速增大到接近颗粒的终端速度时，浓稀相界面逐渐变得模糊并伴有少量小颗粒被带出床层。继续增大液速超过颗粒的终端速度($U_{l,t}$)后，大量的颗粒被带出床层，颗粒在床层轴向上的分布较为均匀，若要保持床层的稳定，需不断地从装置上部向床层内加入颗粒，此时颗粒床层处于循环流态化区。

(4) 液相输送。进一步增加液速，床层在轴向上的分布逐渐变得不再均匀，床层进入液相输送区。

与正向传统流态化区相同，在逆向液固传统流态化床中加入足够量的固体颗粒，当床层膨胀高度大于流化床高度时，由于缺少足够的膨胀空间，在流化床底部部分颗粒因床层膨胀而溢出，此时要维持颗粒床层流化状态的稳定，可通过外部连通的管道将这部分溢出的颗粒输送到流化床顶部，从而形成稳定的颗粒循环，这种操作床型为逆向液固传统循环流化床，对应的流化状态称为逆向传统循环流态化。同样地，这种逆向液固传统循环流化床在较低的操作液速($U_{l,mf} < U_l < U_{l,t}$)下也能实现较大的颗粒浓度。

3.2.1　逆向液固流化床

1. 最小流化速度

在逆向液固流化床中，最小流化速度是从固定床区向传统流态化区转变的临界液体速度。通过最小流化速度可有效地确定反应器的操作范围，对反应器的设计、放大及工业应用都具有重大的意义。与正向液固流化床相同，在逆向液固流化床体系内最小流化速度也可以通过测量床层的压降变化来确定。

Ulaganathan 和 Krishnaiah[41]通过测量床层压降确定最小流化速度。图 3-17 为颗粒受液体作用而引起的床层压降随液速的变化。与正向液固流化床相似，在逆向液固流化床体系内，床层压降随液速的增加逐渐增加，直到颗粒被完全流化，床层压降保持不变。

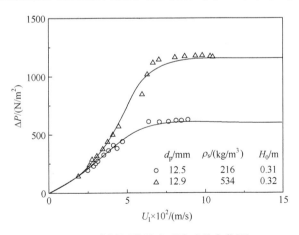

图 3-17　床层压降随表观液速的变化[41]

在逆向液固流化床体系中，最小流化速度受多种条件因素的影响，如颗粒的直径和密度、液体的黏度等。与正向液固流化床相同，最小流化速度随着颗粒直径的增加和颗粒密度的降低呈增加趋势[43-44]，几乎不受颗粒装载量的影响[43-44]，且随液体黏度的增加而下降[43-45]。在一定程度上，受边壁效应的影响，最小流化速度随床径的降低而有所增加[45]。

求最小流化速度的公式有很多，因每位研究者使用的反应器尺寸、颗粒物性及液相体系不同，且这些预测方程仅在各自的研究体系内提出，因此具有一定的局限性，将现有的适用于逆向液固流化床体系的方程列于表 3-1。其中 Banerjee 等[46]研究了单一颗粒体系及多组分体系逆向液固流化床的流动特性，提出了预测单一或多组分颗粒体系的最小流化速度(U_{mrf})，以及多组分颗粒体系的初始流化速度(U_{brf})和完全流化速度(U_{trf})的预测方程；Vijaya Lakshmi 等[44]分别使用水和不同含量的羧甲基纤维素(carboxymethyl cellulose，CMC)作为液相，研究逆向液固流化床的最小流化速度，建立了两个无量纲方程预测这两种体系的最小流化速度；Das 等[45]研究非牛顿流体内逆向液固流化床的最小流化速度，将最小流化速度与颗粒和床层的直径、液体的黏度和密度、颗粒的密度和球形度以及重力加速度相关联，建立了一个预测最小流化速度的方程。马可颖[47]将文献中报道的关于最小流化速度的数据与其实验得到的数据利用表 3-1 中的方程进行拟合，发现 Wen 和 Yu[6]方程的相关性最好，进一步表明 Wen 和 Yu 方程无论在正向液固流化床体系还是在逆向液固流化床体系都能很好地预测颗粒的最小流化速度。

表 3-1   逆向液固流化床中最小流化速度的预测方程

编号及参考文献	方程	应用体系和范围
方程(3-16) (Wen 和 Yu[6])	$Re_{mf} = \sqrt{33.7^2 + 0.0408Ar} - 33.7$	正向和逆向液固流化床
方程(3-17) (Ulganathan 和 Krishnaiah[41])	$U_{l,mf} = 2.93 \times 10^{-3} Ar_m^{0.202} \left[\dfrac{(\rho_l - \rho_p)}{\rho_l} \right]^{0.38}$ $10^6 < Ar_m < 7 \times 10^7$；$0.4 < (\rho_l - \rho_p)/\rho_l < 0.9$	逆向液固流化床： $d_p = 0.0125 \sim 0.020$ m； $\rho_p < 534$ kg/m³； 球形颗粒
方程(3-18) (Banerjee 等[46])	$Re_{mrf} = 7.68 \times 10^{-6} Ar_m^{1.5134}$ $Re_{brf} = 4.492 \times 10^{-6} Ar_m^{1.5475}$ $Re_{trf} = 3.4465 \times 10^{-4} Ar_m^{1.1504}$ $1.774 \times 10^4 < Ar_m < 2.651 \times 10^4$	逆向液固流化床：$d_p = 2.947 \times 10^{-3} \sim$ 3.755×10^{-3} m；$\rho_p = 928.5 \sim 960.8$ kg/m³； 球形、柱形、偏球形单一以及多组分颗 粒体系
方程(3-19) (Vijaya Lakshmi 等[44])	$Re_{l,mf} = 0.233 Ar_m^{0.475}$ ($R^2 = 0.987$) $(Re_{l,mf})_{CMC} = 1.139 \times 10^{-6} Ar_m^{0.041}$ ($R^2 = 0.912$)	逆向液固流化床： $d_p = 0.004 \sim 0.008$ m； $\rho_p = 830 \sim 940$ kg/m³； 球形颗粒
方程(3-20) (Das 等[45])	$Re_{l,mf} = 1.279 Ar_m^{0.549 \pm 0.007} \phi_s^{-1.857 \pm 0.382} \left(\dfrac{D_c}{d_p} \right)^{-1.023 \pm 0.101}$	使用非牛顿流体的逆向液固流化床：$d_p =$ $3.13 \times 10^{-3} \sim 5.64 \times 10^{-3}$ m；$\rho_p = 900 \sim$ 944 kg/m³；球形、柱形、偏球形颗粒

2. 床层膨胀特性

与正向液固流化床相似，在逆向液固流化床中，当液速较低时，床层处于固定床区域，床高不变。当液速超过最小流化速度后，床层进入传统流态化区，在此区域内，颗粒床层具有较为清晰稳定的下界面，界面上部为液固两相区，下部为液体自由空域区。随着液速的增加，颗粒床层均匀向下膨胀，床层高度呈线性增加(图 3-18)。床层的均匀膨胀使得上部浓相区的颗粒呈均匀分布状态(图 3-19)。由于颗粒在液固浓相区内均匀分布,液体匀速地通过颗粒床层,同样可将处于传统流态化区的逆向液固流化床视为平推流反应器,从而简化计算体系内各流动参数。

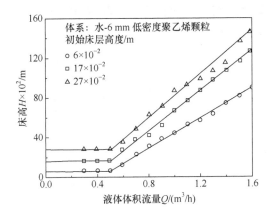

图 3-18　床层高度随液体流量的变化[41]　　图 3-19　传统流态化区和循环流态化区内平均固含率的轴向分布[42]

3.2.2　逆向液固循环流化床

当液速高于颗粒的终端速度后,床层进入循环流态化区,为了维持床层的稳定,需不断地向床层内补充固体颗粒。与正向液固循环流化床相同,可将逆向液固循环流化床视为颗粒膨胀充满整个床层的状态进行研究。刚进入循环流态化区,颗粒在床层轴向上的分布有轻微的不均匀,这是由于颗粒刚进入床层需要一段加速才能从零达到一个较为稳定的颗粒速度。而在较高的液体循环速度下,颗粒能够很快达到稳定速度,颗粒在床层轴向上呈较为均匀的分布。这种逆向液固流化床刚进入循环流态化区颗粒在轴向上呈轻微不均匀的分布状态,在正向循环流化床中也能够观察到。但与气固循环流化床体系相比,正向液固循环流化床和逆向液固循环流化床体系内固体和液体的密度差较小,这种颗粒轴向不均匀性要小得多[42]。

Sang 等[42]研究了逆向液固循环流化床体系的平均固含率,发现在固定表观颗粒流速的情况下,颗粒床层的平均固含率随表观液速的增加而下降。而在相同表观液速条件下,平均固含率随表观颗粒流速的增加呈线性增加,相似的结果在正向循环流化床中也能够发现。通过以下公式可以量化逆向液固循环流化床体系内平均固含率的变化:

$$\bar{\varepsilon}_s = \frac{U_s}{\bar{V}_p} \tag{3-21}$$

从式(3-21)可看出,平均固含率 $\bar{\varepsilon}_s$ 与颗粒平均速度 $\bar{V}_p$ 成反比,与表观颗粒速度 U_s 成正比。

在逆向液固循环流化床的完全发展区域,Sang 等[42]研究了颗粒表观速度为 0.9 cm/s 和 1.2 cm/s 时在不同表观液速下发泡颗粒在床层径向上的分布情况,如图 3-20 所示。从图中可看出,颗粒在床层径向上的分布相对比较均匀,仅在接近床壁面处有轻微的增加,这表明在逆向液固循环流化床体系内,颗粒没有明显的环-核流动现象。逆向液固循环流化床体系内这种颗粒径向分布状态与壁面效应和局部液体速度的变化有关。从图 3-21 中可看出，液体速度在逆向液固循环流化床床层径向上的分布较为均匀，仅在接近壁面处有轻微的下降，正是由于局部液体速度的下降，固含率在近壁面处有轻微的增加。即使液体速度在壁面处有轻微的下降，但在此区域内的最低液速仍超过了颗粒的终端速度，因此保证了颗粒能够一致向下运动。

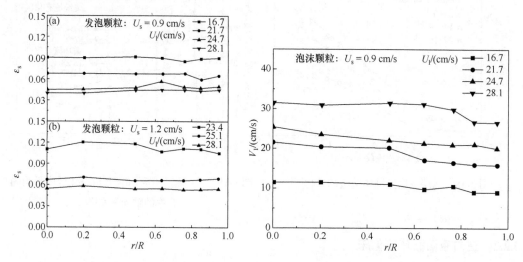

图 3-20　不同表观速度下固含率的径向分布[42]　　图 3-21　不同表观液速下局部液体速度的径向分布[42]

3.2.3　流动预测模型

在传统的正向液固流化体系中，Garside 和 Al-Dibouni[48]将文献中已有的预测床层膨胀关联式分为三大类：

(1) 第一类，床层的膨胀可通过颗粒的滑移速度 U_R 和床层空隙率之间的关系进行表述，其中 Lewis 和 Bowerman 方程、Richardson 和 Zaki 方程[12]、Letan 方程属于这一类。

(2) 第二类，床层的膨胀通过修正单颗粒的曳力系数与雷诺数之间的关系进行关联。

(3) 第三类，膨胀床的高度直接与体系的操作变量相关联，如颗粒的直径、密度、液体的黏度。

Fan 等[49]采用前两种方法关联逆向液固流化床的床层膨胀数据。第一种方法是将床层膨胀通过滑移速度 U_R 与床层空隙率之间的关系进行表达。根据这种方法得到以下关联式：

$$U_R = \frac{U_1}{U_i} = \varepsilon^n \tag{3-22}$$

其中，n 可由以下经验关联式进行估算：

$$n = 15 Re_t^{-0.35} \exp\left(3.9 \frac{d_p}{D_c}\right) \qquad 350 < Re_t < 1250$$

$$n = 8.6 Re_t^{-0.2} \exp\left(-0.75 \frac{d_p}{D_c}\right) \qquad Re_t > 1250$$

　　另一种方法是将单个颗粒的曳力系数加以修正，以估算多颗粒体系。以 Wen 和 Yu[6] 的方法为基础，逆向流化床中多颗粒曳力系数与单颗粒曳力系数的比值 $\overline{f}$ 可用修正后颗粒的阿基米德准数 Ar_{m} 及 Re_{l} 表达：

$$\overline{f} = \frac{Ar_{\mathrm{m}}}{13.9Re_{\mathrm{l}}^{1.4}} \qquad 2 < Re_{\mathrm{t}} < 500 \tag{3-23a}$$

$$\overline{f} = 3\frac{Ar_{\mathrm{m}}}{Re_{\mathrm{l}}^{2}} \qquad Re_{\mathrm{t}} > 500 \tag{3-23b}$$

Fan 等[49] 提出的逆向液固流化床估算 $\overline{f}$ 的经验关联式如下：

$$\overline{f} = 3.21\varepsilon^{-4.05} Ar_{\mathrm{m}}^{-0.07} \exp\left(3.5\frac{d_{\mathrm{p}}}{D_{\mathrm{c}}}\right) \tag{3-24}$$

方程(3-24)的适用条件为：$0.40 < \varepsilon < 0.88$，$1.1 \times 10^5 < Ar_{\mathrm{m}} < 7.65 \times 10^6$，$0.062 < d_{\mathrm{p}}/D_{\mathrm{c}} < 0.25$。

　　Karamanev 和 Nikolov[50] 采用第一类方法，使用滑移速度 U_{R} 和床层空隙率 ε 之间的关系预测逆向液固流化床中床层膨胀特性，并将实验得到的指数 n 与使用 Fan 等[49] 方程及 Richardson 和 Zaki 方程[方程(3-13)]得到的 n 值进行对比。结果发现 Richardson 和 Zaki 方程得到的 n 值与实验结果比较吻合，误差为−6.8%～6.7%，而 Fan 等[49] 方程得到的 n 值与实验值具有高达 27%的误差。García-Calderón 等[51] 以轻颗粒作为载体颗粒，研究了处理合成污水的下流式厌氧生物流化床反应器的床层膨胀情况。发现不同液体速度、不同生物膜厚度下的床层空隙率同样与 Richardson 和 Zaki 方程关联性较好。

　　Karamanev 和 Nikolov[52] 研究了轻颗粒自由上升的运动状况，发现其阻力曲线并不完全与自由下落的重颗粒体系的标准阻力曲线相同，通过修正标准阻力曲线，得到以下适用于轻颗粒体系曳力系数 C_{D} 的表达式：

$$C_{\mathrm{D}} = \frac{24\left(1 + 0.173Re_{\mathrm{t}}^{0.657}\right)}{Re_{\mathrm{t}}} + \frac{0.413}{1 + 16300Re_{\mathrm{t}}^{-1.09}} \qquad Re_{\mathrm{t}} < 130 \text{ 和/或} \rho_{\mathrm{p}} > 900 \text{ kg/m}^3 \tag{3-25a}$$

$$C_{\mathrm{D}} = 0.95 \qquad 130 < Re_{\mathrm{t}} < 9 \times 10^4 \text{ 和} \rho_{\mathrm{p}} < 300 \text{ kg/m}^3 \tag{3-25b}$$

Femin Bendict 等[43] 认为在逆向液固流化床完全流化区内，影响床层高度的因素主要有流化床高度与初始床高的比值(H_{f}/H_0)、修正的颗粒雷诺数 Re_{pm} 以及修正的阿基米德数 Ar_{m}。通过线性多元回归分析得到一个预测床层高度的关系式：

$$\frac{H_{\mathrm{f}}}{H_0} = 2.656Re_{\mathrm{pm}}^{1.258} Ar_{\mathrm{m}}^{-0.88} \tag{3-26}$$

　　Campos-Díaz 和 Alvarez-Cruz[53] 在低雷诺数的逆向液固流化床反应器中研究床层的膨胀，将床层空隙率与颗粒的 Ar_{m}、Re_{l} 以及阻力系数相关联，建立了一个在低雷诺数 Re_{l} 为 5.5～200、ε 为 0.47～0.73 的球形颗粒体系内能够预测床层空隙率的方程：

$$1.8\varepsilon^{-3.74} = \frac{Ar}{0.75\left(24Re_{\mathrm{l}} + C_{\mathrm{l}}Re_{\mathrm{l}}^{2}\right)} \tag{3-27}$$

　　在逆向液固流态化体系中，虽然研究者已建立了不少预测床层膨胀的方程，但这些方程大多只适合于固定的雷诺数范围，因此在使用过程中一定要注意方程的适用范围。

与正向液固循环流化床不同的是，在逆向液固循环流化床体系内，颗粒在径向上分布较为均匀，没有观察到类似的环核结构。Sang 等[42]将这种现象归因于壁面摩擦效应，并通过颗粒与壁面的摩擦力的大小来量化这种床层径向上的不均匀性：

$$F_{\text{friction}} = \frac{1}{2} f_{\text{sa}} \rho_{\text{p}} \varepsilon_{\text{s}} V_{\text{l}}^2 \tag{3-28}$$

式中，f_{sa} 为颗粒与壁面间的摩擦系数；V_{l} 为局部液体速度，m/s。在相同的操作条件下，颗粒与壁面的摩擦力取决于颗粒密度的大小。在相同的固含率下，较小密度的逆向液固流化床体系在径向上颗粒分布较为均匀。

逆向液固循环流化床的平均固含率可用 Sang 和 Zhu[13-14]提出的经验方程(3-15)进行预测，具体方程参见 3.1.3 节。

3.2.4　工业应用

逆向液固流化床由于使用密度比液体小的颗粒作为固相，当颗粒的密度与水较为接近时，与正向液固流化床相比，固体颗粒在较小的液体速度作用下便能达到理想的流化状态，可有效地降低能耗，因此在生化、生物工程、环境、食品和石化工程等领域具有很好的应用前景。尤其是在生物污水处理中展现了很大的优势，使用传统的正向液固流化床需要较高的液体流速维持颗粒的流化，往往需要较大的液体循环量，而逆向流化床具有较低的流化液速及较长的水力停留时间，这些优点与污水处理的特点比较吻合，可较大程度地降低污水处理过程中的能耗。

目前关于逆向流化床应用的研究皆处于实验室小试阶段，虽然已取得一定的成果，但还未能进行工业生产，大部分的研究是针对生物污水处理。例如，Alvarado-Lassman 等 [54]将逆向液固流化床应用到啤酒厂污水处理中，可有效地去除污水中的有机物，COD 的去除率可达到 90%以上；Wang 等[55]将缺/厌氧和好氧逆向流化床生物反应器相结合，搭建了如图 3-22 所示的集成逆向流化床生物反应器，并将其应用到合成的市政污水处理中，达到总 COD(TCOD)的去除率在 84%以上、氮的整体去除率在 75%以上的处理效果。

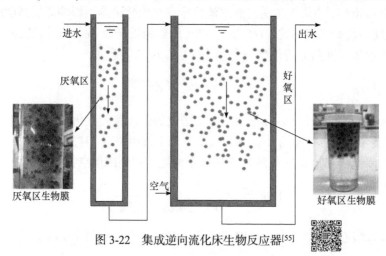

图 3-22　集成逆向流化床生物反应器[55]

3.2.5　最新进展

逆向液固流化床已发展了近五十年，相关的基础及应用研究已有不少报道。但受市场上颗粒类型的制约，对逆向液固流化床的关注仍然停留在实验室阶段。近几年来每年都会增加几篇相关的报道，总结研究内容主要有以下几个方面：

(1) 新型逆向液固传统循环流化床和逆向液固循环流化床的开发与研究。例如，Sang 等[42]使用这种新型的逆向液固循环流化床反应器进行了相关流动特性的研究，为逆向液固循环流化床反应器的设计及工业应用提供了理论参考；Sun 和 Zhu[2]研究了液固传统循环流化床的流动特性，在相同颗粒与液体密度差的正向和逆向体系中，两种床型的整体床密度随着表观液速的变化趋势几乎一致。

(2) 反应器的集成与工艺强化。例如，Wang 等[55]通过将好氧区和缺/厌氧区的逆向流化床生物反应器进行集成用于市政污水的处理并达到很好的处理效果。

(3) 利用 CFD 等数值模拟手段描述逆向液固流化床中颗粒的流动情况。例如，Gohari 等[56]使用格子玻尔兹曼法和光滑轮廓法相结合，在一个矩形通道内模拟单一组分和多组分颗粒体系的逆向液固流化床的流体力学性质；Song 等[57]使用二维欧拉-欧拉方法结合颗粒流动的动力学理论，利用 CFD 数据模拟等手段描述逆向液固循环流化床体系内颗粒的流动状况。

符 号 说 明

Ar	颗粒的阿基米德数，$Ar = g d_p^3 \rho_f (\rho_p - \rho_f)/\mu^2$	n	Richardson 和 Zaki 方程中床层的膨胀指数
Ar_m	修正后颗粒的阿基米德数，$Ar_m = g d_p^3 \rho_l (\rho_l - \rho_p)/\mu^2$	Q	液体的体积流量，m³/h
		R	床层半径，m
C_D	曳力系数	Re	正向流化床内液体的雷诺数，$Re = d_p U_l \rho_l/\mu_l$
D_c	床层直径，m 或 mm		
d_p	颗粒直径，mm 或 m	Re_{brf}	多组分颗粒体系颗粒初始流化速度对应的雷诺数
d_p^*	无量纲颗粒直径，$d_p^* = d_p \left[\rho_l g (\rho_p - \rho_l)/\mu_l^2 \right]^{1/3}$	Re_l	逆向流化床内液体的雷诺数 $Re_l = d_p U_l \rho_l/\mu_l$
$F_{friction}$	颗粒与壁面的摩擦力	$Re_{l,mf}$	逆向液固流化床体系最小流化速度的雷诺数，$Re_{l,mf} = d_p U_{l,mf} \rho_l/\mu_l$
f	曳力系数		
$\bar{f}$	逆向流化床中多颗粒曳力系数与单颗粒曳力系数的比值	$(Re_{l,mf})_{CMC}$	非牛顿流体体系最小流化速度(液速)对应的雷诺数
f_{pm}	多孔介质的曳力系数	Re_{mf}	正向液固流化床体系最小流化速度对应的雷诺数，$Re_{mf} = d_p U_{mf} \rho_l/\mu_l$
f_{sa}	颗粒和壁面间的摩擦系数		
G_s	颗粒循环量，kg/m²s		
g	重力加速度，m/s²	Re_{mrf}	单一或多组分颗粒体系最小流化速度对应的雷诺数
H	床层高度，m 或 mm		
H_0	初始床层高度，m 或 mm	Re_p	颗粒的雷诺数，$Re_p = d_p U_l \rho_f/\mu_f$
H_f	有效床层高度，m 或 mm	Re_{pm}	修正的颗粒雷诺数，$Re_{pm} = d_p U_l \rho_f/\mu_f (1-\varepsilon)$
H_{mf}	最小流化速度对应床层高度，m		

Re_t	对应于颗粒终端速度的雷诺数		化速度，m/s
Re_{trf}	多组分颗粒体系完全流化速度对	U_R	颗粒的滑移速度，m/s
	应的雷诺数	U_s	表观颗粒速度，m/s
r	径向距离，m	U_t	颗粒终端速度，m/s
U_{brf}	多组分颗粒体系的初始流化速	U_{trf}	多组分颗粒体系的完全流化速
	度，m/s		度，m/s
U_{cv}	临界转变速度，m/s	V_l	液体速度，m/s
U_f	流体表观速度，m/s	$\overline{V}_p$	颗粒平均速度，m/s
U_f^*	流体的无量纲表观速度，	x	轴向位置，m

$$U_f^* = U_f \left[\rho_f^2 / \mu_f g (\rho_p - \rho_f) \right]^{1/3}$$

U_i	空隙率为 1 时的表观液速，m/s	ε	床层空隙率
U_l	表观液速，m/s	$\overline{\varepsilon}_s$	床层平均固含率
U_l^*	无量纲表观液速，	ε_{mf}	最小流化速度对应的床层空隙率
		ε_s	固含率

$$U_l^* = U_l \left[\rho_l^2 / \mu_l g (\rho_p - \rho_l) \right]^{1/3}$$

$U_{l,mf}$	逆向液固流化床的最小流化速	μ_f	流体黏度，N · s/m^2
	度，m/s	μ_l	液体黏度，N · s/m^2
$U_{l,t}$	逆向液固流化床中颗粒的终端速	ρ_f	流体密度，kg/m^3
	度，m/s	ρ_l	液体密度，kg/m^3
U_{mf}	最小流化速度，m/s	ρ_p	颗粒密度，kg/m^3
U_{mrf}	单一或多组分颗粒体系的最小流	ϕ_s	颗粒的球形度
		ΔP	床层压降，kg/(m^2 · S^2)或 N/m^2

习   题

3-1 使用一个正向液固流化床进行某吸附反应，吸附剂颗粒的密度为 1500 kg/m^3，球形当量直径为 1.3 mm，溶剂的密度为 780 kg/m^3，单位高度的床层压降为 2.1 kPa，床层的空隙率是多少？

3-2 在使用液固循环流化床进行污水处理的过程中，所用的载体颗粒密度为 1250 kg/m^3，球形当量直径为 1.5 mm，正常运行中载体上生物膜厚度约为 0.2 mm，测得生物膜密度约为 1030 kg/m^3。至少需要多大液速才能使颗粒在床层中循环？

3-3 使用液固循环流化床进行蛋白质的提取，载体颗粒处于传统流态化操作区，只进行液体循环，颗粒不循环，进口液速为 1.2 mm/s，至少需要多大的液体回流比才能使颗粒流化？已知：载体颗粒的球形当量直径为 1.6 mm，密度为 1325 kg/m^3，液体的密度为 820 kg/m^3，黏度为 1.6×10^{-3} N · s/m^2。

3-4 某等温液固相催化反应中，使用球形颗粒作为催化剂，密度为 1750 kg/m^3，粒径为 0.5 mm，液体的密度为 850 kg/m^3，黏度为 1.5×10^{-3} N · s/m^2，反应装置的直径为 0.5 m。需要多大的操作液速才能使颗粒在床层中膨胀 50%？

3-5 使用一个逆向液固循环流化床在液体水中进行颗粒分级，混合颗粒由 A 和 B 两种颗粒组成，其中 A 颗粒的密度为 960 kg/m^3，球形当量直径为 0.8 mm，B 颗粒密度为 760 kg/m^3，球形当量直径为 2.6 mm。至少需要多大液速才能使两种颗粒分离？

3-6 某催化反应中，为达到较高的反应效率，颗粒的装载体积为 20 kg，需要将床层平均固含率由 20% 提高到 30%，床层的膨胀系数 n 为 4.04，在保持床高不变的情况下，如何调节才能达到工艺要求？

3-7 使用逆向液固流化床进行生物污水处理的过程中，载体颗粒的密度为 950 kg/m^3，球形当量直径为 2.6 mm，随着反应的进行，载体颗粒表面覆盖一层厚度约为 0.15 mm 的生物膜，生物膜的密度约为 1035 kg/m^3，至少需要多大的液速才能使载体颗粒处于流化状态？

3-8　使用逆向液固流化床进行液固催化反应, 催化剂颗粒的球形当量直径为 0.6 mm, 密度为 930 kg/m³。液体连续相的密度为 980 kg/m³, 黏度为 1.2×10^{-3} N·s/m², 床层直径为 1.2 m, 要使颗粒膨胀超过初始床高的 2/3, 至少需要多大的操作液速?

参 考 文 献

[1] Fu J Y, Pan X Y, Sun Z N, et al. Hydrodynamics in a new liquid-solid circulating conventional fluidized bed[J]. Particuology, 2022, 70: 20-29.

[2] Sun Z N, Zhu J. Demarcation on a new conventional circulating fluidization regime in liquid-solids fluidization via experimental and numerical studies[J]. Chemical Engineering Journal, 2021, 412: 128578-1-128578-12.

[3] Liang W G, Zhang S L, Zhu J X, et al. Flow characteristics of the liquid-solid circulating fluidized bed[J]. Powder Technology, 1997, 90(2): 95-102.

[4] Grace J R. Contacting modes and behaviour classification of gas-solid and other two-phase suspensions[J]. The Canadian Journal of Chemical Engineering, 1986, 64(3): 353-363.

[5] 郭慕孙. 流态化技术在冶金中之应用[M]. 北京: 科学出版社, 1958.

[6] Wen C Y, Yu Y H. A generalized method for predicting the minimum fluidization velocity[J]. AIChE Journal, 1966, 12(3): 610-612.

[7] Wilhelm R M, Kwauk M. Fluidization of solids particles[J]. Chemical Engineering Progress, 1948, 44: 201-218.

[8] Zheng Y, Zhu J X, Marwaha N S, et al. Radial solids flow structure in a liquid-solids circulating fluidized bed[J]. Chemical Engineering Journal, 2002, 88(1-3): 141-150.

[9] Zheng Y, Zhu J X, Wen J Z, et al. The axial hydrodynamic behavior in a liquid-solid circulating fluidized bed[J]. The Canadian Journal of Chemical Engineering, 1999, 77(2): 284-290.

[10] Zhu J X, Karamanev D G, Bassi A S, et al. (Gas-)liquid-solid circulating fluidized beds and their potential applications to bioreactor engineering[J]. The Canadian Journal of Chemical Engineering, 2000, 78(1): 82-94.

[11] Zheng Y, Zhu J. Radial distribution of liquid velocity in a liquid-solids circulating fluidized bed[J]. International Journal of Chemical Reactor Engineering, 2003, 1(1): 1-8.

[12] Richardson J F, Zaki W N. Sedimentation and fluidization: Part I [J]. Chemical Engineering Research and Design, 1997, 75(1): S82-S100.

[13] Sang L, Zhu J. Experimental investigation of the effects of particle properties on solids holdup in an LSCFB riser[J]. Chemical Engineering Journal, 2012, 197(7): 322-329.

[14] Sang L. Particle fluidization in upward and inverse liquid-solid circulating fluidized bed[D]. London: University of Western Ontario, 2013.

[15] Song Y F, Zhu J, Zhang C, et al. Comparison of liquid-solid flow characteristics in upward and downward circulating fluidized beds by CFD approach[J]. Chemical Engineering Science, 2019, 196(1): 501-513.

[16] 陈少奇, 邵媛媛, 马可颖, 等. 液固循环流化床的开发与应用: 过程集成与强化[J]. 化工进展, 2019, 38(1): 122-135.

[17] Lan Q D, Zhu J X, Bassi A S, et al. Continuous protein recovery using a liquid-solid circulating fluidized bed ion exchange system: Modelling and experimental studies[J]. The Canadian Journal of Chemical Engineering, 2000, 78(5): 858-866.

[18] Lan Q D, Bassi A S, Zhu J X, et al. A modified Langmuir model for the prediction of the effects of ionic strength on the equilibrium characteristics of protein adsorption onto ion exchange/affinity adsorbents[J]. Chemical Engineering Journal, 2001, 81(1-3): 179-186.

[19] Lan Q D, Bassi A, Zhu J X, et al. Continuous protein recovery from when using liquid-solid circulating fluidized bed ion-exchange extraction[J]. Biotechnology and Bioengineering, 2002, 78(2): 157-163.

[20] Lan Q D, Bassi A S, Zhu J X, et al. Continuous protein recovery with a liquid-solid circulating fluidized-bed ion exchanger[J]. AIChE Journal, 2002, 48(2): 252-261.

[21] Trivedi U J, Bassi A S, Zhu J X. Investigation of phenol removal using sol-gel/alginate immobilized soybean seed hull peroxidase[J]. The Canadian Journal of Chemical Engineering, 2006, 84(2): 239-247.

[22] Trivedi U J, Bassi A S, Zhu J X. Continuous enzymatic polymerization of phenol in a liquid-solid circulating fluidized bed[J]. Powder Technology, 2006, 169(2): 61-70.

[23] 姜绍通, 于力涛, 李兴江, 等. 连续离子交换法分离 L-乳酸的工艺设计及优化[J]. 食品科学, 2012, 33(12): 69-74.

[24] 崔永涛. 新型连续离子交换法转化维生素 C 钠的工艺开发[D]. 天津: 天津大学, 2003.

[25] Patel M, Bassi A S, Zhu J X, et al. Investigation of a dual-particle liquid-solid circulating fluidized bed (DP-LSCFB) bioreactor for extractive fermentation of lactic acid[J]. Biotechnology Progress, 2008, 24(4): 821-831.

[26] Cui Y, Nakhla G, Zhu J, et al. Simultaneous carbon and nitrogen removal in anoxic-aerobic circulating fluidized bed biological reactor (CFBBR)[J]. Environmental Technology, 2004, 25(6): 699-712.

[27] Patel A, Zhu J, Nakhla G. Simultaneous carbon, nitrogen and phosphorous removal from municipal wastewater in a circulating fluidized bed bioreactor[J]. Chemosphere, 2006, 65(7): 1103-1112.

[28] Nelson M J, Nakhla G, Zhu J. Fluidized-bed bioreactor applications for biological wastewater treatment: A review of research and developments[J]. Engineering, 2017, 3(3): 330-342.

[29] Chowdhury N, Zhu J, Nakhla G, et al. A novel liquid-solid circulating fluidized-bed bioreactor for biological nutrient removal from municipal wastewater[J]. Chemical Engineering & Technology, 2009, 32(3): 364-372.

[30] Andalib M, Nakhla G, Zhu J. Biological nutrient removal using a novel laboratory-scale twin fluidized-bed bioreactor[J]. Chemical Engineering & Technology, 2010, 33(7): 1125-1136.

[31] Chowdhury N, Nakhla G, Zhu J, et al. Pilot-scale experience with biological nutrient removal and biomass yield reduction in a liquid-solid circulating fluidized bed bioreactor[J]. Water Environment Research, 2010, 82(9): 772-781.

[32] Wei L B, Liu J L. Coarse slime separation and numerical simulation of a new liquid-solid fluidized bed[J]. Zhongguo Kuangye Daxue Xuebao, 2019, 48(4): 882-888.

[33] Vollprecht D, Plessl K, Neuhold S, et al. Recovery of molybdenum, chromium, tungsten, copper, silver, and zinc from industrial waste waters using zero-valent iron and tailored beneficiation processes[J]. Processes, 2020, 8(3): 279.

[34] Chavan P V, Thombare M A, Bankar S B, et al. Novel multistage solid-liquid circulating fluidized bed: Hydrodynamic characteristics[J]. Particuology, 2018, 38: 134-142.

[35] Thombare M A, Kalaga D V, Bankar S B, et al. Novel multistage solid-liquid circulating fluidized bed: Liquid phase mixing characteristics[J]. Particulate Science and Technology, 2020, 38(2): 144-155.

[36] He S R, Li Y F, Liu T S, et al. Prediction of particles separation in narrow inclined channels of liquid-solid fluidized bed[J]. Powder Technology, 2020, 360: 562-568.

[37] Li X N, Liu M Y, Li Y J. Hydrodynamic behavior of liquid-solid micro-fluidized beds determined from bed expansion[J]. Particuology, 2018, 38: 103-112.

[38] Yang Z G, Liu M Y, Lin C. Photocatalytic activity and scale-up effect in liquid-solid mini-fluidized bed reactor[J]. Chemical Engineering Journal, 2016, 291: 254-268.

[39] Pacg R E. Some aspects of three-phase fluidization[D]. Cambridge: University of Cambridge, 1970.

[40] Shimodaira C, Yushina Y, Kamata H, et al. Process for biological treatment of waste water in downflow

operation: US4256573[P].1981-03-17.

[41] Ulaganathan N, Krishnaiah K. Hydrodynamic characteristics of two-phase inverse fluidized bed[J]. Bioprocess Engineering, 1996, 15(3): 159-164.

[42] Sang L, Nan T, Jaberi A, et al. On the basic hydrodynamics of inverse liquid-solid circulating fluidized bed downer[J]. Powder Technology, 2020, 365: 74-82.

[43] Femin Bendict R J, Kumaresan G, Velan M. Bed expansion and pressure drop studies in a liquid-solid inverse fluidised bed reactor[J]. Bioprocess Engineering, 1998, 19(2): 137-142.

[44] Vijaya Lakshmi A C, Balamurugan M, Sivakumar M, et al. Minimum fluidization velocity and friction factor in a liquid-solid inverse fluidized bed reactor[J]. Bioprocess Engineering, 2000, 22(5): 461-466.

[45] Das B, Ganguly U P, Das S K. Inverse fluidization using non-Newtonian liquids[J]. Chemical Engineering and Processing: Process Intensification, 2010, 49(11): 1169-1175.

[46] Banerjee J, Basu J K, Ganguly U P. Some studies on the hydrodynamics of reverse fluidization velocities[J]. Indian Chemical Engineering, 1999, 1(41): 35-38.

[47] 马可颖. 逆向流化床流动特性的研究[D]. 天津: 天津大学, 2020.

[48] Garside J, Al-Dibouni M R. Velocity-voidage relationships for fluidization and sedimentation in solid-liquid systems[J]. Industrial & Engineering Chemistry Process Design and Development, 1977, 16(2): 206-214.

[49] Fan L S, Muroyama K, Chern S H. Hydrodynamic characteristics of inverse fluidization in liquid-solid and gas-liquid-solid systems[J]. The Chemical Engineering Journal, 1982, 24(2): 143-150.

[50] Karamanev D G, Nikolov L N. Bed expansion of liquid-solid inverse fluidization[J]. AIChE Journal, 1992, 38(12): 1916-1922.

[51] García-Calderón D, Buffière P, Moletta R, et al. Influence of biomass accumulation on bed expansion characteristics of a down-flow anaerobic fluidized-bed reactor[J]. Biotechnology and Bioengineering, 1998, 57(2): 136-144.

[52] Karamanev D G, Nikolov L N. Free rising spheres do not obey Newton's law for free settling[J]. AIChE Journal, 1992, 38(11): 1843-1846.

[53] Campos-Díaz K E, Alvarez-Cruz J L. A proposal of a hydrodynamic model to low Reynolds numbers in a liquid-solid inverse fluidized bed reactor[J]. Tecnologíay Ciencias Del Agua, 2017, 8(3): 143-150.

[54] Alvarado-Lassman A, Rustrián E, García-Alvarado M A, et al. Brewery wastewater treatment using anaerobic inverse fluidized bed reactors[J]. Bioresource Technology, 2008, 99(8): 3009-3015.

[55] Wang H L, He X Q, Nakhla G, et al. Performance and bacterial community structure of a novel inverse fluidized bed bioreactor(IFBBR) treating synthetic municipal wastewater[J]. Science of the Total Environment, 2020, 718(1): 137288.

[56] Gohari E M, Sefid M, Javaran E J. Numerical simulation of the hydrodynamics of an inverse liquid-solid fluidized bed using combined Lattice Boltzmann and smoothed profile methods[J]. Journal of Dispersion Science and Technology, 2017, 38(10): 1471-1482.

[57] Song Y F, Sun Z N, Zhang C, et al. Numerical study on liquid-solid flow characteristics in inverse circulating fluidized beds[J]. Advanced Powder Technology, 2019, 30(2): 317-329.

第4章

气液固流态化

与气固及液固两相流态化类似，气液固三相流态化具有高效的相间接触、混合和质热传递特性，其装置——三相流化床非常适合于冶金、炼油、石油化工、煤化工、医药、食品、环境和能源等过程工业中的物理操作或具有强放热的多相催化或非催化反应过程，如甲醇生产、重油及渣油催化加氢、费-托合成、矿物浮选、生物发酵、动植物细胞及组织培养、烟气脱硫及废水处理等[1-11]。气液固流化床反应器的研究源于 Bergius 在 1912 年至 1926 年间关于煤的直接液化或加氢工作[1-2,5,8-9,11-13]，经过约一个世纪的发展，取得了一系列有价值的研究成果，国内外学者已进行了全面总结[1-11]。总体上，由于多相流动及传递行为本身的复杂性，多相流测试技术的局限性，以及理论分析、建模和数值模拟所面临的各种挑战，致使三相流态化的基础研究和应用开发进展相对缓慢。今后应进一步加强研发工作，使三相流态化技术的优势得以充分发挥，以促进过程工业的发展。关于三相流态化的基本现象、流动、混合、传递和反应特性等方面的知识，文献[1-11]已进行了较为全面的阐述。本章首先简要介绍传统三相流态化的基础知识[2,8]，然后重点阐述近年来气液固循环流态化方面的新进展。

4.1 气液固流态化基本概念

气液固流态化一般指在物理或化学装置系统内的固相颗粒被气相和液相同时流化的一类三相物理操作或化学反应过程。三相流态化的操作一般在圆柱形的塔器内进行，该装置系统称为三相流化床。当然，也有在如方形、锥形等其他形状的装置内完成三相流态化过程的。

4.1.1 气液固流态化分类及意义

1. 分类

根据固体颗粒的运动状态，可以将三相流态化过程及其装置系统分为三种基本类型或流型：固定床、传统流态化及其对应的膨胀床、循环流态化或输送流态化及其对应的循环流化床和输送床等。

1) 固定床

该操作模式不属于流态化及其对应的流化床,而属于流态化及其对应的流化床的起始边界。

2) 传统流态化及其对应的膨胀床

传统流态化及其对应的膨胀床即传统概念上的流化床。此时,固体颗粒悬浮于流化床内,并不离开流化床,流化床具有明显的床层界面。典型的传统三相流化床(膨胀床)的基本流动结构如图 4-1(a)所示[2]。

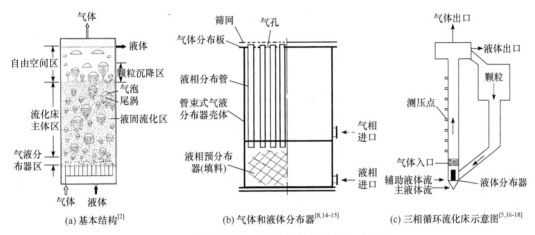

图 4-1　典型的传统三相流化床基本结构示意图

依据三相流化床内多相流动的物理现象,沿轴向(从流化床下部到上部)可将三相流化床分成 3 个区域:气液分布器区、流化床主体区和自由空间区。

气液分布器区是指从分布器上端出现气泡处开始,到稳定的三相流化床正式形成为止的一段床层。流体在该区域的流动行为取决于分布器的设计及气体、液体和颗粒的物理性质。设置三相流化床气液分布器的目的主要是获得均匀的三相分布。分布器的结构设计及计算原理可以借鉴气固流化床的分布器。只有使流体通过分布器的压降达到一定数值,才能保证流体通过分布器进入流化床后能够均匀分布,从而达到高质量的流化状态。液相分布器一般采用管束式,但是为了获得均匀的液相流动,在液相进入管束式分布器之前,宜使其先经过一段装有散装颗粒填料的预分布段。气体分布器结构往往设计成开有许多小直径的孔道。一般将气体分布器置于三相流化床内,紧贴液体分布器。较好的分布器结构是将气体分布器和液体分布器设计在一起,如图 4-1(b)所示。管束式液体分布器的管径一般为 1～10 mm,均匀排列于流化床底部。液体走管程,液体分布器的开孔率可控制在 30%以下。气体走液体分布器的壳程,并向上通过开有很小直径孔洞的分布板,经均匀分布后进入流化床。气体分布板的开孔率一般控制在 5%以下。

流化床主体区是传统流化床的主要部分,其流体力学特性随操作条件的不同而有较大变化。但是在每个特定的操作条件下,该区域的特性沿轴向的变化与其他区域相比较小。

自由空间区是指三相流化床床面以上,由颗粒夹带造成的一个沿床高方向固体颗粒含率递减的区域。该区域可使随流体带出的固体颗粒重新返回流化床主体中。

3) 循环流态化或输送流态化及其对应的循环流化床和输送床

当表观流速超过气、液介质中固体颗粒的终端速度时,三相流态化操作将处于输送状态,可细分为:快速流态化、密相输送及稀相输送等操作。如果对输送出的固体颗粒加以回收和循环使用,则在循环流化床中实现。三相循环流化床示意图如图 4-1(c)所示。

三相循环流化床操作可看作气液鼓泡流和液体输送的结合,其特征是大量的固体被带出床层顶部,并在底部有足够的固体颗粒进料补充,以维持稳定的颗粒循环操作。三相循环流化床底部由气体和液体分布器组成。液体分布器分为两部分:管状主水流分布器和多孔辅助水流分布器。气、液、固三相并流向上流动。在给定表观气速下,表观液速超过一定值时,颗粒被夹带到流化床顶部的分离器。在分离器中,气体自动溢出,液固混合物经分离后,液体流回到储水槽,固体颗粒进入颗粒储罐。三相循环系统的流化受主水流、辅助水流和表观气速的控制。辅助水流的作用是调节和控制颗粒循环量[16-19]。三相循环床的轴向固含率一般呈 S 形等分布。床底部是密相区,顶端是稀相区,中间则是过渡区。固含率及其沿轴向的变化都随表观液速的增加而降低,随固体颗粒循环速率的增加而增加。固体颗粒循环速率是三相循环床的重要参数之一,受操作条件的影响。

图 4-2 为气液并流向上,液体为连续相的气液固流化床的操作流型边界。由图 4-2 可以看出[2]:①固体颗粒的最小流化液速 u_{lmf} 随液固流化床中颗粒终端速度 u_t 增加而增加,随表观气速 u_g 增加而减小;②u_t 较小时,有气相存在时的颗粒终端速度 u'_t 不受气速的影响,u_t 较大时,u'_t 随气速 u_g 增加而减小。

除了三相流化床外,还有一种称为浆态床(也称泥浆鼓泡塔)的三相流系统。从流体力学角度分析,三相流化床与浆态床不同。三相流化床中,固体颗粒直径较大,表观液速大于液固流化床的起始流化液速,固体颗粒主要被液相流化,气相以气泡的形式占据一定的床层体积而穿过液相;在浆态床中,固体颗粒直径较小,表观液速可低于液固流化床的起始流化液速,甚至可以为零,固体颗粒主要由气相悬浮。近年来,浆态床的研究比较活跃。本书第 5 章将单独阐述。

图 4-3 为三相流化床与浆态床的共同操作区域[2]。具体操作区域参数范围为

三相流化床在膨胀区操作:$u_t = 3 \sim 50$ cm/s;

浆态床可在膨胀区和输送区操作:$u_t = 0.03 \sim 7$ cm/s,$u_l = 0 \sim 10$ cm/s;

三相区与泥浆区的共同区:$u_t = 3 \sim 7$ cm/s;

操作在膨胀区的三相流化床和浆态床之间的界限划定大致为 $u_l = 5$ cm/s。

至于三相流化床与浆态床的不同,也许没有必要划分,也许需要进一步严格区分。

2. 操作模式

气液固流化床因操作方式、流体的相对流向及各相的连续性不同而具有多种操作模式。Fan[2]按照固体颗粒是否跟随液相从装置系统中流进和流出,气相和液相是并流向上、逆流、并流向下还是液相不进出系统,以及连续相是液相还是气相的区别,将三相流态化分成 15 种不同类型,如图 4-4 所示。其中,以液相为连续相,气液并流向上,固体颗粒被气相和液相共同流化的三相流化床最为常见,即图 4-4 中 E-I-a-1 型操作模式,是本章的主要讨论对象。

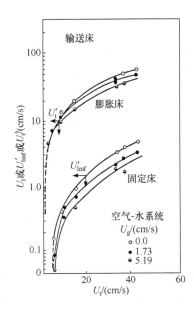

图 4-2　气液并流向上，液相为连续相的
气液固体系的操作流型[2]

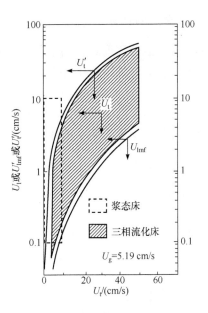

图 4-3　三相流化床与泥浆鼓泡塔的
共同操作区域[2]

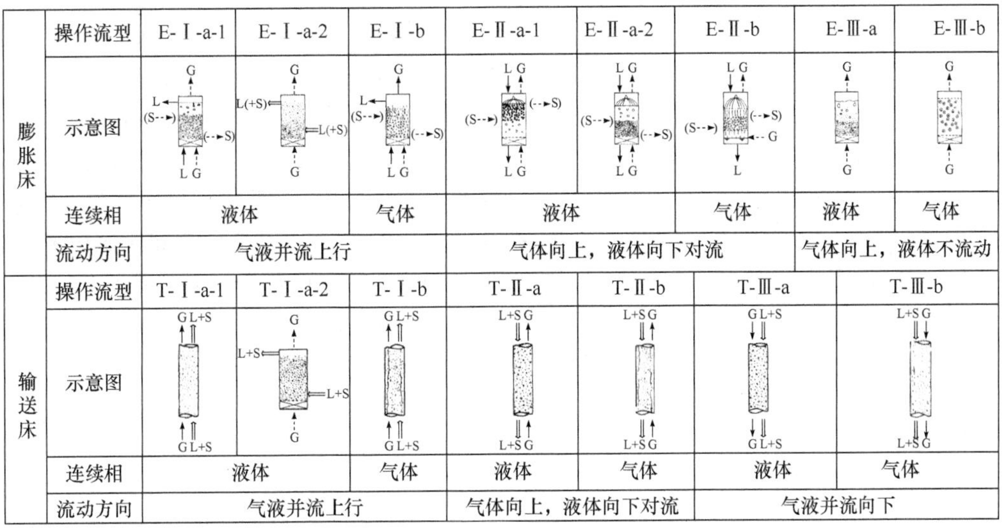

膨胀床	操作流型	E-Ⅰ-a-1	E-Ⅰ-a-2	E-Ⅰ-b	E-Ⅱ-a-1	E-Ⅱ-a-2	E-Ⅱ-b	E-Ⅲ-a	E-Ⅲ-b
	示意图								
	连续相	液体		气体	液体		气体	液体	气体
	流动方向	气液并流上行			气体向上，液体向下对流			气体向上，液体不流动	

输送床	操作流型	T-Ⅰ-a-1	T-Ⅰ-a-2	T-Ⅰ-b	T-Ⅱ-a	T-Ⅱ-b	T-Ⅲ-a	T-Ⅲ-b
	示意图							
	连续相	液体		气体	液体	气体	液体	气体
	流动方向	气液并流上行			气体向上，液体向下对流		气液并流向下	

图 4-4　气液固流态化体系分类[2]

4.1.2　固定床与流化床的特点比较

1. 固定床的优势

(1) 宏观混合少，且各相轴向返混程度小，在活塞流有利于反应动力学时，可提高反应的转化率，对复杂反应有利于控制选择性。

(2) 颗粒磨损小。

2. 流化床的优势

(1) 宏观混合程度高，当全混流有利于反应动力学时，可提高转化率。
(2) 可在无外加措施条件下获得均匀的温度分布。
(3) 热量引入、引出容易，温度控制方便。
(4) 颗粒内扩散阻力低，液体和固体颗粒外部传质阻力低。
(5) 催化剂易于更换、液体分布均匀。

4.1.3　工业应用简介

三相流化床具有广泛的工业应用领域。例如，1912 年开始的三相流化床用于煤的直接液化和加氢等过程的反应器，也可用于煤的间接液化。1926 年发现的费-托合成，即煤的间接液化，采用的是泥浆鼓泡床[12-13]。这里简要介绍三相流化床反应器用于煤的直接液化的工业规模示例：以小于 60 目的褐煤和年轻烟煤粉为固体颗粒，与液化循环油混合制成煤浆，增压，与压缩氢混合，经预热器，在气液并流向上的三相流化床中经催化剂(CO-MO/Al₂O₃)合成油品。该三相流化床反应器的内径 1.5 m，主体高度 9.3 m。反应温度 450℃，压力 20 MPa。图 4-5 是其工业三相流化床反应器装置简图[20-21]。部分物料从反应器底部经高压油循环泵打循环，强化反应器内流动。从反应器内连续抽出 2%催化剂进行再生，并同时补充等量新鲜催化剂。因煤直接液化放出的反应热不大，所以流化床内部没有安装换热器。

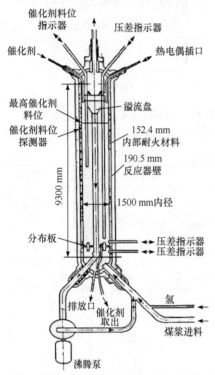

图 4-5　用于煤直接液化的三相流化床反应器装置简图[20-21]

此外，生物产品发酵、油渣加氢、烟气脱硫、化学及生物废水处理、工业产品结晶分离、三相流输送、颗粒物料干燥、甲烷化、湿法冶金等过程都会用到三相流化床反应器或物理操作装置系统。

4.2　气液固流化床流体力学行为

4.2.1　流型及其过渡

气液固流化床内的多相流动随操作条件、颗粒及流体特性和设备几何结构等的不同而表现出不同的流型或流区。流型或流区不同，流动、混合、传递及反应特性也不同。设计放大时首先要判断流动处于什么流区。因此，采用多种先进的多相流测试技术及分析方法进行流区的客观定量化识别，一直是三相流态化研究首先关注的方向之一。但是，目前还缺乏公认的流区及其过渡的有效判别方法。

典型的气液固流化床内的流区划分如图 4-6 所示[5]。给定较小的表观气速而增加表观液速，三相流化床的操作区域可从气泡合(聚)并区过渡到气泡分散区，最后进入液体输送区；给定较小的表观液速而增加表观气速，则三相流化床的操作经历气泡合并区、节涌区、节涌-湍动区，进而进入气体输送区。在输送区，如果固体颗粒需要循环使用，则可以循环流化床的方式实现。循环流化床一般包括上行床和下行床。

三相流化床内的每个流区也有其详细的流动结构。图 4-7 为三相流化床在气泡合并区的典型涡旋流动结构[22]，具有非稳态行为和相干结构特征。

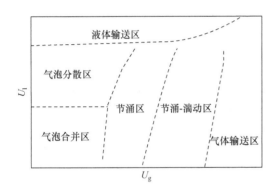

图 4-6　气液固流化床操作区域示意图[5]

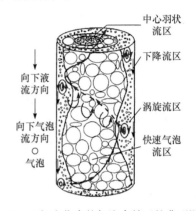

图 4-7　三相流化床的气泡合并区的典型涡旋
流动结构[22]

4.2.2　临界流化速度及其计算

与气固或液固两相流化床不同，三相流化床中的固体颗粒同时受液相和气相的流化，而且主要流态化介质一般是液相。因此，三相流化床的临界流化速度一般是指在表观气速一定的条件下，使固体颗粒流化的最小表观液速 U_{lmf}。临界流化速度不仅与三相床系统的物性有关，还受表观气速的影响。

无气相存在的液固流化床的临界流化液速 U_{lmf0} 大于三相流化床的临界流化液速 U_{lmf}。随着表观气速的增大，三相流化床的临界流化液速 U_{lmf} 将减小(颗粒终端速度较大时)。

临界流化液速由床层动压降确定。Song 等[23]给出的计算临界流化液速的公式对大、小颗粒的预测效果都比较好，如式(4-1)所示

$$\frac{U_{lmf}}{U_{lmf0}} = 1 - 376 U_g^{0.327} \mu_l^{0.227} d_p^{0.213} (\rho_p - \rho_l)^{-0.423} \tag{4-1}$$

其中，U_{lmf0} 可由下列公式计算：

$$Re_{lmf0} = (33.7^2 + 0.0408 Ar)^{0.5} - 33.7 \tag{4-2}$$

$$Re_{lmf0} = \frac{d_p U_{lmf0} \rho_l}{\mu_l} \tag{4-3}$$

$$Ar = \frac{d_p^3 \rho_1 (\rho_p - \rho_1) g}{\mu_1^2} \tag{4-4}$$

Zhang 等[24]以 Ergun 公式为基础,提出了气体扰动液体模型,用来计算临界流化液速:

$$Re_{\mathrm{lmf}} = \sqrt{\left[\left(\frac{150}{3.5}\right) \times \left(\frac{1-\varepsilon_{\mathrm{mf}}}{\phi}\right)\right]^2 + \left(\frac{1}{1.75}\right) \phi Ar[\varepsilon_{\mathrm{mf}}(1-\alpha_{\mathrm{mf}})]^3} - \left(\frac{150}{3.5}\right) \times \left(\frac{1-\varepsilon_{\mathrm{mf}}}{\phi}\right) \tag{4-5}$$

式中,$\varepsilon_{\mathrm{mf}}$ 为临界流化状态下气含率和液含率之和;α_{mf} 为临界流化状态下气含率除以总的流体(气相和液相)含率。

$$Re_{\mathrm{lmf}} = \frac{d_p U_{\mathrm{lmf}} \rho_1}{\mu_l} \tag{4-6}$$

$$\alpha_{\mathrm{mf}} = \frac{0.16 U_g}{\varepsilon_{\mathrm{mf}}(U_g + U_{\mathrm{lmf}})} \tag{4-7}$$

式中,U_g 为表观气速。利用式(4-5)和式(4-7)求临界流化液速时,需要同时求解 α_{mf} 和 U_{lmf}。以上各式均采用 SI 单位。以上经验公式均由单一颗粒体系得到。

4.2.3 床层压降

气液固流化床全床压降与床内各相含率密切相关。

在稳态条件下,在低或中等表观气、液速条件下,忽略床壁面的摩擦曳力和气、液流的加速项,纵向全床压力梯度为[2]

$$-\frac{\mathrm{d}P}{\mathrm{d}z} = (\varepsilon_s \rho_s + \varepsilon_1 \rho_1 + \varepsilon_g \rho_g) g \tag{4-8}$$

式中,ε_s 为固相含率;ε_g 为气相含率;ε_1 为液相含率。

三相流化床动压降定义为

$$-\frac{\mathrm{d}P_{\mathrm{d}}}{\mathrm{d}z} = \left(-\frac{\mathrm{d}P}{\mathrm{d}z}\right) - \rho_1 g \tag{4-9}$$

各相含率必然服从以下关系:

$$\varepsilon_g + \varepsilon_1 + \varepsilon_s = 1 \tag{4-10}$$

式(4-8)的计算结果最大误差只有 5%,该式也适用于逆向流态化系统,如湍动床系统和三相逆流化床系统。

不同表观气速下,典型的气液固流化床动压降随轴向位置的变化规律如图 4-8 所示[2],包括流化床的主体区和自由空间区的变化曲线。可以看出,在流化床主体区,动压降随着床层高度的增加而线性急剧下降,这归因于主体区气含率随床高增加而增大,导致动压和压力梯度都降低;而在流化床的自由空间区,气含率随床高略有下降,动压降略呈线性增加。三相流化床主体区和自由空间区两条曲线的交点对应的即床层膨胀高度。

　　给定表观气速下，三相流化床的最小流化液速一般由床层动压降变化规律确定。床层从固定床转变为流化床时为初始流化。不同表观气速下，典型的气液固流化床动压降随表观液速的变化关系如图 4-9 所示[2]。在固定床阶段，随着表观液速的增加，动压降急剧线性增加；起始流化之后，动压降则基本维持不变。表观气速增加，气相的流化作用明显增强，对应的床层起始流化液速下降。

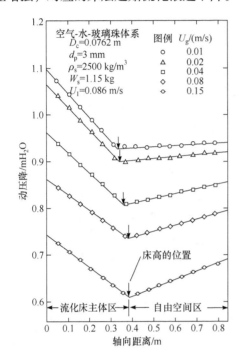

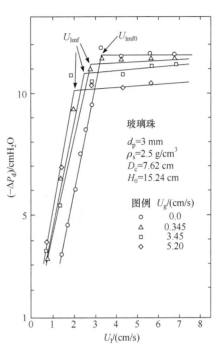

图 4-8　三相流化床动压降随轴向位置的变化[2]　　　图 4-9　三相流化床动压降随表观液速
的变化曲线[2]

4.2.4　床层膨胀

　　在给定表观气速下，当表观液速超过临界流化液速后，三相流化床处于流化状态；随着表观液速或气速的提高，床层不断膨胀。但是，与气固流化床不同的是，在有些条件下，向表观液速恒定的液固流化床中引入气相，提高表观气速时，三相床中观察到的不是通常的床层膨胀现象，而是床层收缩现象。只有当表观气速增至某临界速度后，增加气速才开始使床层膨胀。Massimilla 等[25]首先报道了这一现象。本教材作者的实验也发现了床层收缩阶段[26]。Epstein[27]定量地阐述了床层收缩的现象，并归因于气泡尾涡。尾涡携带颗粒和液体，以与气泡相同的速度向上运动，由于气泡的速度大于液相的流速，因此尾涡中的液体速度高于表观液速，而总的液体流率保持不变，故床内其他部分的液体速度下降，使床层出现收缩现象。此现象常出现在易形成大气泡的三相流态化体系，一般以黏度较大的液体为液相、小而轻的固体颗粒为固相的三相体系[27-28]。

　　Begovich 和 Watson[29]给出的预测床层膨胀的纯经验关联式如下：

$$\varepsilon = \varepsilon_g + \varepsilon_1$$

$$= (3.93 \pm 0.18)U_1^{0.271\pm0.011}U_g^{0.041\pm0.005}(\rho_s - \rho_1)^{0.316\pm0.011}d_p^{-0.268\pm0.010}\mu_1^{0.055\pm0.008}D_{Bed}^{-0.033\pm0.013}$$

$$(4-11)$$

式中，U_1 为表观液速，m/s；D_{Bed} 为流化床内径。

4.2.5 气泡行为

研究气液固流化床中的气泡行为，如气泡的大小及速度、气泡尾涡结构及特性等，是理解三相流态化系统复杂的相间相互作用的关键。气泡的大小及上升速度直接影响到气含率、气液相界面积和传质及传热特性等。气泡行为非常复杂，存在气泡的生成、上升运动、变形、聚并及破碎等动力学行为，而这些动力学行为又受流化床的几何尺寸、操作条件及物性等因素制约。流化床内气泡的大小及分布是这些复杂因素共同作用的结果，具有复杂的时空动力学特性，目前尚难以准确定量化描述。

气泡的大小因在流化床中的位置不同而具有不同的决定性影响因素。在分布器区，气泡尺寸主要由气泡的生成过程决定，与分布器尺寸及物性有关，如分布板孔径、液体黏度及表面张力等，还与通过气孔的气体流率有关。随着气泡的上升，气泡远离分布器区，上升气泡与周围其他气泡、单颗粒及周围液固介质间由于相互作用而发生气泡的变形、合并(聚并)和破碎。此时气泡的尺寸主要取决于气泡的聚并及破碎等动力学过程，而与气泡的生成过程关系不大。三相流化床中气泡的合并机制与气液鼓泡塔和气固流化床体系中发生的机制相似：液固悬浮物中垂直直线排列的两气泡连续上升时，后面的气泡被前导气泡后方所形成的低压区吸引而加速，最终与前导气泡合并。气泡聚并一般在小颗粒流化床中发生，这是小颗粒流化床中的液固悬浮物如同一拟均匀介质，比单纯液相介质具有更高的表观黏度和密度所致。气泡的破碎则与流体的湍动有关：大气泡可能由于产生于液固悬浮物中的湍动旋涡引起变形和破裂，并形成较小气泡。气泡与单颗粒之间也会由于相互作用而破碎。因此，三相流化床存在最大气泡尺寸的限制。

气泡尺寸与流化床内的流动状况有较大关系。层流状况下，气泡大小主要取决于气泡的生成过程，而对于湍流流动状况，则主要取决于气泡的聚并及破碎过程。当破碎及聚并过程达到平衡时，气泡的尺寸及分布也就确定下来。另外，由于强烈搅拌的液体阻止了将要碰撞气泡的凝聚过程，湍流状况下的气泡大小主要由气泡的破碎而非聚并过程控制。

流动状况不同，对应不同流区。对于分散泡流区，气泡在分布器区的生成过程对气泡尺寸具有显著影响。而对于其他区域，如气泡合并(凝聚)流区、塞状泡流区等，则由气泡的聚并及破碎过程决定。气液固流化床中固体颗粒的存在使气泡大小的影响因素进一步复杂化。目前对气泡特性的定量了解还很有限。

1. 气泡形状及运动

三相流化床中，气泡的形成是非常复杂的现象，受许多因素影响，如液体黏度、气体和液体的表观流速等。一般地，上升气泡与周围的液固介质的相互作用造成了所观察到的气泡形状，也决定了气泡周围流场的湍动程度。运动中的气泡形状有：球形、椭球形和球冠形(图 4-10)[5]。

球形　　　　　椭球形　　　　　球冠形

图 4-10　气泡形状示意图[5,30]

对于小气泡，其形状大致呈球形，表面张力起主要作用，气泡稳定地沿直线上升。对于中等尺寸气泡，表面张力和周围液体的惯性作用同样重要，运动轨迹复杂。对于大气泡，气泡周围液体的惯性起主要作用，表面张力、黏度和杂质等的影响可以忽略。大气泡的形状大致为球冠形，气泡串在翻滚和摇摆中沿直线前进。这些气泡运动的差别本质上是由于紧随气泡后面的流场不同。小尺寸气泡的尾涡可以忽略，中等尺寸气泡的次级运动则可能是由旋涡周期性地从气泡尾涡脱落所致，当旋涡从尾涡中开始脱落时，发生气泡的摇摆[30]。

1) 气泡尺寸

气泡尺寸常用图像或探针技术测量。三相流化床中的气泡尺寸不均一，呈现分布特征。气泡大小随时间和空间变化，随流化床几何尺寸、操作条件和物性而变化。

研究表明[2]，采用摄像等技术测量三相床中气泡大小时，在气泡分散区、聚并区和节涌区，气泡大小的分布均符合对数正态分布，而颗粒的性质对气泡的尺寸分布有一定的影响。气泡的平均尺寸沿床高迅速增加，并且随液体流速的减小而增大，随表观气速的增加而增加。另外，气泡尺寸随床层压降的增大而减小，随颗粒直径的减小而增大。气泡直径可用 Kim 等[31]提出的经验式计算：

$$d_\mathrm{b} = 0.142 u_\mathrm{g}^{0.248} U_1^{0.052} \gamma_1^{0.008} \sigma^{0.034} \tag{4-12}$$

式中，γ_1 为普遍化液体黏度常数，其定义式为 $\gamma_1 = K 8^{\bar{n}-1}$，$K$ 为流体一致性指数，$\bar{n}$ 为流体行为指数；σ 为表面张力。

参数 K 和 $\bar{n}$ 的值请参阅文献[31]中表 1。由式(4-12)可以看出，黏度和表面张力对气泡尺寸几乎没有影响。

2) 气泡上升速度

气泡上升速度 u_b 主要与气泡大小、表观气速和液速以及相含率有关。当气泡较小时，气泡的上升速度随气泡体积的增加而很快地增加。但随着气泡的长大，U_b 的增长速度趋于平缓，这是流体浮力和曳力对气泡共同作用的结果[30]。单个大气泡通过低黏度液体上升的速度由 Taylor 公式计算：

$$U_{\mathrm{b}\infty} = 0.711 (g d_\mathrm{b})^{1/2} \tag{4-13}$$

单个上升气泡的速度还可以用曳力系数描述。Darton 和 Harrison[32]分析了球形气泡(低雷诺数)和球冠形气泡(高雷诺数)两种情况下的曳力系数。

当流化床处于低雷诺数时，$Re_\mathrm{d} < 1.8$

$$C_D = 38 Re_d^{-1.5} \tag{4-14}$$

其中

$$C_D = (4/3) g d_b / U_b^2 \tag{4-15}$$

$$Re_d = \rho U_b d_b / \mu_{bed} \tag{4-16}$$

当雷诺数较高时，$Re_d \geqslant 2$

$$C_D = 2.7 + 24 / Re_d \tag{4-17}$$

液固流化床的平均密度可由液固混合物的体积平均值表示。液固流化床的表观黏度的规律比较复杂。用于工程计算时，Darton[33]的关联式可以用来计算高固含率的液固流化床的表观黏度。

$$\frac{\mu_{bed}}{\mu_1} = e^{36.15 \varepsilon_s^{2.5}} \tag{4-18}$$

气泡间的相互作用对气泡的上升速度起重要作用。如前所述，在多气泡体系中，气泡尺寸呈对数正态分布，因此，气泡上升速度在床内必然是大小不均的。气泡实际的上升速度可以分为两部分：单气泡的上升速度 $U_{b\infty}$ 和表观气、液流速：

$$U_b = U_{b\infty} + (u_g - u_1) / (1 - \varepsilon_s) \tag{4-19}$$

根据质量守恒原理，液体线速度 $U_1 / (1 - \varepsilon_s)$ 和气体线速度 $U_g / (1 - \varepsilon_s)$ 可以直接从与气固流化床的类比中得到。

3) 气泡的聚并与破碎

三相流化床中气泡聚并的原理与气液或气固流化体系的相似。当两个最初相互独立的气泡上升时，大气泡最终会追上小气泡并捕获它，此时，大气泡只受到非常小的扰动仍以正常速度上升，小气泡则在大气泡的流动中被甩向一侧，随后被拖入尾迹并被吸收，而大气泡变形非常小。这种现象是由大气泡底部的低气压造成的，经常出现在小颗粒流化床中。如果两个尺寸大致相等的相继上升的气泡靠得很近时，其中一个气泡总会赶上另一个，以同样的方式聚并。在小颗粒床中多发生气泡的聚并，而对大颗粒流化床则多发生破碎。

2. 气泡尾涡结构

三相流化床中，气泡尾涡是紧随气泡之后携有液体和固体颗粒的流场部分，尾涡随气泡一起运动。在尾涡不断重复形成与剥落的过程中，其中的液体和固体颗粒与流化床主体进行交换和更新，促使液相与固相混合，从而影响气相与液、固相间的质量和热量传递。如前所述，气泡尾涡还是床层收缩的直接原因。气泡及其尾涡在三相流化床的介尺度建模中属于介尺度，具有举足轻重的作用，是量化研究的重点对象。

气泡尾涡的尺寸随气泡尺寸的不同而不同。小气泡的尾涡非常小，甚至可以忽略；大气泡具有搅动的尾涡，其体积可远远大于气泡本身的体积。由于小颗粒床中常常形成球冠形大气泡，因此尾涡现象很重要。

气泡尾涡一般由两部分组成：靠近气泡的稳定液层和稍远的湍动旋涡。气泡根部的液层几乎不含固体颗粒，而旋涡周围特别是两个旋涡的相互作用处，颗粒浓度较大。典型尾涡流内部结构示意图如图 4-11 所示[2]。

图 4-11 中包含两个发展着的旋涡：一个为完全发展的环流(左方)，另一个正在形成中(右方)。靠近气泡的旋涡称为基本旋涡，其上升速度几乎与气泡相同。在基本尾涡下方的区域包括剥落的旋涡，它们的重要性次之，称为二级尾涡。尾涡一般以基本尾涡区为主。

尾涡是不稳定的，随气泡的加速上升，连续从外界获取物质并长大，最后失去平衡，并流失掉一部分物质。尾涡的形成是从外部流体在气泡边缘处的分离开始的，靠近气泡的液体沿自由剪切层向气泡中心流动，由于剪切层内外边界之间存在速度差异，液体卷绕成旋涡线状，形成内部旋涡。由于旋涡始终处于气泡边缘的剪应力层，尾涡形成以后，还会不断有

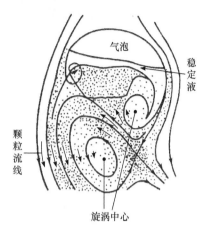

图 4-11　典型尾涡流内部结构示意图[2]

新颗粒随着旋涡的转动连续地补充进来，因此，尾涡将随时间的延续而长大，最后变得不稳定并与气泡分离，尾涡的碎片就会落入主体流场之中，称为旋涡剥落[2]。

尾涡的结构受流体性质、流动速度及固体颗粒性质影响。小颗粒床中易形成大气泡，大而重的颗粒床层中大多为球形的小气泡，因而，此两种体系在尾涡结构和流体力学性质上都有很大差别。对于低雷诺数的层流或黏性介质，经常能观察到球冠形大气泡。尾涡由与气泡中线对称的两个螺旋组成，并且具有清晰的边界。这种尾涡的力学性质比较稳定。降低流体的黏度或增加雷诺数，尾涡中的旋涡变得不对称而出现区域脱落。在高雷诺数的流体中，气泡的尾涡边界消失，一连串的尾涡跟随在气泡之后，远离气泡的旋涡则开始脱落。

气泡尾涡在三相流化床的研究中十分重要。Fan 和 Tsuchiya[3]给予了详细的分析和讨论。

4.2.6　相含率

相含率是三相流化床最重要的设计参数之一。气、液、固三相含率之间的关系满足式(4-10)。三相流化床的相含率有整个床层的相含率、某一截面的相含率和某一点的相含率之分。整个床层的相含率也称为全床平均相含率，某一截面的相含率和某一点的相含率也称为局部相含率。其中，最有实践意义的是全床平均相含率。为了更精细地设计流化床反应器，了解局部相含率也非常重要。

测量平均相含率常采用原始而直观的切断法或精确且操作方便的压降方法。有多种方法可以测量局部相含率，如电导探针法，特别适用于测量局部气含率和气泡特性，还有光纤探头法、γ射线吸收法、透射光纤探头法、远心摄像法等[34-36]。各种方法都有相应的适用范围。目前能够同时实现三相局部含率测量的方法还很有限，多采用压降和电导

探针或光纤探头相结合的方法。

一般情况下，总是先得到气、液相含率的变化规律，然后利用式(4-10)计算固含率的变化规律。

关于三相流化床的相含率等流动特性的理论预测，也提出了一些机理模型，如统一尾涡模型、能量最小多尺度作用模型等，下文将简要介绍。

1. 气含率

气含率是三相流化床最重要的设计参数。总体来说，气含率随表观气速的增加而增大，随表观液速的增加而减小。气含率随表面张力的增加而减小，随液体黏度的增加而增大。气含率与固体颗粒直径成正比，与床径成反比。

Chern 等[37]和 Fan 等[38]给出了计算不同操作条件下的气含率关联式：

$$\frac{U_g}{\varepsilon_g} = \frac{U_g}{1-\varepsilon_g} + \frac{U_1}{1-\varepsilon_s} + 0.1016 + 1.488\left(\frac{U_g}{1-\varepsilon_g}\right)^{1/2} \tag{4-20}$$

$$\frac{U_g}{\varepsilon_g} = 1.783\left(\frac{U_g}{1-\varepsilon_s} + \frac{U_1}{1-\varepsilon_s}\right) + 0.35(gD_{bed})^{1/2} \tag{4-21}$$

式(4-20)和式(4-21)分别为气泡分散区和节涌区内气含率与表观气速、表观液速的关系。在气泡聚并区则为

$$\varepsilon_g = CU_1^{-0.98}U_g^{0.70} \tag{4-22}$$

其中，当 $0.022\,\text{m/s} \leqslant U_1 \leqslant 0.06\,\text{m/s}$ 时，$C=0.027$；当 $U_1 > 0.06\,\text{m/s}$ 时，$C=0.0491$。

2. 液含率

液含率随表观气速的增加而减小，随表观液速的增加而增大。液体的黏度对液含率也有影响。Kato 等[39]通过不同黏度液体的实验总结出了下列经验公式：

$$U_1/U_t = (\varepsilon_1/\varepsilon_1^*)^n \tag{4-23}$$

$$\varepsilon_1^* = 1 - 9.7 \times (350 + Re_t^{1.1})^{-0.5}(\rho_1 U_g^4 / g\sigma)^{0.092} \tag{4-24}$$

$$\frac{5.1 + 86.2 \times (\rho_1 U_g^4/g\sigma)^{0.285} - n}{n-1.7} = [0.1 + 0.443 \times (\rho_1 U_g^4/g\sigma)^{0.165}]Re_t^{0.9} \tag{4-25}$$

除了经验公式外，半理论模型也可预测相含率的变化。例如，Bhatia 和 Epstein[40] 提出的统一尾涡模型和 Fan[2]提出的结构尾涡模型等。

由统一尾涡模型得到的理论液含率为

$$\varepsilon_1 = \left[\frac{U_1 - U_g k(1-x)}{U_i(1-\varepsilon_g - k\varepsilon_g)}\right]^{1/n}\{1 - \varepsilon_s[1 + k(1-x)]\} + \varepsilon_g k(1-x) \tag{4-26}$$

基于结构尾涡模型得到的理论液含率为

$$\varepsilon_1 = \left\{ \frac{U_1 - U_g \left[\frac{k_4(1-k_1)}{1+k_3} + \frac{k_3 k_4 (1-k_2)}{1+k_3} \overline{t_r} f \right]}{U_i(1-\varepsilon_g - k_4 \varepsilon_g)} \right\}^{1/n} \times \left(1 - \varepsilon_g - k\varepsilon_g + \frac{\overline{k_1 k_4} + k_2 k_3 k_4}{1+k_3} \varepsilon_g \right) +$$

$$k_4 \left(\frac{1-\overline{k_1}}{1+k_2} \right) \varepsilon_g + k_3 k_4 \left(\frac{1-k_2}{1+k_3} \right) \varepsilon_g$$

(4-27)

式中，$\overline{t_r}$ 为颗粒在剥落漩涡尾涡区的平均停留时间；f 为气泡频率；$k_i(i=1,2,3,4)$ 为无量纲常数，具体表述参阅 Fan 等[2]提出的结构尾涡模型。

统一尾涡模型将尾涡中的固体颗粒与液体流化区中的固体颗粒单独考虑，与实际过程不符。Fan[2]的结构尾涡模型解决了这一问题，但由于该模型参数较多，限制了其实际应用。

近年来，有一些气液固循环流化床流动特性及关联式的研究报道和总结，感兴趣者可以参阅文献[41]。

4.2.7　流动机理模型

自 20 世纪 60 年代以来，许多学者致力于三相流化床的整体和局部流动机理研究和建模。Bhatia 和 Epstein[40]首先提出了统一尾涡模型，之后建立的模型包括：结构尾涡模型、逐级分割处理模型、颗粒终端速度模型、漂移通量模型、四区模型、循环流模型，以及能量最小多尺度作用模型等[2,19,42-46]。这些机理模型的建立对于进一步了解三相流化床的流动机理，定量描述其流动行为奠定了基础。

另外，从描述三相流化床系统的基本守恒方程出发的计算流体力学数值模拟研究，也是解决三相流化床的定量化描述、实现其科学设计和放大的关键[47-51]。

1. 统一尾涡模型[40]

统一尾涡模型将三相流化床系统分为气泡区、尾涡区和液固流化区，如图 4-12 所示，并提出如下假设：

(1) 尾涡与气泡以相同的速度一起上升；表观气速与气体实际线速度的关系为：$U_b = V_g = U_g / \varepsilon_g$。

(2) Richardson-Zaki 关于固含率和液体速度的关系式适用于推导液固流化区内液、固线速度的关系；$V_{ls} = V_{lf} - V_{sf} = U_i(\varepsilon_{lf})^{n-1}$，$U_i$ 为液固流化区液含率 $\varepsilon_{lf} = 1$ 时外推的液体速度。

(3) 尾涡体积分率与气泡体积分率之比为常数，$k = \varepsilon_w / \varepsilon_g$。

(4) 尾涡区固含率与液固流化区的固含率之比为常数，$x = \varepsilon_{sw} / \varepsilon_{sf}$。
对固相做质量平衡：

$$V_g \varepsilon_w \varepsilon_{sw} + V_{sf}(1 - \varepsilon_g - \varepsilon_w)\varepsilon_{sf} = 0$$

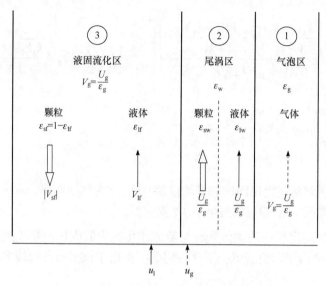

图 4-12   三相流化床流动的统一尾涡模型[40]

式中，V_g 为气泡相的线速度；V_{sf} 为液固流化区内的固相实际速度：

$$V_{sf} = -V_g \varepsilon_w x / (1 - \varepsilon_g - \varepsilon_w) \tag{4-28}$$

同样，对液相做质量平衡：

$$U_1 = \varepsilon_w V_g (1 - \varepsilon_{sw}) + \varepsilon_{lf} V_{lf} (1 - \varepsilon_g - \varepsilon_w)$$

可求得液体实际速度

$$V_{lf} = \frac{U_1 - \varepsilon_w V_g [1 - x(1 - \varepsilon_{lf})]}{\varepsilon_{lf} (1 - \varepsilon_g - \varepsilon_w)} \tag{4-29}$$

另外，总的液含率是尾涡与液固流化区中液含率之和

$$\varepsilon_1 = \varepsilon_w (1 - \varepsilon_{sw}) + \varepsilon_{lf} (1 - \varepsilon_g - \varepsilon_w) \tag{4-30}$$

将上述公式整理可得液含率

$$\varepsilon_1 = \left[\frac{U_1 - U_g k(1-x)}{U_i (1 - \varepsilon_g - k\varepsilon_g)} \right]^{1/n} \{1 - \varepsilon_g [1 + k(1-x)]\} + \varepsilon_g k(1-x) \tag{4-31}$$

流化床的空隙率

$$1 - \varepsilon_s = \varepsilon_g + \varepsilon_1 = \left[\frac{U_1 - U_g k(1-x)}{U_i (1 - \varepsilon_g - k\varepsilon_g)} \right]^{1/n} \{1 - \varepsilon_g [1 + k(1-x)]\} + \varepsilon_g [1 + k(1-x)] \tag{4-32}$$

式中，x、k 为两个关键参数，根据不同情况可以通过经验或理论推导得到。

如前所述，Bhatia 和 Epstein[40]提出的统一尾涡模型引入了两个模型参数：一是气泡尾涡区与一般液固流化区的固含率之比 x，二是气泡尾涡体积分率与气泡的体积分率比 k。该机理模型能很好地预测气泡尾涡的结构，但是这两个参数需要采用经验关联式求取。

对这两个参数的计算，研究者也有不同的考虑。例如，Efremov[52]假设气泡尾涡相的固含率为 0，采用计算体积比 k 的经验关联式求得相含率和其他流动参数；Muroyama 等[53]总结了文献中关于这两个参数的报道(表 4-1)。为了减小经验关联式带来的误差，Fan 和 Tsuchiya[3]通过实验研究了流动过程中气泡尾涡的行为特点，发现气泡尾涡体积与气泡体积的关系与数学上的锯齿波函数相吻合，由此得到了相应的理论关系式。

表 4-1　统一尾涡模型参数的经验关联式[40]

k	x	适用范围
$k = 14f_g(U_1 - U_{1mf0})$ [54]	0	空气/水, $U_g = 0 \sim 0.02$ m/s $U_1 = 0 \sim 0.03$ m/s
$k_0 = 5.1(\varepsilon_1)_{U_s=0}^{4.85}(1-M_1)$ $M_1 = \tanh[\dfrac{40U_g(\varepsilon_1)_{U_s=0}^{10}}{U_1} - 3.32(\varepsilon_1)_{U_s=0}^{5.45}]$ [52]	0	空气/水, $U_g = 0 \sim 0.11$ m/s $U_1 = 0 \sim 0.07$ m/s, $d_p = 0.32 \sim 2.15$ mm
分布图[55]	0 或 1	空气/水 $U_g = 2.0$ m/s $U_1/U_{1mf0} = 2 \sim 8$ $d_p = 0.29 \sim 0.775$ mm
$k_0 = \begin{cases} 1.4\left(\dfrac{U_1}{U_g}\right)^{0.33} - 1, & \dfrac{U_1}{U_g} \geq 0.4 \\ 0, & \dfrac{U_1}{U_g} < 0.4 \end{cases}$ [56-57]	0	空气/水 $U_1/U_g = 0.4 \sim 20$ $d_p = 0.32 \sim 6$ mm
$k_0 = 1.72U_g^{-0.66}U_1$ [58]	0	$d_p = 0.215 \sim 6.9$ mm $\rho_p = 2.475 \sim 3.96$ g/cm^3
$k_0 = 0.01765\left(\dfrac{U_1}{U_g}\right)^{0.61}\sigma^{-0.654}$ [59]	0	空气/(水, 丙酮溶液, 蔗糖溶液, 甲基纤维素溶液) $U_g = 0 \sim 0.85$ m/s $U_1 = 0.1$ m/s $d_p = 1 \sim 6$ mm
$k = \varepsilon^3[\exp(-1.2f_g) + 2.5\exp(-32.8f_g)]$ [60]	0.1	空气/水 $U_g = 0 \sim 0.02$ m/s $U_1 = 0.03$ m/s
$k_0 = 0.0631U_g^{-0.646}U_1^{0.246}$ [37]	0	尼龙珠(2.5 mm), 活性炭(1.74 mm), 玻璃珠(1~5.11 mm), 氧化铝粒(2.27 mm, 5.5 mm)

2. 结构尾涡模型

为了解释三相流化床中气泡尾涡中的固体颗粒与液固流化区中固体颗粒之间的交换，Fan 等[61]假设三相流化床的床层收缩和固体颗粒混合等流体力学现象是由气泡的基本尾涡决定的，将气泡基本尾涡分为约束湍动尾涡(confined turbulent wake, CTW)区与剥落旋涡尾涡(shedding vortical wake, SVW)区；某种意义上，统一尾涡模型中的尾涡对应 CTW 区，SVW 区会不断地剥落一定体积的固体颗粒旋涡。气泡尾涡中旋涡周期性的脱落频率与其形成频率动态相等，基于这一机制提出了结构尾涡模型。

上述两个基于气泡尾涡结构与行为特点而建立的机理模型均能够预测床层收缩特性。

3. 逐级分割处理模型

Page 和 Harrison[62]认为气泡尾涡相中，旋涡的周期性形成与剥落行为导致了气液固流化床自由空间区的轴向不均匀结构。基于这一观点，提出了逐级分割处理模型，即将轴向过渡段分割为不同的级；模型假设每一级气泡尾涡夹带的固体颗粒不断地被剥落，进入周围的液固相流化区，连续剥落的时间间隔内，气泡的上升高度是一个单元，每个单元高度与分割的级高度相等。求解该模型时，要假设气泡尾涡相和液固相的固含率为已知。

4. 颗粒终端速度模型

三相流化床中固体颗粒的终端速度应与液固流化床中固体颗粒的终端速度不同，占主导地位的气泡行为会间接影响气液介质中颗粒的终端速度。Jean 和 Fan[63]认为固体颗粒-气泡间的相互作用对固体颗粒的流动有一定的影响，综合考虑固体颗粒所受的浮力、曳力以及与气泡间的相互作用力，提出了固体颗粒终端速度模型。在含有玻璃珠的三相流动体系中，当固体颗粒大于临界尺寸 460 μm 时，其终端速度会随着表观气速的增加而降低。

5. 漂移通量模型

一般有两种方法描述不同相间的相互作用，一种是相对速度，另一种是漂移速度。漂移速度定义为相对于两个相的体积平均速度的速度，描述了气泡与固体颗粒的相对运动。Chen 和 Fan[64]将这一速度引入气液固流动体系中，提出了漂移通量模型；同时切断气流与液流，将动态塌陷的三相床从下往上依次分为填充床区、沉降区、三相流化床区和气液分离区，基于质量守恒定律建立了模型方程。但是，漂移理论假设流动是一维稳态流，在高的表观气速下，流动状况与假设不符，模型不再适用。

6. 四区模型

统一尾涡模型认为气液固流化床由气泡区、气泡尾涡区和液固拟均相区组成。胡宗定等[42]在此基础上又将液固区划分为液涡区和纯粹液固流化区，引入一个新参数——液涡因子，提出了四区模型。基于该模型，预测了体系的平均相含率，以及相含率的轴向和径向分布；但是需要引入经验关联式计算模型中的两个关键参数，即液涡因子、气泡尾涡与液固混合相的固含率比。

7. 循环流模型

三相流化床中的液体流速呈现床中心向上而在壁面处下降的分布形式。Morooka 等[65]基于这一现象，引入气含率的径向分布关联式，并假设流动系统中的湍动黏度恒定不变，提出了用于计算稳态三相流化床中固体颗粒缝隙液体速度径向分布的循环流模型。

以上机理模型忽略了三相流态化系统的介尺度结构及其稳定性，因而难以准确客观地量化描述系统参量。在气液固三相流化床中，气泡尾涡对固体颗粒的夹带、固体颗粒对液相黏度的影响、气泡与其尾涡的相互作用等复杂的流体力学行为，均使该类体系的时空流动结构较两相系统更具复杂多变性。而基于能量最小多尺度方法的介科学理论，着眼于系统流动结构的不均一性及其稳定性，从多尺度角度分析力平衡问题，并以能耗最小判断系统稳定性，为气液固流化床流动机理建模提供了新思路和新方法[66]。下面介绍近年来基于能量最小多尺度(energy-minimization multi-scale，EMMS)原理的介尺度科学方法而建立的三相流化床流动机理模型。由于气液固流化床的操作模式较多，本教材仅对液相为连续相、气相和固体颗粒为分散相的三相流系统进行阐述。

8. 基于能量最小多尺度作用原理的介尺度流动机理模型

Li[66]提出的 EMMS 模型能较好地描述气固两相流等复杂系统的非均匀结构及流动行为。EMMS 模型采用多尺度方法将多相流动系统的非均相结构进行尺度分解[67]，分析其形成的(两种)主导机制，将主导机制之间的竞争与协调关系表达为数学上的多目标变分问题。建立模型采用的多尺度方法一般包括三类，如图 4-13 所示。

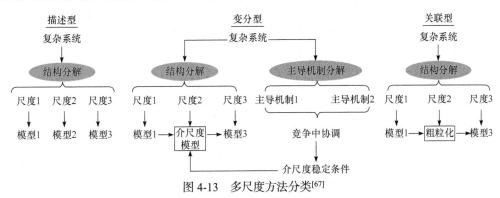

图 4-13　多尺度方法分类[67]

目前应用基于 EMMS 原理的介科学方法建模的流动系统以气固和气液两相流动体系为主[67-68]。表 4-2 给出了近年来 EMMS 原理在两相流动体系的应用情况。EMMS 原理可基于不同的流体力学特性参数，分析控制流化床的动态稳定状态的主导机制，如悬浮与输送能控制[69]、黏性与惯性控制[70]、不同气泡尺寸控制[71]等。Xu 和 Li[72]研究了气固流化床中的界面应力分布，结果表明密相颗粒团的界面应力远大于稀相中的界面应力。Yang 等[73]考察了气固流化床中的非均相结构对曳力系数的影响，并将得到的校正曳力系数与双流体模型耦合，提高了 CFD 模拟的准确性。考虑到流动系统的非线性和非稳态特点，后续的 EMMS 模型引入了气泡或固体颗粒的加速度(表 4-2)，用来描述气泡与固体颗粒所受到的不平衡力。Ge 和 Li[74]在气固流化床的 EMMS 原理模型中引入固体颗粒加速度，基于单一目标稳定条件，通过严格的数值方法求解 EMMS 模型，得到了催化裂化-空气系统中流域的分布图。Wang 和 Li[75]将考虑加速项的 EMMS 扩展模型与 CFD 相耦合，获得了更好的预测精度。

表 4-2   两相流动体系的 EMMS 模型

文献	多相体系	结论
Yang 等[73] Ge 和 Li[74]	气固	稀相：$G_f = (1-\varepsilon_f)(\rho_p - \rho_f)(g+a)$ 密相：$G_f + \dfrac{fG_L}{1-f} = (1-\varepsilon_c)(\rho_p - \rho_f)(g+a)$ 其中 G 表示有效重力； 校正曳力系数[73]： $\beta = 0.75 f_g^{-2.7} \dfrac{1-f_g}{d_p} \rho_g U_d C_{D0}$
Wang 和 Li[75]	气固	稀相：$m_f \boldsymbol{F}_f = (1-\varepsilon_{gf})(\rho_p - \rho_g)(\boldsymbol{a}_f - \boldsymbol{g})$ 相间：$m_i \boldsymbol{F}_i = f(\varepsilon_g - \varepsilon_{gc})(\rho_p - \rho_g)(\boldsymbol{a}_i - \boldsymbol{g})$ 密相：$m_c \boldsymbol{F}_c = (1-\varepsilon_g)(\rho_p - \rho_g)(\boldsymbol{a}_c - \boldsymbol{g})$

下面介绍近年来针对三相流态化系统，采用源于气固两相流态化系统的介科学方法建立的气液固流化床介尺度流动机理模型[76]。

1) 气液固流化床全局介尺度机理模型

Liu 等[43]最早引入介科学方法，对气液固流化床内的复杂流动行为建立了 EMMS 全局流动机理模型。该模型将三相流体系分解为 3 个子系统，即气泡相、液固拟均相及相间作用相(图 4-14)，并提出了气液固流动系统中的两种主导机制。

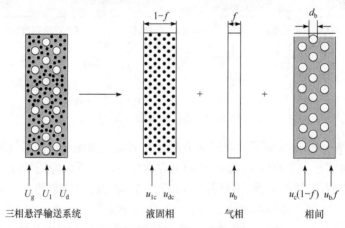

图 4-14   气液固流化床系统的多尺度分解[43]

建模之前首先要进行多相系统的多尺度分析。

(1) 多尺度作用分析。多尺度作用分析包括：微尺度作用，即固体颗粒与液体流化介质之间的相互作用；介尺度作用，即液固相与气泡之间的相间相互作用；宏尺度作用，即三相流化床系统与边界之间的相互作用。例如，流化床层与床壁面之间的相互作用，对于宏观流化床系统忽略宏尺度作用。

(2) 建立模型需要解决的关键问题。建立模型需要解决的关键问题包括：相间相互作用的多尺度分析及表述，涉及单颗粒在流体中的运动、多颗粒在流体中的运动、单气泡在液固相中的运动、多气泡在液固相中的运动；基于能耗分析的稳定性判据的建立、特征尺度的分析及表达。

(3) 数学模型及验证。

数学模型：三相流化床流动行为的介尺度数学模型的框架如图 4-15 所示。

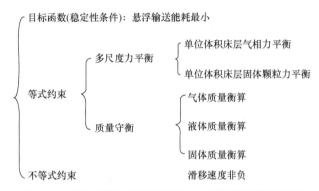

图 4-15　气液固流化床流动行为的介尺度机理模型框架

所建机理模型的具体方程见式(4-33)～式(4-40)。

$$N_{st} = \frac{3}{4}C_{DC}\frac{\rho_l}{\rho_p}\frac{u_{lc}}{d_p}u_{sc}^2 + \frac{3}{4}C_{DI}\frac{\bar{\rho}}{\rho_p}\frac{f^2}{(1-\varepsilon_{lc})(1-f)}\frac{u_b}{d_b}u_r^2 = \min \tag{4-33}$$

$$\frac{1}{4}C_{DI}\bar{\rho}u_r^2 - \frac{1}{3}d_b(\bar{\rho}-\rho_g)g = 0 \tag{4-34}$$

$$\frac{1}{4}C_{DC}\rho_l u_{sc}^2 - \frac{1}{3}d_p(\rho_p-\rho_l)g = 0 \tag{4-35}$$

$$U_g - u_b f = 0 \tag{4-36}$$

$$U_l - u_{lc}(1-f) = 0 \tag{4-37}$$

$$U_d - u_{dc}(1-f) = 0 \tag{4-38}$$

$$u_{sc} \geqslant 0 \tag{4-39}$$

$$u_r \geqslant 0 \tag{4-40}$$

式中，d_b 为气泡尺寸；f 为气含率；ε_{lc} 为液固拟均相区的液含率；u_{lc} 为液固拟均相区表观液速；u_{dc} 为液固拟均相区表观颗粒速度；u_b 为气泡上升速度。

研究表明：与目标函数(单位质量的固体颗粒所需的悬浮输送能耗趋于最小)$N_{st} = \min$ 等价的表达式为 $d_b = d_{bmax}$。

此时，模型进一步简化为式(4-41)～式(4-47)，不再是目标优化问题，而变成有定解的封闭方程组。

$$d_b = 1.25 \times \left(\frac{\sigma^{0.6}}{\bar{\rho}^{0.4}\rho_g^{0.2}}\right)\xi^{-0.4}\varepsilon_g^{0.37} \tag{4-41}$$

$$N_{st} = \frac{3}{4}C_{DC}\frac{\rho_l}{\rho_p}\frac{u_{lc}}{d_p}u_{sc}^2 + \frac{3}{4}C_{DI}\frac{\bar{\rho}}{\rho_p}\frac{f^2}{(1-\varepsilon_{lc})(1-f)}\frac{u_b}{d_b}u_r^2 = \min \qquad (4\text{-}42)$$

$$\frac{1}{4}C_{DI}\bar{\rho}u_r^2 - \frac{1}{3}d_b(\bar{\rho}-\rho_g)g = 0 \qquad (4\text{-}43)$$

$$\frac{1}{4}C_{DC}\rho_l u_{sc}^2 - \frac{1}{3}d_p(\rho_p-\rho_l)g = 0 \qquad (4\text{-}44)$$

$$U_g - u_b f = 0 \qquad (4\text{-}45)$$

$$U_l - u_{lc}(1-f) = 0 \qquad (4\text{-}46)$$

$$U_d - u_{dc}(1-f) = 0 \qquad (4\text{-}47)$$

模型验证:

i) 气液固膨胀床

图 4-16 为空气-水-玻璃珠三相流化床中, 平均气泡直径的三相流化床介尺度流动机理模型的计算值与实验数据的比较。可以看出, 气泡直径的模型预测值和实验数据吻合较好。

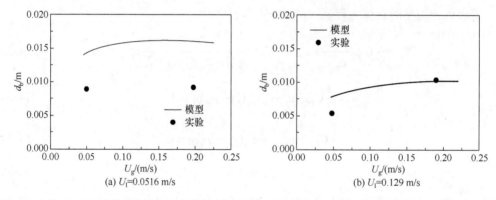

(a) U_l=0.0516 m/s　　　　　　(b) U_l=0.129 m/s

图 4-16　空气-水-玻璃珠体系平均气泡直径的三相流化床介尺度流动机理模型的预测值与实验数据比较[43,77]

d_p=3.0 mm, ρ_p=2500 kg/m³, D=0.076 m

图 4-17 给出了氮气-水-玻璃珠三相流化床中三相含率的介尺度流动机理模型计算值

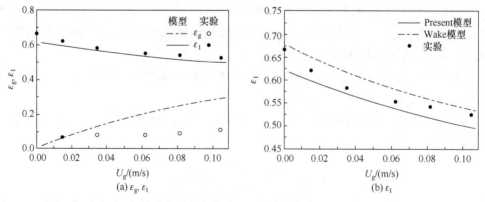

(a) ε_g, ε_l　　　　　　(b) ε_l

图 4-17　氮气-水-玻璃珠三相流化床的相含率的介尺度流动机理模型计算值与实验数据的比较[43,78]

d_p=3.1 mm, ρ_p=2500 kg/m³, D=0.152 m, U_l=0.103 m/s

与实验数据的比较。气含率的预测值稍微大于实验值,其余预测结果与实验值吻合较好。气含率预测偏大的原因与采用的气泡直径预测经验关联式是源自气液鼓泡塔有关。液含率的模型预测值与统一尾涡模型的预测值接近。

ii) 气液固循环床及输送床

图 4-18 给出了空气-水-玻璃珠三相循环床及输送床相含率的介尺度流动机理模型计算值与实验数据的比较,可以看出二者吻合尚好。

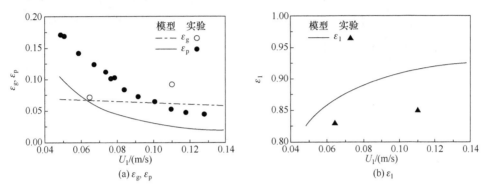

(a) ε_g, ε_p　　(b) ε_1

图 4-18　空气-水-玻璃珠三相循环床及输送床相含率的介尺度流动机理模型计算值与实验数据的比较[16-18, 43]

d_p=0.405 mm, ρ_p=2500 kg/m³, D=0.14 m, U_g = 0.018 m/s, U_d= 0.0017 m/s

所建三相流化床介尺度机理模型将气液固流化床的多尺度力平衡分析、质量守恒分析及能耗分析有机相结合,各种相间相互作用得以较合理考虑,具有以下特点:考虑了气液固流化床系统的多尺度结构特征及其稳定性,可以预测气泡直径;不含任意参数或可调参数;不含复杂微分方程式;应用各向同性湍流理论、气泡破碎和聚并动力学描述三相流化床的气泡尺寸。

但是,该模型还比较初步。所建模型的问题及关注方向包括:忽略了气泡尾涡的作用;忽略了宏尺度作用(如流化床直径影响);气泡大小及运动行为的描述有待进一步理论化;气固间接相互作用的描述有待完善;三相流化床的轴向和径向流动机理模型建立,以及与数值模拟方法的结合预测三相流动态行为等。

2) 考虑气泡尾涡相的气液固流化床全局介尺度流动机理模型

在 Liu 等[43]工作的基础上,Jin[45]考虑了气液固流化床中的气泡尾涡相,将三相流化床分解为 5 个子系统,分别是:气泡相、气泡尾涡相、液固拟均相、气泡与液固拟均相的相间作用 1,以及尾涡相与液固拟均相的相间作用 2(图 4-19),建立了考虑气泡尾涡相的气液固流化床全局介尺度机理模型。

图 4-20 为空气-水-玻璃珠三相循环流化床及输送床固含率模型计算值与实验数据的比较。相比于图 4-18(a)的预测结果可以看出,该考虑气泡尾涡相的介尺度机理模型可以在一定程度上,提高三相 EMMS 全局模型的预测准确性。但是,三相流动的复杂非稳态特征使得作用在固体颗粒与气泡表面的力处于非平衡状态,为提高模型的预测准确性,需要考虑加速度等,以进一步完善该机理模型。

3) 考虑分散相加速度的气液固流化床全局介尺度流动机理模型

Ma 等[46]在模型中引入气泡与颗粒的加速度项,建立了改进的三相流化床能量最小多尺度模型(improved EMMS model)，可以更准确地预测气液固膨胀床的全局三相流动行为。该模型系统的子系统分解示意如图 4-21 所示。

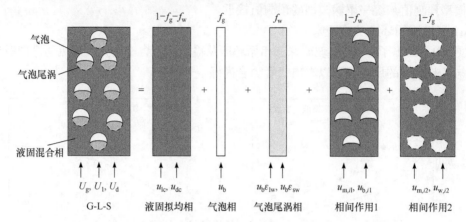

图 4-19　基于不同尺度的气液固流床化中悬浮和输送子系统的分解[45]

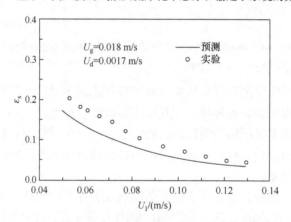

图 4-20　空气-水-玻璃珠三相循环床及输送床固含率的介尺度流动模型
计算值与实验数据的比较[16-18,45]

d_p=0.405 mm，ρ_p=2500 kg/m³，D=0.14 m，U_g= 0.018 m/s，U_d=0.0017 m/s

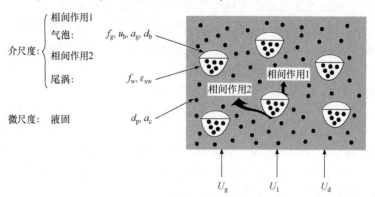

图 4-21　气液固流化床中的流动子系统[46]

如图 4-21 所示，对三相流化床内复杂的相间相互作用在不同尺度上进行分析。具体包括：宏尺度意义上，整个三相流体系与流化床壁面之间的相互作用；微尺度意义上，固体颗粒间、固体颗粒与流体间的相互作用；介尺度意义上，气泡与流体(液体和固体颗粒组成的流体)，气泡、气泡尾涡与流体三者间的相互作用，以及气泡间的相互作用等。

气液固流化床内的多相流动的复杂性，本质上是由不同尺度的相间相互作用引起的。如果能够掌握这些相互作用规律，会得到定量描述这些复杂流动行为的规律。这里将气液固流动系统再分解为 5 个独立的子系统(相)，分别是气泡相、气泡尾涡相、液固拟均相、气泡与液固拟均相的相互作用相 1，以及尾涡与液固拟均相的相互作用相 2。在给定操作条件(U_g、U_l、U_d)下的三相流化床，采用 10 个参数 $F(\varepsilon_{lc}, \varepsilon_{sw}, f_w, f_g, u_{dc}, u_{lc}, u_b, d_b, a_g, a_c)$ 描述三相流化床内的多相流动行为。其中，液固拟均相中的液含率 ε_{lc}、液体表观上升速度 u_{lc}、固体颗粒加速度 a_c 及固体颗粒表观上升速度 u_{dc} 描述液固拟均相的流动行为；气泡尾涡相中的固含率 ε_{sw}、体积分率 f_w 描述气泡尾涡相的流动行为；气泡相体积分率 f_g、气泡当量直径 d_b、气泡加速度 a_g 及气泡上升速度 u_b 描述气泡相的流动行为。

上述描述微尺度行为的参数包括：ε_{lc}、u_{dc}、u_{lc}、a_c；描述介尺度行为的参数包括：ε_{sw}、f_w、f_g、u_b、d_b、a_g；忽略宏尺度行为。描述已知操作条件的参数包括：U_g、U_l、U_d。

根据动量守恒定律，可得到每一相的动量衡算方程，具体如下。

液固拟均相的动量守恒方程：

$$\frac{3}{4}\frac{C_{Dc}}{d_p}\rho_l u_{sc}^2 = (\rho_p - \rho_l)(a_c + g) \tag{4-48}$$

因此，气泡相的动量守恒方程：

$$\frac{3}{4}\frac{C_{Db}}{d_b}\rho_m u_{sm}^2 = \frac{1 - f_w - f_g}{1 - f_w}(\rho_m - \rho_g)(a_g + g) \tag{4-49}$$

$$u_{sc} \geqslant 0; \ u_{sm} \geqslant 0 \tag{4-50}$$

图 4-22 给出了典型的不同表观气速下三相膨胀床内，具有床层收缩现象时，相含率的改进介尺度流动机理模型预测值与实验值[26, 79]的比较。如图 4-22(a)所示，增加表观气速使三相膨胀床(体系 3)[79]的空隙率先降低后增加，这是气泡尾涡效应造成的。在三相膨

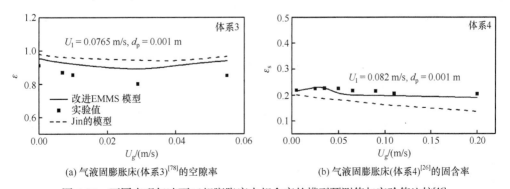

(a) 气液固膨胀床(体系3)[78]的空隙率　　　　(b) 气液固膨胀床(体系4)[26]的固含率

图 4-22　不同表观气速下三相膨胀床内相含率的模型预测值与实验值比较[46]

胀床(体系 4)[26]中[图 4-22(b)]，改进的 EMMS 模型能够预测气体刚进入时的床层收缩现象，而包括 Jin[45]等其他模型没能预测床层收缩现象。改进的 EMMS 模型的预测值与实验值更接近。

4) 三相流化床轴向介尺度流动机理模型

掌握气液固流化床内三相流动特性的轴向分布规律对于流化床反应器的设计、操作和控制十分重要。目前气液固流化床内的三相流动特性的轴向分布模型多是基于沉降-扩散理论[80-82]的泥浆鼓泡床体系，研究固体颗粒受阻沉降速度(v_p)和其扩散系数(E_p)，如表 4-3 所示。

表 4-3　沉降-扩散模型中的经验关联式

文献	模型关联式	体系物性
Cova[83]	$v_p = u_t$ $E_p = E_l$	催化剂镍颗粒/水/空气
Imafuku 等[81]	$F(\varepsilon) = \exp(-4.65\varepsilon)$ $v_p = 1.45 v_t^{0.65}/F(\varepsilon)$ $E_p = E_l$	空气/水/固体颗粒 (玻璃珠：60～250 目； 离子交换树脂：100～150 目；FeSiO$_2$ 粉末：150～200 目；铜粉：200～250 目)
Smith 等[82]	$v_p = 1.1 U_g^{0.026} u_t^{0.8} \varphi_1^{3.5}$ $Re_g = \dfrac{U_g \rho_l D_T}{\mu_l}, Re_p = \dfrac{u_t \rho_l d_p}{\mu_l}$ $Pe_p = \dfrac{U_g D_T}{E_p}, Fr_g = \dfrac{U_g}{\sqrt{g D_T}}$ $Pe_p = 9.6(Fr_g^6/Re_g)^{0.1114} + 0.019 Re_p^{1.1}$	氮气/水或 95%乙醇/玻璃珠 (210～387 μm；105～193 μm；53～97 μm)
Kojima 和 Asano[84]	$v_t = c_0/[0.8(\rho_g U_g)^{1.84}(L_0/\mu_g)^{0.84}]$ $L_0 = \dfrac{M}{\dfrac{\pi}{4} D_T^2 \rho_{p,B}}$	流化床内径：5.5 cm，9.5 cm； 0%、20%、40%、60%、65%甘油水溶液/空气/玻璃珠(2.39 g/cm^3，105～125 μm；2.45 g/cm^3，180～210 μm；2.49 g/cm^3，350～500 μm；丙烯基塑料 1.2 g/cm^3，1400～2000 μm)

Matsumoto 等[85]基于混合长理论将轴向滑移速度与固体颗粒扩散系数相关联，同时修正固体颗粒沉降速度，提出改进的一维沉降-扩散模型，准确地预测了泥浆床内固含率的轴向分布。Tsutsumi 等[86]基于气液固膨胀床中的气泡尾涡对固体颗粒的夹带特性，提出尾涡夹带模型。在气泡尾涡的形成过程中，气泡底部的流动区域不断从周围液固相中累积物质，形成尾涡；当气泡尾涡的尺寸增加到临界值时，尾涡相逐渐将固体颗粒以旋涡的形式剥落，导致固含率的轴向不均匀分布。

与三相膨胀床相比，对三相循环流化床轴向机理模型研究很少。韩社教等[87]基于三相循环流动系统中颗粒团的沉降-扩散行为，建立了轴向模型。但是引入了较多的经验式或者需要通过实验获取模型参数，并且大多只能预测固体颗粒的特性。

Li 等[66]提出的基于 EMMS 原理的介科学方法也为三相流化床的轴向复杂流体力学的模型化提供了新思路。

(1) 三相膨胀床轴向介尺度流动机理模型。

Ma 等[87]基于尾涡对颗粒的夹带和脱落特性,将颗粒的沉降-扩散特性进行介尺度建模,得到了三相膨胀床流动行为的轴向介尺度模型。

根据三相膨胀床的流动特点,将气液固膨胀床的轴向区域划分为分布器区、流化床主体区和自由空间区。这三个区的流体行为差异较大:分布器区的流动行为受分布器的设计,气体、液体及固体颗粒的物性影响;流化床主体区的流体力学参数呈现均匀的轴向分布,其高度(L)依赖于表观气液速和固体颗粒的物性参数;自由空间区的流动结构复杂,存在一定的轴向分布[2]。

由于分布器区的流动尚未达到稳定状态,因此该区不作为考察的内容。将自由空间区进一步划分为两个区,分别是过渡区和气液分离区,如图 4-23 所示[88]。过渡区与密相主体区包含气、液、固三相;气液分离区仅包含气、液两相,该区可视为带有气液固分布器的气液鼓泡塔[89]。存在于过渡区的非均匀轴向结构是考察的主要内容。

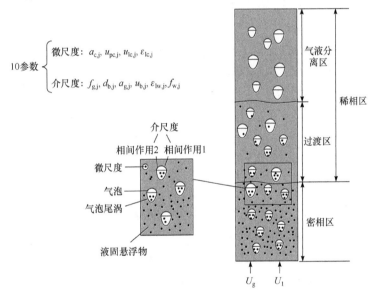

图 4-23　气液固膨胀床轴向流动结构的多尺度分解[88]

在气液固膨胀床中,气泡尾涡对固体颗粒的夹带是决定固含率的不均匀轴向结构的主导因素[86]。在过渡区,当气泡通过连续介质上升时,气泡对周围介质膨胀做功;在黏度较大的三相膨胀床中,气泡做功所产生的能量可通过层流黏性耗散完全消散,气泡直线上升。在低黏度介质中,未被黏性耗掉的能量通过尾涡脱落(湍流耗散)释放[3],脱落后的尾涡进入液固流化区,最终在该区消散,如图 4-24 所示。同时,其他气泡尾涡夹带的固体颗粒补充了固体颗粒的向上通量[90],气泡尾涡的这种行为导致三相膨胀床形成不均匀轴向结构。基于这一流动现象,Tsutsumi 等[86]提出了尾涡夹带模型。

气液固膨胀床的轴向流动介尺度建模思路同前,具体模型见文献[87],这里仅给出模型预测和实验的比的结果。图 4-25 显示了三相膨胀床中流动参数(f_g, ε_s, ε_l)的轴向分布。在密相主体区,参数(f_g, ε_s, ε_l)保持不变。在过渡区,随着轴向位置的增加,固含率降低,液含率指数增加。与 Kato 等[91]的轴向模型相比,轴向流动介尺度模型与实验数据更接近。

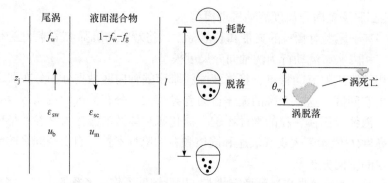

图 4-24　气液固膨胀流化床中的尾涡脱落过程[55, 86]

f. 体积分数；ε. 相含率；u_b. 尾涡相速度；u_m. 液固混合物表观速度；l. 尾涡长度；θ_w. 脱落时间

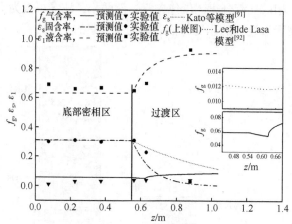

图 4-25　气液固膨胀床[92]中的流动参数的轴向分布

$U_l = 0.0117 \text{ m/s}$，$U_g = 0.0128 \text{ m/s}$，$d_p = 0.00025 \text{ m}$，$\rho_p = 2500 \text{ kg/m}^3$，$\rho_l = 1000 \text{ kg/m}^3$，$\rho_g = 1.2 \text{ kg/m}^3$

(2) 三相循环流化床轴向介尺度模型。

相比于气液固膨胀床，气液固循环流化床中的气泡较小且分布均匀，对颗粒的夹带作用较弱。但在流动过程中，三相循环流化床中有裸眼可见的颗粒聚团产生的絮状物(也称团聚物)。因此，Ma 等[19]基于介尺度颗粒团流动系统的子系统分解(图 4-26)，建立了相

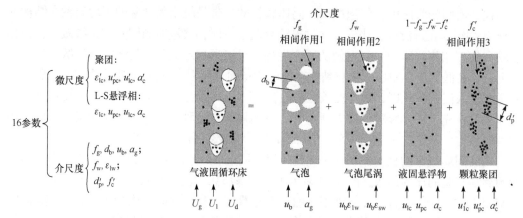

图 4-26　气液固循环流化床流动系统的多尺度子系统分解[19]

应的轴向 EMMS 模型。结果表明，模型可预测循环流化床中的轴向流体力学行为。模型建立及其验证内容详见文献[19]。

5) 三相流化床径向介尺度流动机理模型

气液固流化床的介尺度径向流动机理建模研究还处于起步阶段。胡宗定等[42]提出的四区模型可以预测气液固流化床的径向流动结构，但是模型求解需要已知流动体系中的相含率的径向分布，并且需要依赖实验求解其中的模型参数。韩社教等[87]将颗粒团的沉降-扩散特性与实验相结合，考察了三相流动的径向参数分布。Lee 和 de Lasa[92]基于气泡的扩散特性，提出了径向气泡扩散模型。这些模型存在的共性问题还是在于过多引入经验关联式，限制了模型的应用范围，并且未充分考虑流动系统的非均匀结构特征。三相流化床中复杂的多尺度结构是其径向流动特性量化研究的制约因素，EMMS 原理[66]为研究多尺度的流动行为特性提供了理论依据。三相流化床径向流动结构的介尺度机理建模是目前正在研究的方向之一。

至此，三相流化床流动行为的机理建模研究结果介绍完毕。期待今后建立更好的三相流化床流动机理模型。

4.3　气液固流化床的混合、传热和传质行为

气液固流化床的成功设计和放大，除了依赖于对多相流动行为的了解外，还取决于对传热、传质和相混合特性的掌握程度。但是，由于多相流化床系统的传热、传质和相混合特性与流动特性密切相关，而三相流动行为的量化研究尚不充分，三相传热、传质和相混合特性更是如此，研究结果多是经验性的[2,41,93-94]。这里仅介绍基本结论。

4.3.1　传热

气液固流化床内的传热机理较复杂，可能发生在：①流化床壁面与三相流体之间；②颗粒与颗粒之间；③颗粒与气泡之间；④颗粒与液体之间；⑤气泡与液体之间；⑥床层与内构件表面之间等。

对三相流化床的传热研究主要集中在：①壁面与床层间的传热；②垂直或水平浸没物体表面与床层间的传热。

为便于传热分析，假定床内的径向温度分布均匀。

1. 壁面与床层间的传热

三相流化床的床壁面与床层间的传热系数关联式，一般是在已有的液固流化床或气液鼓泡塔中壁面与床层间的传热系数关联式的基础上，经过修正而得到的。这是因为在这两个系统中，当液体为连续相时，传热机制相似。与液固流化床相比，由于气相的加入，增加了气泡的搅动作用，床内的混合程度增强，从而强化了传热；与气液鼓泡塔系统相比，固体颗粒的加入使三相流化床系统的传热系数比气液两相鼓泡塔系统的传热系数大。传热系数关联式多是经验性的，也有半理论传热模型。

　　根据液固流化床的串联热阻模型的思想，靠近加热壁面处有较大的热阻，而在床层中热阻较小。Muroyama 等[95]建立了简化的恒壁温条件下的三相流化床壁面与床层间的传热模型，壁面与床层之间的总传热系数是近壁处传热系数和床层传热系数的加和。床层中热阻在总热阻中的相对重要性随床层的膨胀程度而改变。一般地，床层膨胀，床层热阻减小，否则反之。Suh 等[96]将源于气液鼓泡塔的传热数关联式扩展应用到三相流化床系统，该关联式结合了表面更新理论和各向同性湍流理论，具有一定的理论基础。Magiliotou 等[97]将上述半理论方法用于关联床内垂直加热圆管和床层之间的传热数据。当床层热阻可以忽略时，可用下列公式计算床层与壁面间的总传热系数[39]

$$Nu' = 0.044(Re_1'Pr_1)^{0.78} + 2.0Fr_g^{0.34} \tag{4-51}$$

式中，Nu' 为努塞特数，$Nu' = \dfrac{d_p\varepsilon_1 h}{\lambda_1(1-\varepsilon_1)}$；$Re_1'$ 为雷诺数，$Re_1' = \dfrac{u_1\rho_1 d_p}{\mu_1(1-\varepsilon_1)}$；$Pr_1$ 为液相普朗特数；Fr_g 为气相弗劳德数，$Fr_g = \dfrac{u_g^2}{gd_p}$。

　　三相流化床壁面与床层间的传热系数与操作变量(表观气、液速，颗粒特性，液相特性)、流化床几何尺寸间有如下关系：传热系数受液相特性影响很大，而气相特性的影响则很小；传热系数随表观气速和液速、颗粒的大小和密度、床径、液相热导率和热容的增加而增加，随液相黏度的增加而减小；传热系数随表观液速(或空隙率)增加存在一个极大值。三相流化床中固体颗粒的存在是强化传热的关键因素。

　　2. 垂直或水平浸没圆柱表面与床层间的传热

　　垂直或水平浸没圆柱表面与床层间的传热系数随操作参量的变化规律，与壁面与床层间的传热系数随操作参量的变化规律类似。同时，垂直或水平浸没圆柱表面与床层间的传热系数较壁面与床层间的传热系数稍大，这是由于三相流化床中气泡倾向于在床中心区域上升，因此床中心区域的气相和液相的湍动程度更为剧烈，而传热元件一般又置于床中心区。

　　Kim 和 Kang[93]对三相流化床的传热进行了总结，建议利用基于表面更新理论和各向同性湍流理论推得的无量纲数关联式求传热系数

$$Nu = \frac{hd_b}{\lambda_1} = 0.436Pr^{1/3}Re_b^{0.196} \tag{4-52}$$

式中，Pr 为普朗特数，$Pr = \dfrac{C_{p1}\mu_1}{\lambda_1}$；$Re_b$ 为以气泡直径为基准的雷诺数，$Re_b = \dfrac{\varepsilon_D d_b^4}{\left(\dfrac{\mu_1}{\rho_1}\right)^3}$，

ε_D 为单位质量液相的能量耗散速率，m^2/s^3。

　　三相流化床的单位质量液相的能量耗散速率可由下式计算：

$$\varepsilon_D = \frac{[(u_1+u_g)(\varepsilon_g\rho_g + \varepsilon_1\rho_1 + \varepsilon_s\rho_s) - u_1\rho_1]g}{\varepsilon_1\rho_1}$$

也可以采用有量纲的传热系数关联式[98]计算和分析操作变量对传热系数的影响规律，如下式：

$$h = 1511.86u_g^{0.098}u_l^{0.139}d_p^{0.049}\mu_l^{-0.224}C_{pl}^{0.02}\rho_s^{0.105}D_{Bed}^{0.055}\lambda_l^{0.846}d_H^{-0.129} \tag{4-53}$$

式中，d_H 为加热器的长度。

4.3.2 传质

三相流化床装置的设计和放大也需要了解多相流传质特性，涉及气液传质和相界面积、液固传质和壁面与床层间的传质等方面。在进行物理操作或化学反应操作的气液固流化床中，传质发生在气液界面或固液相界面；而在电化学反应中，传质可发生在壁面与床层间的界面上。在确定整个反应的速率时，颗粒内部的扩散传质阻力也很重要。三相流化床传质速率的计算需要根据气液体积传质系数、壁面与床层间传质系数等确定。目前三相流化床的传质研究主要集中在气液体积传质系数和壁面与床层间传质系数的确定[2,93]。

1. 气液间传质

三相流化床中，气液相界面上的传质速率由三个参量的乘积表示，即总传质系数、相界面积和传质浓度差。气液传质系数和气液相界面积均与流体力学行为密切相关。加入固体颗粒会影响气液传质。研究表明，在计算气液传质时可以忽略气体一侧的传质阻力，因而总传质系数可简化为液体一侧的传质系数。液体一侧的传质系数体现了围绕上升气泡的液体流场的作用，而相界面积反映了系统的气泡行为。因此，操作变量，如表观气速、表观液速、颗粒尺寸等对气泡行为的影响最终主要体现在相界面的大小上。在处理气液传质时，最常用的方法是将传质系数与相界面积相结合成一个单一的体积传质系数 k_la，并在整个床层高度上进行平均。三相流化床的传质研究大多是为了得到体积传质系数 k_la 的计算式，进而分别得到 k_l 和 a 等基础数据。当然，要理解气液传质的基本机理，则必须从考察单个气泡的传质行为入手。

与三相流化床的传热类似，气液传质系数随表观气速和表观液速、颗粒的大小和密度的增加而增加，但是随液相表面张力和黏度的增加而减小，随表观液速(或空隙率)的增加，也存在一个极大值。由于气液相间的传质过程非常复杂，影响因素众多，因此，有关传质系数的关联式仍是以经验为主，尚没有普遍化的传质系数关联式。对于固体颗粒直径小于 1 mm 的三相流化床系统，可采用 Nguyen-Tien 等[99]的经验式：

$$k_l\alpha = 0.39\left(1 - \frac{\varepsilon_s}{1 - \varepsilon_g}\right)u_g^{0.67} \tag{4-54}$$

对于固体颗粒直径大于 1 mm 的三相流化床系统，可采用 Chang 等[100]的经验式：

$$k_l\alpha = 1597u_l^{0.63}u_g^{0.68}d_p^{1.21} \tag{4-55}$$

也可采用无量纲准数关联式[93]：

$$Sh = \frac{(k_1\alpha)d_b^2}{6\varepsilon_g D_e} = 2.694Sc^{1/3}Re_b^{0.196} \tag{4-56}$$

式中，Sh 为基于 $k_1\alpha$ 的舍伍德数；Sc 为施密特数，$Sc = \dfrac{\mu_1}{\rho_1 D_e}$；$D_e$ 为分子扩散系数，m/s^2。

2. 液固传质

与气液传质一样，液固传质速率也可用三项即总传质系数、液固相界面积和传质浓度差的乘积表示。然而，与气液传质不同的是，固体的外表面是不变的。只要颗粒的外表面保持完全湿润，则液固相界面积与流体力学条件的变化无关而保持常数，只有传质系数明显受到操作变量和各相物理性质的影响。

可用下面的传质系数关联式计算三相流化床中无发泡的液固传质系数[101]：

$$Sh = 2 + 0.52Sc^{1/3}\left(\frac{\rho_1\varepsilon_D^{1/3}d_p^{4/3}}{\mu_1}\right)^{0.59} \tag{4-57}$$

3. 壁面与床层间传质

壁面与床层间的传质可发生在流化床电极装置中。Kusakabe 等[102]在使用平板铜阴极扩散控制的铜离子还原液固流化床和气液固流化床中，测量了壁面与床层间的传质系数 k_w 并进行了关联，表达式如下：

当 $\dfrac{d_p(u_1 + u_g)\rho_1}{\mu_1(1-\varepsilon)} > 60$ 时

$$\varepsilon\left(St_{1,g}Sc^{2/3}\right) = \varepsilon\left(\frac{k_w}{u_1 + u_g}\right)\left(\frac{\mu_1}{\rho_1 D_M}\right)^{2/3} = 0.30\left[\frac{d_p(u_1 + u_g)\rho_1}{\mu_1(1-\varepsilon)}\right]^{-0.33} \tag{4-58a}$$

当 $\dfrac{d_p(u_1 + u_g)\rho_1}{\mu_1(1-\varepsilon)} < 60$ 时

$$\varepsilon\left(St_{1,g}Sc^{2/3}\right) = \varepsilon\left(\frac{k_w}{u_1 + u_g}\right)\left(\frac{\mu_1}{\rho_1 D_M}\right)^{2/3} = 0.60\left[\frac{d_p(u_1 + u_g)\rho_1}{\mu_1(1-\varepsilon)}\right]^{-0.50} \tag{4-58b}$$

值得指出的是，在液固流化床和气液固流化床中，均存在壁面传热系数和传质系数间的相似性。与 k_w 随 u_1 的关系类似，在液固和气液固流化床中，均观察到了壁面与床层间传热系数 h 的极大值。显然，这些系统中的传质行为可用与传热行为同样的机理解释。

4.3.3 相混合

相混合特性对于三相流化床装置的设计和放大至关重要。相的混合程度常以扩散系数或佩克莱数 Pe 表征。一般地，三相流化床中会发生显著的液相返混，但是气相返混程度很小。在气泡分散区，气相轴向返混很小；而在气泡聚并区，气相返混程度较高。液相的返混程度亦然。液相的径向扩散系数比轴向扩散系数小一个数量级。液相的返混程度一般随表观气速、表面张力及液体黏度的增加而增加。在宽筛分或宽密度分布的固体颗粒流化床中，可能会发生颗粒的离析或分层现象。固体颗粒的轴向扩散，对于小直径流化床及小尺寸固体颗粒，可等同于液相的扩散，用相应的关联式计算。

1. 液相混合

液相轴向返混可接近两种理想情况：全混流和活塞流。液相扩散系数的求取可基于示踪剂注入实验方法及随后对系统响应曲线的分析。

液相轴向扩散系数可以应用 Yang[103]提出的关联式进行预测：

$$\frac{u_1 D_{\text{Bed}}}{E_{zl}} = 3.31(Fr_m)^{0.35} \tag{4-59}$$

式中，Fr_m 为弗劳德数，$Fr_m = 1 + \left(\frac{u_t}{u_1 + u_g}\right)^2 \left(\frac{u_1}{u_1 + u_g}\right)\left(\frac{u_1^2}{gD_{\text{Bed}}}\right)$，m 表示混合，$u_t$ 为颗粒终端速度，m/s；E_{zl} 为以液相线速度为基准的液相轴向扩散系数，m²/s。

2. 气相混合

可用浓度很小的放射性气体作为示踪剂，测量气相停留时间分布，以获得气相混合参数。

3. 固相混合和床层离析

可用磁性示踪颗粒获得停留时间分布。

有关气液固循环流化床传递和混合特性的研究报道可参阅文献[41]。

4.4　气液固流化床的数值模拟

气液固流化床作为一类多相反应器，设计的基本原则、要求和步骤与普通化学反应器基本相同，涉及许多方面的内容，包括：三相流化床内的多相流动、传热、传质和混合特性及其定量关系，化学或生物反应的具体条件和要求、技术经济要求等。前文提及的三相流化床流动机理模型是一个很好的基础，但仍不能完全满足三相流化床设计所需的系统知识和技术资料，尤其是对非稳态三维流动、传热和传质及反应过程的描述，仅有机理模型是不够的。

值得欣慰的是，近年来兴起的以计算流体力学、计算传质学和计算传热学等的计算机数值模拟方法，为三相流化床装置的科学设计、放大、优化操作和控制等提供了新的方法和途径。本节介绍三相流化床数值模拟方面的基础知识和进展。

计算流体力学(CFD)模拟是基于计算机与数值方法求解描述流体在时间和空间上流动的控制方程，从而得到流场的详细描述。在物理上，任何流体都遵循三个基本定律：质量守恒定律、动量守恒定律和能量守恒定律，均可由偏微分方程来描述。因此，CFD 模拟可以通过求解偏微分方程从而得到流场信息，并对流体动力学进行深入研究[47,104]。

另一方面，气液固流化床内复杂的流动结构处于多维非稳定状态。根据介科学的原理及方法，可以将三相流化床的流动结构划分为：宏尺度(反应器尺寸)、介尺度(一般是颗粒团及气泡群)及微尺度(颗粒及小气泡)作用。例如，微尺度上的颗粒-流体和颗粒-颗粒间相互作用力会形成介尺度结构，进而影响宏尺度下的三相流动行为。因此，三相流化床系统内的多尺度结构特性，将给其 CFD 数值模拟带来很大难度。将介科学方法与数值模拟相结合是解决多相流数值模拟的精度和速度问题的途径之一。

下面对气液固流化床的多相流动采用的数值模拟方法进行简要介绍[51]。

4.4.1   计算流体力学模拟方法

气液固流态化系统包括气体、液体和固体。其中，气体和液体可以以连续介质存在，也可以是离散的。最常见的三相流态化系统是液体为连续相，气体以气泡形式存在于流化床中，颗粒也分散在流化床中。对三相流态化的流动行为进行数值模拟涉及对流体、气泡和颗粒的量化描述。

对于单相(湍流)流动的描述，目前的数值模拟方法有：雷诺平均 Navier-Stokes(N-S)方程(Reynolds averaged Navier-Stokes，RANS)、直接数值模拟(direct numerical simulation，DNS)和介于二者之间的大涡模拟(large eddy simulation，LES)法等。这三种方法属于不同尺度和规模层次的数值模拟方法。雷诺平均法以湍流模式理论为基础求解时均 N-S 方程组，利用低阶关联量和平均量的性质，模拟高阶关联量封闭模型，其网格尺度要求很低，计算量大为减小，可用于工程规模的设计和预测，但是该方法只能得到流场的时均信息。直接数值模拟是在湍流耗散尺度的网格体系中，直接求解瞬态 N-S 方程，无需额外引入任何湍流模型，可以高精度给出每一瞬时流场的全部细节信息，但是该方法的计算量很大，目前限于计算机速度等条件，只适合低雷诺数和简单几何边界条件的数值模拟，一般用于湍流原理的基础研究。大涡模拟保留了直接数值模拟和雷诺平均法的优势和思想，其模拟计算量、能够获得的流场信息以及能够应用的规模介于二者之间。

在多相流动系统中，对于离散单元(如颗粒或气泡)流动行为的描述，采用的数值模拟方法有：离散单元法(discrete element method，DEM)、颗粒相模型(discrete phase model，DPM)、直接模拟蒙特卡罗(direct simulation Monte-Carlo，DSMC)随机法等。当然，也有把连续流体离散化的方法，因为宏观连续的流体在微观上是离散的，如拟颗粒模拟法；也有把离散颗粒和气泡视为连续流体的方法，如拟流体法。

根据对流体和颗粒处理方式的不同，多相流数值模拟可以分为模型化方法(包括：欧拉法、拉格朗日法及二者的结合)和多相直接数值模拟方法等。具体到多相气液固流态化系统，根据对气相、液相和固体颗粒的不同考虑，把描述三相流动的数值模拟方法分为：①模型化方法(包括：双欧拉法、三欧拉法、欧拉-欧拉-拉格朗日方法、欧拉-拉格朗日-拉格朗日方法)；②多相直接数值模拟方法等。在模型化方法中，以颗粒或气泡的受力描述为主要内容的本构机理不清，是该方法难以得到精确模拟结果的原因之一。

注意：这里的"多相直接数值模拟"与"单相湍流的直接数值模拟"在概念上有差

别[105]。单相湍流的直接数值模拟是不引入任何湍流模型，直接求解 N-S 方程组。而多相直接数值模拟一般有两个层次的含义：一是把颗粒和气泡处理成点源(对于常见的液相为连续相的情形)，而液相采用湍流直接数值模拟的方法(如采用谱方法或高阶有限差分法等求解液相湍流)；二是把流场中颗粒和气泡周围的计算网格缩小到颗粒和气泡尺寸以下进行流动的计算，颗粒和气泡占据有限体积，颗粒和气泡的受力不通过模型进行计算，而是直接通过积分颗粒和气泡表面的黏性力与压力获得。后者又称为真正的直接数值模拟(true direct numerical simulation，TDNS)。这两个层次的多相直接数值模拟各有优缺点。前者精确地考虑了流体湍流过程，但是由于把颗粒和气泡作为点源处理，该方法只能提供颗粒和气泡削弱流体湍流的模型；而 TDNS 由于不仅可以给出实际流动中颗粒和气泡的受力规律，而且可以给出有限尺寸颗粒、气泡的脉动及其尾涡对流体湍流的作用，为构建颗粒和气泡本身的湍流模型及其增强流体湍流的模型提供依据。

在模型化方法的欧拉法中，相互渗透的连续相基于相同的守恒方程进行计算，并要求封闭模型和本构关系，如固相的应力及黏度关系。因此，欧拉法基于统计描述提供了宏观平均数值，对工业规模的反应器具有实际意义。拉格朗日法用于求解分散相的牛顿运动方程。例如，考虑到单个颗粒或颗粒碰撞对气泡的影响，可用于跟踪单个颗粒的轨迹并描述颗粒的离散相特征，优势在于包括颗粒-边壁和颗粒之间的相互作用机制。在多相直接数值模拟方法中，网格大小小于分散相的几何尺寸，并且计算域内的移动界面可以选择隐式或显式进行求解，主要包括动网格法、自由网格法和定网格法。因多相直接数值模拟法的计算量很大，所以比较适合进行流动机理研究。不同模型和模拟方法的选择主要基于模拟体系的规模、操作模式、计算成本、计算精度和拟得到的流场信息，进而进行综合考虑。

1. 双欧拉方法

对于气液固流化床流体力学的数值模拟，采用双欧拉方法时，一般将液相和固相视为一个拟均相，其密度和黏度随着固体颗粒含率的变化而变化，并考虑相间滑移速度。因此，三相流系统可以简化为两流体系统，并得到平均化的参数随时间和空间的变化，这不仅降低了计算成本，而且能获得基本的流场信息，尤其对于离散相跟随性较好及颗粒尺寸较小的三相流态化系统，模拟效果较好[47,106-108]。

Torvik 和 Svendsen[109]最早将固相视为液相的一部分，以描述固体颗粒对液固拟均相密度及黏度的影响。Hillmer 等[110]采用一维模型描述固体颗粒的分布规律。液固拟均相的密度、黏度及固体颗粒的分布规律表示如下：

$$\rho_{ave} = \frac{\varepsilon_l \rho_l + \varepsilon_s \rho_s}{\varepsilon_l + \varepsilon_s} \tag{4-60}$$

$$\mu_{ave} = \mu_l \left(1 + \varepsilon_s \frac{\rho_s - \rho_l}{\rho_s}\right)(1 - \rho_l)^{-2.59} \tag{4-61}$$

$$D_x \frac{\partial^2 c_p}{\partial x^2} + \left(u_g - \frac{u_l}{1 - \varepsilon_g}\right)\frac{\partial c_p}{\partial x} = 0 \tag{4-62}$$

2. 三欧拉方法

三欧拉方法将气相、液相及固体颗粒相均视为流体相[47,111-113]，并在模型推导及计算中有以下假设：

(1) 同一网格单元内三相压力相等。

(2) 流体流动轴对称。

(3) 忽略气相湍流对流场的影响。

(4) 固体颗粒尺寸远小于网格单元大小。

三相均满足质量守恒及动量守恒方程，其质量守恒方程为

$$\frac{\partial\left(\varepsilon_k\rho_k\right)}{\partial t}+\nabla\cdot\left(\varepsilon_k\rho_k\boldsymbol{u}_k\right)=\varGamma_k \tag{4-63}$$

式中，k 分别为气相、液相或固体颗粒相，且满足 $\varepsilon_g+\varepsilon_l+\varepsilon_s=1$。

动量守恒方程表示为

$$\frac{\partial\left(\varepsilon_k\rho_k\boldsymbol{u}_k\right)}{\partial t}+\nabla\cdot\left(\varepsilon_k\rho_k\boldsymbol{u}_k\boldsymbol{u}_k\right)=-\varepsilon_k\nabla P_g+\mu_{k,\text{eff}}\varepsilon_k\left[\nabla\boldsymbol{u}_k+\left(\nabla\boldsymbol{u}_k\right)^T\right]+\varepsilon_k\rho_k\boldsymbol{g}+\boldsymbol{F}_{g,l}^D \tag{4-64}$$

$$\frac{\partial\left(\varepsilon_s\rho_s\boldsymbol{u}_s\right)}{\partial t}+\nabla\cdot\left(\varepsilon_s\rho_s\boldsymbol{u}_s\boldsymbol{u}_s\right)=-\varepsilon_s\nabla P_g-\nabla P_s+\mu_{s,\text{eff}}\varepsilon_s\left[\nabla\boldsymbol{u}_s+\left(\nabla\boldsymbol{u}_s\right)^T\right]+\varepsilon_s\rho_s\boldsymbol{g}+\boldsymbol{F}_{k,s}^D \tag{4-65}$$

式中，$\mu_{k,\text{eff}}$ 为湍流黏度；$\boldsymbol{F}^D$ 为相间动量交换项，下角标 g、l 表示气液两相之间的交换项，k、s 表示气/液相二选一，与固相之间的交换；k 表示气相或液相；s 表示固体颗粒相。

3. 欧拉-欧拉-拉格朗日方法

在欧拉-欧拉-拉格朗日方法中，采用双欧拉方法描述气液两相，并用拉格朗日法描述每个离散单元颗粒的动量守恒方程，并跟踪离散单元颗粒的轨迹，即通过受力分析及牛顿第二定律追踪描述单个颗粒的运动。该方法可以存储每个离散单元颗粒的所有信息，但网格尺寸大于颗粒直径(一般为 1~2 个数量级)，因此，只能得到颗粒周围平均化的流场信息，并需要引入本构方程来封闭守恒方程[114-115]。

闻建平等[116]采用欧拉-欧拉-拉格朗日方法模拟气液固三相流系统，并考虑了颗粒对气液两相的影响。Guo 等[117]采用欧拉-欧拉-拉格朗日方法，模拟了固体颗粒含率较高条件下的气液固三相流动，证明了该方法的有效性。

4. 欧拉-拉格朗日-拉格朗日方法

在欧拉-拉格朗日-拉格朗日方法中，液相采用体积平均方法进行求解，而运动中的气泡及颗粒采用拉格朗日方法进行追踪分析。Zhang 和 Ahmadi[118]基于欧拉-拉格朗日-拉格朗日方法模拟了气液固浆态床流动行为，气泡假设为球形且忽略其形状变化，相间作用力主要包括：气液及液固之间的曳力、升力及浮力等，而颗粒间及气泡间的作用力借助硬球模型进行描述。该模拟考虑了气泡与液体、颗粒与液体间的双向耦合作用及气泡聚并作用，模拟结果较好，还模拟了改变重力及速度后的结果[119]。

液相用体积平均法进行描述，其体积平均连续方程及动量守恒方程可表示为

$$\frac{\partial(\varepsilon_f\rho_f)}{\partial t}+\nabla\cdot(\varepsilon_f\rho_f\boldsymbol{u}_f)=0 \tag{4-66}$$

$$\rho_f\varepsilon_f\frac{\partial(\boldsymbol{u}_f)}{\partial t}=-\varepsilon_f\nabla P+\nabla\cdot(\varepsilon_f\tau_f)+\rho_f\boldsymbol{g}\varepsilon_f+\boldsymbol{P} \tag{4-67}$$

式中，ε_f 为液含率；ρ_f 为液相密度；$\boldsymbol{u}_f$ 为液相平均速度；P 为压力。剪切应力可表示为

$$\tau_f=-\frac{2}{3}\mu_f(\nabla\cdot\boldsymbol{u}_f)\boldsymbol{I}+\mu_f[(\nabla\cdot\boldsymbol{u}_f)+(\nabla\cdot\boldsymbol{u}_f)^T] \tag{4-68}$$

液含率可表示为

$$\varepsilon_f=(V_{cell}-V_d)/V_{cell} \tag{4-69}$$

式中，V_d 为离散相所占的体积；V_{cell} 为网格所占的体积，并表示为

$$V_{cell}=dxdydz \tag{4-70}$$

式中，dx、dy 及 dz 分别表示在 x、y 及 z 轴方向上的网格尺寸。

5. 多相直接数值模拟方法

多相直接数值模拟方法一般是将流场中的离散相周围的计算网格尺寸缩小至离散相(如颗粒和气泡)尺寸以下求解流体的控制方程，并基于牛顿定律计算颗粒和气泡的运动，从而得到每个颗粒和气泡的轨迹。此外，相比于其他模型只能得到多相流动的宏观特性参数，如流型、相含率及气液上升速度等，不能反映流体的亚微观流动状态，多相直接数值模拟法为探索详尽的流体微观特性提供了可靠的途径。但该方法的计算量过大，目前只适用于低雷诺数条件下的离散单元数较少的多相流模拟，尚难以适用于工业规模反应器尺寸的数值模拟。

多相直接数值模拟中有多种方法用于预测相界面的位置和运动，包括：移动网格(moving-grid)法、无网格(grid-free)法、固定网格(fixed-grid)法等[120-122]。移动网格法即常说的不连续性界面(discontinuous-interface)法，每当界面移动或变形时，需要重新网格化，十分复杂耗时。不再需要网格化的方法有示踪颗粒(marker particle)法和光滑颗粒动力学法(smoothed particle hydrodynamics method)。固定网格法即连续性界面(continuous-interface)法，是最常用的方法。固定网格法又分为两种方法：界面跟踪(front tracking)法[123-125]和界面捕捉(front capturing)法。示踪格子(marker and cell, MAC)法[126]和浸入边界[127](immersed boundary, IB)法是两种界面跟踪法。流体体积(volume of fluid, VOF)法[128-129]、水平集(level set, LS)法[130]是两种界面捕捉法。其他用于直接数值模拟的方法有：嵌套网格(overset grid, OG)法[131]、任意拉格朗日-欧拉(arbitrary Lagrangian-Eulerian, ALE)移动网格法[106]、基于分布式拉格朗日乘子的虚拟区域方法(distributed Lagrange multiplier based fictitious domain, DLM)[107]、格子-玻尔兹曼(lattice-Boltzmann, LB)法[108]等。

VOF 方法基于界面重构，求解相含率在空间的分布，而非直接追踪界面[129]。LS 方法通过 Level Set 函数区分相界面。通常该函数在界面处为 0，其余地方不为 0，但会出现

相界面占据多于一个网格的情况，导致质量不守恒，需与 VOF 方法或 LB 方法进行耦合才能计算[132]。浸入边界法可以灵活处理颗粒的硬度，并且编程上易于实现，不过其颗粒流体间的作用采用显式表达，导致颗粒的刚度系数问题；格子-玻尔兹曼法在处理不同范围的颗粒堆积分率时效果可以，但需要校准。LB 方法基于玻尔兹曼方程求解流体的运动状态[114-115,133]。采用嵌套网格法模拟时，颗粒与流体间的相互作用可以精确表达，且能处理较大的计算区域，但当多颗粒相互接近时，程序实施变得异常复杂；任意拉格朗日-欧拉移动网格法的优点是颗粒流体间作用采用隐式表达，能精确描述无滑移条件和实施局部网格加密，缺点是大量的网格重新划分操作和过小的时间步长；应用虚拟区域固定网格法可以消除网格重构的过程，但是难以精确求出颗粒所受的力和力矩。

对于三相流态化系统，气泡是离散相，其独特之处在于存在界面的变形与移动。在应用多相 DNS 法研究气液固流态化行为时分两种情况：①网格大小仅小于气泡尺寸；②网格尺寸同时小于气泡与颗粒大小(一般认为气泡尺寸大于颗粒尺寸)。前者主要着眼于对气泡行为的直接数值模拟，而颗粒相通常采用拉格朗日法追踪其轨迹；后者对气泡与颗粒都进行了直接数值模拟，对网格的要求更高。目前针对三相流态化的多相直接数值模拟研究多属于前者，后者相对较少，是今后研究工作的重点。对于后者，Deen[134]采用 FT 与 IB 相结合的数值方法模拟了单颗粒与单气泡的碰撞，以及气泡通过一系列颗粒的上升运动。Baltussen 等[135-136]采用同样的数值模拟方法，研究了固体颗粒浓度较高条件下，作用于三相流态化系统的颗粒和气泡行为及其有效曳力。Sasic 等[137]采用多相直接数值模拟方法，研究了沉降颗粒和上升微气泡之间的相互作用动力学，考察了相关参数(如气泡形状、颗粒密度和分离距离)对流动中可变形物体和不可变形物体的行为和相互作用的影响，并展示了可以模拟多个固体颗粒和可变形物体流动的能力。Washino 等[138]采用结合约束插值剖面(constrained interpolation profile, CIP)法与 IBM 方法，模拟了包含气液固三相流的湿法制粒过程，预测了表面张力、润湿性和作用于单颗粒及系列颗粒上的曳力。

网格尺寸小于气泡尺寸的数值模拟研究也是多相直接数值模拟。Li 等[49,139]采用 VOF-DPM 方法模拟了气液固流化床体系中的气泡尾涡行为，包括：气泡尾涡结构及尾涡消失频率，并基于简单的碰撞模型描述颗粒和气泡间的相互作用，发现研究单个气泡的上升速度时不可以忽略气泡的变形。Zhang 等[140]考察了气液固体系中的单气泡上升行为，发现在低雷诺数的条件下，液相速度矢量场可观察到两个对称旋涡的封闭尾涡结构；高雷诺数下观察到非稳定及对称性周期脱落尾涡。Xu 等[141]在稀疏颗粒浓度的条件下，对单气孔气液鼓泡塔内的流动行为进行了直接数值模拟，并考察了颗粒特性及流体特性对气泡动力学行为的影响，发现固体颗粒与气泡间的相互作用能得到较好的拟合。Sun 和 Sakai[142]、Liu 和 Luo[143]在固含率较低的液固悬浮液中直接数值模拟了气泡的上升及聚并行为。van Sint Annaland 等[144]采用 FT 结合离散颗粒模型(discrete particle model, DPM)模拟了气固液三相流动中初始静止单气泡在液固悬浮液中的上升运动，伴随着颗粒夹带的过程。李彦鹏和王焕然[145]建立了基于 LS 方法耦合 DPM 的三相流混合模型，对三相流动行为进行了数值模拟，通过实验检验了模型的可行性，分析了气泡与颗粒的行为。

上述研究为进一步开展三相流态化流动行为的深入量化研究和工业应用奠定了基础。

4.4.2　湍流模型

在欧拉框架下采用雷诺平均法进行多相流 CFD 模拟过程中，因为对流体控制方程组 Navier-Stokes 进行了时均化，所以方程中出现了湍流脉动值的雷诺应力项，控制方程组出现不封闭。如果要使控制方程组封闭，必须对雷诺应力做出某些假定，即建立应力的表达式，通过这些表达式把湍流的脉动值与时均值联系起来。基于某些假定所得出的湍流控制方程，即为湍流模型。通过加入湍流模型，就可以对多相流动行为进行数值模拟研究。建立这些表达式有两种思路，进而有两种湍流模型：一是雷诺应力类模型，包括雷诺应力方程模型和代数应力方程模型等；二是湍动黏度类模型，包括零方程模型、一方程模型和两方程模型等。其中，两方程模型中标准 k-ε 模型及其改进模型在工程中获得了最广泛的应用。雷诺应力类模型的特点是直接构建表示雷诺应力的补充方程，然后联立求解流体湍流时均运动控制方程组；湍动黏度类模型的处理方法是不直接处理雷诺应力项，而是引入湍动黏度(turbulent viscosity)或涡黏(eddy viscosity)系数，然后把湍流应力表示成湍动黏度的函数，整个计算的关键在于确定这种湍动黏度。

气液固三相流动系统中：根据气泡对液相湍流方程的影响形式，液相湍流黏度的计算可分为混合相、离散相及各相分别求解三种形式。但是目前如何针对三相流化床中的流动特性，考虑计算量及计算精度选择合适的湍流模型，仍需进一步研究。

1. 混合相湍流模型

对气液混合物一般使用标准 k-ε 模型求解混合物的湍流黏度。标准 k-ε 模型是基于脉动动量传递机理，并认为湍流能量是由大尺度涡向小尺度涡传递。湍流动能 k 及湍流动能耗散率 ε 可表示为[146]

$$\frac{\partial(\rho_m k)}{\partial t}+U_{i,m}\frac{\partial(\rho_m k)}{\partial x_i}=\frac{\partial}{\partial x_i}\left[\left(\mu+\frac{\mu_{t,m}}{\sigma_k}\right)\frac{\partial k}{\partial x_i}\right]+\mu_{t,m}\left(\frac{\partial U_j}{\partial x_i}+\frac{\partial U_i}{\partial x_j}\right)\frac{\partial U_j}{\partial x_i}-\rho_m\varepsilon \quad (4\text{-}71)$$

$$\frac{\partial(\rho_m \varepsilon)}{\partial t}+U_i\frac{\partial(\rho_m \varepsilon)}{\partial x_i}=\frac{\partial}{\partial x_i}\left[\left(\mu+\frac{\mu_{t,m}}{\sigma_\varepsilon}\right)\frac{\partial \varepsilon}{\partial x_i}\right]+C_{1\varepsilon}\frac{\varepsilon}{k}G_{k,m}-C_{2\varepsilon}\rho_m\frac{\varepsilon^2}{k} \quad (4\text{-}72)$$

$$\mu_{t,m}=\rho_m C_\mu \frac{k^2}{\varepsilon} \quad (4\text{-}73)$$

$$G_{k,m}=\mu_{t,m}[\nabla u_m+(\nabla u_m)^{\mathrm{T}}]:\nabla u_m \quad (4\text{-}74)$$

式中，k 为湍流脉动动能，$\mathrm{m^2/s^2}$；$\mu_{t,m}$ 为混合相湍流黏度，$\mathrm{Pa\cdot s}$；$G_{k,m}$ 为湍流脉动能产生项，$\mathrm{kg/(m\cdot s^3)}$；ε 为湍动能耗散率，$\mathrm{m^2/s^3}$。

此外，模型常数由各向同性湍流的简单实验结果得到，可取 $C_{1\varepsilon}=1.44$，$C_{2\varepsilon}=1.92$，$\sigma_\varepsilon=1.3$。在计算得到混合相湍流黏度后，可进步计算得到液相湍流黏度：

$$\mu_{t,L}=\frac{\mu_{t,m}\rho_l}{\rho_m} \quad (4\text{-}75)$$

但混合相湍流模型存在以下不足：

(1) 模型提出了各向同性的假设，因此不能准确地反映雷诺应力的各向异性。

(2) 模型仅适用于高雷诺数下的计算，对于低雷诺数下的计算误差较大，如近壁面流动。

(3) 模型常数需依靠实验得到，较难得到大范围的推广。

2. 离散相湍流模型

对液相采用修正的 k-ε 模型[147]：

$$\frac{\partial(a_L\rho_L k_L)}{\partial t} + \nabla(\alpha_L\rho_L u_L k_L) = \nabla\left(\alpha_L\frac{\mu_{t,L}}{\sigma_L}\nabla k_L\right) + \alpha_L G_{k,L} - \alpha_L\rho_L\varepsilon_L + \alpha_L\rho_L\Pi_{k,L} \quad (4\text{-}76)$$

$$\frac{\partial(a_L\rho_L\varepsilon_L)}{\partial t} + \nabla(\alpha_L\rho_L u_L\varepsilon_L) = \nabla\left(\alpha_L\frac{\mu_{t,L}}{\sigma_L}\nabla\varepsilon_L\right) + \alpha_L\frac{\varepsilon_L}{k_L}(C_{1\varepsilon}G_{k,L} - C_{2\varepsilon}\rho_L\varepsilon_L) + \alpha_L\rho_L\Pi_{\varepsilon,L}$$

$$(4\text{-}77)$$

式中，$\Pi_{k,L}$ 和 $\Pi_{\varepsilon,L}$ 为离散相的存在对连续相湍流的影响。

3. 各相分别求解模型

各相分别求解的 k-ε 模型可表示为[147]

$$\frac{\partial(a_L\rho_L k_q)}{\partial t} + \nabla(\alpha_q\rho_q u_q k_q) = \nabla\left(\alpha_q\frac{\mu_{t,q}}{\sigma_k}\nabla k_q\right) + \alpha_q G_{k,q} - \alpha_q\rho_q\varepsilon_q +$$

$$\sum_{i=1}^{N}K_{l,q}\left(c_{l,q}k_l - c_{q,l}k_q\right) - \sum_{i=1}^{N}K_{l,q}\left(u_l - u_q\right)\frac{\mu_{t,L}}{\alpha_l\sigma_l}\nabla\alpha_l + \sum_{i=1}^{N}K_{l,q}\left(u_l - u_q\right)\frac{\mu_{t,q}}{\alpha_q\sigma_q}\nabla\alpha_q \quad (4\text{-}78)$$

$$\frac{\partial(a_q\rho_q k_q)}{\partial t} + \nabla(\alpha_q\rho_q u_q k_q) = \nabla\left(\alpha_q\frac{\mu_{t,q}}{\sigma_\varepsilon}\nabla\varepsilon_q\right) + \frac{\varepsilon_q}{k_q}(C_{1\varepsilon}\alpha_q G_{k,q} - C_{2\varepsilon}\alpha_q\rho_q\varepsilon_q) +$$

$$C_{3\varepsilon}\frac{\varepsilon_q}{k_q}\left[\sum_{i=1}^{N}K_{l,q}\left(c_{l,q}k_l - c_{q,l}k_q\right) - \sum_{i=1}^{N}K_{l,q}\left(u_l - u_q\right)\frac{\mu_{t,L}}{\alpha_l\sigma_l}\nabla\alpha_l + \sum_{i=1}^{N}K_{l,q}\left(u_l - u_q\right)\frac{\mu_{t,q}}{\alpha_q\sigma_q}\nabla\alpha_q\right]$$

$$(4\text{-}79)$$

此外，常用的 k-ε 模型还有 RNG k-ε 模型[148]及 Realized k-ε 模型[149]。

RNG k-ε 模型考虑到平均流动中的旋转及旋流等情况，对湍流流动进行修正。因此，能对高雷诺数的复杂湍流情况进行更好地预测。

RNG k-ε 模型的 k 和 ε 的方程表示如下[148]：

$$\frac{\partial(\rho k)}{\partial t} + \frac{\partial(\rho k U_i)}{\partial x_i} = \frac{\partial}{\partial x_i}\left[\alpha_k\mu_{eff}\frac{\partial k}{\partial x_i}\right] + G_k - \rho\varepsilon \quad (4\text{-}80)$$

$$\frac{\partial(\rho\varepsilon)}{\partial t} + \frac{\partial(\rho\varepsilon U_i)}{\partial x_i} = \frac{\partial}{\partial x_i}\left[\alpha_\varepsilon\mu_{eff}\frac{\partial\varepsilon}{\partial x_i}\right] + C_{1\varepsilon}^*\frac{\varepsilon}{k}G_k - C_{2\varepsilon}\rho\frac{\varepsilon^2}{k} \quad (4\text{-}81)$$

$$\mu_{\text{eff}} = \mu + \mu_t = \mu + \rho C_\mu \frac{k^2}{\varepsilon} \qquad\qquad C_{1\varepsilon}^* = C_{1\varepsilon} - \frac{\eta(1-\eta)/\eta_0}{1+\beta\eta^3}$$

$$\eta = \left(2E_{ij}E_{ij}\right)^{1/2}\frac{k}{\varepsilon} \qquad\qquad E_{ij} = \frac{1}{2}\left(\frac{\partial u_i}{\partial x_j} + \frac{\partial u_j}{\partial x_i}\right) \tag{4-82}$$

$$C_\mu = 0.0845,\ \alpha_k = \alpha_\varepsilon = 1.39,\ C_{1\varepsilon} = 1.42,\ C_{2\varepsilon} = 1.68,\ \eta_0 = 4.377,\ \beta = 0.012$$

该模型中的系数均可由理论推导产生。值得注意的是，$C_{1\varepsilon}$ 为应变率的函数。

Realized k-ε 模型对 C_μ 及 ε 方程进行进一步的修正，使之适用于各种类型的流动，如边界层流动及射流等。

Realized k-ε 模型的 k 和 ε 的方程表示如下[149]：

$$\frac{\partial(\rho k)}{\partial t} + \frac{\partial(\rho k U_i)}{\partial x_i} = \frac{\partial}{\partial x_i}\left[\left(\mu + \frac{\mu_t}{\sigma_k}\right)\frac{\partial k}{\partial x_i}\right] + G_k - \rho\varepsilon \tag{4-83}$$

$$\frac{\partial(\rho\varepsilon)}{\partial t} + \frac{\partial(\rho\varepsilon U_i)}{\partial x_i} = \frac{\partial}{\partial x_i}\left[\left(\mu + \frac{\mu_t}{\sigma_k}\right)\frac{\partial k}{\partial x_i}\right] + \rho C_1 S_\varepsilon - \rho C_2 \frac{\varepsilon^2}{k + \sqrt{v\varepsilon}} \tag{4-84}$$

其中

$$C_1 = \max\left(0.43, \frac{\eta}{\eta+5}\right) \qquad \eta = \left(2E_{ij}E_{ij}\right)^{1/2}\frac{k}{\varepsilon}$$

$$E_{ij} = \frac{1}{2}\left(\frac{\partial u_i}{\partial x_j} + \frac{\partial u_i}{\partial x_j}\right) \qquad \mu_t = \rho C_\mu \frac{k^2}{\varepsilon} \tag{4-85}$$

$$C_\mu = \frac{1}{A_0 + A_s U^* k / \varepsilon}$$

$$A_0 = 4,\ A_s = \sqrt{6}\cos\phi,\ \phi = \frac{1}{3}\cos^{-1}\left(\sqrt{6}W\right),\ U^* = \sqrt{E_{ij}E_{ij} + \widetilde{\Omega_{ij}}\Omega_{ij}},\ \widetilde{\Omega_{ij}} = \Omega_{ij} - 2\varepsilon_{ijk}\omega_k,$$

$$\Omega_{ij} = \overline{\Omega_{ij}} - \varepsilon_{ijk}\omega_k,\ W = \frac{E_{ij}E_{jk}E_{ki}}{\widetilde{E}^3},\ \widetilde{E} = \sqrt{E_{ij}E_{ij}} \tag{4-86}$$

值得注意的是，C_μ 不是常数，C_2=1.9，σ_ε=1.2，σ_k=1.0。

4.4.3　群体平衡模型

在三相流态化中，气泡行为对流动、传质及传热有重要的影响。因此，为更准确地描述多相流动行为，还需对气泡行为进行模拟。群体平衡模型(population balance model, PBM)是用于描述多相流体系中分散相尺寸大小及其分布的通用方法，既可以系统考察气泡的聚并和破碎作用对气泡尺寸分布的影响，又可以从机理上对气液体系的流动行为进行研究。

PBM 基本思想是对离散相的可数个颗粒建立守恒方程，其通式可表示为

$$\frac{\partial n(v,\boldsymbol{x},t)}{\partial t} + \nabla \left[n(v,\boldsymbol{x},t)\boldsymbol{u}_b(v,\boldsymbol{x},t) \right] = \underbrace{\frac{1}{2}\int_0^v n(v-v',\boldsymbol{x},t)n(v',\boldsymbol{x},t)c(v-v',\boldsymbol{x},t)\mathrm{d}v'}_{\text{聚并生成项}}$$

$$\underbrace{-n(v,\boldsymbol{x},t)\int_0^\infty n(v',\boldsymbol{x},t)c(v,v',\boldsymbol{x},t)\mathrm{d}v'}_{\text{聚并消亡项}} + \underbrace{\int_0^\infty n(v',\boldsymbol{x},t)\beta(v,v',\boldsymbol{x},t)b(v',\boldsymbol{x},t)\mathrm{d}v'}_{\text{破碎生成项}} - \underbrace{b(v,\boldsymbol{x},t)n(v,\boldsymbol{x},t)}_{\text{破碎消亡项}}$$

$$(4\text{-}87)$$

1. 聚并子模型

在 PBM 中，最为关键的是对气泡聚并及破碎行为的描述。对于气液体系中的气泡聚并模型而言，主要有两种聚并子模型：Luo 的聚并模型[150]及 Zaichik 等[151-152]的湍流聚并模型。

1) Luo 的聚并模型[150]

对于 Luo 的聚并模型，气泡聚并速率函数可表示为

$$Q(v_i,v_j) = \omega(v_i,v_j)P(v_i,v_j) \tag{4-88}$$

式中，碰撞频率 $\omega(v_i,v_j)$ 为

$$\omega(v_i,v_j) = \frac{\pi}{4}\left(d_i^2 + d_j^2\right)n_i n_j \boldsymbol{u}_{ij} \tag{4-89}$$

$$\boldsymbol{u}_{ij} = \left(\boldsymbol{u}_i + \boldsymbol{u}_j\right)^{1/2} \tag{4-90}$$

式中，$\boldsymbol{u}_{ij}$ 表示直径分别为 d_i 和 d_j 的气泡碰撞的特征速度；n_i 和 n_j 分别表示直径为 d_i 和 d_j 的气泡数密度。

由碰撞引发的聚并概率 $P(v_i,v_j)$ 表示为

$$P(v_i,v_j) = \exp\left\{-c_1 \frac{\left[0.75\times\left(1+x_{ij}^2\right)\left(1+x_{ij}^3\right)\right]^{1/2}}{\left(\rho_g/\rho_l + 0.5\right)^{1/2}\left(1+x_{ij}\right)^3}We_{ij}^{1/2}\right\} \tag{4-91}$$

$$x_{ij} = d_i/d_j \tag{4-92}$$

$$We_{ij} = \frac{\rho_l d_i \left(\overrightarrow{u_{ij}}\right)^2}{\sigma} \tag{4-93}$$

2) Zaichik 等的湍流聚并模型

Zaichik 等[151-152]提出的湍流聚并模型认为，湍流流动中气泡的聚并由黏性子区机制和惯性子区机制共同作用导致。

黏性子区中的聚并速率可表示为

$$Q(v_i,v_j) = \varsigma_{\text{T}}\sqrt{\frac{8\pi}{15}}\gamma\frac{\left(d_i+d_j\right)^3}{8} \tag{4-94}$$

$$\varsigma_{\mathrm{T}} = 0.732 \left(\frac{5}{N_{\mathrm{T}}} \right)^{0.242} \quad N_{\mathrm{T}} \geqslant 5 \tag{4-95}$$

$$N_{\mathrm{T}} = \frac{6\pi \left(d_i + d_j \right)^3}{8H} \tag{4-96}$$

$$\gamma = \frac{\varepsilon^{0.5}}{v} \tag{4-97}$$

$$\lambda = \left(\frac{4\varepsilon}{15\pi v} \right)^{0.5} \tag{4-98}$$

惯性子区中的聚并速率可表示为

$$Q\left(v_i, v_j\right) = \varsigma_{\mathrm{T}} 2^{3/2} \sqrt{\pi} \frac{d_i + d_j}{4} \sqrt{u_i^2 + u_j^2} \tag{4-99}$$

式中，ς_{T} 为加入湍流碰撞效率系数的因子；N_{T} 为黏性力和范德华力的比值；γ 为剪切速率；H 为 Hamaker 常数；λ 为气泡变形率。

2. 破碎子模型

经典的气泡破碎模型主要包括 Luo 和 Svendsen 破碎模型[153]及 Lehr 破碎模型[154]。

1) Luo 和 Svendsen 破碎模型

Luo 和 Svendsen 破碎模型[153]是基于各向同性均匀湍流假设，由概率统计计算得到的。但是该模型仅考虑能量约束条件，即：若湍流涡体的动能高于气泡破碎导致的表面能增量，气泡破碎一定会发生。气泡破碎频率可表示为

$$g(v') = g_{\mathrm{b}}(v, v') / \eta(v, v') \tag{4-100}$$

式中，$g_{\mathrm{b}}(v, v')$ 为单位体积内连续相中体积为 v 的气泡破碎为 v' 气泡的破碎速率，可表示为

$$g_{\mathrm{b}}\left(v, v'\right) = 0.923k\left(1 - \varepsilon_{\mathrm{g}}\right)\left(\frac{\varepsilon_{\mathrm{c}}}{d_i^2} \right)^{1/3} \int_{\xi \min}^{1} \frac{(1+\xi)^2}{\xi^{11/3}} \exp\left(-\frac{12\left[v'^{2/3} + \left(1 - v'\right)^{2/3} - 1 \right]\sigma}{\beta \rho_{\mathrm{c}} \varepsilon_{\mathrm{c}}^{2/3} d_i^{5/3} \xi^{11/3}} \right) \mathrm{d}\xi \tag{4-101}$$

式中，k 为校正因子；ε_{c} 为连续相的涡流耗散速率；σ 为表面张力；ξ 为各向同性湍流的惯性子区域涡流的无量纲尺寸。

2) Lehr 破碎模型

Lehr 破碎模型[154]基于压力约束条件，认为若湍流涡体的惯性力高于气泡表面张力带来的附加压力，气泡会变形，直至破碎

$$g_{\mathrm{b}}(v, v') = K \int_{\xi_{\min}}^{1} \frac{(1+\xi)^2}{\xi^n} \exp\left(-b\xi^m\right) \mathrm{d}\xi \tag{4-102}$$

$$K = 1.19\varepsilon^{-1/3} d^{-7/3} \sigma \rho^{-1} f^{-1/3}, \, n = 13/3 \tag{4-103}$$

$$b = 2We\sigma\rho^{-1}\varepsilon^{-2/3}d^{-5/3}f^{-1/3}, m = -2/3 \tag{4-104}$$

式中，ξ 为无量纲涡尺度，$\xi = Y/d$，Y 为涡流尺寸；We 为韦伯数

$$We = \frac{\rho_1|u_b - u_1|^2 d_b}{\sigma} \tag{4-105}$$

4.4.4　三欧拉法数值模拟算例

Zhou 等[51]采用基于上述三欧拉方法[47]建立了 CFD-PBM 耦合模型，数值模拟了直径为 0.14 m、高为 3 m 的气液固循环流化床上升床(或提升管)内的多相流动及气液传质特性。模拟计算基于 ANSYS FLUENT® 18.1 平台进行。

采用 Gambit® 2.3 商业软件对气液固循环流化床提升管进行几何模型的网格划分，建立了计算区域的三维网格，并对边壁进行加密。底面选择 Pave 非结构化矩形网格，轴向方向选择 Cooper 形式的网格。几何模型选择 4 mm 大小的网格作为边壁加密处的网格大小，并对三种不同大小的网格尺寸(9 mm、11 mm 和 13 mm)进行了网格独立性验证。考虑到计算成本及结果准确性，11 mm 大小的网格提供了最为合理的网格无关性结果，并选为 CFD 模拟的网格尺寸大小。计算时间步长设置为 0.0005 s，一共计算 80 s，并选择最后 10 s 结果作为时均值进行分析。模拟主要分为两步工作：第一步是基于 CFD-PBM 耦合模型计算 40 s，得到气泡尺寸的预分布及初始稳定的流场信息；第二步是在 CFD 模拟中添加气相和液相的组分传递方程，并加入气液传质模型，其中，气相包括 N_2、O_2 和 H_2O，液相包括 H_2O 和 O_2。因此，氧气的传质发生在气相和液相之间。平均相含率在模拟开始 15 s 后基本达到稳定状态，因此，在第一步及第二步分别计算 40 s 得到的结果是较为准确及可靠的。

气相、液相及固体颗粒相分别为空气、水及直径为 0.4 mm 的球形玻璃珠。CFD-PBM 耦合模型的耦合机制见图 4-27。CFD 模拟中使用的三欧拉方法能够得到基本的流场信息，包括气含率、湍动能耗散率及气泡滑移速度等流动参数。借助 PBM 中的聚并子模型及破碎子模型，能够对气泡的聚并及破碎现象进行描述，进而获得气泡的密度分布函数及气泡平均直径。因此，CFD-PBM 耦合模型能够较好地描述气液固循环流化床提升管内的流

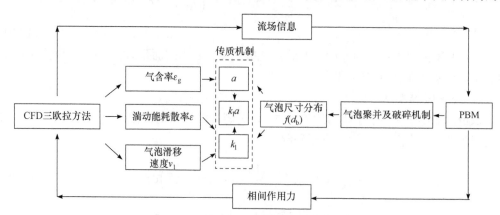

图 4-27　CFD-PBM 耦合模型的耦合机制示意图[51]

动和传质特性。通过计算气含率及气泡平均直径可得到相界面积，基于湍动能耗散及气泡滑移速度等参数，气液传质系数及气液体积传质系数可通过传质模型计算得到[155]。此外，三欧拉方法与 PBM 的耦合是基于流场及相间作用力实现的。

应用离散区间法对群体平衡方程进行求解，具有概念简单、能直接求解气泡尺寸分布、易与 CFD 耦合等优点。根据文献[156]中报道的实验气泡直径分布为 0.4～10 mm。为与实验数据范围保持一致，将气泡直径分为 15 组，模拟设置的最小气泡直径为 $d_1 = 0.4$ mm，且 $d_{i+1}/d_i = 1.26$。

1. 模型设置

气液固循环流化床上升床的结构及网格划分如图 4-28 所示。为简化计算，实验装置中的气体分布器及液体分布器简化为流化床底部均匀进气和进液。因此，分布器对流场的影响忽略不计。流化床底部入口设置为速度入口，气相、液相及固体颗粒相分别从流化床底部进入，在提升管中经过充分的流动、混合及传质之后，气相及液相从流化床顶部以压力出口条件释放。固体颗粒的循环借助于用户自定义函数(user-defined function, UDF)实现，将出口的固体流量传送至流化床入口，并忽略下降床的影响。边壁设置为非滑移壁面条件。传质模型基于 UDF 加入传递方程。此外，速度入口的边界条件设置如下：

$$u_g = U_g / \varepsilon_{g,in}, \quad u_s = U_s / \varepsilon_{s,in}, \qquad (4\text{-}106)$$
$$u_1 = U_1 / (1 - \varepsilon_{g,in} - \varepsilon_{s,in})$$

式中，$u_k(k=g, l, s)$ 为物理速度；$U_k(k=g, l, s)$ 为表观速度；$\varepsilon_{k,in}(k=g, l, s)$ 为入口处的相含率。

气液界面上的传质特性一般是指相界面积、气液传质系数、气液体积传质系数及浓度分布。由于相界面积及气液传质系数均与流体力学行为相关，一般将气液传质系数及相界面积统一表示为气液体积传质系数进行计算。但为进一步深入认识气液传质的基本机制，相界面积及气液传质系数分开考察。

相界面积表示为

$$a = \frac{6\varepsilon_g}{d_b} \qquad (4\text{-}107)$$

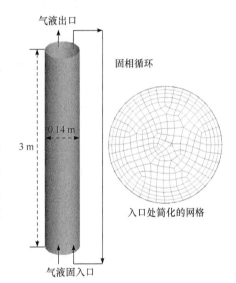

图 4-28　气液固循环流化床结构及网格
划分[51]

气相及液相间的氧气传质是由两相之间的氧气浓度差作为驱动。多相流动中的传质方程可表示为

$$\frac{\partial}{\partial t}\left(\varepsilon_1 \rho_1 C_{1,o}\right) + \nabla \cdot \left(\varepsilon_1 \rho_1 C_{1,o} v_1 - \varepsilon_1 \Gamma_{1,o} C_{1,o}\right) = S_{g \to 1,o} \qquad (4\text{-}108)$$

$$S_{g \to 1,o} = k_1 a \left(C_{1,o}^* - C_{1,o}\right) \qquad (4\text{-}109)$$

式中，$S_{g \to l,o}$ 为氧气的传质源项；氧气的饱和浓度 $C_{l,o}^*$ 可根据亨利定律计算得到；$C_{l,o}$ 表示液相中氧气的浓度。

现有的传质理论尚不完善，传质系数主要根据经验关联式进行计算，且适用条件限制较多。本节主要比较并考察三种传质模型，即溶质渗透模型、表面更新模型及微观涡流模型在气液固循环流化床提升管中的适用性。三种传质模型的表达式见表4-4。

表4-4　多相体系中的气液传质模型

模型	表达式	说明
溶质渗透模型[157] (penetration model)	$k_l = \dfrac{2}{\sqrt{\pi}}\sqrt{D_l}\left(\dfrac{\varepsilon}{v_l}\right)^{1/4}$	溶解的气体在相等的停留时间内通过分子扩散渗透到液相
表面更新模型[158] (surface renewal model)	$k_l = \dfrac{2}{\sqrt{\pi}}\sqrt{\dfrac{D_l v_b}{d_b}}$	采用随机分布函数描述气液接触时间，并引入表面更新率
微观涡流模型[159] (eddy cell model)	$k_l = K\sqrt{D_l}\left(\dfrac{\varepsilon}{v_l}\right)^{1/4}$	考虑界面处的湍流，移动的旋涡主导传质机制

2. 三相流化床内的流动及气液传质的数值模拟结果

图4-29给出了气液固循环流化床上升床内，在不同表观气速条件下，气含率径向分布的数值模拟结果。可以看出，气含率从中心区域向边壁呈现下降的趋势，这是因为在剪切力的作用下产生了径向压力梯度，进而使得气泡趋于在中间区域上升。气含率随着表观气速的增加而增加，尤其是中间区域的变化趋势更为明显，这主要是因为随着表观气速的增加，中间区域的气含率增加较边壁更快，气泡在中间区域有更长的停留时间。因此，中间区域的气泡决定着床层内气相流动结构。数值模拟得到的气含率与实验数值在中间区域拟合较好，边壁处略高。原因之一可能是CFD模拟中忽略了边壁效应对气泡膨胀及破碎机制的影响。

由三欧拉方法计算得到的气含率及PBM得到的气泡尺寸分布，可用于计算气液相界面积。图4-30比较了不同表观气速条件下，相界面积径向分布的实验值与模拟值，发现

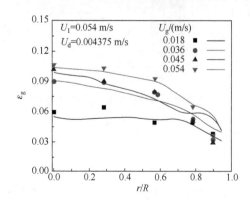

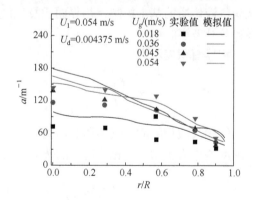

图4-29　气液固循环流化床内不同表观气速条件　　图4-30　气液固循环流化床内不同表观气速条件
　　　　下气含率径向分布(H=1.2 m)[51]　　　　　　　　　　下相界面积的径向分布[51]

相界面积随着表观气速的增加而增加。这主要是因为随着表观气速的增加，气泡的生成频率更高，导致床层中气含率更高。但是，在低表观气速条件下，中间区域的模拟值高于实验值，其误差主要是来源于低表观气速下，中间区域模拟得到的气泡直径低于实验值。当表观气速不断增加时，模拟值与实验值较为吻合。

在气液固循环流化床内，传质行为与流动特性紧密联系，因此，传质特性也受到操作条件的影响。这里比较了不同表观气速条件下三种传质模型的模拟结果，即溶质渗透模型、表面更新模型及微观涡流模型在气液固循环流化床中的适用性。三种传质模型得到的不同气速条件下，气液固循环流化床的气液传质系数结果见图 4-31。气液固循环流化床内气液传质的实验结果表明，气液传质系数随着表观气速的增加而增加，主要是因为气泡更高的上升速度会强化液体湍流及降低气泡周围液膜的传质阻力[147]。溶质渗透模型及微观涡流模型服从相似的趋势，主要是因为它们都与边界扩散速率相关，但校正因子不同。此外，在三个传质模型中，溶质渗透模型得到的模拟数值最高，主要是因为气泡表面的液膜表面更新时间在湍流密度更高的情况下更短[160]。溶质渗透模型及表面更新模型得到的传质系数均高于实验值，而微观涡流模型给出了最佳的模拟结果。

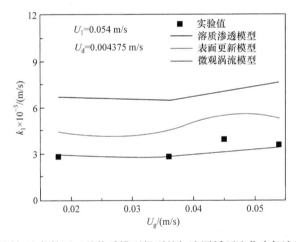

图 4-31 不同气速条件下三种传质模型得到的气液固循环流化床气液传质系数[51]

上述基于三欧拉方法耦合 PBM 对气液固循环流化床提升管内的流动特性及气液传质特性模拟结果表明，CFD-PBM 耦合模型能较好地模拟气液固循环流化床提升管内的多相流动及传质特性。

需要指出的是：①化工等过程工业的数学建模及数值模拟研究从空间上可分为多个层次或尺度，如化工行业或园区的模拟、公司范围的模拟、工厂模拟、流程模拟、单元设备模拟、设备内部局部模拟及分子模拟等，上述数值模拟及算例属于设备内部的局部模拟；②反应器的数学模型是对反应器内所发生的物理传递现象和化学反应过程的综合描述，因此，首要的是有一个适宜的流动和传递模型，然后结合适宜的化学反应模型，才能构造出反应器的数学模型。以上介绍的有关三相流态化流动行为机理模型及数值模拟方法，虽然水平和层次不同，但是目的是最终建立全面考虑流动、混合、传递和反应特性的反应器数学模型，从而为实现该类反应器的科学量化放大设计、优化操作和有效调控等奠定基础。借助于计算机技术和高性能计算，以及人工智能等现代技术手段的三相流化床反应器直接数值模拟研究，无疑是未来的重要发展方向。从目前的研究进展看，实现目标仍然任重而道远。

4.5 气液固流化床的基本测试技术

先进有效的气液固流化床测试技术是研究三相流化床的重要技术手段，也是三相流化床重要的研究方向之一。由于多相流动的复杂性，适用于三相流化床系统参数测量的测试技术还很有限，也制约了三相流态化理论的研究和技术的应用。

根据测试传感器是否接触多相流场，可将三相流化床的测试技术分为两类：侵入式测试技术和非侵入式测试技术。测量特性包括：时均和瞬时特性，局部和整体特性，流动、混合、传热、传质和反应特性等。例如，三维时空流场、浓度场和温度浓度场测量等。这里仅简要介绍三相流化床的基本测试技术[35, 161]，更先进和具体的测试技术详见第8章。

4.5.1 侵入式测试技术

侵入式测试技术的研究和应用始于 20 世纪 60 年代[35]。其优势在于可以方便快捷地实现局部特性参数的测量。侵入式测试所用传感器主要有针型探头、传热探头、超声探头和皮托管(Pitot tube)等。这里主要介绍针型探头和超声探头。

1. 针型探头

针型探头末端尖、薄且锋利，可以刺穿更多更小的气泡，主要用于研究气液(固)系统的气相局部动力学行为(气含率、气泡大小、速度和形状、相界面积等)。其时空分辨率分别为 s 级和 mm 级。针的数目可以是 1 个或 2 个甚至多个。单针系统主要用来研究气含率和气泡频率，双针系统可用于测量气泡速度、局部时均相界面积和平均泡弦长度分布，多针系统可以测量气泡形状。针型探头主要有电导探头和光纤探头。

1) 电导探头

电导探头主要由导电丝组成的电极、引线、支撑杆组成，导电丝直径为 50～2500 μm。电导探头测试的优势在于测量三相流化床的局部气含率。电导探头还可以在一定操作范围内实现局部三相含率的同时测量[162]。测试原理是基于介质导电性的不同。气相、液相和固相的电导差异较大，因此，气泡、液相、液固混合物分别将探头包围时，在回路中会分别形成不同数值的电流。局部气含率即为气泡包围探头的时间之和与总采样时间的比值，局部固含率经关系式求得。双针电导探头和示踪剂相结合，可以测量局部液相速度及液相混合特性[163]。

2) 光纤探头

光纤探头尖而锋利，顶端一般由石英或蓝宝石制作，直径为 50～200 μm。有单针、双针和多针探头之分。

光纤探头有反射型探头和透射型探头之分。其测试原理为：由光源发出的激光进入光纤，在光纤端部发生反射(透射)，光纤探头附近存在的固体颗粒和气泡对光线均有反射(透射)作用，气泡对光线的反射(透射)能力比固体颗粒对光线的反射(透射)能力要小。因此，气泡的光反射(透射)信号强度比固体颗粒的光反射(透射)信号强度低许多，借此能对气泡和固体颗粒进行有效分辨。再将光强信号经过光电转换、信号放大、数据采集及分析处理，即得所需测量参数。

光纤探头常用于测量三相流化床中的气泡特性，如气泡大小及其分布、上升速度和气含率等[164]。显然，光纤探头也可用于测量局部固含率，此时气泡的影响可通过标定加以排除。经过对反射型或透射型光纤探头的标定，也可以实现三相流化床相含率的同时测量。

光纤探头的应用与物系导电性无关，且可以做得比电导探头更小，这些是电导探头所不能及的。但是光纤探头也容易产生一定的测量误差，引起误差的主要原因为气泡和探头之间的相互作用：探头表面状况影响刺穿气泡的能力；探头在多相流中的放置方向影响测量结果；气泡的形状影响气泡大小和气液相界面积估计的准确性。同时，光纤探头的标定是否准确对于测量精度也有较大影响。

针型探头存在一些局限性：针型探头的尺寸及强度要求较高；对于有些有机液体，其折射率与气泡的折射率差值很小，此时，光纤探头就有可能失效；有机液体的电导很小，也难以运用电导探头测量；对于分散相含率较高的系统，光信号传播容易受阻，使光强损失较大，光纤探头难以发挥作用。尽管如此，针型探头仍是三相流化床参数测量的重要手段。

2. 超声探头

超声探头测试是根据超声波在多相系统中的透射或反射特性的不同而实现参数测量的。超声压力波可使压电膜产生振荡，压电膜将振荡转换成电信号，该信号经过过滤输入微机处理，可得所测参数。这里所指探头是侵入式超声探头，也有非侵入式超声探头，如超声多普勒测速仪所用探头。

超声探头主要用于气液系统气泡参数测量，也用于三相流化床系统的参数测量。根据测试原理不同分为超声透射技术和超声反射技术。

1) 超声透射技术

根据透射声波特性测量局部气含率和时均相界面积的方法称为超声透射技术。超声透射技术需要声波发射探头和接收探头。测量时，发射探头和接收探头被气液两相系统隔开，通过测量接收探头在有无气泡通过时输出的电压 A 和 A_0，可以估算出透射比 T。透射比与两探头之间的距离、气泡大小、气泡投影面积、超声波特性(频率 f、液相介质中的波速 c)有关。在已知透射比 T、气泡 Sauter 平均直径、声扩散系数 S 的条件下，通过测量两个不同频率条件下的透射比，可以计算得到局部平均相界面积 α 和局部气含率。

2) 超声反射技术

根据来自气泡等表面的反射声波的幅值和频率确定气泡大小和速度的方法称为超声反射技术或脉冲回波技术。超声反射技术的探头本身既是发射器，又是接收器。超声反射技术所用超声探头由厚度近 1 mm 的压电陶瓷片构成，该膜片与含有一根金属管的阻尼装置相连。气液界面是有效的超声波反射器。为了分析反射波的特性,常采用脉冲回波技术,即常采用脉冲信号,通过这些信号的转接延迟滤去回波。脉冲发射频率一般为 10 kHz 左右。通过分析反射波的幅值和频率可以确定气泡尺寸和局部气泡速度分布。

超声探头可适用于不透明的物系、黏性物系甚至腐蚀性介质,可以承受的温度和压力分别为 140℃和 20 MPa。超声探头一般只能同时测量多相系统中分散相的一个特性。为了消除共振现象,在选择超声波的波长时,应使之明显不同于多相系统中气泡的尺寸。对于气含率较大的工况(大于 20%),声波的多次反射而使声波信号严重衰减的现象需要加以考虑。采用脉冲回波技术估计气泡尺寸时,原则上也可以测量非球形气泡的大小,但是对于非球形(如椭圆形)气泡系统,与图像测试技术获得的气泡大小相比,误差达 20%。同时,脉冲回波技术受探头在流场中方向影响较大。

超声探头技术开发应用于三相流化床相含率的同时测量[165]。采用超声透射探头技术可同时测量气液固循环流化床提升管内的局部气含率和局部固含率,获得相含率的径向分布规律。

4.5.2 非侵入式测试技术

侵入式测试技术具有对流场有干扰,标定曲线具有不确定性,时空分辨率低(厘米或毫米级、分钟或秒级)等局限性。其中,对流场有干扰是最大局限。非侵入式测试技术则无此缺陷,分为全局特性参数测量技术和局部特性参数测量技术[35]。

1. 全局参数测量技术

全局参数测量技术可以得到三相流化床的流型、压降、相含率、气泡尺寸分布、相混合特性等。应用压力传感器技术可以测得三相流化床的压力(压降)时均和波动数据,以用于确定系统相含率和动力消耗,用时序分析方法研究流动行为等。应用示踪技术可测量平均相含率及相混合特性等,有气体、液体和固体示踪技术之分。固体颗粒示踪技术常用放射性同位素作为示踪颗粒。应用辐射衰减技术可测得相分布规律。有 X 射线、γ 射线和中子吸收射线摄影技术等。原理是根据气相、液相和固相对 X 射线、γ 射线和中子的吸收系数的不同而实现参数测量的。应用声波技术也可以测得流化床的流动行为[35]。这是由于系统内的流动行为总是伴随着特征声波的发生(涉及的频率从次生波、可闻声波到超声波),通过声波传感器探头将信号检测出来,可以发现流动规律。

2. 局部参数测量技术

1) 摄像技术

摄像技术是一种比较传统的可视化研究手段,对流场无干扰,常用于研究 2D 三相流化床内的气泡行为,结合液相和固体颗粒折射率匹配技术等,可以测得气泡的大小、分布、上升速度、运动过程和气含率等。摄影用光采用透射光,由于光线经过气泡和液固相后的强弱变化不同,可得到灰度不同的图像;根据灰度不同,经过图像处理可确定气泡的大小及位置。该技术目前采用了更为先进的软硬件系统。局限性在于只能得到壁面附近的运动情况,液相和壁面都要求透明。对于高压系统,需要耐压的视窗材料。

2) 放射颗粒跟踪技术

放射线照相技术是摄像技术的延伸，而放射颗粒跟踪技术以放射线照相技术为基础，可以获得平均和瞬时 3D 多相流场图像。示踪颗粒与流化床内固体颗粒的大小和密度相同，这样示踪颗粒的运动轨迹可以代表流化床内固体颗粒的运动轨迹。与流化床内颗粒不同的是，示踪颗粒可以发射射线，一般用 γ 射线。γ 射线被沿流化床高度布置的多个闪烁探测器所感知。示踪颗粒位置不同，施加到每个探测器上的 γ 射线的辐射量不同。通过估计流化床内 γ 射线的衰减等，可以测得示踪颗粒在较长一段时间内的瞬态 3D 运动位置或坐标[x, y, z]。通过对颗粒运动轨迹上点的连续微分，可以将颗粒运动的位移转换为局部和瞬时速度分量。因此，放射颗粒跟踪(radioactive particle tracking, RPT)技术不同于多数速度测试技术，最初获得的不是速度分量，而是运动颗粒的坐标分量。同时，RPT 技术也不同于下面的粒子图像测速技术(particle image velocimetry, PIV)。RPT 是一种 Lagrangian 测试技术，提供的是某点的瞬态流动信息，而 PIV 技术是一种 Eulerian 技术，提供的是全场瞬时或平均速度分布。

图 4-32 给出了典型的 RPT 技术的装置结构及三相流化床中固体颗粒的 2D 运动轨迹，是由 20000 张图像分析得到的。横坐标是 x 位移分量，纵坐标是 z 位移分量。可以看出颗粒水平振荡范围很宽，也常出现于壁面处[166-167]。

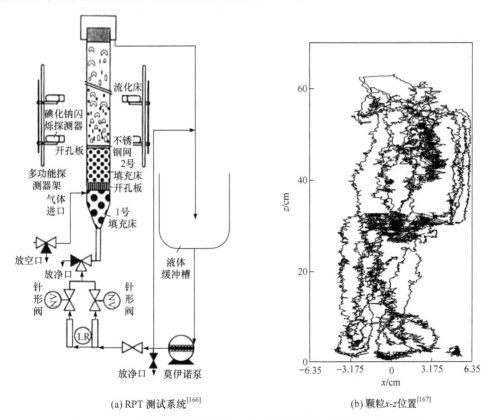

(a) RPT 测试系统[166]　　　　　　　　(b) 颗粒x-z位置[167]

图 4-32　RPT 技术的装置结构及三相流化床中固体颗粒的 2D 运动轨迹

用 RPT 技术可以获得三相流化床中固体颗粒的运动轨迹，研究固体颗粒的流动结构和动力学机理，估算液相和固相的混合特性，绘制平均流场速度矢量和湍流场，进而检验 CFD 模拟的正确性和固体轴向扩散系数。该技术一次只跟踪一个放射颗粒，属于点测量，同时在由信号确定颗粒位置时需要复杂的校正程序，因此获得完整流场的时间较长。

RPT 技术在三相流化床测量方面的延伸是 X 射线颗粒跟踪测试技术(X-ray based particle tracking velocimetry, XPTV)[168]。XPTV 克服了 RPT 技术单点测量和费时的不足，可以同时测量较高分散相含率下，以很快的速度(20 s)得到固体颗粒的 3D 速度场和局部平均固含率。在 XPTV 实施过程中，X 射线在相界面处既不折射也不反射，而是直线穿过多相系统，克服了光学测试方法的缺点。

XPTV 已用于测量气液鼓泡塔内的液相速度分布、三相流化床内的颗粒速度和局部固含率，但是希望将二者结合以实现三相流化床中相参数的同时测量。另外，还应提高表观气速及液速等操作条件，以更接近实际工况。

3) 粒子图像测速技术

粒子图像测速技术(PIV)20 世纪 90 年代初被应用于多相流系统，以 Eulerian 观点获得整个流场的瞬时和平均速度分布[169]。测试原理是：激光束经透镜形成片光源，照射含有示踪颗粒的被测流场，用高分辨率快速 CCD 摄像头对流场空间进行成像数字采样，然后将图像数据输入计算机进行处理。通过计算多幅图像中分析窗口内颗粒的位移，可以得到瞬时速度场。PIV 不仅可以测量三相流化床内局部颗粒瞬时速度，还可以测量速度波动、相含率、气泡大小及分布。图 4-33 为 PIV 测量三相流化床流场的装置系统和测得的固体颗粒的 3D 速度场[169]。

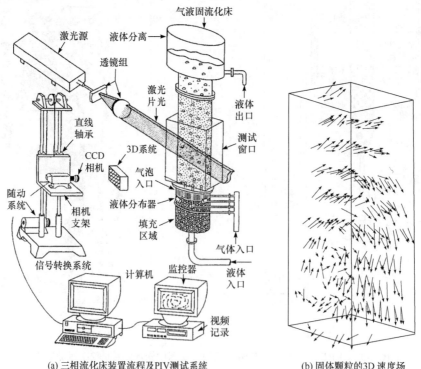

(a) 三相流化床装置流程及PIV测试系统   (b) 固体颗粒的3D 速度场

图 4-33   PIV 测量三相流化床流场的装置系统和测得的固体颗粒的 3D 速度场[169]

该测试技术的难点在于相的有效识别和重建 3D 流场，为此人们提出了许多方法。例如，对液相应用荧光示踪颗粒，对信号进行过滤，应用折射率匹配技术，筛选合适的光路设计等。

4) 电容层析成像技术

层析成像技术的原理是通过测量穿过流化床截面的物理特性，并通过重构算法获得截面的相分布图像。根据物理特性的不同，可分为(γ 射线或 X 射线)光子衰减层析成像、电阻抗层析成像、超声层析成像和电容层析成像(electrical capacitance tomography，ECT)等[35]。其中，ECT 技术在多相流研究方面具有发展潜力和应用前景。

ECT 测试技术的特点是能够测得多相装置某截面上相的分布及相含率，多截面测量时还可以测得相速度分布。该技术在 20 世纪 80 年代得以迅速发展。它具有结构简单、非侵入性、速度快、成本低、安全性好、无需流场透光性等特点，适合较高相含率分布情况的测定。该技术的主要研究和应用对象为两相流(油水、油气、气固、气液等)及三相流(油水气)系统，较早被 Warsito 和 Fan 用于气液固流化床系统[170]。

ECT 技术系统由电容传感器系统、电容数据采集系统、计算机图像重构系统三大部分组成。在绝缘管道外壁均匀安装多对金属电极板，外面采用屏蔽罩屏蔽，构成电容传感器部分。测试原理是：多相流各相介质具有不同的介电常数，当各相组分浓度及其分布发生变化时会引起多相流混合流体等效介电常数分布的变化，电容测量值随之发生改变。采用多电极阵列式电容传感器，传感器各电极之间的相互组合可获得反映各相分布状况的多个电容测量值。以此为投影数据，采用合适的图像重建算法，可重建出反映装置系统某一截面或床体上各相分布状况的图像。

ECT 技术的关键是图像重构。对截面上多相介质空间浓度分布的成像过程实际上是对截面上介电常数分布的重建过程。图像重建从数学上讲是求解逆问题。目前最常用的求解逆问题的方法是采用敏感模型的线性反投影法(linear back projection method，LBP)，是一种精度不高的定性图像重建算法，该方法具有计算量小、速度快的优点。还有其他一些方法，如迭代线性反投影法(iterative linear back projection method，ILBP)、同时图像重建(simultaneous image reconstruction，SIR)技术等。在三相流化床的 ECT 测试研究中，Warsito 和 Fan 提出了基于模拟神经网络的多判据最优化图像重建技术(neural network multi-criteria optimization image reconstruction technique，NN-MOIRT)，用该方法得到了三相流化床内的流动分布，并结合三相电容模型等计算了气含率和固含率[170]。

图 4-34(a)为 ECT 测试系统结构示意图。该电容传感器阵列由双平面传感器组成，每个平面有 12 根电极，每个平面的独立电极对总数为 66。电极被贴附在装置系统的外壁面。平面 1 和平面 2 距分布器的距离分别是 10 cm 和 15 cm。每个电极的长度为 5 cm。在测量电极平面上下各有一个保护传感器平面，以调节轴向电场分布。图像采集系统速度为 100 帧/s。实验条件为：三相流化床直径 10 cm、高 1 m。气相为空气(介电常数=1)，表观气速达 15 cm/s，液相为煤油(介电常数=2.2)，静液高度 80 cm，玻璃球(介电常数=3.8)直径 0.2 mm。

图 4-34(b)为采用 ECT 测量方法和压降方法测得的两个截面的平均相含率的比较。可以看出，两种测量结果都很接近。图 4-35 给出了距离气体分布器 20 cm 处，三相流动在

同一截面 4 s 的拟 3D 流动结构及气含率分布。由图 4-35 可以看出,随着表观气速的增加,气泡尺寸增加,气泡的螺旋上升运动很明显,图中的暗红色反映大气泡的存在。该流动与实验现象吻合较好。图 4-36 是所测 4 s 内截面固含率的分布图。从图 4-36 可知,随表观气速的增加,距离气体分布器 15~55 cm 处截面平均固含率在逐渐变化。气速为 15 cm/s 时,截面固含率分布过渡为边壁多、中心少的环形分布。这些与实际现象吻合较好。

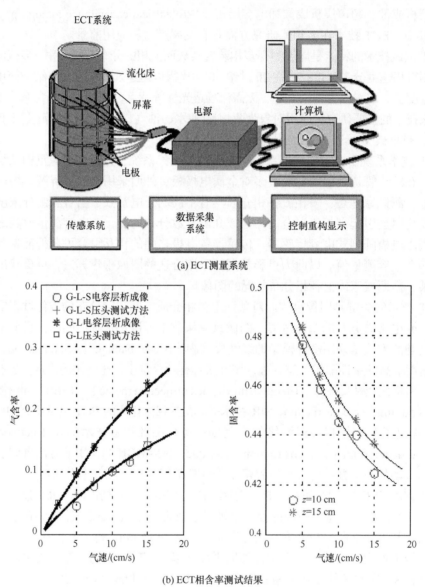

(a) ECT测量系统

(b) ECT相含率测试结果

图 4-34　多相流 ECT 测试系统及 ECT 相含率测试结果比较[170]

ECT 技术的局限性主要有:电容场是一种软场,难以得到很高的空间分辨率;图像重构是解一个逆问题,一般不存在解析解,而且不存在唯一解,原因是从有限个电极对

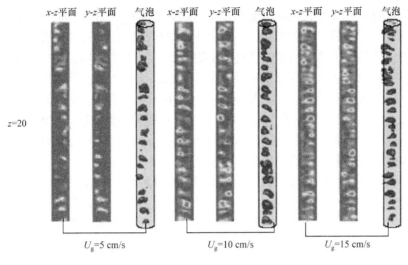

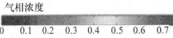

图 4-35　距离气体分布器 20 cm 处，三相流动在同一截面 4 s 的拟 3D 流动结构及气含率分布[170]

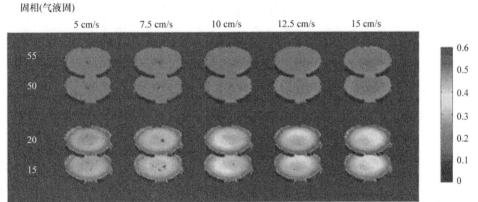

图 4-36　三相流化床 4 s 内截面固含率的分布[170]

可以测得的极间电容数目远少于所需重建图像像素数，所以 ECT 是一个由严重不完全投影数据重建图像的问题；数据采集速度和降低噪声的矛盾难以解决。尽管如此，由于 ECT 技术的突出优点，其在三相流化床参数测试方面的研究和应用会得到较大发展。

5) 激光多普勒测速技术

激光多普勒测速仪(laser Doppler anemometry, LDA)可以测得各相局部运动瞬时速度，具有测量精度高、时间和空间分辨率高、测量体积小、响应频率快、非接触测量、对流场无干扰等优点。

测试原理是利用激光多普勒效应进行速度测量。当激光器发射的激光照射到运动颗粒(包括示踪颗粒、气泡、固体颗粒)上时，颗粒的散射光与入射光之间存在一定的频率差，称为多普勒频移，这种频移现象称为激光多普勒效应。在一定条件下，颗粒的运动速度与多普勒频移呈正比关系，因此只要测出多普勒频移就可以测得颗粒的运动速度。测量时，测速仪的发射透镜发出相交于一点的激光，接收透镜接收散射光信号，通过光电倍增管转换为电信号并传递到信号处理器，由信号处理器进行分析得到多普勒频移。

根据多普勒测速技术的原理，在气固(液滴)流动系统中加入能跟随气体运动的示踪颗粒，可以同时得到系统原有固体颗粒(液滴)和示踪颗粒的多普勒信号。两种颗粒一般在粒径上差别较大，使其多普勒信号的幅值差别较大，从而采用幅值鉴频技术得到气固(液滴)两相的运动速度。因此，这种测速技术的研究主要集中在固含率较低的气固两相系统、液固两相系统和液含率较低的气液两相系统(液滴分散于气相中)[171-172]。

值得指出的是，由于 LDA 测试技术假设示踪颗粒的运动完全与液相的运动轨迹相同，但是对于有气泡存在的鼓泡塔系统，示踪颗粒在液相中的分布并不均一。这样所测液速就会夹带着气泡速度的影响，从而带来系统误差。在应用激光多普勒测试技术时，复杂条件下的相的识别非常关键。对于气速较高的鼓泡塔系统，会出现小气泡与示踪颗粒无法区分的现象，此时可以采用荧光示踪颗粒。对于液固系统的测量，还可以采用液相和固相的折射率匹配原则，从光学角度消除分散相影响，获得液相速度信号。

由于激光与散射光的光强与穿透距离呈指数衰减关系，因此，对于分散相含率较高的情况，LDA 测量误差较大。改进办法除提高激光发射功率外，可采用缩短激光及散射光在系统内的穿透距离的办法解决光阻问题。激光多普勒测速仪分为前向散射模式和后向散射模式。在缩短激光及散射光的穿行距离方面，后向散射模式比前向散射模式有优势，因为后向散射模式系统的激光聚焦及散射光接收使用同一透镜。

6) 相多普勒测速技术

作为 LDA 的扩展，相多普勒测速仪(phase Doppler anemometry，PDA)可以测量多相系统中分散相的大小、速度和相间滑移速度等，还可以从连续相的数据中得到雷诺应力和湍流强度。在测试原理上与 LDA 测试系统不同的是，激光多普勒信号由两个具有一定相位角的光探测器接收。PDA 具有与 LDA 类似的优点。主要用于测量气液两相系统的相速度、大小等参数。较少用于气液固流系统的参数测量[172-173]。

在选取的三相流系统中，液相为连续相，气含率最大为 0.66%，保持较小的气含率的目的在于创造一个与鼓泡流类似的流动环境；固含率为 0.054%，固含率再大时，会使液相测量数据不可接受，固体颗粒的直径为 0.15 mm。由此可以看出，该三相流与工业实际情况具有较大差距。应用 PDA 测量的三相流系统的速度和浓度的结构图及部分结果如图 4-37[172]和图 4-38[173]所示。

激光(相)多普勒测速系统虽然比较复杂、价格昂贵，并且使用时技术要求高，但是在细颗粒、低浓度流化床的速度测试中有很好的应用前景。今后若能更好地解决光阻问题等，将有助于提高该技术的测量范围和精度。同时，实际三相流化床系统(颗粒、气泡等尺寸和含率较大的系统)参数的测量也是应该关注的研究领域。

此外，还有其他一些测试技术，如传热探头技术——热膜风速仪(hot film anemometry)[35]、传质探头技术——极谱技术(polarographic technique)[174]、电扩散测试技术(electrodiffusion measurement)[175]、皮托管[35]等。

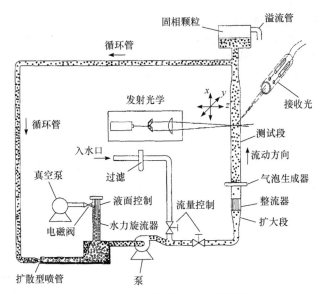

图 4-37 PDA 测量三相流系统[172]

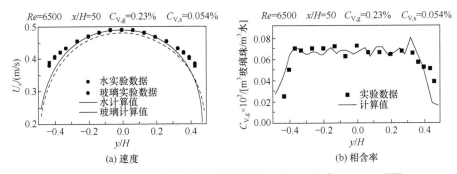

(a) 速度

(b) 相含率

图 4-38 PDA 测量的三相流系统的颗粒速度和相含率(Re=6500)[173]

　　三相流化床参数测试技术难题在于如何正确识别气液固 3 个相，这是许多两相系统测试手段无能为力的原因，这些制约着三相流态化理论的发展和技术的应用。

　　三相流化床测试新技术各有其优势和局限。非侵入式测试技术明显的优点是对流场无干扰，因而近年来受到了极大的关注，但是也存在以下问题：技术实施比较复杂，且价格昂贵；在工业操作状况下(特殊的物化性质、装置壁面不透明、高度湍流、分散相含率高、流动高度不稳定等)，非侵入式测试技术往往难以实现或者效果不佳；非侵入式测试实验数据往往是离散或时均值，难以有效利用时间序列分析方法进行信息挖掘和提取等。因此，不能忽视侵入式测试技术的研究和应用。同时，将两类测试技术的优点有机结合，是获得三相流化床完整实验数据的有效途径。

　　在完善现有测试技术的基础上，结合现代科技的发展，研发安全可靠、无干扰、测试范围广、分辨率高、简便快捷、经济的测试技术是今后的发展方向。

符 号 说 明

C_p	等压比热容，kJ/(kg·K)	d_b	气泡尺寸

符号	说明	符号	说明
$G_{k,m}$	湍流脉动能产生项，$kg/(m \cdot s^3)$	γ	剪切速率，m/s
$g_b(v, v')$	单位体积内连续相中体积为 v_i 的气泡破碎为 v_i' 气泡的破碎速率，m/s	δ	气膜及液膜的厚度或流体表面滞留层的厚度，m
H	Hamaker 常数	ε	湍动能耗散率或体积分数，无量纲或 m^2/s^3
K	校正因子，无量纲		
K_p	动量交换系数	ε_c	连续相的涡流耗散速率，m/s
k	湍流脉动动能，m^2/s^2	ε_{mf}	临界流化状态下气含率和液含率之和
N_T	黏性力和范德华力的比值		
n_i, n_j	直径为 d_i 和 d_j 的气泡数密度	ς_T	加入湍流碰撞效率系数的因子
P_g, P_s	气相或固相的压力，Pa	Θ_s	颗粒温度，m^2/s^2
$Q(v_i, v_j)$	惯性子区域中的聚并速率，m/s	λ	动力黏度，$kg/(m \cdot s)$；气泡变形率
$\boldsymbol{u}$	速度矢量，m/s	μ	剪切黏度，$kg/(m \cdot s)$
u_B	相对于液体的气泡上升速度，$u_B = u_b - u_l / \varepsilon_l$	μ_{bed}	液固流化床的表观黏度
		$\mu_{t,m}$	混合相湍流黏度，$Pa \cdot s$
$\boldsymbol{u}_{ij}$	直径分别为 d_i 和 d_j 的气泡碰撞的特征速度	ξ	各向同性湍流的惯性子区域涡流的无量纲尺寸
We	韦伯数，无量纲	ρ	密度，kg/m^3
Y	涡流尺寸，m	ρ_m	液固流化床的平均密度
α_{mf}	临界流化状态下气含率除以总的流体(气相和液相)含率	σ	表面张力，N
		$\omega(v_i, v_j)$	碰撞频率，1/s

习 题

4-1 简要推导统一尾涡机理模型。

4-2 利用软件求解下面的超越方程组，在求解三相流化床流动机理模型时会用到。

$$\begin{cases} e^{(x-2)} - x^3 - x^2 - x = y \\ x^2 - 2^x = y \end{cases}$$
$$-2 \leqslant x \leqslant 3$$

4-3 针对气液固流化床流动行为的数值模拟，有哪几种思路或方法？各有什么优缺点？

4-4 试给出采用三欧拉方法数值模拟气液固流化床流动行为的数学模型。

4-5 气液固流化床流动特性的基本测试技术手段有哪些？

参 考 文 献

[1] 胡宗定, 于宝田. 气液固三相流化工程[J]. 化学工程, 1986, 20(2): 20-27.

[2] Fan L S. Gas-Liquid-Solid Fluidization Engineering[M]. Boston: Butterworth-Heinemann, 1989.

[3] Fan L S, Tsuchiya K. Bubble Wake Dynamic in Liquids and Liquid-Solid Suspensions[M]. Boston: Butterworth-Heinemann, 1990.

[4] Nigam K D, Schumpe A. Three-Phase Sparged Reactors[M]. Netherlands: Gordon and Breach Publishers, 1996.

[5] 金涌, 祝京旭, 王展文, 等. 流态化工程原理[M]. 北京: 清华大学出版社, 2001

[6] Dudukovic M P, Larachi F, Mills P L. Multiphase catalytic reactors: A perspective on current knowledge and future trends[J]. Catalysis Reviews, 2002, 44(1): 123-246.

[7] Fan L S, Yang G. Gas-liquid-solid three-phase fluidization. Chapter 27//Yang W C. Handbook of Fluidization and Fluid-Particle Systems[M]. New York: Marcel Dekker Inc., 2003.

[8] 郭慕孙, 李洪钟. 流态化手册[M]. 北京: 化学工业出版社, 2008.

[9] 李佑楚. 流态化过程工程导论[M]. 北京: 科学出版社, 2008.

[10] Buwa V V, Roy S, Ranade V V. Three-phase Slurry Reactors//Önsan Z I, Avci A K. Multiphase Catalytic Reactors-Theory, Design, Manufacturing, and Applications[M]. Hoboken: Wiley Inc., 2016: 132-151.

[11] Grace J R, Bi X T, Ellis N. Essentials of Fluidization Technology[M]. Weinheim: Wiley-VCH Verlag GmbH & Co. KgaA, 2020.

[12] Lowry H H. Chemistry of Coal Utilization Ⅱ [M]. New York: John Wiley, 1945.

[13] Probstein R F, Hicks R E. Synthetic Fuels[M]. New York: McGraw-Hill, 1982.

[14] Fan L S, Muroyama K, Chern S H. Hydrodynamic characteristics of inverse fluidization in liquid-solid and gas-liquid-solid systems[J]. The Chemical Engineering Journal, 1982, 24(2): 143-150.

[15] 刘明言. 多相反应器混沌动力学特性研究[D]. 天津: 天津大学, 1998.

[16] Liang W G, Yu Z, Jin Y, et al. The phase holdups in a gas-liquid-solid circulating fluidized bed[J]. The Chemical Engineering Journal and the Biochemical Engineering Journal, 1995, 58(3): 259-264.

[17] Liang W, Wu Q, Yu Z, et al. Hydrodynamics of a gas-liquid-solid three phase circulating fluidized bed[J]. The Canadian Journal of Chemical Engineering, 1995, 73(5): 656-661.

[18] Liang W G, Wu Q W, Yu Z Q, et al. Flow regimes of the three-phase circulating fluidized bed[J]. AIChE Journal, 1995, 41(2): 267-271.

[19] Ma Y L, Liu M Y, Zhou X H, et al. Axial meso-scale modeling of gas-liquid-solid circulated fluidized beds[J]. Chemical Engineering Science, 2019, 208(5): 115139 (1-16).

[20] 高普生, 张德祥. 煤液化技术[M]. 北京: 化学工业出版社, 2005.

[21] 朱炳辰. 化学反应工程[M]. 5 版. 北京: 化学工业出版社, 2013.

[22] Chen R C, Reese J, Fan L S. Flow structure in a three-dimensional bubble column and three-phase fluidized bed[J]. AIChE Journal, 1994, 40(7): 1093-1104.

[23] Song G H, Bavarian F, Fan L S, et al. Hydrodynamics of three-phase fluidized bed containing cylindrical hydrotreating catalysts[J]. The Canadian Journal of Chemical Engineering, 1989, 67(2): 265-275.

[24] Zhang J P, Epstein N. Grace J R, et al. Minimum liquid fluidization velocity of gas-liquid fluidized beds[J]. Chemical Engineering Research and Design, 1995, 73(A3): 347-353.

[25] Massimilla L, Majuri N, Signorimi P. Sull assorbimento gi gers in sistema: Solido-liquido-fluidozzato[J]. La Ricerca Scientifica, 1959, 29: 1934-1939.

[26] 刘明言, 胡宗定. 气液固三相流化床流区及其过渡的混沌分析[J]. 化学反应工程与工艺, 2000, 16(4): 363-367.

[27] Epstein N. Criterion for initial contraction or expansion of three-phase fluidized beds[J]. The Canadian Journal of Chemical Engineering, 1976, 54(4): 259-263.

[28] Epstein N. Three-phase fluidization: Some knowledge gaps[J]. The Canadian Journal of Chemical Engineering, 1981, 59(6): 649-657.

[29] Begovich J M, Watson J S. Hydrodynamic Characteristics of Three-Phase Fluidized Beds// Davidson J F, Keairns D L. Fluidization[M]. Cambridge: Cambridge University Press, 1978: 190-197.

[30] Clift R, Grace J R, Weber M E. Bubbles, Drops and Particles[M]. New York: Dover Publications, 2005.

[31] Kim S D, Baker C G J, Bergougnou M A. Bubble characteristic in three-phase fluidized beds[J]. Chemical Engineering Science, 1977, 32(11): 1299-1306.

[32] Darton R C, Harrison D. The rise of single gas bubbles in liquid fluidized beds[J]. Transactions of the Institution of Chemical Engineers, 1974, 52(4): 301-306.

[33] Darton R C. The physical behaviour of three-phase fluidized beds//Davidson J F, Clift R, Harrison D. Fluidization[M]. London: Academic Press, 1985: 495-528.

[34] 胡宗定, 王一平. 用电导法进行气-液-固三相流化床各相局部含率的测定[J]. 天津大学学报, 1984, 17(1): 17-22.

[35] Boyer, C, Duquenne A M, Wild G. Measuring techniques in gas-liquid and gas-liquid-solid reactors[J]. Chemical Engineering Science, 2002, 57(16): 3185-3215.

[36] 王铁峰, 王金福, 杨卫国, 等. 三相循环流化床中气泡大小及其分布的实验研究[J]. 化工学报, 2001, 52(3): 197-203.

[37] Chern S H, Fan L S, Muroyama K. Hydrodynamics of cocurrent gas-liquid-solid semifluidization with a liquid as the continuous phase[J]. AIChE Journal, 1984, 30(2): 288-294.

[38] Fan L S, Matsuura A, Chern S H. Hydrodynamic characteristics of a gas-liquid-solid fluidized bed containing a binary mixture of particles[J]. AIChE Journal, 1985, 31(11): 1801-1810.

[39] Kato Y, Uchida K, Kago T, et al. Liquid holdup and heat transfer coefficient between bed and wall in liquid solid and gas-liquid-solid fluidized beds[J]. Powder Technology, 1981, 28(2): 173-179.

[40] Bhatia V K, Epstein N. Three phase fluidization: A generalized wake model[C]//Angelino H, Couderc J P, Gibert H, et al. Fluidization and Its Applications: Proceedings of the International Symposium[M]. Toulouse: Cepadues-Editions, 1974: 380-392.

[41] Kang Y, Kim M K, Yang S W, et al. Characteristics of three-phase (gas-liquid-solid) circulating fluidized beds[J]. Journal of Chemical Engineering of Japan, 2018, 51(9): 740-761.

[42] 胡宗定, 王一平, 白孟田, 等. 气液固流化床相含率四区模型的研究[J]. 化工学报, 1989, 40(2): 131-138.

[43] Liu M Y, Li J H, Kwauk M. Application of the energy-minimization multi-scale method to gas-liquid-solid fluidized beds[J]. Chemical Engineering Science, 2001, 56(24): 6805-6812.

[44] 林诚, 林春深, 张济宇. 三相流化床间歇反应器中固体轴向浓度分布[J]. 化工学报, 2001, 52(2): 108-112.

[45] Jin G D. Multi-scale modeling of gas-liquid-solid three-phase fluidized beds using the EMMS method[J]. Chemical Engineering Journal, 2006, 117(1): 1-11.

[46] Ma Y L, Liu M Y, Zhang Y. An improved meso-scale flow model of gas-liquid-solid fluidized beds[J]. Chemical Engineering Science, 2018, 179: 243-256.

[47] Gidaspow D, Bahary M, Jayaswal U K. Hydrodynamic model for gas-liquid-solid fluidization[M]. New York: Numerical Method in Multi-Phase Flow, 1994: 117-124.

[48] Mitra-Majumdar D, Farouk B, Shah Y T. Hydrodynamic modeling of three-phase flows through a vertical column[J]. Chemical Engineering Science, 1997, 52(24): 4485-4497.

[49] Li Y, Zhang J, Fan L S. Numerical simulation of gas-liquid-solid fluidization systems using a combined CFD-VOF-DPM method: Bubble wake behavior[J]. Chemical Engineering Science, 1999, 54(21): 5101-5107.

[50] 罗运柏, 胡宗定. 烟气脱硫三相流化床反应器的数学模拟与预测放大[J]. 化工学报, 2002, 53(2): 122-127.

[51] Zhou X H, Ma Y L, Liu M Y, et al. CFD-PBM simulations on hydrodynamics and gas-liquid mass transfer in a gas-liquid-solid circulating fluidized bed[J]. Powder Technology, 2020, 362(2): 57-74.

[52] Efremov G I, Vakhrushev I A. A study of the hydrodynamics of three-phase fluidized beds[J]. Chemistry and Technology of Fuels and Oils, 1969, 5: 541-545.

[53] Muroyama K, Fukuma M, Yasunishi A. Wall-to-bed heat transfer coefficient in gas-liquid-solid fluidized beds[J]. The Canadian Journal of Chemical Engineering, 1984, 62(2): 199-208.

[54] Østergaard K. On bed porosity in gas-liquid fluidization[J]. Chemical Engineering Science, 1965, 20 (2): 165-167.

[55] Rigby G R, Capes C E. Bed expansion and bubble wakes in three-phase fluidization[J]. The Canadian Journal of Chemical Engineering, 1970, 48(4): 343-348.

[56] El-Temtamy S A, Epstein N. Bubble wake solids content in three-phase fluidized beds[J]. International Journal of Multiphase Flow, 1978, 4(1): 19-31.

[57] Darton R C, Harrison D. Gas and liquid hold-up in three-phase fluidization[J]. Chemical Engineering Science, 1975, 30(5-6): 581-586.

[58] Muroyama K, Hashimoto K, Toshima M, et al. Axial liquid dispersion in gas-liquid co-current flow through packed beds[J]. Kagaku Kogaku Ronbunshu, 1976, 2(3): 235.

[59] Baker C G J, Kim S D, Bergougnou M A. Wake characteristics of three-phase fluidized beds[J]. Powder Technology, 1977, 18(2): 201-207.

[60] Khang S J, Schwartz J G, Buttke R D. A practical wake model for estimating bed expansion and holdup in three phase Fluidized systems[J]. AIChE Symposium Series, 1983, 79(222): 47-54.

[61] Fan L S, Kreischer B E, Tsuchiya K. Recent advances in gas-liquid-solid fluidization: Fundenmentals and applications[C]. Miani Beach: Papers Perscented at AIChE Annual Meeting,1986: 2-7.

[62] Page R E, Harrison D. Particle entrainment from a three-phase fluidized bed[M]. Toulouse: Cepadues-Editions, 1974.

[63] Jean R H, Fan L S. On the particle terminal velocity in a gas-liquid medium with liquid as the continuous phase[J]. The Canadian Journal of Chemical Engineering, 1987, 65(6): 881-886.

[64] Chen Y M, Fan L S. Drift flux in gas-liquid-solid fluidized systems from the dynamics of bed collapse[J]. Chemical Engineering Science, 1990, 45(4): 935-945.

[65] Morooka S, Uchida K, Kato Y. Recirculating turbulent flow of liquid in gas-liquid-solid fluidized bed[J]. Journal of Chemical Engineering of Japan, 1982, 15(1): 29-34.

[66] Li J, Tung Y, Kwauk M. Multi-scale modeling and method of energy minimization for particle-fluid two phase flow[D]. Beijing: Institute of Chemical Metallurgy, 1988: 89-103.

[67] Li J H, Huang W L. Towards Mesoscience[M]. Berlin, Heidelberg: Towards Mesoscience, Springer, 2014: 51-61.

[68] Yang N, Chen J H, Ge W, et al. A conceptual model for analyzing the stability condition and regime transition in bubble columns[J]. Chemical Engineering Science, 2010, 65(1): 517-526.

[69] Li J H, Wen L X, Ge W, et al. Dissipative structure in concurrent-up gas-solid flow[J]. Chemical Engineering Science, 1998, 53(19): 3367-3379.

[70] Xu G W, Li J H. Analytical solution of the energy-minimization multi-scale model for gas-solid two-phase flow[J]. Chemical Engineering Science, 1998, 53(7): 1349-1366.

[71] Yang N, Chen J H, Zhao H, et al. Explorations on the multi-scale flow structure and stability condition in bubble columns[J]. Chemical Engineering Science, 2007, 62(24): 6978-6991.

[72] Xu G W, Li J H. Multi-scale interfacial stresses in heterogeneous particle-fluid systems[J]. Chemical Engineering Science, 1998, 53(18): 3335-3339.

[73] Yang N, Wang W, Ge W, et al. CFD simulation of concurrent-up gas-solid flow in circulating fluidized beds with structure-dependent drag coefficient[J]. Chemical Engineering Journal, 2003, 96(1-3): 71-80.

[74] Ge W, Li J H. Physical mapping of fluidization regimes—the EMMS approach[J]. Chemical Engineering Science, 2002, 57(18): 3993-4004.

[75] Wang W, Li J H. Simulation of gas-solid two-phase flow by a multi-scale CFD approach of the EMMS model to the sub-grid level[J]. Chemical Engineering Science, 2007, 62 (1-2): 208-231.

[76] 马永丽, 刘明言, 胡宗定. 气液固流化床流动介尺度模型进展[J]. 化工学报, 2022, 73(6): 2438-2451.

[77] Matsuura A, Fan L S. Distribution of bubble properties in a gas-liquid-solid fluidized bed[J]. AIChE

Journal, 1984, 30(6): 894-903.

[78] Nacef S, Wild G, Laurent A, et al. Scale effects in gas-liquid-solid fluidization[J]. International Chemical Engineering, 1992, 32(1): 51-72.

[79] Kim S D, Baker C G I, Bergougnou M A. Phase holdup characteristics of three phase fluidized beds[J]. The Canadian Journal of Chemical Engineering, 1975, 53 (1): 134-139.

[80] Kato Y, Nishiwaki A, Fukuda T, et al. The behavior of suspended solid particles and liquid in bubble columns[J]. Journal of Chemical Engineering of Japan, 1972, 5(2): 112-118.

[81] Imafuku K, Wang T Y, Koide K, et al. The behavior of suspended solid particles in the bubble column[J]. Journal of Chemical Engineering of Japan, 1968, 1(2): 153-158.

[82] Smith D N, Ruether J A. Dispersed solid dynamics in a slurry bubble column[J]. Chemical Engineering Science, 1985, 40(5): 741-753.

[83] Cova R D. Catalyst suspension in gas-agitated tubular reactors[J]. Industrial & Engineering Chemistry Process Design and Development, 1966, 5(1): 20-25.

[84] Kojima H, Asano K. Hydrodynamic characteristics of suspension-bubble column[J]. Kagaku Kogaku Ronbunshu, 1980, 6(1): 46-52.

[85] Matsumoto T, Hidaka N, Morooka S. Axial distribution of solid holdup in bubble column for gas-liquid-solid systems[J]. AIChE Journal, 1989, 35(10): 1701-1709.

[86] Tsutsumi A, Charinpanitkul T, Yoshida K. Prediction of solid concentration profiles in three-phase reactors by a wake shedding model[J]. Chemical Engineering Science, 1992, 47(13): 3411-3418.

[87] 韩社教, 金涌, 俞芷青, 等. 气液固循环流化床中气固相含率轴径向的分布[J]. 高校化学工程学报, 1997, (3): 53-57.

[88] Ma Y L, Liu M Y, Zhang Y. Axial meso-scale modeling of gas-liquid-solid fluidized beds[J]. Chemical Engineering Science, 2019, 196: 188-201.

[89] Bhaga D, Weber M E. Bubbles in viscous liquids: Shapes, wakes and velocities[J]. Journal of Fluid Mechanics, 1981, 105: 61-85.

[90] Rigby G R, van Blockland G P, Park W H, et al. Properties of bubbles in three phase fluidized beds as measured by an electroresistivity probe[J]. Chemical Engineering Science, 1970, 25(11): 1729-1741.

[91] Kato Y, Morooka S, Kago T, et al. Axial holdup distributions of gas and solid particles in three-phase fluidized bed for gas-liquid(slurry)-solid systems[J]. Journal of Chemical Engineering of Japan, 1985, 18(4): 308-313.

[92] Lee S L P, de Lasa H I. Phase holdups in three-phase fluidized beds[J]. AIChE Journal, 1987, 33(8): 1359-1370.

[93] Kim S D, Kang Y. Heat and mass transfer in three-phase fluidized-bed reactors: An overview[J]. Chemical Engineering Science, 1997, 52(21-22): 3639-3660.

[94] 刘明言, 孙冰峰, 林瑞泰. 三相流化床传热模型与计算式分析[J]. 化学工程, 2006, 34(1): 12-15.

[95] Muroyama K, Fukuma M, Yasunishi A. Wall-to-bed heat transfer in liquid-solid and gas-liquid-solid fluidizeds. Part Ⅱ: gas-liquid-solid fluidizeds[J]. Canadian Journal of Chemical Engineering, 1986, 64(3): 409-418.

[96] Suh I S, Jin G T, Kim S D. Heat transfer coefficients in three-phase fluidized beds[J]. International Journal of Multiphase Flow, 1985, 11(2): 255-259.

[97] Magiliotou M, Chen Y M, Fan L S. Bed-immersed object heat transfer in a three phase fluidized bed[J]. AIChE Journal, 1988, 34(6): 1043-1047.

[98] Kim S D, Laurent A. The state of knowledge on heat transfer in threephase fluidized beds[J]. International Journal of Chemical Engineering, 1991, 31(2): 284-302.

[99] Nguyen-Tien K, Patwari A N, Schumpe A. Gas-liquid mass transfer in fluidized particle beds[J]. AIChE Journal, 1985, 31(2): 194-201.

[100] Chang S K, Kang Y, Kim S D. Mass transfer in two- and three-phase fluidized beds[J]. Journal of Chemical Engineering of Japan, 1986, 19(6): 524-530.

[101] Ohashi H T, Sugawara T, Kikuchi K. Mass transfer between particles and liquid in solid-liquid two-phase up flow in the low-velocity region through vertical tubes[J]. Journal of Chemical Engineering of Japan, 1981, 14(6): 489-491.

[102] Kusakabe K, Morooka S, Katom Y. Charge transfer rate in liquid-solid and gas-liquid-solid fluidized bed electrodes[J]. Journal of Chemical Engineering of Japan, 1981, 14(3): 208-214.

[103] Yang S Z. Correlation of liquid dispersion in three-phase fluidized bed[J]. Huagong Xuebao/Journal of Chemical Industry and Engineering (China), 1989, 40(2): 161-167.

[104] Pan H, Chen X Z, Liang X F, et al. CFD simulations of gas-liquid-solid flow in fluidized bed reactors: A review[J]. Powder Technology, 2016, 299: 235-258.

[105] 仇轶, 由长福, 祁海鹰, 等. 多相流动的直接数值模拟进展[J]. 力学进展, 2003, 33(4): 507-517.

[106] Hu H H, Patankar N A, Zhu M Y. Direct numerical simulations of fluid-solid systems using the arbitrary Lagrangian-Eulerian technique[J]. Journal of Computational Physics, 2001, 169(2): 427-462.

[107] Hyman M A. Non-iterative numerical solution of boundary-value problems[J]. Applied Science Research, 1952, 2(1): 325-351.

[108] Van der Hoef M A, Beetstra R, Kuipers J A M. Lattice-Boltzmann simulations of low-Reynolds-number flow past mono-and bidisperse arrays of spheres: Results for the permeability and drag force[J]. Journal of Fluid Mechanics, 2005, 528: 233-254.

[109] Torvik R, Svendsen H F. Modelling of slurry reactors: A fundamental approach[J]. Chemical Engineering Science, 1990, 45(8): 2325-2332.

[110] Hillmer G, Weismantel L, Hofmann H. Investigations and modelling of slurry bubble columns[J]. Chemical Engineering Science, 1994, 49(6): 837-843.

[111] Wen J P, Xu S L. Local hydrodynamics in a gas-liquid-solid three-phase bubble column reactor[J]. Chemical Engineering Journal, 1998, 70(1): 81-84.

[112] Majumdar D M, Farouk B, Shah Y T. Transport of gas-liquid flow through vertical columns[J]. Chemical Engineering Communications, 1995, 137(1): 191-209.

[113] Panneerselvam R, Savithri S, Surender G D. CFD simulation of hydrodynamics of gas-liquid-solid fluidised bed reactor[J]. Chemical Engineering Science, 2009, 64(6): 1119-1135.

[114] Gunstensen A K, Rothman D H, Zaleski S, et al. Lattice Boltzmann model of immiscible fluids[J]. Physical Review A, 1991, 43(8): 4320-4327.

[115] Swift M R, Osborn W R, Yeomans J. Lattice boltzmann simulation of nonideal fluids[J]. Physical Review Letters, 1995, 75(5): 830-833.

[116] 闻建平, 黄琳, 周怀, 等. 气液固湍流流动的 E/E/L 模型与模拟[J]. 化工学报, 2001, 12(4): 63-68.

[117] Guo L C, Morita K, Tobita Y. Numerical simulations of gas-liquid-particle three-phase flows using a hybrid method[J]. Journal of Nuclear Science and Technology, 2016, 53(2): 271-280.

[118] Zhang X, Ahmadi G. Eulerian-Lagrangian simulations of liquid-gas-solid flows in three-phase slurry reactors[J]. Chemical Engineering Science, 2005, 60(18): 5089-5104.

[119] Zhang X Y, Ahmadi G. Numerical simulations of gas-liquid-particle flows in three-phase slurry reactors under gravity variation[J]. Scientia Iranica B, 2018, 25(6): 3197-3209.

[120] Yang G Q, Du B, Fan L S. Bubble formation and dynamics in gas-liquid-solid fluidization: A review[J]. Chemical Engineering Science, 2007, 62(1): 2-27.

[121] Anderson T B, Jackson R. A fluid mechanical description of fluidized beds[J]. Equation of Motion, Industrial and Engineering Chemistry Fundamentals, 1967, 6(4): 527- 539.

[122] Tsuji Y, Kawaguchi T, Tanaka T. Discrete particle simulation of two-dimensional fluidized bed[J]. Powder Technology, 1993, 77(1): 79-81.

[123] Unverdi S O, Tryggvason G. A front-tracking method for viscous, incompressible, multi-fluid flows[J]. Journal of Computational Physics, 1992, 100(1): 25-37.

[124] Tryggvason G, Bunner B, Esmaeeli A, et al. A front-tracking method for the computations of multiphase flow[J]. Journal of Computational Physics, 2001, 169(2): 708-759.

[125] Dijkhuizen W, Roghair I, Annaland M V S, et al. DNS of gas bubbles behaviour using an improved 3D front tracking model-model development[J]. Chemical Engineering Science, 2010, 65(4): 1427-1437.

[126] Harlow F H, Welch J E. Numerical calculation of time-dependent viscous incompressible flow of fluid with free surface[J]. Physics of Fluids, 1965, 8(12): 2182-2189.

[127] Mittal R, Iaccarino G. Immersed boundary methods[J]. Annual Review of Fluid Mechanics, 2005, 37(1): 239-261.

[128] Hirt C W, Nichols B D. Volume of fluid (VOF) method for the dynamics of free boundaries[J]. Journal of Computational Physics, 1981, 39(1): 201-225.

[129] van Sint Annaland M, Deen N G, Kuipers J A M. Numerical simulation of gas bubbles behaviour using a three-dimensional volume of fluid method[J]. Chemical Engineering Science, 2005, 60(11): 2999-3011.

[130] Sussman M, Smereka P, Osher S. A level set approach for computing solutions to incompressible two-phase flow[J]. Journal of Computational Physics, 1994, 114(1): 146-159.

[131] Henshaw W D, Schwendeman D W. An adaptive numerical scheme for high-speed reactive flow on overlapping grids[J]. Journal of Computational Physics, 2003, 191(2): 420-447.

[132] Osher S, Fedkiw R P. Level set methods: An overview and some recent results[J]. Journal of Computational Physics, 2001, 169(2): 463-502.

[133] Aidun C K, Clausen J R. Lattice-boltzmann method for complex flows [J]. Annual Review of Fluid Mechanics, 2010, 42(1): 439-472.

[134] Deen N G, Annaland M V S, Kuipers J A M. Direct numerical simulation of complex multi-fluid flows using a combined front tracking and immersed boundary method[J]. Chemical Engineering Science, 2009, 64(9): 2186-2201.

[135] Baltussen M W, Seelen L J H, Kuipers J A M, et al. Direct numerical simulations of gas-liquid-solid three phase flows[J]. Chemical Engineering Science, 2013, 100: 293-299.

[136] Baltussen M W, Kuipers J A M, Deen N G. Direct numerical simulation of effective drag in dense gas-liquid-solid three-phase flows[J]. Chemical Engineering Science, 2017, 158: 561-568.

[137] Sasic S, Karimi Sibaki E, Ström H. Direct numerical simulation of a hydrodynamic interaction between settling particles and rising microbubbles[J]. European Journal of Mechanics, B/Fluids, 2014, 43: 65-75.

[138] Washino K, Tan H S, Salman A D, et al. Direct numerical simulation of solid-liquid-gas three-phase flow: Fluid-solid interaction[J]. Powder Technology, 2011, 206(1-2): 161-169.

[139] Li Y, Yang G, Zhang J, et al. Numerical studies of bubble formation dynamics in gas-liquid-solid fluidization at high pressures[J]. Powder Technology, 2001, 116(2-3): 246-260.

[140] Zhang J P, Li Y, Fan L S. Discrete phase simulation of gas-liquid-solid fluidization systems: Single bubble rising behavior[J]. Powder Technology, 2000, 113(3): 310-326.

[141] Xu Y G, Liu M Y, Tang C. Three-dimensional CFD-VOF-DPM simulations of effects of low-holdup particles on single-nozzle bubbling behavior in gas-liquid-solid systems [J]. Chemical Engineering Journal, 2013, 222(3): 292-306.

[142] Sun X S, Sakai M. Three-dimensional simulation of gas-solid-liquid flows using the DEM-VOF method[J]. Chemical Engineering Science, 2015, 134: 531-548.

[143] Liu Q, Luo Z H. CFD-VOF-DPM simulations of bubble rising and coalescence in low holdup particle-liquid suspension systems[J]. Powder Technology, 2018, 339(2): 459-469.

[144] van Sint Annaland M, Deen N G, Kuipers J A M. Numerical simulation of gas-liquid-solid flows using a combined front tracking and discrete particle method[J]. Chemical Engineering Science, 2005, 60(22): 6188-6198.

[145] 李彦鹏, 王焕然. 基于 Level Set 方法的气-液-固三相流动模型与模拟[J]. 应用力学学报, 2009, 25(4): 578-582.

[146] Launder B E, Spalding D B. Mathematical Methods of Turbulence[M]. London: Academic Press, 1972.

[147] Launder B E, Spalding D B. Lectures in Mathematical Models of Turbulence[M]. London: Academic Press, 1972.

[148] Yakhot V, Orszag S A. Renormalization group analysis of turbulence. I. Basic theory[J]. Journal of Scientific Computing, 1986, 1(1): 3-51.

[149] Shih T H, Liou W W, Shabbir A, et al. A new k-ε eddy viscosity model for high Raynolds number turbulent flow[J]. Computational Fluids, 1995, 24(3): 227-238.

[150] Luo H. Coalescence, breakup and liquid circulation in bubble column reactors[D]. Norway: Trondheim, 1993.

[151] Zaichik L I, Alipchenkov V M, Avetissian A R. Modelling turbulent collision rates of inertial particles[J]. International Journal of Heat and Fluid Flow, 2006, 27(5): 937-944.

[152] Zaichik L I, Simonin O, Alipchenkov V M. Turbulent collision rates of arbitrary-density particles[J]. International Journal of Heat and Mass Transfer, 2010, 53(9-10): 1613-1620.

[153] Luo H A, Svendsen H F. Theoretical model for drop and bubble breakup in turbulent dispersions[J]. AIChE Journal, 1996, 42(5): 1225-1233.

[154] Lehr F, Millies M, Mewes D. Bubble-Size distributions and flow fields in bubble columns[J]. AIChE Journal, 2002, 48(11): 2426-2443.

[155] Wang T F, Wang J F, Jin Y. A CFD-PBM coupled model for gas-liquid flows[J]. AIChE Journal, 2006, 52(1): 125-140.

[156] Wang T F, Wang J F, Yang W G, et al. Experimental study on gas-holdup and gas-liquid interfacial area in TPCFBs[J]. Chemical Engineering Communications, 2001, 187: 251-263.

[157] Higbie R. The rate of absorption of a pure gas into a still liquid during short periods of exposure[J]. America Instuition Chemical Engineering, 1935, 21(5): 365-389.

[158] Danckwerts P V. Significance of liquid-film coefficients in gas absorption[J]. Industrial & Engineering Chemistry Research, 1951, 43(6): 1460-1467.

[159] Alves S S, Maia C I, Vasconcelos J M T. Gas-liquid mass transfer coefficient in stirred tanks interpreted through bubble contamination kinetics[J]. Chemical Engineering and Processing: Process Intensification, 2004, 43(7): 823-830.

[160] Ranganathan P, Sivaraman S. Investigations on hydrodynamics and mass transfer in gas-liquid stirred reactor using computational fluid dynamics[J]. Chemical Engineering Science, 2011, 66(14): 3108-3124.

[161] 刘明言, 杨扬, 薛娟萍, 等. 气液固流化床反应器测试技术[J]. 过程工程学报, 2005, 5(2): 217-222.

[162] 胡宗定, 王一平. 工程电导探测针试技术[M]. 天津: 天津大学出版社, 1990.

[163] Yang W G, Wang J F, Chen W, et al. Liquid-phase flow structure and backmixing characteristics of gas-liquid-solid three-phase circulating fluidized bed[J]. Chemical Engineering Science, 1999, 54(21): 5293-5298.

[164] Wang T F, Wang J F, Yang W G, et al. Experimental study on bubble behavior in gas-liquid-solid three-phase circulating fluidized beds[J]. Powder Technology, 2003, 137 (1-2): 83-90.

[165] Liu Z L, Vatanakul M, Jia L F, et al. Hydrodynamics and mass transfer in gas-liquid-solid circulating fluidized beds[J]. Chemical Engineering Technology & Technology, 2003, 26(12): 1247-1253.

[166] Larachi F, Cassanello M, Chaouki J, et al. Flow structure of the solids in a three-dimensional gas-liquid-solid fluidized bed[J]. AIChE Journal, 1996, 42(9): 2439-2452.

[167] Song J, Hyndman C L, Jakher R K, et al. Fundamentals of hydrodynamics and mass transfer in a three-phase fluidized bed system[J]. Chemical Engineering Science, 1999, 54(10):4967-4973.

[168] Seeger A, Kertzscher U, Affeld K, et al. Measurement of the local velocity of the solid phase and the local solid hold-up in a three-phase flow by X-ray based particle tracking velocimetry (XPTV) [J]. Chemical Engineering Science, 2003, 58(9): 1721-1729.

[169] Reese J, Chen R C, Fan L S. Three-dimensional particle image velocimetry for use in three- phase fluidization systems[J]. Experiments in Fluids, 1995, 19(6): 367-378.

[170] Warsito W, Fan L S. ECT imaging of three-phase fluidized bed based on three-phase capacitance model[J]. Chemical Engineering Science, 2003, 58(3-6): 823-832.

[171] 刘会娥, 魏飞, 金涌. 气固循环流态化研究中常用的测试技术[J]. 化学反应工程与工艺, 2001, 17(2): 165-173.

[172] Braeske H, Brenn B, Domnick J, et al. Extended phase-Doppler anemometry for measurements in three-phase flows[J]. Chemical Engineering & Technology, 1998, 21(5): 415-420.

[173] Brenn G, Braeske H, Živković G, et al. Experimental and numerical investigation of liquid channel flows with dispersed gas and solid particles[J]. International Journal of Multiphase Flow, 2003, 29(3): 219-247.

[174] Essadki H, Delmas H, Svendsen H F. Friction on a solid sphere exposed to gas-liquid and gas-liquid-solid flow in bubble column and fluidized bed reactors[J]. Journal of Chemical Technology and Biotechnology, 1995, 62(3): 301-309.

[175] Michele V, Hempela D C. Liquid flow and phase holdup-measurement and CFD modeling for two-and three-phase bubble columns[J]. Chemical Engineering Science, 2002, 57(11): 1899-1908.

第5章

气液固浆态床

浆态床是化工、能源、矿物加工和环境工程等诸多过程和工艺中一类重要的气液固接触设备，在物质分离和反应过程中应用极为广泛。浆态床中气液固三相相互作用，产生复杂的多相流动结构，对传质、传热和反应有重要影响。因此，理解浆态床内的复杂流动结构和流型是浆态床设计、放大、操作和优化的基础。浆态床反应器的研究是多相反应工程的学术研究前沿和热点领域，研究方法包括实验测量和数学模拟等。

本章 5.1 节首先介绍浆态床和三相流化床的区别，然后是浆态床的流型，最后介绍浆态床的几个重要工业应用。5.2 节介绍浆态床实验研究方法和进展、数值模拟理论和一维反应器模型进展。此外还介绍了浆态床研究的最新进展，包括能量最小多尺度(energy-minimization multi-scale，EMMS)模型在浆态床研究中的应用、浆态床中的多相湍流等前沿学术问题。

5.1 气液固浆态床的基本概念

5.1.1 气液固浆态床现象

1. 浆态床与三相流化床的区别

气液固三相设备是一种工业过程中实现物质分离或化学反应的重要载体。气体、液体和固体三相在设备内同时存在并相互作用，进而发生相间质量、动量、热量传递或化学反应。由于不同过程中气液固三相的物理性质、操作工况、流动方向、操作方式(连续操作或间隙操作)等有很大差异，三相流设备可分为不同类型。

浆态床(slurry bubble column[①])和三相流化床(three-phase fluidized bed)是两类主要的气液固三相设备。根据文献报道，目前主要有三种区分浆态床和三相流化床的方法：①依据颗粒在流体中的特征参数；②依据颗粒的物理性质(如颗粒尺寸和密度等)差异；③依据颗粒在三相流设备中沿设备轴向方向的浓度分布。

美国工程院院士 Fan 在其早期著作 *Gas-Liquid-Solid Fluidization Engineering*[1]中按照

---

① 浆态床也译为 slurry bed，但一般指液固体系。本章研究对象指含有气泡的气液固三相浆态床，故译为 slurry bubble column。

几个典型的颗粒特征参数(颗粒在液体中的终端速度 U_t、表观液速 U_l、最小流化液速 U_{lmf}、颗粒在气液混合物介质中的终端速度 U_t')，提出了一种三相流设备的分类方法。Fan 首先将垂直并流向上的气液固三相流划分为三个流型：固定床(fixed bed)、膨胀床(expanded bed)和输送床(transport bed)，如图 5-1 所示。图 5-1 的横坐标为 U_t，纵坐标为 U_l 或 U_{lmf} 或 U_t'。在恒定的 U_t 和 U_g 的情况下，随着 U_l 的增加，当气液两相混合物对颗粒床层的曳力小于颗粒群的有效重力时，设备流型处于固定床阶段。随着液速增加到 U_{lmf}，当曳力与有效重力平衡时出现最小流化状态；继续增加液速 U_l，设备流型进入膨胀床阶段。当液速增加到 U_t' 时，流型进入输送床阶段。同时，U_{lmf} 随着 U_t 的增加而增大。显然，U_t 反映了单颗粒被液体流化的本征特性，U_t 越大，颗粒越难被向上运动的液体流化。U_{lmf} 随着 U_g 的增加而减小，颗粒被气体和液体共同流化，当气速增加时，所需的最小流化液速减小。当 U_t 很小时，U_t' 随气速 U_g 的变化很小；但当 U_t 较大时，U_t' 随气速 U_g 的增加而减小。

在此基础上，可根据 U_t 与 U_l 进一步区分浆态床和三相流化床，图 5-2 是三相流化床和浆态床的操作范围。三相流化床操作在膨胀床流型内，U_t 在 3～50 cm/s 区间；而浆态床的操作范围跨越了膨胀床和输送床两种流型，U_t 在 0.03～7 cm/s 区间。3～7 cm/s 的 U_t 是三相流化床和浆态床的重叠区间。因此在横坐标方向，Fan[1] 将三相流化床与浆态床的界限近似定在 $U_t = 5$ cm/s。在纵坐标方向，不同的工艺过程中浆态床 U_l 的上限变化很大，浆态床反应器中表观液速的上限通常可高达 10 cm/s。

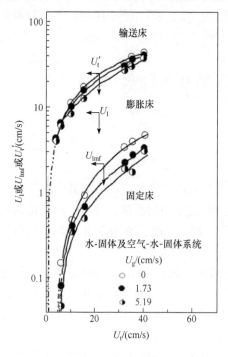

图 5-1 垂直并流向上气液固三相流的
三个流型[1]

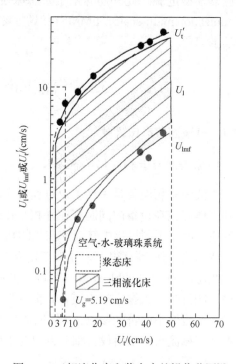

图 5-2 三相流化床和浆态床的操作范围[1]

以上是根据颗粒在液体中的终端速度与表观液速区分浆态床和三相流化床。很多研究者还根据颗粒的密度和尺寸、操作条件等提出了划分标准。早期的研究中，Ostergaard[2] 认为，浆态床与气液固流化床的一个重要区别是三相流化床中颗粒被向上流动的液体所流化，气体以离散气泡的形式穿过流化床，而浆态床中颗粒的运动受气泡的影响较大。Deckwer 和 Schumpe[3] 也提出了类似的观点。Epstein[4] 则认为，三相流化床中颗粒较大或较重，其运动状态不同于浆态床，浆态床中的颗粒易被流体夹带输送。Muroyama 和 Fan[5] 则按照颗粒尺寸和浓度区分三相流化床和浆态床。浆态床中颗粒直径一般小于 100 μm，体积分数小于 10%，颗粒处于被气泡搅动下的悬浮状态；三相床中颗粒一般大于 200 μm，体积分数在 20%～60% 之间，颗粒被液相或气液两相共同悬浮。

一般认为三相流化床中颗粒较大或较重，特别是对尺寸很大或很重的颗粒，三相流化床中会出现顶部的稀相区(sparse zone)和底部的密相区(dense zone)。随着颗粒尺寸和密度的减小，越来越多的颗粒被上升的气泡夹带到顶部稀相区域，固体浓度沿轴向高度方向呈现指数型衰减。此时气泡将动量传递给液体，液体再将颗粒悬浮。对于非常小或非常轻的颗粒，颗粒已经完全被液相夹带，颗粒浓度沿轴向呈现均匀分布。因此，Tsutsumi 等[6] 根据固体颗粒浓度的轴向分布，将液体为连续相的并流向上三相流划分为三种类型：喷气浆态床(gas-sparged slurry reactor)、三相鼓泡塔(three-phase bubble column)、三相流化床(three-phase fluidized bed)。图 5-3 展示了喷气浆态床、三相鼓泡塔与三相流化床的轴向固含率分布。

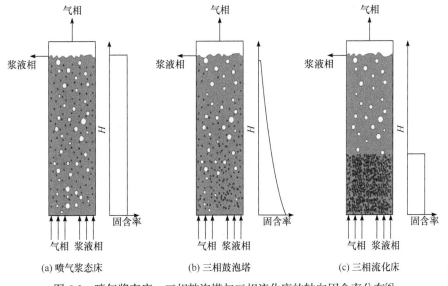

(a) 喷气浆态床　　　　(b) 三相鼓泡塔　　　　(c) 三相流化床

图 5-3　喷气浆态床、三相鼓泡塔与三相流化床的轴向固含率分布[6]

Tsutsumi 等[6] 总结了大量实验数据(不同的标识代表不同作者的实验)后绘制出包含三种流型的流域图，图 5-4 是根据密度差和颗粒直径划分的流型。图中的两条直线将整个流域划分为喷气浆态床、三相鼓泡塔、三相流化床三个区域，流型的判别标准如下：

喷气浆态床　　　　　　　$d_p(\rho_s - \rho_l) < 0.3$　　　　　　　　　　(5-1)

三相鼓泡塔　　　　　$0.3 < d_p(\rho_s - \rho_l) < 1.0$　　　　　　　　(5-2)

三相流化床 $\qquad$ $1.0 < d_p(\rho_s - \rho_l)$ $\qquad$ (5-3)

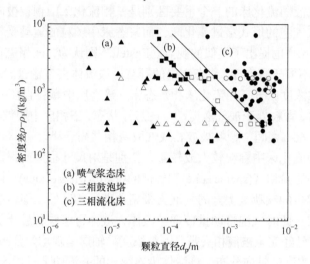

图 5-4　根据密度差和颗粒直径划分的流型[6]

第 4 章已经介绍了三相流化床，本章重点介绍前两类三相流流型，即喷气浆态床和三相鼓泡塔。一般情况下可将这两类流型统称为浆态床。

2. 浆态床的流型

根据气液固三相的操作条件，可以进一步细分浆态床的流型[7-8]。图 5-5 是浆态床中的流动结构和流型。随着表观气速的增加，浆态床呈现出三种流型：均匀流型 (homogeneous regime，HoR)、过渡流型(transition regime，TR)和非均匀流型(heterogeneous regime，HeR)。

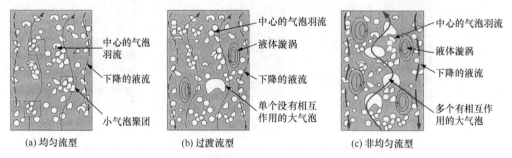

图 5-5　浆态床中的流动结构和流型[8]

均匀流型出现在表观气速比较低的情形，此时气泡尺寸较小，接近于球形，尺寸分布较为均匀，气泡以近乎垂直的方式上升。进一步增加表观气速，进入过渡流型，此时液相湍流增强，出现了液体漩涡和液相环流，小气泡开始聚并，形成数量较少的单个没有相互作用的大气泡。浆态床中央为上升的气泡流和小气泡聚团，液体沿壁面处下降，下降的液流阻碍了气泡的上升。继续增加表观气速，气泡的聚并频率增加，大气泡的数目显著增多，液相环流增强。

从整体气含率随表观气速变化的曲线可以判断流型[9-10]，如图 5-6 所示。当表观气速低于 0.04～0.05 m/s 时，气含率随表观气速线性增加，此时气液两相流处于均匀流型。表观气速继续增加，小气泡开始聚并形成大气泡，大气泡具有较高的浮升速度，可快速逸出床层。此时气含率随表观气速的增速变缓，不再是线性关系，此时为过渡流型。当表观气速增加到 0.12 m/s 以上时，进入非均匀流型。

值得注意的是，气含率曲线的走势与床层底部气体分布器的孔径及开孔均匀程度有关。图 5-6 中两种分布器孔径 d_o 分别为 0.5 mm 和 1.6 mm，分布器开孔率 ζ 均为 0.2%。当孔径比较小时，气含率增加到一定程度后反而下降，这是因为气体中大气泡的气含率急剧增加，快速逸出床层，床层气含率减小。当孔径较大时，气含率曲线保持单调增加。进入非均匀流型后，两条曲线逐渐融合，此时气含率与分布器孔径无关。

Olmos 等[11]根据实验观察，认为过渡流型可以分解为 T1 和 T2 两个阶段，图 5-7 根据气含率曲线变化趋势确定过渡流型的分解。当表观气速小于 0.032 m/s 时，气含率的线性增长阶段为均匀流型。表观气速在 0.032～0.044 m/s 之间为 T1 过渡流型，气含率仍呈线性增加，但增长率放缓。表观气速在 0.044～0.055 m/s 之间为 T2 过渡流型，气含率增速变得更为缓慢，达到一个相对停滞的稳定阶段。表观气速在 0.055 m/s 以上为非均匀流型。

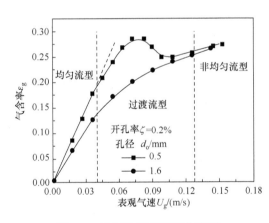

图 5-6　气含率-表观气速曲线[10]

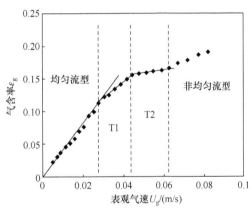

图 5-7　气含率曲线：过渡流型的分解[11]

值得指出的是，图 5-6 和图 5-7 在过渡流型的气含率变化趋势并不完全相同。图 5-6 中气含率在过渡流型后期出现下降，而图 5-7 中气含率在 T2 阶段停滞。这与不同实验中采用的分布器及反应器参数有关，但气含率的总体趋势是一致的，即在过渡流型的前期气含率开始偏离均匀流型原有的线性增长率，但仍保持较高的增长，在后期气含率增长停滞甚至下降。实际上，这与大气泡数量的增长速率有关。进入非均匀流型后，气含率再次随气速的增加而增加。

图 5-8 为不同流型对应的流动结构示意图。均匀流型中气泡较小且尺寸单一，气泡各自独立地向上运动。在 T1 过渡流型阶段，气泡在气体分布器上部聚并，产生了大气泡，形成了螺旋式振荡上升的气泡群。但这一现象仅局限于床层下部，尚未扩展到整个床高。

沿中央螺旋式振荡上升的气泡群并不稳定,在某一临界高度处,床层结构恢复为均匀流型,气泡运动又恢复到各自独立上升的状态。表观气速继续增加,临界高度扩展到床层顶部,此时进入 T2 过渡流型,大气泡明显增多。进入非均匀流型后,气泡的聚并加剧,出现了球帽形气泡。

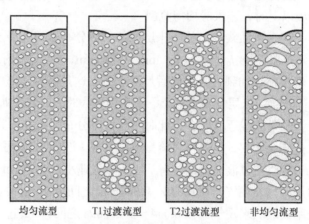

图 5-8　四个流型对应的流动结构[11]

　　除了气含率随表观气速的变化曲线,还可以通过压力脉动的时间序列信号识别流型。Ruthiya 等[8]分析了压力脉动信号的标准差,结合高速摄像测量气泡直径,对二维和三维浆态床中的三种典型流型和中间的两个流型过渡点进行了识别。

　　图 5-9 为拟二维浆态床中五个不同 U_g 下的高速摄像和压力脉动信号。在均匀流型(A),气泡直径在 3～10 mm,这些小气泡向上运动产生了床层压力脉动。高速摄像可观察到小气泡聚团。压力脉动仅由小气泡向上的运动引起,压力信号脉动幅度很小(36 Pa)。

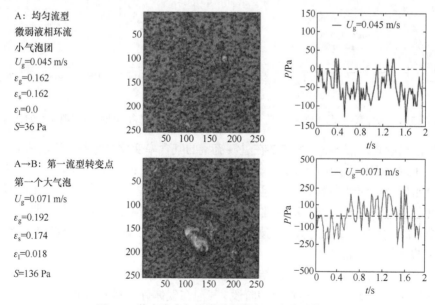

图 5-9　浆态床中气泡高速摄像与压力脉动信号[8]

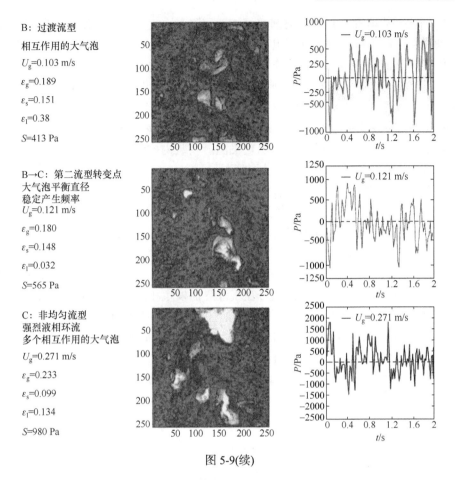

B：过渡流型
相互作用的大气泡
U_g=0.103 m/s
ε_g=0.189
ε_s=0.151
ε_l=0.38
S=413 Pa

B→C：第二流型转变点
大气泡平衡直径
稳定产生频率
U_g=0.121 m/s
ε_g=0.180
ε_s=0.148
ε_l=0.032
S=565 Pa

C：非均匀流型
强烈液相环流
多个相互作用的大气泡
U_g=0.271 m/s
ε_g=0.233
ε_s=0.099
ε_l=0.134
S=980 Pa

图 5-9(续)

在第一流型转变点(均匀流型 A→过渡流型 B)，第一个大气泡产生，直径约为 15 mm。大气泡以每秒一个的频率产生。此时压力脉动开始增加，但压力脉动幅度仍然不大(136 Pa)。在过渡流型(B)，大气泡直径和产生频率随着表观气速增加而显著增大，压力脉动信号的幅值增加(413 Pa)，此时液相环流增强。在第二流型转变点(过渡流型 B→非均匀流型 C)，大气泡的尺寸增大到最大的气泡平衡直径，约为 50 mm，产生频率趋于稳定，压力脉动信号的幅值增加到 565 Pa。进入非均匀流型，压力脉动信号的幅值增加到 980 Pa，此时压力脉动由大气泡的运动和剧烈的大尺度液相环流引起。

5.1.2　工业应用背景

1. 煤炭间接液化费-托合成工艺

浆态床的一个重要应用是将合成气(H_2 和 CO)在铁基或钴基催化剂颗粒表面反应，制备烷烃类油品和其他化学品，即著名的费-托合成反应。该反应可在固定床、浆态床和流化床等反应器中进行。浆态床反应器最早是由德国的 Kolbel 等开发的[12]。从工艺条件上看，浆态床反应器具有以下优点：反应器内气液固三相混合强度较高，催化剂浓度和反应器温度分布比较均匀，有利于传质和传热，减少了局部催化剂颗粒的过热现象；可处理较高的催化剂装填量，并且催化剂的添加、移除和再生也比较方便；可使用尺寸较小的催化剂颗粒(约 50 μm)，减小了催化剂颗粒的内扩散阻力；反应器的压降比较低。此外，相比于固定床和流化床反应器，浆态床反应器可以通过选择不同的催化剂类型、反应温度、压力、合成气中 H_2 和 CO 的比例等工艺条件，灵活地调整产品分布。费-托合成是放热反应，反应过程产生了大量的热量。例如，每生成 1 mol 的十六烷烃产生 16×165 kJ 的热量。因此需要在反应器内安装列管式换热器，高效地移热，使设备保持恒温，使催化剂保持较高的催化反应活性，防止设备出现飞温。安装内构件和换热列管后，浆态床的多相流动特性与无内构件的浆态床有很大的不同。

图 5-10 是一个典型的含有换热列管的费-托合成浆态床反应器示意图[13]。气相 A 从反应器底部引入，经过球帽形分布器后进入气室(B)。气室的作用是将气体再分布，经过气室上方的开孔分布器后，得到均匀气流进入浆态床主体反应区(C)。气体分布器的设计对反应器操作极为重要，分布器的设计可参阅文献[14]。气流以气泡的形式进入含有液固两相的主体反应区，气泡在上升过程中发生聚并或破碎。气相作为动力源搅动液体，使固体颗粒在液相中分散。气相中的组分在气液界面发生相间传质，进入液相后到达催化剂表面发生反应，生成液相油品和气体。气泡在浆态床反应器顶部进入脱气区(D)后，通过出气口被移除。相比于浆态床主体反应区，脱气区的横截面积扩大，以降低气体速度，便于脱气。液固浆体混合物在顶部溢流，通过管线进入液固分离装置(F)。脱除颗粒的液体产品进入储存罐(G)，含有催化剂颗粒的浆体进入浆体预备槽(H)后循环利用。反应器

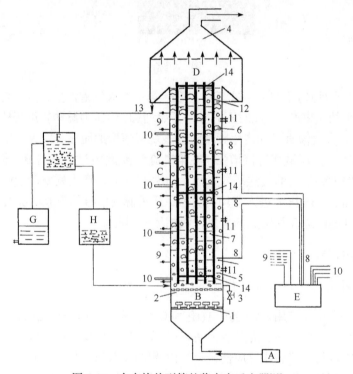

图 5-10   含有换热列管的浆态床反应器[13]

1. 球帽形分布器；2. 开孔分布器；3. 阀门；4. 出气口；5. 液相；6. 气泡；7. 催化剂颗粒；8. 热电偶；9. 压差传感器；10. 光纤探针；11. 浆液相取样点；12. 换热器；13. 管线；14. 换热器固定装置

中还安装了热电偶，通过数据采集系统(E)监控壁面处的温度变化。压差传感器用于测量压力分布，计算气液固相含率分布。电导探针或光纤探针用于测量气泡尺寸和局部气含率。管壁处还有若干取样口，离线测量固含率分布。换热器用于移除反应热，因此确定换热器壁面和周围三相流体的换热系数非常重要。

2. 重油、渣油和生物质加氢工艺

渣油是原油经过一次加工后剩余的最重的一部分，一般占 45%~75%，其密度大，黏度高，残碳值高，含有大量金属、硫及沥青等有害元素和非理想组分。目前对于重油、渣油轻质化主要有脱碳和加氢两条工艺。其中，加氢工艺是指通过加氢反应，脱除原料中的硫、氮和氧等杂质，同时使大分子烃类的碳链断裂，使烯烃和芳烃饱和，最终转化为轻质产品的过程。悬浮床(浆态床)加氢工艺是将分散的催化剂、添加剂、原油与氢气在高温高压下进行热裂解和加氢反应。悬浮床加氢工艺中催化剂和氢气可以抑制大分子烃类的聚合反应，催化剂也可作为焦炭沉积的载体，减小焦炭在反应器壁面的结焦，因此更加适用于处理高硫、高金属、高残碳等渣油[15]。图 5-11 为浙江石油化工有限公司浆态床渣油加氢反应器，由中国第一重型机械集团大连核电石化有限公司承制，是浙江石油化工有限公司年产 4000 万吨炼化一体化项目的核心设备。反应器单台质量超过 3000 t，总长超 70 m，外径 6.15 m，壁厚 0.32 m，是目前世界上单台质量最大的浆态床锻焊加氢反应器。

图 5-11　浙江石油化工有限公司年产 4000 万吨炼化一体化项目核心设备：
3000 t 级浆态床渣油加氢反应器[16]

3. 废水处理工艺

随着经济的发展，造纸、炼焦、印染、食品、石油化工和制药等行业的工业废水逐渐增多，其危害和合理的处理方案引起了国内外的普遍重视。生物降解法通过利用微生物的新陈代谢作用来降解工业废水，并将其转化为无害物质，避免了二次污染。该方法的应用范围广，处理能力大。近年来，将化工行业中高效、低能耗的鼓泡塔或环流反应器应用于工业废水处理，成为生物法处理工业废水的一个新发展方向。环流反应器是在鼓泡塔中加入导流筒，利用导流筒内外的流体密度差，强化流体在反应器内循环。图 5-12 是

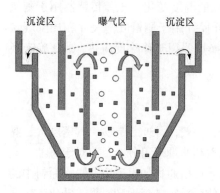

沉淀区　曝气区　沉淀区

图 5-12　反应-沉淀一体式矩形环流生物
反应器[17]

一种新型反应-沉淀一体式矩形环流生物反应器，反应区与沉淀区的结合使得有效微生物得到更好的截留[17]。废水经由泵带动进入反应器，压缩空气经气体分布器后进入反应器底部，与废水进行混合，在轴向上升过程中经过固定化菌体对废水进行降解。处理后的废水可以达到排放标准。在反应器中，微生物可以附着在固定的催化剂或陶瓷载体表面，也可以处于游离状态。此过程中，压缩空气不仅提供微生物所需氧气，也提供流体循环流动动力。由于缺少生物反应机理、气液微生物三相流动、传质机理认识，气液固三相鼓泡塔及气升式环流生物反应器目前仍处于研究和开发阶段。

4. 微藻生物质柴油

生物柴油是一种可持续、无毒、可生物降解的柴油燃料替代品。微藻是一种能将阳光、水和 CO_2 转化为藻类生物质的光养生物，具有生长周期短、含油量高、易于培养及环境友好等诸多优势。图 5-13 为用于微藻培养的倾斜管式光生物反应器[18]。该装置底部设有曝气装置，主要利用上下压力差驱动流体的循环流动。由于气升式光生物反应器比表面积相对较小，导致光渗透度低，光照不足。针对此问题，有学者设计了内外同时照射的方法[19-20]，开发了光强在线调控的内置通光圆筒新型气升式光生物反应器[21]。为了提高比表面积，气升式光生物反应器工业生产装置的高径比一般比较大，高达数十米，材料成本高，底部曝气装置能耗大。工业放大问题是气升式光生物反应器发展和应用的一个难题，需要透彻理解反应器放大过程中的气液固三相流动、传质和反应规律。

5. 浮游选矿

浮选法利用矿物的表面物理化学性质(如表面亲疏水性)差异实现特定矿物的富集和矿物中杂质的分离，是矿物分选中一种提高贫细矿产回收利用的分离方法。典型的浮选设备主要有浮选机和浮选柱。图 5-14 为浮选柱的示意图[22]。气泡由浮选柱底部进入柱体。浆料包括矿物和药剂，提前混合均匀后在柱体的顶部或者中上部进入，与气泡逆流接触。气泡在上升过程中以一定速度与浆料进行接触，浆料中的疏水矿物在气泡表面进行动态的吸附和脱附，最后形成稳定的矿化气泡，矿化气泡继续上升进入柱体顶部的泡沫层，富含疏水矿物的泡沫层经后续分离加工，实现了疏水与亲水矿物的分离，得到精矿，未被浮选的尾矿从柱体底部排出。浮选过程涉及复杂的物理化学多尺度作用，包括纳米尺度上药剂在颗粒表面的吸附，介尺度上矿化颗粒聚团，气泡与颗粒的碰撞、黏附、脱离，气泡的聚并和破碎等，以及宏观设备尺度的操作条件调控等。

图 5-13 用于微藻培养的倾斜管式光生物反应器[18]

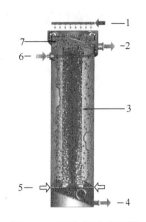

图 5-14 浮选柱示意图[22]
1. 清洗水；2. 精矿出口；3. 导流板；
4. 尾矿出口；5. 气体分布器；6. 矿浆
入口；7. 泡沫层

5.2　浆态床流体力学及传递和反应行为

5.2.1　浆态床实验及数值模拟研究

1. 实验测量方法

1) 测压法

测压法主要利用 U 形压差计或者压力变送器测量一段浆态床区域的压差变化，进而得到这段区域的平均气含率。Olmos 等[11]通过测量气液鼓泡塔中的平均气含率随表观气速的变化规律来获取鼓泡塔不同流型的操作范围。压力或压差值随时间的动态信号也是刻画浆态床内部流动结构和流型识别的一种有效手段。文献中已发展了不同的压力脉动信号分析方法，如统计学分析方法、分形和混沌分析方法、小波分析、自相关函数、平均周期频率等。相比于传统的气含率-表观气速曲线方法，这些分析方法可以更准确地识别流型过渡。例如，Ruthiya 等[8]应用离散傅里叶变换技术，将压力脉动的时间序列信号从时间域转化到频率域，进而得到相干标准差和平均频率等参数。图 5-15 是表观气速对浆态床气含率及压力脉动信号的相干标准差和平均频率的影响，可以识别浆态床中的第一和第二流型过渡点。

压差法的另一个应用是与床层塌落实验相结合，测量浆态床内的大、小气泡含率，称为动态气体逸出法(dynamic gas disengagement，DGD)。该方法是在反应器内部流动充分发展之后，快速切断进气通道，监测气含率随时间的变化。实验测量发现，在湍动鼓泡区(非均匀流型)切断气源后的短暂时间内，压力传感器测量的气含率迅速降低，之后气含率缓慢减小至零，出现了两个不同斜率的气含率下降阶段，图 5-16 是一个典型的空气-水系统的床层塌落曲线[23]。一般认为，大气泡的逸出速度远大于小气泡，早期的气含率迅速下降是由反应器内大气泡的快速逸出引起的，后期的缓慢变化对应反应器内小气泡的逸出。根据不同阶段的气含率变化可以确定大、小气泡的含率。因此，动态气体逸出法是研究反应器内气含率结构的重要方法。

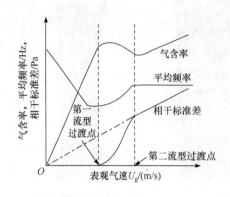

图 5-15　表观气速对浆态床气含率及压力脉动
信号的相干标准差和平均频率的影响[8]

图 5-16　空气-水体系的床层塌落曲线[23]

2) 探针法

探针(或探头)法主要包括电导探针和光纤探针。电导探针一般由直径几百微米的 IC 镍铬合金制作，除探针尖端外，探针周身涂绝缘材料，探针尾端与信号线相连。

电导探针根据不同流体的电导率存在差别来识别不同流体相。例如，当空气(电导率约为 $1×10^{-14}$ S/m，接近于零)和水(电导率约为 $1.0×10^{-3}$ S/m)交替流过探针尖端时，与探针相连的电路回路会产生不同幅值的电流信号。根据高幅值电流信号对应时间总和占总测量时间的比例确定气相的含率。电导探针结构图及测量的原始信号见图 5-17[24]。与电导探针相似，光纤探针根据流体折射率的差别测量气泡特性。由于有机溶剂与气泡的折射率差别很小，因此光纤探针不适用于有机溶剂。

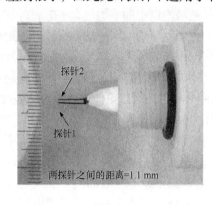

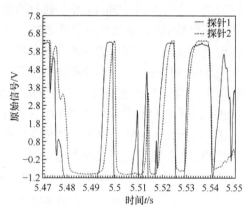

图 5-17　电导探针结构图及测量的原始信号[24]

常用探针有单探针、双探针和四探针[25]。单探针一般用于测量气含率和气泡频率。根据双探针中已知的两探针之间的间距，可以进一步测量气泡的速度、弦长等参数。后期开发了四探头探针，如图 5-18 所示是一个四光纤探针示意图，其可以测量气泡有效相界面面积浓度、气泡浮升角度等特征参量，是深入了解多相流动中气泡特性的重要测量技术。

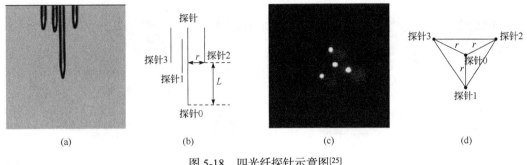

(a)　　　　　(b)　　　　　(c)　　　　　(d)

图 5-18　四光纤探针示意图[25]

3) 层析技术

层析技术是近几十年来发展的应用于多相流系统测试的新技术，包括电容层析技术(electrical capacitance tomography，ECT)、电阻层析技术(electrical resistance tomography，ERT)和射线层析成像(ray tomography，RT)。层析技术的工作原理是通过测量多相反应器截面的某种属性分布，经算法重构转化为相含率的截面分布。韩玉环等[26]采用测压法和电阻层析成像法测量气液固三相反应器中的相含率。其中，电阻层析成像可以测量离散相(包括气相和固相)相含率，压力传感器可以测量气含率，进而可以得到各相的相含率。

王玉华利用电阻层析成像法测量鼓泡塔反应器不同轴向位置的截面气含率分布，测量高度从 P1 到 P6 逐渐增加，以分析分布器对反应器气含率分布的影响[27]。图 5-19 是鼓泡塔不同轴向位置的截面气含率分布，由于受到非对称分布器的影响，P1～P3 截面上气含率分布不对称。随着高度的增加，P4～P6 截面的气含率分布基本对称，说明鼓泡塔底部区域为分布器影响区；随着高度的增加，流动得到充分发展，分布器的影响基本消除。

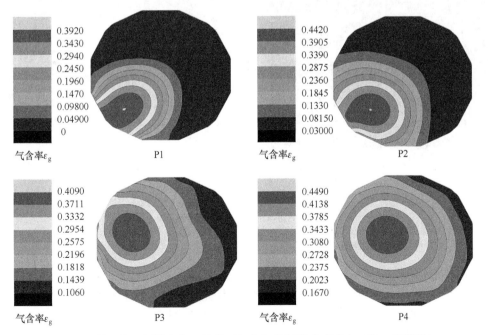

图 5-19　鼓泡塔不同轴向位置的截面气含率分布[27](高度从 P1 到 P6 逐渐增加)

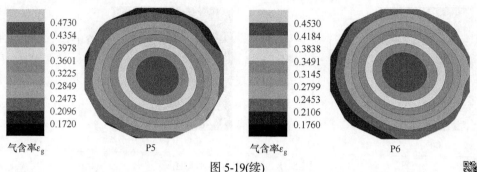

图 5-19(续)

4) 粒子图像测速技术

粒子图像测速技术(particle image velocimetry，PIV)是 20 世纪 70 年代末发展起来的一种同时具备瞬态、多点、无接触特点的多相流测量方法，是一种结合光学、摄像、电子和计算机技术的复杂新型可视化测量方法。PIV 系统的优势在于不仅可以保证单点测量的精度和分辨率，还可以用于重建某扩展区域内的瞬态平面流场结构，为深入研究漩涡、气泡团等介尺度结构提供了可能。例如，Besbes 等[28]采用 PIV 系统测量了一个底部装有针孔式气体分布器的鼓泡塔，其中鼓泡塔处于低表观气速下的均匀流型。在鼓泡塔内加入 50 μm 的聚酰胺示踪粒子，这种示踪粒子可将足够的光强反射到 CCD 相机。图 5-20 为 PIV 系统测量的鼓泡塔瞬态的气泡流和时均液相流场。高速相机拍摄到从针孔分布器射出的气泡流左右摇摆；PIV 系统测量的瞬态液相流场经过时间平均后显示，流场的抛物线分布沿高度方向逐渐变宽。

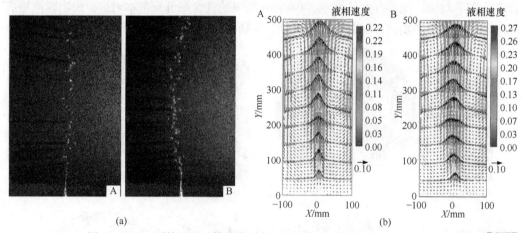

图 5-20   PIV 系统测量的鼓泡塔瞬态的气泡流(a)和时均液相流场(b)[28]
A：Q_1=0.05 L/min；B：Q_1=0.1 L/min

2. 气泡行为、流型和流场结构

1) 气泡形状

不同于固体颗粒，气泡在运动过程中受到表面张力、浮力和相间作用力作用，气泡表面会发生变形。Clift 等[29]在总结大量实验数据的基础上，提出一个气泡形态相图。图 5-21 是液体中自由上升的气泡的形状区域图，影响气泡形状变化的参数为气泡雷诺数 Re 和厄特沃什数 Eo。当气泡直径小于 1 mm 时，表面张力占主导，气泡为球状，气泡在液体中沿直线路径上升。对于中等尺寸气泡，表面张力和流体惯性力共同起作用，气泡为椭球状，气泡在液体中沿锯齿或螺旋式轨迹上升。对于大尺寸气泡，流体惯性力占主导，气泡呈球帽状，球帽包络角在 100°左右，气泡呈直线式上升。

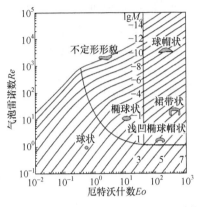

图 5-21　液体中自由上升的气泡的形状区域图[29]

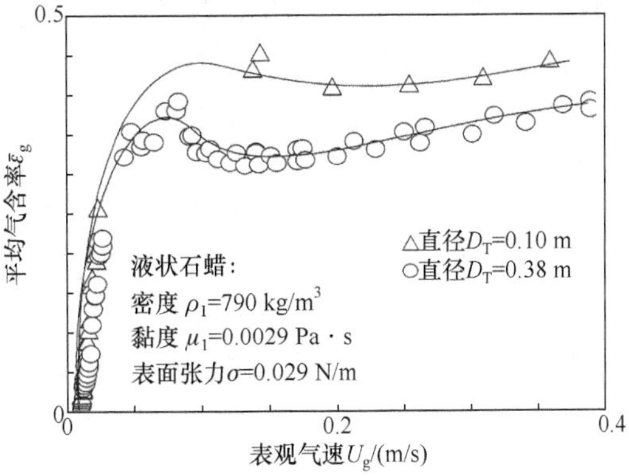

图 5-22　不同直径鼓泡塔中平均气含率随表观气速的变化规律[30]

2) 气含率

Krishna[30]测量了空气-液状石蜡体系在不同直径鼓泡塔中的平均气含率随表观气速的变化规律。图 5-22 表明，在高表观气速情况下，气含率随反应器直径的增加而减小。当反应器直径较小时，壁效应明显，气泡上升速度较小；随着反应器直径增加，壁效应减弱，气泡上升速度加快，因此气含率随塔径的增加会减小。但一般认为当反应器直径大于一定值(约为 0.15 m)之后，反应器直径对气含率的影响很小。

Hills[31]利用探针测量了鼓泡塔中充分发展段区域的气泡频率及气含率的径向分布。图 5-23 表明，塔中心区域气泡数量多、气含率高，壁面附近气泡数量少、气含率低，气

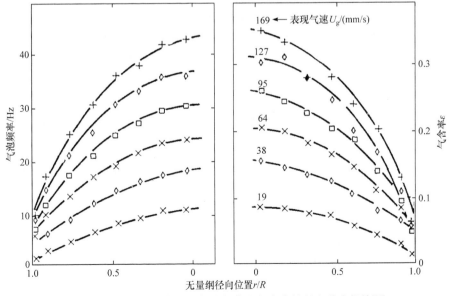

图 5-23　鼓泡塔反应器内气泡频率和气含率的径向分布规律[31]

含率在径向位置上呈现中心高边壁低的抛物线形分布。随着表观气速的增加，径向位置的气含率均增加，但中心区域增加更为显著，分布保持着抛物线形特征。

Camarasa 等[32]利用动态气体逸出法测量了鼓泡塔反应器中小气泡气含率和总体气含率随表观气速的变化，见图 5-24。总体气含率与小气泡气含率的差值即为大气泡的气含率。当表观气速达到一个临界值(约 0.05 m/s)时，反应器内开始出现大气泡，大气泡气含率随表观气速增加而增加；当反应器进入湍流区后，大气泡气含率增加速度减慢。

3) 气泡直径分布

由于存在气泡变形、聚并和破裂等物理过程，浆态床反应器中的气泡直径存在一定的分布。McClure 等[33]利用探针法测量了一个空气-水鼓泡塔反应器的不同高度处的气泡直径分布，见图 5-25。在 0.04 m/s 的表观气速下，气泡粒径分布呈现单峰形式。在距离分布器高度 200 mm 位置处，气泡直径较宽；而在距离分布器 400 mm 处，气泡直径分布明显变窄。这可能是因为气泡在上升过程中发生了破碎现象，使大气泡又破碎成小气泡。

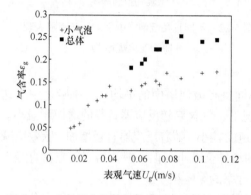

图 5-24   小气泡和总体气含率随表观气速的变化规律[32]

图 5-25   不同高度处的气泡直径分布[33]

Han 等[34]利用电导探针测量了鼓泡塔中气泡直径分布，发现采用不同的表示方法，气泡直径分布的形状及范围有明显差别。图 5-26 表明基于数量的气泡直径分布呈现单峰形式，而基于体积分率的气泡直径分布呈现双峰形式。这是因为尽管大气泡数量小，但是气泡体积是气泡直径的三次方，所以大气泡体积分率较高。

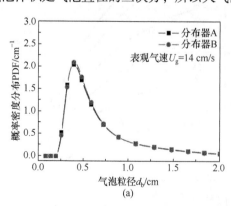 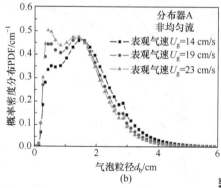

图 5-26   基于数量的(a)和基于体积的(b)气泡直径分布[34]

4) 液相速度及湍流场

张煜等[35]系统测量了高气速下大塔径浆态床内的液体轴向速度的径向分布规律，见图 5-27。液体轴向速度的径向分布规律与气含率分布规律相似，呈现抛物线形分布。由于反应器内液体运动受气泡运动驱动，在反应器中心位置气含率大，气相上升速度快，因此液体快速向上运动，之后上升液体在反应器壁面区域回流向下运动。液相轴向速度幅值在 70%反应器半径处由正值转为负值。随着表观气速的增加，气含率分布变得更为陡峭，因此液相轴相速度的径向分布曲线也更为陡峭。

Al-Mesfer 等[36]利用放射性粒子跟踪技术研究鼓泡塔流场及湍流特性。图 5-28 是液体径向速度的径向分布规律。液体径向速度受表观气速影响较小，且相对液相轴向速度，液相径向速度很小。

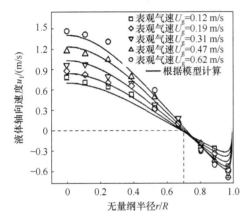

图 5-27　液体轴向速度的径向分布规律[35]

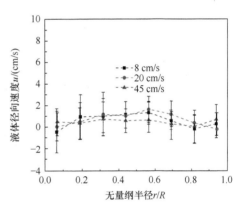

图 5-28　液体径向速度的径向分布规律[36]

5) 固含率

固含率可采用固相质量含率或固相体积含率描述，两者之间可以转换。固相含量可以是占气液固三相总体积或者总质量的绝对含率，也可以是占液固两相体积或者质量的相对含率。反应器中的固体颗粒可以是反应物、生成物、催化剂或催化剂载体。固含率的分布与其他流体力学参数相互影响，进而改变反应器内的传质和反应行为，影响反应器的选择性和产率。

Smith 和 Ruether[37]利用取样法测量了氮气-水-玻璃珠浆态床中固含率的轴向分布规律，如图 5-29 所示。固含率沿反应器轴向高度方向逐渐降低。增加颗粒直径或者颗粒密度，固含率轴向分布变得更加不均匀。因为随着颗粒直径或者密度的增加，颗粒的沉降速度增大，颗粒悬浮需要更大的液固相间作用力。

Gao 等[38]用取样法测量了环流反应器中颗粒的径向分布规律。图 5-30 表明固体颗粒在径向位置分布均匀。当颗粒的平均体积分数从 3%增加到 20%时，各径向位置的固含率增加，且壁面区域固含率略高于塔中心区域。

6) 气体分布器的影响

常用气体分布器包括三类：孔板式分布器、喷嘴式分布器和管式分布器。图 5-31 展示了不同类型的气体分布器[39]。其中，孔板式分布器布气均匀性高、结构简单，但需要

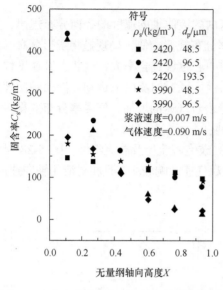

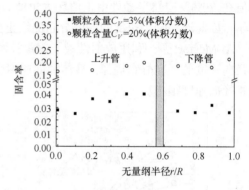

图 5-29　浆态床内固含率的轴向分布规律[37]　　图 5-30　环流反应器内固含率的径向分布规律[38]

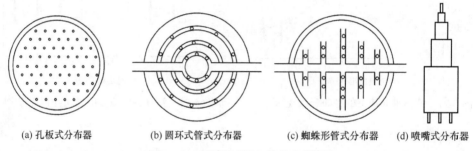

(a) 孔板式分布器　　(b) 圆环式管式分布器　　(c) 蜘蛛形管式分布器　　(d) 喷嘴式分布器

图 5-31　不同类型的气体分布器[39]

承受反应器内床层重量，因此适用于实验室规模反应器。喷嘴式分布器依靠强剪切作用破碎气泡，气泡较小，比表面积大，同时分布器压降和能耗较高。管式分布器是在管道上开孔进气，管道结构有圆环式、蜘蛛形等，可以直接浸没于反应器床层内部，对机械强度要求较低，广泛应用于大型工业级反应器。

　　分布器是浆态床的重要内构件之一，直接决定了初始气泡直径和分布器区域的气含率分布。一般地，反应器在轴向方向上可以划分为底部的分布器影响区、中部的充分发展区和顶部的气液分离区。目前一般认为分布器布气情况会影响反应器底部的气液固多相流动，影响域高度约为2倍反应器直径，而对充分发展区影响较小。

　　虽然分布器具有对大高径比空塔反应器影响较小，但管小平等[40]发现分布器对含有内构件的鼓泡塔的影响是全局的。管小平等[40]对比中心布气、环隙布气、近壁布气及均匀布气四种进气方式对ϕ800×5000 mm空塔及列管塔气含率和轴向液速的影响，图5-32是不同布气方式时表观气速对列管塔气含率径向分布的影响。发现列管塔中气含率分别呈现抛物线形、马鞍形及近S形分布，列管塔中甚至未观察到充分发展段区域，即类似空塔中的抛物线形分布。因此，分布器对列管塔影响是全局的，选择合适的分布器对列管塔显得尤为重要。

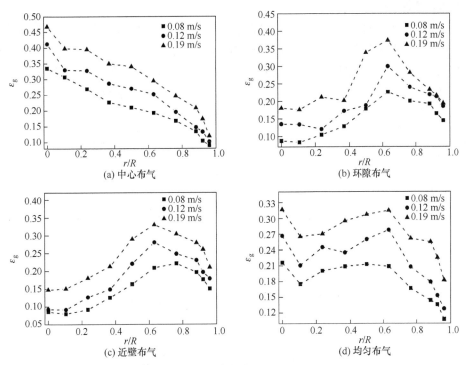

图 5-32　不同布气方式时表观气速对列管塔气含率径向分布的影响[40]

7) 竖直换热管内构件的影响

浆态床反应器的工业应用过程大多为强放热反应，如费-托合成及液相甲醇合成。为了维持最佳反应温度和产物选择性，需要不断地向外移出反应热，因而换热管成为工业规模浆态床反应器的重要内构件。

目前，关于鼓泡塔或者浆态床内部换热管束影响的研究相对较少。Forret 等[41]采用示踪粒子法测量了空塔及内构件塔中液体轴向速度的分布规律。图 5-33 对比了内构件对反

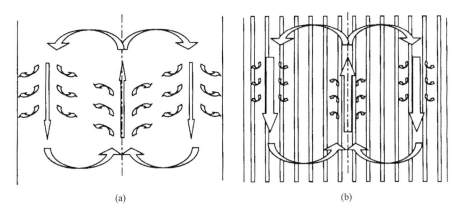

图 5-33　内构件对反应器内液相大尺度循环的影响[41]

应器内液相大尺度循环的影响。发现反应器中的竖直内构件可以显著增强液体的大尺度循环。反应器内的液体循环与液体返混密切相关，他们根据实验结果建立了内构件塔的二维对流扩散模型。

Youssef 和 Al-Dahhan[42]利用探针方法考察内构件占比对鼓泡塔整体气含率、局部气含率、气泡频率、气泡弦长和气泡速度的影响。图 5-34 是不同内构件占比情况下的反应器中心位置的气泡弦长分布图。图 5-34 表明随着内构件占比的增加[从(a)到(c)]，气泡弦长分布范围变窄，这是因为随着内构件占比增加，内构件间隙减小，致使大于间隙尺寸的大气泡发生破碎。

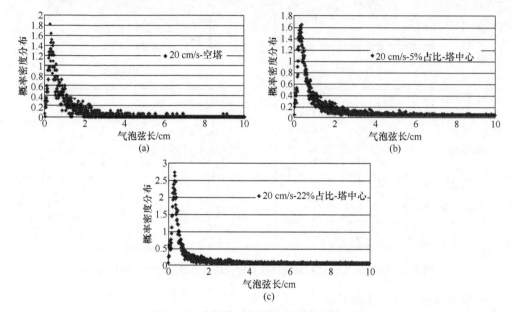

图 5-34　内构件对气泡弦长分布的影响[42]

张煜等[43]测量了一个 0.5 m 直径的鼓泡塔中内构件对气含率和流场的影响，发现加入列管会引起"烟囱效应"，即内构件一方面会增大液体的轴向速度，如图 5-35 是内构件

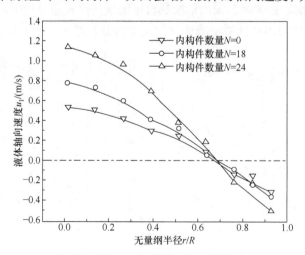

图 5-35　内构件对液体轴向速度的径向分布的影响(U_g=0.12 m/s)[43]

对液体轴向速度的径向分布的影响，另一方面会抑制液体的径向速度，最终加剧反应器内液体大尺度循环，增强气体和液体返混，增大反应器放大风险。

8) 颗粒的影响

目前，颗粒对气液系统的影响尚无定论。因此，尽管有诸多颗粒影响的实验报道，但不同研究者对于宏观现象的底层物理机制以及微观尺度颗粒与气液相互作用的报道并不一致。不同密度、直径、浓度和润湿性的颗粒对反应器的影响有显著的差异，一方面因为气液系统流体力学的复杂性，另一方面因为颗粒性质的多样性。当气液系统中加入尺寸小且密度小的颗粒时，气液固系统中气泡的运动行为与气泡在气液两相系统中基本一致，因此可以将液固两相近似看作拟均相。但是，随颗粒尺寸或者密度的增加，气泡行为将发生明显改变。

Tyagi 和 Buwa[44]测量了空气-水-玻璃珠体系中气泡直径分布和气含率分布，发现 0～20%(体积分数)范围内的 250 μm 玻璃珠导致气泡平均直径增加，气含率降低。作者将气泡直径分为 a～d 四个粒级，a 是 1 cm 以下，b 是 1～2 cm，c 是 2～4 cm，d 是 4 cm 以上。图 5-36 是三个颗粒浓度下四个不同粒级气泡(a～d)的气含率径向分布。加入固体颗粒后，a 粒级小气泡含率显著降低，其他三个粒级气含率变化不明显。部分学者认为颗粒增加了浆液相黏度，促进气泡聚并，小气泡数量减少；也有学者[45]认为颗粒衰减了液相湍流程度，降低了大气泡破碎速率，使得小气泡减少。

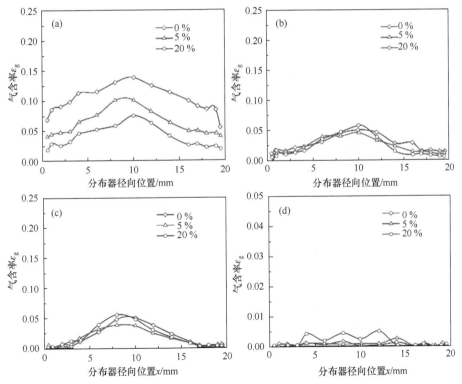

图 5-36　三个颗粒浓度(体积分数)下四个不同粒级气泡(a～d)的气含率径向分布[44]

Rabha 等[46]报道在 0.034 m/s 表观气速下，加入玻璃珠使得气泡粒径分布向大气泡方向偏移，小气泡含率减少，出现大尺寸气泡，见图 5-37。在 3%固含率时，增加颗粒直径，大气泡含率进一步增加。

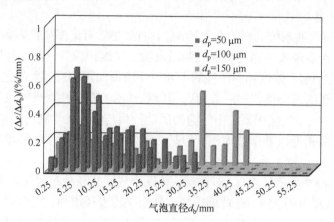

图 5-37　颗粒尺寸对气泡直径分布的影响[46]

颗粒表面的润湿性会对气泡直径的聚并破碎行为有影响。例如，Kaptay[47]报道当疏水颗粒吸附在气泡表面时，相对于无颗粒的情况，气泡之间的液膜可以承受 10 倍以上的压力而不易发生破碎。

9) 物性的影响

Ruzicka 等[48]研究了黏度对气含率的影响，发现 1～1.6 mPa·s 内，气含率随黏度的增加而增加，但是继续增加黏度值，气含率降低，见图 5-38。作者认为黏度增加，气泡的运动速度减小，气泡的停留时间增长，气含率增大。但是继续增加黏度，气泡之间的碰撞和聚并频率增加，形成大气泡。大气泡上升速度快，停留时间短，进而气含率开始降低。

浆态床反应器通常应用于高压条件，高压下的流体力学行为与常压工况有明显差别。高压最显著的影响是增加气体密度。Wilkinson 和 von Dierendonck[49]报道在高气速下，增加压力会显著增加气含率，但是在低气速下，压力对气含率的影响不明显，见图 5-39。增加压力会减小气泡的最大稳定气泡直径，使得气泡平均直径减小，气含率增加。

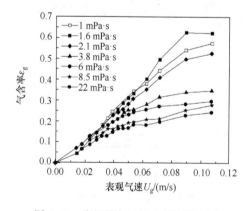

图 5-38　液相黏度对气含率的影响[48]

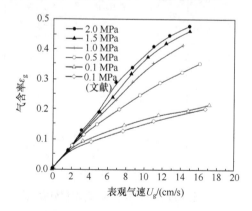

图 5-39　压力对气含率的影响[49]

Yang 等[50]报道了表面张力对鼓泡塔流型过渡的双重效应。图 5-40 是表面张力对发生流型过渡的临界气速的影响，即系统的流型从均匀鼓泡区(均匀流型)转变为湍动区(非均匀流型)的表观气速。当表面张力较小(20～40 mN/m)时，增加表面张力会延缓流型过渡；继续增加表面张力(50～90 mN/m)，则降低流型过渡的临界气含率，流型过渡更容易发生。

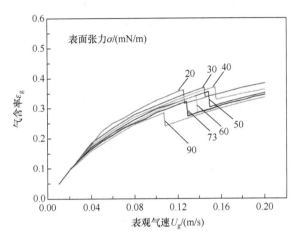

图 5-40　表面张力对发生流型过渡的临界气速的影响[50]

10) 传热

浆态床反应器的热量控制不仅影响反应器的安全操作，还会影响反应器内化学反应的选择性和转化率。浆态床反应器换热的主要方式是通过内置的换热管与流体换热。计算换热管的传热系数需要测量换热管表面和床层的温度差 ΔT 及热通量 Q。换热系数定义式如下：

$$h = \frac{Q}{\Delta T} \tag{5-4}$$

总的来说，换热系数随表观气速的增加而增加，因为气体的加入强化了液相或液固两相的湍流，使得换热表面更新加快。液相黏度会减弱液相湍流，进而降低换热系数。随着颗粒尺寸的增加，颗粒不仅改变了浆料的热容，还会更新换热表面的流体，进而增大换热系数。

11) 传质和反应

浆态床内传质过程主要为相间传质，反应物由气相通过气液界面进入液相。其中，气液相间传质阻力主要集中在液膜，气膜传质阻力一般可以忽略。因此，传质速率表达式如下：

$$m_{g,sl}^{j} = k_1 a \left(\frac{c_g^j}{H_j} - c_{sl}^j \right) M_j \tag{5-5}$$

从传质速率表达式(5-5)可见，相间传质速率 $m_{g,sl}^{j}$ 是液相传质系数 k_1、气泡比表面积 a、摩

尔质量 M_j 和反应组分浓度差 $\left(\dfrac{c_g^j}{H_j} - c_{sl}^j\right)$ 的乘积。

液相体积传质系数 $k_l a$ 是影响传质速率快慢的最主要因素,定义为液相传质系数 k_l 与气泡比表面积 a 的乘积。体积传质系数一般为经验模型。例如,Sehabiague 和 Morsi[51] 测量了大型费-托合成浆态床反应器中 N_2 和 He 在液状石蜡中的体积传质系数,并与实验操作条件进行关联,得到了适用于费-托合成工况的体积传质系数模型。传质系数 k_l 多为半经验半理论模型,主要与物质扩散系数和局部流场相关,如气泡滑移速度、气泡直径和液相湍流程度等。因此,增强气泡周围液相的湍流程度可以加快物质相间传质过程。此外,气相比表面积 a 与气含率和气泡直径有关。Behkish 等[52]报道,费-托合成体系中体积传质系数主要受气泡比表面积控制,因此减小气泡直径可能是强化相间传质的最佳手段,如使用分布更为均匀的小孔径分布器。

工业浆态床反应器内的反应往往非常复杂,反应组分多样,反应步骤长。例如,费-托合成浆态床中反应包括费-托合成主反应(5-6)和水煤气变换副反应(5-7)。其中,$-(CH_2)-$ 为长链碳氢化合物的单体

$$CO + 2H_2 \longrightarrow -(CH_2)- + H_2O \tag{5-6}$$

$$CO + H_2O \rightleftharpoons CO_2 + H_2 \tag{5-7}$$

当采用钴基催化剂时,相较于主反应,水煤气变换反应的反应速率较低,可以忽略,所以一般只考虑主反应。反应速率如下[53]:

$$r = \frac{FT_a c_{sl,CO} c_{sl,H_2}}{\left(1 + FT_b c_{sl,CO}\right)^2} \rho_s \varepsilon_{sl} C_s \tag{5-8}$$

式中,反应参数 FT_a 与 FT_b 是与温度有关的参量。反应速率 r 还与催化剂表观密度、浆态相体积含率和浆态相中颗粒相体积含率有关。

3. 数值模拟

如第 4 章所述,计算流体力学(CFD)是一种通过计算机数值模拟和可视化处理技术求解流场的方法,即将流场控制方程在时间和空间上进行离散,然后对每个网格内的非线性代数方程组进行迭代求解,获得所需流场参量的数值解,最后对计算结果集进行可视化后处理。随着计算机软硬件技术的发展和数值算法的进步,计算流体力学在浆态床基础研究和工业应用中的作用将越来越显著。

1) 控制方程及封闭模型

基于不同的描述流体和颗粒运动的方法,多相流计算流体力学模拟分为三类:直接数值模拟(direct numerical simulation,DNS)、连续流体-离散颗粒模拟和多流体模拟。

直接数值模拟方法是最基本也是理论上最准确的方法,但缺点是计算量太大,很难直接用于工程多相流计算。在单相湍流模拟中,直接数值模拟不需要湍流模型,直接在足够小的时间和空间网格上求解 Navier-Stokes 方程,获得瞬态流场及脉动量。在多相流

模拟中，直接数值模拟是指不需要气液固相间作用力模型，直接跟踪颗粒的运动，直接捕获气泡表面的变形，获得气液固三相的相互作用。

对于气液或者气液固三相系统，颗粒和气泡为离散相，液体为连续相。直接数值模拟往往求解气液混合物的流体力学控制方程，即在控制方程中将气液两相看作一相，而单独求解另外一个气含率输运方程，从而计算气含率和气液混合物方程中所需的混合物密度和黏度，气液相界面则需要通过其他界面重构方法构建。相比于在精细网格上求解气液两相混合物控制方程的欧拉方法，颗粒的运动通过拉格朗日方法描述，对每个颗粒求解其牛顿第二定律运动方程。颗粒表面视为无滑移的壁面，并且流体网格比颗粒尺寸小一个量级，流体网格尺寸一般需要达到流场 Kolmogorov 尺度以下，且计算步长小，因此可以完全解析颗粒周围的流场，捕捉流场瞬时脉动及不同尺寸的漩涡。通过在颗粒表面上对每个单元内流体对颗粒的应力积分得到宏观相间作用力。

连续流体-离散颗粒模拟中，流体相采用欧拉坐标系下的平均化 Navier-Stokes 方程进行求解，采用湍流涡黏性模型方程封闭流场的瞬时波动。离散颗粒模拟追踪每个颗粒的运动，但是流体网格比颗粒尺寸高一个数量级，求解平均化处理后的流体力学控制方程。平均化处理后，颗粒与周围连续介质之间的界面间断被抹平，因此需要相间作用力模型来封闭。相间作用力往往通过经验或者半经验模型描述，新的研究进展是通过能量最小多尺度方法导出相间作用力模型。由于在更大的时空尺度上求解流体控制方程，连续流体-离散颗粒模拟的优势是计算量远小于直接数值模拟，且相比于多流体模型可以充分考虑颗粒之间及颗粒与壁面之间的碰撞行为。

多流体模型不追踪单个颗粒的运动，而将颗粒相看作一种连续的拟流体，将颗粒和流体看作两种可以互相渗透的流体，在空间的每个单元内共存，对两种流体分别建立各自的平均化流体力学控制方程。除了需要湍流方程封闭平均化方程中出现的流场脉动量，仍需要相间作用力模型计算颗粒和流体的相互作用。同样，可通过经验模型或能量最小多尺度方法计算相间作用。此外，颗粒拟流体相方程还需要颗粒相应力模型来描述颗粒之间及颗粒与壁面之间的碰撞行为。对于工业规模的大型反应器，目前的计算能力尚不能支撑直接数值模拟和连续流体-离散颗粒模拟。因此，多流体模型是目前唯一可用于工业规模反应器模拟的计算模型。

商业软件中的多相流模型一般有三类：流体体积函数法(volume of fluid，VOF)模型、混合物模型和欧拉多流体模型。其中流体体积函数法模型属于直接数值模拟方法，是一种应用于欧拉网格的界面追踪技术，可以捕获两种互不相溶流体间的界面，如鼓泡塔和浆态床中气泡的运动、大坝崩塌之后液体的运动和气液自由界面的追踪。混合物模型实际上是欧拉多流体模型的一种简化形式，将混合物当作拟均相，建立混合物的连续性方程和动量方程。分散相的含率可通过求解一个分散相的连续性方程获得，分散相的速度通过包含漂移速度 u_{dr} 和相间滑移速度等一系列代数关系式获得。欧拉多流体模型对反应器内气液固每相都以欧拉观点进行描述，建立连续性方程和动量守恒方程，通过源项计算质量、动量和能量交换。模型控制方程见式(5-9)和式(5-10)。模拟准确性依赖于所采用的相间作用力模型和湍流模型。

$$\frac{\partial(\varepsilon_k\rho_k)}{\partial t}+\nabla\cdot(\varepsilon_k\rho_k\boldsymbol{u}_k)=0 \tag{5-9}$$

$$\frac{\partial(\varepsilon_k\rho_k\boldsymbol{u}_k)}{\partial t}+\nabla\cdot(\varepsilon_k\rho_k\boldsymbol{u}_k\boldsymbol{u}_k)=-\varepsilon_k\nabla P+\nabla\boldsymbol{\tau}_k+\varepsilon_k\rho_k\boldsymbol{g}+\boldsymbol{F} \tag{5-10}$$

2) 湍流方程

单相湍流的模拟包括 DNS、大涡模拟(large-eddy simulation，LES)及雷诺平均纳维-斯托克斯方程(Reynolds-averaged Navier-Stokes equations，RANS)。直接数值模拟可以捕捉到 Kolmogorov 尺度涡，计算准确度最高，但是由于计算采用的时空网格小，计算量太大，仅适合模拟小尺度空间的流动，大多用于基础理论研究。

大涡模拟是介于直接数值模拟和雷诺平均模型之间的模拟方法[54]。大涡模拟即直接用滤波后的 Navier-Stokes 方程模拟大尺度涡，小尺度涡的影响采用亚格子模型描述。其优点是：一方面实现了对大尺度涡的模拟，相比于雷诺平均模型，其模拟精度更高；另一方面，通过亚格子模型描述小尺度涡的影响，相比于直接数值模拟大大减小了计算量。例如，Shu 等[55]应用大涡模拟和 GPU 图形加速技术模拟了搅拌槽中的精细流场结构。虽然大涡模拟相对于直接数值模拟的计算量小，但仍处于研发阶段，尚不足以满足大规模反应器模拟的需求。

雷诺平均模型主要包括雷诺应力模型和 k-ε 模型等。雷诺应力模型中除了连续和动量方程外，还包括各个方向的雷诺应力输运方程[56]。

k-ε 模型是目前工程问题中应用最多的湍流模型，该模型认为在流动的主体区域，湍流是充分发展、各向同性的，分子黏度可以忽略。k-ε 模型包括标准 k-ε 方程、RNG k-ε 方程等。标准 k-ε 模型方程见式(5-11)~式(5-15)，包括湍流动能 k 和湍流耗散率 ε 的输运方程，参数来自于实验测量和经验关联。

$$\frac{\partial(\rho_m k)}{\partial t}+\nabla\cdot(\rho_m\boldsymbol{u}_m k)=\nabla\cdot\left(\frac{\mu_{t,m}}{\sigma_k}\nabla k\right)+G_{k,m}-\rho_m\varepsilon \tag{5-11}$$

$$\frac{\partial(\rho_m\varepsilon)}{\partial t}+\nabla\cdot(\rho_m\boldsymbol{u}_m\varepsilon)=\nabla\cdot\left(\frac{\mu_{t,m}}{\sigma_\varepsilon}\nabla\varepsilon\right)+\frac{\varepsilon}{k}(C_{1\varepsilon}G_{k,m}-C_{2\varepsilon}\rho_m\varepsilon) \tag{5-12}$$

$$G_{k,m}=\mu_{t,m}[\nabla\boldsymbol{u}_m+(\nabla\boldsymbol{u}_m)^{\mathrm{T}}]:\nabla\boldsymbol{u}_m \tag{5-13}$$

$$\mu_{t,m}=\rho_m C_\mu\frac{k^2}{\varepsilon} \tag{5-14}$$

$$C_{1\varepsilon}=1.44,\ C_{2\varepsilon}=1.92,\ C_\mu=0.09,\ \sigma_k=1.0,\ \sigma_\varepsilon=1.3 \tag{5-15}$$

与标准 k-ε 方程比较，重整化群(renormalization group，RNG)k-ε 模型对湍流黏度和 ε 方程进行了修正。湍流黏度中湍流积分长度由理论推导而得，不再是经验常数，理论上有更好的适用性。ε 方程中多了一个附加项，该项随流动的畸变程度而变化，可提高漩涡流模拟的准确性。

3) 相间作用力模型

离散相(气泡或颗粒)与连续相之间的动量传递通过相间作用力模型描述。相间作用力中最重要的是曳力;当气泡相对于液体加速时,会产生虚拟质量力;当连续液相存在速度梯度时,离散相会受到与运动方向垂直的升力作用,其他相间作用力还包括湍流扩散力和壁面润滑力。

曳力指气泡在运动过程中受到的液相阻力,包括形体阻力和黏滞阻力。形体阻力来源于气泡周围的不均匀压力分布,与气泡的形状及大小有关。黏滞阻力存在于气泡表面的边界层,与液体黏度有关。CFD 模拟中,网格尺度上的曳力表达式为式(5-16)。曳力系数与气泡雷诺数、湍流强度及物性有关。例如,Tomiyama 等[57]关联了单个气泡在纯液体及含杂质液体中气泡的曳力系数。Ishii 和 Zuber[58]给出了不同形状气泡的曳力系数。

$$F_{D,g} = -F_{D,l} = -\frac{3}{4}\varepsilon_g \frac{C_D}{d_b}\rho_l |u_g - u_l|(u_g - u_l) \tag{5-16}$$

由于气泡表面可以变形以及气泡内部存在环流,气泡运动及受力比固体颗粒复杂得多。在模拟计算中,单气泡曳力分为孤立单气泡在无限大流场中的曳力 C_{D0} 和单气泡在气泡群中所受的曳力 C_D 两种。气泡在上升过程中受到邻近气泡及由此引起的周围流场变化的影响,因此气泡群中单气泡情况更复杂,目前尚无统一定论,一般采用液含率的幂次方形式进行修正,如式(5-17)所示。Krishna 等[59]发现,单气泡在气泡群中的上升速度要比 Davies-Taylor 方程(适用于大尺寸,包络角 100°的球帽形气泡)计算的孤立单气泡在无限大流场中的上升速度大。商业软件 CFX 建议在高气速情形下采用孤立单气泡曳力系数乘以液含率的方式进行修正,即单气泡在气泡群中的曳力系数 C_D 要小于 C_{D0}。但是Tomiyama 等[60]认为,对于气速较高的非均匀湍动流型,C_D 要大于 C_{D0},因此用除以液含率的方式进行修正。总之,修正因子 p 的取值尚无统一定论,在 CFD 模拟中属于可调参数,而新发展的 EMMS 模型有望突破这一模拟的瓶颈。

$$C_D = C_{D0}\left(1 - \varepsilon_g\right)^p \tag{5-17}$$

离散相在连续相中运动,在尚未达到终端速度时,离散相的加速运动会带动周围液体,使得周围液体被加速,离散相受到一个额外的附加质量力作用。无黏流体的附加质量力计算公式如式(5-18)所示。其中 C_{VM} 是虚拟质量力系数,对于硬球颗粒一般取值为0.5;对于气泡,其取值与气泡形状和大小相关[61]。Oey 等[62]通过模拟发现,曳力在所有相间作用力中占主导地位,决定着 CFD 模拟能否准确地捕捉鼓泡塔内羽流形态,而虚拟质量力仅起到微调的作用,不会影响整体的分布。

$$F_{VM,g} = -C_{VM}\varepsilon_g\rho_l \frac{D}{D_t}(u_g - u_{sl}) \tag{5-18}$$

离散相受到的垂直于气泡运动方向的作用力包括升力、湍流扩散力和壁面润滑力,其中升力是对离散相横向作用起决定性作用的力。升力在不同条件下变化极大,影响因素较为复杂。目前认为升力产生的原因包括马格努斯(Magnus)力、萨夫曼(Saffman)力和由尾流造成的升力[63]。Magnus 力主要是由气泡自身旋转造成了周围流动速度分布不均，从而产生压力梯度造成的。Saffman 力是由流场本身具有的速度梯度造成的。目前模拟鼓泡塔时，主要考虑由于流场本身具有速度梯度产生的升力，最常用的升力计算公式如式(5-19)所示，其中 C_L 为升力系数。Tomiyama 等[57]对气泡升力进行了实验研究，发现升力系数主要与气泡大小有关。Tomiyama 提出的升力系数模型见式(5-20)～式(5-23)。图 5-41 显示了升力系数与气泡直径之间的关系。小气泡所受升力指向壁面，而大气泡所受升力则指向中心区域。

$$\boldsymbol{F}_{\mathrm{L,g}} = -C_L \varepsilon_{\mathrm{g}} \rho_{\mathrm{sl}} \left(\boldsymbol{u}_{\mathrm{g}} - \boldsymbol{u}_{\mathrm{sl}} \right) \times \left(\nabla \boldsymbol{u}_{\mathrm{sl}} \right) \tag{5-19}$$

$$C_L = \begin{cases} \min \left[0.288 \tanh(0.121 Re), f(Eo_{\mathrm{d}}) \right] & Eo_{\mathrm{d}} \leqslant 4 \\ f(Eo_{\mathrm{d}}) & 4 \leqslant Eo_{\mathrm{d}} \leqslant 10.7 \\ -0.29 & Eo_{\mathrm{d}} \geqslant 10.7 \end{cases} \tag{5-20}$$

$$f(Eo_{\mathrm{d}}) = 0.00105 Eo_{\mathrm{d}}^3 - 0.0159 Eo_{\mathrm{d}}^2 - 0.0204 Eo_{\mathrm{d}} + 0.474 \tag{5-21}$$

$$Eo_{\mathrm{d}} = \frac{g(\rho_{\mathrm{l}} - \rho_{\mathrm{g}}) d_{\mathrm{h}}^2}{\sigma} \tag{5-22}$$

$$d_{\mathrm{h}} = d_{\mathrm{b}} (1 + 0.163 Eo^{0.757})^{1/3} \tag{5-23}$$

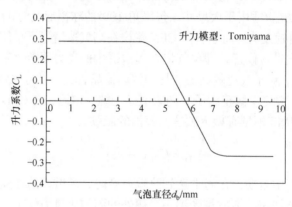

图 5-41   升力系数与气泡直径的关系[57]

当表观气速较大，反应器处于充分发展湍动流型时，离散相在连续相中运动，会受到由于液相湍动而导致的扩散作用，称为湍流扩散力。最常用的湍流扩散力表达式为式(5-24)。湍流扩散力系数 C_{TD} 一般取值为 0.1～1。目前文献中报道的湍流扩散力模型参数基于经验关联；在模拟时通常与升力一起使用，用于部分抵消添加升力后产生的不合理结果[64]。

$$\boldsymbol{F}_{\mathrm{TD,g}} = C_{\mathrm{TD}} \rho_{\mathrm{sl}} k \nabla \varepsilon_{\mathrm{sl}} \tag{5-24}$$

当离散相靠近反应器壁面时，因为左右流场不对称而产生一个使离散相远离壁面的作用力，称为壁面润滑力。壁面润滑力只对靠近壁面附近很小的区域起作用。壁面润滑力计算公式如式(5-25)和式(5-26)所示。其中，壁面润滑力系数 C_W 与离散相直径、与壁面距离等参量相关。

$$F_{W,g} = C_W \varepsilon_g \rho_{sl} \frac{\left|\boldsymbol{u}_g - \boldsymbol{u}_{sl}\right|^2}{d_{32}} n_W \tag{5-25}$$

$$C_W = \max\left(C_{W1} + C_{W2}\frac{d_{32}}{y}, 0\right) \tag{5-26}$$

4) 群体平衡模型

群体平衡模型(population balance model，PBM)是描述多相流系统中分散相粒径分布的通用方法。群体平衡模型最早是由 Hulburt 和 Katz[65]提出的，在不同领域(如结晶、聚合和颗粒制备等)得到广泛应用。在浆态床反应器模拟中，结合 PBM 可用于考虑气泡聚并和破碎过程对气泡直径分布的影响。

目前应用最广泛的群体平衡模型方程是 Ramkrishna[66]提出的表达式，如式(5-27)所示。群平衡方程本质上描述了在欧拉坐标系下某一个气泡粒级的数量的变化。公式左端代表某粒级气泡数密度积累项和对流项，公式右端的各项分别表示其他粒级气泡聚并产生 i 粒级气泡的生成项，i 粒级气泡与其他粒级气泡聚并而导致的 i 粒级气泡消亡项，其他粒级气泡破碎产生的 i 粒级气泡的生成项，以及 i 粒级气泡破碎产生的消亡项。因此，需要进一步建立描述气泡聚并和破碎的所谓核函数模型(kernel function)，群体平衡模型才能封闭求解。

$$\begin{aligned}
&\frac{\partial n(v,t)}{\partial t} + \nabla\cdot[\boldsymbol{u}_b n(v,t)] + \nabla_v\cdot[G_v n(v,t)] \\
&= \underbrace{B_{c,i} - D_{c,i}}_{\text{聚并}} + \underbrace{B_{br,i} - D_{br,i}}_{\text{破碎}} \\
&= \underbrace{\frac{1}{2}\int_0^v n(v-v',t)n(v',t)c(v-v',v')\mathrm{d}v'}_{\text{聚并生成}} - \underbrace{n(v,t)\int_0^\infty n(v',t)c(v,v')\mathrm{d}v'}_{\text{聚并消亡}} \\
&\quad + \underbrace{\int_0^\infty \beta(v,v')b(v')n(v',t)\mathrm{d}v'}_{\text{破碎生成}} - \underbrace{b(v)n(v,t)}_{\text{破碎消亡}}
\end{aligned} \tag{5-27}$$

气泡聚并指的是由于受到周围流体的作用，多个气泡发生碰撞后合并的现象。目前，文献中所研究的碰撞均为二元碰撞，即每次的聚并仅发生在两气泡之间。目前聚并核函数主要基于唯象的液膜排干模型[67]，认为气泡聚并需要经历三个阶段：第一阶段是两个气泡之间的碰撞阶段，气泡之间形成一层液膜；第二阶段是液体排出阶段，随着两个气泡的接近，液膜中的流体逐渐向周围排出，液膜厚度逐渐变薄；第三阶段是液膜破碎阶段，如果液膜厚度减小到一个临界值，则液膜破碎，两个气泡发生聚并；如果最终液膜厚度高于临界值，则两个气泡会被反弹回去，气泡之间不会发生聚并。基于以上过程，气泡聚并速率表达为气泡碰撞频率与碰撞后聚并效率两部分的乘积。

气泡之间发生碰撞有多种原因，包括液相湍流漩涡的冲击、浮力作用、剪切作用、大气泡尾流等导致的碰撞[61]。其中，由周围流体作用而引起的随机湍流脉动导致的碰撞是最主要的原因。该过程将气泡视为同等大小的湍流涡，因而用湍流理论描述气泡速度。采用气体动理论描述两个气泡的碰撞概率，典型的碰撞频率模型包括 Prince 和 Blanch 模型[67]及 Luo 模型[68]，分别见式(5-28)和式(5-29)：

$$\omega_c = n_i n_j 0.089\pi\varepsilon^{1/3}\left(d_i + d_j\right)^2\left(d_i^{2/3} + d_j^{2/3}\right)^{1/2} \tag{5-28}$$

$$\omega_c = n_i n_j \frac{\pi}{4}\sqrt{2}\varepsilon^{1/3}\left(d_i + d_j\right)^2\left(d_i^{2/3} + d_j^{2/3}\right)^{1/2} \tag{5-29}$$

两个气泡发生碰撞后，可能会聚并或反弹。文献中多利用概率形式表达聚并效率。目前的聚并效率主要有三种模型：速度模型、能量模型和液膜排干模型[69]。液膜排干模型认为当两个气泡的接触时间超过了液膜排干所需的时间，两个气泡才会发生聚并。经典的液膜排干模型有 Prince 和 Blanch 模型[67]及 Luo 模型[68]，分别见式(5-30)和式(5-31)：

$$P_c = \exp\left(-t_{ij} / \tau_{ij}\right) = \exp\left(-\frac{r_{ij}^{5/6}\rho_1^{1/2}\varepsilon^{1/3}}{4\sigma^{1/2}}\ln\frac{h_0}{h_f}\right) \tag{5-30}$$

$$P_c = \exp\left(-t_{ij} / \tau_{ij}\right) = \exp\left\{-c_e\frac{\left[0.75\left(1+\xi_{ij}^2\right)\left(1+\xi_{ij}^3\right)\right]^{1/2}}{\left(\rho_g / \rho_1 + C_{VM}\right)\left(1+\xi_{ij}\right)^3}We_{ij}^{1/2}\right\} \tag{5-31}$$

气泡破碎主要是由于受到外力作用，同时气泡的表面张力是维持气泡稳定的力。当破坏气泡界面的力大于气泡表面稳定的力时，气泡发生破碎。气泡破碎机制主要包括三类：气泡受到周围流体中湍流涡的冲击发生的破碎、气泡受到周围流体的黏性剪切作用导致的破碎、气泡界面不稳定引起的破碎[70]。

根据概率统计理论，湍流涡撞击气泡引起的破碎速率可以表达为气泡与湍流涡的碰撞频率和气泡破碎效率两部分的乘积。其中，气泡与湍流涡发生碰撞的表达式也是基于分子动理论。气泡与湍流涡碰撞之后可能会发生破碎，也可能不会发生破碎，由气泡破碎效率描述。文献中有多种关于该破碎条件的理论，应用较多的是 Luo 和 Svendsen 提出的能量判据[71]，认为当相撞的湍流涡所携带的能量大于气泡发生破碎而增加的表面能时，气泡才会发生破碎，导出的破碎速率模型见式(5-32)。此外，Lehr 等[72]认为只有湍流涡产生的惯性力大于破碎后最小气泡的毛细压力时才会发生破碎，该模型见式(5-33)。

$$b\left(f_v \mid d\right) = 0.923\left(1-\varepsilon_g\right)n\left(\frac{\varepsilon}{d^2}\right)^{1/3}\int_{\xi_{min}}^1\frac{\left(1+\xi\right)^2}{\xi^{11/3}}\exp\left(\frac{-12c_f\sigma}{\beta\rho_1\varepsilon^{2/3}d^{5/3}\xi^{11/3}}\right)d\xi \tag{5-32}$$

$$b\left(f_v \mid d\right) = \int_{d_1}^d 0.8413\sqrt{2}\times\frac{\sigma}{\rho_1\varepsilon^{2/3}d_1^4}\frac{\left(\lambda + d\right)^2}{\lambda^{13/3}}\exp\left(-\frac{2\sigma}{\rho_1\varepsilon^{2/3}d_1\lambda^{2/3}}\right)d\lambda \tag{5-33}$$

同一个气泡在不同的破碎条件下会有多种破碎情况。因此，气泡破碎后存在一个子气泡的概率密度分布。不同破碎模型中的子气泡分布函数往往不一致。图 5-42 展示了对于直径为 6 mm 的母气泡在不同的湍动耗散率 ε 下，应用 Luo 和 Svendsen 模型[71]计算的子气泡概率密度分布。横坐标 f_v 是子气泡体积与母气泡体积的比值。图 5-42 说明母气泡发生破碎生成一个大气泡和一个小气泡的概率较高，生成两个相同体积子气泡的概率较低。

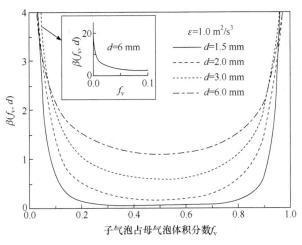

图 5-42　子气泡概率密度分布[71]

　　求解群体平衡模型的主要数值算法包括离散法和矩方法。离散法是将连续变化的气泡粒级划分成 n 个离散的子区间，对每个区间取代表值，以该值对此区间气泡数量进行求解，因此离散法是求解由 n 个代表性粒级的方程组成的方程组。子区间数量越多，求解越精确，但计算量也越大。

　　在实际应用中，某些过程只关心平均气泡直径，而不是气泡直径分布。矩方法不直接求取每个粒级气泡的数量，而是求解有关数密度的各阶矩。因此，数密度方程也就转化为矩方程。文献报道[73]，一般情况下 6 阶矩就可以较为准确地表示气泡的平均直径，因此可大大减少求解的方程数量，加快计算周期。

5.2.2　浆态床反应器的设计放大基础

　　新工艺的工程开发往往经历实验室小试、中试、工业示范到商业化大型装置等几个逐级放大阶段，面临周期长、费用高、风险大等难题。逐级放大过程中多相流混合特性、传质传热特性、催化反应活性等相互耦合，需要对复杂多相流动有足够的认识，研发流动、传递和反应相匹配的设备和工艺条件，从而建立合适的设计准则和最优操作条件。

　　一维反应器模型是反应器工程设计中常用的重要方法。反应器模型有不同的分类标准，按照反应器返混程度分为平推流模型、全混流模型和轴向扩散模型；按照相数量分为单气泡-液相-固相模型，单气泡-浆态相模型、双气泡-浆态相模型。SBC 和 TBC 分别表示单气泡(single bubble class)和双气泡(two bubble class)，ADM 为轴向扩散模型(axial dispersion model)，IRM 为理想反应器模型(ideal reactor model)的缩写。一维反应器模型往往依赖于经验关联式，由实验数据拟合而成，因此受实验条件的限制(如塔径、压力、温度等)，很难拓展到实验条件以外的体系。反应器模型中一般假设催化剂与液相完全混合，将液、固两相作为拟均相处理；气液之间的传质由液膜控制；反应仅发生在浆液相中，全塔温度和压力恒定。蒋雪冬等[63, 74]综述并分析了现有的反应器模型，并在 EMMS 模型的基础上，考虑大、小气泡之间的相互转化机制，提出了一个新的一维双气泡-浆态相轴向扩散模型。

通过大量实验研究，de Swart 和 Krishna[75]发现浆态床内存在大、小两种类型的气泡：大气泡在上升的过程中受到的阻力较小，上升速度较快；而小气泡所受到的液相阻力相对较大，更容易跟随液体运动。在单位气含率下，大、小气泡具有不同的气液接触面积，导致大、小气泡具有不同的单位体积传质速率。因此，认为快速上升的大气泡产生了一个充分返混的区域，在该区域内小气泡与液相均匀混合，可以将大气泡作为平推流处理，而小气泡与液相作为全混流处理。

表 5-1 为一个基于双气泡的理想反应器模型的组分输运方程。该模型中，大气泡中某一组分 i 的浓度 c 的变化用一维平推流方程描述，小气泡的组分浓度变化用全混流方程描述，组分浓度的变化由气液相间传质引起。液相方程则描述了液相内反应引起的组分物质消耗与大气泡平推流传质、小气泡全混流传质引起的浓度变化之间的平衡关系。

表 5-1   双气泡理想反应器组分输运方程(TBC+IRM)

相	模型方程
大气泡	$-\dfrac{\mathrm{d}}{\mathrm{d}z}\left(U_{\mathrm{g,L}}c_{\mathrm{g,L},i}\right)-(k_{\mathrm{l}}a)_{\mathrm{g,L},i}\left(\dfrac{c_{\mathrm{g,L},i}}{H_i}-c_{\mathrm{l},i}\right)=0$
小气泡	$AU_{\mathrm{g,S}}\left(c_{\mathrm{g,S},i}^{\mathrm{in}}-c_{\mathrm{g,S},i}\right)=(k_{\mathrm{l}}a)_{\mathrm{g,S},i}\left(\dfrac{c_{\mathrm{g,S},i}}{H_i}-c_{\mathrm{l},i}\right)AH$
液相	$A\displaystyle\int_0^H (k_{\mathrm{l}}a)_{\mathrm{g,L},i}\left(\dfrac{c_{\mathrm{g,L},i}}{H_i}-c_{\mathrm{l},i}\right)\mathrm{d}z + AH(k_{\mathrm{l}}a)_{\mathrm{g,S},i}\left(\dfrac{c_{\mathrm{g,S},i}}{H_i}-c_{\mathrm{l},i}\right)-AH(1-\varepsilon_{\mathrm{g}})\rho_{\mathrm{P}}C_{\mathrm{cat}}\nu_i r = 0$

表 5-2 与表 5-3 是基于单气泡或双气泡的轴向扩散模型的组分输运方程。轴向扩散模型一般表示成对流扩散方程形式，包含瞬态浓度变化项、扩散项、对流项、传质和反应引起的源项。扩散系数 D_{g} 或 D_{l} 反映了返混和分子扩散造成的影响。由于假设反应在液相中发生，气相方程中只有传质源项，而液相方程中包含了传质和反应源项。

表 5-2   单气泡轴向扩散模型组分输运方程(SBC+ADM)

相	模型方程
气相	$\dfrac{\partial(\varepsilon_{\mathrm{g}}c_i)}{\partial t}=\dfrac{\partial}{\partial z}\left(D_{\mathrm{g}}\varepsilon_{\mathrm{g}}\dfrac{\partial c_i}{\partial z}\right)-\dfrac{\partial}{\partial z}\left(U_{\mathrm{g}}c_{\mathrm{g},i}\right)-(k_{\mathrm{l}}a)_{\mathrm{g},i}\left(\dfrac{c_i}{H_i}-c_i\right)$
液相	$\dfrac{\partial(\varepsilon_{\mathrm{l}}c_{\mathrm{l},i})}{\partial t}=\dfrac{\partial}{\partial z}\left[(1-\varepsilon_{\mathrm{g}})D_{\mathrm{l}}\dfrac{\partial c_{\mathrm{l},i}}{\partial z}\right]-\dfrac{\partial}{\partial z}\left(U_{\mathrm{l}}c_{\mathrm{l},i}\right)+(k_{\mathrm{l}}a)_{\mathrm{g},i}\left(\dfrac{c_{\mathrm{g},i}}{H_i}-c_{\mathrm{l},i}\right)-(1-\varepsilon_{\mathrm{g}})\rho_{\mathrm{p}}C_{\mathrm{cat}}\nu_i r$

表 5-3　双气泡轴向扩散模型组分输运方程(TBC+ADM)

相	模型方程
大气泡	$$\frac{\partial(\varepsilon_{g,L}c_{g,L,i})}{\partial t}=\frac{\partial}{\partial z}\left(D_{g,L}\varepsilon_{g,L}\frac{\partial c_{g,L,i}}{\partial z}\right)-\frac{\partial}{\partial z}\left(U_{g,L}c_{g,L,i}\right)-(k_1a)_{g,L,i}\left(\frac{c_{g,L,i}}{H_i}-c_{l,i}\right)$$
小气泡	$$\frac{\partial(\varepsilon_{g,S}c_{g,S,i})}{\partial t}=\frac{\partial}{\partial z}\left(D_{g,S}\varepsilon_{g,S}\frac{\partial c_{g,S,i}}{\partial z}\right)-\frac{\partial}{\partial z}\left(U_{g,S}c_{g,S,i}\right)-(k_1a)_{g,S,i}\left(\frac{c_{g,S,i}}{H_i}-c_{l,i}\right)$$
液相	$$\frac{\partial(\varepsilon_l c_{l,i})}{\partial t}=\frac{\partial}{\partial z}\left[(1-\varepsilon_g)D_l\frac{\partial c_{l,i}}{\partial z}\right]-\frac{\partial}{\partial z}\left(U_l c_{l,i}\right)+(k_1a)_{g,L,i}\left(\frac{c_{g,L,i}}{H_i}-c_{l,i}\right)+(k_1a)_{g,S,i}\left(\frac{c_{g,S,i}}{H_i}-c_{l,i}\right)-(1-\varepsilon_g)\rho_p C_{cat}\nu_i r$$

这些模型中需要气含率 ε_g、传质系数 k_1、气泡比表面积 a、扩散系数 D、反应速率 r 等参数,文献上有不同的实验关联式,详见蒋雪冬等[63,74]、de Swart 和 Krishna[75]及 Maretto 和 Krishna[76]发表的文献。其他参数为表观气速 U_g、反应器高度 H、反应器横截面积 A、反应的化学计量数 ν、反应器轴向坐标 z、催化剂在浆液相中的体积分数 C_{cat}、亨利系数 H_i;下标 i 表示组分的序号,L 和 S 分别表示大、小气泡,g 和 1 分别表示气相和液相。化学反应使表观气速随着轴向高度也发生变化,因此还需要考虑表观气速沿轴向高度的收缩效应。

图 5-43 为不同的单、双气泡轴向扩散模型计算的 H_2 转化率。S 和 M 表示不同的气含率实验关联式,S 表示 de Swart 和 Krishna 模型[75],M 为 Maretto 和 Krishna 模型[76]。可以看出,转化率随着催化剂浓度的增加而增大,注意到此处催化剂浓度是输入量,假定沿床高方向均匀分布。在实际过程中催化剂的浓度可能随空间位置而变化。对于给定的催化剂浓度,还可以得到 H_2、CO 及其他组分浓度沿床高的分布。

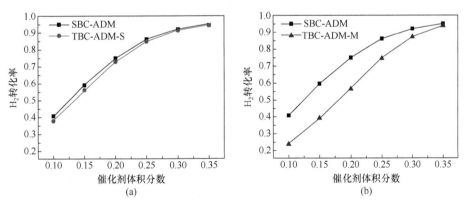

图 5-43　单、双气泡轴向扩散模型计算的 H_2 转化率
(U_g=0.25 m/s, H=30 m, P=3 MPa, H_2/CO=2, U_l=0)[74]

反应器模型的计算结果受到气含率、单双气泡模型、轴向扩散系数、传质和反应速率公式、气体收缩模型等多个子模型的影响,Jiang 等[74]详细分析了传质和反应速率控制步骤对单、双气泡反应器模型性能的影响,认为在反应控制时,单、双气泡轴向扩散模型之间转化率的差别主要是由总气含率关联式的差异造成的;在传质控制时,除了采用 de

Swart 和 Krishna 关联式计算小气泡气含率或者催化剂体积分数大于 0.35 的情况之外，即使在采用相同总气含率的情况下，单、双气泡轴向扩散模型之间转化率的差别也会较大。因为在采用 de Swart 和 Krishna 关联式[75]计算小气泡气含率或者催化剂体积分数大于 0.35 的情况下，小气泡几乎消失而大气泡占主导地位，此时的双气泡体系可以近似成单气泡体系。简言之，无论针对传质控制还是反应控制的体系，双气泡模型都应该作为反应器的设计与放大的首选模型。

Jiang 等[74]针对费-托合成浆态床反应器建立了一维双气泡-浆态相轴向扩散模型。气相中某组分的轴向扩散模型方程中包含了扩散项、对流项、气液相相间传质项、由于大小气泡之间的聚并破碎行为导致的气泡浓度的变化，还考虑了由于大气泡传质或者小气泡在上升过程中因压力减小膨胀而导致的气泡浓度的变化。液相中某组分的轴向扩散模型方程分别为扩散项、对流项、由大气泡传入导致的相间传质项、由小气泡相间传质导致的相间传质项，最后一项代表反应消耗或生成导致的浓度变化。此外，气相在轴向上升过程中由于相间传质会出现收缩现象，根据气相状态方程可推导出大、小气泡在反应器轴向的梯度。大气泡和小气泡的体积含率可采用 EMMS 模型计算。将建立的新双气泡轴向扩散模型与费-托合成浆态床反应器的 CFD 模拟结果进行对比，在采用相同的传质模型和反应动力学情况时，结果表明两者吻合较好。

5.2.3　浆态床研究的最新进展

1. 能量最小多尺度模型在鼓泡塔(浆态床)中的应用

能量最小多尺度模型[77]是由中国科学院过程工程研究所李静海和郭慕孙院士等针对气固循环流化床提出的，后经不断发展完善。该模型最初是一个零维模型，对反应器中的不同特征流动结构进行分解，例如气固流化床的流动结构被分解为含有颗粒聚团的密相和聚团周围低颗粒浓度的稀相，可建立含有这些特征结构参数的质量及动量守恒方程组。由于待求解特征参数的变量数大于守恒方程的个数，方程组不封闭，因此认为除了质量和动量守恒外还存在其他的物理机制。通过对系统进行能耗分解和机制分解，认为流化床内存在两种相互竞争的机制，每种机制在数学上可由一种极值趋势反映。物理上两种控制机制的协调在数学上可表达为一个多目标变分问题，从而建立了流化床系统的稳定性约束条件，用于封闭守恒方程组。这样就可得到反应器内的流动结构参数。该零维模型可以定性预测流型过渡[78]，并通过气固曳力系数与计算流体力学结合[79-80]，极大地提高了 CFD 模拟循环流化床中颗粒聚团和稀密两相结构的准确性。

气液系统与气固系统存在一定的相似性。中国科学院过程工程研究所将气固 EMMS 模型的思想引入气液和气液固体系，发展了气液[50, 81-82]和气液固系统[83-84]的能量最小多尺度模型。在气液系统的 EMMS 模型中[50,82]，考虑到鼓泡塔中大气泡和小气泡是不同的特征结构参数，建立了双气泡模型(DBS)。该模型含有 6 个未知参量，包括大小气泡直径、大小气泡体积分数和大小气泡表观气速。首先，对大气泡和小气泡建立质量和动量方程组。然后，对气液系统进行能耗分解和机制分析。气液鼓泡塔的能量来源于输入的高压气相。能量的消耗可分解为三个途径：①通过湍动能的逐级传递最终通过液相黏度耗散

的能量 N_{turb}；②气泡受到液相冲击时，气泡表面振荡和液体在气泡表面的滑移而耗散的能量 N_{surf}；③气泡和湍流漩涡作用后，气泡破碎产生新表面的能量 N_{break}。第三种能量并不稳定，在气液两相流系统达到动态平衡时，作为一种临时的能量存储缓冲器，通过气泡聚并又将这部分能量释放回液相主体。从时空尺度上看，前两种能量耗散的时空尺度要小于第三种。因此可将前两种能耗作为微尺度能耗，而第三种作为介尺度能耗。由于三种能耗之和为总的输入能量，对于给定表观气速的系统，总能量为常数，因此三种能耗中只有两个为独立变量。

可认为气液系统中存在两种独立的作用机制：气泡表面振荡消耗能量 N_{surf} 趋于最小时，系统中小气泡占优势，大气泡易破碎形成小气泡，此时系统处于液相控制区；湍动能耗散 N_{turb} 趋于最小时，系统中大气泡占优势，小气泡易聚并形成大气泡，系统处于气相控制区。系统达到动态平衡时，两种机制同时存在。两种机制之间的竞争与协调导致气液体系内产生复杂的流动结构和气泡尺寸非均匀分布。气液系统的稳定性条件可以表达为这两种能耗之和趋于最小，即微尺度能耗趋于最小。这也意味着同时介尺度能耗趋于最大。在稳定性条件的约束下，求解得到全部 6 个结构参量。

该零维模型可以用于定性预测和解释气液鼓泡塔内的流型过渡[50, 82]。计算结果表明，随着表观气速的增加，在某一表观气速的临界点处，整体气含率突然下降，对应着实验中气液两相流型从均匀流型过渡到充分发展的非均匀流型。模型可以给出这一现象的物理解释，即在三维结构参数空间内，微尺度能耗的最小值点从一个极小值点跃迁到另外一个极小值点，带动结构参数发生突变，从而导致气液两相流型从均匀流型过渡到充分发展的非均匀流型。

该零维模型可导出气液相间曳力等本构关系，可与计算流体力学模型相结合，实现反应器的模拟。例如，从 DBS 模型中可直接导出曳力系数与气泡直径之比，再用于 CFD 模型当中。模拟结果表明，该曳力模型可较为准确地预测鼓泡塔内不同流型下气含率和轴向液速的径向分布，而不需要人为调节气泡直径或者曳力系数中的参数。同时，还可以复现整体气含率随表观气速变化曲线中的平台或下降段。对于气液固浆态床反应器，发展了考虑颗粒影响的曳力模型[85-86]，可较为准确地计算浆态床中的气含率分布。此外，该零维模型的介尺度能耗 N_{break} 还可以用于封闭群体平衡模型，计算气泡尺寸分布[87]。在浆态床中还需要考虑颗粒对湍流的衰减机制，进而计算气泡尺寸分布[88]。

2. 浆态床中的湍流

浆态床中的湍流十分复杂，目前研究的热点和难点是颗粒对湍流的影响和气泡诱导湍流两部分。

当颗粒尺寸远小于湍流场的 Kolmogorov 尺寸，且颗粒浓度较低时，颗粒对流体的追随性好，颗粒和液相可以看作拟均相。但是当颗粒尺寸较大、较重或较多时，颗粒导致的湍流产生变形和耗散等影响变得明显和重要。颗粒对湍流的特征尺度影响范围大，最小到 Kolmogorov 尺寸，最大则与最大涡的结构相关。目前一般认为，当颗粒直径大于流场的 Kolmogorov 尺寸时，颗粒会增强湍流强度；反之，颗粒会衰减湍流强度。

一般认为，颗粒对湍流的衰减机制主要有三种[89]：首先，液体含颗粒后浆体的惯性变大；其次，颗粒的拖曳力作用导致湍流耗散增强；最后，流体含颗粒后其有效黏度会增加。颗粒对湍流的增强机制主要有两方面：一方面颗粒后面的尾流和自诱导涡脱落导致流场脉动加剧；另一方面，颗粒的聚集行为导致颗粒密度分布不均匀，引起浮力诱导的不稳定性。这五种机制在不同的尺度发挥作用，影响不同特征尺寸的湍流涡。不同直径、密度或浓度的颗粒的影响程度也不同。颗粒对湍流的最终影响取决于以上五种机制的综合作用，因此颗粒可能会增强或衰减湍流。

气泡对于液相湍流的影响主要有三个方面[89]：一是气液相间作用力引起的液相湍流；二是气泡引起的湍流涡破碎产生的湍流耗散；三是由于相间动量传递导致平均速度分布发生变化，改变了剪切诱导湍流(shear-induced turbulence，SIT)的单相机制。目前气泡诱导湍流(bubble-induced turbulence，BIT)的模型主要有三种。第一种是代数模型，将总湍流黏度分解为剪切产生的黏度和气泡诱导湍流产生的黏度的线性叠加[90]。第二种是通过调整湍动动能和湍流耗散率等湍流模型方程中的源项考虑气泡的影响。Kataoka 等[91]首先提出在湍流传输方程中添加气泡诱导湍流源项，这种方法应用非常广泛，并且在此基础上发展出了多种模型[92-96]。前两种方法只考虑总湍流，Chahed 等[97]将湍流分解为两部分，可耗散湍流部分和非耗散拟湍流部分，分别建立了各自的传输方程。Lopez de Bertodano 等[98]和 Guan 等[99]将湍流分解为剪切诱导湍流和气泡诱导湍流两部分，分别建立传输方程进行计算。Bellakhal 等[100]在此基础上对总湍流进行了双重分解，将湍流分解为三部分：剪切诱导湍流、由气泡尾流产生的湍流和由气泡的移动产生的非耗散拟湍流，建立了相应的五方程模型。

符 号 说 明

A	反应器横截面面积，m^2		h_f	气泡聚并结束液膜厚度(10^{-7})
a	气泡比表面积，m^{-1}		k	湍流动能，m^2/s^2
C_v	整体固含率		k_l	传质系数，m/s
C_s	区域固含率		M	摩尔质量，kg/kmol
c	组分摩尔浓度，$kmol/m^3$		m	传质速率，$kg/(m^3 \cdot s)$
c_f	比表面积增长率		N_i	气泡数密度，m^{-3}
D	扩散系数，m^2/s		n	漩涡或气泡浓度，m^{-3}
D_T	反应器直径，m		P	压力，Pa
d_b	气泡直径，m		P_c	气泡聚并效率
d_o	分布器孔径，m		R	反应器半径，m
d_p	颗粒直径，m		Re	雷诺数
d_{32}	索特平均气泡直径，m		r	反应速率，$kmol/(m^3 \cdot s)$
Eo	厄特沃什数，		r_{ij}	等效直径，m
	$Eo=[gd_b^2(\rho_l-\rho_g)/ \sigma]$		t	时间，s
F	相间作用力，N/m^3		t_{ij}	液膜排干时间，s
H	反应器高度，m		U	表观速度，m/s
H_i	亨利系数		U_{lmf}	最小流化液速，m/s
h	传热系数，$W/(m^2 \cdot K)$		U_{slip}	滑移速度，m/s
h_0	气泡聚并初始液膜厚度(10^{-4})		U_t	颗粒终端速度，m/s

u_l	液体速度，m/s	τ	剪切力，N/m²
We	韦伯数，$We=\rho u^2 l/\sigma$	τ_{ij}	气泡接触时间，s
$\beta(f_v)$	子气泡分布函数	ω_k	气泡碰撞频率，1/(m³·s)
ε	湍流耗散率，m²/s³	下标	
ε_i	相含率	S	小气泡
ζ	分布器开孔率	L	大气泡
λ	液体涡长度，m	g	气相
μ_l	分子黏度，Pa·s	l	液相
$\mu_{t,m}$	湍流黏度，Pa·s	s	固相
ξ	液体涡长度与气泡直径比值	sl	浆液相
ρ	密度，kg/m³	m	混合相
σ	表面张力，N/m		

习　题

5-1　对于一个空气、液状石蜡和多孔硅基颗粒的三相流设备，试用不同的方法判断该设备属于三相流化床还是浆态床。表观液速为零，表观气速 0.4 m/s。液状石蜡密度 790 kg/m³，黏度 0.0029 Pa·s，表面张力 0.028 N/m。颗粒骨架密度 2100 kg/m³，孔隙体积 1.05 mL/g，颗粒粒径：10%＜27 μm、50%＜38 μm、90%＜47 μm。

5-2　某费-托合成浆态床反应器的操作条件为 260℃，操作压力为 3.0 MPa，表观气速为 0.2 m/s，气含率约为 0.45，气泡直径约为 5 mm，气相密度约为 10.36 kg/m³。液状石蜡密度为 600 kg/m³，表面张力为 0.022 N/m，黏度随温度的关联式为

$$\mu = 2.428\times10^4 e^{\frac{-T}{47.34}} + 1.5532$$

催化剂颗粒骨架密度为 4000 kg/m³，表观密度为 1200 kg/m³，催化剂颗粒在浆液相的体积分数为 10%。各反应组分摩尔浓度及物性见表 5-4。

表 5-4　费-托合成反应组分摩尔浓度及物性表

组分	摩尔浓度 c (气相)/(kmol/m³)	摩尔浓度 c (液相)/(kmol/m³)	扩散系数 $D\times10^9$/(m²/s)	亨利系数 H_i
H_2	0.3765	0.1245	33	2.964
CO	0.1046	0.03922	13	2.478
H_2O	0.04153	0.03819	22	1.147
CO_2	0.09172	0.03745	11	2.478

利用 Calderbank 和 Moo-Young 传质模型以及 Yates 和 Satterfield 反应动力学模型计算此费-托合成浆态床反应器的传质速率和反应速率。

5-3　表 5-5 为采用离散法求解气泡粒径分布所得模拟结果，以基于数量和基于体积两种方法分别绘制气泡直径概率密度分布图。

表 5-5　气泡粒径及体积分数

d_b/cm	0.19693	0.24664	0.31845	0.39025	0.47421	0.57916	0.71283	0.88516	1.07297
体积分数	0.000725	0.0029	0.0128	0.0196	0.0277	0.0363	0.0457	0.0597	0.0715

d_b/cm	1.27844	1.47287	1.66178	1.82859	2.01087	2.17768	2.32792	2.48368	2.63282
体积分数	0.0879	0.0891	0.0861	0.0715	0.072	0.0574	0.0452	0.0394	0.0319

续表

d_b/cm	2.78858	2.87696	3.0272	3.17744	3.29896	3.43815	3.56519	3.69886	3.80933
体积分数	0.0281	0.0139	0.02033	0.01665	0.01095	0..01031	0.00755	0.00632	0.0043
d_b/cm	3.95957	4.07005	4.21476	4.33186	4.46995	4.58705	4.73619	4.86986	4.98696
体积分数	0.00468	0.00293	0.00296	0.002216	0.002087	0.001502	0.001232	0.0008997	0.0007882

5-4　阐述浆态床反应器的模拟方法主要有哪几种，以及各自的特点和适用情况。
5-5　阐述双气泡轴向扩散反应器模型与单气泡轴向扩散反应器模型的主要区别。

参 考 文 献

[1] Fan L S. Special acknowledgments//Gas-Liquid-Solid Fluidization Engineering[M]. Stoneham: Butterworth Publishers, 1989.

[2] Ostergaard K. Advances in Chemical Engineering[M]. New York: Academic Press, 1968.

[3] Deckwer W D, Schumpe A. Transport phenomena in three-phase reactors with fluidized solids[J]. German Chemical Engineering, 1984, 7(3): 168-177.

[4] Epstein N. Three-phase fluidization: Some knowledge gaps[J]. The Canadian Journal of Chemical Engineering, 1981, 59(6): 649-657.

[5] Muroyama K, Fan L S. Fundamentals of gas-liquid-solid fluidization[J]. AIChE Journal, 1985, 31(1): 1-34.

[6] Tsutsumi A, Chen W, Kim Y H. Classification and characterization of hydrodynamic and transport behaviors of three-phase reactors[J]. Korean Journal of Chemical Engineering, 1999, 16(6): 709-720.

[7] Chen R C, Reese J, Fan L S. Flow structure in a 3-dimensional bubble-column and 3-phase fluidized-bed[J]. AIChE Journal, 1994, 40(7): 1093-1104.

[8] Ruthiya K C, Chilekar V P, Warnier M J F, et al. Detecting regime transitions in slurry bubble columns using pressure time series[J]. AIChE Journal, 2005, 51(7): 1951-1965.

[9] Zahradník J, Fialová M, Růžička M, et al. Duality of the gas-liquid flow regimes in bubble column reactors[J]. Chemical Engineering Science, 1997, 52(21-22): 3811-3826.

[10] Wang T F, Wang J F, Jin Y. Slurry reactors for gas-to-liquid processes: A review[J]. Industrial & Engineering Chemistry Research, 2007, 46(18): 5824-5847.

[11] Olmos E, Gentric C, Poncin S, et al. Description of flow regime transitions in bubble columns via laser Doppler anemometry signals processing[J]. Chemical Engineering Science, 2003, 58(9): 1731-1742.

[12] Kolbel H, Ralek M. The Fischer-Tropsch synthesis in the liquid-phase[J]. Catalysis Reviews-Science and Engineering, 1980, 21(2): 225-274.

[13] Saxena S C. Bubble-column reactors and fisher-tropsch synthesis[J]. Catalysis Reviews: Science and Engineering, 1995, 37(2): 227-309.

[14] Saxena S C, Sathiyamoorthy D, Sundaram C V. In Advances in Transport Process[M]. New Delhi: Wiley Estern, 1986.

[15] 刘升. 渣油悬浮床加氢裂化技术的工业化试验研究[D]. 北京: 中国石油大学, 2010.

[16] 浙江石化 4000 万吨/年炼化一体化项目核心设备: 3000 吨级浆态床渣油加氢反应器[Z]. http://www.pmweb.com.cn/news/1316.html. [2022-04-01].

[17] 刘旭, 刘淑杰, 段美娟, 等. 反应沉淀一体式矩形环流生物反应器处理屠宰废水[J]. 工业用水与废水, 2018, 49(4): 26-31.

[18] 石擎三. 用于微藻培养的鼓泡式光生物反应器混合流动性能的数值研究[D]. 武汉: 华中科技大学,

2018.

[19] 杨宁, 李雪梅, 王玉华, 等. 一种气升式环流光生物反应器: CN103374511A[P]. 2013-10-30.

[20] Li X, Yang N. Modeling the light distribution in airlift photobioreactors under simultaneous external and internal illumination using the two-flux model[J]. Chemical Engineering Science, 2013, 88(1): 16-22.

[21] 刘春朝, 徐玲, 王锋, 等. 一种光强在线调控的气升式光生物反应器: CN102352304A[P]. 2012-02-15.

[22] 毛成. 浮选柱内矿物浮选过程相间传输行为的数值模拟研究[D]. 长沙: 中南大学, 2014.

[23] Yang J H, Yang J I, Kim H J, et al. Two regime transitions to pseudo-homogeneous and heterogeneous bubble flow for various liquid viscosities[J]. Chemical Engineering and Processing: Process Intensification, 2010, 49(10): 1044-1050.

[24] Tyagi P, Buwa V V. Experimental characterization of dense gas-liquid flow in a bubble column using voidage probes[J]. Chemical Engineering Journal, 2017, 308: 912-928.

[25] Zhou Y, Dudukovic M P, Al-Dahhan M H, et al. Multiphase hydrodynamics and distribution characteristics in a monolith bed measured by optical fiber probe[J]. AIChE Journal, 2014, 60(2): 740-748.

[26] 韩玉环, 杨索和, 靳海波, 等. 气液固三相外环流反应器相含率分布与气液流动结构[J]. 过程工程学报, 2010, 10(5): 862-867.

[27] 王玉华. 鼓泡塔反应器内的气含率结构分析及模型计算[D]. 北京: 中国科学院大学, 2013.

[28] Besbes S, El Hajem M, Ben Aissia H, et al. PIV measurements and Eulerian-Lagrangian simulations of the unsteady gas-liquid flow in a needle sparger rectangular bubble column[J]. Chemical Engineering Science, 2015, 126: 560-572.

[29] Clift R, Grace J R, Weber M E. Bubble, Drops, and Particles[M]. New York: Dover Publications, 2005.

[30] Krishna R. A scale-up strategy for a commercial scale bubble column slurry reactor for Fischer-Tropsch synthesis[J]. Oil & Gas Science and Technology, 2000, 55(4): 359-393.

[31] Hills J H. Radial nonuniformity of velocity and voidage in a bubble column[J]. Transactions of the Institution of Chemical Engineers, 1974, 52(1): 1-9.

[32] Camarasa E, Vial C, Poncin S, et al. Influence of coalescence behaviour of the liquid and of gas sparging on hydrodynamics and bubble characteristics in a bubble column[J]. Chemical Engineering and Processing: Process Intensification, 1999, 38(4-6): 329-344.

[33] McClure D D, Kavanagh J M, Fletcher D F, et al. Development of a CFD model of bubble column bioreactors: Part one—A detailed experimental study[J]. Chemical Engineering & Technology, 2013, 36(12): 2065-2070.

[34] Han C, Guan X, Yang N. Structure evolution and demarcation of small and large bubbles in bubble columns[J]. Industrial & Engineering Chemistry Research, 2018, 57(25): 8529-8540.

[35] 张煜, 王丽军, 李希. 湍动浆态床流体力学研究(Ⅱ) 轴向浆料速度的径向分布[J]. 化工学报, 2008, 59(12): 3003-3009.

[36] Al-Mesfer M K, Sultan A J, Al-Dahhan M H. Study the effect of dense internals on the liquid velocity field and turbulent parameters in bubble column for Fischer-Tropsch (FT) synthesis by using Radioactive Particle Tracking (RPT) technique[J]. Chemical Engineering Science, 2017, 161: 228-248.

[37] Smith D N, Ruether J A. Dispersed solid dynamics in a slurry bubble column[J]. Chemical Engineering Science, 1985, 40(5): 741-754.

[38] Gao Y X, Gao X, Hong D, et al. Experimental investigation on multiscale hydrodynamics in a novel gas-liquid-solid three phase jet-loop reactor[J]. AIChE Journal, 2019, 65(5): 16537-1-16537-15.

[39] Kulkarni A V, Roy S S, Joshi J B. Pressure and flow distribution in pipe and ring spargers: Experimental measurements and CFD simulation[J]. Chemical Engineering Journal, 2007, 133(1-3): 173-186.

[40] 管小平, 李兆奇, 赵远方, 等. 气体分布方式对带列管内构件的鼓泡塔流动规律的影响[J]. 化工学报, 2014, 65(9): 3350-3356.

[41] Forret A, Schweitzer J M, Gauthier T, et al. Liquid dispersion in large diameter bubble columns, with and without internals[J]. The Canadian Journal of Chemical Engineering, 2003, 81(3-4): 360-366.

[42] Youssef A A, Al-Dahhan M H. Impact of internals on the gas holdup and bubble properties of a bubble column[J]. Industrial & Engineering Chemistry Research, 2009, 48(17): 8007-8013.

[43] 张煜, 卢佳, 王丽军, 等. 湍动浆态床流体力学研究(Ⅲ)垂直列管内构件的影响[J]. 化工学报, 2009, 60(5): 1135-1140.

[44] Tyagi P, Buwa V V. Dense gas-liquid-solid flow in a slurry bubble column: Measurements of dynamic characteristics, gas volume fraction and bubble size distribution[J]. Chemical Engineering Science, 2017, 173: 346-362.

[45] Li H, Prakash A. Heat transfer and hydrodynamics in a three-phase slurry bubble column[J]. Industrial & Engineering Chemistry Research, 1997, 36(11): 4688-4694.

[46] Rabha S, Schubert M, Hampel U. Intrinsic flow behavior in a slurry bubble column: A study on the effect of particle size[J]. Chemical Engineering Science, 2013, 93(1): 401-411.

[47] Kaptay G. On the equation of the maximum capillary pressure induced by solid particles to stabilize emulsions and foams and on the emulsion stability diagrams[J]. Colloids and Surfaces A: Physicochemical and Engineering Aspects, 2006, 282/283: 387-401.

[48] Ruzicka M C, Drahoš J, Mena P C, et al. Effect of viscosity on homogeneous-heterogeneous flow regime transition in bubble columns[J]. Chemical Engineering Journal, 2003, 96(1-3): 15-22.

[49] Wilkinson P M, von Dierendonck L L. Pressure and gas-density effects on bubble break-up and gas hold-up in bubble-columns[J]. Chemical Engineering Science, 1990, 45(8): 2309-2315.

[50] Yang N, Chen J H, Ge W, et al. A conceptual model for analyzing the stability condition and regime transition in bubble columns[J]. Chemical Engineering Science, 2010, 65(1): 517-526.

[51] Sehabiague L, Morsi B I. Hydrodynamic and mass transfer characteristics in a large-scale slurry bubble column reactor for gas mixtures in actual Fischer-Tropsch cuts[J]. International Journal of Chemical Reactor Engineering, 2013, 11(1): 83-102.

[52] Behkish A, Men Z W, Inga J R, et al. Mass transfer characteristics in a large-scale slurry bubble column reactor with organic liquid mixtures[J]. Chemical Engineering Science, 2002, 57(16): 3307-3324.

[53] Yates I C, Satterfield C N. Intrinsic kinetics of the Fischer-Tropsch synthesis on a cobalt catalyst[J]. Energy & Fuels, 1991, 5(1): 168-173.

[54] 蒋海华. 旋风分离器大涡数值模拟及分离性能研究[D]. 长沙: 中南大学, 2009.

[55] Shu S L, Zhang J C, Yang N. GPU-accelerated transient lattice Boltzmann simulation of bubble column reactors[J]. Chemical Engineering Science, 2020, 214: 115436.

[56] 是勋刚. 湍流[M]. 天津: 天津大学出版社, 1994.

[57] Tomiyama A, Hewitt G F, Delhaye J M. Struggle with computational bubble dynamics[J]. Multiphase Science and Technology, 1998, 10(4): 369-405.

[58] Ishii M, Zuber N. Drag coefficient and relative velocity in bubbly, droplet or particulate flows[J]. AIChE Journal, 1979, 25(5): 843-855.

[59] Krishna R, Urseanu M I, van Baten J M, et al. Rise velocity of a swarm of large gas bubbles in liquids[J]. Chemical Engineering Science, 1999, 54(2): 171-183.

[60] Tomiyama A, Kataoka I, Fukuda T. Drag coefficients of bubbles 2nd report, drag coefficients for a swarm of bubbles and its applicability to transient flow[J]. Transactions of the Japan Society of Mechanical Engineers Series B, 1995, 61(588): 2810-2817.

[61] 王铁峰. 气液(浆)反应器流体力学行为的实验研究和数值模拟[D]. 北京: 清华大学, 2004.

[62] Oey R S, Mudde R F, van den Akker H E A. Sensitivity study on interfacial closure laws in two-fluid bubbly flow simulations[J]. AIChE Journal, 2003, 49(7): 1621-1636.

[63] 蒋雪冬. 基于费托合成的气-液及气-液-固鼓泡塔流体力学特性分析[D]. 西安: 西安交通大学, 2015.

[64] Lucas D, Krepper E, Prasser H M. Use of models for lift, wall and turbulent dispersion forces acting on bubbles for poly-disperse flows[J]. Chemical Engineering Science, 2007, 62(15): 4146-4157.

[65] Hulburt H M, Katz S. Some problems in particle technology: A statistical mechanical formulation[J]. Chemical Engineering Science, 1964, 19(8): 555-574.

[66] Ramkrishna D. Population balances: Theory and applications to particulate systems in engineering[M]. New York: Academic Press, 2000.

[67] Prince M J, Blanch H W. Bubble coalescence and break-up in air-sparged bubble-columns[J]. AIChE Journal, 1990, 36(10): 1485-1499.

[68] Luo H. Coalescence, breakup and liquid circulation in bubble column reactors[R]. The Norwegian Institute of Technology, 1993: 1-206.

[69] Liao Y, Lucas D. A literature review on mechanisms and models for the coalescence process of fluid particles[J]. Chemical Engineering Science, 2010, 65(10): 2851-2864.

[70] Liao Y, Lucas D. A literature review of theoretical models for the drop and bubble breakup in turbulent dispersions[J]. Chemical Engineering Science, 2009, 64(15): 3389-3406.

[71] Luo H A, Svendsen H F. Theoretical model for drop and bubble breakup in turbulent dispersions[J]. AIChE Journal, 1996, 42(5): 1225-1233.

[72] Lehr F, Millies M, Mewes D. Bubble-size distributions and flow fields in bubble columns[J]. AIChE Journal, 2002, 48(11): 2426-2443.

[73] Sanyal J, Marchisio D L, Fox R O, et al. On the comparison between population balance models for CFD simulation of bubble columns[J]. Industrial & Engineering Chemistry Research, 2005, 44(14): 5063-5072.

[74] Jiang X D, Yang N, Zhu J H, et al. On the single and two-bubble class models for bubble column reactors[J]. Chemical Engineering Science, 2015, 123(1): 514-526.

[75] de Swart J W A, Krishna R. Simulation of the transient and steady state behaviour of a bubble column slurry reactor for Fischer-Tropsch synthesis[J]. Chemical Engineering and Processing: Process Intensification, 2002, 41(1): 35-47.

[76] Maretto C, Krishna R. Modelling of a bubble column slurry reactor for Fischer-Tropsch synthesis[J]. Catalysis Today, 1999, 52(2-3): 279-289.

[77] 李静海. 颗粒流体两相流多尺度方法和能量最小模型[D]. 北京: 中国科学院化工冶金研究所, 1987.

[78] Ge W, Li J H. Physical mapping of fluidization regimes: The EMMS approach[J]. Chemical Engineering Science, 2002, 57(18): 3993-4004.

[79] Yang N, Wang W, Ge W, et al. CFD simulation of concurrent-up gas-solid flow in circulating fluidized beds with structure-dependent drag coefficient[J]. Chemical Engineering Journal, 2003, 96(1-3): 71-80.

[80] Yang N, Wang W, Ge W, et al. Simulation of heterogeneous structure in a circulating fluidized-bed riser by combining the two-fluid model with the EMMS approach[J]. Industrial & Engineering Chemistry Research, 2004, 43(18): 5548-5561.

[81] 赵辉. 气液(浆)反应器的多尺度模拟[D]. 北京: 中国科学院过程工程研究所, 2006.

[82] Yang N, Chen J H, Zhao H, et al. Explorations on the multi-scale flow structure and stability condition in bubble columns[J]. Chemical Engineering Science, 2007, 62(24): 6978-6991.

[83] Liu M Y, Li J H, Kwauk M S. Application of the energy-minimization multi-scale method to gas-liquid-solid fluidized beds[J]. Chemical Engineering Science, 2001, 56(24): 6805-6812.

[84] Jin G D. Multi-scale modeling of gas-liquid-solid three-phase fluidized beds using the EMMS method[J]. Chemical Engineering Journal, 2006, 117(1): 1-11.

[85] Zhou R T, Yang N, Li J H. CFD simulation of gas-liquid-solid flow in slurry bubble columns with EMMS drag model[J]. Powder Technology, 2017, 314: 466-479.

[86] Zhou R T, Yang N, Li J H. A conceptual model for analyzing particle effects on gas-liquid flows in slurry bubble columns[J]. Powder Technology, 2020, 365: 28-38.

[87] Yang N, Xiao Q. A mesoscale approach for population balance modeling of bubble size distribution in bubble column reactors[J]. Chemical Engineering Science, 2017, 170(1): 241-250.

[88] An M, Guan X P, Yang N. Modeling the effects of solid particles in CFD-PBM simulation of slurry bubble columns[J]. Chemical Engineering Science, 2020, 223: 115743.

[89] 中国科学院. 中国学科发展战略: 流体动力学[M]. 北京: 科学出版社, 2014.

[90] Sato Y, Sadatomi M, Sekoguchi K. Momentum and heat-transfer in 2-phase bubble flow. 1. Theory[J]. International Journal of Multiphase Flow, 1981, 7(2): 167-177.

[91] Kataoka I, Serizawa A. Basic equations of turbulence in gas-liquid 2-phase flow[J]. International Journal of Multiphase Flow, 1989, 15(5): 843-855.

[92] Troshko A A, Hassan Y A. A two-equation turbulence model of turbulent bubbly flows[J]. International Journal of Multiphase Flow, 2001, 27(11): 1965-2000.

[93] Rzehak R, Krepper E. CFD modeling of bubble-induced turbulence[J]. International Journal of Multiphase Flow, 2013, 55: 138-155.

[94] Ma T, Santarelli C, Ziegenhein T, et al. Direct numerical simulation-based Reynolds-averaged closure for bubble-induced turbulence[J]. Physical Review Fluids, 2017, 2(3): 034301.

[95] Liao Y X, Ma T, Krepper E, et al. Application of a novel model for bubble-induced turbulence to bubbly flows in containers and vertical pipes[J]. Chemical Engineering Science, 2019, 202: 55-69.

[96] Parekh J, Rzehak R. Euler-Euler multiphase CFD-simulation with full Reynolds stress model and anisotropic bubble-induced turbulence[J]. International Journal of Multiphase Flow, 2018, 99: 231-245.

[97] Chahed J, Roig V, Masbernat L. Eulerian-Eulerian two-fluid model for turbulent gas-liquid bubbly flows[J]. International Journal of Multiphase Flow, 2003, 29(1): 23-49.

[98] Lopez de Bertodano M , Lahey R T Jr, Jones O C. Development of a k-ε model for bubbly two-phase flow[J]. Journal of Fluids Engineering 1994, 116(1): 128-134.

[99] Guan X P, Li Z Q, Wang L J, et al. A dual-scale turbulence model for gas-liquid bubbly flows[J]. Chinese Journal of Chemical Engineering, 2015, 23(11): 1737-1745.

[100] Bellakhal G, Chaibina F, Chahed J. Assessment of turbulence models for bubbly flows: Toward a five: Equation turbulence model[J]. Chemical Engineering Science, 2020, 220: 115425.

第6章

气固微型流态化

微型流化床(micro fluidized bed，MFB)通常是指直径在几毫米至数厘米的流化床，也被称为微小(mini)、小型(small scale)或毫米级(milimeter scale)流化床，其历史可追溯到1979年甚至更早。Tyler[1]和 Zhang 等[2]早期使用小型流化床研究煤的热解和气化反应特性，但并没有将所使用的小型流化床作为一种特殊反应器进行研究。直到 2005 年 Potic 等[3]和许光文[4]分别将微型流化床的概念引入液固和气固流态化系统。同微通道反应器、微型混合器、微型换热器、微型分离器等微系统一样，微型流化床由于体积小、质量轻、传质和传热速率高、混合效果好、操作安全方便、成本低等优势，在过程工业领域具有广泛的应用前景。特别是对于复杂化学反应和强放热反应体系，微型流化床在化学反应性能评价、催化剂筛选、高附加值化学品生产等方面具有很大的优势和应用前景。

微型流态化主要包括气固、液固和气液固三种多相体系。本章介绍气固微型流态化的流体力学性能和应用等内容，液固和气液固微型流态化的相关知识将在第 7 章介绍。

6.1 气固微型流化床的流体力学特性

6.1.1 床层压降与壁面效应

图 6-1 为通过增加和减小气体速度测得的微型流化床压降随表观气速的变化关系[5]。

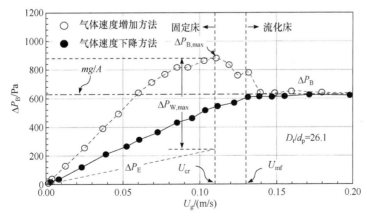

图 6-1 气固微型流化床床层压降随气体速度的变化关系(D_t=12 mm，d_p=460.6 μm，H_s=50 mm)[5]

结果显示，在微型流化床中壁面效应非常明显。首先，在固定床状态下，通过增加表观气速测得的压降显著高于减小气体速度测得的压降，说明当颗粒初始处于静止堆积的状态时，颗粒与壁面之间的摩擦力导致压力损失增加。研究表明，在固定床状态下，特别是低雷诺数黏性流动条件下，床层压降随 D_t/d_p 减小而增加[6-8]。在表观气速下降的模式下，颗粒间以及颗粒与壁面的接触已处于较为松动的状态，因此气体流过时的压力损失减小。当表观气速增加到接近流化状态时，为了冲破颗粒与壁面之间的摩擦力，压力损失突然增大，发生"压降过冲"现象，即 $\Delta P_{B,max}$ 远大于稳定流化状态下的压降 ΔP_S。压降过冲是气体需要额外的能量克服壁面摩擦力而引起的。在表观气速下降模式下，压降过冲现象不明显，因为颗粒在表观气速下降前已完全松动。

　　为了定量描述壁面效应，Loezos 等[8]引入压降过冲指标 $\Delta P_S A_B/mg-1$。当床层颗粒的质量与流经床层的气体压降相同即没有压降过冲现象时，该指标为 0。当该指标大于 0 时，说明流经床层的气体压降大于床层颗粒的质量，即存在压降过冲现象。根据文献[5,8-10]数据，压降过冲程度随 D_t/d_p 的变化关系示于图 6-2。可见，压降过冲程度在 D_t/d_p 较小时达到 10%~70%。随着 D_t/d_p 的增加，压降过冲程度减小。当 D_t/d_p 大致>200 后，压降过冲程度小于 10%。

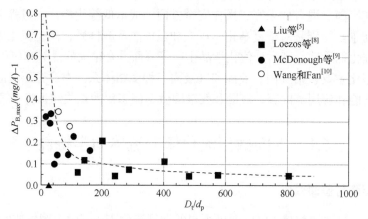

图 6-2　气固微型流化床床层压降过冲程度与 D_t/d_p 的变化关系

　　由图 6-1 可见，对于床层与颗粒直径比 D_t/d_p 较小的固定床，实验测得的床层压降显著高于 Ergun 公式的计算值[6-7]。如果没有明显的壁面效应，在完全流化状态下床层压降 ΔP_B 应等于床层单位截面积的物料重量 $\{mg/A_B$ 或 $[\rho_p(1-\varepsilon)+\rho_f\varepsilon]Hg\}$，同时应等于或非常接近 Ergun 方程的计算值 ΔP_E。然而对于微型流化床，由图 6-1 可见，ΔP_B 远大于 ΔP_E，说明床层颗粒的重量由气体阻力 ΔP_E 和壁面摩擦力 ΔP_W 共同支撑。为了定量表征气固两相全流动范围内壁面效应对床层压降的影响，Liu 等[5]引入参数 $\Delta P_W/V_B$，即单位床层体积承受的壁面摩擦压降：

$$\frac{\Delta P_W}{V_B}=\frac{\Delta P_B-\Delta P_E}{\frac{\pi}{4}D_t^2 H_B}=\frac{\Delta P_B/H_B-\Delta P_E/H_B}{\frac{\pi}{4}D_t^2} \tag{6-1}$$

　　分析表明，当床层直径、静态床高和使用颗粒一定时，随着气体速度增加，$\Delta P_W/V_B$

随之增加，在达到一个最大值后逐渐下降，最终接近常数。当 MFB 的内径大于 20 mm 时，$\Delta P_W/V_B$ 变化不大，说明对于直径大于 20 mm 的微型流化床壁面效应较小。当床层直径小于 20 mm 时，随着床层直径减小，单位床层体积内颗粒和壁面之间的接触面积增加，壁面效应不断增强。根据文献报道的实验数据，$\Delta P_{W,max}/V_B$ 和 D_t/d_p 的变化关系示于图 6-3。由图 6-3 可见，虽然由于床高、颗粒特性的不同，不同研究者所得数据存在一定的差别，但随着 D_t/d_p 比值减小，$\Delta P_{W,max}/V_B$ 呈增大的趋势。对于 B 类颗粒，当 D_t/d_p 比值约大于 150 时，$\Delta P_{W,max}/V_B$ 接近为零，并且与 D_t/d_p 关系不大。

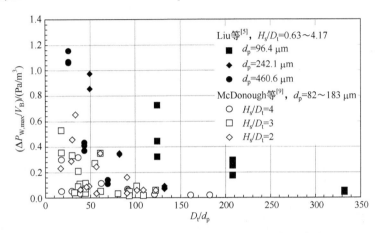

图 6-3　壁面效应指标$\Delta P_{W,max}/V_B$随 D_t/d_p 的变化关系

　　值得指出的是，宏观和微型流态化之间的过渡可能还与颗粒密度等因素有关。例如，Vanni 等[11]和 Ansart 等[12]在直径为 20～50 mm 由玻璃和钢加工的流化床中研究了高密度钨粉(颗粒密度 19300 kg/m³，颗粒直径 70 μm)的流态化行为。结果表明，对直径小于 20 mm 的流化床(对应的 D_t/d_p 为 285.7)，床层壁面效应明显。这个临界 D_t/d_p 显然大于上述的 150。因此，未来还需要不断研究其他因素对宏观和微型流态化之间过渡的影响。

6.1.2　最小流化速度

　　与宏观流化床相同，微型流化床最小流化速度 U_{mf} 可以由固定床压降线与完全流态化水平线的交叉点对应的气体速度来确定。用此方法，Liu 等[5]实验测得了不同颗粒在不同床径和不同静态床高条件下的最小流化速度。结果表明，当$D_t<20$ mm 时，床径减小时最小流化速度升高，即微型流化床具有最小流化延迟的现象。当$D_t>20$ mm 时，床径和静态床高对最小流化速度的影响很小。实验结果与 Rao 等[13]、DiFelice 和 Gibilaro[7]、Ansart 等[12]报道的实验现象一致，也符合 Xu 等[14]的数值模拟结果。Guo 等[15]和 Prajapati 等[16]发现，U_{mf} 随颗粒粒径增大而增大，说明气体特性(如密度和黏度)和颗粒特性(如直径和密度)对 U_{mf} 有一定的影响[11-12,15-16]。

　　根据文献报道的实验数据[5,9,11,15-18]，U_{mf} 与 D_t/d_p 的变化关系示于图 6-4。由图可见，对 Geldart A 类和 Geldart B 类颗粒，当 D_t/d_p 值小于约 150 时，U_{mf} 开始随着 D_t/d_p 减小而

明显增大。当 $D_t/d_p > 150$，U_{mf} 接近常数。因此，从壁面效应导致流化延迟的角度，可以认为 $D_t/d_p = 150$ 为宏观和微型流化床之间的转折点，这与从图 6-3 所得的结论一致。从图 6-4 可以进一步看出，对 Geldart A 类颗粒和 Geldart B 类颗粒，当 D_t/d_p 的比值分别接近 25 和 10 左右时，U_{mf} 急剧升高，说明在此条件下颗粒在床内受到壁面的强大摩擦阻力而难以流动("颗粒卡死"现象)。这与 McDonough 等[9]和 Potic 等[3]的观察结论接近或一致。因此，就壁面效应对 U_{mf} 的影响而言，对 Geldart A 类颗粒和 Geldart B 类颗粒，D_t/d_p 值分别为 25~150 和 10~150 时可以定义为微型流化床。

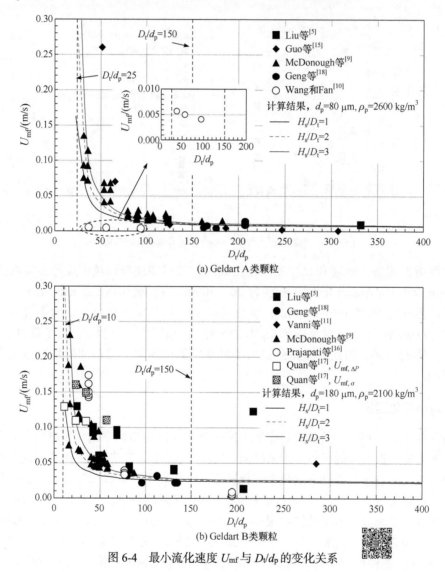

图 6-4   最小流化速度 U_{mf} 与 D_t/d_p 的变化关系

此外，图 6-4(a)表明，在微通道流化床中[10]，U_{mf} 也随 D_t/d_p 的减小而增大，但即使在相同的 D_t/d_p 下，其值也远小于微型流化床的 U_{mf}。这说明微通道流化床和微型流化床的气固流动特性存在很大差异，未来仍需要进一步研究。

由于壁面效应的影响，通常适用于宏观流化床的最小流化速度关联式显然不适合微型流化床。Rao 等[13]通过引入詹森(Janssen)摩擦系数(颗粒施加于壁面正应力与垂直法应力的比率)对 Ergun 公式进行修正，得

$$K_1 Re_{mf}^2 + K_2 Re = K_3 \tag{6-2}$$

其中

$$K_1 = 1.75 \frac{1-\varepsilon_{mf}}{\varepsilon_{mf}^3} - 120.4 \tan\varphi \left(\frac{\phi d_p}{D_t} \right) \left(\frac{H_s}{D_t} \right)$$

$$K_2 = 150 \frac{\left(1-\varepsilon_{mf}\right)^2}{\varepsilon_{mf}^3} - 2440 \tan\varphi \left(\frac{\phi d_p}{D_t} \right) \left(\frac{H_s}{D_t} \right)$$

$$K_3 = \left(1-\varepsilon_{mf}\right) Ar$$

式(6-2)中除了气体和颗粒物性外，还包含 $\phi d_p/D_t$ 和 H_s/D_t 对最小流化速度的影响。通过对实验数据的计算验证，发现除细颗粒(<100 μm)外，计算结果和实验结果吻合良好。但是，式(6-2)需要知道颗粒和壁面的内摩擦角 φ，而该数据通常用颗粒流变仪测量，因而在某些情况下不易获得，所以可能会限制式(6-2)的使用。

Guo 等[15]发现，对于微型流化床，最小流化速度随着床内径的减小呈指数规律增长。因此，在适用宏观流化床 Leva 公式的基础上，得到计算微型流化床 U_{mf} 的经验公式：

$$U_{mf} = \left[\frac{H_s}{d_p} e^{-6.312+242.272/\left(D_t/d_p\right)} + 1 \right] \frac{7.169 \times 10^4 \times d_p^{1.82} \left(\rho_p - \rho_g\right)^{0.94} g}{\rho_p^{0.06} \mu^{0.88}} \tag{6-3}$$

值得指出的是，式(6-3)是根据 Guo 等[15]的数据得到的，对其实验数据具有很好的适用性。但 Vanni 等[11]发现，对高密度颗粒尤其是直径较小的微型流化床，式(6-3)计算结果与实验数据偏差较大。因此，在计算微型流化床最小流化速度时，需要考虑有关关联式的适用性。

为了建立一个适用性广、使用方便并且能够预测 D_t/d_p 和 H_s/D_t 等因素对 U_{mf} 影响的关联式，将 Ergun 公式表示为

$$\frac{\Delta P_E}{H} = A_E \frac{\left(1-\varepsilon\right)^2}{\varepsilon^3} \frac{\mu_g U_g}{\phi^2 d_p^2} + B_E \frac{\left(1-\varepsilon\right)}{\varepsilon^3} \frac{\rho_g U_g^2}{\phi d_p} \tag{6-4}$$

显然，如果 A_E=150，B_E=1.75，则式(6-4)即为 Ergun 公式。对 D_t/d_p 比值为 1.1～50.5 的微型固定床，Cheng[6]通过对大量实验数据的分析得到以下 A_E 和 B_E 的关联式：

$$A_E = 185 + 17 \frac{\varepsilon}{1-\varepsilon} \left(\frac{D_t/d_p}{D_t/d_p - 1} \right)^2 \qquad B_E = 1.3 \left(\frac{\varepsilon}{1-\varepsilon} \right)^{1/3} + 0.03 \left(\frac{D_t/d_p}{D_t/d_p - 1} \right)^2 \tag{6-5}$$

式(6-5)适用的 D_t/d_p 范围和微型流化床壁面效应明显的区域一致。在最小流化状态条件下的压力平衡可以表述为

$$A_E \frac{(1-\varepsilon_{mf})^2}{\varepsilon_{mf}^3} \frac{\mu_g U_{mf}}{\phi^2 d_p^2} + B_E \frac{(1-\varepsilon_{mf})}{\varepsilon_{mf}^3} \frac{\rho_g U_{mf}^2}{\phi d_p} = (\rho_p - \rho_g) g (1-\varepsilon_{mf}) \tag{6-6}$$

式(6-6)两边乘以 $\rho_g (\phi d_p)^3 / \mu_g$，并整理得

$$A_E \frac{1-\varepsilon_{mf}}{\varepsilon_{mf}^3} Re_{mf} + B_E \frac{1}{\varepsilon_{mf}^3} Re_{mf}^2 = Ar \tag{6-7}$$

对式(6-7)求解，得到最小流化速度 U_{mf} 的表达式为[19]

$$U_{mf} = Re_{mf} \frac{\mu_g}{\rho_g \phi d_p}$$

$$= \frac{\mu_g}{\rho_g \phi d_p} \left[\frac{-A_E \frac{1-\varepsilon_{mf}}{\varepsilon_{mf}^3} + \sqrt{\left(A_E \frac{1-\varepsilon_{mf}}{\varepsilon_{mf}^3}\right)^2 + 4 Ar B_E \frac{1}{\varepsilon_{mf}^3}}}{2 B_E \frac{1}{\varepsilon_{mf}^3}} \right] \tag{6-8}$$

利用式(6-8)的计算结果和文献报道的实验结果的平均误差在 30%以内。考虑到各研究者的实验条件不同，实验数据较为分散，式(6-8)的计算结果比较令人满意。

基于式(6-8)计算了在 $H_s/D_t=1$、2 和 3 时，U_{mf} 随 D_t/d_p 比值的变化，其结果示于图 6-4。可见式(6-8)能够很好地预测 U_{mf} 随 D_t/d_p 和 H_s/D_t 比值的变化规律，尤其是在较高 D_t/d_p 比值下，U_{mf} 变化很小，而当 D_t/d_p 减小到小于 50 后，U_{mf} 随 D_t/d_p 减小而明显升高，并且在 D_t/d_p 趋于 25(A 类颗粒)和 10(B 类颗粒)时，U_{mf} 急速增大。这些预测结果均与实验现象吻合。

为了进一步展示 D_t/d_p 和 H_s/D_t 比值对最小流化速度的影响，图 6-5 给出在不同 D_t/d_p 和 H_s/D_t 比值下，A 类颗粒和 B 类颗粒所对应的无量纲速度 $U^*(=Re/Ar^{1/3})$ 和无量纲颗粒直

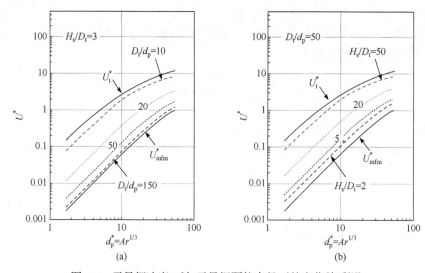

图 6-5   无量纲速度 U^* 与无量纲颗粒直径 d_p^* 的变化关系[19]

径 d_p^* $(=Ar^{1/3})$ 的变化关系。图中 U_{mfm}^* 为宏观流化床的无量纲最小流化速度，通过 Wen 和 Yu 公式[20]计算：

$$Re_{mf} = \sqrt{33.7^2 + 0.0408 Ar} - 33.7$$

$$U_{mfm}^* = \frac{\sqrt{33.7^2 + 0.0408\left(d_p^*\right)^3} - 33.7}{d_p^*} \tag{6-9}$$

U_t^* 为依据 Haider 和 Levenspiel 公式[21]计算的无量纲颗粒终端速度$(0.5 < \phi < 1)$：

$$U_t^* = \left[\frac{18}{\left(d_p^*\right)^2} + \frac{2.335 - 1.744\phi}{\left(d_p^*\right)^{0.5}} \right]^{-1} \tag{6-10}$$

在图 6-5(a)中，H_s/D_t 设定为 3，D_t/d_p 从 10 变化到 150，而在图 6-5(b)中，H_s/D_t 从 2 增加到 50，D_t/d_p 为常数 50。结果表明，当 $D_t/d_p > 150$ 时，U_{mf}^* 随 D_t/d_p 和 H_s/D_t 变化很小，且 U_{mf}^* 值与 U_{mfm}^* 非常接近。当 D_t/d_p 小于 150 时，U_{mf}^* 随着 D_t/d_p 的减小而增加。当 D_t/d_p 分别接近 10(对 B 类颗粒)和 25(对 A 类颗粒)时，对应的 U_{mf}^* 接近无量纲颗粒终端速度 U_t^*。进一步减小 D_t/d_p，式(6-8)的解为负值，说明在此情况下实现流态化是不可能的。由图 6-5(b)可见，当 D_t/d_p=150 时，U_{mf}^* 随 H_s/D_t 增加而增大，而当 H_s/D_t 增大到接近 50 时，颗粒层太高导致壁面效应极大，如果要达到流化状态，气体速度就必须超过颗粒终端速度。可见，由于壁面效应的作用，在太高的 H_s/D_t 和过低的 D_t/d_p 情况下，稳定的密相流态化均难以实现。因此，从微型流化床实际操作的角度，微型流化床操作区域可以定义为 D_t/d_p=10~150(对 B 类颗粒)或 D_t/d_p=20~150(对 A 类颗粒)和 H_s/D_t=2~4。

6.1.3　最小流化状态下的床层空隙率

在最小流化状态下，床层空隙率可以通过气速下行实验确定：

$$\varepsilon_{mf} = 1 - \frac{\Delta P_B}{\rho_g g H_{mf}} = 1 - \frac{m}{A H_{mf} \rho_g} \tag{6-11}$$

对于微型流化床，壁面效应影响其在最小流化状态下的空隙率。如图 6-1 所示，在气速下行过程中，壁面摩擦阻止颗粒沉降，所以在处于稳定状态时颗粒间的空隙必然较大。由于壁面效应随着床层直径减小而不断增强，因此床层固体体积分数$(\varepsilon_{s,mf}=1-\varepsilon_{mf})$会随着床直径的减小而减小，如图 6-6 所示。根据图 6-6 中的数据[9,12,15,17,22-23]，在最小流化状态下的颗粒体积分数可以通过以下两个经验关联式表示[19]：

A 类颗粒：　　$$\varepsilon_{s,mf} = 0.5851 - 10.906\left(\frac{H_s}{D_t}\right)^{0.275}\left[\exp\left(\frac{1}{D_t/d_p}\right) - 1\right] \tag{6-12}$$

B 类颗粒：
$$\varepsilon_{\mathrm{s,mf}} = 0.5963 - 6.057\left(\frac{H_\mathrm{s}}{D_\mathrm{t}}\right)^{0.577}\left[\exp\left(\frac{0.457}{D_\mathrm{t}/d_\mathrm{p}}\right)-1\right] \tag{6-13}$$

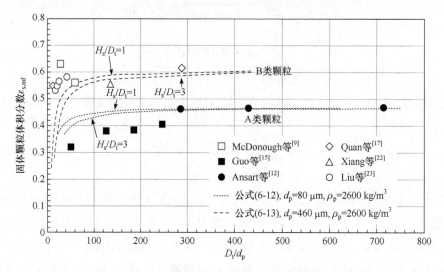

图 6-6   颗粒体积分数随 $D_\mathrm{t}/d_\mathrm{p}$ 的变化

上述两个关联式适用的 $D_\mathrm{t}/d_\mathrm{p}$ 范围分别为 11～288 和 51～714，与实验值的平均误差分别为 11.3%和 13.9%。图 6-6 中给出了利用公式(6-12)和公式(6-13)对两种典型颗粒的计算结果。可以看出，上述两个方程对 A 类颗粒和 B 类颗粒的 $\varepsilon_{\mathrm{s,mf}}$ 与 $D_\mathrm{t}/d_\mathrm{p}$ 的变化趋势与实验现象相近。当 $D_\mathrm{t}/d_\mathrm{p}$ 约大于 150 后，$\varepsilon_{\mathrm{s,mf}}$ 趋近于 0.45～0.55，与常规流化床中所获取的结果相吻合[21,24]。有趣的是，对 A 和 B 两类颗粒，当 $D_\mathrm{t}/d_\mathrm{p}$ 分别减小到 25 和 10 时，所计算的固体体积分数值会迅速降低，低于 0.2～0.3 甚至为负值，这对处于最小流态化状态下的流化床是不现实的。因此，这种情况意味着对于这样小的 $D_\mathrm{t}/d_\mathrm{p}$，密相流态化状态将不可能实现。

图 6-6 清楚地显示，B 类颗粒在最小流化时固体体积分数高于 A 类颗粒，主要原因是 $\varepsilon_{\mathrm{s,mf}}$ 是通过床层沉降(气速下降)方法测得的，当颗粒床层向下沉降时，壁面作用力向上支撑颗粒，抑制其沉降，因此相对于 B 类颗粒，A 类颗粒的壁面效应强，颗粒间的黏附力大，床层沉降抑制作用强，床层较为疏松，即空隙率较大或者颗粒体积浓度较低。此外，对于 A 类颗粒，较高的颗粒黏附特性及较强的壁面作用力，促使气体流经颗粒床层时，更多的气体被迫在床层中心区域流动，在床层界面形成一个典型的"环-核流动"结构，即在床层壁面区颗粒浓度较高，在床层中心区域颗粒浓度较低。由于颗粒浓度和气体速度的不均匀分布，其平均的颗粒浓度较低。相反，B 类颗粒的流化床具有更均匀的气体径向分布，导致固体的径向分布更加均匀，其截面平均的颗粒体积分率也较高。

6.1.4　最小鼓泡流化速度

与 A 类颗粒的大型流化床类似，在微型流化床中，当表观气速超过最小鼓泡流化

速度 U_{mb} 时，在床层底部气泡开始形成，然后在上升过程中不断长大。原则上，U_{mb} 可以通过目视观察在床内出现的第一个气泡来确定。这种传统方法一方面相当主观，另一方面在很多情况下对微型流化床来说不可行。基于这个原因，Liu 等[5]认为，当床层中出现气泡时，气泡的长大、破碎和流动造成床层压降波动增大，因此可以通过床层压力波动从零开始增长的点所对应的气体速度来确定最小鼓泡流化速度。通过这种方法，Liu 等[5]获得了三种颗粒在不同直径的微型流化床中的最小鼓泡流化速度。结果表明，对于直径大于 20 mm 的微型流化床，U_{mb} 几乎完全独立于 D_t。当 D_t<20 mm 时，U_{mb} 随着 D_t 的减小而增加。在相同床层直径下，U_{mb} 随着颗粒直径的增大和静态床高的增加而增大。Quan 等[17]也发现，当 D_t<20 mm 时，U_{mb} 随着 D_t 的减小而呈指数规律增大。

图 6-7 所示为根据文献[5,9-11,17]结果整理的最小鼓泡流化速度随 D_t/d_p 的变化关系。可见，最小鼓泡流化速度 U_{mb} 随 D_t/d_p 的增大而减小，当 D_t/d_p>150 后，U_{mb} 趋于常数。因此，微型流化床由于壁面效应具有明显的"鼓泡延迟"现象。此外，在微通道流化床中[10]，虽然 U_{mb} 也随 D_t/d_p 的减小而增大，但即使在相同的 D_t/d_p 下，其值远小于微型流化床的 U_{mb}。这再次说明微通道流化床和微型流化床的气固流动特性存在很大差异，未来仍需要进一步研究。

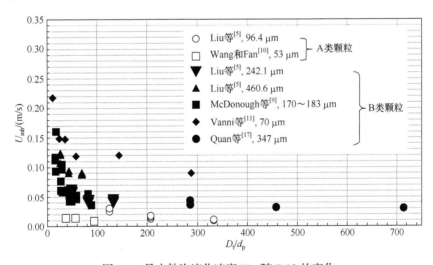

图 6-7　最小鼓泡流化速度 U_{mb} 随 D_t/d_p 的变化

在大型流化床中，对于 B 类颗粒，当床层达到或稍微超过最小流化时，气泡开始形成，即 U_{mb} 接近或等于 U_{mf}($U_{mb}/U_{mf} \approx 1$)；而对于 A 类颗粒，气泡出现时气体速度明显高于最小流化速度(U_{mb}/U_{mf}>1)，即在最小流化和鼓泡流化状态之间存在一个明显的散式流态化。对于微型流化床，这个现象由于壁面效应可能发生变化。Liu 等[5]和 McDonough 等[9]发现某些 B 类颗粒的 U_{mb} 小于 U_{mf}，即 U_{mb}/U_{mf}<1，如图 6-8 所示。显然，这与常规宏观流态化现象不同，反映出由于壁面效应，微型流化床具有其独特的流态化特征。事实上，McDonough 等[9]使用高速摄像机观察 B 类颗粒的床层压降在最小流态化气速之前

就略有波动。一方面，在床壁面和气体分步器附近可以观察到气泡的形成。另一方面，有些 B 类颗粒却表现出通常 A 类颗粒的流化现象，即在最小流化和鼓泡流化之间存在一个很小的散式流化区域($U_{mb}/U_{mf}>1$)。显然，由于壁面效应，微型流化床在许多方面与宏观流化床相比，具有明显不同的流化特征。

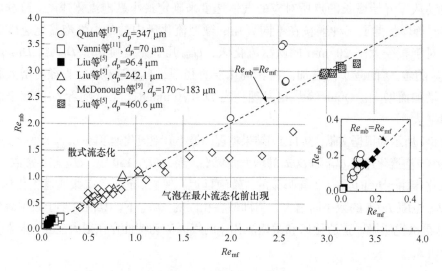

图 6-8 Re_{mb} 与 Re_{mf} 的关系

将 U_{mb} 与其对应的 U_{mf} 进行关联，可见 U_{mf} 随 U_{mb} 增大而增大。当 U_{mf} 大于 0.1 m/s 后，U_{mb} 增加缓慢。分析表明，U_{mb} 和 U_{mf} 的关系可以用以下方程式表示[19]。对 69 个数据点，式(6-14)的相关系数为 0.96，平均绝对误差为 10.9%。

$$\frac{U_{mb}}{U_{mf}}=1.099-5.21\left(\frac{H_s}{D_t}\right)^{0.44}\left(\frac{0.7}{\mathrm{e}^{\frac{0.7}{D_t/d_p}}-1}\right) \tag{6-14}$$

6.1.5   最小节涌流态化速度

通常定义气泡尺寸与床层直径大小相当($d_b\approx D_t$)或 $d_b=0.66D_t$ 时对应的气体速度为最小节涌流态化速度 U_{ms}。U_{ms} 可以由床压降波动的主频率 F_d 随表观气速变化关系确定。在固定床和散式流态化状态下，由于没有气泡，床压降稳定，F_d 接近 0。在鼓泡流化床中，随表观气速增加，气泡生成速度和上升速度增大，床压降波动主频率增大。当节涌发生时，F_d 达到最大值。此后，随着气体速度进一步增大，F_d 变化平稳或逐渐下降，直至床层进入湍动流化状态。图 6-9 为实验测得的不同直径流化床压降波动主频率随气体速度的变化关系。由图 6-9 可见，在微型流化床中，对于 B 类颗粒，气固流化从固定床经过散式流化进入鼓泡流化，而对于大直径流化床，散式流化状态不存在，并且鼓泡流化区域很小，床层在到达流化状态后很快转变为节涌流化。

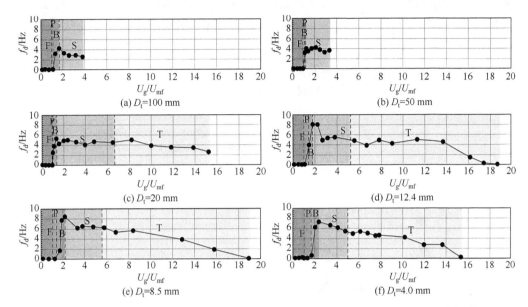

图 6-9　不同直径流化床的压力波动主频率随气体速度的变化[17]

玻璃珠颗粒密度 2475 kg/m³, 平均直径 347 μm; F. 固定床; P. 散式流态化;

B. 鼓泡流态化; S. 节涌流态化; T. 湍动流态化

起始节涌流化速度和 D_t/d_p 的关系示于图 6-10。由图可见，当 D_t/d_p 小于约 50 时，U_{ms} 随着 D_t/d_p 减小而增大。当 D_t/d_p 大于约 50 时，U_{ms} 基本保持稳定，不随 D_t/d_p 变化而变化。对大直径流化床(直径 50 mm 和 100 mm)，U_{ms} 随床层直径增大而增大，符合宏观流化床 U_{ms} 的变化规律。

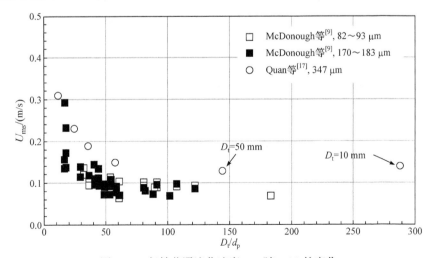

图 6-10　起始节涌流化速度 U_{ms} 随 D_t/d_p 的变化

图 6-11 所示为 Re_{ms}/Re_{mf} 与 Re_{mf} 的变化关系。其中，由于 Quan 等[17]用床层压降和压降波动两种方法确定的 U_{mf} 数据不同，因此根据两组不同 U_{mf} 分别计算了 Re_{mf} 和 Re_{ms}/Re_{mf}。可见，除 Quan 等[17]用床层压降确定的(直径大于 12.4 mm)数据外，Re_{ms}/Re_{mf}

随着 Re_{mf} 的增加而减小。当 Re_{mf} 大于约 2.0 后，Re_{ms}/Re_{mf} 比值趋近于 1.0。说明在此情况下，床层将从固定床状态直接进入节涌流态化，不存在鼓泡流化状态。基于实验数据，Re_{ms}/Re_{mf} 与 Re_{mf} 的关系可以通过下式关联[19]：

$$Re_{ms}/Re_{mf} = 1.3381Re_{mf}^{-0.481} + 0.2 \tag{6-15}$$

式(6-15)的相关系数为 0.898，平均相对误差为 22.8%。

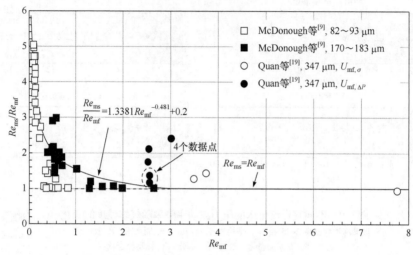

图 6-11　Re_{ms}/Re_{mf} 与 Re_{mf} 的变化关系

6.1.6　湍动流态化转变

当表观气体速度从鼓泡或节涌流态化进一步增大时，气泡破碎程度更加剧烈，气泡尺寸减小，气泡相与乳化相间的边界变得越来越模糊，气穴中包含更多的颗粒，乳化相中含有更多的隙间气体，床层的膨胀增大，气固接触加强，气体短路减少。湍动流态化的起始速度 U_c 可通过床层压降波动达到最大时的气体速度确定[25-27]。实验结果表明[9,17,28]，U_c 随 D_t/d_p 减小而减小，即对于微型流化床，湍动流态化的形成"提前发生"，如图 6-12

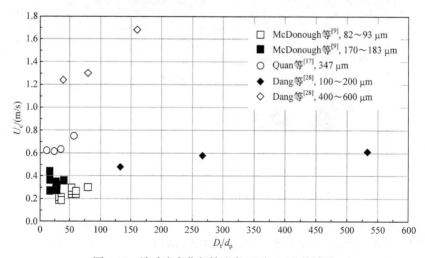

图 6-12　湍动流态化起始速度 U_c 和 D_t/d_p 的关系

所示。这种现象也是壁面效应影响的结果，即气节或气泡向上运动时，壁面效应促进了其分裂和破碎，从而导致气固体湍流，使得湍动流态化在较小的气体速度下形成。值得指出的是，在大型流化床中，U_c 随床层直径减小而增大[26]，这与微型流化床中 U_c 和 D_t 的变化趋势相反。

关于湍动流态化起始速度 U_c 的计算，文献已报道的许多关联式[25](参见第 1 章)都不适用于微型流化床，因为它们均是基于大型流化床的实验数据提出的，而且通常不包含床径的影响。在 Cai 等[26]的关联式中，虽然包含了床层直径的影响，但其预测的 U_c 随着床直径的增加而减小，这与微型流化床的实验结果相反。

因此，基于文献报道的实验数据[9,17,28]，得到适于微型流化床 U_c 的关联式[19]：

$$Re_c = \left\{ 0.1477 + 0.8677 \left(\frac{H_s}{D_t} \right)^{-0.068} \left[\exp\left(\frac{-1.3017}{D_t/d_p} \right) - 1 \right] \right\} Ar^{0.5977} \tag{6-16}$$

式(6-16)计算值和实验值的比较示于图 6-13。对总计 36 个实验数据，式(6-16)的相关系数为 0.991，平均绝对误差为 13.2%。式(6-16)基于的实验数据范围为 D_t/d_p=11.5～533，H_s/D_t=2～4，Ar=42～19996。

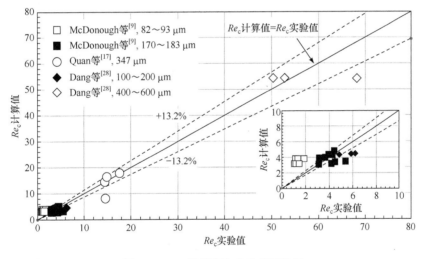

图 6-13　Re_c 计算值和实验值的比较

6.1.7　微型流化床内部流动特征

由于床层尺寸小，微型流化床内部流动特性的实验研究比较困难，因此通过流体力学模型研究微型流化床内部流动特性是非常有效的方法。图 6-14 所示为 CFD-DEM 模拟计算的颗粒体积分数和轴向速度的径向分布[23]。结果表明，固体颗粒在壁面附近浓度较高，且沿壁面向下流动(颗粒速度为负值)，在床层中心区域颗粒浓度相对较低，流动方向向上(颗粒速度为正值)。气固流动呈现典型的环-核流流动特征。由图 6-14 可见，与直径较大或床层较低的条件相比，直径较小或床层较高的床层由于具有较强的壁面效应，抑制了颗粒在壁面的向下流动，从而颗粒浓度和颗粒轴向速度的截面分布更加均匀。

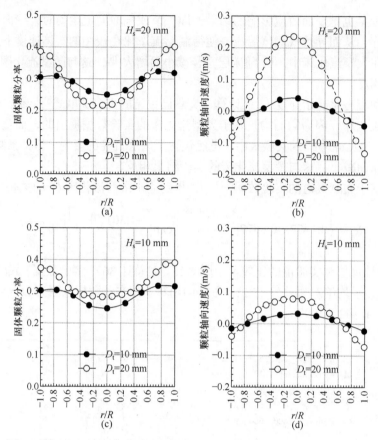

图 6-14   基于 CFD-DEM 模拟的径向颗粒浓度和轴向颗粒速度分布[23]

d_p= 460 μm，ρ_p=2600 kg/m³

6.1.8   气体停留时间分布和返混

气体返混是流化床内气体流动的主要特征之一，对化学反应的选择性和转化率均有极其重要的影响，因此在反应器设计与控制中需要特别重视。流化床中气体返混特性一般采用气体示踪方法，通过测定气体停留时间分布得到。流化床中气体返混与操作条件，如床料粒径、颗粒静床高度、表观气速及流化床内径等有关。但至今报道的流化床中气体返混特性研究限于如直径 50 mm 以上直径较大的流化床，对微型流化床中气体返混的研究很少。

根据示踪气体注入与检测位置不同，气体停留时间分布测定可以采用脉冲或连续示踪方法。对微型流化床的床层而言，推荐采用脉冲示踪法。根据此方法，在时间 $t=0$ 时，在微型流化床入口($x = 0$)向流化空气中脉冲注入示踪气体，并同时用过程质谱仪(MS)记录床层中心采样点($x = H$)的示踪气体浓度变化。示踪气体浓度 $C(t)$ 根据 MS 记录的信号强度通过标定关系换算得到。根据 $C(t)$-t 数据，可以计算气体停留时间分布函数 $E(t)$、平均停留时间 $\bar{t}$ 和停留时间分布的方差 σ_t^2：

$$E(t) = \frac{C(t)}{\int_0^\infty C(t)\,\mathrm{d}t} \ , \quad \overline{t} = \frac{\int_0^\infty tE(t)\,\mathrm{d}t}{\int_0^\infty E(t)\,\mathrm{d}t} \ , \quad \sigma_t^2 = \frac{\int_0^\infty t^2 E(t)\,\mathrm{d}t}{\int_0^\infty E(t)\,\mathrm{d}t} - \overline{t}^{\,2} \tag{6-17}$$

由于微型流化床直径小，气体径向扩散可以忽略，因此气体扩散可以用一维轴向扩散模型描述：

$$\frac{\partial C(t)}{\partial \theta} = \frac{D_{\mathrm{a,g}}}{uH}\frac{\partial^2 C(t)}{\partial^2 z} - \frac{\partial C(t)}{\partial z} \tag{6-18}$$

式中，$z=(ut+y)/H$，$\theta = t/\overline{t} = tu/H$，$u=U_{\mathrm{g}}/\varepsilon$。对于一个理想的脉冲示踪实验，如果气体轴向扩散很小($D_{\mathrm{a,g}}/uH<0.01$)，式(6-18)可以求解得到[29]：

$$E(t) = \sqrt{\frac{u^3}{4\pi D_{\mathrm{a,g}} H}} \exp\left[-\frac{(H-ut)^2}{4D_{\mathrm{a,g}} H/u}\right] \tag{6-19}$$

由于实验测得的 RTD 包含了示踪气体从注入口到微型流化床入口以及从微型流化床床面到示踪气体检测系统(包括毛细管和 MS 本身)的气体流动和扩散(图 6-15)，为了获得微型流化床真正的 RTD(从气体分布器到颗粒床层界面)$E(t)$，需要通过床层输入的 $E_{\mathrm{in}}(t)$ 和床层出口的 $E_{\mathrm{out}}(t)$ 进行卷积积分：

$$E_{\mathrm{out}}(t) = \int_0^t E(t') E_{\mathrm{in}}(t-t')\,\mathrm{d}t' \tag{6-20}$$

理论上，为了获得微型流化床真正的 $E(t)$，可以通过式(6-20)进行反卷积或数值拟合计算[18]。图 6-15 表示了实验获得的 $E_{\mathrm{in}}(t)$ 和 $E_{\mathrm{out}}(t)$，以及拟合计算的 $E_{\mathrm{out}}(t)$ 和 $E(t)$。可见拟合计算的 $E_{\mathrm{out}}(t)$ 和实验获得的 $E_{\mathrm{out}}(t)$ 吻合程度良好。

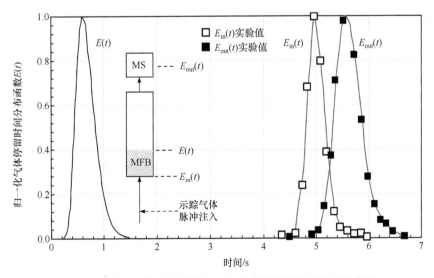

图 6-15　微型流化床气体停留时间分布测试及信号处理示意图
D_{t}=15 mm，H_{s}=20 mm，U_{g}=5U_{mf}，U_{mf}=0.221 m/s，d_{p}=155 μm，ρ_{p}=2846 kg/m³

　　根据上述方法，将不同实验条件下微型流化床气体停留时间分布示于图 6-16。图 6-16(a)表明，对较小的颗粒，气体返混程度较大，表现为气体平均停留时间 $\bar{t}$ 较长、σ_t^2 增大(RTD 分布宽)，$E(t)$ 的峰值 $E(t)_h$ 较低。相反，对于直径较大的 B 类颗粒，气体停留时间分布窄，接近平推流的特征。图 6-16(b)显示，随着床层直径增大，气体停留时间分布逐渐变宽，气体轴向扩散增大。这是由于在大直径反应器中，气体有更多的机会与较多的床料颗粒接触，并且其中气泡相流动的均匀性要低于直径较小的床，因此气体在床内的返混更为严重。相比之下，对于微型流化床，随着床层直径的减小，最小流化速度增大，因此在相同流化数(=U_g/U_{mf})下，直径较小的微型流化床中实际操作气速较高，床层流化平稳，气体返混程度降低，这与以往发现的气固流化床气体返混随床层直径减小而降低的趋势相吻合[30]。在相同床层直径、相同气速的条件下，气体停留时间分布随静态床高增大逐渐变宽，气体轴向扩散程度增大，如图 6-16(c)所示。对于直径较小的微型流化床，轴向分散系数 $D_{a,g}$ 在低气体速度下趋近于分子扩散系数。当气体以极低的速度通过床层时，表观气速径向分布不均匀，因而与流体动力学混合相比，分子扩散可能决定近壁处气膜内的浓度分布。从 $E(t)$ 的对称分布可以确定，在微型流化床中气体的径向扩散是很小的。当表观气速逐渐增大时，平均停留时间 $\bar{t}$ 和方差 σ_t^2 均减小，$E(t)$ 的峰值 $E(t)_h$ 升高，气体轴向扩散减小，如图 6-16(d)所示。

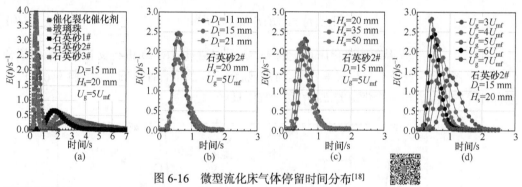

图 6-16　微型流化床气体停留时间分布[18]

催化裂化催化剂：d_p=92 μm，ρ_p=1659 kg/m³；玻璃珠：d_p=85 μm，ρ_p=2450 kg/m³；石英砂 1#：d_p=90 μm，ρ_p=2846 kg/m³；石英砂 2#：d_p=155 μm，ρ_p=2846 kg/m³；石英砂 3#：d_p=185 μm，ρ_p=2846 kg/m³

　　图 6-17 为流化床内气体轴向扩散系数 $D_{a,g}$ 随 D_t/d_p 的变化关系。结果表明，微型流化床中气体的轴向扩散系数的变化范围为 10^{-4}~10^{-3} m²/s，这与 Dang 等[31]的实验结果相一致，但显著低于宏观流化床轴向扩散系数(达数十到上百倍)[30-35]。造成巨大差别的原因是微型流化床的壁面效应引起了床内气固流动状态的变化。Nguyen 等[36]曾经指出，流化床中的气体返混是当床中颗粒向下流动速度超过颗粒间气体向上速度时发生的。对此，Dang 等[31]比较了粒径为 100~200 μm 和 400~600 μm 两种玻璃珠颗粒在截面为 40 mm×10 mm 的微型流化床中的流动状态，如图 6-18 所示。对 100~200 μm 的颗粒，颗粒向下速度大于颗粒间气体向上速度，气体返混程度高。对 400~600 μm 的颗粒，颗粒向下速度明显减小，气体返混程度低。

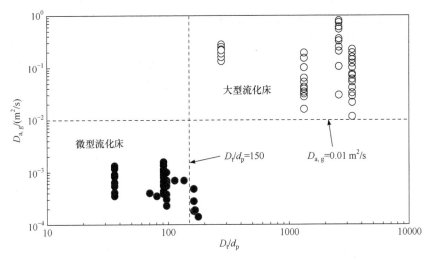

图 6-17 微型和宏观流化床气体轴向扩散系数的比较

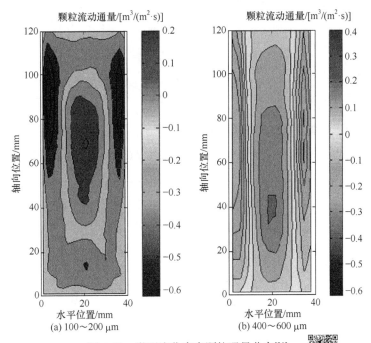

图 6-18 微型流化床中颗粒通量分布[31]

一般认为,当 $Pe_{a,g}>50$ 时气体流动可以认为接近平推流[37]。然而,由于 $Pe_{a,g}$ 的定义与特征长度成正比,因此增加特征长度,保持气体扩散系数不变甚至降低也可获得很高的 $Pe_{a,g}$ 值。因此,Geng 等[18]建议使用气体停留时间分布的方差 σ_t^2 和 $E(t)$ 峰值高度 $E(t)_h$ 定量描述反应器中气体混合程度。图 6-19 所示为实验获得的微型流化床气体停留时间分布函数 $E(t)$ 及其方差 σ_t^2 的关系,图中同时显示了 Bošković 等[38]和 Adeosun 等[39]的实验数据。明显可见,$E(t)_h$ 和 σ_t^2 之间具有非常一致的关联性,可以作为气体流动与平推流接近程度的判断标准。如果 $\sigma_t^2<0.25$ 或者 $E(t)_h>1.0$,MFB 中的气体流动几乎无返混,接近平推流。相反，如果 $\sigma_t^2 > 5.0$ 或 $E(t)_h < 0.25$，则床层中存在较为严重的气体返混。处于上述两种状态之间的流动状态，如果流化颗粒尺寸较小，也可以用于 MFB 操作，因为在这种情况下需要较小的流化颗粒和相对较低的气体速度。

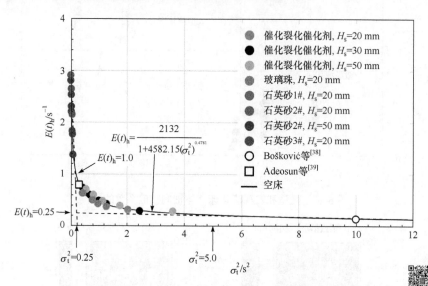

图 6-19　微型流化床气体停留时间分布函数 $E(t)$ 和其方差 σ_t^2 的关系[18]

黑色实线表示床内没有任何固体颗粒(空床)时的情况，数据点为 $D_t=5\sim21$ mm，$U_g=0.008\sim0.25$ m/s 条件下的实验数据

根据 Geng 等[18]的实验数据，将气体停留时间分布的方差 σ_t^2 作为 D_t/d_p 的函数示于图 6-20。明显可见，对于 $D_t/d_p < 150$，$\sigma_t^2 < 0.25$，$E(t)_h > 1.0$；对于 $D_t/d_p > 150$，σ_t^2 急

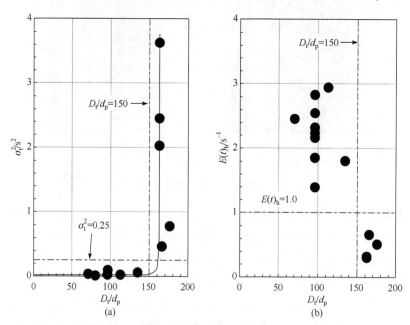

图 6-20　微型流化床气体停留时间分布的 σ_t^2、$E(t)_h$ 与 D_t/d_p 的关系[18]

速升高，而 $E(t)_h$ 显著减小，说明气体扩散迅速加大。根据上述讨论，当 $D_t/d_p<150$ 时，可以认为微型流化床中气体流动返混很小，基本接近平推流。因此，从分析气固反应本征动力学、提高反应选择性等角度出发，微型流化床应当选用 $D_t/d_p<150$，操作气体速度为 $(3\sim7)U_{mf}$。

6.1.9　颗粒混合

微型流化床中固体的混合特性对化学反应的精准控制极其重要。例如，对于微型流化床反应分析仪，脉冲瞬态进入微型流化床的细微颗粒与床层物料实现快速混合和升温，是其是否能够成功应用的关键之一。李斌和纪律[40]采用欧拉-拉格朗日坐标系下的离散单元法软球模型模拟计算了一个矩形截面的微型流化床(150 mm×4 mm×900 mm)内颗粒在单一进气口射流情况下的混合行为。在时间 $t=0$ s 时，将颗粒沿高度方向平均分为两组，分别用蓝色(上层)和黑色(下层)标记。然后，从流化床分布板以 28 m/s 的孔口速度向流化床内喷射流化气体，计算颗粒混合情况随时间的变化关系。由图 6-21 可以看出，在流化气体的作用下，底部喷口附近的颗粒受到气体的曳力，随着喷动气流向上运动，喷动气流夹带着周围的颗粒穿过床层，将携带的颗粒抛洒到空间中，床层同时发生明显的膨胀和腾涌。当喷动气流穿过床层后，夹带的颗粒向两边的壁面运动。由于两边壁面附近的气体向上流动的速度比中间低，因此当颗粒所受的气体曳力小于自身的重力时，颗粒会沿着壁面向下运动。当颗粒回落到密相区时，会随着密相区的颗粒缓慢向下移动，最后又重新被卷吸进喷动射流区，随着射流空气再次被喷射出去，就形成了中间颗粒向上运动，两边颗粒向下运动的环-核两区流动，也就是流化床炉内空间中颗粒的内循环。在强烈的气固相互作用和颗粒内循环流动作用下，微型流化床内颗粒混合迅速。图 6-21 显示，在 1 s 内，蓝黑颗粒在床内已达到非常均匀的混合。

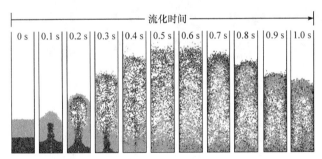

图 6-21　微型流化床内颗粒混合的模拟结果

针对气固微型流化床，杨旭等[41]以微型流化床脉冲射流进样器这一关键部件为研究对象，采用欧拉双流体模型进行三维数值模拟，同时采用高速摄像机拍摄了床中的瞬时固体颗粒流动图像，验证了模拟计算结果的可靠性。图 6-22 为模拟的微型流化床三维结构及其 5 种不同的进料喷口结构。其中 C 结构的喷口处于反应器中心位置，A、E 结构的喷口位于边壁，B、D 结构的喷口位于 1/4 直径处。A 和 B 喷管为直管形式，脉冲气流沿直管倾斜喷出，C、D 和 E 喷管带有弯角结构，脉冲气流经过弯管垂直于床层表面喷出。冷态实验中选用粒径为 200 μm 的流化介质及粒径为 50 μm 的煤样，给定流化气体体积流量为 1.4 L/min，模拟计算参数与实验操作参数一致。实验过程中使用高速摄像设备记录进样前床料流化状态及进样后床料与煤样的混合过程，采样频率为每秒 200 帧，图片分辨率为 800×600。图 6-23 显示了 B 结构进样后反应器内混合情况，图上部为实验中高速摄像机所采集的瞬时照片，反应器内白色颗粒为床料，黑色颗粒为试样，图下部为数值模拟计算得到的试样浓度分布云图。通过对比可以看出，对于冷态条件下的进样混合过程，模拟计算得到的浓度分布与实验结果较为吻合，验证了模拟计算的可靠性。

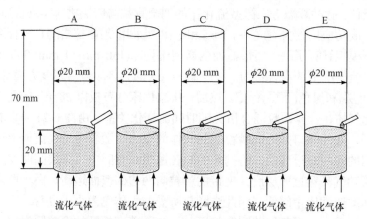

图 6-22　模拟的微型流化床及其 5 种进料结构示意图

A 和 B 结构是倾斜喷出；C、D、E 喷口结构中脉冲气体是垂直于床层表面喷出

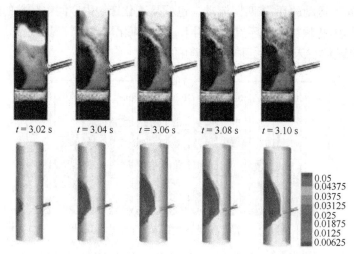

图 6-23　脉冲进样后试样瞬时浓度分布的实验与模拟结果

对图 6-22 所示 5 种进样器结构与位置进行模拟计算的结果示于图 6-24 和图 6-25。从图中可以看出，高速射入的气流对反应器内流体的流动状态的影响与喷口结构有关。垂直喷出的脉冲气流使床层瞬间产生一个大气泡，随喷口位置沿床径向边壁移动，气泡更大更长。倾斜喷出的脉冲气流对床料顶层有一定的影响，且脉冲气流喷出位置越靠近边壁，影响越小。瞬间脉冲进样后，A 和 B 的试样全床浓度分布标准偏差值最小，表明微

量试样与大量床料混合较为均匀。而且全床浓度分布标准偏差在趋于最小值的过程中，A和 B 所用时间最短，即试样与床料混合较快，而 D 和 E 喷口在进料 1 s 之后，才达到 A和 B 喷口相似的混合效果。喷口 C 在 3.1～3.4 s 时间段还有一定的波动，进料 1 s 时的混合程度还远远不及 A 和 B 喷口在进料 0.1 s 时的混合程度。由此可见，以混合均匀程度与混合速度来评价混合效果，试样倾斜喷出明显优于垂直向下喷出方式。同时，从试样的瞬时浓度分布云图可以看到，C、D 和 E 结构在脉冲进样操作后 0.8 s 时仍有试样停留在进样管中。这是由于在反应器底部的流化气进入床层后，其主流方向与脉冲气流喷出方向逆向相对，阻止试样进入反应器，并且进样管喷口处的弯曲构造容易聚集微量的试样。由此可见，微量试样以脉冲方式高速射入反应器，气流喷出方向垂直于床层表面并不利于实现固体颗粒的快速均匀混合。

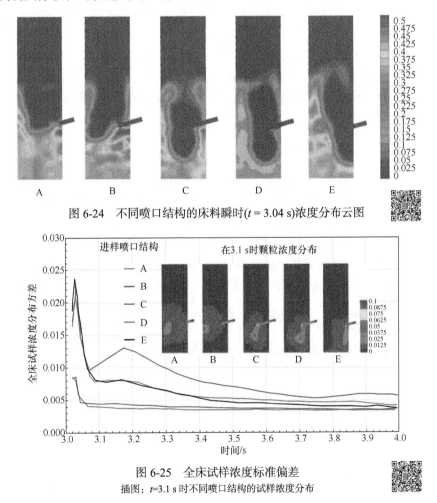

图 6-24　不同喷口结构的床料瞬时($t = 3.04$ s)浓度分布云图

图 6-25　全床试样浓度标准偏差

插图：t=3.1 s 时不同喷口结构的试样浓度分布

6.1.10　微型流化床气固流动相图

1. 宏观尺度和微尺度流态化的区分

综上所述，宏观尺度和微尺度流化床气固流态化行为之间的区别主要是由壁面效应(气固流动受床壁面限制程度)的不同造成的。由于壁面效应,微型流化床具有压降过冲,最小流化,鼓泡和节涌流化延迟,湍动流化提前,平均固体体积分数下降,环-核流动趋于扁平等现象。同时更加重要的是,微型流化床气体返混很小,基本接近平推流。目前研究结果表明,当 D_t/d_p 小于 150 时,壁面效应开始呈现,且随着 D_t/d_p 的减小不断增大。当 D_t/d_p 接近约 10(B 类颗粒)或 25(A 类颗粒)时,最小流化速度、鼓泡流化速度、节涌流化速度和湍动流态化起始速度将趋于一致,意味着在如此低的 D_t/d_p 下,颗粒和壁面间的作用力非常强,颗粒将难以被流化,如果气体速度增大到足以克服壁面黏附力的阻碍,其数值将超过颗粒的终端速度,因而无法在床内形成稳定的流化状态。此外,在 D_t/d_p<150 时,气体扩散很小,气体流动接近平推流。当 $D_t/d_p \geqslant 150$ 后,气体返混程度急剧增大,气体流动转变为典型的宏观流态化现象。此外,除了气体和颗粒的特性外,微型流化床的流体力学特性还受到静态床高度的影响。如上所述,静态床的高度应控制在床直径的 2~4 倍(H_s/D_t=2~4),以确保均匀的气体分布、最小的壁面效应,同时有效防止气体射流直接穿透床层。总之,气固微型流化床和宏观流化床可以通过壁面效应的强弱来区分。根据壁面效应的变化,微型流化床可以定量地定义为 D_t/d_p=10~150(B 类颗粒)或 25~150(A 类颗粒),以及 H_s/D_t =2~4 所对应的区域[19]。

2. 微型流化床气固流动相图

当气体、颗粒及床层尺寸确定后,随着气体速度的变化,微型流化床可以出现散式、鼓泡、节涌、湍动、快速等流化状态。实验发现[10],对催化裂化催化剂粒子,在尺寸大于 2 mm 的微型流化床中,随着气速增加,气固流动状态由固定床逐渐转变为散式流态化、鼓泡流态化、节涌流态化、湍动流态化等。对于尺寸为 700 μm 和 1 mm 的微通道流化床,随着气速增加,气固流动由固定床首先形成鼓泡和节涌流态化,然后进入散式流态化,进一步提高气速后转变为湍动流态化,如图 6-26 所示。对于 B 类颗粒,实验发现[5,9,10],随着气速增加,在大型流化床中(D_t 约大于 50 mm),气固流动状态由固定床转变为鼓泡流态化。对微型流化床(D_t 约小于 50 mm),气固流动状态首先转变为拟均相的散式流态化,然后进入鼓泡流态化、节涌流态化等,如图 6-27 所示。

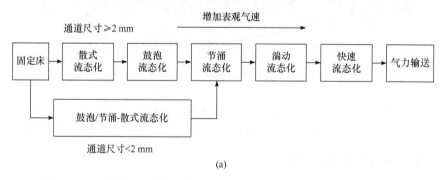

(a)

图 6-26   A 类颗粒在微型和微通道流化床中各种流化状态的相互关系[10]

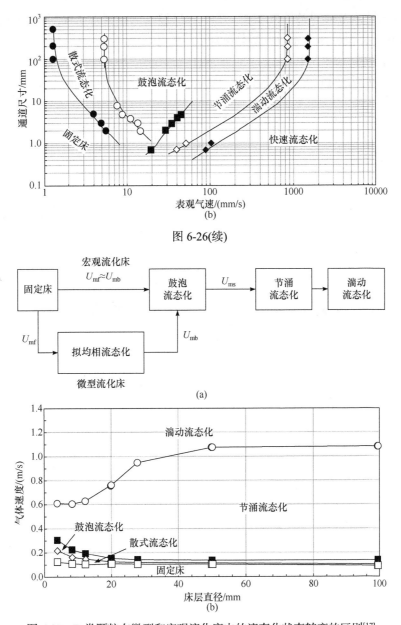

图 6-26(续)

图 6-27 B 类颗粒在微型和宏观流化床中的流态化状态转变的区别[17]

图 6-28 是基于床层压降实验数据分析得到的微型流化床中的流化形态及其转变。对于 Geldart A 类颗粒，在所有实验 H_s/D_t 条件下，均没有散式流态化形成，而且湍动流态化起始速度相似。最小流化速度随 D_t/d_p 增加而减小，当 D_t/d_p 大于 75 后变化趋于平稳。对 $H_s/D_t=2$，节涌流态化速度随 D_t/d_p 增大而减小，但对 $H_s/D_t \geqslant 3$，节涌流态化速度与最小流化速度相同，且随 D_t/d_p 增大而减小，直至 $D_t/d_p>50$ 后趋于常数。这说明在 $H_s/D_t \geqslant 3$、$D_t/d_p \leqslant 50$ 条件下，微型流化床不存在明显的鼓泡流化状态。在 $H_s/D_t=2$、$D_t/d_p \geqslant 90$ 和 $H_s/D_t \geqslant 3$、$D_t/d_p \geqslant 75$ 情况下，在鼓泡流化和节涌流化之间存在一个过渡区域，在此区域

内气节尺寸已达到节涌的条件($0.66D_t \sim D_t$)，压降波动的主频率从最高值下降趋于平稳。对于 Geldart B 类颗粒，与 Geldart A 类颗粒不同的是，在较小的 D_t/d_p($<$30)和较高的 H_s/D_t($\geqslant$3)条件下，气泡在最小流化之前就已形成($U_{mb} < U_{mf}$)。与 Geldart A 类颗粒相比，Geldart B 类颗粒的鼓泡流态化区域较小，在较高 D_t/d_p 条件下节涌流化起始速度和湍动流态化起始速度均较低。

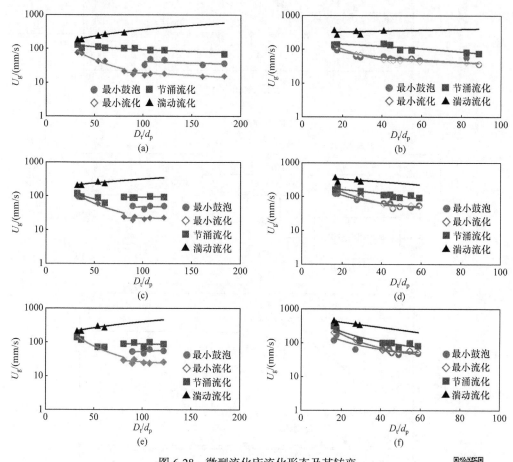

图 6-28　微型流化床流化形态及其转变

左列：直径 82 μm 和 93 μm 的 A 类颗粒；右列：直径 180 μm 和 183 μm 的 B 类颗粒；
第 1 行：H_s/D_t=2；第 2 行：H_s/D_t=3；第 3 行：H_s/D_t=4[9]

综合有关实验研究结果，Han 等[19]提出了一个微型流化床相图，见图 6-29。对 A 类颗粒，随着 D_t/d_p 比值的减小，从固定床到最小流化状态的转变存在明显的延迟，反映在微型流化床 U_{mf} 和宏观流化床 U_{mfm} 的差别不断增大。在 D_t/d_p<75 处，最小鼓泡流化速度从略大于变为略小于最小流化速度，而后者导致散式流化状态几乎不存在。这个现象与 Wang 和 Fan[10]使用催化裂化催化剂颗粒在通道尺寸大于 2 mm 的微通道流化床中观察的结果相矛盾，但和 McDonough 等[9]对 A 类颗粒在微型流化床中的实验结果相一致。当 D_t/d_p 比值降低到接近 25 时，U_{mf}、U_{mb} 和 U_{ms} 急剧增加，说明由于作用在颗粒上的壁面摩擦力非常强，实现稳定的流态化状态不再可能。在所有的 D_t/d_p 比值下，存在一个较宽

的鼓泡流化状态。随着 D_t/d_p 减小而逐渐趋近于 25 时，鼓泡流化区域变小。在 $D_t/d_p<35$ 的条件下，可能会发生直接从鼓泡流化状态向湍流流化状态的转变，而 $D_t/d_p>35$ 时，气固两相流直接进入节涌流态化，然后随着气速增加进入湍动流态化。从图 6-29(a)可以看出，预测的 U_{ms}/U_{mf} 比值在 2～6 之间变化，因此为了确保稳定的流化状态，流化气体速度建议为最小流化速度的 2～6 倍。

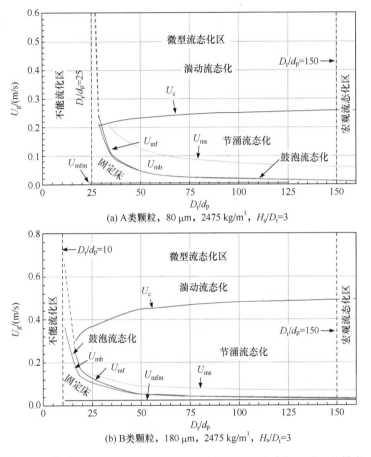

(a) A 类颗粒，80 μm，2475 kg/m³，$H_s/D_t=3$

(b) B 类颗粒，180 μm，2475 kg/m³，$H_s/D_t=3$

图 6-29　微型流化床与宏观流化床的区分及微型流化床气固流型的转变

　　对于 B 类颗粒，如图 6-29(b)所示，与 A 类颗粒相比，最小流化延迟相对减小。在 $H_s/D_t\geqslant3$ 和 $D_t/d_p\leqslant50$ 的条件下，由于气泡在最小流化之前形成，因此形成一个狭窄的拟均相过渡区域。当 $D_t/d_p>50$ 时，一旦床层进入流化状态，即进入鼓泡流化，当气速 U_g 增加到最小流化速度的 2～4 倍($U_g/U_{mf}=2～4$)时，床层开始向节涌流化状态转变。这些预测结果与 Quan 等[17]和 McDonough 等[9]的观察结果一致。当 D_t/d_p 比值接近 10 左右时，由于壁面效应越来越强，颗粒流化变得非常困难。

　　基于微型流态化流型转变速度的关联式，分别绘制了 A 类和 B 类颗粒的微型流化床中无量纲速度 $U^*(=Re/Ar^{1/3}=Re/d_p^*)$ 与无量纲颗粒直径 $d_p^*(=Ar^{1/3})$ 关联的广义流型转变图，如图 6-30 所示。结果再次表明，A 类颗粒的最小流化延迟比 B 类颗粒大。对于 A 类和 B

类颗粒，最小鼓泡流化速度在所有范围内都非常接近最小流化速度。当速度增加时，所有的流型转变速度都增加。随着 d_p^* 的增加，鼓泡流态化范围逐渐变窄。对于 d_p^* 大于 14 的 B 类颗粒，由于床层可能从固定床直接转变为节涌流态化，因此可能不存在鼓泡流态化。对于 $d_p^*<2$ 的颗粒，稳定的湍动流态化可能无法实现，因为在对应条件下气体速度已高于颗粒的终端速度，颗粒将被带出床层。

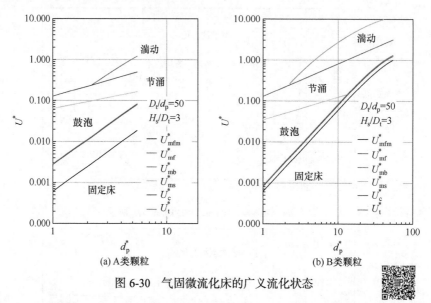

图 6-30　气固微流化床的广义流化状态

综上所述，气固微型流化床可以定义为 D_t/d_p=25～150(A 类颗粒)和 D_t/d_p=10～150(B 类颗粒)对应的流态化区域。为了实现稳定的流态化，最佳操作参数范围为：对 A 类颗粒，$U_g/U_{mf} = 2～6$，$H_s/D_t = 2～4$；对 B 类颗粒，$U_g/U_{mf} = 2～4$，$H_s/D_t = 2～4$。大量实验结果已经表明，操作在这些条件下的微型流化床，床内气体分布均匀，壁面效应适当，气体接近平推流，气泡尺寸小，且没有气体直接穿透通过床层的风险，为气固反应有效进行提供了良好的条件[18,42-46]。

6.2　微型流化床反应分析仪系统及应用特征

催化和非催化气固热化学反应在过程工业中普遍存在，包括热解、气化、燃烧、分解、还原反应等。热化学转化方法可处理各种生物质、油页岩、废油、煤炭等碳资源和大量无机矿物质原料。由于原料结构复杂，目标产品种类繁多，热化学转化工艺和技术会随之而变，因而具有复杂性和多样性的特点。显然，热化学反应器的成功设计和运行需要更好地了解所涉及的反应机制、本征反应动力学、产品种类和生成性能。对反应机理和动力学以及反应产物成分等信息的深入理解，对于科学研究和反应系统开发、设计和运行具有极其重要的意义。

热重分析仪(TGA，图 6-31)作为一种简单、快速、方便的反应分析工具，已经广泛用于获取许多反应的动力学信息[47]。在利用热重分析研究气固反应的过程中，首先将一定量的试样置于样品池中，然后通过程序升温操作，监测升温过程中固体样品质量、形态(通过 XRD、SEM 等)、热量或气体组分(产物测量)的实时变化，将各种监测变量转化为气固反应转化率，进而求算反应的动力学参数。以热重为代表的气固反应研究仅需微量样品，其反应过程质量变化的准确监测和加热器升温速率的准确控制使它得到了广泛应用。但是，在某些情况下，热重分析仪也有其应用的局限性。例如，对于非热稳定性物质在等温条件下进行的反应，如煤的气化和燃烧、铁矿石焙烧与还原以及固体废料的焚烧等，热重分析仪不能测试该反应在任意恒定温度的反应特性；对于强吸热或放热反应，热重测试中也往往会发生反应过程中样品的温度偏离温度设定值的问题；由于设计原理和结构的限制，热重分析仪难以应用于高气速、强腐蚀性气氛下的气固反应；热重分析仪也不适用反应过程中样品质量不变的反应。特别是，在热重分析仪样品池附近，存在传质、传热速率低、温度分布不均匀、气体扩散阻力大等问题[48-53]。此外，TGA 在测试前将样品置于加热的瓷舟(或样品池)中，然后在特定加热速率(通常低于 100 K/min)下加热样品到最终设定温度。对于高温反应(温度几百到上千摄氏度)，将样品加热到反应温度需要几分钟甚至几十分钟，在加热期间，样品不可避免地会发生物理、化学或结构性能的变化。在 TGA 测试过程中，很难在不影响反应的条件下改变反应气氛、温度或加载新的测试样品。这就使得分析复杂的多步反应特别是对连续反应变得非常困难甚至不可能。

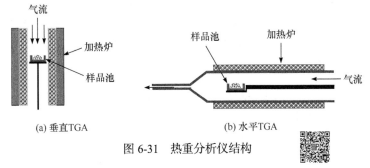

图 6-31　热重分析仪结构

(a) 垂直TGA　　　(b) 水平TGA

固定床反应器也经常用于反应动力学研究，但由于其存在温度梯度大、质量和热量传递阻力显著等问题，应用受到限制。虽然在实际应用时可以通过使用浅床层、减少催化剂量等措施减少这些影响，但利用其结果设计工业规模流化床反应器时，由于固定床和流化床在流动和气固接触等方面不同，使用固定床得到的反应动力学设计流化床反应器时，需要特别注意两者之间的差异可能引起的变化[54-55]。

针对 TGA 和固定床等现有反应分析方法存在的问题，许光文发明并研发了利用微型流化床进行反应分析的方法，即微型流化床反应分析仪(MFB reaction analyzer，MFBRA)方法[4,56]。微型流化床由于其独特的性能，当用于气固反应分析时，可以作为 TGA 和固定床的补充。实践证明，MFBRA 在许多方面优于 TGA 和固定床。首先，作为流化床，MFB 本身具备极高的质量和热量传递速率、均匀的温度分布、气固之间和颗粒之间的良好混合、等温和非等温操作能力以及极小的气体扩散等特性。其次，作为微型化学反应器的一种，

MFB 使用方便、成本低、效率高和安全性良好。由于能够精确控制反应条件，在操作参数、催化剂筛选和优化等方面非常有效，尤其适用于研究强放热反应、反应物料配比要求严格的反应、危险性较大的化学反应(反应涉及压力、温度急剧变化)等。基于对流体力学、气体混合、样品进料方法、数据采样和分析方法等相关方面的系统研究，MFBRA 已发展成为一系列标准化的反应动力学分析仪器[43-44,52,57]。在过去的十年里，MFBRA 已广泛应用于多种气固反应的分析和研究，包括热分解或催化分解[53,58-59]、催化裂解[54]、非催化气固反应[60-61]、催化气固反应[55,62]、热解[63-74]、气化[2-3,75-86]、燃烧[87-88]和还原反应[89-97]等。

6.2.1   微型流化床反应分析仪系统构成

微型流化床反应分析仪的典型流程示于图 6-32。它由微型流化床反应器及其辅助系统，包括电加热炉、样品进料、反应气体供应、产品气体净化和测量、过程控制和数据采集等构成。微型流化床反应器采用适合工作温度和压力要求的材料制成，封装在电炉中。加热电炉需要在所需反应温度下控制温度波动低于 ±1 ℃。测量床层温度的热电偶和颗粒样品入口的接口管设在反应区两侧。如果需要，热电偶和颗粒样品入口也可以从反应器底部或顶部插入。热电偶插入颗粒床层内部，用以测量和控制反应温度。流化气体在进入反应器之前，通过预处理调节流化气体的成分、温度和压力，并进行计量。从反应器流出的气体产品经过清除或收集其所含颗粒物、焦油，然后经过具有快速响应、高精度的过程分析仪，如在线过程质谱仪、光度化质谱仪、气体检测传感器和过程红外气体分析仪等对气体产品成分和浓度进行分析。MFBRA 分析仪操作和性能参数，如床温、压力、流速、气体组成等，均通过过程控制和数据采集系统进行监控和记录。在进行气固反应分析时，一般使用 10～50 mg 颗粒样品，自动化操作，因而可以实现快速、可重复的实验。

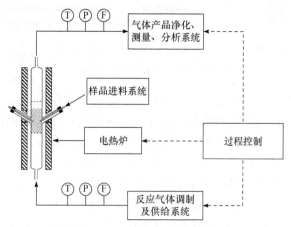

图 6-32   微型流化床反应分析仪流程

微型流化床反应分析仪利用流化床强化反应物样品、流化介质(床料)和气体之间的传热与传质，最大限度地提高了样品升温速率，改善了反应器内温度均匀性，降低了外扩散对反应的抑制作用，结合脉冲快速固体或液体样品进样，实现了气固反应的等温微分化，从而实现对不同特征的气固反应，如颗粒气相沉积、多段原位反应、液相反应物裂解、外场环境下气固反应等的研究。结合气体产物快速在线检测，测量在定点温度下反应生成气体动态变化特性，包括生成时间、组成及产量的变化，求算接近本征反应动力学参数、揭示真实反应机理。

图 6-33 所示为几种典型的微型流化床反应器示意图。其中，床层底部可以填充惰性颗粒，以预热或预分布流化气体，也可以作为一段固定床或流化床反应器。上部可以加设多孔板、颗粒层以防止细颗粒逃逸，或用作上段固定床或流化床反应器。此外，可根据需要设计多个侧管用于温度测量、供样、采样等。

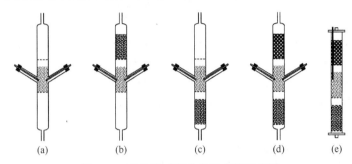

图 6-33　几种微型流化床反应器示意图

图 6-34 为微型流化床反应分析仪系列产品，其性能参数如下：①流化床反应器：内径约 20 mm，床料颗粒粒径 200~300 μm，装料高度 20~50 mm；②加热炉最高加热温度：950 ℃、1200 ℃可选；③颗粒反应物试样量：10~50 mg；④颗粒反应物试样在线供给时间<1.0 s，床温扰动<5 ℃；⑤气体反应物生成至测试的响应系统延迟时间：<2.0 s；⑥在线颗粒采样量：≤1.0 g/次，单次采样过程耗时≤1.0 s；⑦选择配置颗粒反应物试样在线供给器，参数个性化设计；⑧选择配置水蒸气发生器，进水量≤1.0 mL/s；⑨质谱分子量范围：1~100 amu、1~200 amu、1~300 amu 可选；⑩质谱定量极限：<1.0 ppm。

(a) MFBRA-B/S

(b) MFBRA-M

(c) MFBRA-P

(d) MFBRA-D

(e) MFBRA-VM

(f) MFBRA-L

(g) MFBRA-CVD

(h) MFBRA-MR

图 6-34　微型流化床反应分析仪系列产品

6.2.2 多级原位反应分析方法

高温气固反应特别是固体碳基燃料的反应通常是由温度和气氛不同的多个反应阶段耦合的多级反应。例如,煤粉和生物质燃烧耦合了热解、挥发分燃烧、焦炭燃烧、挥发分和焦炭间的反应等不同的过程。传统的实验方法难以对每个阶段的反应在其真实的条件下进行研究。为了研究挥发分的燃烧、气化或催化反应特性,通常使用双微型反应器(如Tandem microreactor[98-99]),即固体样品在上反应器热解,产生的挥发分流入下反应器进行所需的反应(大多为催化反应)。这样实际忽略了原位固体产物对反应的影响。再如,为研究焦炭的反应过程特性,传统的实验方法是先通过热解制备焦炭,然后将热解得到的焦炭冷却(快速或慢速)后在惰性气体下保存。然后将冷却焦加入反应器,再次升温加热进行实验。这个过程与实际上紧密耦合的热解和燃烧/气化过程存在很大的差异,首先在制焦过程中反应温度和气氛与实际过程不同,其次热解生成焦的降温、升温过程改变了焦炭物料的结构特性,引发二次反应改变其化学特性,因而其燃烧或气化特性与实际耦合反应过程中的原位焦反应特性不同,其所获得的反应特性必然与工业实际中的反应特性不同。

多级原位反应分析可以通过单一或双微型反应器实现。图 6-35(a)所示为具有快速加热、冷却、能够测试分析多级原位反应的微型流化床反应器[100-101]。该微型流化床反应器放置在具有同时加热或冷却功能的电炉内,可以实现 20~100 ℃/min 的加热速率或通过–1000~–400 ℃/min 的速率冷却。在实际操作中,微型流化床反应器在反应所需气体的流化状态下,使用瞬时进料器将试验样品快速加入处于所需反应温度的反应器中,在与实际工业装置相似或相同的环境中发生反应。试验样品快速升温热解,进而生成具有原位反应性能的焦炭。通过气氛切换程序和反应温度控制程序,改变原位焦炭颗粒的气氛和温度,从而启动新的反应或者停止当前反应。通过程序控制温度和气氛,可以将试验样品的反应分成若干个原位反应阶段。图 6-36 比较了在热重分析仪和微型流化床反应

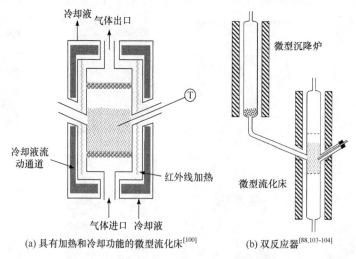

(a) 具有加热和冷却功能的微型流化床[100]   (b) 双反应器[88,103-104]

图 6-35 多级反应微型流化床反应分析仪结构图

分析仪操作中切换气体前后气体置换速度。可见，热重分析仪由于受气体扩散影响，气体完全置换需要 5～10 min，而微型流化床反应分析仪则仅需要 1 s 左右。因此，该系统使进料样品和原位中间体能够在不同的温度和/或不同气体环境中，等温或非等温地进行多级反应。

　　微型流化床可以与其他类型的微型反应器，如微型固定床、微型沉降管或其他微型换热器、分离器或反应器等结合组成多级反应分析系统[88,101-104]。根据特定反应的要求，每个反应器可以在不同温度和环境气氛中进行。图 6-35(b)所示为一个燃料分级燃烧系统，其中微型沉降炉热解反应器将固体燃料颗粒转化为热态原位半焦，后者再被气力输送到微型流化床反应器中燃烧(或气化)，从而实现原位半焦的生成、燃烧(气化)的解耦及其反应机理和动力学特性的研究[88,103-104]。

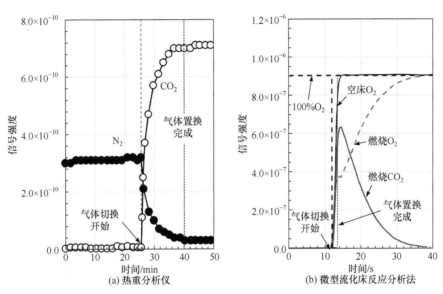

图 6-36　热重分析仪[79]和微型流化床反应分析仪[100]气体置换速度比较

6.2.3　颗粒在线采样方法

　　传统的催化剂还原、评价、失活、再生等研究通常在固定床中进行，但是由于固定床中催化剂颗粒分布所处的温度和气体速度的不均匀性，不同装填位置的催化剂颗粒的反应状态不尽相同，对其中部分催化剂进行的表征不一定能够代表整个床层的催化剂。除此之外，传统的研究方法只能在反应结束后取出催化剂颗粒进行分析表征，所得到的仅是反应后的催化剂颗粒的特性，无法揭示催化剂在反应过程中实时的特性变化。

　　图 6-37 所示为微型流化床反应动力学分析仪颗粒在线采样示意图。采用相互独立的反吹气系统和吹扫气系统分别反吹取样管、吹扫取样瓶。在取样过程中不断有惰性气体吹扫取样管，保证取出的催化剂颗粒来源于微型流化床床层，使用三通阀调节控制反吹气，防止颗粒残留于取样管等处。为了减小对反应过程的影响，一般每次采样≤1.0 g，单次采样过程耗时≤1.0 s。由于微型流化床具有良好的混合性能，催化剂颗粒在流化床中分布均匀，处于相同的反应状态。因此，可以在不停止并几乎不干扰反应的条件下，

获取不同反应时间点的催化剂颗粒，通过分析表征获取催化反应过程中中间物种的信息、催化剂特性随反应时间的变化及其与反应气体产物的内在联系，对研究催化剂在反应过程中的变化(如失活、再生等)过程提供非常有价值的信息[105-111]。

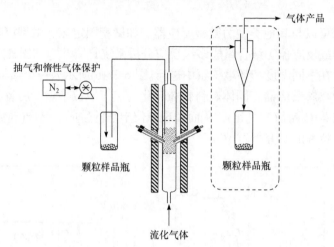

图 6-37 微型流化床反应动力学分析仪颗粒在线采样示意图

6.2.4 水蒸气环境实时快速调控方法

某些气固反应在水蒸气环境下进行，或者以水蒸气作为反应物直接参与反应，如水蒸气气化、蒸汽重整、水汽置换反应等。在反应过程中，水蒸气供应及其速率需要调整或改变。这在传统的热重和固定床反应分析过程中是非常困难甚至是不可能的。例如，对于 TGA 来说，如果采取气体切换的方法改变水蒸气环境，新引入的气体缓慢扩散到反应气氛中，完全替代以前的反应气体通常需要几十分钟[79]。图 6-38 所示为调节微型流化床反应器水蒸气环境的三种方法。在图 6-38(a)所示的方法中，水蒸气供应通过在反应器之外单独安装的蒸气发生器完成[77,112-113]。该方法无需更改反应器主体配置，但需要更多

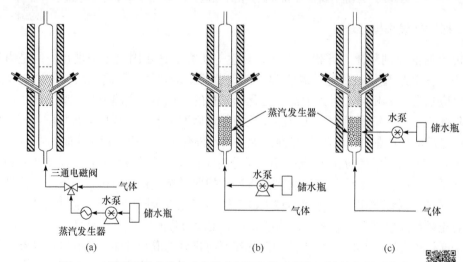

图 6-38 微型流化床反应动力学分析仪调控水蒸气环境的方法示意图

的辅助部件(如三通阀、水蒸气发生器、水蒸气管线保温等)。图 6-38(b)为改进方法，其中水通过泵定量送入反应器之前与流化气体混合，在进入反应器底部高温颗粒层后，被快速加热生成水蒸气[80]。这种方法比图 6-38(a)的方法简单方便，但有可能在供水速率较高时发生管道堵塞或水淹，因此影响气体供应的稳定性。图 6-38(c)所示方法是在微型流化床底部设置热交换介质，使液体气化以产生蒸汽[114]。这种方法无需额外连接外置水蒸气发生装置，避免了水蒸气输送过程中管路温度偏低导致水蒸气部分冷凝，以及配置反应气体时压力变化而可能导致的水蒸气浓度变化等因素对分析结果准确性产生影响，因此特别适合水蒸气气氛下相关反应过程的研究。

此外，中国发明专利[115]公开了一种能够精确控制流量的水蒸气发生方法及装置，通过氢气与金属氧化物(如氧化铜、三氧化二铁等)颗粒在高温条件下反应生成水蒸气，其中金属氧化物颗粒中的金属阳离子的氧化性强于氢离子。由于高温条件下氢气与金属氧化物颗粒的反应速度很快，且反应属于不可逆反应，氢气可被完全氧化，连续产生浓度接近 100%的高纯水蒸气。

6.2.5　试验样品进料方法

固体颗粒样品通常采用脉冲进料方法。实验时，先将一定量(通常为 10～50 mg)颗粒样品(如煤、生物质、焦炭、油页岩、矿物粉等)放置在进料管入口处，然后通过高压脉冲气体将其注入微型流化床反应区。高压脉冲气体由电磁阀控制，通过控制程序激活。脉冲加料时间小于 1.0 s(通常≤10 ms)。颗粒样品加入后与床层流化颗粒迅速混合，并被快速加热到床层温度。从室温加热到床层温度一般小于 0.1 s。这种加料方法对床层干扰微小，引起的床层温度波动小于 ±5 ℃。对液体反应物(如原油、焦油等)需要使用液体进料器[58]。注射液体的时间小于 0.1 s，满足液体反应物的反应表征需求。微型流化床中已成功应用于废油、焦油及其碳氢化合物的热裂和/或催化裂化等反应的测试[58,63,65]。

6.2.6　气体取样方法

微型流化床反应分析仪采用过程质谱仪、单光电离质谱仪(SPI-MS)、过程红外光谱(IR)、气相色谱仪(GC)或相关气体成分传感器或分析仪等在线实时检测反应过程特性的变化。为了捕获产品气体的瞬时变化，尤其是对于如生物质和煤的热解等快速反应，采样频率至少为 50～100 Hz。为了确保快速响应，同时具有良好的重复性、稳定性以及提高对小质量分子检测的灵敏度和准确性，气体采样系统的设计以及过程质谱的优化设计非常重要。图 6-39 为一种具有稳压和定量稀释的气体采样系统。毛细管温度由精密温度

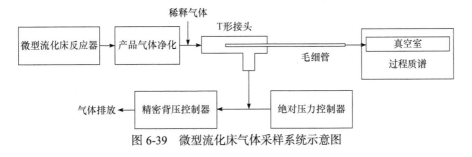

图 6-39　微型流化床气体采样系统示意图

控制器控制,变化为±0.2 ℃,这对于实现采样稳定和保持质谱仪真空室的真空度至关重要。通过精确调节绝对压力以及背压控制器(±0.02 kPa),可以显著提高采样的稳定性和准确性。

6.2.7   数据处理方法

在试验样品瞬时脉冲加料情况下,微型流化床反应器所获得的典型气体产物随时间变化关系示于图 6-40(a)。为了由此获得反应动力学参数,基本的数据处理方法包括以下步骤。首先,计算在时间 t 时以及完全释放的气体产物累积量:

$$m_i(t) = \frac{M_i}{V_0}\int_{t_0}^{t}F_0(t)C_i(t+t_d)\mathrm{d}t , \quad m_{i,\mathrm{f}} = \frac{M_i}{V_0}\int_{t_0}^{t_\mathrm{f}}F_0(t)C_i(t+t_d)\mathrm{d}t \tag{6-21}$$

据此,气体成分 i 和气体混合物的相对转化率计算如下:

$$x_i = \frac{m_i(t)}{m_{i,\mathrm{f}}} , \quad x_\mathrm{o} = \frac{\sum_i m_i(t)}{\sum_i m_{i,\mathrm{f}}} \tag{6-22}$$

将气体产物相对转化率表示为反应时间的函数,如图 6-40(b)所示。采用数值微分方法,由相对转化率计算气体产物的生成反应速率:

$$r_i = \frac{1}{m_{i,\mathrm{f}}}\frac{\mathrm{d}m_i(t)}{\mathrm{d}t} = \frac{\mathrm{d}x_i}{\mathrm{d}t} \approx \frac{\Delta x_i}{\Delta t} , \quad r_\mathrm{o} = \frac{1}{\sum_i m_{i,\mathrm{f}}}\frac{\mathrm{d}\sum_i m_i(t)}{\mathrm{d}t} = \frac{\mathrm{d}x_\mathrm{o}}{\mathrm{d}t} \approx \frac{\Delta x_\mathrm{o}}{\Delta t} \tag{6-23}$$

由此可以得到气体产物生成反应速率与时间的变化关系[图 6-40(c)]及与其对应转化率的变化关系[图 6-40(d)]。

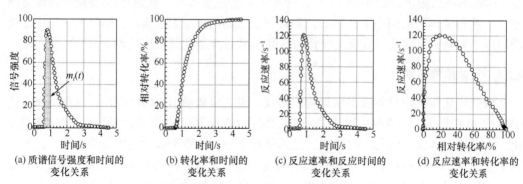

(a) 质谱信号强度和时间的   (b) 转化率和时间的   (c) 反应速率和反应时间的   (d) 反应速率和转化率的
　　变化关系　　　　　　　　变化关系　　　　　　　变化关系　　　　　　　　变化关系

图 6-40   反应动力学数据分析步骤

气固反应速率通常用以下方程描述:

$$r = \frac{\mathrm{d}x}{\mathrm{d}t} = k(T)f(x) \tag{6-24}$$

式中,$k(T)$ 为反应速率常数,通常用 Arrhenius 公式描述:

$$k(T) = A\cdot\exp\left(-\frac{E_\mathrm{a}}{RT}\right) \tag{6-25}$$

结合式(6-24)和式(6-25)可以得到:

$$\frac{\mathrm{d}x}{\mathrm{d}t} = A \cdot \exp\left(-\frac{E_a}{RT}\right) \cdot f(x) \tag{6-26}$$

式中，A 为指前因子；E_a 为表观活化能；R 为摩尔气体常量；T 为反应温度；t 为反应时间；x 为转化率；$f(x)$ 为反应机理模型，根据气固反应机理不同有不同的表达式。

以下简单介绍如何根据各气体成分和气体混合物的反应速率数据，结合常用相关气固反应机理模型计算反应动力学参数、确定反应机理[24,30,51]。

1. 等温实验数据分析

对于温度 T 为常数的实验，方程(6-24)可以表示如下：

$$G(x) = \int_0^x \frac{\mathrm{d}x}{f(x)} = k(T)t \tag{6-27}$$

可见，$G(x)$-t 为线性关系。因此，选择了反应机理模型后，就可以根据实验获得的转化率 x 计算对应的 $G(x)$，然后将 $G(x)$ 与反应时间 t 作图或数值回归，即可获得反应速率常数 $k(T)$。接着，将不同反应温度下 $k(T)$ 按 $\ln k(T)$-$1/T$ 作图，可以获得一条直线，其斜率为 $-E_a/RT$，截距为 $\ln A$，从而可以获得表观活化能 E_a 和指前因子 A。

2. 非等温实验数据分析

对于非等温实验，定义加热速率为 $\beta = \dfrac{\mathrm{d}T}{\mathrm{d}t}$，方程(6-26)重新排列得到：

$$\frac{\mathrm{d}x}{f(x)} = \frac{A}{\beta} \cdot \exp\left(-\frac{E_a}{RT}\right)\mathrm{d}T \tag{6-28}$$

对式(6-28)进行积分得

$$G(x) = \int_0^x \frac{\mathrm{d}x}{f(x)} = \frac{A}{\beta}\int_{T_0}^T \exp\left(-\frac{E_a}{RT}\right)\mathrm{d}T = \frac{A}{\beta}\Gamma(E_a, T), \quad \Gamma(E_a, T) = \int_{T_0}^T \exp\left(-\frac{E_a}{RT}\right)\mathrm{d}T \tag{6-29}$$

式(6-29)没有解析解，因此通常采用以下方法求解。

1) Coats-Redfern 方法

Costs-Redfern[116]方法将式(6-29)简化为

$$\ln\left(\frac{G(x)}{T^2}\right) = \ln\left[\frac{AR}{\beta E_a}\left(1 - \frac{2RT}{E_a}\right)\right] - \frac{E_a}{RT} \cong \ln\left(\frac{AR}{\beta E_a}\right) - \frac{E_a}{RT} \tag{6-30}$$

基于式(6-30)，如果反应机理模型 $G(x)$ 已选定，对每个升温速率 β 下的实验数据，将 $\ln[G(x)/T^2]$ 与 $1/T$ 作图，如果所选反应机理模型正确，则将获得一条直线，然后从斜率和截距得到对应升温速率 β 的反应活化能 E_a 和指前因子 A。根据 E_a 和 A 的变化关系，将其外推至 $\beta \to 0$，则对应的反应活化能 E_a 和指前因子 A 为最终所需结果。

2) Flynn-Wall-Ozawa 方法

Flynn-Wall-Ozawa(FWO)方法属于等转化率方法，该方法的具体表达式为

$$\ln \beta_{\mathrm{j}} = \ln\left[\frac{AE_{\mathrm{a}}}{RG(x)}\right] - 5.331 - 1.052\frac{E_{\mathrm{a}}}{RT} \tag{6-31}$$

根据式(6-31)，对每个选定的转化率 x，将升温速率 β 取对数，并将 $\ln\beta_{\mathrm{j}}$ 与 $1/T$ 关联可以得到一条直线。由直线的效率可以求得对应该转化率的活化能 E_{a}。一般情况下，反应的平均活化能 E_{a} 可以通过 $E_{\mathrm{a},i}$ 的平均值获得。

3) 确定最大可能性的反应机理函数的方法

对式(6-29)两边取对数，可以得到：

$$\ln G(x) = \ln\left[A\Gamma(E_{\mathrm{a}},T)\right] - \ln\beta \tag{6-32}$$

据此，如果所选的反应机理模型函数正确，则 $\ln G(x)$-$\ln\beta$ 应是一条斜率为–1、相关系数为 1 的直线。如果根据实验得到的转化率 x，由 $\ln G(x)$-$\ln\beta$ 可以确定正确的反应机理函数。这样确定的反应机理函数不受以上方法所选 E_{a} 或 A 的影响。

4) 不依赖机理模型的分析方法

采用 model free 方法，首先根据反应速率表达式得到：

$$\ln\left[\left(\frac{\mathrm{d}x}{\mathrm{d}t}\right)_i\right] = \ln\left[A_i f(x_i)\right] - \frac{E_{\mathrm{a},i}}{RT} = \ln a_i - \frac{E_{\mathrm{a},i}}{RT} \tag{6-33}$$

然后，对于一个特定的转化率 x_i，通过实验数据计算对应不同反应温度 T 的反应速率$(\mathrm{d}x/\mathrm{d}t)_i$。然后将 $\ln[(\mathrm{d}x/\mathrm{d}t)_{i,j}]$ 对 $1/T$ 作图，可以得到一条直线，其对应的斜率为$-E_{\mathrm{a}}/R$，由此可以得到对应不同转化率 x_i 的活化能 $E_{\mathrm{a},i}$。最后，取 $E_{\mathrm{a},i}$ 的平均值为反应的平均活化能 E_{a}。为了得到反应速率的指前因子，需要采取以上选取反应机理模型的方法，求得对应的活化能和指前因子，将求得的活化能与 model-free 方法求得的活化能对比，选取两者最为接近的反应机理为最终确定的反应机理,其对应的指前因子即为最终所求的结果。

6.3　微型流化床反应分析仪功能和特征

6.3.1　加热速率

当颗粒样品以稳定方式或脉冲方式加入微型流化床时，颗粒样品通过与床料和流化气体接触，发生热交换而被快速加热或冷却。图 6-41(a)[51,57]为根据传热理论计算的不同粒径石墨颗粒的升温速率。由图可见，当粒径小于 100 μm 时，石墨颗粒升温速率大于 10^4 ℃/s。随着床层温度的升高，升温速率增加。对直径 100～300 μm 的颗粒，升温速率大于 10^3 ℃/s，这远远高于 TGA 的加热速率(通常小于 100 ℃/min)。采用图 6-35(b)所示的双床燃料分级原位微型流化床气固反应分析仪，方园等[88]实验测得了原位焦和冷却焦在微型流化床中的温度随时间的变化关系，如图 6-41(b)所示。对于原位焦，进入流化床前其温度为 950 ℃。进入微型流化床后，煤焦颗粒在大约 0.05 s 内降至床层温度，对应的冷却速率大于 5×10^3 ℃/s。对于冷却焦，其初始温度为常温，进入微型流化床后，颗粒在大约 0.05 s 内升至床层温度，对应的升温速率大于 10^4 ℃/s。总之，通过气力脉冲方式加入 MFBRA 中的微细样品颗粒(推荐≤100 μm)，可在 0.1 s 内完成升温或降温到所需反应温度，这对于众多气固反应(如反应完成时间≥1 s)而言，可以确保反应过程的等温特性。

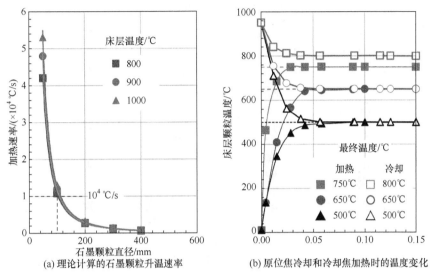

(a) 理论计算的石墨颗粒升温速率　　　(b) 原位焦冷却和冷却焦加热时的温度变化

图 6-41　在微型流化床中试验颗粒的加热和冷却速率

6.3.2　气体外扩散阻力的消除

在 MFBRA 中，颗粒被悬浮在较高速度的气流中，完全被气体包围，气固接触均匀、充分，传质速度快，因而有效消除了颗粒外部气体扩散阻力。在 TGA 中，颗粒被填充在试样坩埚中并静止不动，气固接触主要通过扩散进行，传质速率较慢。图 6-42 显示了气体扩散对化学反应行为的影响。从图 6-42 可以清晰地看到，当温度达到 800 ℃及以上时，菱镁矿粉在空气气氛中完全分解的时间，在微型流化床中约为 20 s，而由于气体扩散的影响，在 TGA[53]中超过 410 s。

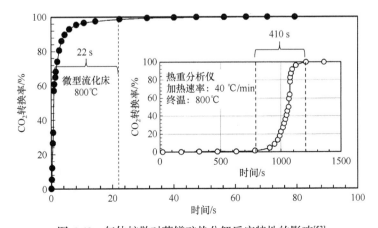

图 6-42　气体扩散对菱镁矿热分解反应特性的影响[53]

图 6-43 比较了由热重、固定床和微型流化床获得的生物质热解反应的活化能[67,72,117-118]。很明显，热重分析受气体扩散的影响最大，所得反应活化能最高。固定床反应器由于存在温度梯度和气体扩散阻力，所得反应活化能比 TGA 小，但依然高于微型流化床。

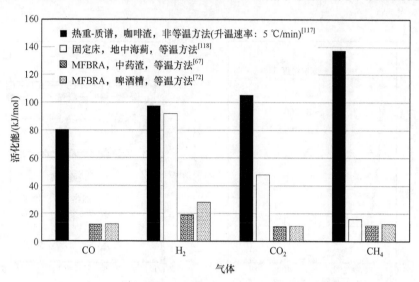

图 6-43   由热重[117]、固定床[118]和微型流化床[67,72]得到的生物质热解反应活化能对比

如图 6-44(a)所示，在 600 ℃下 CO 对 CuO 的还原速率从 TGA 的 0.005 s^{-1} 增加到 MFBRA 的 0.044 s^{-1}，增加了约 8 倍。图 6-44(b)表明，在不同反应温度和升温速率下，在 MFBRA 中焦炭气化的反应速率是在 TGA 中的 1.5～6 倍。

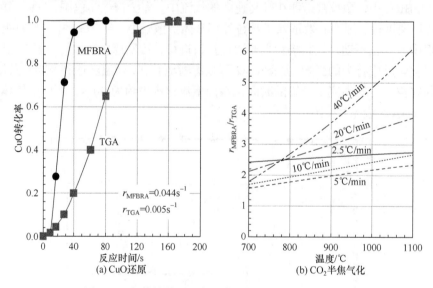

图 6-44   气体扩散对反应速率和转化率的影响[75,76,119]

图 6-45(a)表明，由于 MFBRA 有效抑制了气体扩散，所得半焦气化反应开始温度 $T_{x=0}$ 和反应速率最大值对应的温度 $T_{r0=\max}$ 均比 TGA 低 15～60 ℃。图 6-45(b)表明，与 $T_{r0=\max}$

对应的最大反应速率 $r_{0,max}$ 随着 $T_{r0=max}$ 的增大而增大，MFBRA 与 TGA 的最大反应速率差随着 $T_{r0=max}$ 的增大而增大。

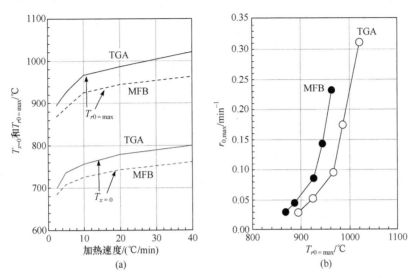

图 6-45　半焦在 TGA 和 MFBRA 中非等温气化对应的特征反应温度和反应速率常数比较

6.3.3　本征反应动力学

气固反应器的设计和放大需要在类似工业规模装置的操作条件下(如温度、压力、气氛等)的本征动力学数据。为了获得气固反应的本征动力学，必须排除颗粒外部和内部扩散的影响。

MFB 由于具有气体接近平推流流动、良好的气固混合等特性，因此可以通过调节表观气速有效消除颗粒外扩散的影响。通常，流化床的颗粒外气体扩散阻力随着气速的增大而减小，因此当外扩散阻力完全消除时，反应速率不再受气速的影响。图 6-46(a)显示，对生物质热解快速反应，当气体流量大于 300 mL/min 时，转化率随气体流量变化不大，说明此时可以忽略外扩散，反应过程由表面反应步骤控制。对典型的 CO-N_2 混合物还原铁的缓慢反应，由于反应本质上受表面反应的速率限制，因此当气体流量足够大时，外部气体扩散对整个反应速率的影响不显著。

此外，为了获得本征反应动力学，还需要消除颗粒内部扩散效应。在微型流化床中，可以通过选择样品颗粒大小实现。如上所述，微流化床独特的流体力学特性允许使用细小的颗粒，从而有助于减小颗粒的内部扩散效应。图 6-46(c)和(d)分别为在直径 20 mm 的微型流化床中生物质热解和铁矿石还原的反应转化率与颗粒直径的变化关系。可以看出，对所有实验颗粒，当粒径小于 100 μm 时，粒径对反应速率的影响不明显，说明对于这样小的颗粒，热解反应不再受颗粒内扩散步骤的影响，而仅受化学反应步骤的影响。对微型流化床而言，当颗粒尺寸小于 100 μm 时，颗粒加热速率将高达 10^4 ℃/s 或以上。基于热量和质量传递之间的类比，可以认为微型流化床气固间的传质速率也是非常高的。因此，在微型流化床中气体和颗粒之间的传质、传热阻力可以忽略不计。简言之，微型流化床反应分析仪使用小颗粒样品和较高的操作气速，可有效消除颗粒内、外部的扩散效应[71-72,78-79,89,120]，所得的反应动力学数据将非常接近本征动力学。

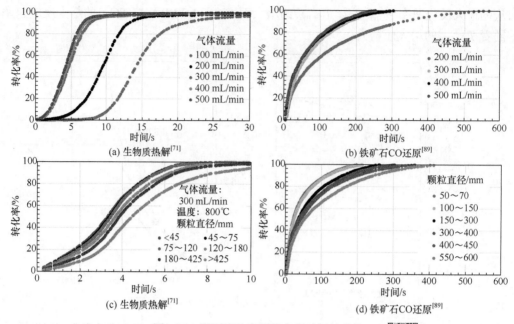

图 6-46 微型流化床转化率和时间的变化

6.3.4 适用于快速反应

高加热速率、快速测试响应和精确监测气体释放，使微型流化床具有良好的对快速反应的适用性。图 6-47 所示为粉煤在微型流化床中水蒸气气氛下的气化特性。明显可见，当粉煤颗粒被快速脉冲加入微型流化床反应区后，粉煤颗粒被迅速加热，然后发生热解反应(第一个峰)，热解反应时间小于 5 s。生产的原位半焦在热状态下继续气化(第二个峰)，气化反应速率相对较慢，完成气化反应需要时间近 80～100 s。该实验首次在一次试验中实现快速热解反应与慢速气化反应的解耦分离，并精准地检测到秒级快速反应的反应过程。到目前为止，几乎所有其他焦炭的燃烧和气化反应测试都是使用冷态焦进行的，即在燃烧和气化之前，利用单独的热解实验制备半焦，结晶冷却后使用。研究表明，由于

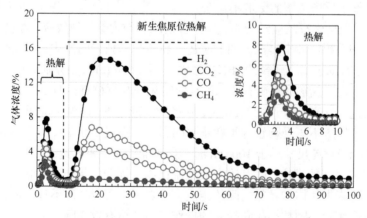

图 6-47 微型流化床中通过快速热解反应产生的原位煤焦颗粒水蒸气气化反应特性[78]

冷却的作用，冷态焦在物理形貌、化学结构等方面与热态原位焦存在明显不同，因而在反应活性和动力学特性方面也存在明显不同[78,85,88]。因此，微型流化床为快速反应的研究提供了有力的工具。

6.3.5　原位反应能力

原位反应物制备以及中间反应启动和监测的能力进一步使 MFB 成为发现涉及中间产物生成和转化反应机制的有力工具。例如，对于 $Ca(OH)_2$ 和 CO_2 的碳化反应(高温碳捕集)，使用 MFB 发现了一种在反应温度下似乎不可能的反应[61]。图 6-48 显示了在 MFBRA 出口处使用在线过程 MS 监测的气体释放特性。在 550 ℃和 610 ℃两个温度下，以 $10\%CO_2$-N_2 混合气体为流化气体进行实验。当将数十毫克 $Ca(OH)_2$ 颗粒以脉冲方式快速注入微型流化床反应器后，可以看见 CO_2 浓度快速下降，表明 CO_2 被 $Ca(OH)_2$ 吸附并发生表面反应。然

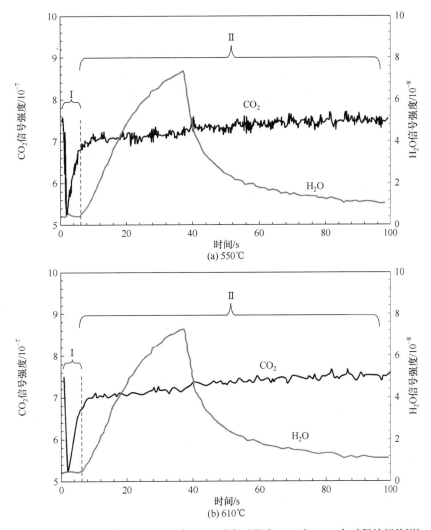

图 6-48　微型流化床中 $Ca(OH)_2$ 与 CO_2 反应过程中 CO_2 和 H_2O 实时释放规律[61]

Ⅰ. $Ca(OH)_2 + 2CO_2 = Ca(HCO_3)_2$；　Ⅱ. $Ca(HCO_3)_2 = CaCO_3 + H_2O + CO_2$

后，CO_2 浓度缓慢上升，说明由于内部气体扩散的抑制或吸附剂上的活性位点的减少，$Ca(OH)_2$ 对 CO_2 捕获反应逐渐变慢。因此，$Ca(OH)_2$ 和 CO_2 之间的化学控制仅在吸附剂注射的初始阶段出现。如果根据 $Ca(OH)_2$ 和 CO_2 之间的表观反应[$Ca(OH)_2 + CO_2 \Longrightarrow CaCO_3 + H_2O$]，因为过程 MS 对 CO_2 和 H_2O 的响应是同步的，那么在 CO_2 消耗降低的同时，应当有 H_2O 释放。经检验，过程 MS 对 CO_2 和 H_2O 的响应是同步的。然而有趣的是这一现象并没有发生。如图 6-48(a) 和 (b) 所示，H_2O 的释放比 CO_2 开始消耗降低晚 20～40 s。在低温下这种延迟时间更长。对 $Ca(OH)_2$ 和 CO_2 之间的反应进一步深入研究表明，$Ca(OH)_2$ 和 CO_2 之间的反应不是直接发生的，而是通过中间产物实现的，即 $Ca(OH)_2$ 和 CO_2 之间首先通过 $Ca(OH)_2 + 2CO_2 \Longrightarrow Ca(HCO_3)_2$，形成中间产物 $Ca(HCO_3)_2$，然后中间产物 $Ca(HCO_3)_2$ 分解，完成碳化过程，即 $Ca(HCO_3)_2 \Longrightarrow CaCO_3 + H_2O + CO_2$。显然，原位反应启动和监测能力对 MFB 研究其他化学反应的机理是非常有用的。

6.3.6 等温和非等温可操作性

微型流化床反应分析仪可以同时实现等温[57,121]和非等温操作[71-75,122]。图 6-49 所示为通过单独的热解实验[74-75,85,123]制备的冷态半焦，用微型流化床中在等温和非等温条件下气化实验的结果。明显可见，在较低升温速率情况下，MFBRA 和 TGA 所得活化能差异较小。随着升温速率增加，热重分析仪由于受到传热和传质速率的抑制，其结果与微型流化床差距不断增大。由于在微型流化床中基本消除了颗粒扩散阻力，因此在加热速率超过 40 ℃/min 时，用 MFBRA 获得的反应动力学参数接近其在等温条件(图 6-49 中 isoT)下所获得的反应动力学参数，因此即使在非等温条件下，MFBRA 也能真实测试反应的本征动力学参数。可见，微型流化床反应器非等温操作方式是热重分析仪和固定床反应器的有力补充。

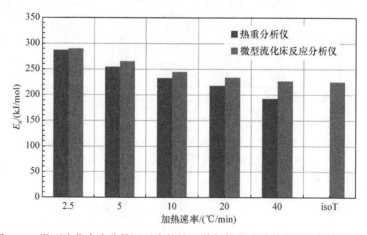

图 6-49   微型流化床中非等温反应特性及其与热重实验结果的比较[74-75,78,123]

6.3.7 产品气体生成反应机理和动力学的获得

如上所述，使用快速响应过程 MS 或其他快速响应气体分析仪可以准确记录气固反应气体产品的生成特性，如气体生成时间顺序、浓度与反应时间的变化关系等。图 6-50

显示了在微型流化床中生物质(酒糟)热解主要气体的释放规律[71]。结果表明，在 500 ℃下生物质快速热解主要气体组分开始释放的顺序是 CO_2、CO、CH_4 和 H_2。在 800 ℃时气体释放序列的差别明显减小，其中 CO、CH_4 和 H_2 几乎在同一时间生成。由图 6-50 可见，各个气体成分在热解过程中生成的动力学行为大不相同。除了 CO、CO_2、H_2 和 CH_4 等主要气体成分外，通过 SPI-MS[124-125]可以在线对微型流化床反应器中生物质快速热解过程中产生的挥发物质(焦油)进行实时分析。如图 6-51 所示，各种焦油成分的释放时间、释放量不尽相同。毫无疑问，这是研究生物质热解机理和动力学一个非常有用的方法，因为它避免了通常实验中需要将生成的焦油成分凝结，然后将液体样品采用高温注射到 GC/MS 进行分析等过程。显然，MFBRA 在线实时分析挥发分焦油成分的方法也可以应用于其他所有含碳固体的热分解。该方法获得的结果对理解和优化热解过程具有极大的科学和实际应用价值。

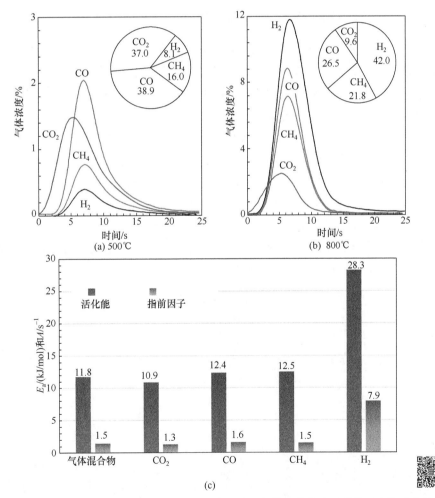

图 6-50　微型流化床中生物质热解主要气体释放顺序、主要气体组分生成及整体反应的动力学参数[71]

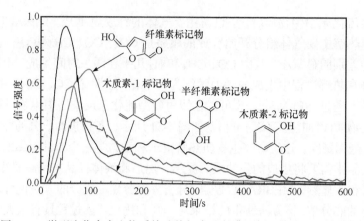

图 6-51   微型流化床中生物质快速热解产生的典型标记物的实时变化[124]

6.3.8   反应过程中固体颗粒特性实时变化测试

由于微型流化床反应分析仪具有在线颗粒采样的能力，为在反应过程中不间断地监测在反应条件下催化剂或反应颗粒性能随反应时间的实时变化提供了一种极其有效的手段。结合在线实时气体测量，将气体产品性能的变化与床内催化剂或反应颗粒的物理结构和化学性能变化信息直接相关联，从而使微型流化床反应分析仪成为一个强大的反应过程诊断工具，非常有助于确定反应机理过程变化特征，快速筛选催化剂、优化反应条件。Pang 等[105]利用微型流化床反应分析仪，在反应过程中对原位 Ni/AC 催化剂进行实时采样，对所得催化剂样品综合分析以确定直接导致 Ni/AC 失活的主要因素。图 6-52 为在反应过程中催化剂 Ni/ACN0 和 Ni/ACN3.5 样品的 TEM 图像。由图可见，随着反应的进行，这两种催化剂平均尺寸增大，颗粒尺寸分布变宽。进一步分析表明，Ni/AC 催化剂的失活和含氧组分在催化剂表面的积累直接相关。催化剂表面含氧组分的积累抑制了镍氧化还原周期的电子提取，对甲醇羰基化催化剂的活性有强烈影响。

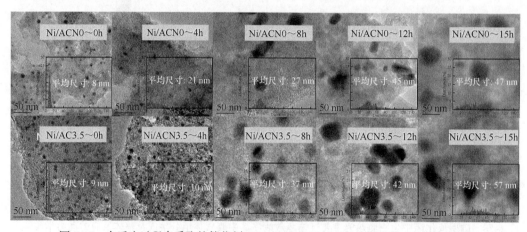

图 6-52   在反应过程中采取的催化剂 Ni/ACN0 和 Ni/ACN3.5 样品的 TEM 图像[105]
插图为对应的催化剂平均颗粒尺寸和尺寸分布

从图 6-53 明显可见，在反应过程中(在线 2 h 后)，随着催化剂活性的持续降低，催化剂沉积物含氧量呈比例增加，而 Ni 和 I 含量初始有所增加，在 2～3 h 内趋于稳定。因此，甲醇羰基化催化性能与其含氧组分数量有关，并不是文献中经常推测的金属浸出和碳沉积。毫无疑问，这一发现将可能为该催化反应技术的突破带来新的机遇。

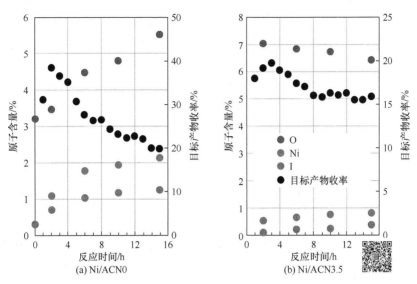

图 6-53　含氧组分对催化反应过程中活性的影响[105]

6.3.9　水蒸气气氛调节的灵活性

微型流化床反应分析仪提供了一种在反应过程中平稳、快速、干扰很小地改变反应气氛的能力。例如，在反应过程中快速将反应气氛改变为部分或完全的水蒸气环境。这为研究在水蒸气环境下气固反应提供了方便。例如，煤、焦炭、生物质等碳资源的水蒸气气化是一项极具吸引力的碳资源清洁化转化技术，其生产的优质合成气体，H_2 和 CO 总含量高达 70%～80%，可直接用于合成各种高附加值化学品。此外，水蒸气的存在还可以显著提高气化反应性能，包括提高碳转化率、降低气化温度和提高反应速率等。在高温条件下，反应初期的碳转化率较小，伴随着煤焦颗粒封闭孔的打开和新孔的形成，有效地增大了半焦的比表面积，进而提高了气化反应的速率。此外，半焦-水蒸气气化反应受反应动力学控制的温度范围比半焦-CO_2 气化明显增大。如图 6-54 所示，以水蒸气为气化剂，焦炭转化率与二氧化碳作为气化剂相比明显增加。加入造纸黑液后，由于其所含 Na 等元素的催化作用，焦炭转化率进一步提高。图 6-55 进一步显示了水蒸气对焦炭转化率的影响。由图可以明显看出，在所有气化温度下，使用水蒸气作为气化剂可以使焦炭转化率比使用 CO_2 作为气化剂提高 4～13 倍。将 5%O_2 加入水蒸气，焦炭转化率可提高 2.6～3.8 倍，但 H_2 和 CO 的产量将降低。向气化剂中混合 10%的造纸黑液，利用其含钠盐的催化作用，以水蒸气或二氧化碳为气化剂的焦炭转化率可分别提高 2～4 倍和 3～7 倍。

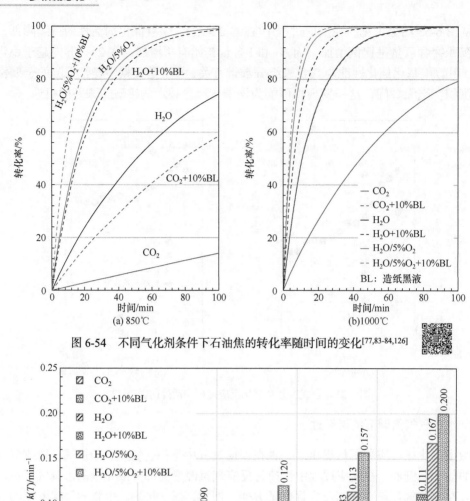

图 6-54   不同气化剂条件下石油焦的转化率随时间的变化[77,83-84,126]

图 6-55   水蒸气对石油焦气化的促进作用[77,83-84,126]

6.3.10   多级原位气固反应过程

微型流化床具有原位中间样品制备、中间反应启动和流化/反应气体的快速切换以及反应器的快速加热/冷却能力等优点，可以很好地应用于多级连续反应的研究[78,100]。文献[75]将生物质热解-燃烧过程解耦分离为湿原料干燥脱水、生物质热解、热解半焦气化、气化渣燃烧等多个连续发生的子过程，并成功地通过 MFBRA 实验进行了高含水率生物质原料在高温下的干燥及其中间产品的反应过程的分析表征。在实验中，干燥和热解流化气体为氩气，在气化反应时流化气体为 CO_2，而在燃烧时流化气体为空气。由于干燥、热解、气化和燃烧的主要产物分别是蒸汽、CO、H_2 和 CO_2，因此，每个工艺(阶段)的起始点和终点可根据该气体产物的释放曲线确定。基于此方法，可以估计每个反应步骤的转换率和反应速率，结果如图 6-56 所示。结果表明，在温度 850～950 ℃ 范围内，热解和燃烧完成时间为秒级，而气化和干燥完成时间为分钟级。在 900 ℃ 以上，反应速率的顺序为：热解＞燃烧＞气化＞干燥。

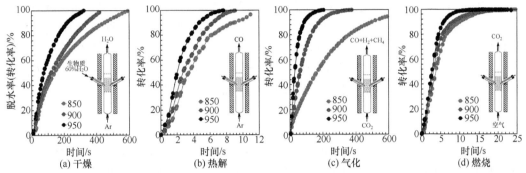

图 6-56　微型流化床表征生物质干燥-热解-半焦气化-气化渣燃烧多级连续反应过程[82]

6.4　微型流化床反应分析仪的应用实例

　　气固微型流化床可以且已经用于各种物理操作(如干燥、吸附等)和化学反应过程。本章的重点是关于气固微型流化床的基础，因此对利用微型流化床所研究的过程本身特性不再详细介绍。本节列举这些反应的目的是说明使用微型流化床研究各种热化学气固反应(催化和非催化反应)机理和动力学时的特点和优势。有关微型流化床所研究的具体反应过程特性，请读者参考原始文献。

6.4.1　干燥

　　热力干燥(thermal drying)经常用于干燥高含水固体物料。降低固体物料的含水量，通常可以改善颗粒的流动性，以利于物料的储藏、输送及加料等操作。当固体物料为燃料时(如生物质、煤、煤泥、污泥等)，干燥可以有效提高燃料的热值，有利于提高燃烧过程的热效率。流化床干燥具有操作参数可控、干燥程度温和的特点，是湿固体物料干燥的最佳方法。使用微型流化床研究湿颗粒样品的干燥行为，可以通过检测 MFB 出口处水蒸气释放曲线，从而确定恒定和下降速率阶段的干燥动力学数据。由于快速加热特性，微型流化床为研究高温干燥，获得在实际高温条件下真实干燥行为，提供了极其有效的途径[82]。与传统低温干燥相比，MFBRA 在高温下测得的干燥速率曲线没有明显的恒速干燥阶段。这是由于在 MFBRA 的加热速率高达 10000 ℃/s 以上，因此将湿物料试样喷射到高温流化床中后，湿物料颗粒表面的水分迅速蒸发，颗粒内部的水分迅速输送到其表面，干燥速率增加。随着颗粒中水分的释放，水分在颗粒中的扩散驱动力必然减小，最终导致干燥速率的下降。

6.4.2　气体吸附和 CO$_2$ 捕集

在过去 20 年中,温室气体排放造成的全球变暖和气候变化已成为人们普遍关注的问题。在温室气体中,CO$_2$ 被认为是造成全球变暖的重要因素之一。利用固体吸附过程是从燃烧烟气中捕集 CO$_2$ 的一种方案,在未来可能具有很大的发展和应用潜力。碱金属基吸附剂是特别有希望的 CO$_2$ 吸附剂。例如,碱金属碳酸盐(如 K$_2$CO$_3$ 和 Na$_2$CO$_3$)可在水蒸气存在环境下与 CO$_2$ 发生反应,在低温下生成碱金属碳酸氢盐(KHCO$_3$ 或 NaHCO$_3$)[16,60]。此外,在高温条件下,通过 CO$_2$ 与 Ca(OH)$_2$ 反应[61],以 CaCO$_3$ 分解和 CaO 碳化为基础的化学链燃烧[81,127]等,也是有效的 CO$_2$ 捕集技术。人们使用微型流化床反应分析仪,对这些反应机理和动力学进行了研究(图 6-48)。此外,微型流化床在 CO$_2$、挥发性有机化合物和许多其他工业气体净化过程研究中也已经得到应用[128-130]。

6.4.3　气固催化反应

微型流化床已成功地应用于甲醇气相羰基化[105]、甲烷水蒸气重整[120]、液体(如石油[54])和气体物质(如甲烷裂解[131]、合成气甲烷化[132]、异戊烯脱氢[55])等催化反应机理和动力学的研究。对于这些催化反应,采用固体颗粒和气体产品同时在线取样和分析的微型流化床反应分析仪,能够建立催化剂性能的变化与气体生成性能之间的直接联系,对新催化剂和催化工艺的研发非常有意义。对于通常被认为是非催化反应的某些反应,有时为了强化反应过程也可以使用催化剂,这在许多情况下不仅可行甚至是必要的。微型流化床已成功应用于这些催化气固反应。例如,由于造纸黑液中所含碱性物质(Na)对气化反应具有显著的催化作用,已被用来催化石油焦 CO$_2$ 气化和水蒸气气化反应[77,83,133](图 6-54)。此外,Fe 和 Ni[94]、K[69]和 Zn、Cu 和 Zn/Cu[68]等催化剂也已经被用于催化生物质热解反应。

6.4.4　热分解反应

热分解(thermal decomposition)有时也称为热解(thermolysis),是指一种物质在加热的情况下被分解成两种或两种以上不同的物质。热分解反应通常消耗热能(吸热)。到目前为止,微型流化床已成功应用于如甲烷热分解[59]、石灰石热分解[119,134]、菱镁矿热分解[53]等反应过程的研究。

6.4.5　热裂解反应

热裂解(thermal cracking)反应在缺氧的环境中,在热作用状态下使固体或液体有机物大分子链被切断、裂解成低分子链的油气,油气再经过冷凝及分离过程,得到高附加价值的轻质油、重质燃油等资源化物质。应用热裂解技术处理有机物并回收有用资源,是处理有机物最环保也最具经济效益的处理方式之一。

使用微型流化床研究热裂解反应,需要通过自动液体进料器(注射器泵)将液体原料快速加入到流化床反应区。到目前为止,MFB 已应用于焦油[58,63]、废油的热裂解[65]及油的催化裂解[54]反应过程的研究。

6.4.6　热解反应

热解(pyrolysis)反应是一种典型的热化学转化过程，它将固体或液体含碳燃料在没有氧化介质的条件下，通过热量驱动使其分子链断裂而生成气体(热解气)、液体(热解焦油)和固体(热解半焦)。热解为高效低成本生产燃气、油和半焦提供了一种可行的技术途径，也是固体燃料其他热化学转换过程(如气化和燃烧)的第一步。近年来，在生物质、低阶煤和油页岩等碳资源的利用方面受到重视和研究。迄今，MFBRA 已成功应用于多种生物质、煤、油页岩以及多种混合物质的热解机理和动力学研究。微型流化床由于其对快速反应的检测分析能力，能够获得热解反应每种气体产品成分的生成动力学，并提供气体产品的生成顺序以及主要气体和焦油品种的收率数据。基于获得的气体和挥发分焦油产品图谱，研究人员可以识别新产品种类、揭示新的反应路径或机制，非常有助于深入研究和开发新的反应过程和工艺。

6.4.7　气化反应

气化(gasification)是一种典型的热化学转化过程，它是用氧气、空气、水蒸气、二氧化碳等为气化剂，将有机或化石燃料的含碳物质在一定温度及压力下转化为富含 H_2 和 CO 的合成气或燃气。气化工艺是生产合成气产品的主要途径之一，通过气化过程将固体燃料转化成合成气的同时，副产蒸汽、灰渣等副产品。气化技术是碳资源尤其是煤炭清洁高效利用的核心技术，是发展煤基化学品合成(氨、甲醇、乙酸、烯烃等)、液体燃料合成、先进的 IGCC(intergrated gasification combined cycle)发电系统等过程工业的基础。微型流化床已应用于煤气化[2]、煤焦[74-76,78-81,85,112-113,123,135]和生物质气化[82,86]的研究。微型流化床对水蒸气环境的适应性和调节灵活性大大方便了水蒸气气化的研究[77,80,83-84,112-113,135]。如前所述，微型流化床已用于催化气化反应的研究[77,83-84,133]。值得指出的是，由于微型流化床所提供的在线改变反应温度和气氛的能力，对原位焦(热解制焦时的气氛与焦的气化气氛相同)、原位热焦(热解制焦时的气氛与焦的气化气氛不同)、冷焦(快速冷却或自然冷却)等由于其物理(如孔隙结构)和化学结构(如减少晶格缺陷和活性官能团)不同对气化反应性能的影响研究成为可能。这些研究对开发先进的热化学转换工艺，如双流化床气化工艺、解耦热解、气化和燃烧等[136]具有非常重要的价值。

6.4.8　燃烧反应

燃烧反应是最典型最常见的热化学反应，在热力、发电等行业普遍应用。燃烧反应速度较快，燃烧过程中伴有热量释放。利用微型流化床传热速率高的特点，可以有效控制燃烧反应温度。迄今，微型流化床已应用于石墨[51]、煤[87]、煤焦[88]和活性炭[137]的燃烧机理和动力学的研究。近年来，随着环保需求的不断增长，化石燃料燃烧造成的污染日益严重，迫切需要不断研发新的燃烧技术。目前，富氧燃烧[138]、生物质燃烧[139]、解耦燃烧[82]、低氮燃烧[95]和化学链燃烧[127]等燃烧技术均处于积极的研发状态。对于这些先进燃烧技术的研究和开发，微型流化床可以协助获得气体成分如 CO_2、SO_x 和 NO_x

等的生成特性，以及燃烧反应动力学速率和参数，对推动这些先进燃烧技术的发展具有重要意义。

6.4.9 还原反应

随着材料科学的进步，先进材料的合成越来越受到研究者的关注，其中热化学还原是先进材料合成的重要途径之一。迄今，微型流化床已应用于研究铁矿石还原[89-90,93,97,140]、赤铁矿还原[91,96]、Fe_3O_4 粉末还原[141]、NiO 还原[92]、CuO 还原[119]，以及用生物质热解产生的焦油还原燃烧烟气中 NO 等反应[95]。近年来，人们积极探索利用流化床反应器合成全烯类纳米粒子。Li 等[142]报道了使用 20 mm 内径的微型流化床，通过 WO_3 还原硫化反应合成富勒烯状 WS_2 纳米粒子的研究结果。实验发现，由于微型流化床良好的质量传递特性，大大促进了还原硫化反应。在 700～900 ℃的温度范围内，当 H_2S 浓度超过 4.3%时，WS_2 纳米粒子的收率最高。

6.4.10 外力场辅助的反应

由于结构紧凑，微型流化床可以方便地应用于某些需要外力场(如机械振动、电场、磁场、超声波等)辅助或强化的反应体系。通过外力场对流化颗粒的作用，通常可以改变流化床内颗粒的流动形态，因而对气固反应特性产生很大的影响[132]。由于磁场的作用，纳米催化剂颗粒在流化床中的流化特性得到了极大的改善。与常规流化床相比，在磁场辅助的 MFB 反应器中废催化剂团聚现象明显减少。同时，与没有磁场辅助的流化床相比，磁场作用提高了床层膨胀率，因而可以提高合成气的转化率和产品的选择性。

6.4.11 受反应产物气体气氛抑制的化学反应

某些气固反应是在含有产物气体的抑制性气氛中进行的。例如，作为在水泥制造、烟气脱硫、化学链燃烧等过程中遇到的 $CaCO_3$ 的热分解反应，实际上是在含 CO_2 的气氛中完成的。原则上，煅烧反应的动力学受反应气氛中 CO_2 存在的影响[143-144]。值得注意的是，以往这些研究均采用热重分析方法，而这种分析方法在含有产物气体抑制性气氛中的实验结果受其气体扩散的影响严重。为此，Liu 等[145]提出了一种在微型流化床中同位素标记方法。该方法特意选择原料反应物，使其生成的气体产品中所含的同位素与流化气体中相同气体成分中所含的同位素不同，从而能够有效区分该气体是由反应产生的还是由流化气体带入的。为了说明这一方法，Liu 等[145]使用 $Ca^{13}CO_3$ 作为反应物，在不同二氧化碳($^{12}CO_2$，简写为 CO_2)含量的气氛中煅烧。当 $Ca^{13}CO_3$ 在不同 CO_2 浓度下的 MFBRA 中分解时，煅烧反应产生的 $^{13}CO_2$ 由于其同位素不同于流态化气体 CO_2，非常容易识别和分析，如图 6-57(a)所示。利用这种新的实验方法，比较了用 TGA 和 MFBRA 获得的在不同CO_2浓度气氛下 $CaCO_3$ 热分解反应的活化能和$CaCO_3$热分解的初始温度随CO_2浓度的变化，如图 6-57(b)、(c)所示。实验结果充分证明了 MFBRA 在表征气固反应方面的优势。

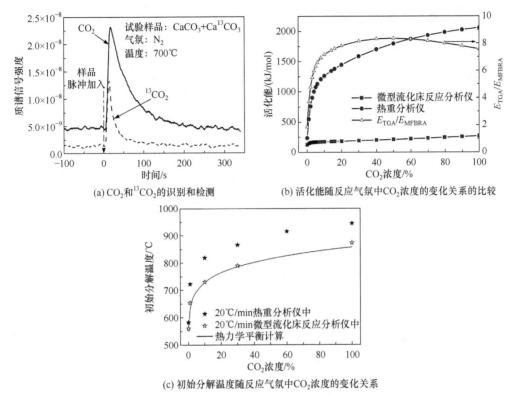

(a) CO_2和$^{13}CO_2$的识别和检测

(b) 活化能随反应气氛中CO_2浓度的变化关系的比较

(c) 初始分解温度随反应气氛中CO_2浓度的变化关系

图 6-57　微型流化床同位素标记法测定 CO_2 气氛下 $CaCO_3$ 热分解反应动力学

6.5　微型流化床技术展望

微型流化床作为一种微型化学反应器已得到比较广泛的研究。MFBRA 是迄今唯一的微型流化床产业化应用产品。毫无疑问，作为一种强大的反应分析方法和仪器，微型流化床反应分析仪有望进一步开发，用于更多的反应体系，如多级、复杂反应，以及涉及中间产品、高温、高压系统、细/超细颗粒(如纳米粒子)等反应系统。展望微型流态化技术的未来发展，以下几个方面需要特别关注。

6.5.1　稳定操作的微型流化床反应器

作为一种微型反应器，在稳定状态下连续稳定运行的微型流化床具有单位反应器体积处理能力大、转化率高、选择性高的优势。作为新工艺开发中定量研究产品分布和收率、催化剂活性变化等行为时，可以通过短时间运行、低操作费用快速获取非常有用的数据。这些对于反应和过程研发中工艺参数的探索、筛选或优化特别有价值。为了实现微型流化床反应器连续稳定运行，关键是需要配置反应物料微型加料器。未来期待研发对细微颗粒(如数微米及纳米)、黏附力强和流动性差的颗粒(如生物质)适应性更好、稳定性和精度高、自动化控制能力强的微型加料器及其控制系统，以推动微型流化床反应器在连续稳定运行方面的应用。

6.5.2   适用于极端条件的微型流化床

许多化学反应过程涉及如强放热、强吸热、高温、高压、高真空、强腐蚀、强辐射等极端的操作条件。对于这些在极端条件下的化学反应特性的研究，常规设备难以获取其真实的反应特性和动力学数据，或者研究成本过高而难以推广使用。可以预见，由于微型流化床体积小，模块化能力强，期待未来在这些方面有所突破。

6.5.3   微型流化床反应器适应大型化生产

将微型流化床反应器作为一个模块，通过模块集成的方法放大(numbering up)，可以实现反应器的线性放大过程[10]。中国发明专利[146]公开了一种多通道微型流化床反应器。通过将多个微型流化床并联并共用颗粒沉降段和气固分离器组成多通道微型流化床反应器，其中的每个微型流化床可单独控制，实现不同微型流化床内多样的流化状态，对颗粒的磨损性小，床间隙传热面积大，有利于微型流化床内反应温度控制。该反应器适合于强吸放热反应、快速表面反应及串级反应，有利于提高反应选择性与传质传热。通过与大尺寸流化床和固定床反应器相比，以合成气甲烷化反应和甲烷无氧芳构化反应为例，在相同条件下反应转化率和选择性均有明显提升。因此，未来需要不断开展微型流化床反应器的大型化基础和应用研究，开发可产业化的新技术和新设备。

6.5.4   外力场作用下的微型流化床反应器

亚微米和纳米颗粒的处理与加工技术近年来越来越受到关注。这些在流态化领域属于 Geldart C 类的超细颗粒具有极强的颗粒之间的作用力(如范德华力)，因而在常规流化床中难以形成稳定、均匀的流化状态。在外力场的辅助下，超细颗粒不仅可以实现稳定流化，而且具有流化速度减小、床层膨胀率增大等特征，无论是作为催化剂还是反应物，其反应性能大幅提高[147]。例如，Li 等[132]在内径为 20 mm 的微型流化床中，借助磁场辅助成功利用平均尺寸 5～10 nm 的 NiCo 气凝胶催化剂由一氧化碳合成甲烷，一氧化碳转化率和产品选择性均得到有效提高。未来需要不断深入研究纳米粒子在外场作用下的流化行为，开发新的应用技术，并推广其在化妆品、食品、塑料、催化剂、高性能和其他先进材料合成方面的工业应用。

6.5.5   微型循环流化床反应器

目前，微型流化床反应器的基础研究围绕鼓泡流化床进行。为了拓展微型流化床的研究和应用范围，如催化反应和催化剂再生的耦合，化学链燃料反应器和空气反应器耦合，热解和气化的耦合，热解和燃烧的耦合等，需要积极开展微型循环流化床反应器的研究和开发。文献[148]开展了适用于化学气相沉积反应的内循环微型流化床反应器的初步基础研究，而文献[149]提出了微型循环流化床的设计概念，并对其流动特性进行了初步实验研究。期待未来通过更加深入、系统的研究，微型循环流化床反应器系统能够在上述耦合反应系统的研究方面发挥重要作用。

6.5.6　微型循环流化床热重分析仪

目前，微型流化床分析仪仅能获得反应产物的生成动力学，对许多反应难以像热重分析仪那样获得总反应动力学，因而依然难以满足某些反应动力学研究的要求[150]。为了解决这一问题，研究者试图将流化床反应器良好的传质传热特性与热重分析实时质量测量的特点相结合，开发微型流化床热重分析仪[81,151-153]，并应用于 Ca(OH)$_2$ 的热分解反应[154]、脱灰煤的气化[151]、CaO 与 CO$_2$ 的反应[153]、褐煤焦的气化反应[81]等。在这些反应过程中需要注意，为了获得足够的分析精度，要根据流化气体速度和温度对流化床的质量进行补偿校正，以消除其对床层产生的浮力效应。未来需要开发更加可靠、使用方便的既能测定反应产物的生成也能测定总反应动力学的分析仪器。

6.5.7　反应过程的实时监测和表征

前已述及，MFBRA 可在反应过程中采取固体颗粒样品，以进行分析表征。然而，固体采样是间歇的，样品表征仍然是离线的。虽然这是非常有益的，但存在进一步发展的机会。例如，集成先进的原位实时分析手段，对反应过程中固体颗粒(反应的固体和催化剂)的动态行为(例如，表面和孔隙结构，化学成分及其转换)进行实时监控和分析表征。与目前稳态、离线的分析表征方法相比，新一代的动态原位表征技术有望极大地改变热分析方法，并对未来的科技创新做出重要贡献。

符 号 说 明

A	反应动力学方程指前因子，s^{-1}	$E(t)_{in}$	在颗粒床层入口处气体停留时间分布函数，s^{-1}
A_B	床层截面积，m^2	$E(t)_{out}$	在颗粒床层出口处气体停留时间分布函数，s^{-1}
A_E	常数，见式(6-5)		
Ar	阿基米德数，$Ar=(\rho_p-\rho_g)\rho_g g d_p^3/\mu_g^2$	E_a	反应表观活化能，kJ/mol
B_E	常数，见式(6-5)	$F_0(t)$	反应气体体积流率，m^3/s
b	反应物 B 的化学反应计量系数	$f(x)$	反应速度函数
$C(t)$	示踪气体浓度，mol/m^3	$G(x)$	反应速度函数 $f(x)$ 的积分
C_A	反应物 A 的体积摩尔浓度，mol/m^3		$\left[=\int f(x)^{-1}dx\right]$
C_{A0}	反应物 A 初始体积摩尔浓度，mol/m^3	g	重力加速度，m/s^2
		H	床高度，m
C_{AS}	反应物 A 在固体颗粒表面的体积摩尔浓度，mol/m^3	H_B	流化状态下的床层高度，m
		H_{mf}	最小流化状态时的床层高度，m
$D_{a,g}$	气体轴向扩散系数，m^2/s	H_s	静态床层高度，m
D_t	床层直径，m	K_1、K_2、K_3	常数，见式(6-2)
d_p	颗粒直径，m	k	反应速度常数[$=k(T)$]，s^{-1}
d_p^*	无量纲颗粒直径，$d_p^*=Ar^{1/3}$	M_B	反应物 B 的摩尔质量，g/mol
$E(t)$	气体停留时间分布函数，s^{-1}	m	床层颗粒质量，kg
$E(t)_h$	气体停留时间分布函数的最高峰值，s^{-1}		

$m_i(t)$	在时间 t 时反应气体释放的累计 量，mol	x_B	反应物 B 的相对转化率
		x_i	在反应时间 t 的相对转化率
$m_o(t)$	反应气体释放的总累计量，mol	x_o	总反应相对转化率
N_A	反应物 A 的摩尔数，mol	y	床层轴向坐标，m
N_B	反应物 B 的摩尔数，mol	z	无量纲床层轴向坐标$[=(ut+y)/H]$
$Pe_{a,g}$	佩克莱数$(=U_g/D_{a,g}H)$	β	加热速率，℃/min
R	摩尔气体常量，8.314J/(mol · K)	ε	空隙率
R_0	反应物颗粒的初始半径，m	ε_{mf}	最小流化状态下的空隙率
Re	雷诺数，$Re = \rho_g U d_p/\mu_g$	ε_{smf}	最小流化状态下颗粒体积分数
r	反应速率常量，s^{-1}	θ	无量纲时间$(= t/\bar{t})$
r_c	未反应核的半径，m	μ_g	气体黏度，Pa·s
r_i	在反应时间 t 的反应速度，s^{-1}	ρ_g	气体密度，kg/m³
r_o	总反应速度，s^{-1}	ρ_p	颗粒密度，kg/m³
T	温度，K	σ	方差
t	反应时间，s	σ_t^2	气体停留时间分布函数的方差的
$\bar{t}$	平均停留时间，s		平方，s²
U^*	无量纲速度，$U^*=Re/Ar^{1/3}$	τ	颗粒完全转化所需的时间，s
U_c	湍动流态化起始速度，m/s	φ	颗粒与壁面的摩擦角
U_g	表观气体速度，m/s	ϕ	颗粒球形度
U_{mb}	鼓泡流态化起始速度，m/s	$\Delta P_{B,max}$	发生压降过冲时的最大床层压
U_{mf}	最小流态化速度，m/s		降，Pa
U_{mfm}	宏观流化床最小流态化速度，m/s	ΔP_B	床层压降，Pa
U_{ms}	节涌流态化起始速度，m/s	ΔP_E	Ergun 公式计算的床层压降，Pa
U_t	颗粒终端速度(自由沉降速度)，m/s	ΔP_S	单位截面积的物料重量造成的床
u	颗粒间气体速度$(=U_g/\varepsilon)$，m/s		层压降，Pa
V_B	颗粒床层体积，m³	$\Delta P_{W,max}$	壁面效应造成的最大压降过冲，Pa
x	相对转化率	ΔP_W	由壁面效应造成的床层压降，Pa

习　　题

6-1　从流体力学的基础角度，讨论：

　　(1) 微型流化床和宏观大型流化床的不同，探讨造成这些不同的原因。

　　(2) 分析微型流化床在气固反应分析应用方面的优缺点。

　　(3) 在微型流化床的研究中，还存在什么问题和机遇。

6-2　在常温(25℃，101.3 kPa)下用空气流化石英砂颗粒(平均粒径 150 μm，颗粒密度 2600 kg/m³)定量预测其分别在微型流化床(直径 20 mm)和宏观流化床(直径 500 mm)的最小流化速度。设在两种床中静态床高与床径比相同，均为 3.0。

6-3　图 6-58 为在微型流化床中所测得的气体停留时间分布函数的结果，求对应的气体平均停留时间、方差和气体轴向佩克莱数。

6-4　图 6-59 为某种煤焦颗粒在热重和微型流化床反应分析仪中，以 CO_2 为还原剂，在不同加热速率下转化率随气化温度的变化关系。比较和分析煤焦颗粒在热重和微型流化床反应器中气化反应过程和动力学特性及其差异。

6-5　图 6-60 为某种煤焦颗粒在微型流化床反应分析仪中，以 CO_2 为还原剂在不同气化温度下转化率随时间的变化关系，求煤焦微型流化床反应器中的气化反应机理和动力学参数。

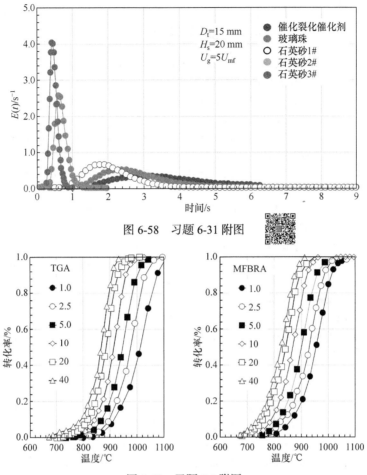

图 6-58　习题 6-31 附图

图 6-59　习题 6-4 附图

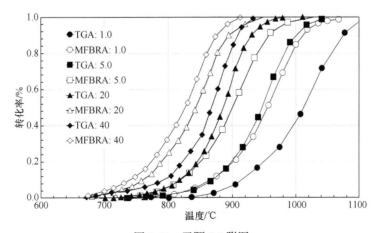

图 6-60　习题 6-5 附图

参 考 文 献

[1] Tyler R J. Flash pyrolysis of coals. 1. Devolatilization of a Victorian brown coals in a small fluidized-bed reactor[J]. Fuel, 1979, 58(9): 680-686.

[2] Zhang Z G, Scott D S, Silveston P L. Steady-state gasification of an Alberta subbituminous coal in a microfluidized bed[J]. Energy and Fuels, 1994, 8(3): 637-642.

[3] Potic B, Kersten S R A, Ye M, et al. Fluidization with hot compressed water in micro-reactors[J]. Chemical Engineering Science, 60(22): 5982-5990.

[4] 许光文. 微型流化床反应分析仪——中国科学院仪器发展项目#Y2005014[R]. http://www.rcmlab.net/guangwenxuwork-5. 2022-08-04.

[5] Liu X H, Xu G W, Gao S. Micro fluidized beds: Wall effect and operability[J]. Chemical Engineering Journal, 2008, 137(2): 302-307.

[6] Cheng N S. Wall effect on pressure drop in packed beds[J]. Powder Technology, 2011, 210(3): 261-266.

[7] Di Felice R, Gibilaro L G. Wall effects for the pressure drop in fixed beds[J]. Chemical Engineering Science, 2004, 59(14): 3037-3040.

[8] Loezos P N, Costamagna P, Sundaresan S. The role of contact stresses and wall friction on fluidization[J]. Chemical Engineering Science, 2002, 57(24): 5123-5141.

[9] McDonough J R, Law R, Reay D A, et al. Fluidization in small-scale gas-solid 3D-printed fluidized beds[J]. Chemical Engineering Science, 2019, 200: 294-309.

[10] Wang F, Fan L S. Gas-solid fluidization in mini- and micro-channels[J]. Industrial and Engineering Chemistry Research, 2011, 50(8): 4741-4751.

[11] Vanni F, Caussat B, Ablitzer C, et al. Effects of reducing the reactor diameter on the fluidization of a very dense powder[J]. Powder Technology, 2015, 277: 268-274.

[12] Ansart R, Vanni F, Caussat B, et al. Effects of reducing the reactor diameter on the dense gas-solid fluidization of very heavy particles: 3D numerical simulations[J]. Chemical Engineering Research and Design, 2017, 117: 575-583.

[13] Rao A, Curtis J S, Hancock B C, et al. The effect of column diameter and bed height on minimum fluidization velocity[J]. AIChE Journal, 2010, 56(9): 2304-2311.

[14] Xu Y P, Li T W, Musser J, et al. CFD-DEM modeling the effect of column size and bed height on minimum fluidization velocity in micro fluidized beds with Geldart B particles[J]. Powder Technology, 2017, 318: 321-328.

[15] Guo Q J, Xu Y, Yue X. Fluidization characteristics in micro-fluidized beds of various inner diameters[J]. Chemical Engineering and Technology, 2009, 32(12): 1992-1999.

[16] Prajapati A, Renganathan T, Krishnaiah K. Kinetic studies of CO_2 capture using K_2CO_3/activated carbon in fluidized bed reactor[J]. Energy and Fuels, 2016, 30(12): 10758-10769.

[17] Quan H Q, Fatah N, Hu C D. Diagnosis of hydrodynamic regimes from large to micro-fluidized beds[J]. Chemical Engineering Journal, 2020, 391: 123615.

[18] Geng S L, Han Z N, Yue J R, et al. Conditioning micro fluidized bed for maximal approach of gas plug flow[J]. Chemical Engineering Journal, 2018, 351: 110-118.

[19] Han Z, Yue J, Geng S, et al. State of the art hydrodynamics of gas-solid micro fluidized beds[J]. Chemical Engineering Science, 2021, 232: 116345.

[20] Wen C Y, Yu Y H. A generalized method for predicting the minimum fluidization velocity[J]. AIChE Journal, 1966, 12(3): 610-612.

[21] Haider A, Levenspiel O. Drag coefficient and terminal velocity of spherical and nonspherical particles[J]. Powder Technology, 1989, 58(1): 63-70.

[22] Xiang J, Zhang Y G, Li Q H. Effect of bed size on the gas-solid flow characterized by pressure fluctuations in bubbling fluidized beds[J]. Particuology, 2019, 47: 1-9.

[23] Liu X, Su J L, Qian Y N, et al. Comparison of two-fluid and discrete particle modeling of gas-particle flows in micro fluidized beds[J]. Powder Technology, 2018, 338: 79-86.

[24] Grace J R, Bi X, Ellis N. Essentials of Fluidization Technology//Essentials of Fluidization Technology[M]. Weinheim: Wiley-VCH Verlag GmbH & Co. KGaA, 2020.

[25] Bi H T, Ellis N, Abba I A, et al. A state-of-the-art review of gas-solid turbulent fluidization [J]. Chemical Engineering Science, 2000, 55(21): 4789-4825.

[26] Cai P, Chen S P, Jin Y, et al. Effect of operating temperature and pressure on the transition from bubbling to turbulent fuidization[J]. AIChE Symposium Series, 1989, 85(270): 37-43.

[27] Cai P, Jin Y, Yu Z Q, et al. Mechanism of flow regime transition from bubbling to turbulent fluidization[J]. AIChE Journal, 1990, 36(6): 955-956.

[28] Dang N T Y, Gallucci F, van Sint Annaland M. An experimental investigation on the onset from bubbling to turbulent fluidization regime in micro-structured fluidized beds[J]. Powder Technology, 2014, 256: 166-174.

[29] Levenspiel O. Chemical reaction engineering[J]. Industrial & Engineering Chemistry Research, 1999, 38(11): 4140-4143.

[30] Kunii D, Levenspiel O. Fluidization Engineering[M]. 2nd ed. Boston: Butterworth-Heinemann, 1991.

[31] Dang T Y N, Gallucci F, van Sint Annaland M. Gas back-mixing study in a membrane-assisted micro-structured fluidized bed[J]. Chemical Engineering Science, 2014, 108(1): 194-202.

[32] Du B, Fan L S, Wei F, et al. Gas and solids mixing in a turbulent fluidized bed[J]. AIChE Journal, 2002, 48(9): 1896-1909.

[33] Zhang Y M, Lu C X, Grace J R, et al. Gas back-mixing in a two dimensional baffled turbulent fluidized bed[J]. Industrial & Engineering Chemistry Research, 2008, 47(21): 8484-8491.

[34] Sane S U, Haynes H W Jr, Agarwal P K Jr. An experimental and modelling investigation of gas mixing in bubbling fluidized beds[J]. Chemical Engineering Science, 1996, 51(7): 1133-1147.

[35] Namkung W, Kim S D. Gas backmixing in a circulating fluidized bed[J]. Powder Technology, 1998, 99(1): 70-78.

[36] Nguyen H V, Whitehead A B, Potter O E. Gas backmixing, solids movement, and bubble activities in large scale fluidized beds[J]. AIChE Journal, 1977, 23(6): 913-922.

[37] Deshmukh S A R K, Laverman J A, Cents A H G, et al. Development of a membrane-assisted fluidized bed reactor. 1. Gas phase back-mixing and bubble-to-emulsion phase mass transfer using tracer injection and ultrasound experiments[J]. Industrial and Engineering Chemistry Research, 2005, 44(16): 5955-5965.

[38] Bošković D, Loebbecke S. Modelling of the residence time distribution in micromixers[J]. Chemical Engineering Journal, 2008, 135: S138-S146.

[39] Adeosun J T, Lawal A. Numerical and experimental studies of mixing characteristics in a T-junction microchannel using residence-time distribution[J]. Chemical Engineering Science, 2009, 64(10): 2422-2432.

[40] 李斌, 纪律. 流化床炉内颗粒混合的离散单元法数值模拟[J]. 中国电机工程学报, 2012, 32(20): 42-48, 137.

[41] 杨旭, 刘雅宁, 余剑, 等. 微型流化床内混合特性的数值模拟[J]. 化工学报, 2014, 65(9): 3323-3330.

[42] Wang F, Zeng X, Geng S, et al. Distinctive hydrodynamics of a micro fluidized bed and its application to gas-solid reaction analysis[J]. Energy AND Fuels, 2018, 32(4): 4096-4106.

[43] 余剑, 朱剑虹, 岳君容, 等. 微型流化床反应动力学分析仪的研制与应用[J]. 化工学报, 2009, 60(10): 2669-2674.

[44] Yu J, Zeng X, Yue J, et al. Micro fluidized bed reaction analysis and its applications// Kuipers J A M, Mudde R F, van Ommen J R, et al. The 14th International Conference On Fluidization: From Fundamentals to Products[C]. ECI Symposium Series, 2013.

[45] 曾玺, 王芳, 余剑, 等. 微型流化床反应分析的方法基础与应用研究[J]. 化工进展, 2016, 35(6): 1687-1697.

[46] 耿爽, 余剑, 张聚伟, 等. 微型流化床内气体返混[J]. 化工学报, 2013, 64(3): 867-876.

[47] Saadatkhah N, Carillo Garcia A, Ackermann S, et al. Experimental methods in chemical engineering: Thermogravimetric analysis—TGA[J]. The Canadian Journal of Chemical Engineering, 2020, 98(1): 34-43.

[48] Nowak B, Karlström O, Backman P, et al. Mass transfer limitation in thermogravimetry of biomass gasification[J]. Journal of Thermal Analysis and Calorimetry, 2013, 111(1): 183-192.

[49] Mueller A, Haustein H, Stoesser P, et al. Gasification kinetics of biomass and fossil-based fuels: Comparison study using fluidized bed and thermogravimetric analysis[J]. Energy and Fuels, 2015, 29(10): 6713-6723.

[50] Jess A, Andresen A K. Influence of mass transfer on thermogravimetric analysis of combustion and gasification reactivity of coke[J]. Fuel, 2010, 89(7): 1541-1548.

[51] 余剑, 李强, 段正康, 等. 微型流化床中的等温微分反应特性[J]. 中国科学: 化学, 2011, 41(1): 152-160.

[52] 余剑, 岳君容, 刘文钊, 等. 非催化气固反应动力学热分析方法与仪器[J]. 分析化学, 2011, 39(10): 1549-1554.

[53] 姜微微, 郝文倩, 刘雪景, 等. 微型流化床内菱镁矿轻烧反应特性及动力学[J]. 化工学报, 2019, 70(8): 2928-2937.

[54] Gross B, Nace D M, Voltz S E. Application of a kinetic model for comparison of catalytic cracking in a fixed bed microreactor and a fluidized dense bed[J]. Industrial and Engineering Chemistry Process Design and Development, 1974, 13(3): 199-203.

[55] Wang Q, Zhang C X, Zhu Z X, et al. Comparison study for the oxidative dehydrogenation of isopentenes to isoprene in fixed and fluidized beds[J]. Catalysis Today, 2016, 276: 78-84.

[56] 许光文, 余剑, 姚梅琴, 等. 填补热分析测试技术空白创新热分析仪器研发新方向——国家重大科学仪器设备开发专项"微型流化床等温微分流(气)固反应分析仪研发与应用示范"取得突破性进展[J]. 科技成果管理与研究, 2016, (10): 63-66.

[57] Yu J, Zeng X, Zhang J W, et al. Isothermal differential characteristics of gas-solid reaction in micro-fluidized bed reactor[J]. Fuel, 2013, 103(Jan): 29-36.

[58] Gai C, Dong Y P, Fan P F, et al. Kinetic study on thermal decomposition of toluene in a micro fluidized bed reactor[J]. Energy Conversion and Management, 2015, 106(1): 721-727.

[59] Geng S L, Han Z N, Hu Y, et al. Methane decomposition kinetics over Fe_2O_3 catalyst in micro fluidized bed reaction analyzer[J]. Industrial and Engineering Chemistry Research, 2018, 57(25): 8413-8423.

[60] Amiri M, Shahhosseini S. Optimization of CO_2 capture from simulated flue gas using K_2CO_3/Al_2O_3 in a micro fluidized bed reactor[J]. Energy and Fuels, 2018, 32(7): 7978-7990.

[61] Yu J, Zeng X, Zhang G, et al. Kinetics and mechanism of direct reaction between CO_2 and $Ca(OH)_2$ in

micro fluidized bed[J]. Environmental Science and Technology, 2013, 47(13): 7514-7520.

[62] Guo F Q, Dong Y P, Lv Z, et al. Kinetic behavior of biomass under oxidative atmosphere using a micro-fluidized bed reactor[J]. Energy Conversion and Management, 2016, 108(1): 210-218.

[63] Gai C, Dong Y P, Lv Z, et al. Pyrolysis behavior and kinetic study of phenol as tar model compound in micro fluidized bed reactor[J]. International Journal of Hydrogen Energy, 2015, 40(25): 7956-7964.

[64] Dai C S, Ma S J, Liu X P, et al. Study on the pyrolysis kinetics of blended coal in the fluidized-bed reactor[J]. Procedia Engineering, 2015, 102: 1736-1741.

[65] Gao W, Farahani M R, Jamil M K, et al. Kinetic modeling of pyrolysis of three Iranian waste oils in a micro-fluidized bed[J]. Petroleum Science and Technology, 2017, 35(2): 183-189.

[66] Guo F, Liu Y, Wang Y, et al. Characterization and kinetics for co-pyrolysis of Zhundong lignite and pine sawdust in a micro fluidized bed[J]. Energy and Fuels, 2017, 31(8): 8235-8244.

[67] Guo F Q, Dong Y P, Lv Z, et al. Pyrolysis kinetics of biomass (herb residue) under isothermal condition in a micro fluidized bed[J]. Energy Conversion and Management, 2015, 93(15): 367-376.

[68] Guo F Q, Peng K Y, Zhao X M, et al. Influence of impregnated copper and zinc on the pyrolysis of rice husk in a micro-fluidized bed reactor: Characterization and kinetics[J]. International Journal of Hydrogen Energy, 2018, 43(46): 21256-21268.

[69] Liu Y, Wang Y, Guo F Q, et al. Characterization of the gas releasing behaviors of catalytic pyrolysis of rice husk using potassium over a micro-fluidized bed reactor[J]. Energy Conversion and Management, 2017, 136(Mar): 395-403.

[70] Mao Y B, Dong L, Dong Y P, et al. Fast co-pyrolysis of biomass and lignite in a micro fluidized bed reactor analyzer[J]. Bioresource Technology, 2015, 181: 155-162.

[71] 余剑, 朱剑虹, 郭凤, 等. 生物质在微型流化床中热解动力学与机理[J]. 燃料化学学报, 2010, 38(6): 666-672.

[72] Yu J, Yao C B, Zeng X, et al. Biomass pyrolysis in a micro-fluidized bed reactor: Characterization and kinetics[J]. Chemical Engineering Journal, 2011, 168(2): 839-847.

[73] Guo F, Liu Y, Guo C, et al. Influence of AAEM on kinetic characteristics of rice husk pyrolysis in micro-fluidized bed reactor[J]. CIESC Journal, 2017, 68(10): 3795-3804.

[74] Wang F, Zeng X, Wang Y G, et al. Non-isothermal coal char gasification with CO_2 in a micro fluidized bed reaction analyzer and a thermogravimetric analyzer[J]. Fuel, 2016, 164(Jan.15): 403-409.

[75] 王芳, 曾玺, 王永刚, 等. 微型流化床与热重测定煤焦非等温气化反应动力学对比[J]. 化工学报, 2015, 66(5): 1716-1722.

[76] 王芳, 曾玺, 韩江则, 等. 微型流化床与热重测定煤焦-CO_2 气化反应动力学的对比研究[J]. 燃料化学学报, 2013, 41(4): 407-413.

[77] Zhang Y M, Yao M Q, Sun G G, et al. Characteristics and kinetics of coked catalyst regeneration via steam gasification in a micro fluidized bed[J]. Industrial and Engineering Chemistry Research, 2014, 53(15): 6316-6324.

[78] Guo Y Z, Zhao Y J, Gao D Y, et al. Kinetics of steam gasification of *in-situ* chars in a micro fluidized bed[J]. International Journal of Hydrogen Energy, 2016, 41(34): 15187-15198.

[79] Zeng X, Wang F, Wang Y G, et al. Characterization of char gasification in a micro fluidized bed reaction analyzer[J]. Energy and Fuels, 2014, 28(3): 1838-1845.

[80] Wang F, Zeng X, Wang Y, et al. Non-isothermal coal char gasification with CO_2 in a micro fluidized bed reaction analyzer and a thermogravimetric analyzer[J]. Fuel, 2016, 164(15): 403-409.

[81] Li Y, Wang H, Li W C, et al. CO_2 gasification of a lignite char in microfluidized bed thermogravimetric

analysis for chemical looping combustion and chemical looping with oxygen uncoupling[J]. Energy and Fuels, 2019, 33(1): 449-459.

[82] Haruna Adamu M, Zeng X, Zhang J L, et al. Property of drying, pyrolysis, gasification, and combustion tested by a micro fluidized bed reaction analyzer for adapting to the biomass two-stage gasification process[J]. Fuel, 2020, 264(Mar.15): 116827.1-116827.13.

[83] Zhang Y, Sun G, Gao S, et al. Regeneration kinetics of spent FCC catalyst via coke gasification in a micro fluidized bed[J]. Procedia Engineering, 2015, 102: 1758-1765.

[84] Zhang Y M, Yao M Q, Gao S Q, et al. Reactivity and kinetics for steam gasification of petroleum coke blended with black liquor in a micro fluidized bed[J]. Applied Energy, 2015, 160(15): 820-828.

[85] Wang F, Zeng X, Shao R, et al. Isothermal gasification of *in situ/ex situ* coal char with CO_2 in a micro fluidized bed reaction analyzer[J]. Energy and Fuels, 2015, 29(8): 4795-4802.

[86] Gao W, Farahani M R, Rezaei M, et al. Kinetic modeling of biomass gasification in a micro fluidized bed[J]. Energy Sources, Part A: Recovery, Utilization and Environmental Effects, 2017, 39(7): 643-648.

[87] 张文达, 王鹏翔, 孙绍增, 等. 酸洗脱灰对准东次烟煤结构和反应活性的影响[J]. 化工学报, 2017, 68(8): 3291-3300.

[88] 方园, 罗光前, 陈超, 等. 微型流化床中原位焦和冷却焦燃烧动力学研究[J]. 燃烧科学与技术, 2016, 22(2): 148-154.

[89] Chen H S, Zheng Z, Shi W Y. Investigation on the kinetics of iron ore fines reduction by CO in a micro-fluidized bed[J]. Procedia Engineering, 2015, 102: 1726-1735.

[90] Chen H S, Zheng Z, Chen Z W, et al. Multistep reduction kinetics of fine iron ore with carbon monoxide in a micro fluidized bed reaction analyzer[J]. Metallurgical and Materials Transactions B, 2017, 48(2): 841-852.

[91] Chen H S, Zheng Z, Chen Z W, et al. Reduction of hematite (Fe_2O_3) to metallic iron (Fe) by CO in a micro fluidized bed reaction analyzer: A multistep kinetics study[J]. Powder Technology, 2017, 316: 410-420.

[92] Li J, Liu X W, Zhou L, et al. A two-stage reduction process for the production of high-purity ultrafine Ni particles in a micro-fluidized bed reactor[J]. Particuology, 2015, 19: 27-34.

[93] Lin Y H, Guo Z C, Tang H Q, et al. Kinetics of reduction reaction in micro-fluidized bed[J]. Journal of Iron and Steel Research International, 2012, 19(6): 6-8.

[94] Liu Y, Guo F Q, Li X L, et al. Catalytic effect of iron and nickel on gas formation from fast biomass pyrolysis in a microfluidized bed reactor: A kinetic study[J]. Energy and Fuels, 2017, 31(11): 12278-12287.

[95] Song Y, Wang Y, Yang W, et al. Reduction of NO over biomass tar in micro-fluidized bed[J]. Fuel Processing Technology, 2014, 118: 270-277.

[96] Yu J W, Han Y X, Li Y J, et al. Mechanism and kinetics of the reduction of hematite to magnetite with $CO-CO_2$ in a micro-fluidized bed[J]. Minerals, 2017, 7(11): 1-12.

[97] 林银河, 郭占成, 唐惠庆. 微型流化床中气氛对还原度的影响[J]. 钢铁研究学报, 2014, 26(4): 18-23.

[98] Xue Y, Kelkar A, Bai X L. Catalytic co-pyrolysis of biomass and polyethylene in a tandem micropyrolyzer[J]. Fuel, 2015, 166(15): 227-236.

[99] Kim Y M, Jae J, Lee H W, et al. *Ex-situ* catalytic pyrolysis of citrus fruit peels over mesoporous MFI and Al-MCM-41[J]. Energy Conversion and Management, 2016, 125(Oct): 277-289.

[100] Guo Y, Zhao Y, Meng S, et al. Development of a multistage *in situ* reaction analyzer based on a micro fluidized bed and its suitability for rapid gas-solid reactions[J]. Energy and Fuels, 2016, 30(7): 6021-6033.

[101] 孙绍增, 郭洋洲, 高丁一, 等. 一种基于原位解耦的气固反应分析装置及分析方法: CN104749206B[P]. 2017-11-14.

[102] 许光文, 岳君容, 尹翔, 等. 流化床反应分析仪: 双床解耦微型: CN304027648S[P]. 2017-02-08.

[103] 罗光前, 方园, 李凯迪, 等. 一种两段式固体燃料分级反应动力学分析设备: CN104880479B[P]. 2017-08-11.

[104] 姚洪, 方园, 罗光前, 等. 微型双床固体燃料解耦燃烧反应动力学分析仪: CN103543237B[P]. 2015-05-20.

[105] Pang F, Song F E, Zhang Q D, et al. Study on the influence of oxygen-containing groups on the performance of Ni/AC catalysts in methanol vapor-phase carbonylation[J]. Chemical Engineering Journal, 2016, 293: 129-138.

[106] 韩怡卓, 谭猗生, 庞飞, 等. 一种用于微型流化床在线颗粒取样的取样装置: CN204085939U[P]. 2015-01-07.

[107] 许光文, 岳君容, 尹翔, 等. 在线颗粒采集微型流化床气固催化反应分析表征仪: CN303770576S[P]. 2016-08-03.

[108] 韩怡卓, 谭猗生, 庞飞, 等. 用于微型流化床在线颗粒取样的快速插拔式取样装置: CN205175733U[P]. 2016-04-20.

[109] 韩怡卓, 谭猗生, 庞飞, 等. 一种微型流化床在线颗粒取样装置及应用: CN104198223B[P]. 2017-02-08.

[110] 韩怡卓, 谭猗生, 庞飞, 等. 一种应用于微型流化床在线颗粒取样的取样装置: CN204085939U[P]. 2015-01-07.

[111] 岳君容, 关宇, 许光文, 等. 样品采集装置、系统、方法及存储介质: CN108489773A[P]. 2018-09-04.

[112] 王芳, 曾玺, 余剑, 等. 微型流化床中煤焦水蒸气气化反应动力学研究[J]. 沈阳化工大学学报, 2014, 28(3): 213-219.

[113] 季颖, 曾玺, 余剑, 等. 微型流化床反应分析仪中煤半焦水蒸气气化反应特性[J]. 化工学报, 2014, 65(9): 3447-3456.

[114] 岳君容, 关宇, 许光文, 等. 微型反应器及微型气固热反应在线分析装置: CN108614077A[P]. 2018-10-02.

[115] 陈超, 姚洪, 徐凯, 等. 一种控制流量的水蒸气发生方法及装置: CN104495753B[P]. 2016-05-25.

[116] Coats A W, Redfern J P. Kinetic parameters from thermogravimetric data[J]. Nature, 1964, 201(4914): 68-69.

[117] Huang Y F, Chiueh P T, Kuan W H, et al. Pyrolysis kinetics of biomass from product information[J]. Applied Energy, 2013, 110(Oct): 1-8.

[118] Encinar J M, González J E, González J. Fixed-bed pyrolysis of *Cynara cardunculus* L. Product yields and compositions[J]. Fuel Processing Technology, 2000, 68(3): 209-222.

[119] Yu J, Yue J R, Liu Z E, et al. Kinetics and mechanism of solid reactions in a micro fluidized bed reactor[J]. AIChE Journal, 2010, 56(11): 2905-2912.

[120] Chen K, Zhao Y J, Zhang W D, et al. The intrinsic kinetics of methane steam reforming over a nickel-based catalyst in a micro fluidized bed reaction system[J]. International Journal of Hydrogen Energy, 2020, 45(3): 1615-1628.

[121] Jiang J K, Zhou W, Cheng Z, et al. Particulate matter distributions in China during a winter period with frequent pollution episodes (January 2013)[J]. Aerosol and Air Quality Research, 2015, 15(2): 494-503.

[122] 蔡连国, 刘文钊, 许光文, 等. 煤程序升温与等温热解特性及动力学比较研究[J]. 煤炭转化, 2012, 35(3): 6-14.

[123] 王芳, 曾玺, 王永刚, 等. 微型流化床反应分析仪中原位/非原位煤焦气化动力学研究[J]. 燃料化学学报, 2015, 43(4): 393-401.

[124] Jia L, Le-Brech Y, Shrestha B, et al. Fast pyrolysis in a microfluidized bed reactor: effect of biomass properties and operating conditions on volatiles composition as analyzed by online single photoionization mass spectrometry[J]. Energy and Fuels, 2015, 29(11): 7364-7374.

[125] Jia L Y, Dufour A, Le Brech Y, et al. On-line analysis of primary tars from biomass pyrolysis by single photoionization mass spectrometry: Experiments and detailed modelling[J]. Chemical Engineering Journal, 2017, 313: 270-282.

[126] 于德平. 石油焦气化反应特性及动力学研究[D]. 湘潭: 湘潭大学, 2013.

[127] 郑敏, 沈来宏, 冯晓琼. CaO 加入条件下煤与 $CaSO_4$ 氧载体化学链燃烧的反应性能研究[J]. 燃料化学学报, 2014, 42(4): 399-407.

[128] Li X F, Wang L, Jia L, et al. Numerical and experimental study of a novel compact micro fluidized beds reactor for CO_2 capture in HVAC[J]. Energy and Buildings, 2017, 135(Jan): 128-136.

[129] 李晓飞, 王雷, 贾磊, 等. 低浓度 CO_2 捕集斜向紧凑微型流化床的设计及性能[J]. 东南大学学报 (自然科学版), 2016, 46(4): 770-775.

[130] Finn J R, Galvin J E, Hornbostel K. CFD investigation of CO_2 absorption/desorption by a fluidized bed of micro-encapsulated solvents[J]. Chemical Engineering Science: X, 2020, 6: 100050.

[131] Fu X, Cui X, Wei X, et al. Investigation of low and mild temperature for synthesis of high quality carbon nanotubes by chemical vapor deposition[J]. Applied Surface Science, 2014, 292(1): 645-649.

[132] Li J, Zhou L, Zhu Q, et al. Enhanced methanation over aerogel $NiCo/Al_2O_3$ catalyst in a magnetic fluidized bed[J]. Industrial and Engineering Chemistry Research, 2013, 52: 6647-6654.

[133] 张玉明, 孙国刚, 高士秋, 等. 微型流化床中积炭 FCC 催化剂水蒸气气化再生特性及动力学[J]. 石油学报(石油加工), 2014, 30(6): 1043-1051.

[134] 尹静姝, 方园, 朱贤青, 等. 微型流化床-快速过程红外热分析仪对 $CaCO_3$ 热分解的动力学研究[J]. 工程热物理学报, 2014, 35(6): 1216-1220.

[135] 曾玺, 王芳, 韩江则, 等. 微型流化床反应分析及其对煤焦气化动力学的应用[J]. 化工学报, 2013, 64(1): 289-296.

[136] Zhang J, Wang Y, Dong L, et al. Decoupling gasification: Approach principle and technology justification[J]. Energy and Fuels, 2010, 24(12): 6223-6232.

[137] 刘文钊, 余剑, 张聚伟, 等. 多孔物质气固反应动力学研究[J]. 中国科学: 化学, 2012, 42(8): 1210-1216.

[138] 郭磊, 程威, 郭占成. 微型流化床在煤氧高温燃烧动力学中的应用[J]. 江西冶金, 2019, 39(2): 14-19.

[139] Mueller D, Karl J. Biomass CHP with micro-fluidized-bed combustion//21st European Biomass Conference and Exhibition[C]. Copenhagen, 2013.

[140] Lin Y H, Guo Z C, Tang H Q. Reduction behavior with CO under micro-fluidized bed conditions[J]. Journal of Iron and Steel Research International, 2013, 20(2): 8-13.

[141] He K, Zheng Z, Chen Z. Multistep reduction kinetics of Fe_3O_4 to Fe with CO in a micro fluidized bed reaction analyzer[J]. Powder Technology, 2020, 360: 1227-1236.

[142] Li J, Ma T, Zhou L, et al. Synthesis of fullerene-like WS_2 nanoparticles in a particulately fluidized bed: Kinetics and reaction phase diagram[J]. Industrial and Engineering Chemistry Research, 2014, 53(2): 592-600.

[143] Khinast J, Krammer G, Brunner C, et al. Decomposition of limestone: The influence of CO_2 and particle

size on the reaction rate[J]. Chemical Engineering Science, 1996, 51(4): 623-634.

[144] Garcia-Labiano F, Abad A, de Diego L F, et al. Calcination of calcium-based sorbents at pressure in a broad range of CO_2 concentrations[J]. Chemical Engineering Science, 2002, 57(13): 2381-2393.

[145] Liu X J, Hao W Q, Wang K X, et al. Acquiring real kinetics of reactions in the inhibitory atmosphere containing the product gases using a micro fluidized bed[J]. AIChE Journal(submitted), 2021, 67(9): e17325.

[146] 余剑, 耿素龙, 刘姣, 等. 一种多通道微型流化床及其用途: CN105921082B[P]. 2016-09-07.

[147] van Ommen J R, Valverde J M, Pfeffer R. Fluidization of nanopowders: A review[J]. Journal of Nanoparticle Research, 2012, 14(3): 1-29.

[148] 姚梅琴, 岳君容, 战金辉, 等. 内循环微型流化床流动特性[J]. 化工学报, 2017, 68(10): 3717-3724.

[149] Shen T X, Zhu X, Yan J C, et al. Design of micro interconnected fluidized bed for oxygen carrier evaluation[J]. International Journal of Greenhouse Gas Control, 2019, 90: 102806.

[150] Chuang S Y, Dennis J S, Hayhurst A N, et al. Kinetics of the oxidation of a co-precipitated mixture of Cu and Al_2O_3 by O_2 for chemical-looping combustion[J]. Energy and Fuels, 2010, 24(7): 3917-3927.

[151] Samih S, Chaouki J. Catalytic ash free coal gasification in a fluidized bed thermogravimetric analyzer[J]. Powder Technology, 2017, 316: 551-559.

[152] Samih S, Chaouki J. Development of a fluidized bed thermogravimetric analyzer[J]. AIChE Journal, 2015, 61(1): 84-89.

[153] Li Y, Li Z S, Wang H, et al. CaO carbonation kinetics determined using micro-fluidized bed thermogravimetric analysis[J]. Fuel, 2020, 264(15): 116823.

[154] Chaouki J, Latifi M, Samih S. Development of a fluidized bed thermo-gravimetric analyzer (FB-TGA)//Garcia-Perez M, Meier D, Ocone R, et al. ECI Symposium Series: BioEnergy IV: Innovations in Biomass Conversion for Heat, Power, Fuels and Chemicals[M]. Otranto: Engineering Conferences International, 2013.

第7章

液固及气液固微型流态化

由圆管层流条件下的单相流动、传递及混合规律可知，其传热和传质系数大小与管道几何尺寸成反比，而其混合时间与管道几何尺寸成正比，即管道几何尺寸减小，传热和传质系数增大，而混合时间缩短。因此，要强化单相层流过程的传递及混合过程，系统几何尺寸的微型化是有效途径，如采用微流控系统等。微系统的特征尺寸为毫米、微米甚至纳米级[1]。按照用途的不同，微系统可分为：微反应器、微混合器、微换热器和微分离器等。微型流态化及其对应的微型流化床可归类为微系统，但与一般的微系统又有区别。微型流化床区别于一般微流控系统的特征之一是：微型流化床是专门用来流化处理固体颗粒的装置系统。微型流化床中的颗粒处于悬浮或输送状态，不用担心颗粒堵塞系统而设法避免颗粒的存在。微型流化床的几何特征尺寸目前还没有公认的具体范围，有实际意义的特征尺寸一般为毫米或微米级。微型流化床可分为气固微型流化床、液固和气液固微型流化床。微型流化床可通过微加工和精密加工等技术制造得到。

如本书第6章气固微型流化床所述，气固微型流化床的历史可追溯到1979年Tyler[2]采用气固微型流化床研究煤的热解的报道[3]。1991年Haynes等[4]采用液固微型流化床研究了煤的催化液化，其中也提到了加入气相。但是，将微型流化床作为一类特殊反应器进行系统研究是在2005年以后[3,5-9]。许光文课题组的Han等[3]对气固微型流化床的国内外进展进行了综述。Zivkovic等[5]对液固微型流化床的特性进行了较为系统的研究和总结。2013年Tang等[6]以及胡文华等[7]分别研究了气液固微通道流系统和气液固微型浆态床系统。2016年，刘明言提出了气液固微型流化床的概念，课题组的Li等[8]开展了三相微型流态化特性的研究。

总体而言，微型流化床的研究还处于起步阶段。但是，由于微型流化床兼具微反应器和流化床各自的优点，有可能成为流态化研究和应用的重要方向。气固微型流化床的相关内容在第6章已介绍，本章主要阐述液固及气液固微型流化床的相关内容。

7.1 液固微型流化床简介

7.1.1 液固微型流化床的起源

液固微型流化床最早被用于煤的催化液化[4]。为了解决固定床操作时催化剂的失活沉积等问题，Haynes等[4]1991年采用连续液固微型流化床操作模式进行煤的催化液化。实验时装填催化剂的流化床直径为 22.4 mm，催化剂静床高度为 5～25 mm，催化剂颗粒直径为 1.6～6 mm，颗粒密度为 2.57～8.42 g/cm³。液固微型流化床的结构及流化过程见图 7-1。总体来看，该微型流化床的直径较大，接近宏观流化床设备尺寸的范畴。

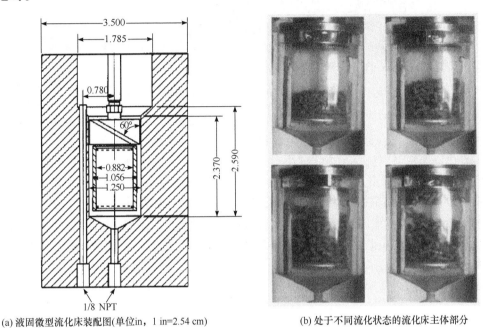

(a) 液固微型流化床装配图(单位in，1 in=2.54 cm)　　　　　(b) 处于不同流化状态的流化床主体部分

图 7-1　液固微型流化床的结构及流化图[4]

床径 1 mm 的液固微型流化床研究工作由 Potic 等于 2004 年报道[9]。

7.1.2　液固微型流化床的研究进展

Potic 等[9-14]系统地研究了液固微型流化床的流动行为及其用于生物质和固体废物高温高压气化反应制取燃料等的特性；他们实现了直径 1 mm 石英管液固微型流化床加压热水[300～500℃，160～244 bar(1 bar = 10⁵Pa)]对直径 80～90 μm 玻璃珠的均匀流化，起始颗粒床层高度为 14～20 mm；通过可视化手段研究了最小流化速度、最小鼓泡速度及床层膨胀率，并将最小流化速度和最小鼓泡速度的测量值与 2D 和 3D 的离散颗粒模型(discrete particle modle，DPM)模拟值，以及半经验关联式的预测值进行了比较，二者吻合较好；为了获得类似宏观流化床内颗粒的均匀流化，微型流化床的直径与颗粒直径之比应大于 12。图 7-2 给出了直径 1 mm 的液固微型流化床及其在不同表观流化液速下的流型图[10-11]。

Derksen[15-17]对液固微型流化床内的层流固液传质和混合特性，采用玻尔兹曼数值模拟方法进行了研究，发现颗粒的存在可以很好地解决微系统内的微观混合和传质强化难题。

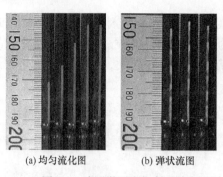

(a) 均匀流化图　　　　(b) 弹状流图　　　　(c) 微型流化床图主体

图 7-2　液固微型流化床及其在不同表观流化液速下的流型图[10-11]

　　Doroodchi 等[18]研究了床径范围在 0.8～17.1 mm 时液固微型流化床的压降、膨胀行为和最小流化速度的变化规律。结果表明，床径与颗粒直径之比大于 3.5 时，流化床可以均匀流化；床径与颗粒直径之比减小时，最小流化速度实验值大于基于修正的 Ergun 公式的计算值。最小流化速度增加的原因是：较小的床径与颗粒直径之比导致较高的床层空隙率，同时固体颗粒与壁面之间的摩擦力增加。即床径减小，壁面效应明显增强。Doroodchi 等[19]还采用染料稀释技术研究了液固微型流化床作为混合器强化两股液体的混合效果，发现颗粒的存在可以显著降低两股液体混合的时间。混合实验装置及测试系统和液相混合前后的浓度分布结果见图 7-3。可以看出，混合前染料流和清水的分层流动明显，引入液固微型流化床后，两流股迅速混合，显示出微型流化床作为高效混合器的潜力。

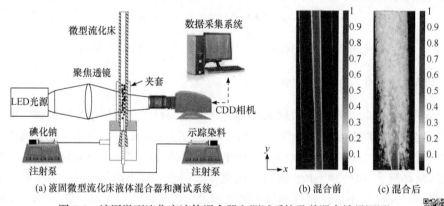

(a) 液固微型流化床液体混合器和测试系统　　　(b) 混合前　　(c) 混合后

图 7-3　液固微型流化床液体混合器和测试系统及其混合效果图[19]

　　Zivkovic 等[5,20-23]近年来针对液固微型膨胀床和循环流化床的流动及混合特性进行了系统研究，探讨了当床径变小后，液相表面力和壁面效应对最小流化速度的影响。

　　Zivkovic 等[5]在 400 μm×175 μm 的矩形微通道中，采用直径 30.5 μm 的颗粒进行液固流态化实验，发现：用去离子水作流化介质时，由于颗粒黏附壁面，流体无法将颗粒正常均匀流化；用乙醇作流化介质时，则能使固体颗粒如在传统流化床中一样均匀流化，见图 7-4。因此，微型流化床区别于宏观流化床的重要特点之一是：相对于重力等体积力，表面张力凸显其重要性。设计微型流化床时，由于固体颗粒易于黏附在微型流化床的壁面，必须考虑固体颗粒与壁面间的黏附力。他们应用 van Oss、Chaudhury 和 Good 的酸碱模型与 Derjaguin 近似方法[20-21]，计算颗粒表面经由流化介质与微型流化床表面间的自由能(黏附力)，发现该方法可以预测颗粒与流化床壁面间的黏附倾向及流化行为。微型流化床区别于宏观流化床的第二个特点是：微型流化床必须考虑壁面效应。通过引入描述颗粒与壁面间的黏附力与颗粒所受曳力之比的参数，以及描述黏附力与体积力之比的 Bond 准数，可以区分微型流化床与宏观流化床。微型流化床的床径上限尺寸是 10 mm，而下限直径为 1 mm，即严格的标准是床径不要大于 1 mm。由于壁面效应的明显存在，采用常规的 Ergun 方程计算最小流化速度，采用 Richardson-Zaki 方程描述液固均匀膨胀流化规律时，需要考虑壁面效应的影响，加以适当修正。之后的系列实验研究表明，流化床动力学直径为 1~2 mm，固体颗粒直径为 26.5~115 μm 时，颗粒在去离子水等流化介质中可以正常流化。引起实验现象与计算不一致的原因除了黏附力和壁面效应外，还应考虑表面粗糙度的影响。将壁面黏附力和曳力之比，与反映壁面效应的颗粒直径与流化床床径之比的乘积，作为一个影响参数，研究了微型流化床的最小流化速度，解释了最小流化速度增加的原因。

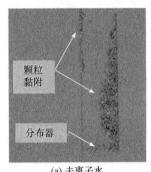

(a) 去离子水

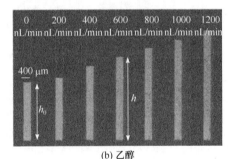

(b) 乙醇

图 7-4　液固微型流化床不同流化介质的流态化效果(h_0=3.215 mm ± 0.015 mm)[5]

Zivkovic 等[22]还研究了液固微型流化床内两股流体的混合特性。与没有固体颗粒存在时相比，流体的混合质量可提高 4 倍之多。液固微型流化床可作为一种高效的混合器，如图 7-5 所示。

Zivkovic 等[23]还研究了液固循环微型流化床的流区及传统流化床到循环流化床的过渡速度等，发现颗粒的黏附力和壁面效应仍是造成和宏观尺度循环流化床的行为不同的原因。

值得指出的是，相对于传统制造方法得到的流化床壁面是光滑表面，为了研究增材制造装置表面是否适合用于微型流化床的研究，McDonough 等[24]采用 3D 打印技术制造了不同床径的微型流化床(图 7-6，其典型流型见图 7-7)，以 Geldart A 类和 B 类颗粒为固相，考察了微型气固流态化特性(虽然是气固流体化，也在此叙述)。结果表明，3D 打印的微型流化床壁面对颗粒流态化没有负面影响。

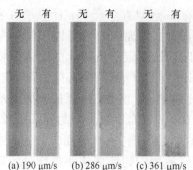

(a) 190 μm/s   (b) 286 μm/s   (c) 361 μm/s

图 7-5   有无玻璃珠时不同流化速度下微型流化床自由
空间区内两股流体混合效果[22]
玻璃珠直径 29.5 μm

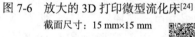

(a) CAD图   (b) 3D打印结果

图 7-6   放大的 3D 打印微型流化床[24]
截面尺寸：15 mm×15 mm

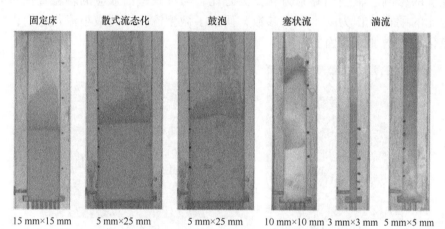

固定床   散式流态化   鼓泡   塞状流   湍流

15 mm×15 mm   5 mm×25 mm   5 mm×25 mm   10 mm×10 mm 3 mm×3 mm   5 mm×5 mm

图 7-7   不同床径的 3D 打印微型流化床的典型流型[24]

Tang 等[25]针对颗粒尺寸分布较宽的固体颗粒，在床径为 3.15～11.6 mm 的液固微型流化床中，应用高速摄像等流动可视化测量技术，对液固微型流化床中的床层膨胀行为进行了实验研究。结果表明，当粒径与床径之比从 0.017 增至 0.091 时，实验测量得到的最小流化速度为采用 Ergun 公式计算值的 1.67～5.25 倍；由微型流化床实验数据拟合得到的 Richardson-Zaki 方程的指数与原宏观流化床方程的指数之比从 0.92 降到 0.55。指数值的减小归因于较宽的固体颗粒粒径分布，而颗粒种类对最小流化速度和指数值的影响很小。

Li 等[26]采用粒径范围为 22～58 μm 的颗粒，在更小床径(0.8 mm、1.45 mm 及 2.3 mm)的石英玻璃毛细管微型液固流化床内考察了床层膨胀行为。床内径 0.8 mm、外径 6 mm、高度 60 mm 的微型流化床实物图见图 7-8(a)，以及溢流堰和液体分布器的结构见图 7-8(b)。液体分布器是由透明聚甲基丙烯酸甲酯(polymethylmethacrylate，PMMA)管(外)和硅胶管(内)组成的一个套管，两个管中间夹有一层聚乙烯(polyethylene，PE)滤网，其平均孔径为 20 μm。液体分布器套在石英毛细管底部(套入高度 5 mm)构成微型流化床的液体入口。

为了方便固体颗粒的加入，毛细管上端出口经锥形扩孔处理，并连接有聚四氟乙烯(poly-tetrafluoroethylene，PTFE)制的溢流堰。溢流堰在旁侧开有垂直向下的液体出口，孔口处覆盖有一层 PE 筛网，以防止固体颗粒被液体带出。整个微型流化床床体使用透明的环氧树脂胶黏结密封。另外两个微型流化床的毛细管的内径分别是 1.45 mm 和 2.3 mm，外径分别是 3 mm 和 4 mm，高度同为 60 mm，由其构成的床体具有类似的结构以及相应的尺寸调整。但是分布器的液体入口直径(硅胶管内径)都为 3 mm，其大于最大的床体内径，以避免出现低液体速度区。在液固微型流化床直径 0.8 mm，颗粒直径 58 μm 条件下，典型的膨胀床流型如图 7-9 所示。

在进行流体力学研究的同时，Yang 等[27]将床径 1～3 mm 的液固微型流化床用作光催化反应器，以亚甲基蓝(MB)为废水模型物系，进行了光催化降解废水的实验探索。采用溶胶-凝胶法和浸渍提拉工艺制备光催化剂涂层，考察了仅在石英管内表面负载铁离子掺杂二氧化钛催化剂(Fe^{3+}/TiO_2/石英管)、仅在玻璃珠外表面负载 Fe^{3+}/TiO_2 催化剂(Fe^{3+}/TiO_2/玻璃珠)，以及在石英管内表面和玻璃珠外表面都负载 Fe^{3+}/TiO_2 催化剂(Fe^{3+}/TiO_2/石英管+Fe^{3+}/TiO_2/玻璃珠)等三种液固微型流化床光催化反应器降解 MB 的光催化活性。结果表明：与没有加入固体颗粒的 Fe^{3+}/TiO_2/石英管反应器相比，在 Fe^{3+}/TiO_2/石英管内加入玻璃珠的液固微型流化床反应器(d_1=3 mm，初始床高 H_0=15 mm)，由于玻璃珠固体颗粒的加入和流态化，传质系数增大 11～13 倍，表观反应速率常数增大 4.9 倍。对于不同直径的微型流化床反应器，当流化床液含率(空隙率)为 0.75 时，平均光催化反应速率达到最大值。在 Fe^{3+}/TiO_2/石英管内加入 Fe^{3+}/TiO_2/玻璃珠的微型流化床反应器，结合了涂覆前两种形式催化剂反应器的优势，其降解率比前两种微型流化床反应器的高 5%～35%。随着床径的增

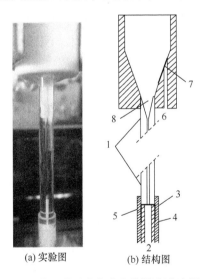

(a) 实验图　　　(b) 结构图

图 7-8　液固微型流化床实物图和溢流堰、
液体分布器结构图

1. 石英玻璃毛细管；2. 液体入口；3. 聚甲基丙烯酸甲酯外管；4. 硅胶内管；5、7. 聚乙烯滤网；6. 液体出口；8. 锥形扩孔

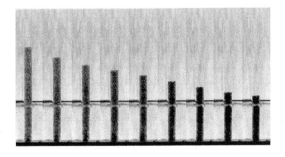

图 7-9　床径 0.8 mm 微型流化床膨胀流化图[26]

加，放大效应逐步显现。放大效应由辐射通量密度、反应器的比表面积、传质距离和光线穿过距离的变化引起。

Pereiro 等[28-29]研究开发了一种外加磁场作用下 1～3 μm 磁性颗粒液固微流控流化床，用于 DNA 分析和生物医药品的固相萃取分离纯化等，显示出微型流化床在生物分离方面的应用前景。该微型磁场流化床在磁力作用下的流化状态如图 7-10 所示。图 7-10(a)标出了颗粒在磁场作用下的受力分析，图 7-10(b)从左至右显示出不同的流化液体流量条件下，颗粒由固定床变为流化床的流动状态。

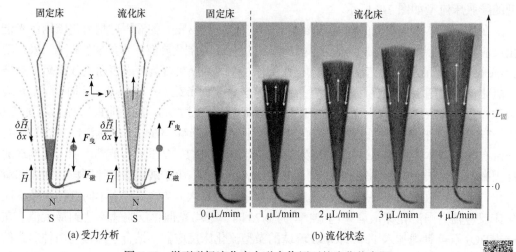

图 7-10　微型磁场流化床在磁力作用下的流化状态[28]

前面介绍的是液固微型流化床的研究简况。Zivkovic 等[30]对此进行了系统的综述。

如果在上述液固微型流化床中引入气相，就形成了气液固微型流化床。气液固微型流化床的流动和传递行为更为复杂，下面将详细介绍。

7.2　气液固微型流化床简介

7.2.1　气液固微型流化床的历史及研究进展

相对于气固和液固微型流化床的发展历史及进展，气液固微型流化床的研究历史还很短。初步研究主要借助于压降测量及高速摄像技术开展流动及反应方面的研究，包括：流型及其过渡、最小流化液速、相含率、气泡尾涡结构和数值模拟等[8,31-39]。

Li 等[8,31-32]采用透明聚甲基丙烯酸甲酯材料制成床径为 3～10 mm 的单气孔圆柱形气液固微型流化床，并将压降曲线法与工业高速相机拍摄可视化方法相结合，研究了气液固微型流化床的最小流化液速、流型过渡和单气泡运动行为等。结果表明，在 3 mm 床径下，易形成固体颗粒的半流化状态，无法依据压降曲线和流化速度曲线确定颗粒的最小流化速度，有待采用更为精确先进的测试技术获得。当流化床直径增加到 10 mm 时，压降曲线可以用来确定颗粒最小流化速度。随着床径的减小，壁面摩擦力或壁效应显著，最小流化速度随之增加。可视化观察到四种流型，分别为半流化、弹状流、分散气泡流及液体输送流等。在对单个气泡生成及运动过程的观察中发现，当固含率超过 0.3 时，较强的壁面效应使气泡尺寸有所减小。

Li 等[33-34]对微型流化床直径为 0.8 mm、固体平均粒径为 22～58 μm 的多气孔气液固微型流化床进行了初步探究。基于气泡的运动行为，区分出分散鼓泡流、聚并鼓泡流和弹状流三种流型。流型转变主要受流化床直径与粒径之比的影响。由于气泡尾涡体积与气泡体积比较小，气泡对床层膨胀比的影响较小，无明显床层收缩现象。在三相微型流化床中，表面张力与液体黏性曳力共同作用于气泡的形成，这与宏观三相流化床中气泡受床层的惯性力作用明显不同。分散鼓泡流中的气泡尺寸呈正态分布，并随固含率的增加而略微增加，而聚并鼓泡流中的气泡尺寸呈现阶梯状分布。结合气流截断法，测量了气液固微型流化床相含率和气泡平均尺寸。Li 等[35]采用 VOF-DEM(volume of fluid-discrete element method)数值模拟方法研究了床径为 3 mm 的气液固微型流化床内的单气泡行为，考察了气泡的尾涡特性。

Yao 等[36]在内径为 3 mm 的石英玻璃气液固微型流化床中，采用脉冲示踪技术，探究了液相停留时间分布。结果表明，随着表观气速和表观液速的增加，平均停留时间变短，停留时间分布曲线变窄，分布更集中，导致佩克莱数有所增加。

Wang 等[37]在床径为 6 mm 的气液固微型光催化流化床反应器中研究了亚甲基蓝的光催化降解特性，发现气液固微型光催化反应器表现出比传统的光催化微通道板式反应器更高的量子利用率。

Dong 等[38]以 Ag/Al$_2$O$_3$ 负载型催化剂选择性催化氧化巴豆醛为模型反应，研究了床径为 3 mm 的气液固微型流化床反应器的反应性能，取得了较高的转换率。

Liu 等[39]根据 Wang 等[37]的亚甲基蓝光催化氧化实验数据，采用 CFD-DDPM (computational fluid dynamics-dense dispersed phase method)模拟了亚甲基蓝降解反应参数的径向分布特性。

气液固微型流化床今后的发展将会在重视基本规律研究的同时，开展化学反应及工业放大应用方面的研究。

7.2.2　气液固微型流化床的设备结构

典型的气液固微型流化床的整体实验装置及流程如图 7-11 所示。与宏观气液固流化

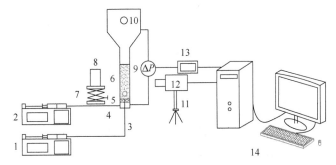

图 7-11　单孔鼓泡气液固微型流化床实验装置及流程示意图[40]

1. 气体注射泵；2. 液体注射泵；3. 气体入口；4. 液体入口；5. 液体分布器；6. 流化床主体部分；7. 升降架；8. 冷光源；9. 微压差传感器；10. 液体和气体出口；11. 三脚架；12. 高速摄影仪；13. 模数转换器；14. 计算机

床类似,气液固微型流化床也有两种流化介质进入流化床主体,分别是气相和液相。调整气相和液相的表观流速,可以使固体颗粒流化,并获得不同的气液固流型。如果有颗粒夹带及回收颗粒的系统,还可以形成气液固微型循环流化床。单孔鼓泡气液固微型流化床以单层滤网作为液体分布器支撑颗粒床,并以单根不锈钢针穿过微孔滤网作为气孔直接在流化床中生成气泡,从而在小管径下实现单孔鼓泡的气液固三相流态化过程。

图 7-12(a)和(b)分别是微型流化床截面为圆形和矩形通道时的单孔鼓泡气液固微型流化床主体结构。

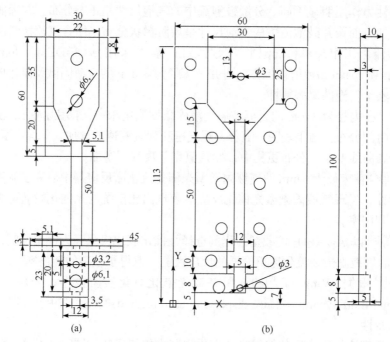

图 7-12 床径 3 mm 的圆形单孔鼓泡气液固微型流化床(a)和床径 3 mm 的矩形通道气液固微型流化床(b)主体结构(单位:mm)[40]

气液固微型流化床制作加工采用 PMMA 高分子聚合物透明材料,工艺如下[41]。

1) 圆柱形流化床

气液固微型流化床主要包括三个部分:上部扩大段(溢流堰)部分、中部测试段主体部分、下部分布器及其下方的预混合部分(都属于分布器区)。其中上部溢流堰部分和下部预混合部分通过机床进行开孔加工,中部主体测试段部分采用 PMMA 管。管径为 3~5 mm 的 PMMA 管的长度为 50 mm,管径为 8~10 mm 的 PMMA 管的长度为 100 mm。

2) 矩形流化床

在气液固微型流化床中单气泡特性的可视化研究中,为了避免光在圆管上反射和折射引起的测量误差,流化床主体测试部分截面制成矩形,两种截面的等效直径相同。

上述气液固微型流化床的制造是针对单孔鼓泡系统的。图 7-13 为 3 mm 内径气液固微型流化床实物图和单孔鼓泡气液分布器结构[41]。

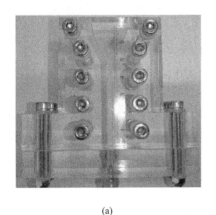
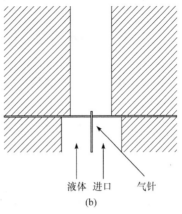

液体 进口　气针

(a)　　　　　　　　　　(b)

图 7-13　床径 3 mm 气液固微型流化床实物(a)和单孔鼓泡气液分布器结构(b)

以此为基础，进一步设计了带有微型气液分布器的多孔鼓泡三相微型流化床，如图 7-14 所示[41]，即气液固多孔鼓泡微型流化床。柱体采用与液固微型流化床(图 7-8)同样的三种尺寸的石英毛细管，并且溢流堰的尺寸与液固微型流化床的尺寸结构相同。不同的是分布器为包括气液预混段的微型气液分布器。分布器为不锈钢制双层法兰结构。整个床体通过环氧树脂黏合剂和硅胶垫片黏结密封。对于 1.45 mm 和 2.3 mm 内径的微型流化床，气液分布器结构相同，但预混段的直径分别为 1.5 mm 和 2.5 mm，且填充为 120 μm 粒径的颗粒，并且不锈钢针头的孔口当量直径也增加到 60 μm。

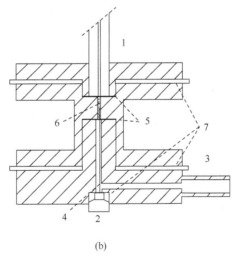

(a)　　　　　　　　　　(b)

图 7-14　床径 0.8 mm 气液固微型流化床实物(a)和气液微型分布器结构示意(b)
1. 毛细管；2. 气体入口；3. 液体入口；4. 不锈钢针头；5. 不锈钢滤网；6. 填充颗粒；7. 硅胶垫片

总之，该分布器在毛细管入口处增加了包埋有不锈钢针头的玻璃微珠填充段，并由上下两层微孔滤网封闭固定，增加了气、液相的线速度从而增加了两相间的流体剪切力，可生成气泡均匀稳定的微型鼓泡流型。

7.3 气液固微型流化床的流体力学特性

近年来研究者借助工业高速摄像等可视化测试技术手段及数值计算方法，针对气液固微型流化床的流体力学行为、混合和传质特性、化学反应性能等开展了初步研究。探究了流化床床径减小对气泡和颗粒等运动行为的影响，分析流型及其过渡、最小流化速度、相含率和气泡尾涡结构等，以便为气液固微型流化床内的传热传质和反应性能研究及应用奠定良好基础。

7.3.1 气液固微型流化床的床层压降与最小流化速度

最小流化速度是流化床重要的流动特性参数之一。只有当流化速度等于或大于最小流化速度时，固体颗粒才能被流体充分流化，相间的混合和传递特性优势才能得以体现。对于气液固流化床而言，最小流化速度一般指在给定的表观气速下，使颗粒进入流化状态所需的最小表观液体速度，常用压降测量方法确定。此外，统计分析、混沌分析、分形分析、神经网络和可视化等方法也可用于确定最小流化速度。本节介绍直径 3～10 mm 的气液固微型流化床的最小流化速度，分析表观气速、液体和固体颗粒物理性质及静止床层高度等对最小流化速度的影响，建立预测气液固微型流化床最小流化液速的关联式。

研究表明[8,40]，床径 3～5 mm 的气液固微型流化床中，床层压降随时间波动很大，在给定的表观气速下，采用床层压降法难以准确获得气液固微型流化床的最小流化速度。因此，采用压降测试并结合可视化技术，主要研究床径 8～10 mm 气液固微型流化床的床层压降变化，考察表观气速和液速、颗粒和液体性质、床径以及静床高度等各参量对最小流化速度的影响规律。

1. 表观气速对最小流化液速的影响

实验研究表明，床径 3 mm 的气液固微型流化床更易形成固体颗粒的半流化状态。气泡的膨胀和上升运动会使在低表观液速下的床层压降剧烈波动，导致最小流化液速无法通过压降与流化速度曲线准确确定。只有在较高的表观液速条件下，气泡才能通过流化的固体颗粒床层顺利上升，床层压降随时间的变化也较为稳定。对于 5 mm 床径的气液固微型流化床，由于床径的增加，压降与流化速度曲线在低表观液速下的变化规律较 3 mm 床径的更为明显。但由于壁面的限制，气泡仍会发生聚并，形成弹状气泡而出现半流化状态，因此，仍无法准确获得最小流化液速。而 10 mm 床径的气液固微型流化床的最小流化液速可采用压降曲线方法和 Hurst 指数分析方法确定，因为对于较低的表观气速，床层压降在固定床和流化床阶段都显示了较好的线性变化特征[图 7-15(a)～(c)]。此时，最小流化液速可以通过两个不同操作模式之间数据点拟合曲线的交点得到。而随着表观气速的增加，流化床会出现半流化状态，此时固定床和流化床阶段的压降曲线和 Hurst 指数的转折点会变得模糊和离散，甚至消失[图 7-15(d)和(e)]，此时已无法通过压降分析方法准确获得最小流化液速。

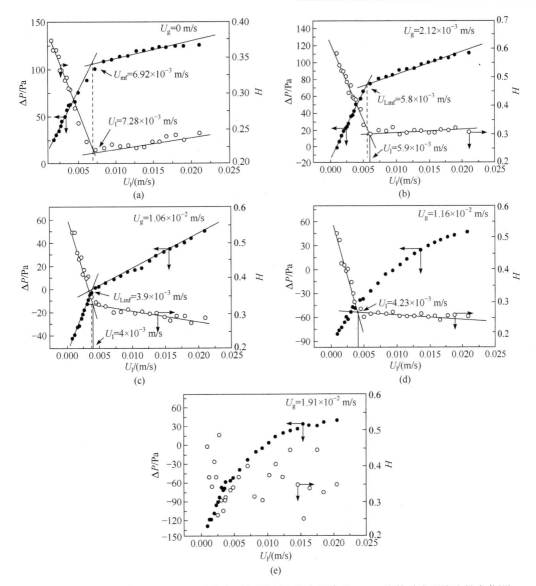

图 7-15　不同表观气速下 10 mm 床径气液固微型流化床压降和 Hurst 指数随表观液速的变化[40]

　　图 7-16 给出了 10 mm 床径的气液固微型流化床中，740 μm 直径的固体颗粒的最小流化液速随表观气速的变化关系。随着气相的引入和表观气速的增加，最小流化速度发生了较为明显的下降，这与宏观气液固流化床中最小流化液速随表观气速增加的变化趋势相同[42-43]。在较高的表观气速(>0.00743 m/s)下，最小流化速度稳定在 0.0038 m/s 左右。

　　2. 液体黏度和表面张力的影响

　　图 7-17 给出了 10 mm 床径气液固微型流化床中，不同去离子水和甘油混合物溶液下，最小流化液速随表观气速的变化情况。当表观气速为 0 时，最小流化速度会随着液

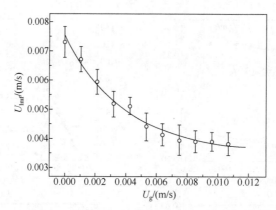

图 7-16   10 mm 床径气液固微型流化床中固体颗粒的最小流化速度随表观气速变化关系[40]

体黏度的增加而降低。当表观气速高于 0.004 m/s 时，在给定的表观气速下，最小流化速度会随液体黏度的增加而增加，且增加的程度在整个表观气速范围内是逐渐减小的。这种变化趋势与宏观尺度的三相流化床不同，原因应与气泡在微型流化床中的运动行为有关。

对于宏观尺度三相流化床系统，最小流化速度在整体液体黏度范围内都随着表观气速的增加而降低。这是因为在宏观流化床中，尽管也有大气泡存在，但其尺寸相对于床径是较小的，气泡尺寸受液体黏度的影响相对于床径可以忽略。随着液体黏度的增加，液体曳力增大，最小流化速度进一步减小。因此，在微型流化系统内低黏度液体中大气泡的存在对于最小流化速度的减小是有利的。随着液体黏度的增加，气泡尺寸减小，最小流化速度的降低程度也相对减小。

图 7-18 给出了在不同的表观气速下，10 mm 床径气液固微型流化床中，液体表面张力对 740 μm 固体颗粒的最小流化速度的影响。对于气液固微型流化床，随着液体表面张力的减小，最小流化速度的降低程度减弱，这与宏观尺度的三相流化不同。大气泡对于微尺度体系中的最小流化速度的减小贡献很大，较低的液体表面张力会使气泡尺寸减小，因此在较低的液体表面张力下，最小流化速度降低的程度较小。

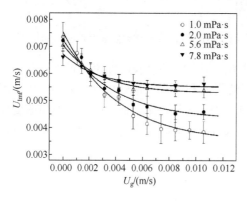

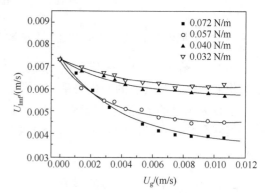

图 7-17   10 mm 床径气液固微型流化床液体黏度对最小流化液速的影响

图 7-18   不同表观气速下气液固微型流化床液体表面张力对最小流化液速的影响

3. 固体颗粒性质的影响

图 7-19 给出了不同固体颗粒密度和粒径下，10 mm 床径气液固微型流化床的床层压降和最小流化速度随表观液速的变化。图 7-19(a)、(b)显示了粒径 615 μm 的 Amberlite IR120 Na 颗粒的气液固微型流化床床层压降随表观液速的变化情况。对于液固微型流化床(此时 U_g=0 m/s)，由于较低的固体颗粒密度，流化床压降较低，最小流化速度是 0.0011 m/s [图 7-19(a)]。当气相引入床层后，对于固定床和流化床，床层压降都随着表观液速的增加而线性增加。在这种情况下，凭此压降曲线无法准确估计最小流化速度[图 7-19(b)]，Hurst 指数也发生了离散，同样不能获得最小流化液速。图 7-19(c)为粒径 276 μm 的 Al_2O_3 固体颗粒的床层压降和 Hurst 指数随表观液速的变化情况。可以看出，最小流化液速可从压降-表观液速方法中估计，也能从 Hurst 指数的变化中获得。表观气速对 276 μm 的 Al_2O_3 固体颗粒的最小流化液速的影响见图 7-19(d)。可以看出，最小流化液速是随着表观气速的增加而逐渐降低的，287 μm 玻璃固体颗粒的变化情况与之相似。另外，最小流化液速也会随着固体颗粒密度的增加而增加。

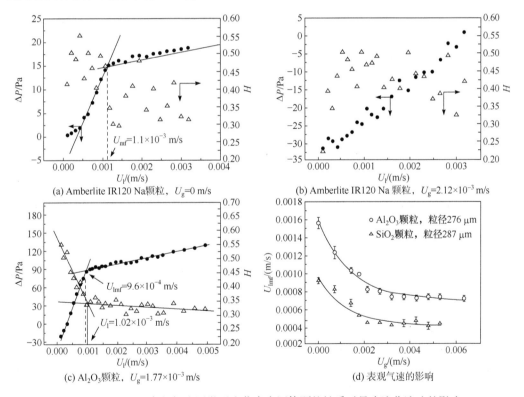

图 7-19　10 mm 床径气液固微型流化床中固体颗粒性质对最小流化液速的影响

4. 静止床层高度的影响

图 7-20 给出了表观气速为 0.0053 m/s 时，10 mm 床径气液固微型流化床中，颗粒静止床层高度对最小流化液速的影响。在宏观尺度的三相流化床中，颗粒静止床层高度几乎不影响最小流化液速，然而在微型床中静止床层高度对最小流化速度会产生影响。从

图 7-20 中可以看出，在静止床层高度低于 28 mm 时，最小流化速度随着静止床层高度的增加而增加。当静止床层高度等于或高于 28 mm 时，则依靠 Hurst 指数曲线无法获得最小流化液速。这与流化床中的气泡行为有关。在 16 mm 的静止床层高度下，一些大气泡存在于床层中，静止床层高度的增加会强化气泡间的聚并，因此可以看到大气泡的存在。当静止床层高度进一步增加时，将会出现弹状气泡。这种情况下固体颗粒会被弹状气泡向上推动，也观察到半流化状态。因此，由于弹状气泡的存在，最小流化速度消失。这与 3 mm 床径中弹状气泡出现不能确定最小流化速度规律类似。

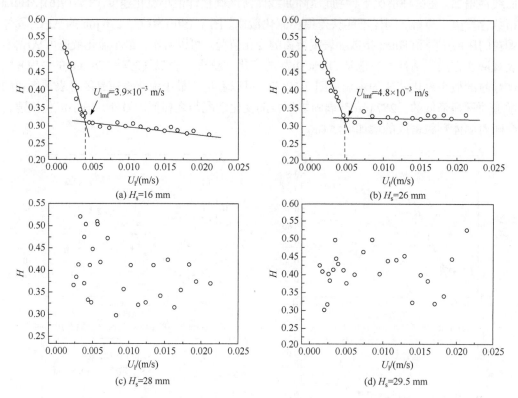

图 7-20   10 mm 床径气液固微型流化床静止床层高度 H_s 对最小流化液速的影响(表观气速 0.0053 m/s)

5. 床径的影响

对于 8 mm 床径的气液固微型流化床，压降方法可以用来获得最小流化液速，如图 7-21(a)所示。在固定床和流化床阶段压降与表观液速间呈现了较好的线性关系，因此最小流化液速可从两曲线的交点处获得。Hurst 分析也可用于确定最小流化液速。图 7-21(b)描述了床径对最小流化速度的影响。在表观气速为 0 m/s 时，即液固两相体系，壁面效应会使最小流化速度增加。对气液固三相体系，在相同的条件下 8 mm 床径的微型流化床中，最小流化液速较高，这也与壁面效应有关。壁面效应可以认为是固体颗粒与壁面之间摩擦的结果，而这种壁面摩擦力是固体颗粒与壁面间接触面积的函数，随着流化床直径的减小，固体颗粒与壁面间的接触面积增加，这就需要更大的流体流速对固体颗粒施加曳力，才能使固体颗粒流化起来。因此，对于较小的床径，最小流化液速较大。

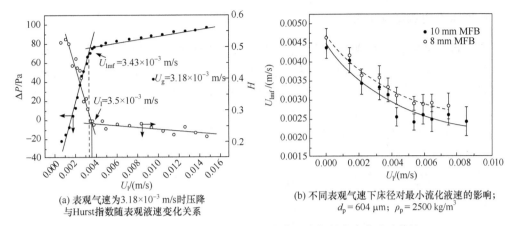

(a) 表观气速为3.18×10⁻³ m/s时压降
与Hurst指数随表观液速变化关系

(b) 不同表观气速下床径对最小流化液速的影响;
$d_p = 604$ μm; $\rho_p = 2500$ kg/m³

图 7-21   8 mm 床径气液固微型流化床压降与最小流化液速特性

综上分析,气液固微型流化床中较大气泡的出现使最小流化液速减小,而液体黏度和表面张力的减小会使气液固微型流化床内的气泡尺寸减小。因此,减弱了气泡对最小流化液速的降低作用。压降曲线和 Hurst 指数分析法难以确定气液固微型流化床内密度较小的固体颗粒和较高的静床高度条件下的最小流化液速。对于密度较大的固体颗粒,最小流化液速随表观气速的增加而减小,这种变化规律与玻璃珠的情况相同。在静床高度为 16~26 mm 的范围内,最小流化液速随静床高度的增加而增加。床径的减小会增加固体颗粒与壁面的接触面积,增加与壁面的摩擦应力,而使最小流化液速增加。

根据无量纲分析,从实验数据关联了 8~10 mm 床径的气液固微型流化床最小流化液速的经验公式:

$$Re_{lmf} = 0.103 Ar^{2.793} Fr^{-0.198} \left(\frac{D_h}{d_p}\right)^{-1.519} \left(\frac{H_s}{D_h}\right)^{0.894} \left(\frac{\sigma_l}{\sigma_w}\right)^{0.0323} \qquad Re_{lmf} < 1 \qquad (7\text{-}1)$$

$$Re_{lmf} = 7.216 Ar^{0.458} Fr^{-0.079} \left(\frac{D_h}{d_p}\right)^{-1.028} \left(\frac{H_s}{D_h}\right)^{0.195} \left(\frac{\sigma_l}{\sigma_w}\right)^{-0.399} \qquad 1 \leqslant Re_{lmf} \leqslant 120 \qquad (7\text{-}2)$$

7.3.2 气液固微型流化床的流型

根据流化床内固体颗粒的流化状态不同,可以将气液固流化床划分为 3 个基本操作区域:固定床、流化床和输送床。各操作区域有不同的流型。流型不同,其相混合、传递与反应特性也有显著差别。微型流态化也是如此。因此,流型及其过渡是气液固微型流化床基础研究中最重要的内容之一。宏观气液固流化床的流型已有系统研究,基本流型包括:聚并鼓泡流、分散气泡流、弹状流及输送流等。对于微型流化床,由于壁面效应显著,流型与传统流化床有所不同。针对气液固微型流化床的流型开展研究,探讨固体颗粒性质、液体性质及孔口参数等对各流型间的转变的影响,并建立不同流型转变速度的预测关联式,具有重要的理论意义和实际价值。

1. 单孔鼓泡微型流化床

李彦君[40]采用表观液速和压降关系曲线方法，结合可视化测试技术，对 3 mm 床径的单孔鼓泡气液固微型流化床的流型进行了实验研究。结果表明，给定表观气速下，随着表观液速的不断增加，可将三相流态化划分为半流化、弹状流、分散鼓泡流及液体输送流(图 7-22)等。图 7-23 为床径 3 mm 的空气-水-104 μm 玻璃珠三相微型流化床的流型图，图中的横、纵坐标分别为表观气速 U_g 和表观液速 U_l。

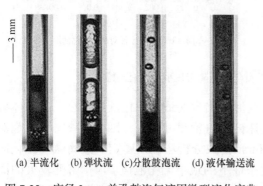

(a) 半流化 (b) 弹状流 (c)分散鼓泡流 (d) 液体输送流

图 7-22   床径 3 mm 单孔鼓泡气液固微型流化床典型流型

$U_g=1.2\times10^{-3}$ m/s, $\rho_p=2500$ kg/m³, $H_s=8.5$ mm;
(a) $U_l=7.86\times10^{-5}$ m/s; (b) $U_l=2.36\times10^{-4}$ m/s;
(c) $U_l=7.86\times10^{-4}$ m/s; (d) $U_l=7.1\times10^{-3}$ m/s

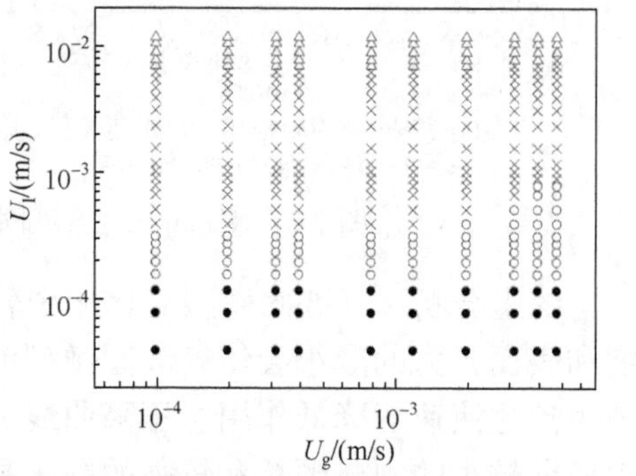

图 7-23   3 mm 床径的空气-水-104 μm 玻璃珠气液固微型流化床流型

● 气体半流化；○ 气液半流化；× 分散鼓泡流；△液体输送流

半流化[图 7-22(a)]：当表观液速低于固体颗粒在液相单独存在时液固流化床中的起始或临界流化速度时，固体颗粒难以被液体介质流化，气泡在固体颗粒床层中不断聚并，形成弹状气泡，且弹状气泡的长度通常比床径大，头部通常呈现子弹型。一部分固体颗粒被弹状气泡向上推动，另一部分固体颗粒位于弹状气泡与壁面间的液膜内，直到气泡通过才下落。

弹状流[图 7-22(b)]：当表观液速等于或高于固体颗粒在液相单独存在时液固流化床中的起始或临界流化速度时，固体颗粒可以被液体单独流化。由于固体颗粒含率较大，气泡的上升运动被阻挡，从而无法顺利通过固体颗粒床层，气泡会在固体颗粒床层中不断聚并，形成大气泡及弹状气泡。一些固体颗粒被弹状气泡所推动，也可以观察到液体流化颗粒的现象，而另一些固体颗粒则位于弹状气泡和壁面间的液膜内。由于床径较小，液膜非常薄，液膜内的固体颗粒几乎不发生移动，当弹状气泡完全通过后，颗粒发生下落。

分散鼓泡流[图 7-22(c)]：在较低的表观气速($U_g\leqslant5\times10^{-3}$ m/s)和较高的表观液速下，连续的液相向上流动，固体颗粒得以正常流化，而气泡分散在连续的液相中，形成较小气泡。

液体输送流[图 7-22(d)]：在一定的表观气速下，当表观液速较高时(高于固体颗粒带出速度)，床层上界面消失，固体颗粒从床层中被流化介质气体和液体的混合物大量带出。

半流化状态的出现是因为床径较小，在低表观液速的情况下，气泡无法通过颗粒床层，所以形成弹状气泡。在弹状流中，颗粒此时处于流化状态，但由于固含率较高，气泡不易通过床层而发生聚并形成弹状气泡。当表观液速增加，床层固含率降低，气泡则能顺利通过流化床层，并且由于采用的是单孔口鼓泡进气方式，小气泡的表面张力较大且气泡之间的间距也较大，气泡之间不会有明显的相互作用，所以不会出现气泡间的聚并和破裂行为，从而进入分散鼓泡流。壁面效应会显著减小固体颗粒的终端速度，当气泡进入液固床层中，由于固体颗粒尺寸较小，在气泡尾涡的作用下发生床层收缩现象。颗粒和液体性质以及孔口尺寸都会对气液固微型流化床中的流型转变有所影响。

对于气液固宏观流化床，在较大的表观气速下，气泡之间会聚并为大的弹状气泡，形成弹状流。而在三相微型流化床中，从图 7-23 可以看出，固体颗粒在没有被液体单独流化时，弹状气泡会推动固体颗粒运动，出现半流化状态，这与宏观床有很大的不同。

基于实验数据提出了流型间转变速度的经验关联式，其中从半流化到弹状流的转变为

$$Re_{\mathrm{mf}} = 0.0072 Ar_{\mathrm{l}}^{0.9768} \left(\frac{D_{\mathrm{h}}}{d_{\mathrm{p}}} \right)^{-0.4402} \tag{7-3}$$

从弹状流到分散鼓泡流的转变

$$\frac{U_{\mathrm{g}}}{U_{\mathrm{l}}} = 32.632 Fr_{\mathrm{g}}^{0.4464} Ar_{\mathrm{g}}^{-0.7226} \left(\frac{D_{\mathrm{h}}}{d_{\mathrm{p}}} \right)^{0.7287} \left(\frac{\sigma_{\mathrm{l}}}{\sigma_{\mathrm{w}}} \right)^{-0.9864} \tag{7-4}$$

从分散鼓泡流到液体输送流的转变

$$\frac{U_{\mathrm{g}}}{U_{\mathrm{l}}} = 0.0982 Fr_{\mathrm{g}}^{0.4294} Ar_{\mathrm{g}}^{-0.0315} \left(\frac{D_{\mathrm{h}}}{d_{\mathrm{p}}} \right)^{1.0792} \left(\frac{\sigma_{\mathrm{l}}}{\sigma_{\mathrm{w}}} \right)^{-3.1193} \tag{7-5}$$

2. 多孔鼓泡微型流化床

李翔南[41]对 0.8 mm 床径内的多气泡鼓泡气液固微型流化床的流型进行了初步探究。其中，固体颗粒平均直径为 22 μm、37 μm 和 58 μm。通过工业高速相机的可视化研究，基于微型流化床内的多气泡行为，区分出分散鼓泡流、聚并鼓泡流和弹状流三种典型流型，如图 7-24 所示。流型转变主要受床径与粒径比的影响，这是壁面效应引起的局部流化不均匀造成的。气泡尾涡体积与气泡体积比较小，致使气泡对床层膨胀比的影响较小，无明显床层收缩现象。表面张力与液体黏性力共同作用于气泡的形成，这与气液固宏观流化床的床层惯性力明显不同。在分散鼓泡流区，气泡尺寸几乎是均匀的。而在聚并鼓泡流下，有较大的聚并气泡出现，气泡尺寸不均一。但是，由于床径的限制，气泡尺寸的分布并不是很宽。另外，固含率的轴向分布是较为均匀的。

在弹状流下，有占据整个床体截面的弹状气泡。微型流化床中的弹状气泡具有更高的长径比和表面张力，因此也更难以被拉伸延长。结果是弹状气泡无法通过伸长的形变通过液固床层。而且，由弹状气泡推动的以及夹带在其与柱体壁面之间的颗粒，会大大增加其与柱体壁面的摩擦。所以，弹状气泡的上升运动应该是由液相推动的，而不是由其自身浮力引起的，其上升速度也应由液速决定。由于液速远低于一般气泡的上升速度，因此一旦在微型流化床中形成了弹状气泡，其后的气泡就会不断追赶上，并与其结合或形成新的弹状气泡，稳定的三相流化将无法继续维持。

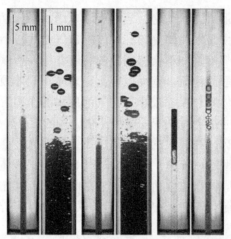

(a) 分散鼓泡流的   (b) 聚并鼓泡流的   (c) 较低和较高表观
缩小和放大图像   缩小和放大图像   液速下的弹状流图像

图 7-24   床径 0.8 mm 的气液固微型流化床典型流型图(d_p = 37 μm)

(a) U_l = 1338 μm/s，U_g = 238 μm/s；(b) U_l = 1095 μm/s，U_g = 361 μm/s；
(c) U_l = 182 μm/s，U_g = 117 μm/s；U_l = 1338 μm/s，U_g = 1022 μm/s

图 7-25 分别给出了 0.8 mm 床径的气液微型鼓泡塔和气液固三相微型流化床的流型图。可以看出，随着 U_g 或 U_l 的增加，气液微型鼓泡塔与气液固微型流化床的流型转变类似，逐渐从分散鼓泡流向聚并鼓泡流，再向弹状流转变。由于微型流化床直径和流化速

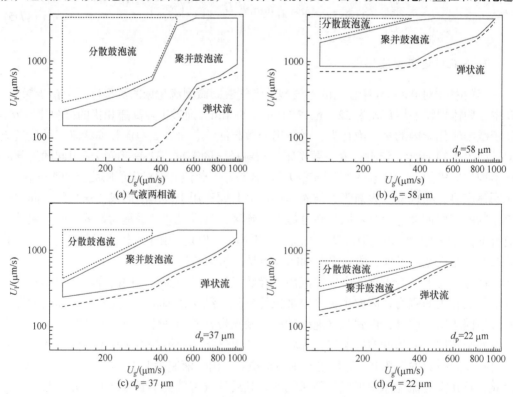

图 7-25   0.8 mm 床径的流化床内气液两相流和三相微型流化床的流型图

度的减小，气、液速度对其流型转变的影响更为明显。较小粒径的微型流化床流型转变气、液速度与气液两相流中的值接近(22 μm)。如图 7-26(a)所示，二者的数值接近，变化趋势一致。

图 7-25 还显示了在三种颗粒直径下，三相微型流化床的液体流化速度范围存在非常大的差异。这可以归结于微型流化床极小的颗粒直径。所考察颗粒直径的终端雷诺数 Re_t 范围在 0.324～0.047。根据斯托克斯定律，黏性作用必然在液体施加在颗粒上的曳力中占主导地位[44]。而在黏性流动主导的层流区，单个颗粒的终端速度与粒径的平方成正比。而与过渡区和湍流区的粒径的 1.14 和 0.5 次方相比，粒径在确定层流区内的颗粒终端速度中起着更重要的作用。对于微型流化床极小的颗粒粒径，不同颗粒粒径间的相对差异非常大。因此，即使很小的颗粒直径的绝对差异，也会导致很大的颗粒终端速度差异。这造成了气液固微型流化床的液体流化速度范围间较大的差距。

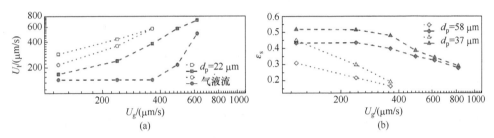

图 7-26　气液两相流和三相微型流化床流型转变点比较

点状虚线和空心点表示分散鼓泡流向聚并鼓泡流的转变；线段状虚线和实心点表示聚并鼓泡流向弹状流的转变

也可以采用转变固含率作为三相微型流化床的流型转变参数。如图 7-26(b)所示，在较低的表观气体速度下，58 μm 颗粒直径的气液固微型流化床的转变固含率明显低于 37 μm 颗粒直径的。由于两种颗粒的绝对粒径差异非常小，不可能是由其直接造成的。然而相比较之下，二者的床径与粒径比的差异更大(37 μm 和 58 μm 颗粒床径粒径比分别为 13.8 和 21.6)。此外，由于气泡的存在进一步减小了气液固微型流化床内供流化颗粒运动的有效直径，因此壁面效应可能引起微型流化床中明显的局部非均相流化。随着表观气速的增加，气泡数量的增多，气泡对局部非均相流化的影响要大于床径粒径比的影响。因此，如图 7-26(b)所示，两种粒径下的转变固含率之间的差异逐渐消失。

7.3.3　气液固微型流化床的床层膨胀和收缩行为

采用高速相机等可视化技术，对 0.8 mm 床径具有微型气液分布器的多孔鼓泡三相微型流化床，颗粒直径为 58 μm、37 μm 和 22 μm 的流态化行为进行床层膨胀实验研究。

1. 床层膨胀

不同表观气速下，气液固微型流化床的膨胀比与表观液速的关系如图 7-27 所示。可以看出，膨胀曲线在较低的膨胀比下保持着线性变化的关系，表明气液固微型流化床为均匀膨胀。但在较高的膨胀比下，膨胀曲线的斜率略有增加。微型流化床较高的内比表面积导致在较低的膨胀比下固体表面之间更强的摩擦作用，因此，微型流化床会以较低水平膨胀以抵消额外的内部摩擦。而当膨胀比变大时，微型流化床空隙率的增加减小了颗粒之间的摩擦，这导致床层膨胀曲线斜率增加。

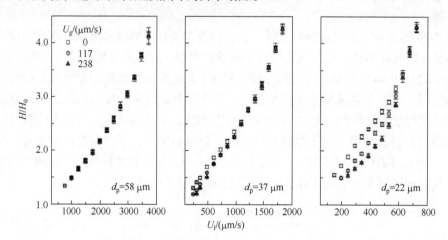

图 7-27   液固和气液固微型流化床的膨胀比

2. 床层收缩

对于较小直径的固体颗粒，气相的引入会导致液固床层在较低的表观液速下发生床层的收缩。此时，在相同的表观液速下，气液固流化床的膨胀比小于液固流化床的膨胀比。图 7-28 所示的固含率随表观气速的变化显示出这种三相流化床特有的床层收缩现象。在较高的膨胀比情况下，当气相以较低的速度引入时，微型流化床的固含率并没有发生明显的变化。而随着表观气速的增加，会逐渐发生床层收缩(固含率增加)。随着膨胀比和粒径的减小，这一现象变得更为明显。

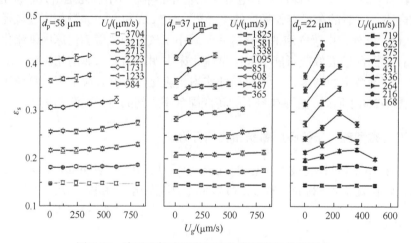

图 7-28   液固和气液固微型流化床的床层收缩现象

在宏观尺寸的气液固流化床中，床层的收缩现象已由统一尾涡模型做出了解释。该模型假定气泡尾涡以气泡相等的上升速度上升。因此，尾涡相中携带的液体的速度大于周围液固相的平均液速[45]。可由气泡的相对上升速度、尾涡与气泡的体积分率之比以及尾涡相的固含率三个参数确定气液固流化床中的气泡对流化床是膨胀还是收缩作用。显然，较高的相对气泡速度和尾涡体积分率，以及较低的尾涡固含率，更有可能降低液固相中的间隙液体流速，从而造成床层收缩[46]。

气液固微型流化床中的气泡尺寸一般较小且气泡多为球形。气泡形状取决于气泡的尺寸和表面张力等因素，与宏观尺寸三相流化床中出现较多的球冠形气泡有所不同。形成球冠形气泡尾涡的旋涡分离点是在气泡表面曲率最尖锐处(气泡球冠的边缘)。但是，对于球形气泡而言，这一点更靠近气泡底部并远离气泡的最大横截面处[47-48]，而且球形气泡的轴向投影面积与体积比低于球冠形气泡。因此，球形气泡的尾涡与气泡的体积比要小得多。又由于气相以低速度引入时，气相含率也较小，因此在较高的膨胀比下，微型流化床的固含率并没有明显的变化，而这与常规尺寸气液固流化床中固含率会出现明显收缩的情形有所不同[45]。这也表明在气液固微型流化床中，由于气泡尾涡而流动路径被缩短的液相相对较少，液相停留时间分布更为集中，也更容易控制。

微型流化床中的床层收缩可能是由表观液速降低和气泡尺寸增大所造成的。对于前者，是因为在较低的表观液速下，由尾涡相所引起的液固间隙液体速度的降低相对较大，而对固含率的影响也更大。对于后者，随着气泡直径的增大，气泡与壁面之间的间隙变窄，从气泡顶部通过该间隙向下流动的液固混合相的流速将增加，尾涡的形成点将更接近气泡的最大横截面处。因此，随着气泡尺寸的增大，尾涡与气泡的体积比增加。考虑到气泡对颗粒的夹带主要是由尾涡所引起的[48]，图 7-29 中给出了三个不同尺寸气泡夹带颗粒的图像，以给出效应的定性说明。如图 7-29 所示，夹带颗粒的量和区域随着气泡直径的增加而增加。

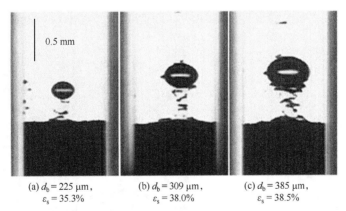

$$(a)\ d_b = 225\ \mu m,\quad (b)\ d_b = 309\ \mu m,\quad (c)\ d_b = 385\ \mu m,$$
$$\varepsilon_s = 35.3\%\qquad\qquad \varepsilon_s = 38.0\%\qquad\qquad \varepsilon_s = 38.5\%$$

图 7-29　微型三相流化床中不同尺寸气泡对颗粒的夹带($d_p = 37\ \mu m$，$U_l = 547\ \mu m/s$)

因此，较低三相床膨胀比下，较低表观液速和较大气泡尺寸，较小颗粒直径及相应较低的液体流化速度，都易于引起床层的收缩。同样，当表观气速增加，由于气泡尺寸和数量频率随之增加，也会引起床层的收缩。然而，随着表观气速进一步增加，22 μm 粒径颗粒微型流化床的收缩会略微减小。这可能是由尾涡相中较高的固含率造成的，因为质量惯性更小的颗粒更容易保留在尾涡相中[49]。

7.3.4　气液固微型流化床的相含率特性

图 7-30～图 7-32 分别给出了气液固微型流化床中相含率和气泡尺寸随表观液速和

气速的变化曲线，以及相应的三相流动图像。由图 7-30 可以看出，随着表观液速的减小(图 7-31)或表观气速的增加，除了固含率在较高表观气速下略有减小外，气、固相含率和气泡尺寸都有所增加，与常规尺寸的三相流化床趋势相似。表观气速的增加(图 7-32)提高了气泡频率和聚并概率，使得气含率和气泡直径增加。而固含率的小幅下降则是由尾涡相中所夹带的颗粒量增加所致。随着床层膨胀比的降低，固含率的增加，液固床层对气泡的曳力增加，气泡上升速度下降，气含率有所增加。同时气泡直径也随着气泡间聚并概率的增加而增大。

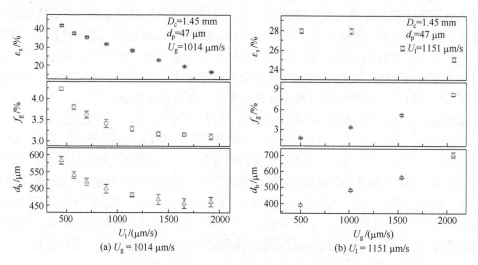

图 7-30　气液固微型流化床中相含率和气泡尺寸随表观液速和气速的变化

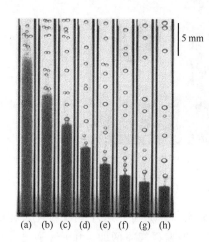

图 7-31　不同表观液速下气液固微型流化床的实验流动图

$D_c = 1.45$ mm，$d_p = 47$ μm，$U_g = 1014$ μm/s；
(a) $U_l = 1919$ μm/s，(b) 1791 μm/s，(c) 1407 μm/s，
(d) 1151 μm/s，(e) 895 μm/s，(f) 704 μm/s，
(g) 576 μm/s，(h)448 μm/s

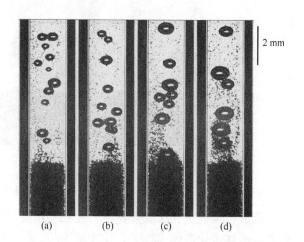

图 7-32　不同表观气速下从气液固微型流化床界面离开的气泡的实验图像

$D_c = 1.45$ mm，$d_p = 47$ μm，$U_l = 1151$ μm/s；(a) $U_g = 503$ μm/s，
(b) 1014 μm/s，(c) 1536 μm/s，(d) 2067 μm/s

7.3.5　气液固微型流化床中的气泡行为

在多相微反应器中，有效预测和控制气泡尺寸有助于对相间混合和传递特性的理解。而在三相微型流化床中，气泡尺寸与气泡尾涡关系密切，正确理解和预测气泡尺寸是认识反应器中流动特性的前提。

1. 单孔单气泡行为

1) 单孔单气泡的形成和运动

图 7-33 为 3 mm 床径气液固微型流化床中单气泡的形成和上升运动的典型图像。

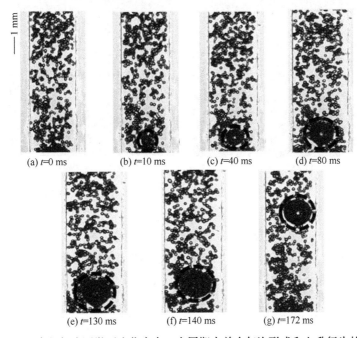

(a) t=0 ms　　(b) t=10 ms　　(c) t=40 ms　　(d) t=80 ms

(e) t=130 ms　　(f) t=140 ms　　(g) t=172 ms

图 7-33　3 mm 床径气液固微型流化床中一个周期内单个气泡形成和上升行为的典型图像

在气泡形成之前，固体颗粒被液体充分流化，如图 7-33(a)所示。之后气泡的顶部在孔口处出现[图 7-33(b)]，气泡在径向和轴向方向同时膨胀直到直径达到最大值，一些固体颗粒与气泡表面接触。在气泡未离开孔口过程中，气泡底部一直与孔口接触并进一步膨胀。然后，液体在气泡的轴向方向驱使气泡运动，观察到与孔口接触的脖颈[图 7-33(b)~(e)]。在这个过程中，由于气泡的膨胀，更多的固体颗粒会黏附在气液界面上，在整个过程中气泡的形状保持球形。当脖颈减小到某一个值时，脖颈断裂，气泡脱离孔口[图 7-33(e)]。在气泡上升过程中，一些固体颗粒从气泡上脱离，但由于固体颗粒较小(8~287 μm)，仍然有一些颗粒会黏附在气泡底部并与气泡一起向上运动，如图 7-33(f)所示。微型三相流化床中气泡运动现象与宏观尺度流化床中有所不同：气泡的形状几乎都是球形，表面张力抑制了其他作用在气泡上的力，所以气泡可以保持稳定的球形。

2) 单气泡尺寸

在研究气液固微型流化床中的气泡行为时，由于固体颗粒的存在，在固体颗粒床层中很难获得清晰的气泡图片，无法准确地测量气泡的有关特性，尤其是气泡尺寸。因此，选择在流化床的紧贴床层界面的自由空间中进行气泡尺寸的测量。图 7-34 给出了床径为 3 mm 的微型流化床中，同一气泡在液固流化区和自由空间区中的图片。对两个图片中的气泡尺寸进行测量，气泡的当量直径分别为 1.636 mm 和 1.667 mm，考虑到床层中气泡尺寸的测量误差，两者之间的差别可以忽略。

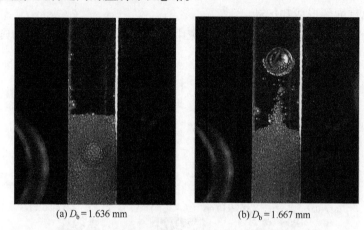

(a) D_b = 1.636 mm   (b) D_b = 1.667 mm

图 7-34 3 mm 床径气液固微型流化床中典型的气泡尺寸图片

u_g=0.034 m/s, U_l=3.1 mm/s, ε_s=0.4, d_p=195 μm, D_o=0.16 mm, H_s=9 mm

气泡生成过程经历膨胀和脱离两个阶段，在较强表面张力作用下，气泡呈球形向上运动。气液固微型流化床中单气泡尺寸随表观液速和床径变化的结果见图 7-35。为了进行对比，在床径 3 mm 的气液微型鼓泡塔中的气泡尺寸也绘制在图 7-35 中。

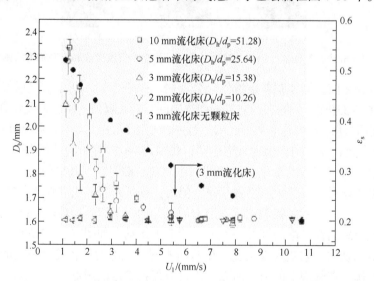

图 7-35 不同床径气液固微型流化床中气泡尺寸和固含率随表观液速的变化

实圆点表示固含率，u_g=0.034 m/s, d_p=195 μm, D_o=0.16 mm, H_s=9 mm

从图 7-35 中可以看出，在无固体颗粒存在的微型气液鼓泡塔中，气泡尺寸在整个实验范围内基本保持在一个定值(1.6 mm)。然而，对于气液固微型流化床，当表观液体速度小于 6 mm/s 时，由于固体颗粒的存在，不同床径的气液固微型流化床中的气泡尺寸大于无固体颗粒存在时的气泡尺寸；当表观液体速度大于 6 mm/s 时，气泡尺寸稳定在一个较低的数值上。这与宏观尺度的流化床中的结论一致[50]。Luo 等[50]比较了在液固混合物中作用在孔口处生成气泡的各种力，发现液固混合物的惯性力(或阻力)是控制因素，且随固含率或混合物密度的增加而增大。在相同的实验条件下，纯水中气泡的生长更快，脱离时间也更短。因此，纯水中的气泡尺寸较液固混合物中的气泡尺寸小。随着表观液速的不断增加，固含率降低，从而使液固混合物的阻力作用减小，有利于气泡尺寸的减小。在更大床径的微型流化床中，气泡尺寸的变化也遵循相同的规律。此外，当表观液体速度小于 6 mm/s 时，在相同的实验条件下，床径较大的微型流化床中的气泡尺寸也较大。表观液体速度为 6 mm/s 时，对应的固含率为 0.3，这与 Yoo 等[51]的观察一致。因此，对于不同床径的气液固微型流化床，在固含率小于 0.3 时，气泡尺寸基本一致。当固含率大于 0.3 时，相同的操作条件下壁面效应会增加床层的膨胀比，从而降低液固混合物的惯性力，使气泡尺寸随着表观液速的增加而减小。

在微型流化床中固体颗粒直径是影响气泡尺寸的另一个重要的因素。在给定的固含率下，气泡尺寸随着床径与粒径比(D_h/d_p)的增加而增加，如图 7-36 所示。对于小尺寸固体颗粒，液固混合物类似于更高密度和黏度的拟均相介质，这会导致较大的气泡形成。随着固含率的下降，固体颗粒尺寸对气泡尺寸的影响减小。结合床径对气泡尺寸的影响，可以得出这样的结论：在较高的固含率下，气泡尺寸与壁面效应相关，床径与粒径比的增加会使气泡尺寸增大。

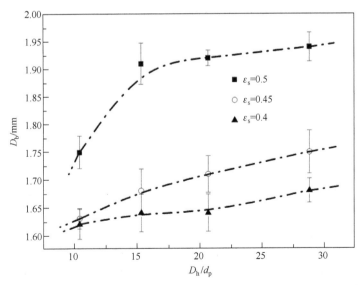

图 7-36　不同固含率，不同床径与粒径之比对气泡直径的影响
d_p=104～287 μm, u_g=0.034 m/s, D_o=0.16 mm, D_h=3 mm, H_s=9 mm

液体性质也会影响气泡或固体颗粒行为。无量纲毛细数 $Ca\left(Ca = \dfrac{u_l \mu_l}{\sigma}\right)$ 代表黏性剪切力和表面张力的相对重要性，用来描述在不同床径下表观液速、表面张力和黏度对气泡尺寸的影响，如图 7-37 所示。对于气液或液液体系，毛细数 Ca 中的速度通常是指表观液速；对于气液固体系，由于固体颗粒的存在，表观液速被固体颗粒间的间隙液速取代 $\left(u_l = \dfrac{U_l}{1-\varepsilon_p}\right)$，以反映固体颗粒性质的影响。图 7-37(a)显示在气液体系中气泡尺寸随毛细数 Ca 的变化情况。气泡尺寸随着基于液体表面张力的毛细数 Ca 的增大而下降，与基于表观液速和黏度的毛细数 Ca 的变化无关。这表明液体表面张力在气泡形成过程中是起到决定性作用的，在有表面活性剂存在时，气泡的尺寸随着床径的增加而下降。图 7-37(b)给出了在三相体系中整个实验范围内气泡尺寸随毛细数 Ca 的增加整体显示出下降趋势。表面张力对气泡尺寸的影响依然显著。此外，基于表观液速和黏度的毛细数 Ca 也会影响气泡尺寸。原因是表观液速或黏度的增加会减小在气泡形成过程中起决定性作用的液固混合物的惯性力，所以气泡尺寸会减小。对于三相体系，黏性剪切力会影响液固混合物的惯性力进而影响到气泡的尺寸。

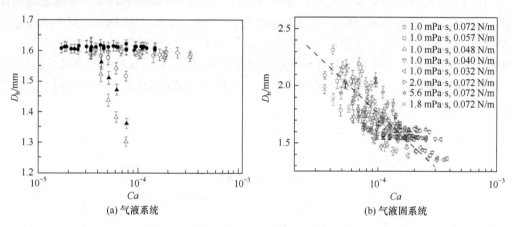

(a) 气液系统   (b) 气液固系统

图 7-37   气泡尺寸与毛细数 Ca 之间的关系

(a) ●基于液体速度的毛细数 Ca(3～10 mm 床径)；◇基于液体黏度的毛细数 Ca(3～10 mm 床径)；○基于液相表面张力的毛细数 Ca(3 mm 床径)；▲基于液相表面张力的毛细数 Ca(5 mm 床径)；△基于液相表面张力的毛细数 Ca(10 mm 床径)；
(b) u_g=0.034 m/s, d_p=195 μm, D_o=0.16 mm, H_s=9 mm

图 7-38 给出了气液固微型流化床中气泡尺寸随雷诺数 $Re\left(Re = \dfrac{\rho_l D_b u_l}{\mu_l}\right)$ 的变化情况。甘油中气泡尺寸随着雷诺数 Re 的增加而减小。增加液体惯性力会使作用在固体颗粒上的液体曳力增大，导致液固混合液的惯性力降低，从而使气泡尺寸减小。此外，液体黏度的增加会增加液体对颗粒的曳力，固体颗粒会在更小的表观液速下被液体流化。

图 7-39 显示了微型流化床中孔口气体速度对气泡尺寸的影响，气泡的直径随孔口气体速度的增加略微增大。

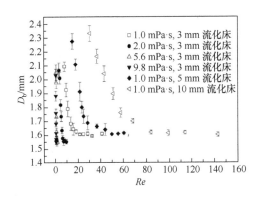

图 7-38　气液固微型流化床中气泡尺寸和雷诺数 Re 的关系

$u_g=0.034$ m/s，$d_p=195$ μm，$D_h=3$ mm、5 mm、10 mm，$D_o=0.16$ mm，$H_s=9$ mm

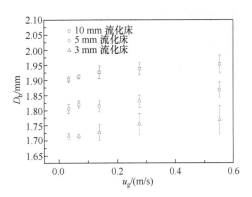

图 7-39　不同床径的微型流化床中气泡尺寸随孔口气体速度的变化关系

$U_l=2.47$ mm/s，$\varepsilon_s=0.44$，$d_p=195$ μm，$D_o=0.16$ mm，$H_s=9$ mm

　　尽管在宏观尺度的三相流化床中，小气泡的尾涡是被忽略的，但是在微型通道中由于壁面的限制，气泡尾部会存在气泡尾涡或液体的循环运动。图 7-40 给出了 3 mm 微型流化床内单个上升气泡在 195 μm 固体颗粒流化床中运动的图片。可以在图中观察到随着上升气泡后面的气泡尾涡，在气泡底部可以看到一个低固体颗粒浓度的区域，称为液体尾涡层。

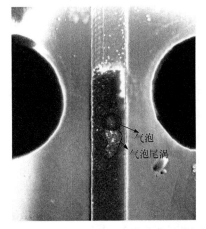

图 7-40　3 mm 床径的气液固微型流化床中上升气泡及其尾涡

液相：甘油，$u_g=0.034$ m/s，$U_l=1.85$ mm/s，$\varepsilon_s=0.25$，$d_p=195$ μm，$\mu_l=5.6$ mPa·s，$D_o=0.16$ mm，$H_s=9$ mm

　　气液固微型流化床的孔口几何尺寸也会对气泡尺寸产生影响。图 7-41 描绘了床径 3 mm 微型流化床中不同表观液速下气泡尺寸随孔口直径的变化。在给定的表观液速下，气泡的直径随孔口直径的增加而增加。对于给定的孔口直径，气泡直径随表观液速的增加而减小直至达到一个稳定的值。

　　静止床层高度在微型流化床中也是一个重要的影响因素。图 7-42 显示了三种不同表观液速下气泡尺寸随归一化静止床层高度 H_s/H_c 的变化，可以看出气泡尺寸的变化与静止床层高度无关。

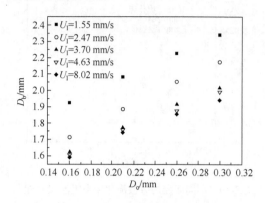

图 7-41　孔口直径对气泡的影响

u_g=0.034 m/s，ρ_p=2500 kg/m³，d_p=195 μm，D_h=3 mm，H_s=9 mm

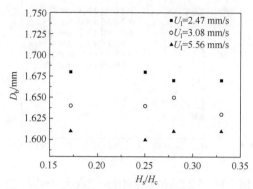

图 7-42　微型三相流化床中归一化静止床层高度 H_s/H_c 对气泡尺寸的影响

u_g=0.034 m/s，ρ_p=2500 kg/m³，d_p=195 μm，D_h=3 mm，D_o=0.16 mm（U_l=2.47 mm/s，ε_s=0.44；U_l=3.09 mm/s，ε_s=0.40；U_l=5.56 mm/s，ε_s=0.31）

　　流化床的长径比 H_c/D_h 是设计和放大反应器时一个重要的参数[52]。合适的反应器长径比可以使体系的流动达到充分发展的状态[53]。例如，对于较低的长径比，在鼓泡床中入口效应会使气泡分布不均匀，这对于反应是不利的。图 7-43 描述了流化床长径比和气泡尺寸的变化关系。图 7-43 中显示，随着长径比的增加，气泡的尺寸只是略微增加，这表明在目前的实验条件下，气体的入口效应对于气泡尺寸的影响是可以忽略的。

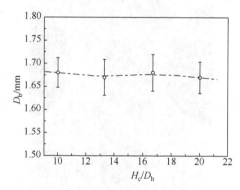

图 7-43　三相微型流化床长径比 H_c/D_h 对气泡尺寸的影响

U_l=2.47 mm/s，ε_s=0.44，U_g=0.034 m/s，ρ_p=2500 kg/m³，d_p=195 μm，D_h=3 mm，D_o=0.16 mm

　　因此，液体表面张力的减小及黏度的增加会减小液固混合物的惯性力，从而减小气泡尺寸。孔口气体速度对气泡尺寸的影响并不显著，但在孔口气速较高时，会造成气孔内压力的不稳定，使形成的气泡尺寸偏差增大。同时，气泡尾涡也会对后续气泡的形成造成影响。孔口尺寸增大会增大气泡尺寸，但静态床层高度和床长径比对气泡尺寸影响较小。综合以上结论，气泡直径 D_b 与表观液速、孔口气体速度、液体和固体颗粒的性质、床层几何构型和孔口直径等因素有关，即

$$D_b = f(U_1, \varepsilon_p, \sigma_1, \mu_1, \rho_1, \rho_p, d_p, u_g, D_h, D_o)$$

基于毛细数等的无量纲数气泡尺寸的关联式如下：

$$\frac{D_b}{D_h} = Ca^{-0.1761}\left(\frac{D_h}{D_p}\right)^{-0.3903}\left(\frac{D_h}{D_o}\right)^{-0.4801}\left(\frac{U_g}{U_1}\right)^{0.108}\left(\frac{\rho_p}{\rho_w}\right)^{0.2395} \tag{7-6}$$

$$Ca = \frac{u_1\mu_1}{\sigma_1} \tag{7-7}$$

$$u_1 = \frac{U_1}{1-\varepsilon_p} \tag{7-8}$$

3) 单气泡上升速度

在床径 3 mm 微型流化床中，典型的上升气泡轨迹和速度见图 7-44 和图 7-45，时间起始点设为气泡刚脱离孔口时。如图 7-44 所示，气泡以之字形路径上升。脱离孔口后气泡加速上升，在 0.02 s 后达到一个恒定的值(图 7-45)。当气泡和壁面发生碰撞后，气泡上升速度下降之后又再次上升。气泡达到终端上升速度后的点在液体分布器上方 3.5 mm。在床径 5 mm 和 10 mm 微型流化床内，在气泡上升过程中没有发现气泡上升速度的下降现

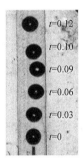

图 7-44　3 mm 微型流化床内气泡在静止液体中的上升过程(u_g=0.034 m/s)

象，这表明气泡没有与壁面接触。气泡经过一个较长的加速阶段(约 0.5 s)后到达稳定的速度。为了获得床径 5 mm 和 10 mm 微型流化床中的气泡终端上升速度，实验中固体颗粒床层的静止床层高度相应有所增加。壁面效应会使不同床径中的气泡上升速度降低。

在给定的固含率下，气泡上升速度与气泡尺寸密切相关[54-58]。图 7-46 显示当固含率为 0.383 时，3 mm 床径中不同表面张力下气泡上升速度随气泡尺寸的增大而增加。

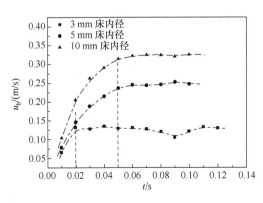

图 7-45　不同微型流化床直径下气泡在静止液体中不同时刻的上升速度
u_g=0.034 m/s

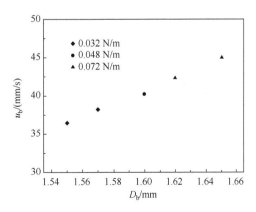

图 7-46　3 mm 微型流化床中气泡上升速度和气泡尺寸的关系
u_g=0.034 m/s, d_p=287 μm, ρ_p=2500 kg/m³, U_1=6.17 mm/s, ε_s=0.383

气泡上升速度也与固含率有关。图 7-47 给出了不同床径下 287 μm 固体颗粒流化床中气泡上升速度随着固含率的变化，可以看出上升速度随固含率的增加而下降。

气泡尺寸通常会随着表观气速的增加而增大，这也使气泡上升速度增加。图 7-48 给出了床径 3 mm 微型流化床中，在固含率为 0.383 时，颗粒直径 287 μm 的流化床中，气泡上升速度和孔口气速之间的关系。如图 7-48 所示，气泡上升速度随孔口气体速度轻微增加。

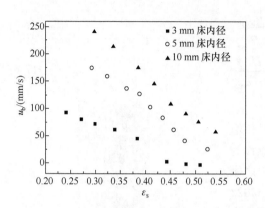

图 7-47   不同微型流化床径中气泡上升速度随固
含率的变化

U_l=1.22～10.8 mm/s，u_g=0.034 m/s，ρ_p=2500 kg/m³，
d_p=287 μm，D_o=0.16 mm

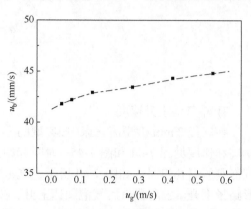

图 7-48   微型流化床中气泡上升速度与孔口
气速的关系

U_l=6.17 mm/s，ε_s=0.383，ρ_p=2500 kg/m³，d_p=287 μm，
D_h=3 mm，D_o=0.16 mm

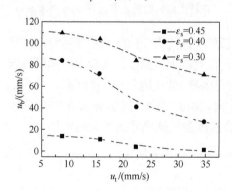

图 7-49   微型流化床中不同固含率下颗
粒终端速度对气泡上升速度的影响

u_g=0.034 m/s，ρ_p=2500 kg/m³，D_h=3 mm，
D_o=0.16 mm

图 7-49 给出了床径 3 mm 微型流化床中不同固含率下固体颗粒尺寸对气泡上升速度的影响，这里固体颗粒尺寸使用颗粒终端沉降速度 u_t 表示。气泡上升速度随着颗粒终端沉降速度或固含率的增加而逐渐降低。当颗粒终端速度小于 15 mm/s 时，气泡上升速度随固体颗粒沉降终端速度的增加下降较为缓慢；当颗粒终端速度大于 15 mm/s 时，这种下降变得较为明显。

综上，在气液固微型流化床中，由于壁面的限制和固体颗粒在气泡底部的黏附，气泡的上升速度随着床径的减小而降低，并与气泡尺寸有关。孔口气体速度对气泡上升速度的影响是有限的。较大的固体颗粒含率使气泡上升速度减小。

2. 多气泡行为

1) 气泡尺寸分布

在单气孔鼓泡微型三相流化床研究的基础上，开展了多气孔鼓泡过程的微型三相流化床气泡尺寸分布规律研究。图 7-50 给出了多气孔鼓泡微型三相流化床分散鼓泡流条件下，基于气泡频率的气泡尺寸分布函数(D_b)随单个气泡直径(d_i)与气泡平均直径(d_b)之比而变化的曲线。气泡数量频率在无量纲气泡尺寸组中的分布函数是通过将不同无量纲气泡尺寸组内的气泡频数除以相应的尺寸组距计算的。

如图 7-50 所示，在三相微型流化床的分散鼓泡流区，气泡尺寸呈正态分布，且接近于单分散。这与宏观三相流化床中的对数正态分布不同。这种更为均匀集中的尺寸分布取决于微型气液分布器的特性，以及微型流化床中较低的表观气、液速。在分散鼓泡流中，气泡尺寸正态分布的方差表示气泡形成尺寸的偏差，其增大主要是由多相系统的非均匀性引起的。三相微型流化床的非均匀行为来自于流化的颗粒和气泡的尾涡，并且在床径与粒径比较小的情况下，由于存在壁面效应而加剧。因此，如图 7-50(a)所示，三相微型流化床中的气泡尺寸分布的方差大于气液两相流中的，并且在 58 μm 粒径的颗粒中达到最大。气泡尺寸正态分布的方差随表观液速的变化没有明显的改变[图 7-50(b)]，而随表观气速的增大而增加[图 7-50(c)]。在分散鼓泡流区，表观气速的增大主要增加了气泡产生的频率，而不是气泡的尺寸，这将大大减小气泡之间的轴向间距。由于气泡的形成受先前产生气泡尾涡的影响，因此较小的气泡轴向间距将导致较大的气泡形成偏差。不同的是，表观液速的降低仅能通过减小气泡上升速度以减小气泡轴向间距，而由此产生的影响可能小得多，因为在分散鼓泡流区气泡间的轴向间距原本就非常大。

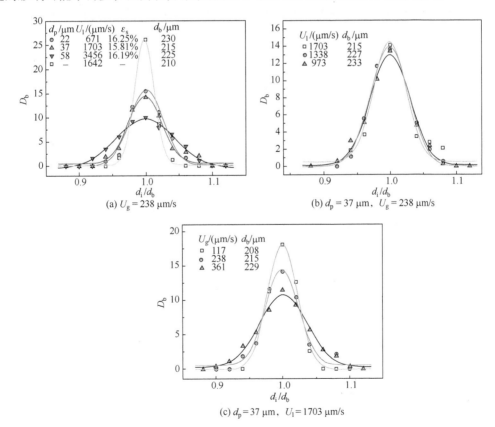

图 7-50　多气孔鼓泡三相微型流化床分散鼓泡流区，基于气泡频率的气泡尺寸分布函数(D_b)随单个气泡直径(d_i)与气泡平均直径(d_b)之比而变化的曲线

在聚并鼓泡流中，三相微型流化床的气泡也不同于宏观三相流化床的对数正态分布，如图 7-51 和图 7-52 所示，其分布表现为特殊的阶梯状多峰分布。较高阶层中的大气泡是由较低阶层中的两个小气泡的聚并产生的。这可以通过不同阶层中的气泡直径的立方呈现出与球体体积的倍数递增的一致关系得到证实。图 7-53 给出了不同阶层气泡的这种体积关系的实例。图 7-53 中所示的四个气泡的直径分别为 248 μm ± 6 μm、306 μm ± 9 μm、361 μm ± 8 μm 和 398 μm ± 9 μm，其各自的立方为倍数增加的关系。这表明后三个气泡是由 2~4 个最小的气泡聚并而成的。

这种阶梯状分布是由具有非常强的表面张力的微气泡无法破裂而只趋于聚并导致的。如图 7-51 所示，随着表观液速的降低，气泡尺寸分布逐渐从单个阶层转变为多个阶层。这表明随着多气泡上升速度的降低，气泡间逐渐发生多次聚并。在更高阶层的较大气泡全部是由初始形成的气泡(最低阶层的气泡)以不同次数的聚并产生的。图 7-51 和图 7-52 中最低阶层的气泡尺寸分布表明，至少在较低的表观气速下，初始形成的气泡的尺寸仍接近于正态分布，因此，相应较高阶层的气泡尺寸也能够保持较窄的分布。

随着聚并次数的增加，各个阶层中的气泡数量有所减少。由于两个气泡的聚并减少了局部的气泡数量而增加了局部气泡的平均间距，因此聚并的气泡再次发生聚并的概率降低，而在多气泡流中，由不同聚并次数产生的气泡的频数可以保持在一个相对稳定

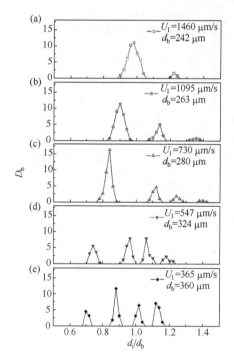

图 7-51   聚并鼓泡流中不同表观液速下的气泡
尺寸分布

$d_p = 37 \ \mu m$，$U_g = 361 \ \mu m/s$

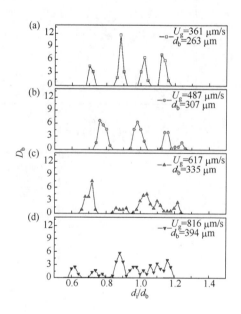

图 7-52   聚并鼓泡流中不同表观气速下的气泡
尺寸分布

$d_p = 37 \ \mu m$，$U_l = 1095 \ \mu m/s$

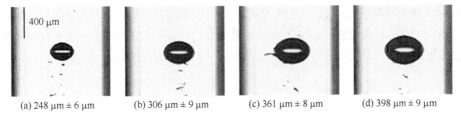

(a) 248 μm ± 6 μm　　(b) 306 μm ± 9 μm　　(c) 361 μm ± 8 μm　　(d) 398 μm ± 9 μm

图 7-53　初始形成的气泡和由不同次数聚并生成的气泡

的比例。但是随着表观气速的增加，气泡尺寸不再保持明显的阶梯分布。这可能是由初始形成的气泡尺寸的偏差增大以及气泡间多次聚并造成的。

2) 气泡的平均尺寸

三相微型流化床中的气泡尺寸同时受到气液两相流和液固床层的影响，因此一般大于气液两相流的气泡尺寸。在分散鼓泡流区，气泡尺寸随着表观液速的降低而略有增加，此时其大小取决于初始形成气泡的尺寸。而在聚并鼓泡流区，气泡尺寸由气泡聚并过程所控制，其随液速降低而增加变得更为显著，如图 7-54 所示。

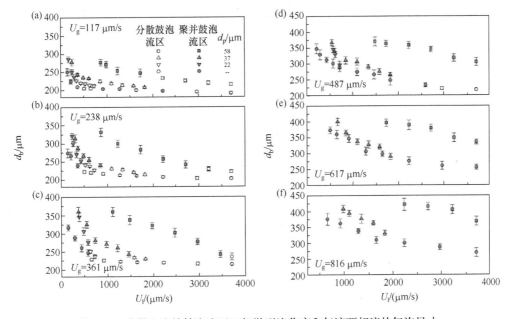

图 7-54　分散和聚并鼓泡流区三相微型流化床和气液两相流的气泡尺寸

Luo 等[50]提出一个能够预测液固悬浮液中气泡形成的初始尺寸的模型，其中假设气泡经由膨胀和脱离两个阶段形成[59]。但是对于三相微型流化床，微型气泡的表面张力非常大，在气泡脱离阶段中连接气泡底部的气泡颈并不能拉伸很长，而会在极短的长度上破裂[31]。因此，可以忽略气泡形成的脱离阶段，认为气泡形成的初始尺寸接近于其膨胀阶段末所达到的尺寸。这里利用模型中气泡膨胀阶段的流体力学表达式分析微气泡在形成过程中的主要作用力。将分散鼓泡流区的气泡尺寸认为是初始形成的气泡尺寸。微型流化床的液固床层被简化为具有相同固体颗粒含率的液固悬浮液。

作用在处于膨胀阶段气泡向上的力包括：浮力(F_B)和气体动量力(F_M)；向下的阻力包括：液体曳力(F_D)、表面张力(F_σ)、气泡惯性力($F_{I,g}$)、颗粒和气泡的碰撞力(F_C)和液固悬浮液惯性力($F_{I,m}$)。其中，三个最主要的力 F_B、F_D 和 F_σ 的表达式分别如下：

$$F_B = \frac{\pi}{6}d_b^3(\rho_l - \rho_g)g \tag{7-9}$$

$$F_D = \frac{1}{2}C_D\rho_l\frac{\pi}{4}d_b^2U_E^2 \tag{7-10}$$

$$F_\sigma = \pi d_o \sigma \sin\theta \tag{7-11}$$

式中，曳力系数 C_D 由式(7-12)给出

$$C_D = \frac{24}{Re_b}$$
$$Re_b = \frac{d_b U_E \rho_l}{\mu_l} \tag{7-12}$$

式中，气泡膨胀速度 U_E 等于气泡半径的增加速率

$$U_E = \frac{1}{2}\frac{\mathrm{d}d_b}{\mathrm{d}t} = \frac{U_o}{4}\left(\frac{d_o}{d_b}\right)^2 \tag{7-13}$$

表 7-1 中给出了气泡受力分析的计算。可以看出，有效浮力仍然是微气泡形成过程中主要的向上作用力，而主要的向下阻力则是表面张力和液体黏性曳力，这与宏观三相流化床中液固悬浮液惯性力的决定性作用有所不同[50]。这取决于微气泡较小的尺寸和膨胀速度，决定气泡尺寸的阻力由惯性力转变为表面力和黏性力的联合。但是由计算得到的作用在形成气泡上向上和向下的力是不平衡的。这可能是由于测量非常小的接触角的不准确性而导致表面张力被高估。此外，分布器内液流的剪切应力和表面张力的径向分量可能在微气泡的脱离过程中具有额外的加速作用。因此，对气液微型分布器的气泡形成机制还有待进一步研究。

表 7-1   作用于形成过程中气泡上的各种力

U_g/(μm/s)	ε_s/%	d_b/μm	F_B/dyn	F_M/dyn	F_D/dyn	F_σ/dyn	$F_{I,g}$/dyn	F_C/dyn	$F_{I,m}$/dyn
117	14.49	206	4.51×10^{-3}	3.01×10^{-6}	8.87×10^{-5}	9.44×10^{-2}	1.33×10^{-9}	3.24×10^{-9}	6.22×10^{-6}
117	27.34	220	5.50×10^{-3}	3.01×10^{-6}	8.30×10^{-5}	9.44×10^{-2}	1.17×10^{-9}	4.70×10^{-9}	6.95×10^{-6}
117	41.73	235	6.70×10^{-3}	3.01×10^{-6}	7.77×10^{-5}	9.44×10^{-2}	1.02×10^{-9}	5.51×10^{-9}	7.57×10^{-6}
117	17.35	210	4.80×10^{-3}	3.01×10^{-6}	8.69×10^{-5}	9.44×10^{-2}	1.28×10^{-9}	3.57×10^{-9}	6.33×10^{-6}
238	17.35	220	5.47×10^{-3}	1.24×10^{-5}	1.69×10^{-4}	9.44×10^{-2}	4.81×10^{-9}	1.23×10^{-8}	2.38×10^{-5}
361	17.16	232	6.43×10^{-3}	2.85×10^{-5}	2.43×10^{-4}	9.44×10^{-2}	9.95×10^{-9}	2.27×10^{-8}	4.92×10^{-5}

注：$d_p = 37$ μm，$d_o = 13.3$ μm，$\theta = 18°$。

在宏观三相流化床的分散鼓泡流中，由于流化床惯性力的主导作用，固含率的增加会导致气泡尺寸的大幅增加[60]。然而，在三相微型流化床的分散鼓泡流区，随着固体含率的增加，气泡尺寸仅略微增大，并且这种增大关系接近于线性，如图 7-55(a)所示。这可能是由微型流化床表观黏度的增加引起的。

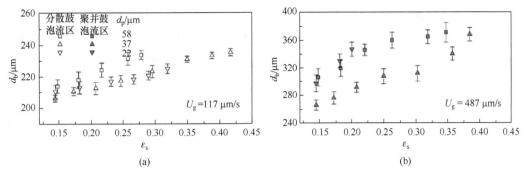

图 7-55　分散和聚并鼓泡流中气泡尺寸相对于固含率的变化

对于气泡的聚并，Fan[57]认为常规尺寸三相流化床中的球冠形气泡的聚并机理与气液鼓泡流或气固流化床中的相似。两个连续气泡的聚并可以归结于前行气泡的低压尾涡的吸引，其导致随后气泡的加速追赶和聚并。然而，对于三相微型流化床中的球形气泡，由其球的形状和非常低的雷诺数决定，其较小的气泡尾涡可能并不能在气泡聚并过程中起决定性作用。因此，气泡聚并需要两个气泡之间的距离更近、相对速度更低。多气泡流的整体聚并概率强烈地依赖于气泡上升速度和平均间距，所以对二者有很大影响的固含率(进而是表观黏度)和气泡生成频率都能显著地改变气泡尺寸。如图 7-55(b)所示，在聚并鼓泡流中，固含率的增加可降低气泡的上升速度、减小气泡间距，从而促使气泡聚并，更大程度地增加气泡的尺寸。

表观气速的增加对初始形成气泡的尺寸影响较小，如图 7-56(a)中分散鼓泡流区的气泡尺寸的变化所示。这与之前对气泡形成过程中的受力分析的结论相一致，即气体动量力和气泡惯性力并不是气泡形成过程中的控制力，表观气速的增加主要增加了气泡生成的频率，从而降低了平均气泡间距。如图 7-56(a)和(b)所示，在聚并鼓泡流中，气泡之间的聚并使气泡平均尺寸显著增加。

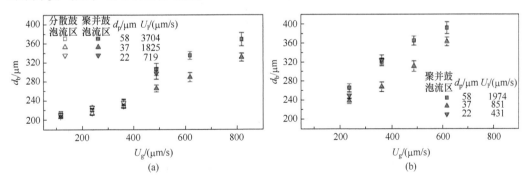

图 7-56　分散和聚并鼓泡流中气泡尺寸随表观气速的变化

根据实验数据，非线性回归得到的平均气泡尺寸关联式如下：

$$d_{\mathrm{b}} = (1.76 \times 10^{-4} + 5.83\, d_{\mathrm{p}}) \left(\frac{U_{\mathrm{g}}}{U_{\mathrm{l}}} \right)^{0.281} \tag{7-14}$$

式中，$U_{\mathrm{g}} / U_{\mathrm{l}}$ 在 $0.0317 < U_{\mathrm{g}} / U_{\mathrm{l}} < 0.992$ 的范围内。

3) 气泡终端速度

在经历短暂的加速之后，具有较低初始速度的刚脱离孔口的气泡达到一个相对稳定的上升速度，即气泡的终端速度。气泡在流化床内上升的过程中，气泡浮力和微型流化床液固床层对气泡的曳力保持基本平衡。而且，由于微气泡是不会变形的球体，因此气泡表面张力对其上升速度的影响可以忽略不计[47]。然而，微球形气泡的上升速度受其周围流场的强烈控制[61]，因此，液固床层内的涡流、气泡间的扰动以及床壁面的约束等多种因素，都会对三相微型流化床内多气泡的瞬时速度有很大影响，不同气泡的终端速度会显示出分布。图 7-57 中显示基于气泡频数的气泡终端速度的典型分布。在分散和聚并鼓泡流中，三相微型流化床的气泡终端速度并没有呈现出正态或对数正态分布[58]，但是其分布还是明显比常规尺寸三相流化床的对数正态分布窄。当表观气、液速或颗粒粒径变化时，气泡终端速度的分布并没有明显的变化模式，但是聚并鼓泡流条件下的分布一般比分散鼓泡流下的分布更为集中。这是由于较大的聚并气泡在多气泡上升速度中的主导作用。

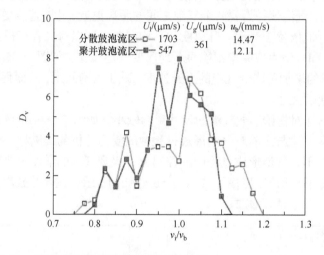

图 7-57　基于气泡频数的气泡终端速度分布(d_p = 37 μm，U_g = 361 μm/s)

微型流化床中的球形气泡的终端速度分布也受到气泡尺寸的影响。在与气泡尺寸阶梯状分布相同的实例中给出单个气泡终端速度在气泡尺寸上的分布，示于图 7-58 和图 7-59。可以看出，较大聚并气泡的平均终端速度也更高，但随着平均气泡尺寸的增加，这些速度差异逐渐消失。这是因为较大气泡的尾涡能够在很大程度上降低液固床层对较小气泡的曳力阻力。尽管表观液速的降低以及气体速度的增加都会使气泡尺寸的分布变宽，但气泡终端速度的分布则变得更为集中。这也反映出随着气泡尺寸变大并且间距变得更近，气泡之间动量传递增强。

气泡上升实际上是气泡与周围液固混合物之间的相对运动[62]，采用相对速度可以消除液体间隙速度对气泡终端速度的影响。考虑到气泡有效浮力与床层曳力之间的基本平衡，气泡的曳力系数可以表示为

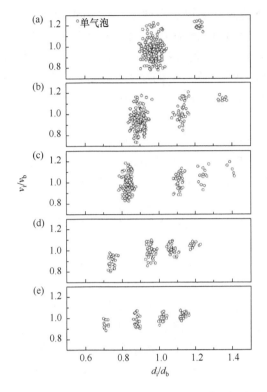

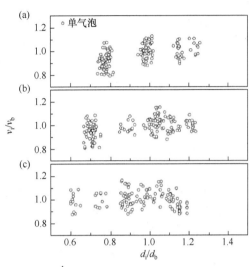

图 7-58　不同表观液速下基于气泡尺寸的气泡
　　　终端速度分布(d_p = 37 μm，U_g = 361 μm/s)

(a) U_l = 1460 μm/s，d_b = 242 μm，v_b = 13.88 min/s;
(b) U_l = 1095 μm/s，d_b = 263 μm，v_b = 13.07 min/s;
(c) U_l = 730 μm/s，d_b = 280 μm，v_b = 12.36 min/s;
(d) U_l = 547 μm/s，d_b = 324 μm，v_b = 12.11 min/s;
(e) U_l = 365 μm/s，d_b = 360 μm，v_b = 12.19 min/s

图 7-59　不同表观气速下基于气泡尺寸的气泡终
　　　端速度分布(d_p = 37 μm，U_l = 1095 μm/s)

(a) U_g = 487 μm/s，d_b = 307 μm，v_b = 14.22 min/s;
(b) U_g = 617 μm/s，d_b = 335 μm，v_b = 14.79 min/s;
(c) U_g = 816 μm/s，d_b = 394 μm，v_b = 15.18 min/s

$$C_D = \frac{4}{3} g \frac{d_b}{v_r^2} \tag{7-15}$$

由于微气泡的 Re_b 值非常小，因此可将三相微型流化床的 C_D 与用于无边界层流中的单个球形气泡的斯托克斯定律类比

$$C_D = \frac{24}{Re_b}$$

$$Re_b = \frac{d_b v_r \rho_m}{\mu_m} \tag{7-16}$$

式中，ρ_m 和 μ_m 分别为微型流化床液固床层的表观密度和黏度。然后，将式(7-16)代入式(7-15)则可得到

$$v_r = \frac{1}{18} g \frac{d_b^2 \rho_m}{\mu_m} \tag{7-17}$$

$$\rho_m = \varepsilon_s \rho_s + \varepsilon_l \rho_l$$

式(7-17)可以确定，气泡终端速度会随气泡尺寸的增加而增大，与液固床层的表观黏度成反比。由于 μ_m 表示的是具有多气泡的微型流化床液固床层的表观黏度，因此，它还应包括因气泡之间的扰动和因壁面限制而产生的阻力效应。μ_m 的值不仅会随着固含率的增大而增加，而且会随着气泡间距的减小和气泡尺寸的增大而增加。前者是因为会加剧多气泡之间的扰动，后者则是由于会增加气泡与柱体壁面间隙中的液固混合物的相对速度。

图 7-60 给出了三相微型流化床和气液两相鼓泡流中气泡的终端速度(体积平均值)与表观气、液速的关系。可以看出，一般情况下三相中的气泡终端速度低于气液两相的。随着表观液速的降低，三相微型流化床中固含率的增加，分散和聚并鼓泡流中气泡终端速度减小。当流型转变发生时，气泡的终端速度并没有明显的增加，这与气液两相流的情况不同，因为此时气泡尺寸会由于聚并而显著增大，气泡终端速度也会有所增加。因此，尽管气泡尺寸会随着固含率的增加而变大，但这并不能完全抵消由液固床层表观黏度增加所引起的气泡终端速度的降低。图 7-61(a)显示气泡终端速度随固含率增加而减小的趋势。

然而，表观气速的增加所引起的气泡尺寸的增大，会引起气泡终端速度的明显增加。图 7-61(b)显示随着气泡尺寸的增大，气泡终端速度增加。但是很明显，这种趋势并不符合式(7-17)中在相近的固含率下与气泡直径平方的正相关关系。从之前的分析可知，这是因为毛细管床对较大气泡具有较高的阻力效应，即 μ_m 也应是气泡直径的函数。

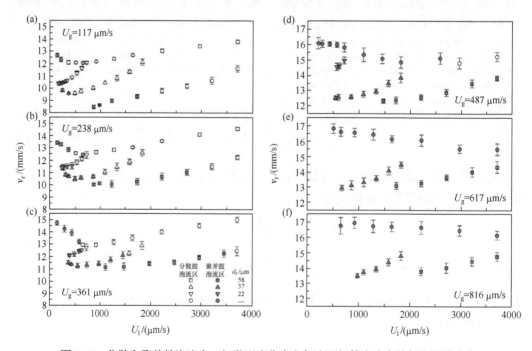

图 7-60   分散和聚并鼓泡流中三相微型流化床和气液两相鼓泡流中的气泡终端速度

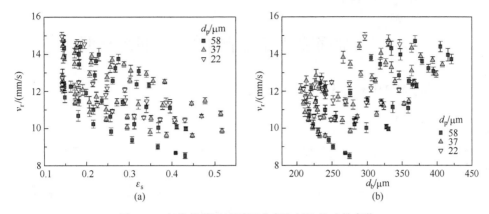

图 7-61　气泡终端速度随固含率和气泡尺寸的变化

　　另外，在分散鼓泡流和较低表观气速($U_g = 117\ \mu m/s$)情况下，因为气泡间距较大而尺寸较小，气泡之间的扰动和气泡尺寸对液固床层表观黏度的影响可忽略。因此，可以通过式(7-17)计算微型流化床液固床层的 μ_m，所得的值如图 7-62 所示。在三种不同粒径下，μ_m 和固含率之间的关系几乎都是线性的。

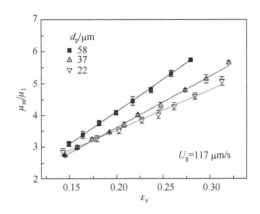

图 7-62　分散鼓泡流下表观黏度随固含率的变化

　　从无量纲分析得到的气泡终端速度的经验关联式如下：

$$v_r = 0.0279 Fr_l^{0.112} \left(\frac{U_g}{U_l}\right)^{0.164}$$

$$Fr_l = \frac{U_l^2}{g d_p}$$

(7-18)

式中，Fr_l 在 $2.22 \times 10^{-4} \sim 2.41 \times 10^{-2}$ 范围内，U_g / U_l 在 $0.0317 \sim 0.992$ 范围内。

　　综上，由于气泡的终端速度很大程度上决定着气含率，进而控制着气相的传质通量，因此分布更为集中的终端速度表明，三相微型流化床的总体气相传质通量更为恒定和可控。

7.4   气液固微型流化床的介尺度机理模型

7.4.1   气液固微型流化床的介尺度机理模型建立

1. 多尺度分解

气液固微型流化床流动机理模型研究仍属于流体力学范畴,但是鉴于其重要性,这里单独列出。

对于复杂的气液固微型流化床的设计和操作,建立合适的流体力学机理模型,准确预测其特性参量是研究的目标之一。由于大多数操作条件是在聚并鼓泡流的流动状态下,并且气含率和气泡尺寸都由气泡之间的聚并决定,因此在模型中对气泡聚并的描述是特别必要的。然而,基于现有的对三相流化床主要机理的了解,以及在常规尺寸下的关联式无法准确量化描述微型流化床中由流动机理变化造成的影响,例如壁面剪应力对液速的影响,床体壁面对气泡上升的阻力,以及对气泡聚并的约束。因此,有必要引入新的建模方法,如基于能量最小多尺度模型的介科学方法,开展三相微型流化床内流动行为的建模研究。之所以考虑介科学方法,是因为介科学方法考虑了三相流化床内复杂的多尺度现象,并已经成功用于宏观气固流化床系统以及气液固三相流化床系统的机理建模[63-64]。

本节将借鉴宏观气液固三相流化床介科学方法机理建模工作,引入壁面效应的半理论修正因子,对气泡尺寸的约束条件进行机理建模研究。将 Liu 等[63]及 Jin[64]采用 EMMS 方法建立的宏观尺寸三相流化床模型扩展到三相微型流化床,通过分析系统的多尺度相互作用,并根据实验结果提出这些修正因子和约束条件的经验关联式,建立描述气液固微型流化床流动行为的介尺度机理模型。

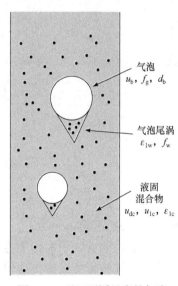

将宏观尺寸三相流化床的悬浮输送系统进一步分解为五个子系统(或相),包括:液固混合相、气泡相、气泡尾涡相、气泡与周围液固混合相之间的相互作用相,以及气泡尾涡与周围液固混合相之间的相互作用相。这种分解对于描述颗粒、气泡、尾涡和液固混合相之间在不同尺度下的相互作用是非常有效的。如图 7-63 所示,在此系统分解的基础上,引入八个变量建立机理模型,分别为:气相含率 f_g、气泡尾涡相含率 f_w、气泡及尾涡速度 u_b、液固混合相中颗粒的表观速度 u_{dc} 和液体的表观速度 u_{lc}、液固混合相中的液含率 ε_{lc}、气泡尾涡相中的液含率 ε_{lw} 及气泡平均直径 d_b。

在宏观尺寸三相流化床的 EMMS 模型中,所涉及的相互作用发生在三个尺度上,即颗粒的微尺度、气泡与尾涡的介尺度以及整个三相流化床的宏尺度。微尺度的相互作用仅指单个颗粒与周围液固混合相之间的相

图中标注:

气泡
u_b, f_g, d_b

气泡尾涡
ε_{lw}, f_w

液固混合物
u_{dc}, u_{lc}, ε_{lc}

图 7-63   基于不同尺度的气液固流态化悬浮输送系统的分解

互作用，它可以表示为液体曳力与颗粒有效重力之间的平衡。在介尺度上，假定气泡尾涡中包含的液体与颗粒的上升速度与气泡的速度相同，将液固混合相视为拟均相混合物，则可以建立由其产生的曳力与气泡有效浮力之间的平衡。然而，由于气泡尾涡中的主导机制过于复杂，作为量化尾涡作用的参数，气泡尾涡尺寸和颗粒浓度目前只能通过经验关联式估计。对于在宏尺度下的相互作用，则涉及整个流化床与边界如壁面之间的相互作用。因为对于宏观尺寸三相流化床，宏尺度下的相互作用与其他两个尺度下的相互作用的量级差异较大，对它们的影响较小，所以此相互作用在模型中一般被忽略。对系统的多尺度分解方法也适用于三相微型流化床。但不同之处在于，宏尺度下的相互作用不能忽略，因为对于三相微型流化床，其宏尺度(流化床整体尺度)在尺寸量级上已非常接近其介尺度(气泡和尾涡尺度)甚至是微尺度(颗粒尺度)。因此，床径 D_c 被引入作为微型流化床在宏尺度下的整体尺寸参数。宏尺度对其他两个尺度的影响则可以用它量化。

2. 多尺度下的守恒方程和平衡条件

气相、液相和固相的质量守恒方程分别如下：

$$u_b f_g - U_g = 0 \tag{7-19}$$

$$u_{lc}\left(1 - f_g - f_w\right) + u_b \varepsilon_{lw} f_w - U_1 = 0 \tag{7-20}$$

$$u_{dc}\left(1 - f_g - f_w\right) + u_b\left(1 - \varepsilon_{lw}\right) f_w = 0 \tag{7-21}$$

在后面的关联式中，气泡上升速度是使用实验获得的气含率并由式(7-19)计算得到。

在 Jin[64] 所提出的对于常规尺寸三相流化床的 EMMS 模型中，通过普遍性的 Richardson-Zaki 方程[65]隐式地量化了液体曳力与液固混合相中固体颗粒有效重力之间的平衡关系。对于三相微型流化床的介尺度模型，颗粒有效重力与液体曳力之间的平衡被显式地表示为

$$F_{G,p} = \frac{\pi}{6} d_p^3 \left(\rho_s - \rho_1\right) g \tag{7-22}$$

$$F_{D,p} = \beta u_{sc} \tag{7-23}$$

$$F_{G,p} = F_{D,p} \tag{7-24}$$

式中，u_{sc} 为液固混合相中的表观液体滑移速度；β 为 $F_{D,p}$ 与 u_{sc} 的关系系数。对于此系数的计算采用了由 Gidaspow 提出的通用性关联式[66]，此式为 Ergun 公式[67]与 Wen 和 Yu 公式[68]的组合

$$\beta = \begin{cases} \dfrac{\pi}{8}\left(\dfrac{24 + 3.6 Re_p^{0.687}}{Re_p}\right)\varepsilon_{lc}^{-3.65}\rho_1 d_p^2 u_{sc} & \varepsilon_{lc} \geqslant 0.8 \\[3mm] 25\pi\dfrac{1 - \varepsilon_{lc}}{\varepsilon_{lc}}\mu_1 d_p + 1.75\dfrac{\pi}{6}\rho_1 d_p^2 u_{sc} & \varepsilon_{lc} < 0.8 \end{cases} \tag{7-25}$$

$$Re_p = \frac{d_p u_{sc} \rho_1}{\mu_1}$$

在如下的滑移速度表达式中:

$$u_{\text{sc}} = \left(\frac{u_{\text{lc}}}{\varepsilon_{\text{lc}}} \lambda_1 - \frac{u_{\text{dc}}}{1 - \varepsilon_{\text{lc}}} \right) \varepsilon_{\text{lc}} \tag{7-26}$$

引入对液体滑移速度的校正因子 λ_1,以校正由微型流化床床径的减小对表观液速所造成的影响。由于壁面剪应力会随着床径的减小而大幅增加,液体的速度分布将更为集中,流化床中心处的速度也将更高。在式(7-24)成立的条件下,可由实验数据得到一个对 λ_1 的关联式:

$$\lambda_1 = 1.131 Re^{-0.238} \qquad Re = \frac{D_{\text{c}} u_{\text{lc}} \rho_1}{\mu_1} \tag{7-27}$$

以床径作为特征长度的雷诺数用来描述床体尺寸对液速的影响。

在建立液固混合相的曳力与气泡的有效浮力之间的平衡时,液固混合相被认为是拟均相流体。对其平均密度 ρ_{m} 和平均表观速度 u_{m} 定义如下:

$$\rho_{\text{m}} = \rho_{\text{s}} \varepsilon_{\text{sc}} + \rho_1 \varepsilon_{\text{lc}} \tag{7-28}$$

$$u_{\text{m}} = \frac{\rho_{\text{s}} u_{\text{dc}} + \rho_1 u_{\text{lc}}}{\rho_{\text{m}}} \tag{7-29}$$

而且,认为气泡和液固混合相能够构成一个不含有气泡尾涡的相互作用相(仅由气泡和液固混合相组成),因此气泡的有效浮力可以表示为

$$
\begin{aligned}
F_{\text{B,b}} &= \frac{\pi}{6} d_{\text{b}}^3 \left(\frac{1 - f_{\text{w}} - f_{\text{g}}}{1 - f_{\text{w}}} \rho_{\text{m}} + \frac{f_{\text{g}}}{1 - f_{\text{w}}} \rho_{\text{g}} - \rho_{\text{g}} \right) g \\
&= \frac{\pi}{6} d_{\text{b}}^3 \frac{1 - f_{\text{w}} - f_{\text{g}}}{1 - f_{\text{w}}} \left(\rho_{\text{m}} - \rho_{\text{g}} \right) g
\end{aligned}
\tag{7-30}
$$

其中,利用该相互作用相中的气相体积分数 $f_{\text{g}} / (1 - f_{\text{w}})$ 校正连续相的平均密度。而液固混合相的曳力则可表示为

$$F_{\text{D,b}} = \frac{\pi}{8} d_{\text{b}}^2 C_{\text{D,b}} \rho_{\text{m}} \left(u_{\text{b}} \lambda_{\text{b}} - u_{\text{m}} \right)^2 \tag{7-31}$$

式中,$C_{\text{D,b}}$ 为对气泡的曳力系数;λ_{b} 对气泡滑移速度的校正因子是为了校正床径对微型流化床中气泡上升速度的影响。式(7-30)和式(7-31)都是基于球形气泡的情况制定的,并且由于动量守恒而彼此相等

$$F_{\text{B,b}} = F_{\text{D,b}} \tag{7-32}$$

采用一个适用性广泛的关联式[69]计算对气泡的曳力系数

$$C_{D,b} = \text{Max}\left\{\left(\frac{24}{Re_b} + 3.6Re_b^{-0.313}\right), \frac{8}{3}\frac{Eo}{Eo+4}\right\}\left(1 - \frac{f_g}{1-f_w}\right)^2$$

$$Re_b = \frac{\rho_m d_b (u_b \lambda_b - u_m)}{\mu_m}$$

$$Eo = \frac{g(\rho_m - \rho_g)d_b^2}{\sigma} \tag{7-33}$$

$$\mu_m = \mu_l \exp\left(\frac{\varepsilon_{sc}}{1 - \varepsilon_{sc}/0.724}\right)$$

式中，$[1-f_g/(1-f_w)]^2$ 是对气泡群效应的经验修正[70]。

对于校正因子 λ_b，床径对气泡上升速度的影响是由气泡和壁面之间的流动横截面减小引起的，因为这会增加气泡与液固混合相之间的相对速度。λ_b 可以通过气泡直径与床径的相对尺寸差关联，其由下式给出：

$$\lambda_b = 0.756\left(\frac{D_c}{D_c - d_b}\right)^{2.288} \tag{7-34}$$

关联式中的常数由实验数据基于式(7-32)确定。

在气泡尾涡与周围液固混合相的相互作用相中，为了量化它们之间的相互作用，需要确定两个变量，即尾涡相含率 f_w 和尾涡中的颗粒浓度 ε_{sw}。在常规尺寸三相流化床中，尾涡不断从尾随的气泡之后脱落，并在不同气泡之间互相影响。而对于三相微型流化床，尾涡稳定地跟随在微气泡之后，尾涡的尺寸受其他气泡的影响较小，这是由气泡较低的雷诺数和球形形状决定的。因此，可采用针对低气泡雷诺数的关联式[60]估计尾涡相的含率

$$f_w = k_w f_g$$

$$k_w = \begin{cases} 0 & Re_b \leqslant 20 \\ \dfrac{(Re_b - 20)^{1.12}}{200} & Re_b > 20 \end{cases} \tag{7-35}$$

如该分段函数所示，当气泡的雷诺数低于临界值 20 时，则气泡被认为无尾涡。

至今尚未找到合适的关联式对 ε_{sw} 作出明确的估计。这里提出了一个同时考虑气泡和颗粒尺寸减小效应的假设。一方面，微气泡的较低雷诺数决定了较小的尾涡尺寸和较少的颗粒夹带。另一方面，较小的颗粒尺寸和终端雷诺数使颗粒更容易进入尾涡的涡流当中。因此，认为尾涡中的颗粒浓度保持在一个较低水平的假设，比无颗粒尾涡或尾涡颗粒浓度接近液固混合相中固含率的假设更为合理。所以，当液固床层处于稀相固含率区间时($\varepsilon_{sl} \leqslant 0.2$)，假定颗粒浓度等于液固混合相中的固含率，而当液固床层处于密相固含率区间时($\varepsilon_{sl} > 0.2$)，颗粒浓度则被假定维持在稀相的浓度不变($\varepsilon_{sl} = 0.2$)。这一假设可以公式化为

$$\varepsilon_{sw} = \begin{cases} \varepsilon_{sl} & \varepsilon_{sl} \leqslant 0.2 \\ 0.2 & \varepsilon_{sl} > 0.2 \end{cases} \tag{7-36}$$

在常规尺寸三相流化床中，气泡的表面能与液固混合相的破裂湍动能之间的平衡，导致气泡在其上升过程中聚并与破裂之间的动态竞争。由于气泡的表面能总是趋于最小化，因此气泡聚并也总是自发的，并且气泡尺寸会趋于尽可能大。而当气泡自身浮力引起的湍动能超过气泡表面能时，气泡就会发生破裂[71-72]。这一约束条件限制了气泡最大尺寸，并使多气泡可以保持在一个稳定的平均尺寸。

在三相微型流化床的聚并鼓泡流流动状态中，气泡上升过程中可能发生多次聚并，以保持稳定的平均直径。然而由于气泡尺寸非常小，气泡浮力或液体剪切力都无法引起足够的湍动以使气泡破裂。在这种情况下，气泡聚并概率的降低可以作为对气泡尺寸的约束条件。气泡在微型流化床中的上升更接近一维运动。根据前文的结论，多气泡的尺寸和速度差异很小，因此，气泡之间的聚并需要更近的距离和更长的接触时间。换言之，影响气泡聚并概率的气泡碰撞率及碰撞效率[73]，实际上是由气泡之间的间距和相对速度决定的。

因为由气泡聚并引起的气泡数量的减少，可以在很大程度上增加气泡的轴向间距，所以气泡再次聚并的可能性会随着气泡聚并发生次数的增加而减少。当气泡间距增大到一定程度时，聚并便几乎不再发生，多气泡的平均直径也达到一个稳定的最大值，并且该最大气泡间距可以表示为具有最大稳定平均直径的单个气泡所占据的床层体积，即最大气泡体积与气相含率的比值。根据稳定状态下的实验结果，发现最大气泡间距只与床径和气泡上升速度有关，因此可得到关联式：

$$\frac{\dfrac{\pi}{4}D_c^2 H}{\dfrac{V_g}{\dfrac{\pi}{6}d_{b,max}^3}} = \frac{\dfrac{\pi}{6}d_{b,max}^3}{f_g} = 8.183\times10^{-6}D_c^{1.98}u_b^{-1.297} \tag{7-37}$$

经验关联式(7-37)可以作为最大平均气泡直径的约束条件。

3. 悬浮输送颗粒的能量消耗的稳定性条件

在稳定操作条件下，三相流化床的内部主导机制是颗粒、气泡和液体彼此对其各自的运动和流动模式在相互作用下的协调。固体颗粒在流化床中倾向于保持尽可能低的位能，而气泡和液体则倾向于以尽可能小的阻力流过颗粒床层，以使得它们用于悬浮和输送每单位床层体积颗粒所消耗的能量最小。在这两个趋势之间的相互协调，即能量消耗的最稳定状态，可以表示为

$$N_{st} = N_{st,l-s} + N_{st,g} \rightarrow N_{st,min} \tag{7-38}$$

式中，N_{st}为悬浮和输送单位质量颗粒所消耗的能量。表7-2中列出了用于计算悬浮和输送能N_{st}的相关公式。

表 7-2　用于计算悬浮和输送能的相关公式

项目	液固混合相	气泡与液固混合相
对单位体积颗粒或气泡的曳力	$F_{l\text{-}s} = \dfrac{\beta u_{sc} \varepsilon_{sc}}{\dfrac{\pi}{6} d_p^3}$	$F_g = \dfrac{3}{4} \dfrac{C_{D,b} \rho_m}{d_b} \left(\dfrac{f_g}{1 - f_w} \right) (u_b \lambda_b - u_m)^2$
单位体积内消耗的悬浮输送功率	$W_{st,l\text{-}s} = F_{l\text{-}s} u_{lc}$	$W_{st,g} = \dfrac{F_g U_g}{1 - f_w}$
单位质量颗粒所消耗的悬浮输送功率	$N_{st,l\text{-}s} = \dfrac{W_{st,l\text{-}s} \left(1 - f_g - f_w\right)}{\varepsilon_s \rho_s}$ $\varepsilon_s = \left(1 - f_g - f_w\right)\varepsilon_{sc} + f_w \varepsilon_{sw}$	$N_{st,g} = \dfrac{W_{st,g} \left(1 - f_w\right)}{\varepsilon_s \rho_s}$

7.4.2　气液固微型流化床的介尺度模型求解

1. 求解模型实例

图 7-64 给出了求解气液固微型流化床介尺度模型过程的实例。在求解过程中，目标函数 N_{st} 随着 ε_s[图 7-64(a)]或 f_g[图 7-64(b)]实验值的增加或减小而最优化至最小值。N_{st} 的值主要由 $N_{st,l\text{-}s}$ 的大小决定，而 $N_{st,g}$ 的值在此过程中也是减小的，而且 d_b 的增加也会随之发生。这也表明多气泡的表面能减少。在求解中得到的另一个相的含率(f_g 或 ε_s)则没有太多变化。表 7-3 列出由这两种给定实验值最优化目标函数的方式得到的模型解。在结果中得到的 d_b 满足不等式 $d_b \leqslant d_{b,max}$。

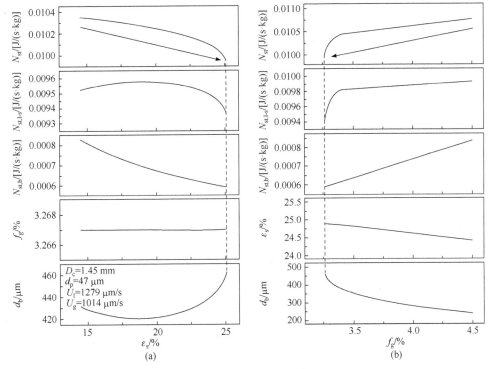

图 7-64　三相微型流化床介尺度模型求解过程

$D_c = 1.45$ mm；$d_p = 47$ μm；$U_l = 1279$ μm/s；$U_g = 1014$ μm/s

表 7-3   不同约束条件下获得的介尺度模型的解

模型解	$N_{st} \rightarrow N_{st,min}$		$d_b = d_{b,max}$
	ε_s^*	f_g^*	
N_{st} /[J/(s · kg)]	9.951×10^{-3}	9.952×10^{-3}	9.834×10^{-3}
$N_{st,l\text{-}s}$ /[J/(s · kg)]	9.361×10^{-3}	9.359×10^{-3}	9.240×10^{-3}
$N_{st,b}$ /[J/(s · kg)]	5.904×10^{-4}	5.928×10^{-4}	5.937×10^{-4}
ε_s /%	25.09	24.88	24.87
f_g /%	3.27	3.27	3.27
d_b /μm	462	462	480

* ε_s 和 f_g 分别用作具有给定实验值的参数。

2. 模型计算与实验结果对比及预测分析

1) 固含率预测对比

床径 1.45 mm 的三相微型流化床的固含率变化的实验结果，以及相应的模型预测结果如图 7-65 所示。

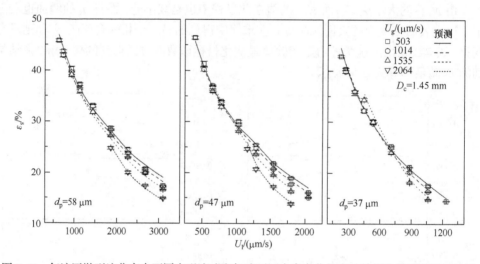

图 7-65   气液固微型流化床中不同表观液速和气速下固含率变化的实验结果和模型预测值比较

三种颗粒尺寸固含率的变化规律是一致的，而颗粒尺寸的差异主要反映在液体流化速度范围的差异上。在较低固含率的情况下($\varepsilon_s < 25\%$)，表观气速的增加使得三种颗粒直径的微型流化床的固含率都有明显降低。由于曳力的减小，气泡在较低固含率的微型流化床内的上升速度更高。尾涡相中的颗粒具有较高的上升动量，因为其与气泡的上升速度相同。当气泡和气泡尾涡体积分率随表观气速一起增大时，气泡尾涡中携带的固体颗粒量也会相应地增加，这将增加微型流化床的床层膨胀[46]。但是，随着固含率的增大，这种现象不再明显。这可能是因为气泡上升速度有所减小，而考虑到微型气泡较弱的夹带能力，尾涡相中的颗粒浓度并没有显著增加。模型的预测结果与实验数据吻合良好。

图 7-66 显示了两个床径下三相微型流化床固含率的变化。在接近的表观气、液速度

条件下，2.3 mm 床径下的固含率明显高于 1.45 mm 床径下的值。三相微型流化床的液速范围(Re<10)位于层流区域。在床径很小的情况下，壁面的比表面积非常大，因此，在壁面处较强的剪应力会导致很大的液速梯度，而较小颗粒和气泡的混合作用可能无法抵消这种速度梯度。因此，液速的分布更为集中，在床层中心的实际速度更高。显然，床径的减小会加剧这种壁面剪应力的影响。因此，三相微型流化床的床径越小，床层中心处液速越大，床层膨胀率也会因此增加，而固含率则随之下降。模型对此现象有较好的预测。这主要是因为 λ_1 的引入使得介尺度模型可以量化床径即微型流化床宏尺度的影响。

从实验结果中得到的 λ_1 在 0.7～1.4 的范围内，对于 47 μm 颗粒粒径的微型流化床，λ_1 随液速的变化如图 7-67(a)所示。由于 λ_1 的增加提高了被校正的液体滑移速度 u_{sc}，λ_1 越大所对应的液速梯度也越大。因此，1.45 mm 床径下，较大的 λ_1 值符合床径越小、速度梯度越大的观点。而随着液速的增大，λ_1 的减小则可以解释为在更高的液速下，颗粒和气泡运动的增强，会使液速梯度降低。另外，图 7-67(b)显示了使用和不使用 $\lambda_1 = 1$ 校正因子所得到的模型预测结果的比较。在前一种情况下，预测的固含率在较高的液速下更大，这对应于图 7-67(a)中 λ_1 的值小于 1 的部分。这表明对 λ_1 关联式可能还包含了对曳力系数的一些经验修正。而在后一种情况，模型无法显现出床径对固含率的影响。

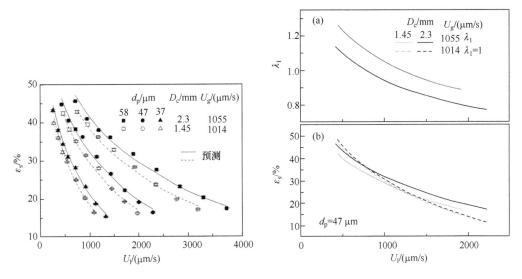

图 7-66　气液固微型流化床床径对固含率的影响　　图 7-67　校正因子 λ_1 在介尺度模型预测中的作用

2) 气含率预测分析

在气相为分散相的情况下，气含率取决于气泡的上升速度。在三相微型流化床中，气泡的上升速度由液固床层的曳力和气泡尺寸控制。1.45 mm 床径下，三种颗粒直径的微型流化床的气含率相对于固含率的变化曲线绘制在图 7-68 中。在实验结果中，颗粒尺寸的差异并未引起气含率明显的差别，这表明在较小的颗粒尺寸范围内，微型流化床的曳力主要由固含率决定。当曳力随着固含率的增大而增加时，由聚并所引起的气泡尺寸的增加可以部分抵消气泡速度的降低。但是，在较高固含率下 μ_m 的增加是非线性的。因此，如图 7-68 所示，当固含率高于一定值时，气含率是有一些增加的。所建介尺度模型对此也有很好的预测。

　　由于气泡与床径的尺寸差异较大,在常规尺寸三相流化床中很少考虑床径对气含率或者气泡上升速度的影响。然而,对于三相微型流化床,床径作为宏观尺度上的尺寸已经非常接近于介尺度上气泡和尾涡的尺寸,因此床径对气含率的影响是无法忽视的。如图 7-69 所示,在 1.45 mm 较小的床径中,随着气体速度的增加,气含率的增加要快得多,这证实了床径的减小会对气泡的上升产生附加阻力。气泡的上升是气液两相间的相对运动,而对于层流状态下的微球形气泡,随着气泡的上升,液体围绕着气泡从其顶部流向底部,然后分离形成了尾涡中的涡旋。根据这一原理,在微型流化床中上升的气泡流经气泡与壁面之间的液固混合相的速度,会随着流动横截面积的变窄而增大。而对气泡的附加阻力就是来自于气泡相对于液固混合相的速度的增加。

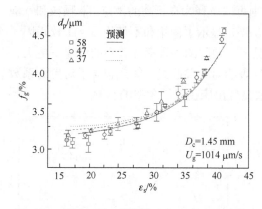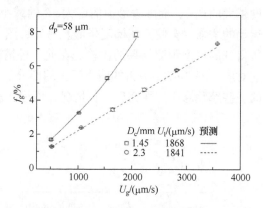

图 7-68　气液固微型流化床中气含率和固含率之间的关系　　　图 7-69　气液固微型流化床床径对三相微型流化床气含率的影响

　　气泡速度修正因子 λ_b 的引入使三相微型流化床的模型预测较好地吻合了气含率的实验结果。如图 7-70(a)所示,在此条件下两个床径下的气泡尺寸在一个相近的范围内,所以两个床径下的 λ_b 的差异是显著的。图 7-70(b)表明了 λ_b 在介尺度模型中的作用。在不使用校正因子($\lambda_b=1$)的情况,模型在两个不同床径下,对气含率的预测显示出了相近的结果,以及随表观气速增加相似的变化趋势。因此,λ_b 对模型预测结果的修正效果是非常明显的。

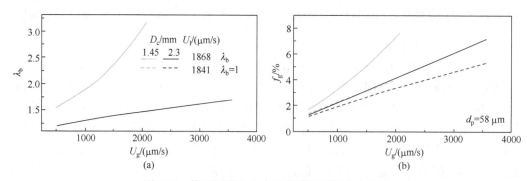

图 7-70　校正因子 λ_b 在介尺度模型预测中的作用

3) 气泡尺寸预测

如前所述，模型对气泡尺寸的预测依赖于对稳定的气泡间距的关联式，因为其限制了气泡间的聚并。对于三相微型流化床，气泡的上升接近于一维运动。在这种气液流动模式下，气泡间距能够趋于稳定的原因来自两方面：一方面是较小的气泡尾涡在气泡聚并中的作用并不重要，由于球形微气泡的雷诺数很小，前导气泡尾涡中的低压并无法加速周围的气泡与其聚并；另一个方面是床径对气泡速度的限制，微型流化床的床体对较大的气泡有更大的阻力，降低了不同尺寸气泡之间的速度差异，所以即使气泡在聚并后尺寸增大，也无法通过加速追赶与前导的气泡聚并。因此，气泡在离开微型气液分布器并多次聚并后，将保持一个稳定的间距，以气泡之间的体积距离表示(气泡体积与气含率的比值)，这一间距由实验数据中的气泡上升速度和床径关联[式(7-37)]。式(7-37)中的指数表明气泡间距随着气泡速度的增加而减小，而随床径则相反。

气泡尺寸与固含率的关系曲线如图 7-71 所示。当固含率接近时，在两个微型流化床床径下，气泡尺寸是相近的，且都随固含率增加。由于固含率的增加可以通过控制气泡的上升速度迫使气泡聚并，从而能够维持气泡间稳定的间距。如图 7-72 所示，对于 2.3 mm 床径的微型流化床，不同气含率下相应的气泡尺寸通常较大。为达到与 1.45 mm 床径的微型流化床接近的气含率，较大床径微型流化床中的气泡只能通过增大其尺寸以获得更高的来自床体限制的附加阻力。介尺度模型能够较准确地预测气泡尺寸随固含率和气含率的变化。

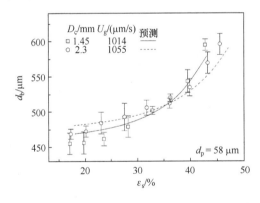 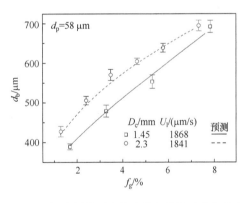

图 7-71　气液固微型流化床的气泡尺寸和固含率　　图 7-72　气液固微型流化床的气泡尺寸和气含率
之间的关系　　　　　　　　　　　　　　　之间的关系

综上，对常规尺寸三相流化床 EMMS 模型的修改包括引入床径参数和对气泡聚并的约束条件。前者是在模型中包括宏尺度的影响，因为微型流化床的宏尺寸已经非常接近于介尺度和微尺度尺寸；后者是由实验数据确定对气泡在稳态下间距的关联式，该式可用来封闭模型以求解，并且所得到的模型解符合颗粒悬浮输送能最小的原则。包含床径参数的校正因子是由从实验结果中得到的关联式确定的，用来校正介尺度模型中液体和气泡滑移速度。有必要对液体滑移速度进行校正，因为床径减小使得壁面剪应力对液速分布的影响增加，并且由于气泡和床体之间流动横截面变窄，对气泡滑移速度的校正因子即用于校正气泡上升速度相对于液固混合相的增加程度。模型预测和实验结果在考察范围内有较好的一致性。

7.5   气液固微型流化床的数值模拟

与机理模型类似，气液固微型流化床流动行为的数值模拟也属于流体力学范畴，但鉴于其内容对于科学描述微型流化床内的三相流动行为的重要性，这里也单独列出加以阐述。这里仅对单气孔鼓泡气液固微型流化床的流动行为进行数值模拟。

7.5.1   控制方程和模拟方法

关于气液固流化床的数值模拟方法，在第 4 章宏观气液固流化床和第 5 章浆态床中已有初步介绍。其中，能够捕捉气液相界面的 VOF 方法可以很好地模拟气泡的尾涡结构，以及气泡与壁面的相互作用。而采用 DEM 方法模拟流化颗粒，能够直接量化离散颗粒间以及颗粒与壁面的碰撞和摩擦，即液固床层与壁面的相互作用，也可描述气泡通过周围流场与颗粒的相互作用。这里采用 VOF-DEM 结合的方法对气液固微型流化床中的单气孔鼓泡行为进行数值模拟研究。该方法中有三组控制方程，包括 CFD 中的局部体积平均 Navier-Stokes 方程，用于描述流体流动，VOF 方法中捕捉气泡的相界面的输送方程，以及 DEM 方法中描述颗粒质点运动的颗粒运动方程。

1. 网格单元内各相的体积分率

如图 7-73 所示，在同时含有气相、液相和固相的计算网格单元中，各相体积遵循以下关系：

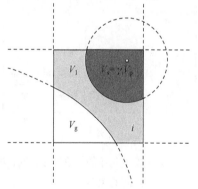

图 7-73   网格计算单元内各相的体积分率

$$V_{cell} = V_s + V_g + V_l \tag{7-39}$$

其中

$$V_s = \sum \gamma_i V_p \tag{7-40}$$

权重 γ_i 为由网格边界所分割的只包含于此网格内的第 i 个颗粒的体积比例。可以使用空隙率 ε 和相含率 α 分别表示网格内的流体体积分率和液相在流体中的体积分率，则式(7-39)中的各相体积关系可以表示为

$$\begin{aligned} V_g + V_l &= \varepsilon V_{cell} \\ V_s &= (1 - \varepsilon) V_{cell} \end{aligned} \tag{7-41}$$

和

$$\begin{aligned} V_g &= (1 - \alpha) \varepsilon V_{cell} \\ V_l &= \alpha \varepsilon V_{cell} \end{aligned} \tag{7-42}$$

2. 流体相的控制方程

采用局部体积平均的 Navier-Stokes 方程描述气液固微型流化床中气、液相流速较低时的不可压缩黏性层流流动[74]

$$\frac{\partial(\varepsilon)}{\partial t} + \nabla(\varepsilon \boldsymbol{u}) = 0 \tag{7-43}$$

$$\frac{\partial(\varepsilon \rho_{\mathrm{f}} \boldsymbol{u})}{\partial t} + \nabla(\varepsilon \rho_{\mathrm{f}} \boldsymbol{u} \boldsymbol{u}) - \nabla \varepsilon \boldsymbol{\tau} = -\varepsilon \left[\nabla p_{\mathrm{rgh}} + (\boldsymbol{gh}) \nabla \rho_{\mathrm{f}} - \boldsymbol{F}_{\sigma} \right] - \boldsymbol{F}_{\mathrm{fp}} \tag{7-44}$$

通过在连续性方程(7-43)和运动方程(7-44)中引入 ε，实现以网格内流体体积为基准的质量和动量衡算。$\boldsymbol{\tau}$ 为流体的应力张量，在黏性层流情况下

$$\boldsymbol{\tau} = \mu_{\mathrm{f}} \left(\nabla \boldsymbol{u} + \nabla \boldsymbol{u}^{\mathrm{T}} \right) \tag{7-45}$$

式中，$\boldsymbol{u}$、ρ_{f} 和 μ_{f} 分别为网格单元内流体的速度、密度和黏度，其中 ρ_{f} 和 μ_{f} 的表达式为

$$\begin{aligned} \rho_{\mathrm{f}} &= \alpha \rho_{\mathrm{l}} + (1 - \alpha) \rho_{\mathrm{g}} \\ \mu_{\mathrm{f}} &= \alpha \mu_{\mathrm{l}} + (1 - \alpha) \mu_{\mathrm{g}} \end{aligned} \tag{7-46}$$

式(7-44)中的 $-\left[\nabla p_{\mathrm{rgh}} + (\boldsymbol{gh}) \nabla \rho_{\mathrm{f}} \right]$ 是对压力梯度项和重力项$(-\nabla p + \rho_{\mathrm{f}} \boldsymbol{g})$的转化，其中 $p_{\mathrm{rgh}} = p - \rho_{\mathrm{f}} (\boldsymbol{gh})$ 为扣除静压部分的流体压力，$\boldsymbol{h}$ 为水平高度的坐标矢量。p_{rgh} 的使用使得压力边界条件的定义更加简便，并且避免了由水平高度变化引起的在气液相界面上总压的急剧变化。源项 $\boldsymbol{F}_{\mathrm{fp}}$ 为根据牛顿第三定律得到的颗粒对流体的反作用力。$\boldsymbol{F}_{\sigma}$ 是由气液相界面上的表面张力引起的附加压力梯度在相应区域产生的体积力，其可由 CSF 模型[75]量化

$$\boldsymbol{F}_{\sigma} = \sigma \kappa \nabla \alpha \tag{7-47}$$

式中，σ 和 κ 分别为气液相界面的表面张力和曲率

$$\kappa = \nabla \boldsymbol{n} \tag{7-48}$$

法向量 $\boldsymbol{n}$ 为平滑后的液相体积分率 α 的梯度

$$\boldsymbol{n} = -\nabla \alpha / |\nabla \alpha| \tag{7-49}$$

3. 相界面的输送方程

在 VOF 方法[76]中，气液相界面的运动由传递方程控制

$$\frac{\partial(\alpha)}{\partial t} + \nabla(\alpha \boldsymbol{u}) = 0 \tag{7-50}$$

$\alpha = 1$ 的网格单元流体为液相，$\alpha = 0$ 的为气相，$0 < \alpha < 1$ 的为气液相界面。

4. 颗粒运动的控制方程

使用 DEM 方法[77-78]追踪颗粒运动，以及描述颗粒间和颗粒与壁面(壁面可看成是半径无限大、速度恒为零的特殊颗粒)的碰撞。在该方法中，根据牛顿运动定律，由以下方

程描述液体中球形颗粒的平移和旋转运动[79]:

$$m_{\mathrm{p}}\frac{\mathrm{d}\boldsymbol{v}_i}{\mathrm{d}t}=\sum_j \boldsymbol{F}_{\mathrm{c},ij}+m_{\mathrm{p}}\boldsymbol{g}+\boldsymbol{F}_{\mathrm{pf}} \tag{7-51}$$

$$I_{\mathrm{p}}\frac{\mathrm{d}\boldsymbol{\omega}_i}{\mathrm{d}t}=\sum_j \boldsymbol{T}_{\mathrm{c},ij} \tag{7-52}$$

式中，m_{p} 和 I_{p} 分别为颗粒的质量和转动惯量；$\boldsymbol{v}_i$ 和 $\boldsymbol{\omega}_i$ 分别为第 i 个颗粒的速度和角速度矢量；$\boldsymbol{F}_{\mathrm{pf}}$ 为流体对颗粒的作用力；$\boldsymbol{F}_{\mathrm{c},ij}$ 和 $\boldsymbol{T}_{\mathrm{c},ij}$ 则分别代表第 j 个颗粒或壁面对第 i 个颗粒的接触力和接触力的扭矩，可以计算多重碰撞的同时发生。在 DEM 方法中采用软球方法，假设固体相间的动量交换发生在接触过程。接触力可由赫兹接触定律与库仑摩擦定律的结合计算，根据颗粒间或颗粒与壁面接触时累积的重叠，使用由弹簧、缓冲器和摩擦滑块组成的黏弹性碰撞模型(图 7-74)定量描述[80-81]。接触力被分解为法向($\boldsymbol{F}_{\mathrm{n},ij}$)和切向($\boldsymbol{F}_{\mathrm{t},ij}$)两个分量

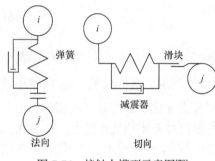

$$\boldsymbol{F}_{\mathrm{n},ij}=\left(-K_{\mathrm{n}}\delta_{\mathrm{n}}-\eta_{\mathrm{n}}\boldsymbol{G}\cdot\boldsymbol{n}\right)\boldsymbol{n} \tag{7-53}$$

$$\boldsymbol{F}_{\mathrm{t},ij}=-K_{\mathrm{t}}\delta_{\mathrm{t}}\boldsymbol{t}-\eta_{\mathrm{t}}\boldsymbol{G}_{\mathrm{ct}} \tag{7-54}$$

其中

$$\boldsymbol{G}=\boldsymbol{v}_i-\boldsymbol{v}_j \tag{7-55}$$

$$\boldsymbol{G}_{\mathrm{ct}}=\boldsymbol{G}-\left(\boldsymbol{G}\cdot\boldsymbol{n}\right)\boldsymbol{n}+r_{\mathrm{p}}\left(\boldsymbol{\omega}_i+\boldsymbol{\omega}_j\right)\cdot\boldsymbol{n} \tag{7-56}$$

参数 δ_{n} 和 δ_{t} 分别为碰撞时的法向和切向重叠位移；$\boldsymbol{G}$、$\boldsymbol{G}_{\mathrm{ct}}$ 分别为颗粒的相对速度和滑移速度；r_{p} 为颗粒半径；$\boldsymbol{n}$ 和 $\boldsymbol{t}$ 分别为法向和切向的单位

图 7-74　接触力模型示意图[78]

矢量，其中

$$\boldsymbol{t}=\frac{\boldsymbol{G}_{\mathrm{ct}}}{\left|\boldsymbol{G}_{\mathrm{ct}}\right|} \tag{7-57}$$

K_{n} 和 K_{t} 分别为法向和切向的弹簧刚度；η_{n} 和 η_{t} 分别为法向和切向的阻尼系数，可由固相的杨氏模量、泊松比、恢复系数及重叠位移计算[82]。式(7-54)中的 $\boldsymbol{F}_{\mathrm{t},ij}$ 为尝试值，应当满足

$$\left|\boldsymbol{F}_{\mathrm{t},ij}\right|>\xi\left|\boldsymbol{F}_{\mathrm{n},ij}\right| \tag{7-58}$$

固相接触时将发生滑移并且 $\boldsymbol{F}_{\mathrm{t},ij}$ 变为

$$\boldsymbol{F}_{\mathrm{t},ij}=-\xi\left|\boldsymbol{F}_{\mathrm{n},ij}\boldsymbol{t}\right| \tag{7-59}$$

其中，ξ 为摩擦系数，则 $\boldsymbol{F}_{\mathrm{c},ij}$ 和 $\boldsymbol{T}_{\mathrm{c},ij}$ 可由下式计算：

$$\boldsymbol{F}_{\mathrm{c},ij}=\boldsymbol{F}_{\mathrm{n},ij}+\boldsymbol{F}_{\mathrm{t},ij} \tag{7-60}$$

$$\boldsymbol{T}_{\mathrm{c},ij}=r_{\mathrm{p}}\boldsymbol{n}\boldsymbol{F}_{\mathrm{c},ij} \tag{7-61}$$

5. 流体与颗粒的耦合

1) 局部空隙率计算

在 CFD-DEM 的耦合中，流体与颗粒的相互作用力为局部体积平均值，因此局部空隙率(气、液含率之和)的计算十分关键。如前所述，单一网格单元内的局部空隙率可由网格内的固相体积分率计算

$$\varepsilon = 1 - \frac{V_s}{V_{cell}} \tag{7-62}$$

在 VOF-DEM 方法中，为了精确描述气液相界面，采用的网格尺寸较小而与颗粒尺寸接近(这里网格和颗粒尺寸比为 1.11)。因此，颗粒通常会处于多个网格内。在计算网格内的局部空隙率时，采用分割模型[83-84][式(7-40)]，即将处于网格面上的颗粒分割，按划入网格内的体积比例计算相应网格内的固相体积分率。但是，当网格与颗粒尺寸非常接近时，由这种方法计算得到的空隙率场仍存在局部的不连续性[85]。为了克服网格和颗粒尺寸比的局限，引入多孔颗粒模型[86]。图 7-75 对此模型进行了说明，即在计算局部空隙率时，颗粒被放大为实际体积不变的多孔颗粒，其所提供的固相体积并不局限于颗粒实际所处的网格单元，而是以多孔颗粒所处的更大的球形区域的网格中。用常数放大因子 λ_d 表示多孔颗粒的直径

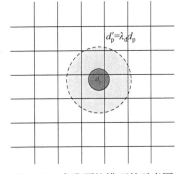

$$d_p' = \lambda_d d_p \tag{7-63}$$

从而可以得到多孔颗粒实际的固相体积分率

$$\lambda_d^3 = \left(\frac{d_p'}{d_p}\right)^3 = \left(\frac{V_p'}{V_p}\right) \tag{7-64}$$

图 7-75　多孔颗粒模型的示意图

因此，以多孔颗粒计算局部空隙率时式(7-40)可以转化为

$$V_s = \sum \gamma_i V_p = \sum \gamma_i \frac{V_p'}{\lambda_d^3} \tag{7-65}$$

多孔颗粒与实际颗粒的质心相同，并且允许多个多孔颗粒在同一网格单元中重叠。需要说明的是，多孔颗粒模型只适用于局部空隙率的计算，在 DEM 方法以及以下的 CFD-DEM 耦合中都是针对实际尺寸的颗粒。

2) 流体与颗粒的相互作用

网格内流体对存在于该网格内的颗粒有相互作用 F_{fp}[式(7-44)]和 F_{pf}[式(7-51)]。F_{fp} 为颗粒对网格内流体的反作用力，为网格单元的体积平均力。F_{pf} 为流体作用于单个颗粒的体积力，并假定作用于质心上，因此不会在颗粒表面产生扭矩。该体积力为多种流体对颗粒的作用力之和，主要包括压力梯度力 $F_{\nabla p}$、虚拟质量力 F_v 和曳力 F_d。而这里的数值模拟是针对微型流化床中的单气泡行为，较小的气泡与颗粒尺寸决定了颗粒无法穿透气液相界面较强表面张力进入气泡，而是只存在于液相中。为了与实际情况相符，流体与颗粒的相互作用是以液体的直接作用为主，气泡对颗粒的作用则是通过其对周围液体的

动量传递体现。因此，以下以液体作用为基准计算这三种作用力。其中，$F_{\nabla p}$ 包含了由液体静压差对颗粒产生的浮力，由式(7-66)给出：

$$F_{\nabla p} = -V_p \nabla p \tag{7-66}$$

F_v 为运动颗粒加速周围流体时受到的流体对其反作用力[87]，可由式(7-67)计算：

$$F_v = k_v V_p \rho_l \frac{\mathrm{d}(u-v)}{\mathrm{d}t} \tag{7-67}$$

式中，k_v 为由经验关系确定的系数；u 为流体速度在颗粒质心处的线性插值。F_d 的计算可由式(7-68)给出：

$$F_d = \frac{\beta V_p}{1-\varepsilon}(u-v) \tag{7-68}$$

式中，u 同样为插值。系数 β 的计算采用由 Gidaspow 提出的通用性关联式[66]，此式为 Ergun 公式[67]与 Wen 和 Yu 公式[68]的组合

$$\beta = \begin{cases} 150\dfrac{(1-\varepsilon)^2}{\varepsilon}\dfrac{\mu_l}{d_p^2} + 1.75(1-\varepsilon)\dfrac{\rho_l}{d_p}|u-v| & \varepsilon \leqslant 0.8 \\[3mm] \dfrac{3}{4}\left(\dfrac{24+3.6Re_p^{0.687}}{Re_p}\right)\dfrac{\varepsilon(1-\varepsilon)}{d_p}\rho_l\varepsilon^{-2.65}|u-v| & \varepsilon > 0.8 \end{cases} \tag{7-69}$$

$$Re_p = \frac{\varepsilon\rho_l d_p |u-v|}{\mu_l}$$

从而可以给出 F_{fp} 和 F_{pf} 的计算公式：

$$F_{pf} = F_{\nabla p} + F_v + F_d \tag{7-70}$$

$$F_{fp} = \frac{\sum \gamma_i F_{pf,i}}{\varepsilon V_{\text{cell}}} \tag{7-71}$$

式中，$F_{pf,i}$ 为网格单元内的第 i 个颗粒受到的流体作用力，其反作用力按颗粒在网格内的体积分率作用于网格内的流体。F_{fp} 作为源项在式(7-44)中显式地实现 CFD-DEM 的耦合，即流体与颗粒之间的动量交换。

6. 时间步长和数值算法

VOF-DEM 方法的时间步长 Δt 受到流体和颗粒两方面的限制。在 DEM 方法中，Δt_p 取决于颗粒的刚性，一般小于 20%的雷诺和赫兹时间[81,88]，而在 VOF 方法中，Δt_f 由流速、运动黏度、表面张力及网格尺寸决定，一般须满足下式：

$$\Delta t_f < \min\left[\frac{\Delta x}{|u_{\max}|}, \frac{\rho_f \Delta x^2}{\mu_f}, \sqrt{\frac{\rho_f \Delta x^3}{2\pi\sigma}}\right] \tag{7-72}$$

通常 Δt_p 远小于 Δt_f，差距可达 1～2 个数量级。为了增加计算效率，一般在 CFD-DEM 的耦合求解中，对两种方法使用不同的时间步长，在 DEM 方法中经过 n_c 个 Δt_p 后，才进行

一次 CFD-DEM 耦合，即在 CFD 方法中计算一个 Δt_f，n_c 称为耦合间隔。这里分别选取 $\Delta t_p = 5\times10^{-7}$ s 和 $\Delta t_f = 5\times10^{-5}$ s 以满足上述对时间步长的要求，因此耦合间隔 $n_c = 100$。

　　VOF-DEM 方法的数值求解过程如图 7-76 所示。在 DEM 方法的计算时间步长内，CFD 流场是已知且冻结的，即在该时间步长内不再进行 CFD 求解。根据颗粒位置和速度确认在该步长内颗粒间是否接触并计算接触力[式(7-60)和式(7-61)]，并将颗粒速度场与流体速度场耦合计算流体对颗粒的作用力[式(7-70)]，最后求解颗粒运动控制方程[式(7-51)和式(7-52)]，并更新颗粒的位置和速度。在经过 n_c 个 DEM 时间步长后，计算颗粒对流体的累积作用力[式(7-71)]，并传递给 CFD 求解器。随后，按 VOF 方法的时间步长进行一步 CFD 流场的求解，此时颗粒的位置和速度是已知且冻结的。首先求解 VOF 方法的传递方程[式(7-50)]，以更新气液相界面的位置，再由压力隐式分裂算子(pressure implicit split operator，PISO)算法，以压力预测与速度修正结合的方式求解 Navier-Stokes 方程[式(7-43)和式(7-44)]，并施加边界条件。在此基础上，为提高 VOF 方法计算的收敛性能，增加了额外的外循环，即使用压力-速度耦合求解得到的速度场再次求解 VOF 方法的输送方程，以修正液体相含率场 α，再次求解 Navier-Stokes 方程。最后将收敛的流体速度和压力场传递给 DEM 求解器。

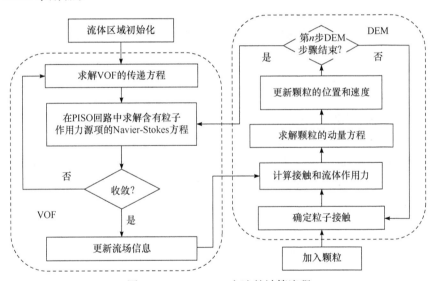

图 7-76　VOF-DEM 方法的计算流程

　　该数值方法通过开源的 CFD-DEM 软件 OpenFOAM、LIGGGHTS 及 CFDEMcoupling 中的自定义求解器实现。其中 OpenFOAM 用于欧拉坐标系下的气液流场的 CFD 模拟，LIGGGHTS 用于拉格朗日坐标系下对固体颗粒位置、速度和碰撞的 DEM 方法模拟，CFDEMcoupling 则能够实现气液流场与颗粒之间相互作用的耦合。在自定义求解器的控制方程中引入了颗粒空隙率，从而可以计算气泡周围流场对密相颗粒床层的曳力。在流体与颗粒的相互作用的耦合中，是以液体对颗粒的直接作用为主，气泡对颗粒的作用则是通过其对周围液体的动量传递间接实现的。

　　总之，VOF-DEM 方法是通过在对流体的 Navier-Stokes 控制方程中引入空隙率参数和颗粒反作用力源项实现 CFD 与 DEM 计算的耦合，并使用了多孔颗粒模型计算颗粒床层的空隙率。

7. VOF-DEM 方法的有效性

1) 网格尺寸结构和边界条件

如图 7-77 所示，模拟的计算域为 3.14 mm × 3.14 mm × 30 mm 的矩形通道。为了提高计算效率，对于床层膨胀率小于 2 的算例，使用 3.14 mm × 3.14 mm × 25 mm 尺寸的网格，网格单元的尺寸相同。顶部为流体出口，为匹配实验装置内的液位高度，压力边界设为 4 cm(或 4.5 cm，对于 25 mm 高度的网格)高度的液体静压，四周为无滑移壁面，网格轴向边长为 0.1 mm。底部为气、液入口，其网格尺寸和结构也显示在图 7-77 中。中心位置处为气体入口(内长 0.198 mm 的正八边形)，其内部等分为四个网格。将气体入口四周的单层网格设置为孔口壁面，以使影响气泡形成的区域扩展到 0.34 mm 边长的正方形区域。除此以外的底面区域为液体入口，其平均网格尺寸为 0.0981 mm。气、液入口均为固定法向速度的边界条件，针对水作为流化介质的孔口壁面静态接触角设为 48°。其他未特别说明的边界条件均为零梯度条件。

2) 网格独立性

对于 VOF 方法需要足够细的网格捕捉气液相界面，因此采用的网格要满足独立性的要求，即网格尺寸对气液相界面的描述不再有影响。图 7-78 显示了不同网格平均尺寸中，在底部气孔处形成的气泡截面轮廓，气、液相为空气和水，孔口气速 $U_o = 10.02$ cm/s，表观液速为零。采用网格的轴径向平均尺寸为 0.098 mm。气孔和孔口壁面处的网格尺寸受实际几何条件限制，因此并不对其在径向平面上的尺寸进行改变，而只考察径向平面上的其他网格尺寸以及整体轴向网格尺寸变化的影响。从图 7-78 中可以看出，在 0.092～0.131 mm 的平均尺寸范围内的网格尺寸变化，对形成的气泡截面轮廓并没有明显影响，说明所划分的网格尺寸的独立性良好。

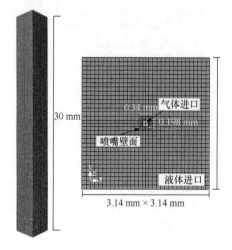

图 7-77　计算域尺寸和网格结构

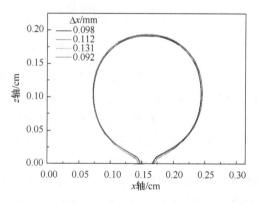

图 7-78　不同平均网格尺寸下形成气泡的截面轮廓($U_o = 10.02$ cm/s，$U_l = 0$ cm/s)

3) 多孔颗粒模型的有效性

对颗粒床层局部空隙率的计算采用了多孔颗粒模型。图 7-79 显示了平均空隙率为 0.4295 的静态颗粒床层在 $y = 0.157$、$z = 0.525$ 处的径向空隙率分布。静态床层由 155000 个 90 μm 的颗粒在计算域内堆积形成，$H_0 = 1.051$ cm。可以看出，由于所采用的网格-颗粒尺寸比较小，只使用分割模型时($\lambda_d = 1$)，计算得到的局部空隙率径向分布有一定的波动，而多孔颗粒模型的使用($\lambda_d = 2$ 和 3)可以有效地减小径向分布的波动，增加计算得到的床层空隙率的连续性。因此，一般采用 $\lambda_d = 3$ 的多孔颗粒模型计算液固床层的空隙率。另外，值得注意的是，由不同方法计算的静态床层空隙率在壁面处都有所增大，而这应该是由壁面效应引起的颗粒在壁面处堆积方式改变所导致的。

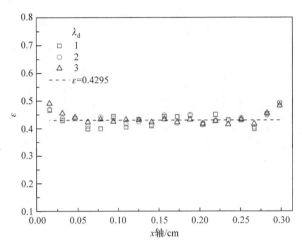

图 7-79　多孔颗粒模型对静态床层径向空隙率计算的影响

7.5.2　模拟的实验验证

这里采用五个算例进行模拟方法的实验验证。在表 7-4 的五个算例中，设置气体孔口气速 $U_o = 10.02$ cm/s(体积流率 $Q_g = 10$ mL/h)进行单气泡行为的模拟，并采用以相近固含率条件为基准的实验结果进行验证。

表 7-4　微型流化床固含率的模拟结果以及相应的实验表观液速

算例	模拟		实验	
	U_l/(cm/s)	ε_s	U_l/(cm/s)	ε_s
case-1	0.1695	0.2495	0.1672	0.251
case-2	0.1346	0.2983	0.1349	0.302
case-3	0.1097	0.3492	0.1105	0.348
case-4	0.09098	0.3954	0.09800	0.403
case-5	0.07643	0.4391	0.08501	0.441

图 7-80 和图 7-81 中分别给出了实验对算例 case-2(低固含率)和 case-5(高固含率)的

验证，以序列图像的形式对比了气泡在床层中相同位置的图像。图 7-80 和图 7-81 中，为了完整呈现气泡的运动，对液固颗粒床层只截取处于中心位置 1.25 mm 厚度的截面显示，床层截面的侧视图显示在图 7-80(a)和图 7-81(a)中。可以看出，模拟与实验得到的气泡形状、尺寸及上升行为非常相似，气泡在脱离气孔后经短暂加速后匀速上升，并在其后形成较长的尾涡，尾涡中的颗粒浓度明显低于周围液固床层主体的，而接近无颗粒的，并且尾涡的形状受到壁面的影响而呈现摆动。当气泡离开液固床层时，会出现尾涡对颗粒的夹带。

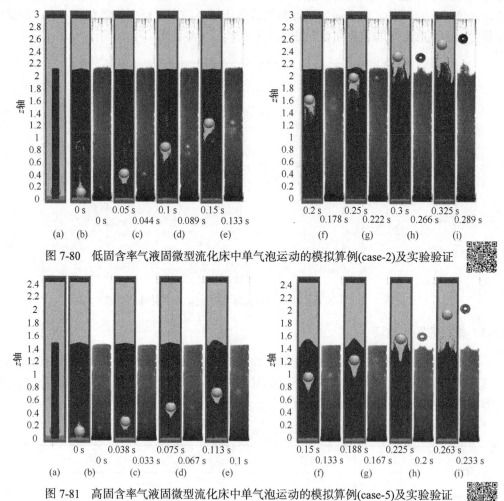

图 7-80　低固含率气液固微型流化床中单气泡运动的模拟算例(case-2)及实验验证

图 7-81　高固含率气液固微型流化床中单气泡运动的模拟算例(case-5)及实验验证

　　从图 7-81 中可以看出，与 case-2 相比，生成的气泡尺寸并没有明显变化，气泡后面的尾涡则明显减小。从对比的实验结果可看出，在气泡刚开始上升时，后面的尾涡并不明显，而当上升至床层中上部时，才能观察到一定的低颗粒浓度的尾涡。模拟结果显示，气泡刚开始上升时尾涡较小且紧贴在气泡底部，在上升过程中尾涡逐渐拉长，并且尾涡一直呈无颗粒状态。

　　图 7-82 对比了在相近固含率下，分别由模拟和实验得到生成气泡的尺寸和气泡在床

层中的上升速度。其中由于气泡形状接近于球形，气泡尺寸为其径向和轴向最大长度的均值，而气泡上升速度则是在其脱离孔口到离开液固床层的平均速度。从图 7-82(a)可以看出，从实验得到的气泡尺寸在 1.6 mm 左右，而模拟的结果略高于此(偏差小于 10%)。二者随固含率的变化都不明显，符合前文关于对微型气泡形成过程中的控制力讨论，即认为气泡生成主要受液体表面张力和黏性力的控制，而受床层惯性力影响较小。在图 7-82(b)的气泡上升速度对比中，模拟结果要低于实验结果(偏差小于 15%)，二者都随固含率的增大而略有降低(降幅小于 40%)，这主要是由床层对气泡的曳力增大导致的。总体来看，VOF-DEM 对三相微型流化床中气泡行为的模拟与实验结果相比虽然有一定的偏差，但是有可比性。造成偏差的原因来自多方面，包括网格结构、颗粒性质以及流体与颗粒相互作用的经验关系等因素与实际情况的差异，这些影响还有待进一步研究。

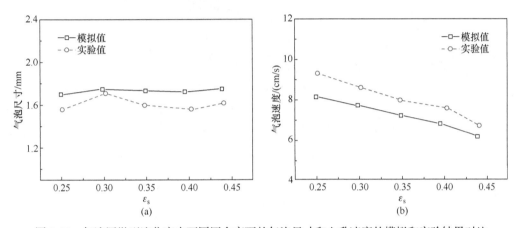

图 7-82　气液固微型流化床中不同固含率下的气泡尺寸和上升速度的模拟和实验结果对比

7.5.3　气泡周围流体和颗粒的速度分布

图 7-83 显示了 case-1～case-5 中气泡在脱离孔口时，其周围的颗粒速度分布。

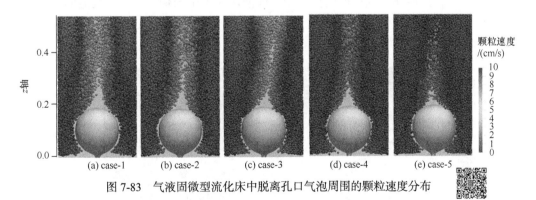

图 7-83　气液固微型流化床中脱离孔口气泡周围的颗粒速度分布

　　VOF-DEM 方法对颗粒与气泡间相互作用的耦合，或者说是颗粒与气液相界面的相互作用的耦合，是通过相界面上的高速流场对颗粒产生的作用力而间接实现的。由于气泡在膨胀形成以及随后因浮力上升的过程中，气液相界面上都有较高的流体流速，因此在同时含有气液相界面和颗粒的网格单元内，流体速度会对颗粒产生较大的作用力。如图 7-83 所示，当颗粒靠近气泡时，会受其周围流场的作用而向上运动，并且由于不同算例的孔口气体速度相同，颗粒速度会随算例中表观液速的增大而略有增加。

图 7-84 显示气泡周围流体速度以及床层空隙率的分布。由于气体孔口速度较高，气泡的膨胀加速了周围流场。从底面入口进入三相微型流化床的液体会沿气液相界面绕过气泡而加速流动，颗粒也会被流体加速而向上运动，因此在气泡周围和上部形成高空隙率区域。而气泡四周靠近壁面的液体则受此液体入口流场变化的影响产生低速向下的相对运动。

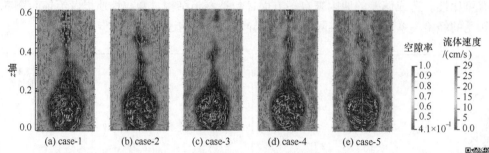

图 7-84　气液固微型流化床中脱离孔口气泡周围的流体速度和空隙率分布

对气泡上升行为模拟结果的实验验证表明，VOF-DEM 方法能够很好地模拟气液固微型流化床中单气泡尾涡行为。气泡在不同固含率下上升至液固床层中部时，其尾涡结构的模拟结果显示于图 7-85 中。很明显，气泡尾涡的尺寸差异较大，其随液固床层固含率的增大而逐渐减小。尾涡结构是由于液流沿气液相界面绕过气泡在其底部分离形成的涡流，其尺寸应与气泡上升速度直接相关。从模拟和实验得到的气泡上升速度都随床层固含率的增大而减小，说明当气泡上升速度较大时，其与液体的相对速度也较大，液流在气泡底部分离所形成的尾涡尺寸也更大。在较大尺寸气泡尾涡中，在其最末端还夹带有少量的颗粒，这些颗粒的速度明显高于周围液固床层中的颗粒，而与气泡的上升速度接近。这种对颗粒的夹带随着尾涡尺寸的减小而消失，而紧贴气泡底部的尾涡部分则一直保持无颗粒的状态。

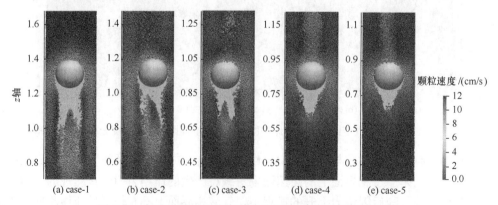

图 7-85　气液固微型流化床中上升气泡周围的颗粒速度分布

气泡周围的流体速度和空隙率分布见图 7-86，可以看出气泡尾涡的尺寸，以及其中颗粒浓度变化。有颗粒夹带的尾涡部分，其颗粒浓度与周围液固床层的固含率接近。尾涡的末端可以认为是液速方向发生向上转变的轴向位置。图 7-86(a)尾涡的尺寸约为气泡尺寸的 3 倍，而图 7-86(e)中尾涡尺寸则略小于气泡尺寸。两者尾涡尺寸的不同除了受气泡上升速度影响外，还可能与床层的表观密度相关。

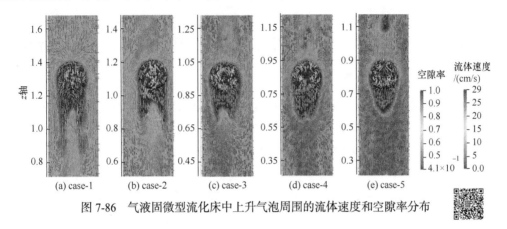

图 7-86 气液固微型流化床中上升气泡周围的流体速度和空隙率分布

7.6 气液固微型流化床的停留时间分布

由于流体在流化床系统中的流速分布不均匀，流体的分子扩散以及设备问题产生的短路、沟流和死区等原因造成流体质点在系统中的停留时间不一，有些快速离开系统，有些则要花费很长时间才离开。因此，形成了停留时间分布(residence time distributions, RTD)[89]。

在多相微型流化床中，物料的停留时间分布是相间微观混合过程的宏观体现[90-91]，可以反映各相的真实流动状况和特性。物料的停留时间越长，反应越完全[90]，但会导致新旧物料的更换速度减慢，使流化床效率降低。因此，微型流化床中物料停留时间分布的测定，对其设计放大、优化和改进等具有重要的指导意义[92-93]。

7.6.1 RTD 测试方法

停留时间分布一般通过实验测量和模型计算两种方法进行。

停留时间分布的实验测量普遍采用刺激-响应技术，即在系统入口注入示踪剂，然后在出口处检测示踪剂浓度随时间的变化关系，由此获得流体对应的停留时间分布规律。在示踪剂的检测上，要根据其放射性、光学、电学和化学等方面的性质选取相应的测试仪器。

根据示踪剂加入方法的不同，可分为周期输入法、脉冲法和阶跃法三种。脉冲法和阶跃法操作比较简单，因此应用更加广泛。依据测试原理的不同，示踪剂的检测方法大致可以分为光谱分析法、电导率法、超声波法和比色法等。

Yao 等[36]针对 3 mm 的石英玻璃气液固微型流化床，采用脉冲示踪技术，探究了液相停留时间分布。实验以玻璃珠和氧化铝颗粒为固相，空气为气相，去离子水为液相，KCl溶液作为示踪剂，采用电导率仪测量出口液相的电导率，得到液相的 RTD。

7.6.2 RTD 测试结果

1. 表观液速、表观气速及颗粒性质对 RTD 的影响

不同表观液速和表观气速下，气液固微型流化床液相的平均停留时间如图 7-87 所示。随着表观气速和表观液速的增加，平均停留时间变短。轴向扩散程度减弱，Pe 增大。

2. 颗粒性质对 Pe 的影响

图 7-88 为不同颗粒直径和密度下对应的 Pe。可以看出，不同颗粒直径、密度均对 Pe 有影响。固体颗粒的加入使液相平均停留时间增长，这是由于颗粒的扰动作用引起二次流及其剪切流场，液体轴向扩散增加，从而平均停留时间增长。增强轴向扩散程度使 Pe 减小。

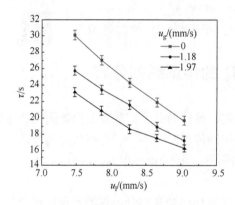
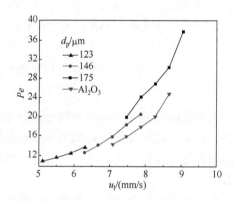

图 7-87　气液固微型流化床中不同表观液速和表观气速下的平均停留时间

$H_0 = 10\ \text{mm}$, $d_p = 175\ \mu\text{m}$

图 7-88　气液固微型流化床中不同颗粒粒径和密度下的 Pe

$H_0 = 10\ \text{mm}$, $u_g = 1.18\ \text{mm/s}$

3. Pe 的关联

通过对微型三相流化床内液相停留时间分布的研究发现，液相的轴向混合主要与表观液速、表观气速、粒径、密度等有关，结合流化床的结构和物性参数，将表观液速 $5.21\sim 9.04\ \text{mm/s}$、表观气速 $1.18\sim 1.97\ \text{mm/s}$ 条件下的 Pe 进行关联，得到如下的 Pe 经验关联式：

$$Pe = 0.00895\left(\frac{u_g}{u_{TP}}\right)^{-2.932} Ar^{0.439} \tag{7-73}$$

式中，$\dfrac{u_g}{u_{TP}}$ 为表观液速、表观气速对 Pe 数的影响；Ar 为固体颗粒性质，Ar 的计算公式如下：

$$Ar = \frac{g d_p^3 \rho_l \left(\rho_p - \rho_l \right)}{\mu^2} \tag{7-74}$$

式(7-73)的相关系数为 0.84，利用此经验关联式预测的偏差在 ±25% 以内。

7.7　气液固微型流化床的传质特性

三相微型流化床的流动雷诺数较小，流动状态主要是层流，因此，微型流化床的传质机理主要为分子扩散，湍流混合可以忽略。与传统宏观尺寸的流化床相比，微型流化床显著缩短了传质距离，为传质提供了有利条件。

7.7.1　苯甲酸溶解法测定的反应传质系数

Wang 等[37]采用苯甲酸溶解法测定反应传质系数，研究了气液固微型流化床的传质特性。

气液固微型流化床的主体部分为方形石英管。石英管内边长 6 mm，壁厚 1 mm，总长 100 mm；玻璃珠直径为 150～180 μm，平均直径为 165 μm。玻璃珠的最小流化速度为 0.23 mm/s，颗粒终端速度为 15.27 mm/s。

苯甲酸传质实验的步骤包括：①制备苯甲酸溶液；②将苯甲酸溶液涂覆在清洗后的石英管反应器内表面；③旋转均匀涂层；④涂层干燥；⑤进行溶解传质实验；⑥用紫外-可见分光光度计在 280 nm 处测量吸光度，通过对比标准曲线得到溶液中苯甲酸的浓度。通过微型流化床内的传质平衡计算得到传质系数。

结果表明：三相微型流化床存在明显的液相返混现象；内扩散有效因子为 0.998，Da 远小于 0.1，内、外传质阻力可忽略；气液、液固、气固之间的传质阻力减小。当气液固微型流化床的初始床高为 10 mm 和 20 mm 时，其传质系数分别为空床的 1.6 倍和 2.9 倍。一方面，由于表观气、液流速的增加，促进了颗粒的湍动程度，进而促进相间传质；另一方面，随着初始床高的增加，反应器内负载的玻璃珠增加，促进相间混合程度。

在相同的初始床高和表观液速下，三相微型流化床的传质系数是液固微型流化床的 3.7～4.4 倍。一方面，气泡的引入促使液相湍动程度增强，增加了相间的混合程度；另一方面，气速的增加提高了床内的气含率，以上两种作用共同促进了气液固微型流化床中传质系数的显著增加。多气泡的三相微型流化床与液固微型流化床及气液微型鼓泡塔相比，传质系数显著增加，性能进一步提升。

7.7.2　NaOH 溶液吸收 CO$_2$ 测得的传质系数

董婷婷[94]以 NaOH 溶液吸收 CO$_2$ 为模型反应，探究了三相微型流化床的传质性能，研究了表观气速、表观液速及固体颗粒对传质性能的影响。

结果表明，气液固微型流化床的液相传质系数和相界面积均随表观气速的增加而增加，进而使体积传质系数增加(图 7-89)。主要原因是表观气速的增加使三相流的气含率增加，气相传质通量增大，同时使相界面积增加。这些与气液微型鼓泡塔的变化规律相似[95]。

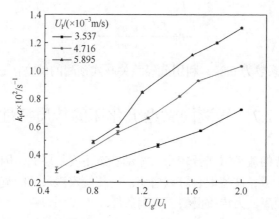

图 7-89   气液固微型流化床中表观液速对体积传质系数的影响

$d_p = 146.0\ \mu m$, $H_0 = 15\ mm$, $C_{NaOH} = 0.2\ mol/L$

7.8   气液固微型流化床的反应性能

目前，国内外将气液固微型流化床用于化学反应方面的研究还很少。这里简要介绍用于巴豆醛氧化和光催化处理废水等反应方面的研究结果[37-39, 96-98]。

7.8.1   巴豆醛催化氧化

Dong 等[38]在床内径为 3 mm、床高为 15 mm 的气液固微型流化床反应器中(图 7-90)，以 Ag/Al_2O_3 负载型催化剂选择性催化氧化巴豆醛为模型反应，研究了三相微型流化床反应器在不同催化剂颗粒性质和操作条件下的反应性能。

结果表明，三相微型流化床反应器具有较高的反应性能。由于气液固微型流化床反应器单位体积气液相界面面积大，气泡停留时间长，转化速率和转化率得到很大提升。此外，三相微型流化床特征尺寸的减小，可以有效减小分子扩散的距离；流化颗粒和众多微气泡的存在，提供了更大的相界面积，有效增强了相间传递。以上原因都使三相微型流化床反应器的性能得到有效提高。

7.8.2   光催化降解亚甲基蓝

Wang 等[37]以光催化降解亚甲基蓝等模型废水为典型反应，建立了直径为 6 mm 的气液固微型流化床光催化反应器。其中，玻璃珠为流化颗粒，Fe 掺杂 TiO_2 为催化剂，分别涂层于玻璃珠外表面和反应器内壁表面。研究了不同实验条件，如不同表观气速、液速、初始床高、Xe 灯功率、初始 MB 浓度等的光催化降解反应速率，其中辐射通量采用草酸铁钾光量计测定。

研究表明，气液固微型流化床的表观量子效率为 0.19%~0.44%，表明三相微型流化床比传统光催化微反应器具有更高的量子利用率。三相光催化微型流化床结合了液固微型流化床和气液微型鼓泡塔的优点。一方面，涂覆 $Fe-TiO_2$ 催化剂的玻璃珠不仅增加了传质表面积，而且促进了各相间的传质。另一方面，反应器中气液分布器促进形成的

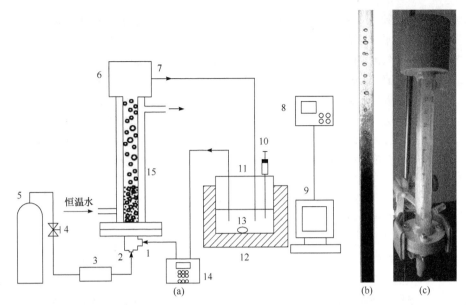

图 7-90　(a)气液固微型流化床反应器巴豆醛催化氧化反应实验流程示意图；(b)气液固微型流化床中鼓
泡流典型图像；(c)气液固微型流化床的实物照

1. 液体入口；2. 气体入口；3. 气体质量流量计；4. 进气阀；5. 氧气瓶；6. 溢流堰；7. 液体出口；8. 气相色谱；
9. 计算机；10. 注射器；11. 储液瓶；12. 集热式恒温加热磁力搅拌器；13. 磁子；14. 恒流泵；15. 加热套

多个微气泡能保持液相中溶解氧气的饱和浓度，用于光催化反应并促进相间湍动。通过匹配流化颗粒尺寸与 MB 液速，适当提高液体流量，以提高反应器处理能力和湍流强度。

　　在光源优化利用的反应器结构下，构建了基于辐射传热和反应动力学的耦合模型。该模型的特点体现在以下几个方面：①考虑 Xe 灯的多色光特性，以获得光反应过程中在有效光谱范围内的总吸收光子；②将 Xe 灯的有效光谱离散为 5 nm 的区间，假定在间隔区间内 Xe 灯和催化剂光学性质恒定；③沿辐射传递方向，建立由于催化剂固体颗粒和气泡对辐射散射、吸收而造成微型流化床反应器内非均匀的辐射通量场；④以拟稳态假定得到用于反应动力学的羟基自由基的浓度；⑤根据反应体积的质量守恒计算得到总反应速率。通过软件拟合实验数据得到了模型中的动力学参数。模型的建立为微型反应器的结构设计、优化和工业应用提供了理论指导。

　　最近，Liu 等[39]针对 Wang 等[37]的气液固微型流化床光催化降解 MB 实验结果，采用欧拉-拉格朗日方法，对其径向分布特性进行了数值模拟研究。更多更深入的研究正在进行中。

符 号 说 明

a	反应器内表面积，m^2	D_b	基于气泡频数的气泡尺寸分布函数
C_D	颗粒曳力系数，无量纲	D_c,D_h	管径/床径/柱体直径，m
$C_{D,b}$	气泡曳力系数，无量纲	D_{eq}	当量直径，m
c_b	液相浓度，mol/m^3	D_o	孔口直径，m
c_s	反应器内壁处液相浓度，mol/m^3	D_v	基于气泡频数的气泡终端速度分

	布函数	U_{mf}	最小流化速度，m/s
d_b	气泡平均直径，m	U_o	气体孔口速度，m/s
d_i	单个气泡直径，m	U_t	颗粒/床层终端速度，m/s
d_o	气孔直径，m	u_b	气泡上升速度，m/s
d_p	颗粒粒径，m	u_{dc}	连续相中液固混合物的颗粒表观速度，m/s
F	作用力，N		
F_B	有效浮力，N	u_{lc}	连续相中液固混合物的液体表观速度，m/s
$F_{B,b}$	单个气泡的有效浮力，N		
F_C	颗粒和气泡的碰撞力，N	u_m	液固混合相的表观速度，m/s
F_D	液体曳力，N	u_{sc}	表观液体滑移速度，m/s
$F_{D,b}$	单个气泡受到的曳力，N	V_g	气相体积，m³
$F_{D,p}$	单个颗粒受到的曳力，N	V_l	循环溶液的体积，m³
$F_{G,p}$	单个颗粒的有效重力，N	v_b	气泡实际终端速度，m/s
$F_{I,g}$	气泡惯性力，N	v_i	单个气泡的终端速度，m/s
$F_{I,m}$	液固悬浮液惯性力，N	v_r	气泡相对终端速度，m/s
F_M	气体动量力，N	$W_{st,g}$	单位床层体积中气相消耗的悬浮输送功率，J/[(s·kg)m³]
F_g	对单位体积气泡的曳力，N		
F_{l-s}	对单位体积颗粒的曳力，N	$W_{st,l-s}$	单位床层体积中液固混合相消耗的悬浮输送功率，J/[(s·kg)m³]
F_σ	表面张力，N		
f	壁面摩擦力，N	α	液相含率，无量纲
f_g	气相含率，无量纲	β	液体的曳力系数，无量纲
f_w	尾涡相含率，无量纲	ε	空隙率，无量纲
G	重力，N	ε_0	床层静态空隙率，无量纲
g	重力加速度，m/s²	ε_{lc}	连续相中液固混合物的液相含率，无量纲
H	床层膨胀高度，m		
H_c	床体高度，m	ε_{lw}	尾涡相中液固混合物的液相含率，无量纲
H_0, H_s	初始床层高度，m		
k_w	尾涡与气泡的尺寸比，无量纲	ε_s	平均固含率，无量纲
N_{st}	悬浮输送单位质量颗粒消耗的功率，J/(s·kg)	ε_{sc}	连续相中液固混合物的固相含率，无量纲
$N_{st,g}$	气相悬浮输送单位质量颗粒消耗的功率，J/(s·kg)	ε_{sw}	尾涡相中液固混合物的固相含率，无量纲
$N_{st,l-s}$	液固混合相悬浮输送单位质量颗粒消耗的功率，J/(s·kg)	λ_b	气泡滑移速度的校正因子，无量纲
n	Richardson-Zaki 方程的指数，无量纲	λ_l	液体滑移速度的校正因子，无量纲
U_e	气泡膨胀速度，m/s	μ	黏度，Pa·s
U_g	气体表观速度，m/s	μ_m	液固混合相的表观黏度，Pa·s
U_l	液体表观速度，m/s	ρ	密度，kg/m³

ρ_m	液固混合相的表观密度，kg/m³	st	悬浮输送
σ	液体表面张力，N/m	w	尾涡相/柱体壁面
ΔP	压降，Pa	无量纲数	
下标		Ar	阿基米德数$[Ar=\rho(\rho_s-\rho)gd_p^3/\mu^2]$
0	起始或静止状态	Ca	毛细数$(Ca=u_i\mu_l/\sigma)$
b	气泡/床层主体区域	Eo	厄特沃什数$[Eo=g(\rho_m-\rho_g)d_b^2/\sigma]$
c	柱体/连续相	Eo_e	厄特沃什数$(Eo_e=g\rho_ld_e^2/\sigma)$
e	当量	Fr	弗劳德数$(Fr=U^2/gd)$
exp	实验值	Re	雷诺数$(Re=\rho_lD_cu_{lc}/\mu_l)$
f	流体	Re_e	气泡雷诺数$(Re_e=\rho_ld_eu_b/\mu_l)$
G, g	气相	Re_p	颗粒雷诺数$(Re_p=\rho_ld_pu_{sc}/\mu_l)$
i	单个	Re_b	气泡雷诺数$[Re_b=\rho_md_b(u_b\lambda_b-u_m)/\mu_m]$
lmf	气液固体系最小(初始)流化状态	Re_t	颗粒终端雷诺数$(Re_t=\rho_ld_pU_t/\mu_l)$
L, l	液相	缩写	
l-s	液固混合相	DEM	discrete element method，离散元方法
m	液固混合相		
max	最大值	EMMS	energy-minimization multi-scale，能量最小化多尺度
mf	气固/液固最小(初始)流化状态		
min	最小值	PDMS	polydimethylsilo-xane，聚二甲基硅氧烷
o	孔口		
p	颗粒	PMMA	polymeric methyl methacrylate，聚甲基丙烯酸甲酯
r	相对		
s	固相	VOF	volume of fluid，流体体积

习　题

7-1　微型气液固流化床有哪些优点？

7-2　微型气液固流化床的壁面现象有哪些？是如何造成的？

7-3　为什么微型气液固流化床在传质方面有较大的优势？

参 考 文 献

[1] Ehrfeld W, Hessel V, Holger L. Microreactors: New technology for modern chemistry[M]. Microreactors: New Technology for Modern Chemistry, 2000.

[2] Tyler R J. Flash pyrolysis of coals.1. Devolatilization of a Victorian brown coal in a small fluidized-bed reactor[J]. Fuel, 1979, 58(9): 680-686.

[3] Han Z N, Yue J R, Geng S L, et al. State-of-the-art hydrodynamics of gas-solid micro fluidized beds[J]. Chemical Engineering Science, 2021, 232: 116345.

[4] Haynes H W, Borgialli R R, Zhang T. A novel liquid fluidized bed microreactor for coal liquefaction studies. 1. Cold model results[J]. Energy and Fuels, 1991, 5(1): 63-68.

[5] Zivkovic V, Biggs M J, Alwahabi Z T. Experimental study of a liquid fluidization in a microfluidic channel[J]. AIChE Journal, 2013, 59(2): 361-364.

[6] Tang C, Liu M Y, Xu Y G. 3D numerical simulations on flow and mixing behaviors of gas-liquid-solid flow in microchannels[J]. AIChE Journal, 2013, 59(6): 1934-1951.

[7] 胡文华, 陈斌, 高红帅, 等. 微型气液固三相等温微分浆态床反应器的优化[J]. 化工学报, 2013, 64(S1): 26-32.

[8] Li Y J, Liu M Y, Li X N. Minimum fluidization velocity in gas-liquid-solid minifluidized beds[J]. AIChE Journal, 2016, 62 (6): 1940-1957.

[9] Potic B, Kersten S R A, Prins W, et al. A high-throughput screening technique for conversion in hot compressed water[J]. Industrial & Engineering Chemistry Research, 2004, 43(16): 4580-4584.

[10] Potic B, Kersten S R A, Ye M, et al. Fluidization with hot compressed water in micro-reactors[J]. Chemical Engineering Science, 2005, 60(22): 5982-5990.

[11] Matsumura Y, Minowa T, Potic B, et al. Biomass gasification in near- and super-critical water: Status and prospects[J]. Biomass and Bioenergy, 2005: 29(4): 269-292.

[12] Kersten S R A, Potic B, Prins W, et al. Gasification of model compounds and wood in hot compressed water[J]. Industrial & Engineering Chemistry Research, 2006, 45(12): 4169-4177.

[13] Knežević D, Schmiedl D, Meier D, et al. High-throughput screening technique for conversion in hot compressed water: Quantification and characterization of liquid and solid products[J]. Industrial & Engineering Chemistry Research, 2007, 46(6): 1810-1817.

[14] Nanou P, van Swaaij W P M, Kersten S R A, et al. High-throughput screening technique for biomass conversion in hot compressed water: Quantification and characterization of liquid and solid products[J]. Industrial and Engineering Chemistry Research, 2012, 51: 2487-2491.

[15] Derksen J J. Mixing by solid particles[J]. Chemical Engineering Research and Design, 2008, 86(12): 1363-1368.

[16] Derksen J J. Scalar mixing with fixed and fluidized particles in micro-reactors[J]. Chemical Engineering Research and Design, 2009, 87(4): 550-556.

[17] Derksen J J. Simulations of liquid to solid mass transfer in a fluidized microchannel[J]. Microfluidics and Nanofluidics, 2015, 18(5-6): 829-839.

[18] Doroodchi E, Peng Z B, Sathe M, et al. Fluidisation and packed bed behaviour in capillary tubes[J]. Powder Technology, 2012, 223: 131-136.

[19] Doroodchi E, Sathe M, Evans G, et al. Liquid-liquid mixing using micro-fluidised beds[J]. Chemical Engineering Research and Design, 2013, 91(11): 2235-2242.

[20] Zivkovic V, Biggs M J. On importance of surface forces in a microfluidic fluidized bed[J]. Chemical Engineering Science, 2015, 126(1): 143-149.

[21] do Nascimento O L, Reay D A, Zivkovic V. Influence of surface forces and wall effects on the minimum fluidization velocity of liquid-solid micro-fluidized beds[J]. Powder Technology, 2016, 304: 55-62.

[22] Zivkovic V, Ridge N, Biggs M J. Experimental study of efficient mixing in a micro-fluidized bed[J]. Applied Thermal Engineering, 2017, 127: 1642-1649.

[23] do Nascimento O L, Reay D A, Zivkovic V. Study of transitional velocities of solid-liquid micro circulating fluidized beds by visual observation[J]. Journal of Chemical Engineering of Japan, 2018, 51(4): 349-355.

[24] McDonough J R, Law R, Reay D A, et al. Fluidization in small-scale gas-solid 3D-printed fluidized beds[J]. Chemical Engineering Science, 2019, 200(1): 294-309.

[25] Tang C, Liu M Y, Li Y J. Experimental investigation of hydrodynamics of liquid-solid mini-fluidized beds[J]. Particuology, 2016, 27(4): 102-109.

[26] Li X N, Liu M Y, Li Y J. Hydrodynamic behavior of liquid-solid micro-fluidized beds determined from bed expansion[J]. Particuology, 2018, 38(3): 103-112.

[27] Yang Z G, Liu M Y, Lin C. Photocatalytic activity and scale-up effect in liquid-solid mini-fluidized bed reactor[J]. Chemical Engineering Journal, 2016, 291: 254-268.

[28] Pereiro I, Tabnaoui S, Fermigier M, et al. Magnetic fluidized bed for solid phase extraction in microfluidic systems[J]. Lab Chip, 2017, 17(9): 1603-1615.

[29] Hernández-Neuta I, Pereiro I, Ahlford A, et al. Microfluidic magnetic fluidized bed for DNA analysis in continuous flow mode[J]. Biosensors and Bioelectronics, 2018, 102: 531-539.

[30] Zhang Y, Goh K L, Ng Y L, et al. Process intensification in micro-fluidized bed systems: A review[J]. Chemical Engineering and Processing-Process Intensification, 2021, 164: 108397-1-108397-17.

[31] Li Y J, Liu M Y, Li X N. Single bubble behavior in gas-liquid-solid mini-fluidized beds[J]. Chemical Engineering Journal, 2016, 286: 497-507.

[32] Li Y J, Liu M Y, Li X N. Flow regimes in gas-liquid-solid mini-fluidized beds with single gas orifice[J]. Powder Technology, 2018, 333: 293-303.

[33] Li X N, Liu M Y, Li Y J. Bed expansion and multi-bubble behavior of gas-liquid-solid micro-fluidized beds in sub-millimeter capillary[J]. Chemical Engineering Journal, 2017, 328: 1122-1138.

[34] Li X N, Liu M Y, Ma Y L, et al. Experiments and meso-scale modeling of phase holdups and bubble behavior in gas-liquid-solid mini-fluidized beds[J]. Chemical Engineering Science, 2018, 192: 725-738.

[35] Li X N, Liu M Y, Dong T T, et al. VOF-DEM simulation of single bubble behavior in gas-liquid-solid mini-fluidized bed [J]. Chemical Engineering Research and Design, 2020, 155(4): 108-122.

[36] Yao D, Liu M Y, Li X N. Residence time distributions of liquid phase in gas-liquid solid mini-fluidized bed[J]. CIESC Journal, 2018, 69(11): 4754-4762.

[37] Wang X Y, Liu M Y, Yang Z G. Coupled model based on radiation transfer and reaction kinetics of gas-liquid-solid photocatalytic mini-fluidized bed[J]. Chemical Engineering Research and Design, 2018, 134: 172-185.

[38] Dong T T, Liu M Y, Li X N, et al. Catalytic oxidation of crotonaldehyde to crotonic acid in a gas-liquid-solid mini-fluidized bed[J]. Powder Technology, 2019, 352: 32-41.

[39] Liu Y X, Zhu L T, Luo Z H, et al. Effect of spatial radiation distribution on photocatalytic oxidation of methylene blue in gas-liquid-solid mini-fluidized beds[J]. Chemical Engineering Journal, 2019, 370: 1154-1168.

[40] 李彦君. 针孔鼓泡气-液-固小型流化床流动特性研究[D]. 天津: 天津大学, 2016.

[41] 李翔南. 气-液-固微小型流化床流体力学实验和模拟研究[D]. 天津: 天津大学, 2018.

[42] Tourvieille J N, Philippe R, de Bellefon C. Milli-channel with metal foams under an applied gas-liquid periodic flow: Flow patterns, residence time distribution and pulsing properties[J]. Chemical Engineering Science, 2015, 126(1): 406-426.

[43] Tsuchiya K, Fan L S. Near-wake structure of a single gas bubble in a two-dimensional liquid-solid fluidized bed: Vortex shedding and wake size variation[J]. Chemical Engineering Science, 1988, 43(5): 1167-1181.

[44] Gibilaro L. Fluidization Dynamics[M]. London: Butterworth-Heinemann, 2001.

[45] Rigby G R, Capes C E. Bed expansion and bubble wakes in three-phase fluidization[J]. The Canadian Journal of Chemical Engineering, 1970, 48(4): 343-348.

[46] El-Temtamy S A, Epstein N. Contraction or expansion of three-phase fluidized beds containing fine/light solids[J]. The Canadian Journal of Chemical Engineering, 1979, 57(4): 520-522.

[47] Bhaga D, Weber M E. Bubbles in viscous liquids: Shapes, wakes and velocities[J]. Journal of Fluid Mechanics, 1981, 105: 61-85.

[48] Tsuchiya K, Fan L S. Near-wake structure of a single gas bubble in a two-dimensional liquid-solid fluidized bed: Vortex shedding and wake size variation[J]. Chemical Engineering Science, 1988, 43 (5): 1167-1181.

[49] Lapidus L, Elgin J C. Mechanics of vertical-moving fluidized systems[J]. AIChE Journal, 1957, 3(1): 63-68.

[50] Luo X K, Yang G Q, Lee D J, et al. Single bubble formation in high pressure liquid-solid suspensions[J]. Powder Technology, 1998, 100(2-3): 103-112.

[51] Yoo D H, Tsuge H, Terasaka K, et al. Behavior of bubble formation in suspended solution for an elevated pressure system[J]. Chemical Engineering Science, 1997, 52(21-22): 3701-3707.

[52] Miyahara T, Tsuchiya K, Fan L S. Wake properties of a single gas bubble in three-dimensional liquid-solid fluidized bed[J]. International Journal of Multiphase Flow, 1988, 14(6): 749-763.

[53] Thorsen T, Roberts R W, Arnold F H, et al. Dynamic pattern formation in a vesicle-generating microfluidic device[J]. Physical Review Letters, 2001, 86(18): 4163-4166.

[54] Hua J S, Zhang B L, Lou J. Numerical simulation of microdroplet formation incoflowing immiscible liquids[J]. AIChE Journal, 2007, 53(10): 2534-2548.

[55] Xu J H, Li S W, Tan J, et al. Preparation of highly monodisperse droplet in a T-junction microfluidic device[J]. AIChE Journal, 2006, 52(9): 3005-3010.

[56] Garstecki P, Gitlin I, DiLuzio W, et al. Formation of monodisperse bubbles in a microfluidic flow-focusing device[J]. Applied Physics Letters, 2004, 85(13):2649-2651.

[57] Fan L S. Gas-Liquid-Solid Fluidization Engineering[M]. Stoneham: Butterworth Publishers, 1989.

[58] Matsuura A, Fan L S. Distribution of bubble properties in a gas-liquid-solid fluidized bed[J]. AIChE Journal, 1984, 30(6): 894-903.

[59] Ramakrishnan S, Kumar R, Kuloor N R. Studies in bubble formation- I bubble formation under constant flow conditions[J]. Chemical Engineering Science, 1969, 24 (4): 731-747.

[60] Fan L S, Brenner H, Tsuchiya K. Bubble Wake Dynamics in Liquids and Liquid-Solid Suspensions[M]. Boston: Butterworth-Heinemann, 1990.

[61] Darton R C, Harrison D. The rise of single gas bubbles in liquid fluidized beds[J]. Transactions of the Institution of Chemical Engineers, 1974, 52(4): 301-304.

[62] El-Temtamy S A, Epstein N. Rise velocities of large single two-dimensional and three-dimensional gas bubbles in liquids and in liquid fluidized beds[J]. Chemical Engineering Journal, 1980, 19(2): 153-156.

[63] Liu M Y, Li J H, Kwauk M. Application of the energy-minimization multi-scale method to gas-liquid-solid fluidized beds[J]. Chemical Engineering Science, 2001, 56 (24): 6805-6812.

[64] Jin G. Multi-scale modeling of gas-liquid-solid three-phase fluidized beds using the EMMS method[J]. Chemical Engineering Journal, 2006, 117(1): 1-11.

[65] Richardson J, Zaki W. Sedimentation and fluidization: Part I [J]. Transactions of the Institution of Chemical Engineers, 1954, 32: 35-53.

[66] Gidaspow D. Multiphase flow and fluidization: Continuum and kinetic theory descriptions[M]. New York: Academic Press, 1994.

[67] Ergun S. Fluid flow through packed columns[J]. Chemical Engineering Progress, 1952, 48 (2): 89-94.

[68] Wen C Y, Yu Y H. Mechanics of fluidization[J]. Chemical Engineering Progress Symposium Series, 1966, 62(1): 100-111.

[69] Tsuchiya K, Furumoto A, Fan L S, et al. Suspension viscosity and bubble rise velocity in liquid-solid fluidized beds[J]. Chemical Engineering Science, 1997, 52 (18): 3053-3066.

[70] Wallis G B. One-dimensional two-phase flow[M]. New York: McGraw-Hill, 1969.

[71] Cui Z, Fan L S. Turbulence energy distributions in bubbling gas-liquid and gas-liquid-solid flow systems[J]. Chemical Engineering Science, 2004, 59 (8-9): 1755-1766.

[72] Hesketh R P, Fraser R T W, Etchells A W. Bubble size in horizontal pipelines[J]. AIChE Journal, 1987,

33(4): 663-667.

[73] Prince M J, Blanch H W. Bubble coalescence and break-up in air sparged bubble columns[J]. AIChE Journal, 2010, 36(10): 1485-1499.

[74] Anderson T B, Jackson R. Fluid mechanical description of fluidized beds. equations of motion[J]. Industrial & Engineering Chemistry Fundamentals, 1967, 6(4): 527-539.

[75] Brackbill J, Kothe D B, Zemach C. A continuum method for modeling surface tension[J]. Journal of Computational Physics, 1992, 100(2): 335-354.

[76] Hirt C W, Nichols B D. Volume of fluid (VOF) method for the dynamics of free boundaries[J]. Journal of Computational Physics, 1981, 39(1): 201-225.

[77] Tsuji Y, Kawaguchi T, Tanaka T. Discrete particle simulation of two-dimensional fluidized bed[J]. Powder Technology, 1993, 77(1): 79-87.

[78] Cundall P A, Strack O D L. A discrete numerical model for granular assemblies[J]. Géotechnique, 1979, 29 (1): 47-65.

[79] Crowe C T, Schwarzkopf J D, Sommerfeld M, et al. Multiphase Flows with Droplets and Particles[M]. Boca Raton: CRC Press, 2011.

[80] Thornton C, Cummins S J, Cleary P W. An investigation of the comparative behaviour of alternative contact force models during elastic collisions[J]. Powder Technology, 2011, 210 (3): 189-197.

[81] Kloss C, Goniva C. LIGGGHTS-open source discrete element simulations of granular materials based on Lammps//Hoboken N J. Supplemental Proceedings[M]. New York: John Wiley & Sons, Inc., 2011: 781-788.

[82] Brilliantov N V, Spahn F, Hertzsch J M, et al. Model for collisions in granular gases[J]. Physical Review E, 1996, 53(5): 5382-5392.

[83] Zhao J D, Shan T. Coupled CFD-DEM simulation of fluid-particle interaction in geomechanics[J]. Powder Technology, 2013, 239: 248-258.

[84] Kloss C, Goniva C, Hager A, et al. Models, algorithms and validation for opensource DEM and CFD-DEM[J]. Progress in Computational Fluid Dynamics: An International Journal, 2012, 12(2-3): 140-152.

[85] Kawaguchi T, Sakamoto M, Tanaka T, et al. Quasi-three-dimensional numerical simulation of spouted beds in cylinder[J]. Powder Technology, 2000, 109 (1-3): 3-12.

[86] Link J M, Cuypers L A, Deen N G, et al. Flow regimes in A spout-fluid bed: A combined experimental and simulation study[J]. Chemical Engineering Science, 2005, 60(13): 3425-3442.

[87] Auton T R, Hunt J C R, Prud'Homme M. The force exerted on a body in inviscid unsteady non-uniform rotational flow[J]. Journal of Fluid Mechanics, 1988, 197: 241-257.

[88] Derakhshani S M, Schott D L, Lodewijks G. Micro-macro properties of quartz sand: Experimental investigation and DEM simulation[J]. Powder Technology, 2015, 269: 127-138.

[89] 李绍芬. 反应工程[M]. 3 版. 北京: 化学工业出版社, 2013.

[90] 李小明. 气流床反应器液体停留时间研究[J]. 上海煤气, 2011, (2): 4-7, 43.

[91] Gobert S R L, Kuhn S, Braeken L, et al. Characterization of milli- and microflow reactors: Mixing efficiency and residence time distribution[J]. Organic Process Research & Development, 2017, 21(4): 531-542.

[92] 张彤辉, 董玉平, 郭飞强, 等. 微型流化床反应器液相冷态进样停留时间分布模拟与实验[J]. 化工机械, 2013, 40(6): 796-800.

[93] Georget E, Sauvageat J L, Burbidge A, et al. Residence time distributions in a modular micro reaction system[J]. Journal of Food Engineering, 2013, 116(4): 910-919.

[94] 董婷婷. 气-液-固微型流化床传质及用于巴豆酸制备的研究[D]. 天津: 天津大学, 2019.

[95] Yang Z G, Liu M Y, Wang X Y. Experiment study and modeling of novel mini-bubble column photocatalytic

reactor with multiple micro-bubbles[J]. Chemical Engineering and Processing-Process Intensification, 2018, 124: 269-281.

[96] Al-Rifai N, Cao E H, Dua V, et al. Microreaction technology aided catalytic process design[J]. Current Opinion in Chemical Engineering, 2013, 2(3): 338-345.

[97] Heggo D, Ookawara S. Multiphase photocatalytic microreactors[J]. Chemical Engineering Science, 2017, 169: 67-77.

[98] McMurray T A, Byrne J A, Dunlop P S M, et al. Intrinsic kinetics of photocatalytic oxidation of formic and oxalic acid on immobilised TiO$_2$ films[J]. Applied Catalysis A: General, 2004, 262(1): 105-110.

第8章

多相流态化测试技术

多相流态化基础理论研究和工业化应用与多相流态化测试技术的发展密不可分。基础理论研究中，研究人员需要借助多相流态化测试技术获取多相反应器内温度、压力、颗粒浓度、颗粒速度、颗粒团聚、颗粒停留时间、气泡尺寸、气泡速度、气固相返混等重要参数信息，深入认识反应器内相间的相互作用机制及流动规律，建立更完善的多相流态化理论体系，进而科学指导多相反应器的设计与放大[1]。另外，随着计算机技术的飞速发展，计算流体力学作为一种研究多相流态化体系的新方法得到了蓬勃发展，新理论计算模型的提出或模型的改进同样需要先进多相流态化测试技术提供准确的实验数据加以验证[2]。

在工业应用中，为了实现连续生产，催化剂往往是在两个或多个反应器之间不间断地循环流动，如流化催化裂化(FCC)、甲醇制烯烃(MTO)等工业过程[3-4]。因此，工业生产操控人员一方面需要通过多相流态化测试技术了解反应器内部的流化质量，确保反应器内相间的高效传质、传热，另一方面需要借助多相流态化测试技术监测反应器内催化剂藏量、催化剂循环量等操作参数，调控反应器之间的压力平衡，保障工业装置的平稳运行。与实验室研究相比，工业生产使用的多相流态化测试技术更注重实用性和可靠性，对测量精度要求相对较低。目前工业生产普遍采用传统的压差法作为主要测量手段，但精准调控也是今后工业过程发展的大趋势，开发适用于工业测量环境的高精度新型多相流态化测试技术具有很好的应用前景。

目前已开发的多相流态化测试技术涵盖了光学、声学、电学、磁学等多种测量方法，本章以多相流态化研究测量的基本参数为主线，分别介绍各种参数测量可采用的技术手段，并着重阐述各种测量技术的基本原理、技术特点及适用场合。

8.1 基本参数测量

8.1.1 温度测量

温度是表征物体冷热程度的基本物理量。在多相流态化反应体系中，温度既是影响反应过程的重要操作参数，也是监测反应器运行状态的重要指标。另外，在多相流态化传热特性研究中，通常采用各种形式的传热探头测定传热系数，测温计也是各类传热探头的关键组成元件[5]。因此，本节对各种测温计的基本原理及特点进行介绍，以供研究人员针对不同的反应体系选择合适的方法进行温度测量。温度测量方法包括接触式测量和非接触式测量两类。

1. 接触式测量

接触式测量是测温元件与被测对象直接接触，经热交换后二者达到热平衡状态，即需测温元件与被测对象温度相等后进行测量。这种测量方式的优点是测量结果可靠、测量精度高，缺点是测温元件必须与被测对象接触且达到热平衡，容易破坏被测对象的温度场，不适合热容量很小的场合，同时有测温延迟现象。常见的接触式测温仪器包括膨胀式测温计、热电偶测温计、金属热电阻测温计等，这些测量方法是基于测温元件某一物理性质(如电阻、电势、体积)随温度变化而变化的特性进行测量。其中，热电偶测温计和金属热电阻测温计在工业及实验室使用最多，具有测温范围广、测量精度高、便于远距离信号传输等优点。热电偶测温计和金属热电阻测温计最大区别在于测温范围不同，热电偶测温范围为-200~1800℃，适合高温测量，金属热电阻测温范围为-200~600℃，适用于中低温测量。下面着重对热电偶测温计和金属热电阻测温计的工作原理进行介绍。

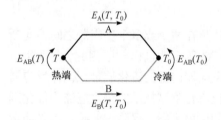

图 8-1 热电偶回路中产生热电势示意图

1) 热电偶测温原理

如图 8-1 所示，将不同材质的两段导体或半导体结合成回路，当两个结合点的温度不同时($T \neq T_0$)，在回路中会产生热电势，只要测出热电势的大小，就可以测定被测对象的温度。

热电势由接触电势和温差电势两部分组成。接触电势是由于 A、B 两种导体的电子密度不同，从而在接触点处发生电子扩散形成电动势。根据电子理论，两接触点处产生的接触电势分别为

$$E_{AB}(T) = \frac{kT}{e} \ln \frac{N_{AT}}{N_{BT}} \tag{8-1}$$

$$E_{AB}(T_0) = \frac{kT_0}{e} \ln \frac{N_{AT_0}}{N_{BT_0}} \tag{8-2}$$

式中，e 为单位电荷量，C；k 为玻尔兹曼常量，$k=1.38\times10^{-23}$ J/K；T、T_0 为接触点处的温度，K；N_{AT}、N_{BT} 为温度为 T 时导体 A 和 B 的电子密度，C/m³；N_{AT_0}、N_{BT_0} 为温度为 T_0 时导体 A 和 B 的电子密度，C/m³。

由于存在温度梯度，同一导体中电子会从低温端向高温端迁移形成温差电势，故导体 A、B 中产生的温差电势分别为

$$E_A(T, T_0) = \int_{T_0}^{T} \sigma_A \mathrm{d}T \tag{8-3}$$

$$E_B(T, T_0) = \int_{T_0}^{T} \sigma_B \mathrm{d}T \tag{8-4}$$

式中，σ_A、σ_B 为汤姆逊系数，即当导体两端温差为 1℃时产生的温差电动势，V。

在导体 A 和 B 组成的热电偶回路中产生的总热电势为

$$E_{AB}(T, T_0) = E_{AB}(T) - E_{AB}(T_0) - E_A(T, T_0) + E_B(T, T_0) \tag{8-5}$$

由于温差电势远小于接触电势，可忽略不计，故热电偶回路中产生的热电势可表示为

$$E_{AB}(T, T_0) \approx E_{AB}(T) - E_{AB}(T_0) \approx \frac{kT}{e} \ln \frac{N_{AT}}{N_{BT}} - \frac{kT_0}{e} \ln \frac{N_{AT_0}}{N_{BT_0}} \tag{8-6}$$

由式(8-6)可知，热电势的大小主要与组成热电偶所用的导体材料和两接触点的温度有关，只有采用不同的导体材料且两接触点温度不相同时闭合回路中才会产生热电势。当导体材料和冷端温度 T_0 不变时，热电偶回路中产生的热电势大小只是被测温度 T 的单值函数。

2) 金属热电阻测温原理

金属热电阻测温计是基于金属导体电阻随温度变化而变化的特性进行温度测量。目前应用最广泛的金属材料是铂和铜，其他镍、铟、锰及碳等电阻多用于低温或超低温测量。由于铂材料容易提纯，物理化学性能稳定，测温重复性高，因此被国际电工委员会规定为-200~650℃之间的温度基准器。铂电阻和温度之间的关系如下：

当温度为-200℃$\leqslant$$T$<0℃时

$$R_T = R_0[1 + AT + BT^2 + C(T - 100)T^3] \tag{8-7}$$

当温度为 0℃$\leqslant$$T$$\leqslant$650℃时

$$R_T = R_0(1 + AT + BT) \tag{8-8}$$

式中，R_T 为温度为 T 时的电阻值，Ω；R_0 为温度为 0℃时的电阻值，Ω；A、B、C 为常数，A=3.9083×10^{-3}，B=-5.775×10^{-7}，C=-4.183×10^{-12}。

铜电阻具有测量范围内线性度好、价格低廉等优点，是使用较多的热电阻，但温度稍高就容易被氧化，只适用于-50~100℃范围内的温度测量，铜电阻和温度之间的关系为

$$R_T = R_0(1 + \alpha T) \tag{8-9}$$

式中，α 为温度系数，α=(4.25~4.28)×10^{-3}/℃。

2. 非接触式测量

非接触式测量是测温元件不与被测对象直接接触，利用被测对象的辐射能或激发光谱随温度变化而变化的特性进行温度测量。这种测量方式不破坏被测对象的温度场，响应快速，可用于运动对象温度测量，同时理论上没有测温上限，适合超高温测量，缺点是容易受到被测对象与测温计之间介质的影响，测量结果偏差相对较大。常见的非接触式测温计有辐射式测温计、光谱式测温计、激光干涉测温计等，其中光谱式测温计和激光干涉测温计可用于特定研究对象的二维或三维超高温温度场测量，测量装置非常复杂、

价格昂贵，主要用于实验室探索研究[6-7]。辐射式测温技术相对成熟，设备简单，使用方便。目前红外辐射测温计在体温检测、工业装置巡检及多相流体系温度场测量等领域被广泛使用[8]。下面对红外辐射测温计原理及其在多相流态化研究领域的应用进行介绍。

1) 红外辐射测温原理

一切高于热力学零度的物体都会不停地向四周空间辐射红外能量，物体发出红外辐射能量的大小及波长分布与物体表面温度密切相关，因此通过检测物体辐射红外能量的强度可以测得物体表面的温度。

根据斯特藩-玻尔兹曼定律(Stefan-Boltzmann law)，单位时间内单位面积黑体辐射的总能量 $P_b(T)$ 与温度 T_b 的四次方成正比，即

$$P_b(T) = \sigma T_b^4 \tag{8-10}$$

式中，σ 为斯特藩-玻尔兹曼常量，$\sigma = 5.670373 \times 10^{-8}$ W/(m$^2 \cdot$ K^4)。

式(8-10)所示黑体辐射定律是红外测温技术的理论基础。黑体是理想化的辐射体，可以吸收所有波长的辐射能量，没有能量的反射与透过，自然界中并不存在真正的黑体。在相同条件下，实际物体在同一波长范围的辐射功率总是小于黑体的辐射功率，实际物体在单位时间内单位面积辐射的总能量 $P(T)$ 与黑体辐射的总能量 $P_b(T)$ 满足以下关系：

$$P(T) = \varepsilon P_b(T) \tag{8-11}$$

式中，ε 为实际物体接近黑体的程度，$0 < \varepsilon < 1$。

因此，实际被测物体的温度可表示为

$$T = \left[\frac{P(T)}{\varepsilon \sigma} \right]^{1/4} \tag{8-12}$$

通过将被测物体局部区域辐射的红外能量汇聚于红外探测器上，测得物体的红外辐射功率。将测量的辐射功率与物体的黑度代入式(8-12)即可获得物体表面的温度。红外辐射测温计的测温范围为-50～3300℃。

2) 红外热成像仪的应用

当红外辐射测温计所采用的检测器能够检测物体整个表面的红外辐射能量时，利用热辐射定律将检测的能量分布转换为对应的温度就可以实现物体表面温度场分布的实时测量，即红外热成像仪。由于红外热成像仪可以测得物体整个表面的温度场分布且具有非侵入式特点，近年来在多相流态化体系温度场以及气相浓度场测量方面应用较多。

Patil 等[9]将红外热成像仪与数字图像分析(digital image analysis，DIV)、粒子图像测速(particle image velocimetry，PIV)技术进行耦合(图 8-2)，在以玻璃球为流化物料的二维流化床内，对床层的温度场、浓度场和速度场分布进行了测定。实验中，由于高温颗粒产生的红外辐射能需要穿过拍摄视窗及空气介质，因此首先采用热电偶对红外热成像仪进行温度标定。然后，将在加热炉内加热到120℃的玻璃球倒入二维流化床内，在流化状态下对颗粒进行降温，通过红外热成像仪测量了整个降温过程床层内的温度场分布。Li 等[10]

在相似的实验装置中，采用沸石颗粒作为流化物料，利用颗粒对 CO_2 气体的吸附特性，采用高温 CO_2 气体对颗粒进行加热，通过调节流化气体中 CO_2 气体的浓度可以控制颗粒的加热速率，分别测定了不同加热条件下床层内的温度场分布，利用测量结果对理论模型计算结果进行了验证。为了易于去除热图像中床壁产生的背景，实验中采用了比热容很大的特殊材料(PMMA)作为床壁，在颗粒被加热过程中，床壁面温度并不会明显升高。

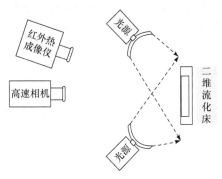

图 8-2　实验装置示意图

Dang 等[11-12]和 Medrano 等[13]将红外热成像技术进一步扩展到了超薄二维流化床内气体浓度分布的测量。如图 8-3 所示，采用红外光源在右侧对床层表面进行照射，当床层内注入不同浓度的示踪气体后，在左侧利用红外热成像仪检测透过的红外辐射强度。利用 CO_2、C_3H_8 等示踪气体对红外光良好的吸收特性，通过红外热成像仪检测红外光强弱就可以对床内示踪气体的浓度分布进行测定。Noymer 和 Glicksman[14]还利用红外热成像技术对气固循环流化床内聚团颗粒流动及其与壁面之间换热进行了研究。红外热成像技术在多相流态化测量领域的应用为计算流体力学模型的验证提供了更丰富的手段。

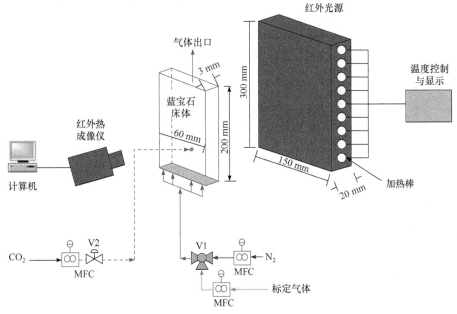

图 8-3　实验装置示意图

MFC：质量流量控制器

8.1.2　压力测量

压力或压差脉动信号是表征床层流化质量的重要参数，可以间接反映床层内气泡尺寸、气泡频率等信息，高频低幅压力脉动信号通常表明床内气泡尺寸较小，往往对应着高效的传质和传热。流化床内的压力脉动主要是由床层内剧烈的气泡运动引起的,但并不只与气泡运动有关,还叠加了气泡在床层表面破裂、预分布室压力波动、床层整体振动等因素引起的压力波[15]。在实际测量中,通常采用两测压点测量的压差脉动信号来消除其他因素的影响,压差信号能够更直接地反映两测压点之间气泡的特性。此外,压差信号还被广泛用于床层内平均固相浓度的估算和床层流型转变的判断[16-17]。由于测量方法简单实用,目前几乎所有工业流化床装置都采用这种方法进行床层内固相浓度监测,具体测量原理将在 8.2.1 节介绍。

如图 8-4 所示,流化床内压力测量是将取压管插入床层内部或床层内壁处,将气体或液体引出后接入压力传感器(压力计)进行测量。为了防止细颗粒进入取压管堵塞管路,需要在取压管前端覆盖一层滤网。Xie 等[18]研究发现取压管的长度和直径会显著影响压力信号的响应时间。如图 8-5 所示,当取压管直径减小为 1.5 mm 时,压力脉动响应会显著变差。因此,当对动态响应有特殊要求时,需要注意取压管尺寸的规范,尽量降低取压部分带来的测量滞后,通常情况下取压管直径可取 4～10 mm,长度越短越好。

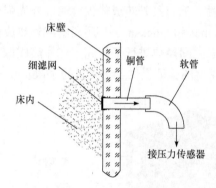

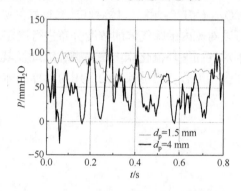

图 8-4 取压管安装示意图   图 8-5 取压管直径对压力脉动信号测量的影响[18]

1 mmH$_2$O = 9.80665 Pa

压力测量设备按照转换原理不同可分为三种,即液柱式压力计、弹性式压力计、电气式压力计。

液柱式压力计是根据流体静力学原理,利用液柱产生压力与被测压力平衡,将被测压力转换为液柱的高度差进行测量。常用的液柱式压力计有 U 形管压力计、单管压力计和斜管压力计。液柱式压力计的优点是简单直观,缺点是只能用于时均压力测量,无法测得瞬时压力,测量精度低,不能自动采集数据。对于非稳态的复杂多相流态化体系,这种测量方法目前已很少使用。

弹性式压力计是利用各种弹性元件受压后产生变形进行测量。弹性元件的变形量反映了被测压力的大小,将变形位移传递到仪表指针或记录器上,读取压力数值。常见的弹性压力计有弹簧管压力计、薄膜压力计和波纹管压力计。其中,弹簧管压力计和薄膜压力计适合高压测量,对测量介质要求不高,可用于恶劣环境下的压力测量,在工业生产领域应用广泛。弹性式压力计的缺点是尺寸和质量较大,响应时间长,结果有滞后,不适合动态压力测量。

电气式压力计是通过测压元件将压力变化转化为电阻、电感和电势等物理量变化,形成各种形式的压力传感器。这类压力传感器的动态性能好，响应频率高。因为输出是电信号，便于远距离传输，可以与计算机连接组成数据自动采集系统，适用于集中控制、动态压力和超高压等测量场合。电气式压力计种类很多，从压力转换为电信号的途径来讲，可分为电容式、电阻式和电感式。

电容式压力传感器分为单电容和差动式电容传感器，其测量原理如图 8-6 所示。单电容压力传感器是将某种金属薄膜片作为电容器的一个可动电极，在被测压力作用下，薄膜片会发生变形，薄膜片与固定电极之间产生的电容随之发生改变，电容变化反映了被测压力的变化。差动式电容传感器是将某种金属薄片置于两固定电极之间构成两个电容器，在被测压力作用下，一个电容器的容量增大，另一个减小，从而使检测灵敏度提高了一倍。电容式传感器是目前工业多相流态化体系压力测量使用的代表性产品。

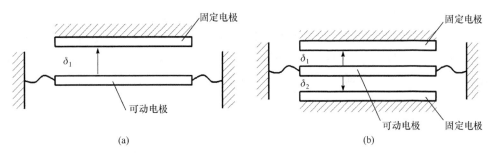

图 8-6　单电容(a)和差动式电容(b)传感器原理示意图

电阻式压力传感器是将电阻应变计粘贴在弹性敏感元件表面，被测压力作用会使弹性敏感元件产生变形，进而引起粘贴应变计的电阻变化，通过测量应变计阻值变化可以得到被测压力大小。硅片具有良好的弹性变形性能和显著的压阻效应，目前电阻式压力传感器多采用硅片作为弹性敏感元件，如图 8-7 所示。硅压阻式压力传感器的响应时间能达到 1 ms 以内，测量精度达到 0.01%～0.03%，适合对精度和动态响应要求很高的实验室测量。

电感式压力传感器以电磁感应原理为基础，将弹性元件与衔铁相连，利用磁性材料和空气的磁导率不同，将弹性元件的位移量转换为电路中电感的变化，然后通过响应电路转换为电压或电流信号，从而测得压力变化，如图 8-8 所示。电感式压力传感器结构简单、工作可靠，但比较笨重，不适合高频压力脉动测量。

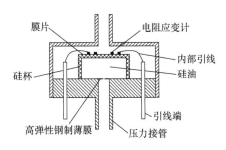

图 8-7　硅压阻式压力传感器原理示意图

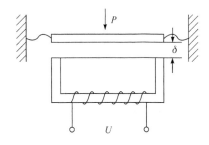

图 8-8　电感式压力传感器原理示意图

在实际测量中，需要根据测量环境、响应时间、测量精度、测量量程等多个方面综合考虑选择合适的压力测量仪表。

8.2 固相参数测量

在多相流化床反应器内，由于气相并不能均匀分布于固相颗粒间隙，部分气体会以气泡的形式通过床层，气泡的剧烈运动以及相间复杂的相互作用，导致床层内颗粒浓度、颗粒速度、颗粒停留时间等时空分布并不一致，这些参数会直接影响多相反应过程的传热、传质效率和设备磨损，借助多相流态化测试技术获取流化床反应器内固相颗粒的流体力学参数，对反应器的优化设计、工业放大及精准调控至关重要。

8.2.1 颗粒浓度测量

目前常见的颗粒浓度测量方法包括光纤法、电容法、电导法、压差法、射线法、层析成像法等，光纤探头、电容探头、电导探针属于侵入式测量方法，对流场具有一定干扰，多用于局部颗粒浓度测量，其他属于非侵入式测量方法，对流场扰动微小，主要用于床层截面内的平均颗粒浓度测量。下面对上述测量方法的原理、技术特点及应用进行介绍。

1. 侵入式测量

1) 光纤探头

光纤是一种由塑料、玻璃或石英纤维制成的高效光传导工具。光纤探头具有质量轻、体积小、耐高温、灵敏度高、响应速度快等优点，被广泛用于多相流态化体系颗粒浓度测量。如图 8-9 所示，光纤探头由光源、输入/接收光纤、光电转换器、信号放大器、A/D 转换器等组成。光源发出光经输入光纤传输至流场内，当遇到颗粒及流体时会发生光反射，通过光纤束接收反射光并传输至光电转换器，经光电转换、信号放大和 A/D 转换后输入计算机进行处理。光纤探头测量的电压信号大小与经过探头前端的颗粒浓度有关，浓度越高反射光越强，对应的电压信号越大。在特定设备中标定颗粒浓度-电压信号之间的定量关系后，就可以将光纤探头插入流化床内进行颗粒浓度测量。除了这类反射型探头外，研究人员还设计了输入光纤和接收光纤同轴布置的透射型光纤探头，当颗粒通过两光纤探头之间间隙时，透射光强度会发生改变，通过检测光纤接收的透射光强度即可进行颗粒浓度测量。对于光反射很弱的物质，这种透射型光纤探头具有一定的优势。

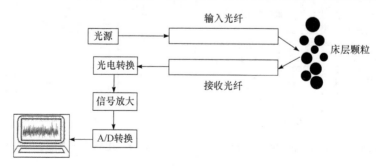

图 8-9 光纤探头测量原理示意图

　　根据不同的测量体系，光纤探头内部光纤束的排列包括同轴、随机、对半、并行等多种方式，但测量原理都相同。另外，探头尺寸也各不相同，在气固流化床内使用的光纤探头直径较大，通常大于床内颗粒的粒径，测量结果通常为探头端部所占区域内的平均颗粒浓度。在液固或气液固流化床内，固体颗粒的尺寸往往较大，为获取单颗粒经过时的信号，光纤探头端部直径通常小于 200 μm[19]。中国科学院过程工程研究所开发的 PC6M 型光纤探头是目前国内代表性的商业产品，其体积小、安装使用方便，在气固流化床冷态实验研究中被广泛使用。国外也有类似的产品，如瑞士 MSE Meili 公司生产的 Labasys 光纤探头配备有冷却水循环降温系统，能够用于高温测量场合，但探头体积较大，对测量流场干扰大、费用昂贵。

　　必须指出的是，光纤探头在气固、液固和气液固流态化体系使用时，都需要标定颗粒浓度-电压信号之间的定量关系，不同体系使用的标定方法有所不同。在气固流化床中，Herbert 等[20]设计了如图 8-10 所示的标定装置，包括流化床给料器、方形竖直管、称量仪器等。流化床给料器内处于起始流化状态的颗粒经底部中心开孔流出后在 2.5 m 长的方形管内自由分散下落，在光纤探头安装位置形成了充分稳定的颗粒流率，通过改变中心开孔直径使得竖直管内形成不同浓度的颗粒流，从而在不同颗粒浓度下对光纤探头进行标定。实验中为了获得下落颗粒的速度，采用双探头光纤，颗粒下落速度可以通过互相关原理测得，具体测量原理在 8.2.2 节介绍。同时，下落颗粒的平均质量流率可以由竖直管出口处的称量仪器测得，因此，方形竖直管内分散下落颗粒的浓度可以由下式求得：

$$C = \frac{\bar{m}}{V_\mathrm{p}A} \tag{8-13}$$

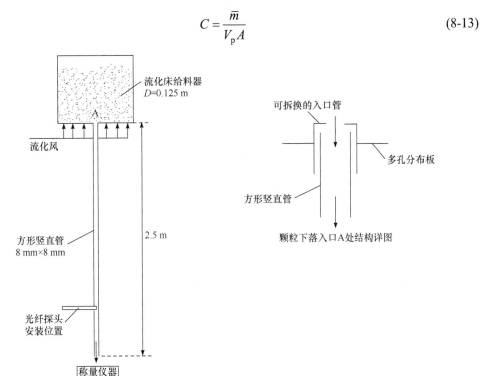

图 8-10　光纤探头标定装置示意图[20]

式中，C 为竖直管中下落颗粒的浓度，kg/m³；$\bar{m}$ 为颗粒平均质量流率，kg/s；A 为竖直管的横截面积，m²；V_p 为颗粒下落速度，m/s。

Zhang 等[21]对上述标定方法进行了改进，通过在流化床给料器和方形竖直管之间增加振动加料管，进一步强化了方形竖直管内颗粒流率的稳定性，同时采用两个速弹闸阀直接获取了光纤探头所在位置颗粒的浓度，省去了颗粒下落速度的测量。此外，董元吉等[22]通过假设床层颗粒浓度与光纤探头测量的电压信号呈非线性函数，采用圆环分割建立床截面内局部颗粒浓度与平均颗粒浓度之间的关系方程，然后将压差法测得的床截面内平均颗粒浓度代入关系方程求解，求取非线性函数的未知系数，从而标定床层颗粒浓度与光纤探头测得电压信号之间的关系，该标定过程涉及一些条件假设，标定结果并不十分准确，使用较少。

在液固流化床中，由于固相颗粒很容易均匀分散于液相，因此通过测定床层膨胀高度可以直接计算床层内固相分率：

$$\varepsilon = (L_0/L)(1-\varepsilon_0) \tag{8-14}$$

式中，L_0 为静床高度，m；L 为床层膨胀高度，m；ε_0 为静床状态下床层空隙率。

标定过程中，在保持固体颗粒质量不变的情况下，通过改变液体流速可以获得不同的固相分率，进而在不同固相分率下对插入床内的光纤探头进行标定。当固相分率很低时，床层界面比较模糊，床层膨胀高度很难确定，该方法不太适用。这种情况下，可以将不同质量的少量颗粒分散于相同体积的溶液中获得不同的固相分率，从而在稀相条件下对光纤探头进行标定。

在气液固三相流化床中，光纤探头标定相对复杂，目前还没有统一的标定方法，通常是先在液固或气液体系中对探头进行标定，然后对光纤探头在气液固三相体系中测量的信号进一步解耦分析得到气、液、固各相分率[23-25]。

2) 电容探头

如图 8-11 所示，电容探头主要组成包括中心电极、活性保护电极、最外端的接地电极及测量电路，测量的电容信号经电路转化成电压信号进行记录[26]。活性保护电极的引入能够有效消除杂散电容的影响，提高测量的精确度。电容探头的测量原理是依据测量

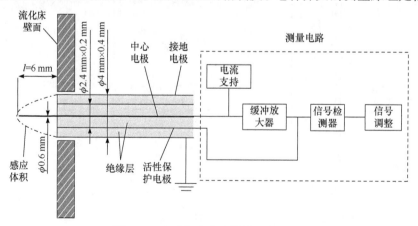

图 8-11 电容探头典型结构示意图[26]

区域不同组分相对介电常数的差异使得测量电容值是被测区域颗粒浓度的函数[27]，由测量电容转化而来的电压大小能够反映测量区域内颗粒浓度大小。

电容探头在气固流化床测量时也需要对其进行标定，即在空床层及静床阶段进行标定后，用于气固流化床中颗粒浓度的测量，测量的电容信号通过一定模型可以转换成测量区域的颗粒浓度数值[28]。电容探头除在常温气固流化床得到应用外，也有学者将其用于高温气固流化床的测量。图 8-12 是 Hage 和 Werther[29]设计的带有水冷装置的电容探头，可以用于高温循环流化床燃烧器(850℃)内颗粒浓度的测量。由于电容测量只适用于非导体体系，相似结构的电容探头在气液、液固及气液固流态化体系的测量未见报道。

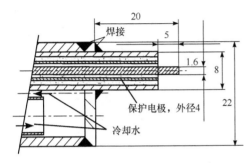

图 8-12　高温电容探头结构示意图
(单位：mm)[29]

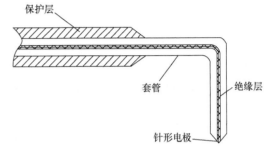

图 8-13　电导探针结构示意图[30]

3) 电导探针

电导探针是利用流化床内介质电导率不同进行测量的技术。如图 8-13 所示[30]，电导探针由保护层、套管、绝缘层、针形电极等组成，使用时将电导探针一端插入床层内，另一端接入电导率仪进行测量。因为气相电导率与液、固相相差很大，所以电导探针最初主要用于气液或气液固三相流化床内气相分率测量[24-25]。为了深入认识气液固三相流化床的流体力学特性，胡宗定和王一平[31]设计了一种可以测定三相流化床内各相分率的电导探针。以空气-水-玻璃球体系为例，将水视为导电连续相，空气、玻璃球视为绝缘分散相，若电导探针的电极直径 d 满足远大于颗粒直径而远小于气泡直径，即

$$d_s \ll d \ll d_b \tag{8-15}$$

当气泡包围电极时电导为零，而当玻璃球-水混合相浸没电极时，将有介于完全水相和水-玻璃球固定床体系之间的电导值。若将水-玻璃球体系等效为边长是 1 的立方体模型，立方体内部包含一个半径为 r 的玻璃球粒子，剩余空间充满电导率为 ρ 的水，那么该立方体内固相分率为

$$\varepsilon_s = \frac{\frac{4}{3}\pi r^3}{1^3} \tag{8-16}$$

平均液含空隙截面积为

$$\overline{A} = \frac{1^3 - \frac{4}{3}\pi r^3}{1} \tag{8-17}$$

若在立方体模型的两相对平面上安装电极，则测出电导应为

$$S = \frac{1}{\rho \frac{1}{\overline{A}}} = \frac{1^3 - \frac{4}{3}\pi r^3}{\rho} = \frac{1}{\rho}(1 - \varepsilon_s) \tag{8-18}$$

由式(8-18)可知，在这种理想模型下，测量的电导和固相分率之间呈线性关系，Turner[32]在液固流化床体系测量中也证实了上述线性关系的存在。由于液固流化床内电导与固相分率之间呈线性关系，因此电导探针测量的电压 U 与固相分率 ε_s 之间也应满足以下关系：

$$U = k\varepsilon_s \tag{8-19}$$

图 8-14 给出了电导探针在气液固三相流化床内测量的动态电压信号，当气泡经过探针端部时，电导探针测量的电压信号中就会出现一个向下的脉冲。通过统计采集信号中所有脉冲的持续时间之和占采样时长的比例，即可求得床层内局部气相含率：

$$\varepsilon_g = \frac{\sum \Delta T_i}{T} \tag{8-20}$$

式中，ΔT_i 为第 i 个气泡经过探头的时间，s；T 为采样时长，s。

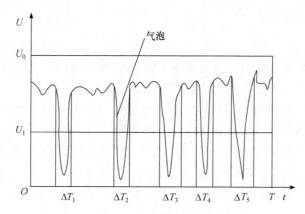

图 8-14   气液固三相流化床内测量的动态电压信号

进一步，剔除气泡经过时所产生的向下脉冲信号，对水-玻璃球液固体系对应的电压信号进行处理，在 $T - \sum \Delta T_i$ 时间范围内电压信号的平均值可由下式求得：

$$\overline{U} = \frac{\int_0^{T - \sum \Delta T_i} U_t dt}{T - \sum \Delta T_i} \tag{8-21}$$

由于液固流化床体系内电导探针测量的电压大小与固相分率呈线性关系，因此在剔除气泡的液固体系中测量的电压信号与固相分率之间满足以下关系：

$$\frac{\overline{U} - U_1}{U_0 - U_1} = \frac{k\varepsilon_s - k\varepsilon_{s1}}{k\varepsilon_0 - k\varepsilon_{s1}} = \frac{\varepsilon_{s1} - \varepsilon_s}{\varepsilon_{s1}} \tag{8-22}$$

可简化为

$$\varepsilon_s = \varepsilon_{sl}\left(1 - \frac{\overline{U} - U_1}{U_0 - U_1}\right) \tag{8-23}$$

式中，ε_s 为液固体系中的固相分率；ε_{sl} 为液固体系中颗粒堆积状态下的固相分率；ε_0 为纯液相中的固相分率，$\varepsilon_0 = 0$；U_1 为液固体系中颗粒堆积状态下测量的电压大小，V；U_0 为纯液相中测量的电压大小，V。

由于 ε_s 表示除气泡外液固体系中固相的分率，进一步利用式(8-24)可以转换为三相流化床体系中对应的气、液、固各相分率，即

$$\begin{aligned}
\varepsilon_g' &= \varepsilon_g \\
\varepsilon_s' &= (1 - \varepsilon_g)\varepsilon_s \\
\varepsilon_l' &= (1 - \varepsilon_g)(1 - \varepsilon_s)
\end{aligned} \tag{8-24}$$

基于上述测量方法，董淑芹等[33]和 Cao 等[34]在采用玻璃珠和聚乙烯树脂为固相颗粒的三相流化床内，对气、液、固三相的局部相含率进行了测定，并利用双电导探针对该测量技术进行了改进。目前，在三相流化床内单独测定气相分率较容易，但要同时测得气、液、固各相分率具有一定难度，仍需要进一步研究开发，尚无成熟的商业产品可用。

2. 非侵入式测量

1) 压差法

压差法是流化床内颗粒浓度测量的最基本手段，由于测量方法简单实用、可靠性高，在多相流态化颗粒浓度测量方面得到了广泛应用，特别是在大型工业装置中。图 8-15 是采用压差法测量流化床内颗粒浓度的示意图[16]。在气固流化床内，颗粒在气体作用下处于悬浮状态，因此测量的压差等于测量区间内颗粒重力减去它们所受浮力，即

$$\Delta P = (\rho_s - \rho_g)(1 - \varepsilon_v)g\Delta H \tag{8-25}$$

式中，ΔP 为测量的压差，Pa；ρ_s 为颗粒密度，kg/m³；ρ_g 为气体密度，kg/m³；ε_v 为空隙率；ΔH 为测压点的轴向高度差，m。

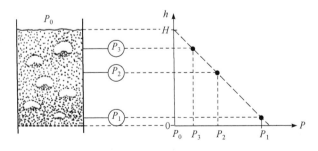

图 8-15　压差法测量颗粒浓度示意图[16]

在液固流化床内，忽略壁面摩擦阻力的情况下，床层轴向产生的压降是由两测压点区间内固相颗粒和液相的重力造成的[35]，即

$$\Delta P = (\rho_s \varepsilon_s + \rho_l \varepsilon_l) g \Delta H \tag{8-26}$$

$$\varepsilon_s + \varepsilon_l = 1 \tag{8-27}$$

式中，ΔP 为测量的压差，Pa；ρ_s 为颗粒密度，kg/m³；ρ_l 为液体密度，kg/m³；ε_s 为固相分率；ε_l 为液相分率；ΔH 为测压点的轴向高度差，m。

在气液固三相流化床内，忽略壁面摩擦阻力的情况下，床层轴向产生的压降是由两测压点区间内固相颗粒、液相及气相重力造成的[36]，即

$$\Delta P = (\rho_s \varepsilon_s + \rho_l \varepsilon_l + \rho_g \varepsilon_g) g \Delta H \tag{8-28}$$

$$\varepsilon_s + \varepsilon_l + \varepsilon_g = 1 \tag{8-29}$$

式中，ΔP 为测量的压差，Pa；ρ_s 为颗粒密度，kg/m³；ρ_l 为液体密度，kg/m³；ρ_g 为气体密度，kg/m³；ε_s 为固相分率；ε_l 为液相分率；ε_g 为气相分率；ΔH 为测压点的轴向高度差，m。

在测得压差 ΔP 的情况下，由式(8-28)和式(8-29)并不能直接求得气、液、固三相的分率，通常需要借助其他测量技术(如光纤探针、电导探针等)测得气相分率后，代入式(8-28)和式(8-29)求解其他两相的分率[37]。另外，也可以基于床层膨胀高度求得固相分率后，代入式(8-28)和式(8-29)求解气、液两相的分率[36]。

2) 射线衰减法

射线衰减法用于颗粒浓度测量是基于射线能量衰减遵从朗伯-比尔定律(Lambert-Beer law)，如下式所示[38]：

$$I = I_0 \exp(-\mu \rho l) \tag{8-30}$$

式中，I 为检测器测量的射线能量大小，J；I_0 为放射器释放的能量大小，J；μ 为介质对射线的质量吸收系数；ρ 为颗粒浓度，kg/m³；l 为射线穿越介质的路径长度，m。

式(8-30)表示均匀介质射线衰减规律，而对于多相体系，由于各相在测量区域的不均匀分布，射线能量的衰减与射线穿透介质路径上各相组分分数及质量吸收系数的积分相关，如下式所示[39]：

$$I = I_0 \exp\left(-\int_l \mu \rho \mathrm{d}l\right) \tag{8-31}$$

对于气固体系，穿透路径上的积分微元 $\mu\rho$ 可以表示成颗粒浓度、气固相密度及质量吸收系数的函数，如下式所示：

$$\mu\rho = (1-\varepsilon)\mu_g \rho_g + \varepsilon\mu_s \rho_s \tag{8-32}$$

式中，μ_g 为气相质量吸收系数；μ_s 为固相质量吸收系数；ε 为空隙率；ρ_g 为气体密度，kg/m³；ρ_s 为颗粒密度，kg/m³。

将射线衰减原理应用于气固流化床中颗粒浓度测量的技术主要有 γ 射线浓度仪、X 射线层析成像和 γ 射线层析成像技术，后两者属于层析成像法，将在下文介绍。图 8-16 为 γ 射线浓度仪的构造示意图，其组成部分包括放射性源和正对的接收器[40]。

从测量原理可知，γ 射线浓度仪测量的是线平均颗粒浓度。Bhusarapu 等[41]在循环

流化床立管处布置γ射线浓度仪测量了不同径向的颗粒浓度，由于立管内颗粒以移动床的形式向下移动，颗粒浓度在轴向区域均匀分布，γ射线浓度仪测量的线平均值与颗粒浓度值相同。此外，γ射线浓度仪也可以用于循环流化床提升管中颗粒浓度的时均分布测量[42]，考虑到颗粒在气固流化床内的时均分布为中心对称，因此通过阿贝尔变换可将测量的线积分信号转换成颗粒浓度沿径向的分布。

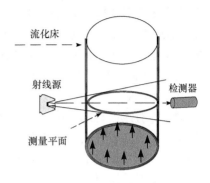

图 8-16　γ射线浓度仪构造示意图[40]

除在气固流化床体系得到应用外，γ射线浓度仪在气液[39]、液固[43]及液液[44]体系也得到了应用。由于γ射线浓度仪具有强辐射性，主要用于实验室条件的研究，在高温体系及工业装置应用的报道较少。

3) 层析成像法

层析成像技术也称为计算机断面(层析)成像(computed tomography，CT)技术或计算机辅助层析成像(computer assisted tomography，CAT)技术，是指在不损伤研究对象内部结构的条件下，利用某种探测源获得测量区域的投影数据，通过一定的数学模型和重构技术获得研究对象内部的二维或三维图像，在医学领域已得到了广泛的应用。流动层析成像技术也常称为过程层析成像技术，是将医学工程领域已经成功实现的 CT 技术应用于多相流检测系统中，测得多相流体系流通截面内各相的分布情况[45]。过程层析成像技术的数学原理是基于拉冬变换，即通过无数个角度扫描得到的函数积分值还原该函数的分布[46]，而在实际重构过程中扫描的数目是一定的，因此成像重构过程是一个逼近真实分布的过程[47]。与其他多相流参数测试技术相比，过程层析成像法具有显著的特点与优势，具体体现在以下几个方面：①非侵入性构造不影响多相流场；②提供多相流流动过程中截面内的瞬态流动信息，即各组分在流通截面内的瞬态浓度分布情况；③与其他测量技术相结合能够测得多相流流动过程中的质量流量等关键参数。

层析成像技术根据发射场的性质可以分为硬场层析成像技术和软场层析成像技术，硬场层析成像技术是指发射场的分布不受测量区域状态的改变而改变，软场层析成像技术与之相反，其发射场的分布会受到测量区域状态的改变而变化。在气固流化床中得到应用的硬场层析成像技术包括 X 射线层析成像、γ射线层析成像。软场层析成像技术包括电容层析成像、电阻层析成像、微波层析成像等。此外，也有利用磁共振成像技术获取气固流化床中不同截面的气固相分布信息。

(1) 硬场层析成像技术。

常见的硬场层析成像技术包括 X 射线层析成像技术、γ射线层析成像技术，由于发射场不受测量区域介质的影响而发生扭曲，硬场层析成像技术的图像重构过程较为简单，并且测量结果与软场层析成像技术相比图像分辨率高。但是，硬场层析成像技术采用的装置价格贵重，操作相对复杂，安全性要求很高。

i) X 射线层析成像技术

传统的 X 射线层析成像技术具有空间分辨率高，但时间分辨率低的特点。近年来随着超快 X 射线层析成像技术[48]、多束快速 X 射线层析成像技术[49]的发展，X 射线层析成像技术实时在线测量气固流化床截面内的气固相分布情况成为可能。Hampel 团队发明的超快 X 射线层析成像技术中利用扫描电子束技术能够对气固流化床完成 1000 Hz 的扫描，从而解决了 X 射线层析成像技术低时间分辨率的问题[48]。图 8-17 所示为超快 X 射线层析成像系统的构造，电子束快速通过环形释放器被检测器接收后完成测量。基于超快 X 射线层析成像技术获得 X 射线的衰减信号后，通过一定的算法，如非迭代的 Filtered Back Projection(FBP)[50]和迭代算法[51]，即可重构被测截面内的颗粒浓度分布。Saayman 等[49]通过在气固流化床外部等角度布置三个 X 射线发射器和对应的接收器构成快速 X 射线层析成像系统，采样频率可以到 2500 Hz，结构如图 8-18 所示。通过此结构中设置的上、下检测阵列，能够同时获取床层相邻截面的颗粒浓度分布。除气固流化床体系外，X 射线层析成像技术也在气液体系[52]及气液固体系[53]组分浓度分布测量方面得到了应用。

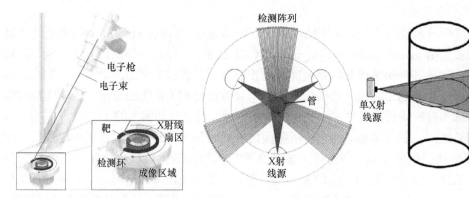

图 8-17　超快 X 射线层析成像系统[48]　　　图 8-18　多束快速 X 射线层析成像系统俯视图及单激发源与接收阵列侧视图[49]

ii) γ 射线层析成像技术

γ 射线层析成像技术由于装置的限制，其时间分辨率低，只能测得时间尺度的平均结果，但与 X 射线层析成像技术相比具有更强的穿透能力，因此适合大尺寸气固流化床内的颗粒浓度测量。Patel 等[54]在直径为 1 m 的气固流化床中测量了床层轴向不同高度截面内的平均空隙率，但与 X 射线层析成像技术相比，其更大体积的检测器导致测量分辨率小于 X 射线层析成像技术，并且由于采用放射性元素作为放射源，与 X 射线的电流激发发射源相比安全性也减弱[38]，因此其在多相流体系测量应用要少于 X 射线层析成像技术。γ 射线层析成像技术在气液[55]及液固体系[56]也得到一定的应用。

(2) 软场层析成像技术。

在软场层析成像技术中，由于发射场的电磁波频率低、能量低，其发射场的场分布在测量区域会发生扭曲，因此图像重构过程与硬场层析成像相比更复杂，空间分辨率也相对低，但采用的装置设备不昂贵，操作简单，安全可靠。用于流化床测量的常见软场层析成像技术包括电容层析成像技术、电阻层析成像技术和微波层析成像技术。

i) 电容层析成像技术

电容层析成像(electrical capacitance tomography，ECT)是基于测量区域介电常数分布变化进行测量的，要求测量区域是电的不良导体。与其他层析成像技术相比，具有装置设备简单，测量频率高，能够耐受高温高压操作环境的特点[57]。电容层析成像技术目前在气固流化床体系测量中得到了较为广泛的应用，在此对其进行详细介绍。

电容层析成像测量系统组成如图 8-19 所示，主要包括阵列电极的传感器、数据采集系统及计算机单元，其中传感器布置在测量区域外侧，包括一定数目的阵列电极，数据采集系统对测量得到的电容信号进行采集与转换，计算机用于信号收发与储存，并对电容信号进行处理以获取测量区域的重构图像。阵列电极传感器是根据测量区域的尺寸自行设计开发的，对于非导体材质管壁，传感器的测量电极阵列分布在管壁外侧，常见的传感器电极数目为 8、12、16 等，在传感器测量电极两端以及外端均布置有具有屏蔽外部噪声的屏蔽电极，而对于导体管壁可以通过使用衬里材料将测量电极阵列与管壁分离，详细的传感器设计可以参考 Yang[58]的工作。数据采集系统是电容层析成像的关键设备，由于测量过程中电容数值一般小于皮法级别，因此需要设计独特的测量电路检测微小电容值的变化并抵抗外界信号干扰[59]。常见的测量电路主要包括充/放电电路[59]和交流式电路[60]两种，根据这两种设计电路进行商业化产品开发的有英国的 ECT Instruments Ltd.公司和 Process Tomography Ltd.公司。

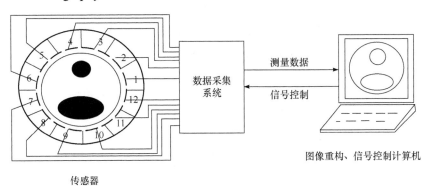

图 8-19　电容层析成像测量系统组成[58]

对于 ECT 测量，传感器中各电极对之间的电容数值与测量区域的相对介电常数分布相关，如下式所示：

$$c = f(\varepsilon) \tag{8-33}$$

式中，c 为电极对之间的电容值，F；ε 为测量区域的相对介电常数分布。

对式(8-33)进行微分可以得到式(8-34)所示的微分形式，表示测量区域内相对介电常数分布变化发生扰动时造成的电容值变化：

$$\Delta c = \frac{\mathrm{d}f}{\mathrm{d}\varepsilon}(\Delta\varepsilon) + O[(\Delta\varepsilon)^2] \tag{8-34}$$

式中，$\dfrac{\mathrm{d}f}{\mathrm{d}\varepsilon}$ 为测量电容对相对介电常数分布的敏感度矩阵；$O[(\Delta\varepsilon)^2]$ 为 $(\Delta\varepsilon)^2$ 的二阶高

次项[57]。

在 ECT 测量过程中，因为 $\Delta\varepsilon$ 的变化不大，忽略二阶高次项后可以得到下式：

$$\Delta c = \frac{\mathrm{d}f}{\mathrm{d}\varepsilon}(\Delta\varepsilon) \tag{8-35}$$

式(8-35)构建了测量的电容变化与测量区域相对介电常数变化之间的关系，进一步需要对方程进行离散化处理建立测量区域相对介电常数分布与测量电容的关系。首先，将测量区域划分成 N 个像素，数值一般在 10^3 量级。例如，32×32 的网格对于正方形传感器能够生成 1024 个像素点，而对于圆形传感器生成 812 个像素点，此即为离散化的 $\Delta\varepsilon$ 向量大小。对于测量的独立电容值，不同数目电极对所构成的电容值数目不同。例如，对于 8 电极传感器，能够获得的独立电极对数目为 $M=8\times7/2=28$，而 12 电极传感器能够获得的独立电极对数目为 $M=12\times11/2=66$，此即为方程左边的 Δc 向量大小。$\dfrac{\mathrm{d}f}{\mathrm{d}\varepsilon}$ 为 Jacobian 矩阵，即敏感场矩阵，表示不同电极对对测量区域各像素相对介电常数的敏感程度。

通过上述处理，可以将 ECT 测量过程简化成线性过程。对式(8-27)两边进行归一化处理通常能够减少测量误差的影响[57,61]，详细的归一化过程可参考陈德运[62]的博士论文工作，式(8-36)给出了式(8-35)的归一化形式：

$$\lambda = Sg \tag{8-36}$$

式中，λ 为归一化的电容值；S 为归一化的电容值对归一化介电常数的敏感场矩阵；g 为归一化的介电常数分布，即像素中的灰度值大小。

S 中包含了 M 组敏感场分布，但由于对称性只存在 $M/2$ 组不同的敏感场分布结果。敏感场矩阵可以根据定义进行计算，即分别计算测量区域各像素点内单位面积的归一化介电常数发生单位变化时所对应电极对的归一化电容值变化情况，如下式所示：

$$S_{ij}(x,y) = \frac{\lambda_{ij}(x,y)}{\delta(x,y)} \tag{8-37}$$

式中，S_{ij} 为编号为 i 和 j 的电极对在位置 $p(x,y)$ 处像素点的归一化敏感场矩阵数；$\delta(x,y)$ 为像素点的面积，m^2。

由于此方法需要对各个像素点单独计算，因此计算量相对较大[63]，牟昌华等[64]通过推导将式(8-37)简化成式(8-38)的形式，极大地减少了计算量：

$$S_{ij}^* = -\iint_{p(x,y)} \frac{\nabla\varphi_i(x,y)}{V_i}\frac{\nabla\varphi_j(x,y)}{V_j}\mathrm{d}x\mathrm{d}y \tag{8-38}$$

式中，S_{ij}^* 为编号是 i 和 j 的电极对在位置 $p(x,y)$ 处像素点的敏感场矩阵；$\varphi_i(x,y)$、$\varphi_j(x,y)$ 分别为编号是 i 和 j 的电极分别被 V_i 和 V_j 的电压激发时测得的截面内的电势分布。

此处计算的敏感场需要进行如式(8-39)所示的归一化过程才能得到归一化的敏感场矩阵：

$$S_{mn} = \frac{S_{mn}^*}{\sum_{n=1}^{N} S_{mn}^*} \tag{8-39}$$

式中，S_{mn}、S_{mn}^*分别为 S 和 S^* 在第 m 行和第 n 列的元素。

由于 ECT 电场的软场性质，敏感场矩阵与测量区域的相对介电常数相关，但在实际测量过程中，无法获取真实的介电常数分布，因此一般选取空管时获取的敏感场分布作为计算参数。当获取敏感场矩阵后，基于 ECT 测量的电容数值，便可以建立测量区域的介电常数分布与电容数值之间的关系。最后，通过一定的算法便可以根据式(8-38)得到测量区域的归一化介电常数分布，与硬场层析成像技术相似，常见的算法有非迭代算法和迭代算法，具体步骤可以参阅 Yang 和 Peng 发表的综述论文[57]。

ECT 测量技术能够测得气固流化床中一定轴向高度范围内颗粒浓度的分布[65]，因而可以对气固流化床气泡尺寸、气泡上升速度、流域转变等参数进行研究[66-67]。近年来随着 ECT 的发展，其在高温气固流化床体系也得到了应用[68]，耐受温度可以达到 800℃。此外，也有学者将 ECT 进一步发展成能够测量三维结构的三维 ECT[69]。

ii) 电阻层析成像技术

电阻层析成像(electrical resistance tomography，ERT)是基于测量区域电导率分布变化进行测量，与其他层析成像技术相似，其组成包括传感器、测量硬件及计算机单元等，传感器与测量介质直接接触，通过测量硬件将相应的信号输至计算机单元，再通过一定的算法得到图像重构结果[70]。由于气固体系属于电的不良导体，因此 ERT 不适用于气固流化床测量，但在气液固流化床体系颗粒浓度测量方面得到了一定应用[70-73]。

iii) 微波层析成像技术

微波层析成像(microwave tomography，MWT)是基于微波散射场在测量区域由于复介电常数(含耗损角)分布变化而引起场信号变化，从而重构测量区域的物质分布情况[74]。当用于气固流化床测量时，流化介质的耗损角可以忽略不计，因此通过微波层析成像技术基于一定算法可以重构测量截面内的气固相分布情况。MWT 测量结果的分辨率比 ECT 低，且采样频率也较低[75]，但 MWT 能够用于流化床内湿颗粒涂覆造粒过程的流化特性测量[76]，也有学者将其应用于气液体系，如 Mallach 等[77]采用 MWT 对油-气-水流态化体系进行了测量。

(3) 磁共振成像技术。

磁共振成像(magnetic resonance imaging，MRI)测量原理是基于不同环境的原子核受磁场作用发生共振后衰减的电磁波频率幅值不同，通过检测分析电磁波信号得到测量区域的内部结构，常用原子核为氢原子核。剑桥大学 Gladden 团队长期致力于 MRI 技术在气固流化床测量的研究[78-79]，他们发展了超短回波时间磁共振成像技术，克服了前期发展的超快磁共振成像技术高噪声引起的分辨率低的问题，使其能够满足气固流化床测量区域内气固相三维空间分布的测量[80-81]。与 X(γ)射线层析成像技术相比，它具有安全无辐射、分辨率更高的优点，但由于成像过程中颗粒需要具备大量的氢核，使用时需要对流化介质进行选择和处理。除在气固体系中应用外，MRI 技术也能够用于气液、气液固流化床体系各组分分率的测量[82-83]。MRI 技术在多相流态化体系测量方面优势明显，也是目前研究的热点之一。

8.2.2 颗粒速度测量

由于多相流化床反应器内复杂的相间相互作用及颗粒间的随机碰撞，准确测量床层内固相颗粒的速度仍然是一项具有挑战性的课题。在多相流化床内，固体颗粒可能处于单个分散状态，也可能处于多颗粒团聚状态，因此，颗粒测速仪测量的结果可以是单个颗粒的真实速度，也可以是团聚颗粒的速度，这依赖于不同的颗粒测速方法。根据测量原理不同，现有的颗粒测速方法可分为三类：①基于相关原理开发的探针法(光纤探针、电容探针)、粒子图像测速法(particle image velocimetry，PIV)；②基于多普勒原理开发的激光多普勒测速法(laser Doppler anemometry，LDA)和相位多普勒测速法(phase Doppler anemometry)；③基于超声波、光波和射线信号衰减开发的其他测速技术。这些测量方法中，光纤探针、粒子图像测速法、激光多普勒测速法已有成熟的商用仪器出售，被广泛应用于多相流态化体系实验研究。

1. 探针测速法

侵入式探针技术在测量较大容积流化床内局部颗粒速度及速度空间分布方面具有一定的优势，安装便利、灵敏度高、响应快[84]。目前主要使用的两种探针分别是光纤探针和电容探针，二者都采用双探头结构，通过对两个探头同步测量的信号进行相关性分析计算经过探针端部的颗粒速度。这里以光纤探针为例进行介绍，光纤探针颗粒速度测量仪器由激光光源、传导光纤、光电转换器、放大器、滤波器、A/D 转换模块等组成，其结构与测量固相颗粒浓度所使用的光纤探头类似，不同之处在于测量速度时至少需要两个光纤探头，如图 8-20 所示。测量时，将两个光纤探头沿颗粒流动方向平行布置，当颗粒(或颗粒团)分别经过两个光纤探头时，两个探头测量的两路信号波形相似，只在时间上有一定延迟，因此，通过对两路信号进行分段互相关运算，可以获得各段数据的延迟时间 τ_i，即颗粒通过两个探头之间距离所耗费的时间。需要指出的是，有时可能出现颗粒经过了第一个探头，但并没有经过第二个探头的情况，因此需要根据相关系数来滤除此类数据，通常相关系数高于 0.6 时才被认为是可靠的[85]。因为两个光纤探头端部间距 Δd 已知，因此颗粒(或颗粒团)瞬时速度可由两个探头端部间距 Δd 除以延迟时间 τ_i 求得，即

$$u_i = \frac{\Delta d}{\tau_i} \tag{8-40}$$

在细颗粒流化床体系中，多数情况下光纤探针测量的速度是聚团颗粒的速度。当颗粒尺寸较大时，光纤探针可以检测到单个颗粒经过时的信号，此时测量的速度为单颗粒速度。另外，如果采用三探头结构的光纤探针，也可以测得单颗粒(或颗粒团)在流场空间的二维速度信息。

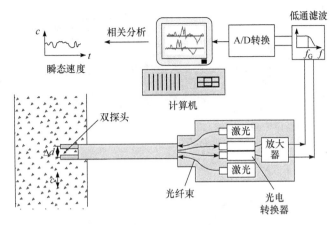

图 8-20　光纤探针测速系统示意图[84]

加拿大不列颠哥伦比亚大学 He[86]采用光纤探针法测量了喷动床内喷射区颗粒的垂直速度分布。之后，国内有多家单位从事这方面的基础理论与应用研究，其中的代表性产品是中国科学院过程工程研究所开发的 PV4A 型光纤探针颗粒速度测量仪，已得到了广泛的应用[87-89]。但是，相关产品在稠密相体系使用时，测量结果的稳定性和准确性仍有待进一步提高，同时还只能用于冷态实验研究，不适用于高温体系测量。

2. 粒子图像测速法

粒子图像测速法(PIV)是一种始于 1970 年、源于激光散斑(laser speckle velocimetry)的流场可视化测量技术，其核心思想是通过双平面激光形成杨氏干涉条纹，拍摄藻类植物流动表面结构的曝光图像，通过图像处理方法来确定表面位移。至 20 世纪 80 年代，英国剑桥大学 Adrian 和 Yao[90]研究发现图像平面上的颗粒以片光源照亮时不会产生散斑，而是以单独个体方式显现，为了与激光散斑的测量方式区分，将其定义为粒子图像测速法。

PIV 流场测速技术目前已经发展为实验流体力学领域应用最广泛的非接触式激光测量方法之一。如图 8-21 所示，典型的 PIV 测量仪器由五部分组成，包括示踪粒子布撒、双脉冲激光光源、同步控制器(用于使曝光与成像同步)、图像采集装置和后处理模块。具体测量原理是：在流场中加入跟随性较好的示踪颗粒，通过脉冲激光片光源照亮测量流场区域，形成测量窗口；同步控制器根据预设的时间间隔，控制脉冲光源连续 2 次或多次曝光，同时触发光学成像装置拍摄示踪颗粒通过测量窗口的图像或视频；然后，将获取的图像序列传输至计算机进行分析，基于图像处理技术提取每帧图像中颗粒的位置，并通过相关分析确定目标颗粒在前后连续两张图像中的位移，这样目标颗粒的移动速度就等于该颗粒的位移除以前后两张图像的曝光时间间隔，以此颗粒的速度代表其所在区域内流场的速度[91]。

由于流化床体系内所涉及的固相颗粒或液滴与常规 PIV 技术中示踪颗粒的物理特性(如密度、形状、尺寸、表面结构及颜色等)存在明显差别，将常规的 PIV 仪器用于流化床反应器内固相颗粒速度测量时，需要使用者在常规 PIV 技术基础上二次开发图像处理算法，以获得特定条件下流化床反应器中颗粒的速度信息。国外学者 Miyazaki 等[92]使用 PIV

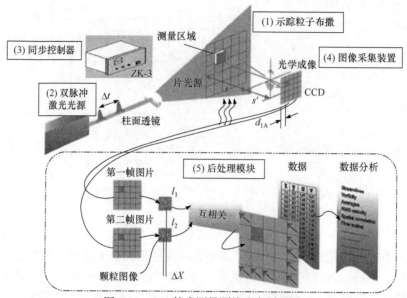

图 8-21   PIV 技术测量颗粒速度原理图

技术测得了螺旋式传动气固两相流粒子的轴向速度以及粒子在管道中的位置概率分布。Lindken 和 Merzkirch[93]使用荧光示踪气泡,利用 PIV 技术测量了水中气泡的运动速度,分析了气泡引起的水流湍流结构。清华大学张东东等[94]利用建立的 PIV 系统对出口内径为 10 mm 自由射流的瞬时气固两相流速度场分布进行了测量。黄亚飞等[95]利用建立的 PIV 系统对上升流水力分选机内颗粒分离的两相流场进行了测量,揭示了水力分选机各区域内液相及固相颗粒的运动规律。

随着硬件设备的不断改进,PIV 技术在单相流测量方面取得了迅猛的发展,但其在复杂多相流态化体系颗粒速度测量方面仍然处于发展中。从测量原理来讲,该测量技术适用于气固、液固及气液固三相流化床体系内固相颗粒速度的测量。

3. 激光多普勒测速技术

激光多普勒测速法(LDA)是基于多普勒效应进行测量的流场测速技术,自 1964 年第一次运用于层流管流速度分布测量后开始登上历史舞台。由于是激光测量,对流场没有干扰,测速范围宽,同时具有较高的空间分辨率、动态响应快和线性度高等优点。与 PIV 技术类似,采用传统 LDA 测量流场速度也需要在流场中加入示踪粒子,以示踪颗粒速度代表其所在区域流场的速度。将 LDA 应用于流化床内颗粒或液滴速度测量是 LDA 的扩展,但基本测量原理完全相同。

下面以双光束 LDA 测量系统为例,介绍相关的颗粒速度测量理论。双光束 LDA 系统是当前使用较为广泛的颗粒测速方法,主要部件包括激光器、发射-接收光纤、移频器和光学探头等。采用双光束激光器的主要目的是利用其发射的两束绿光形成如图 8-22 所示的干涉条纹,该条纹所在空间区域即流场的测量窗口。当颗粒通过该测量窗口时,运动颗粒所产生的散射光频率与原入射光的频率相比会产生频率漂移现象,称为多普勒效应,其频率漂移量 f(频率变化时间 t 的倒数)与颗粒速度相关,它们的关系可以用式(8-41)

和式(8-42)描述:

$$d_f = \frac{\lambda}{2\sin(\theta/2)} \tag{8-41}$$

$$u_p = \frac{d_f}{t}$$

$$f = 2\frac{u_p}{\lambda}\sin(\theta/2) \tag{8-42}$$

式中, d_f 为干涉条纹间距, m; θ 为两光束夹角, (°); λ 为激光波长, m; u_p 为颗粒速度, m/s。

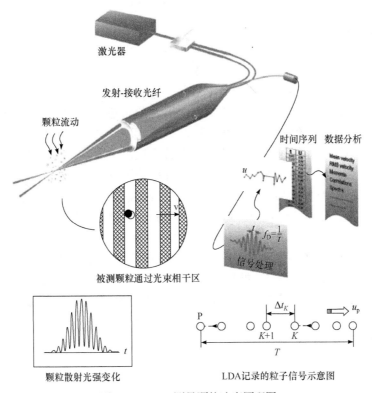

图 8-22　LDA 测量颗粒速度原理图

假定有 N 个颗粒在时间间隔 T 内通过测量窗口 P 点, 用参数 u_p 表示粒子的瞬时速度, 下标 K 用于标记粒子通过 P 点的顺序, 参数 Δt_K 表示第 K 个颗粒与第 $K+1$ 个颗粒之间的时间间隔, 则其相互关系可以用方程组(8-43)表示:

$$\begin{cases} T = \sum_{K=1}^{N-1} \Delta t_K \\ u_p = \left\{ u_{pK}, K=1, \cdots, N \right\} \\ \overline{u}_p = \sum_{K=1}^{N} u_{pK} \Big/ N \end{cases} \tag{8-43}$$

方程组中第一式表示测量时间, 第二式表示所有颗粒(N个颗粒)的速度样本空间, 第三式是测量周期内颗粒的平均速度。在测量过程中, 如果假设t_{min}是与测量点交叉的两个相邻粒子之间的最小时间间隔, 则可以描述为

$$t_{min} = \min\{\Delta t_K, K = 1, \cdots, N\} \tag{8-44}$$

根据信号采样原理, 如果要保证测量信号与原信号一致, 其采样频率必须是原信号频率的2倍(也称为奈奎斯特频率)。因此, 对于颗粒速度的测量, LDA的采样频率必须等于或大于2倍的t_{min}。另外, 根据颗粒温度定义, 颗粒温度大小可以表示为

$$\left\langle U_p' \right\rangle = \frac{1}{N} \sum_{K=1}^{N} \left(u_{pK} - \bar{u}_p \right)^2 \tag{8-45}$$

因此, 颗粒湍流强度I可表示为

$$I = \frac{\left\langle U_p' \right\rangle^{1/2}}{\bar{u}_p} \tag{8-46}$$

随着LDA的不断发展, 每年都有多篇公开文献报道LDA技术在流化床反应器内颗粒运动特性测量方面的应用。自1982年在里斯本召开的"激光技术在流体力学中的应用国际讨论会议"上首次提出将激光多普勒技术运用于颗粒速度测量以来[96], 德国学者Sommerfeld课题组[97]从20世纪80年代末开始持续发表了多篇采用PDA/LDA研究气力输送流态化装置中颗粒流动特性的论文。杨国强等[98]利用激光多普勒测速仪对内径为140 mm的循环流化床稀相区颗粒速度分布进行了测量。刘新华等[99]提出了一种利用相位多普勒测速仪测量气固循环流化床中颗粒团聚物性质的方法。刘锦涛等[100]采用高速摄像系统跟踪记录喷雾,同时利用激光多普勒测速仪对喷嘴的外流场速度分布进行了测量。Lu等[101]使用激光多普勒技术对直角弯头后垂直管中的粒子速度分布进行测量。目前LDA技术得到了广泛研究和应用, 但该技术仅适用于流场的点测量, 难以实现流场的全局瞬态测量。另外, 一旦颗粒物浓度过高, 就会影响LDA系统中的光路, 因此LDA技术不适用于稠密相流场测量。

4. 光纤内窥高速摄像颗粒测速技术

光纤内窥高速摄像颗粒测速技术是结合光纤技术、高速摄像技术和图像处理技术发展而来的颗粒测速技术, 适用于流场内部颗粒流动参数的测量。光纤内窥高速摄像测速系统结构如图8-23(a)所示, 主要由光纤内窥镜、照明装置、高速CCD、图像采集卡和计算机组成。光纤内窥镜以玻璃纤维光束代替传统的透镜、棱镜等作为导光元件, 它细而柔软, 加上头部的弯曲机构后, 可以在三维空间任意方向转动, 便于在流场中多个方向布置和观察。具体测量过程包括三个步骤: 首先, 将光纤内窥镜的导光软管外接光源; 其次, 从光源发出的强光被光纤传输至测量区域, 照亮测量窗口内的颗粒或颗粒群, 通过高速CCD捕捉测量窗口内颗粒的运动图像, 其过程如图8-23(b)所示; 最后, 利用图像处理技术提取记录颗粒的图像,进一步分析后可以获得颗粒的运动速度,其原理如图8-23(c)所示。

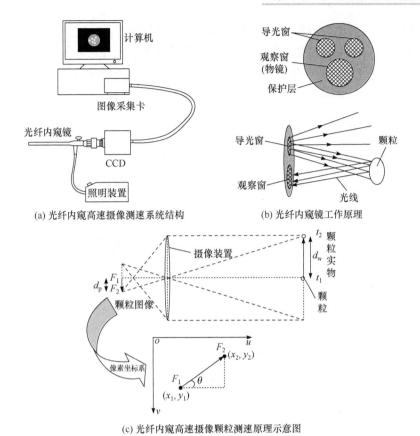

(a) 光纤内窥高速摄像测速系统结构　　　　(b) 光纤内窥镜工作原理

(c) 光纤内窥高速摄像颗粒测速原理示意图

图 8-23　光纤内窥高速摄像法测量颗粒速度原理图

假设颗粒在一定时间内的移动距离和运动方向可以清晰地记录在图像中，即颗粒在 t_1 与 t_2 时刻的空间位置被记录在图像 F_1 与 F_2 中，颗粒在图像中移动的像素距离 d_p 对应着拍摄平面中移动的实际距离为 d_w。在同一像素坐标系中，若颗粒中心点在图像 F_1 中的坐标为 (x_1, y_1)，在 F_2 中的坐标为 (x_2, y_2)，则颗粒在像素坐标中的分速度如下式所示：

$$u_x = \frac{x_2 - x_1}{t_2 - t_1} \qquad u_y = \frac{y_2 - y_1}{t_2 - t_1} \tag{8-47}$$

在像素坐标系中对颗粒的分速度进行合成，可以得到颗粒的合速度大小及其运动方向：

$$\left| \overrightarrow{u_p} \right| = \sqrt{u_x^2 + u_y^2} \tag{8-48}$$

$$\theta = \begin{cases} \arctan \dfrac{u_y}{u_x} & u_x > 0 \\[3mm] \pi + \arctan \dfrac{u_y}{u_x} & u_x < 0 \end{cases} \tag{8-49}$$

进一步，通过标定可将像素坐标系转换为惯性坐标系，用坐标系变换矩阵乘以式(8-48)中的颗粒速度，即可得到颗粒的真实速度。

光纤内窥高速摄像技术用于多相流颗粒速度测量的研究还比较少。Shaffer 等[102]利用研制的一种光纤内窥高速摄像系统测定了气固循环流化床内径向颗粒速度及脉动强度的分布规律。Qian 等[103]利用光纤内窥高速摄像系统测得了三维锥形冷态喷动床内部的颗粒速度参数，并进一步研究了局部颗粒的平均脉动强度。

8.2.3 颗粒聚团测量

在气固循环流化床内，颗粒时而以单颗粒形式存在，时而以团聚物形式存在[104]，是动态的非均匀结构[105]，如图 8-24 所示。目前已公认颗粒聚团会影响气固流化床的流体动力学及整体性能[106-107]。

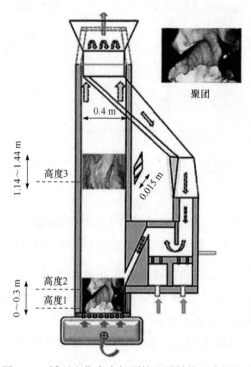

图 8-24　循环流化床内部颗粒聚团结构示意图[104]

1. 聚团的定义

目前对于聚团定义的定性共识是：相对于分散颗粒区域，聚团具有更高的固含率，但是如何定量地分辨聚团，目前仍然没有统一的结论[85]。根据 Wei [85]的总结，从 1992 年至今，共提出九种聚团定义：

(1) 矩形阈值(rectangular threshold)。用光纤探头检测聚团，并将得到的信号简化为矩形信号。聚团的信号阈值 I_{th} 为 $0.25I_0$（I_0 是填充床的光强度）。同时，对于每个聚团，其均有一个最大光强度 I_{max}，而聚团定义为固含率高于 $(I_{max} + I_{th})/2$ 的位置。

(2) 均值+N×标准差(mean+N×standard deviation)。基于电容探针信号，用"均值+多倍标准差(σ)"阈值来定义聚团：①在相同操作条件下，聚团固含率必须显著高于此局部位置的时均固含率；②聚团出现而导致的固含率扰动必须大于背景固含率的随机扰动；③对于特征长度大于 100 倍粒径时的样本体积，其浓度的增加必须是明显的。

(3) 可视化检测(visual detection)。基于峰值和谷值的可视化观察，从光纤探针信号中可视化的采样聚团。

(4) G_s 标准阈值(G_s-based threshold)。聚团的检测应只依赖于局部瞬时固含率，故基于固体循环率的聚团定义：①选择一个固含率阈值；②基于阈值，将信号分为密相和稀相；③计算密相速度及稀相速度；④合计密相和稀相的固体循环率；⑤如果总固体循环率在外部测得的固体循环率的 ±20% 以内，则认为此阈值是足够的，反之，调整固含率阈值，然后重复上述流程。

(5) 小波半峰值(wavelet half peak)。用光纤探针检测聚团，将从床层浓度到聚团中心区域的浓度值变化一半处定义为聚团边界，并用 Mallat 算法进行信号处理。

(6) 中值(median)。认为固含率信号的概率密度分布不是正态分布，故 "均值+N×标准差" 这种方法在物理上是没有意义的，而将聚团定义为瞬时固含率超过光纤探针信号的 "50%(中值)" 处。

(7) 小波聚团尺度(wavelet cluster scale)。将光纤信号分解为三种尺度，包括微尺度(颗粒大小)、介尺度(聚团大小)和宏观尺度(单元大小)。基于此分类，用小波变换分解光纤探针信号，并对于每个小波尺度分析能量分布，对不同的聚团分辨尺度做敏感性测试，并最终选择 A_{11}(尺度 11 的近似信号)作为分辨尺度，将光纤探针信号的瞬时固含率超过 A_{11} 的区域定义为聚团。

(8) 阈值选择法(threshold selection method)。使用高速相机记录循环流化床提升管中的气固流动，并对灰度值和固含率之间的关系做标定。采用阈值划分法来最大化背景和前景间的类间方差，用它来辨别密相和稀相，然后在密相中使用它来确定聚团。

(9) 核尾迹法(core wake method)。通过记录透明的二维提升管中的气固流动并基于图像提出聚团定义：如果固含率超过 0.4 的密相颗粒核出现，则认为聚团存在，同时将固含率等于 0.2 处定义为核周围的聚团边界。

根据 Wei 对实验测量聚团的文献统计[85]，矩形阈值、可视化检测、G_s 标准阈值、小波半峰值、阈值选择法和核尾迹法均各有 1 篇文献报道，表明这些聚团定义在它们被提出之后并没有被其他人采纳。而其他三种定义，均值+N×标准差、中值和小波聚团尺度已被多位研究者广泛采用，而且均为基于探针类型测量方法提出的。近几年，小波聚团尺度也引起越来越多的关注，但是对于聚团的定义至今仍未达成一致。

2. 聚团的测量

由聚团定义可知，颗粒聚团是基于流化床内测量的局部颗粒浓度信号进行判定的，因此，8.2.1 节介绍的光纤探头、电容探头等都有被用于颗粒聚团的测量，具体测量原理不再重复。上述九种聚团定义中，七种是基于光纤探头测量数据提出的，因此，光纤探头是目前流化床内聚团测量最广泛使用的技术[108-110]。此外，高速摄像可视化系统也常用于颗粒聚团测量，下面主要对该测量技术予以介绍。

图 8-25 是 Wei[85]报道的耦合了高速相机和矩形透明循环流化床的可视化系统示意

图。具体实验方法如下：提供光源的照明灯放置于提升管正面，高速相机放置于与之相对的另一侧，高速相机和成像视窗用黑盒子覆盖来消除其他光源的干扰，高速相机的帧率和分辨率根据实验要求调节，相机传感器包含自标定电路和红外截止滤波片，两者分别通过自标定和滤除杂光来保证成像质量。扩散板放置于照明灯及提升管之间以均匀照亮记录区域。高速相机通过标准接口连接到计算机上，计算机上安装相应的软件来监测和储存成图像。

图 8-26 是高速相机记录的图像，图像本质上是由众多像素点组成的矩阵，每个像素点对应着 0 (最黑色)到 255 (最浅色)之间的一个灰度值。当光进入提升管并最终被相机接收时，对于低光强的像素点是密相区结果，而对于高光强的像素点是稀相区结果。之后，将灰度与固含率进行标定得到灰度和固含率之间的定量关系，然后将图片的像素点灰度值和坐标结合来定量分析局部固含率。最后，根据聚团的定义确定聚团信息(聚团固含率和聚团的形状、大小、频率、体积分率等)。

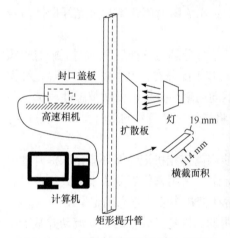
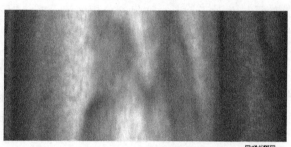

图 8-25　高速摄像可视化系统示意图[85]　　　　图 8-26　高速相机捕捉的图像[85]

Wei[85]还对高速摄像可视化系统用于聚团测量的研究工作进行了总结，比较典型的研究包括：Takeuchi 和 Hirama[111]将内窥镜和光导探针与相机耦合，内窥镜与相机连接并且插入到提升管中。光导探针负责传输光并照亮视场，从而使用相机捕捉聚团行为。但是，此视场过于局限，为了得到一个更宽的视场，Takeuchi 等[112]用一个棱镜连接内窥镜，并与内窥镜平行地插入一个光导。同时，由一组透镜和一个光纤闪光发射器组成的特制探针将内窥镜和光导结合在一起。通过发射器的闪光可以将气固流场照亮，同时利用相机记录视场来捕捉聚团行为[113-115]。之后，学者们又采用粒子图像测速仪进一步可视化颗粒尺度的流动，与上文提及的特制探针搭建类似，但是分辨率更佳[116-117]。Horio 和 Kuroki[118-119]还将相机和激光片光技术耦合，对循环流化床内聚团进行了可视化研究。

相机与透明循环流化床耦合可以很好地可视化沿着壁面下行的颗粒聚团[120-122]，但是这种测量方法只能得到壁面附近颗粒的聚团行为，且要求壁面透明。随着多相流态化测量技术的不断发展，断层成像技术有望实时、在线地表征循环流化床内气固浓度分布的三维结构，将为流化床内颗粒聚团研究提供更丰富的测试手段。

8.2.4　颗粒混合行为测量

在流化床反应器中，物料在反应器内的流动速度不均匀，或内部构件的影响造成物料形成与主体流动方向相反的逆向流动，或反应器内存在沟流、环流或死区，都会导致相对理想流动的偏离，从而造成反应器出口颗粒物料中有些在反应器内停留时间很长，而有些则停留时间很短，因而具有不同的反应程度。因此，反应器出口物料是所有具有不同停留时间物料的混合物，而反应的实际转化率是这些物料的平均值。为了定量地确定出口物料的反应转化率或产物的分布，就必须定量地描述出口物料的停留时间分布[123-125]。

1. 颗粒停留时间定义

停留时间是指颗粒物料从进入到离开反应器总共停留的时间，该时间也就是颗粒的反应寿命。物料在反应器中的转化率取决于颗粒在反应器中的停留时间，即取决于颗粒的寿命[123, 126-127]。物料在反应器中的停留时间分布是一个随机过程，可用停留时间分布密度与停留时间分布函数来定量描述物料在流动系统中的停留时间分布。

1) 停留时间分布密度

停留时间分布密度用符号 $E(t)$ 表示，其定义为同时进入反应器的 N 个流体颗粒中，停留时间介于 t 与 $t+dt$ 间的颗粒所占分数 dN/N 为 $E(t)dt$。根据此定义，停留时间分布密度具有归一化性质：

$$\int_0^\infty E(t)\mathrm{d}t = 1 \tag{8-50}$$

即

$$\sum \frac{\Delta N}{N} = 1 \tag{8-51}$$

这意味着当停留时间趋于无限长时，所有不同停留时间颗粒分率之和应为 1。

2) 停留时间分布函数

停留时间分布密度用符号 $F(t)$ 表示，其定义为流过反应器的物料中停留时间小于 t 的颗粒(或停留时间介于 $0 \sim t$ 之间的颗粒)所占的分数。根据此定义：

$$F(t) = \int_0^t E(t)\mathrm{d}t \tag{8-52}$$

因此，当 $t=0$ 时，$F(t)=0$；t 趋于无穷大时，$F(t)$ 趋于 1。

停留时间分布密度 $E(t)$ 与分布函数 $F(t)$ 的曲线形状如图 8-27 所示，且 $F(t)$ 与 $E(t)$ 满足以下关系：

$$E(t) = \frac{\mathrm{d}F(t)}{\mathrm{d}t} \tag{8-53}$$

本质上，$E(t)$ 曲线在任意 t 时的值就是 $F(t)$ 曲线上对应点的斜率。$E(t)$ 曲线已知时，积分即可得到相应的 $F(t)$ 值，因此，只要知道其中的一种停留时间分布形式即可求出另一种。

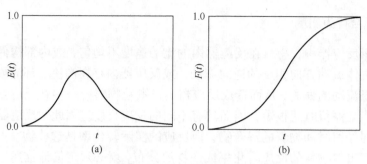

图 8-27　停留时间分布密度(a)和分布函数(b)

2. 颗粒停留时间测量

流化床反应器内颗粒停留时间分布通常采用示踪技术进行测定。如图 8-28 所示，当反应器内物料流动达到稳定后，采用一定的方法将示踪物加到反应器进口，然后在反应器出口物料中检测示踪物浓度 C 随时间 t 的变化，以获得示踪物在反应器中的停留时间分布数据[123, 126-128]。可使用的示踪物很多，利用其光学、电学、化学或放射性特点，采用相应的测量仪器进行检测。采用何种示踪物，需要根据物料的物态、相系及反应器类型等情况选定，示踪物除了不与主流体发生反应外，其选择一般还应遵循以下原则：①示踪物应当易于和主流体融为一体，除了显著区别于主流体的某一可检测性质外，两者应具有尽可能相同的物理性质；②示踪物浓度很低时也能够检测，这样可使示踪物量减少而不影响主流体流动；③用于多相系统检测的示踪物不发生由一相转移到另一相的情况；④示踪物本身应具有或易于转变为电信号或光信号的特点，从而能在实验中直接使用仪器或计算机采集数据做实时分析，以提高实验的速度与精度。

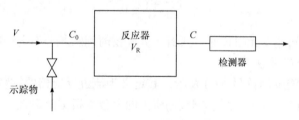

图 8-28　颗粒示踪技术示意图

1) 示踪物注入方式

示踪物注入方式有多种，包括脉冲注入法、阶跃注入法及周期注入法等，脉冲注入法和阶跃注入法简便易行、应用广泛，下面主要对这两种注入法的测量原理予以介绍。

（1）脉冲注入法。

脉冲注入法是指当反应器中流体达到定态流动后，在某个极短的时间内，将示踪物脉冲注入进料中，然后分析出口流体中示踪物浓度随时间的变化，以确定停留时间分布。实验的具体做法是：使物料以稳定的流量 V 进入体积为 V_R 的反应器，然后在某个瞬间（$t=0$ 时）以极短的时间间隔 Δt 向物料中注入浓度为 C_0 的示踪物，并保持混合物的流量仍为 V，同时在出口处检测示踪物浓度 C 随停留时间 t 的变化。示踪物脉冲注入与出口响应的示踪物浓度随停留时间 t 的变化如图 8-29 所示。图 8-29(a)表示 $t=0$ 瞬间示踪物以脉冲注入物料时，示踪物浓度由 0 突变为 C_0，随后因脉冲停止，又由 C_0 突变为 0。脉冲注入的数学描述为

$$C = \begin{cases} 0 & t<0 \\ C_0 & 0 \leqslant t \leqslant \Delta t_0 \\ 0 & t>\Delta t_0 \end{cases} \tag{8-54}$$

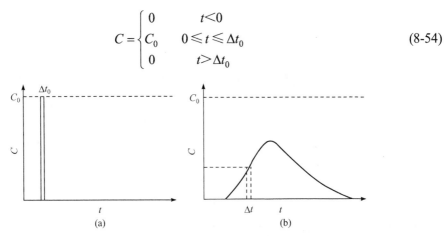

图 8-29　脉冲注入浓度曲线(a)和出口响应浓度曲线(b)

由图 8-29(b)可知，示踪物虽在极短时间间隔 Δt_0 内注入，但在出口处可能已形成一个停留时间很宽的分布。

脉冲法测量的停留时间分布代表了物料在反应器中的停留时间分布密度，即 $E(t)$。这是因为混合物的流量为 V，出口示踪物的浓度为 C，则在 $\mathrm{d}t$ 时间内示踪物的流出量为 $VC\mathrm{d}t$，由停留时间分布密度的定义可知，$E(t)\mathrm{d}t$ 是出口物料中停留时间在 t 与 $t+\mathrm{d}t$ 之间示踪物所占的分数。若在反应器入口处，在极短的瞬间 Δt_0 内加入的示踪物总量为 Q，则

$$Q = VC_0\Delta t_0 \tag{8-55}$$

那么出口物料中停留时间为 t 与 $t+\mathrm{d}t$ 之间的示踪物量为 $QE(t)\mathrm{d}t$，因此

$$QE(t)\mathrm{d}t = VC\mathrm{d}t$$

$$E(t) = \frac{VC}{Q} \tag{8-56}$$

由式(8-56)可知，采用脉冲注入法测量的停留时间分布曲线就是停留时间分布密度。如果已知混合物流量 V、示踪物加入量 Q 和不同时刻检测得到的出口示踪物浓度 C，就可以求得停留时间分布密度。此外，由于式(8-55)中的 C_0 和 Δt_0 通常难以准确测得，故常采用下式求取 Q：

$$Q = \int_0^\infty VC\mathrm{d}t \tag{8-57}$$

式(8-57)右端表示所有时间内示踪物量之和，考虑到所有示踪物终将在出料中出现，可由式(8-57)求得示踪物的总量，因此，式(8-56)可以改写为

$$E(t) = \frac{C}{\displaystyle\int_0^\infty C\mathrm{d}t} \tag{8-58}$$

最后，将式(8-57)代入式(8-52)可以求得停留时间分布密度 $F(t)$，即

$$F(t) = \frac{\int_0^t C\mathrm{d}t}{\int_0^\infty C\mathrm{d}t} \tag{8-59}$$

(2) 阶跃注入法。

阶跃注入法是当反应器内流体达到定态流动后，自某瞬间起连续而稳定地加入某种示踪物质，然后分析出口流体中示踪物料浓度随时间的变化，以确定停留时间分布。实验具体方法是：当物料以稳定的体积流量 V 进入反应器 V_R 后，自某瞬间($t=0$)起，在入口处连续加入浓度为 C_0 的示踪物，并保持混合物的体积流量仍为 V，在出口处检测示踪物浓度 C 随时间 t 的变化，即示踪物在反应器内的停留时间分布。如图 8-30 所示，图中纵坐标为示踪物对比浓度 C/C_0，横坐标为时间 t。图 8-30(a)为阶跃注入曲线，因为示踪物从 $t=0$ 时开始连续加入，即 $t=0$ 时，C/C_0 由 0 突跃至 1，此后维持 $C/C_0=1$。图 8-30(b)为出口响应浓度曲线，$t=0$ 时，$C/C_0=0$，之后随 t 的增加而形成曲线，其确切的形状取决于反应器结构类型。

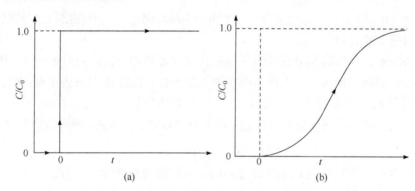

图 8-30   阶跃注入浓度曲线(a)和出口响应浓度曲线(b)

阶跃注入法测量的停留时间分布曲线代表了物料在反应器中的停留时间分布函数，即 $F(t)$。这是因为停留时间为 t 时，出口物料中示踪物的浓度为 C，混合物流量为 V，所以示踪物流出量应为 VC；因为流出的示踪物量，也就是在反应器中停留时间小于 t 的示踪物，根据定义，流出物料中小于停留时间 t 的粒子所占的分数为 $F(t)$，当示踪物入口流量为 VC_0 时，示踪物出口流量为 $VC_0F(t)$，故

$$\begin{aligned} VC_0F(t) &= VC \\ F(t) &= C/C_0 \end{aligned} \tag{8-60}$$

2) 示踪颗粒种类

惰性示踪物的动态实验被应用于确定停留时间分布和颗粒返混。干扰测量采用的示踪物质包含染色颗粒、化学物质、热(冷)颗粒等，无干扰测量采用的示踪物质包括磷光颗粒、正电子发射颗粒和辐射颗粒等。

(1) 染色颗粒[129-130]。

采用染色剂将所需示踪的颗粒染色制成示踪剂，一般所需示踪颗粒的量为反应器中颗粒藏量的 5%，分次取不同质量示踪剂配制成溶液进行浓度标定。示踪剂水洗至无色，将所洗溶液移至容量瓶中配液，然后利用分光光度计检测所配溶液的吸光度，得出示踪颗粒质量与溶液吸光度的标准曲线。

当反应器内物料流动达到平衡状态时，将示踪颗粒瞬间注入反应器内，在反应器出口进行间断取样，并依次编号，取样时间一般为颗粒平均停留时间 3 倍以上。取样完毕后，将所取样品依次水洗至无色，并配液进行分光光度检测。依据标定的示踪颗粒质量与其溶液吸光度的标准曲线，计算所取样品中的示踪颗粒质量。从而可得出口示踪颗粒浓度 C 与停留时间 t 的关系曲线，即响应曲线。根据响应曲线，由式(8-58)和式(8-59)可以计算出颗粒停留时间分布密度和分布函数。

染色示踪颗粒脉冲注入的时间一般为一至数秒，因此，染色法不适合测量平均停留时间为秒级的体系。

(2) 磷光颗粒[131-132]。

当光照射到磷光物质表面时，磷光物质会发出固定频率的光，在光束停止照射后，它还会继续发出余晖，余晖的强度会随时间逐渐减弱，其衰减速率与磷光物质种类及激发光束的光强度有关。

一般可见光范围的余晖持续时间可从若干毫秒至几小时，因此，磷光物质是一种较为理想的颗粒示踪物质，其特点包含：①利用磷光物质光激发致光并有余晖的特性，可实现示踪剂瞬时无扰动注入；②通过检测余晖光强实现示踪颗粒的在线、快速、高灵敏度检测；③磷光物质余晖强度随时间逐渐衰减，可实现示踪颗粒在床中无残留积累；④磷光物质余晖强度衰减仅与时间及其本身物性有关，从而使得基于磷光物质的余晖光强度衰减函数将余晖光强度转换为颗粒示踪剂浓度；⑤当反应器内的颗粒全部为可被光激发致光的磷光物质时，仅被激发的颗粒会发出磷光，成为示踪颗粒，示踪颗粒与反应器内物料的物性可保证完全一致。

磷光物质的余晖光强随时间变化的衰减函数用 $I_d(t)$ 表示，出口处检测的光强度函数用 $I(t)$ 表示，则

$$I(t) = CI_d(t)$$

$$C = \frac{I(t)}{I_d(t)} \tag{8-61}$$

在由式(8-61)求得示踪颗粒浓度 C 的情况下，根据式(8-58)和式(8-59)可以计算出颗粒停留时间分布密度和分布函数。磷光颗粒示踪法一般适用于测量平均停留时间为数秒至数十秒的体系。

(3) 正电子发射颗粒[133-140]。

正电子发射颗粒是利用被测颗粒经过同位素衰变时产生的正电子来实现对颗粒运动轨迹的检测。$^{18}F(t_{1/2}=109 \text{ min})$、$^{61}Cu(t_{1/2}=204 \text{ min})$是正电子发射颗粒示踪技术常用的放射性同位素。正电子发射颗粒的主要制备方法为：离子交换法、表面改性法和直

接激活法。

离子交换法主要用于制作粒径小于 1000 μm 的示踪颗粒。可用于从放射性溶液中吸收 [18]F 放射性同位素的阴离子交换树脂主要分两类：弱碱性离子交换树脂和强碱性离子交换树脂。弱碱性离子交换树脂与 [18]F⁻ 的作用比 OH⁻ 的作用更弱，阴离子交换容量低。强碱性离子交换树脂通常是以氯化物形式存在的铵盐衍生物，以氯化物存在的树脂不能直接用于从放射性溶液中吸收 [18]F 放射性同位素，树脂颗粒在使用前需转换为氟化物形式或者氢氧化物形式，从而可以与 [18]F 置换，吸收 [18]F 放射性同位素。

表面改性法主要用金属阳离子对颗粒表面进行化学活化，金属阳离子作为活性定位点被吸附到固体颗粒表面，然后阴离子与颗粒表面的金属阳离子结合。常用的金属阳离子为 Fe^{3+}、Pb^{2+} 和 Cu^{2+}，其中 Fe^{3+} 的化学活性较强，可以吸附在大多数颗粒表面，常被用于与 [18]F⁻ 结合。

直接激活法主要用于制作粒径大于 1000 μm 的示踪颗粒。在回旋加速器中，高速粒子(氘核或质子束)轰击待测颗粒，颗粒中的氧原子会转变成为 [18]F 放射性同位素。[18]F 原子核中有 9 个中子和 9 个质子，原子核不稳定，易发生核反应，衰变为 [18]O，同时产生正电子和中微子，而正电子会继续与周围的负电子作用湮灭，产生一对光子，以 γ 射线的形式释放能量，中微子几乎不与任何物质作用，可以忽略不计。

8.2.5 颗粒流量测量

固体颗粒质量流量是气固两相流调控的重要参数之一，其影响气固两相流的流型及传热、传质规律等。然而，由于气固两相流流体性质、流型及感测机理的复杂性，难以精确测量固体质量流量。

固体质量流量测量方法分为直接测量和间接测量。直接测量是仪表直接感应管道中的固体从而确定固体质量流量，如双弯管流量计、科里奥利流量计、冲量式流量计、失重式流量计和传热式流量计等。间接测量是通过同时测量管道横截面的瞬时体积浓度和瞬时固体速度，从而计算得固体质量流量。

气固两相流一般处于具有一定温度和压力的管路中，其苛刻的测量环境导致大多数测量方法不能适用于气固两相流的固体质量流量测量。直接测量法中的双弯管流量计因结构简单，适应高温、高压测量环境，在气固两相流测量中的应用较为广泛，其主要适合测量气力输送过程中的固体质量流量。速度-浓度法测量技术能够实现非接触式测量，是气固两相流中固体质量流量测量的重要发展方向。

1. 双弯管法测量技术

弯管流量计是一种差压式流量计，双弯管法测量气固两相流是在弯管流量计测量单相流的理论基础上发展而来的。Addison 和 Lansford 于 1938 年首先提出了自由旋流理论和强制旋流理论，这两种理论详细介绍了弯管法测量单相流的原理[141]。强制旋流理论认为：流体经过弯管时，由于受到管道外壁提供的向心力作用而被迫做圆周运动，从而在弯管的内外壁上产生了压力差。

弯管流量计模型如图 8-31 所示,双弯管法采用两个相同弯径比的弯管流量计串联进行测量,其中一个弯管用于测量只有气体通过弯管时产生的内外壁压差,另一个弯管用于测量混合流体流过弯管时产生的内外壁压差,根据压差值便可以计算出流过弯管的流量值。

双弯管法测量模型存在以下假设:①流动过程中气固两相流均匀流动;②两弯管的流量系数相同;③弯管流量系数为常数。

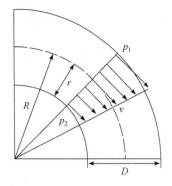

图 8-31　弯管流量计模型

R. 弯管曲率半径;　r. 管道半径;　D. 管道直径;
v. 弯管截面流速;　p_1. 弯管外壁压力;　p_2. 管道内壁压力

在以上假设条件和强制旋流理论的基础上,根据弯管流量计模型可得气固两相流中气相质量流量 q_{mg} 为

$$q_{mg} = \alpha A \sqrt{\frac{R}{D}} \sqrt{\rho_g \Delta p_1} \tag{8-62}$$

式中,Δp_1 为气相经过弯管时产生的弯管压差,Pa;A 为管道流通截面积,m^2;R 为弯管曲率半径,m;D 为弯管内径,m;ρ_g 为气体密度,kg/m^3;α 为流量系数。

若将两相混合物看作单相流体,则两相混合物的质量流量 q_{mj} 为气相质量流量与固相质量流量之和:

$$q_{mj} = q_{ms} + q_{mg} = \alpha A \sqrt{\frac{R}{D}} \sqrt{\rho \Delta p_2} \tag{8-63}$$

式中,q_{mj} 为两相混合物质量流量,kg/s;q_{ms} 为固相质量流量,kg/s;q_{mg} 为气相质量流量,kg/s;ρ 为两相混合物密度,kg/m^3。

其中,两相混合密度可由下式计算:

$$\rho = \frac{m}{v} = \frac{q_m}{q_v} \tag{8-64}$$

式中,q_m 为流体质量流量,kg/s;q_v 为流体体积流量,m^3/s。

混合物的质量流量 q_{mj} 可表示为

$$q_{mj} = q_{ms} + q_{mg} = \rho(q_{vs} + q_{vg}) = \rho(\frac{q_{ms}}{\rho_s} + \frac{q_{mg}}{\rho_g}) \tag{8-65}$$

式中,q_{vs} 为固相体积流量,m^3/s;q_{vg} 为气相体积流量,m^3/s;ρ_s 为固体颗粒密度,kg/m^3;ρ_g 为气体密度,kg/m^3。

由式(8-65)可知两相混合物的密度 ρ 为

$$\rho = \frac{q_{ms} + q_{mg}}{q_{mg} + \dfrac{\rho_g}{\rho_s} q_{ms}} \rho_g \tag{8-66}$$

由式(8-62)、式(8-63)和式(8-66)可得固相质量流量 q_{ms} 的表达式为

$$q_{ms} = \frac{1}{2}\alpha A\sqrt{\frac{R}{D}}(1+\frac{\rho_s}{\rho_g})\sqrt{\rho_g\Delta p_1} + \alpha A\sqrt{\frac{R}{D}}\sqrt{\rho_g(\frac{1}{2}+\frac{\rho_s}{2\rho_g})^2\Delta p_1 - \rho_s\Delta p_1 + \rho_s\Delta p_2} \quad (8\text{-}67)$$

由式(8-67)可知，固相质量流量仅与 Δp_1 和 Δp_2 相关，其他量均为常数。通过测量弯管处的压差即可计算出固相质量流量，其中影响流量系数 α 的主要因素包括弯管的弯径比、流体黏度和可压缩性等。

在理想条件下建立的数学模型和实际模型存在误差，一般采用流量系数进行修正。流量系数主要与测量工况中气固质量比、速度比、气相流体的特性、固相流体的特性等有关。实际固相质量流量与理论固相质量流量的关系表达式为

$$q_{mr} = kq_{ms} + b \quad (8\text{-}68)$$

式中，q_{mr} 为实际固相质量流量，kg/s；k、b 为流量系数。

2. 速度-浓度法测量技术[142-145]

近年来，气固两相流中固体速度和浓度测量技术快速发展，通过同步测量固体颗粒速度和浓度获得固相质量流量已成为固体质量流量测量技术的发展方向。

在气固两相流中，固体颗粒的质量流量是气固流体速度和浓度的函数。固体颗粒的平均质量流量 $W(t)$ 和固体颗粒的瞬时质量流率 $G(t)$ 的关系为

$$\begin{aligned} W(t) &= \frac{1}{T}\int_0^T G(t)A\mathrm{d}t \\ &= \frac{1}{T}\int_0^T U(t)\rho_{sb}(t)A\mathrm{d}t \end{aligned} \quad (8\text{-}69)$$

式中，A 为气固流体所流经管道的横截面积，m^2；T 为测量时间，s；$U(t)$ 为固体颗粒的瞬时速度，m/s；$\rho_{sb}(t)$ 为气固两相流截面的瞬时浓度，kg/m^3。

气固两相流固体质量流量测量系统主要由流速测量系统、相浓度测量系统和流量计算单元三部分组成，具体结构如图 8-32 所示。流速测量系统采用相关法测速技术对流体速度进行测量(见8.2.2节)，相浓度测量系统采用层析成像技术对固相浓度进行测量(见8.2.1节)。

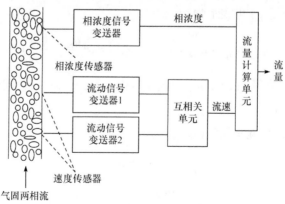

图 8-32   固体流量测量系统组成

两者数值进行变换之后送入流量计算单元进行计算，从而得到气固两相流中固体颗粒的质量流量。速度-浓度法测量气固两相流固体质量流量技术还不是十分成熟，大部分技术仍处于实验室研究阶段，其主要依赖于相关固体颗粒速度和浓度测量技术的发展。

8.3　气相参数测量

在多相流化床反应器鼓泡流域内，气泡是流化床的最重要特征，床内气泡在上升过程中会发生动态的聚并、破碎行为，剧烈的气泡运动是流化床内固相颗粒或液相充分混合的主要动力来源，也是流化床反应器具有高效传热、传质特性的主要原因，气泡的尺寸、频率、速度以及聚并、破碎机制一直是流化床研究中备受关注的问题[146]。另外，在反应过程中，气相往往作为反应气体存在，气体在反应器内的混合扩散及停留时间分布会直接影响反应的转化率和选择性，尤其是副反应较多的反应过程。因此，需要借助多相流态化测试技术深入认识反应器内气相流动行为，设计开发与反应过程高效匹配的流化床反应器。

8.3.1　气泡特性测量

目前用于多相流化床反应器内气泡测量的技术主要有接触式测量和非接触式测量两类。接触式测量是将传感器浸入床层中，利用气泡穿过时传感器探头产生的反馈信号来计算气泡的尺寸、速度、频率等信息，如光纤探针、电导探针等，这种方法对流场本身会产生一定干扰。非接触式测量由于具有无干扰、测量精度高等优点，正在迅速发展，目前常用的方法有直接照相法、全息成像技术和过程层析成像技术等。

1. 接触式测量方法

1) 探针法

探针法测量气泡流动参数的物理基础是利用气、液、固相物理性质的差异进行识别，如电特性或光特性。气泡经过探针端部时，探针对这种特性变化产生响应并转化为电信号，再经信号放大和 A/D 转换后得到电压信号的时间序列，对时间序列信号进行数据处理可以得到探针端部处的气含率、气泡弦长和气泡速度等参数信息。探头之间的距离不宜过大，否则 2 个数据序列之间的相关性变差[147]。常见测量气泡的探针包括光纤探针和电导探针，光纤探针主要用于气固流化床内气泡参数测量，电导探针多用于气液或气液固体系气泡参数测量。当只需要测量气含率和气泡频率时，采用单探头结构探针就可以测量，而当需要测量气泡尺寸和气泡速度时，需采用图 8-20 所示的双探头结构。

光纤探针是利用气液或气固两相介质不同的折射率来检测两相在某一局部空间的交替存在，其结构与用于固相浓度测量的光纤探头(见 8.2.1 节)完全相同。当探针所处介质的相态不同，反射光强也不相同，将光信号转化为电信号进行放大，再经 A/D 转换后进行数据采集，即可得到信号的时间序列。若光强较弱或光电转换过程中信号延迟严重，则会导致信号阶跃过缓的现象，需要人为地根据经验设定阈值进行信号识别，容易引入误差，影响测量准确性，故将气泡信号快速转变为电信号是保证实验测量准确性的关键。

电导探针是利用气、液相介质导电能力差异进行测量的，其结构与图 8-13 所示探头相似。当探针端部处于气相时，电极间阻抗变大，呈高电压；当探针端部处于液相时，电极间阻抗变小，呈低电压。电导探针可以采用高硬度、高耐磨性、导电性能好的高速钢材料制作，钢针直径 0.2 mm，具有使用寿命长，能在湍动强烈、高细颗粒浓度条件下测量气液、气液固体系中气泡的流动参数，但是电导探针无法应用于液相为绝缘有机液体的体系。电导探针测量信号强度主要取决于电导探针裸露的导通面积，裸露面积过小，电阻过大，电流过小，信号强度较弱，测量准确性偏低；裸露面积过大，刺穿气泡时，导电截面不能快速进入气相，信号变化缓慢，也会影响测量准确性。

光纤探针和电导探针测量的时间序列信号是类似的，信号的处理方法也基本相同，这里以电导探针测量的时间序列信号为例，具体介绍如何根据测量的电压信号获取气泡的频率、速度、尺寸等参数信息。理想状态下，当气泡经过双探头电导探针时，两个探头测得的信号如图 8-33 所示，将产生两个具有时间间隔但形状相近的脉冲信号，脉冲信号代表着气泡经过探头端部，通过对测量的时间序列信号进行分析处理可以得到气泡的相关流动参数。

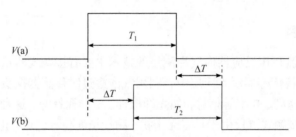

图 8-33　理想状态下双探头电导探针测量的方波信号[148]

(1) 气泡频率。

通过选取合适的阈值，从任意一个探头测量的时间序列信号中统计高电压脉冲出现的次数，则气泡频率可由下式求取：

$$f = \frac{N}{T} \tag{8-70}$$

式中，N 为高电压脉冲出现的次数；T 为采样时长，s。

(2) 气泡速度。

假定气泡运动沿主流方向，单个气泡经过第 1 个探头后再经过第 2 个探头，对应的测量信号将如图 8-33 所示，则气泡速度可以由气泡经过两个探头的时间延迟求取：

$$U = \frac{L}{\Delta T} \tag{8-71}$$

式中，L 为两探头间隔距离，m；ΔT 为延迟时间，s。

(3) 气泡弦长。

气泡弦长可由气泡上升速度乘以气泡经过时对应的高电压脉冲信号持续时间求取，即

$$D = UT_1 \tag{8-72}$$

式中，U 为气泡上升速度，m/s；T_1 为气泡经过时对应高电压脉冲信号的持续时间，s。

实际测量中，由于探头刺破气泡时受表面张力的影响和探头具有一定的信号响应延迟，测量的时间序列信号并非如图 8-33 所示的方波信号，不同的阈值选取会影响气泡信号的峰宽确定。当采用固定阈值法时，会漏掉部分小气泡或把两个邻近的小气泡处理成一个大气泡，因此建议采用双阈值法：根据每个气泡信号的幅值不同调整高低阈值的选取，从而提高气泡信号鉴别的准确性。低阈值 V_{TL} 和高阈值 V_{TH} 计算公式如下[149]

$$V_{TL} = V_L + \alpha(V_H - V_L) \tag{8-73}$$

$$V_{TH} = V_H + (1-\alpha)(V_H - V_L) \tag{8-74}$$

式中，α 为可调参数；V_L 为气泡信号的最低输出，V；V_H 为气泡信号的最高输出，V。

2) 成像探头

近年来，小型化的照相探头技术得到了快速发展，主要包括基于光纤传像的光纤内窥镜和采用微型相机与光学镜头组合的照相探头技术。光纤内窥镜通过一根细长的光纤束，将测量点处气泡图像传输到反应器外部屏幕上直接显示或通过与计算机相连的图像传感器进行拍照(或摄像)，基于拍摄的气泡运动图像，结合专门的图像分析软件即可获得反应器内单个气泡(或气泡群)的时空运动规律分布。光纤内窥镜的优点是尺寸小，外径通常可以做到 5 mm 左右，长度可以很长(最长可达 3.2 m)，同时不受电磁干扰。

中国科学院过程工程研究所基于远心照相原理，结合高亮度 LED 照明技术，设计发明了一种侵入式远心照相探头，其结构如图 8-34 所示，这种照相探头有效地克服了光学畸变的问题，目前已有成熟的商业产品在售。与非侵入式照相相比，侵入式照相技术将测量区域集中于探头前端约几平方毫米至几平方厘米的矩形区域，在照相系统性能相近的情况下，分辨率可提高 1~2 个量级。测量时可以直接将照相探头伸入反应器内部，而不需要反应器透明或安装有透明视窗。同时，由于光路上不存在颗粒干扰，侵入式照相探头原则上可以实现的最大可测相含率范围要比非侵入式照相大得多，且最大的优势是能够原位在线测量。图 8-35 是采用远心照相探头在空气-水体系和邻二甲苯-水体系中直接拍摄的气泡群图像，可以看出拍摄视窗内气泡群的轮廓清晰可见。

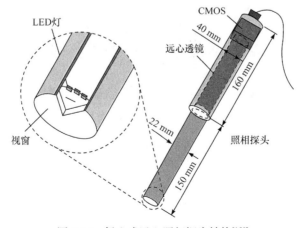

图 8-34　侵入式远心照相探头结构[150]

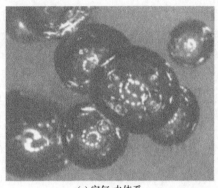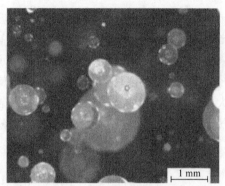

(a) 空气-水体系   (b) 邻二甲苯-水体系

图 8-35　不同体系中远心照相探头拍摄的气泡群图像[150]

2. 非接触式测量方法

1) 照相法

照相法采用图像传感器(CCD 或 CMOS)对多相流态化体系直接进行拍照或摄像，通过图像可以直接观察流体流动状态，结合进一步的图像处理，可以获取气泡的相关参数，如形貌、相含率、尺寸和速度等，如图 8-36 所示。照相法是最直观的测量方法，也被认为是最准确的测量方法，常用作其他测量方法的标定。

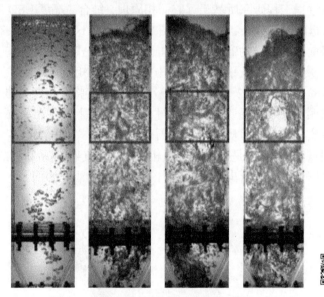

图 8-36　照相法拍摄的气液流化床图像[151]

根据入射源种类的不同，有光学照相法和 X 射线照相法之分。光学照相法的局限比较明显，要求反应器和流体透明或者具有可视化视窗，只适合低气速下不含固体颗粒体系的拍照，高气速时气泡密度高，只能观察到近壁区流体流动。X 射线照相法采用的 X 射线能量高，穿透力强，可以测量不透明流体内气泡的形状和位置，但由于是放射性射线，测量仪器结构复杂，安全防护要求高。

2) 光场成像法

光场成像法是一种全新的成像方法,通过在相机镜头和 CCD 传感器之间放置微透镜阵列,光场相机能同时记录光线的强度信息和角度信息,克服了传统成像只能记录光线强度的缺点,光场成像技术目前已经应用于 3D 复原、火焰测量和流场测速等领域。李庆浩等[152]提出了基于光场成像的气液两相流中气泡三维测量方法,解决了传统成像仅能进行二维测量的难题。首先采用光场相机采集被测流场的光场信息,利用计算成像技术得到气泡的全聚焦图像和各层图像,然后通过数字图像处理及系统标定数据确定流场内气泡尺寸和三维空间位置,实现气泡的三维测量,进而分析统计气泡尺寸分布、空间位置及气含率等参数。

光场相机的结构及成像过程如图 8-37 所示,物点 H 发出的光线 l 经主透镜折射后先入射到微透镜阵列上,再经微透镜折射后在 CCD 上成像,得到记录光场信息的光场原始图像。为了表征记录的光场信息,根据针孔模型,用一条经过微透镜中心的光线 l' 代表从主透镜某点入射到某个微透镜的所有光线。如图 8-37(b)所示,光线 l' 在 CCD 上的辐射总量可以表示为四维光场函数:

$$I = L(u, v, s, t) \tag{8-75}$$

式中, (u, v) 为光线穿过微透镜的中心坐标; (s, t) 为微透镜对应的像素中心坐标。

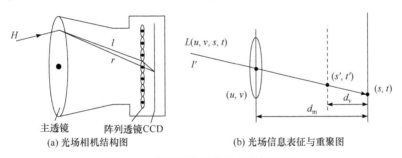

图 8-37　光场相机结构及成像过程[152]

因为 (u, v, s, t) 确定了光线的辐射方向,所以可以同时获得该光线的强度、位置及角度信息。利用数字重聚焦技术,根据几何光学原理可以对记录的光线进行追迹。如图 8-37(b)所示,选定重聚焦面位置,在重聚焦面上对光线做二重积分,可以得到该位置的重聚焦图像,重聚焦图像中各像素灰度值 $E(s', t')$ 为

$$E(s', t') = \iint L\left(u, v, u - (u - s')\frac{d_m}{d_m - d_v}, v - (v - t')\frac{d_m}{d_m - d_v}\right) du dv \tag{8-76}$$

式中, d_v 为重聚焦面与 CCD 面的距离,m; d_m 为微透镜阵列与 CCD 之间的距离,m; (s', t') 为重聚焦图像像素坐标。

聚焦在不同深度位置的重聚焦图像和全聚焦图像如图 8-38 所示,从原始光场图像提取光场数据,在不同重聚焦面重新成像,图中 z_1'、z_2'、z_3' 为不同的重聚焦面位置,将所有重聚焦面上的清晰像进行组合得到全聚焦图像。

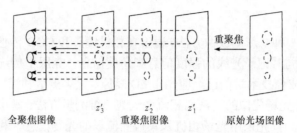

图 8-38   聚焦在不同深度位置的重聚焦图像和全聚焦图像[152]

8.3.2   气相混合行为测量

目前主要采用气体示踪技术测定流化床内气体扩散、混合及停留时间分布等流动参数，气体示踪技术与 8.2.4 节介绍的颗粒示踪技术类似。气体示踪技术是指在反应器入口以一定方式注入某种可以检测其踪迹的气体，示踪气体的流动行为可以较好地代表反应器内主气体的流动行为，通过检测示踪气体在反应器内不同时刻、不同区域的浓度，可以获得气体在反应器内的扩散、混合及停留时间分布等参数信息。示踪气体常选用与主气体性质相似且易于检测的气体，常见示踪气体有 H_2、CH_4、He、Ar、臭氧等[153]，用于检测示踪气体浓度的仪器有色谱仪、质谱仪等，检测方式包括直接在线采样检测和收集气体后再进行离线检测。

1. 气体停留时间分布测量

示踪气体注入可采用脉冲注入、稳定连续注入两种方式。脉冲注入主要用于流化床反应器内气体停留时间分布的研究，当流化床运行稳定后，在入口处瞬间注入一定量的示踪气体 Q，同时检测下游出口处示踪气体浓度随时间的变化 $C(t)$。若床层流出气体的稳定流量为 V，那么在 dt 时间间隔流出的示踪气体量为[154]

$$Q(t)=VC(t)dt \tag{8-77}$$

根据定义，停留时间分布密度 $E(t)$ 表示停留时间为 t 的示踪气体量占注入示踪气体总量的分率，因此，在 dt 时间间隔流出的示踪气体量也可表示为

$$Q(t) = E(t)Qdt \tag{8-78}$$

根据式(8-77)和式(8-78)，气体停留时间分布密度 $E(t)$ 可表示为

$$E(t) = \frac{VC(t)}{Q} \tag{8-79}$$

因为采用的是脉冲注入方式，注入示踪气体的量很少，所以流出床层的气体流量 V 基本保持恒定。由式(8-79)可知，在已知气体流量 V 和示踪气体注入量 Q 的情况下，示踪气体停留时间分布密度 $E(t)$ 可由测量的浓度分布 $C(t)$ 直接求得。

实际测量时，通常采用示踪气体的平均停留时间表征气体在流化床反应器内的总体停留情况，即

$$\bar{t} = \int_0^\infty tE(t)dt \tag{8-80}$$

实验中往往是间隔一定的时间进行一次采样分析，因此式(8-80)可离散化为

$$\bar{t} = \sum t E(t) \tag{8-81}$$

白丁荣等[155]采用脉冲示踪技术，在直径为 140 mm 的气固循环流化床内研究了气体的停留时间分布规律。由于循环流化床操作气速较高，气体平均停留时间短，因此，对示踪气体选择及检测仪器的响应均有较高的要求。为了保证实验结果的可靠性和准确性，他们采用离散检测的方法，通过设计可变速的旋转采样器连续收集一系列气体样品，然后利用气相色谱仪离线分析采样气体中示踪气体的浓度。实验测量的气固循环流化床内气体的典型停留时间分布密度如图 8-39 所示，与 Brereton 等[156]采用气体示踪技术测量的流化床内气体停留时间分布结果一致。赵书琨[157]采用类似的脉冲示踪技术对安装有挡板内构件流化床内气体的停留时间进行了测定。

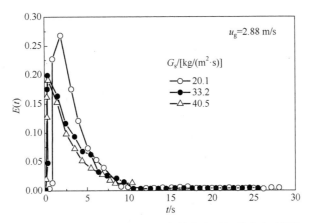

图 8-39　循环流化床内典型的气体停留时间分布密度[155]

2. 气体扩散(返混)测量

稳定连续注入示踪气体法主要用于流化床反应器内气体轴向扩散、径向扩散、返混及两种气体混合行为的研究，这种注入方式对检测器要求不高，但示踪气体耗用量较大。气体的混合程度一般用轴向扩散系数和径向扩散系数表征，若床内气体和颗粒的径向分布都比较均匀，气体扩散过程可采用拟均相扩散方程描述：

$$\frac{\partial C}{t} + \frac{u}{\varepsilon}\frac{\partial C}{\partial z} = D_a \frac{\partial^2 C}{\partial z^2} + \frac{D_r}{r}\frac{\partial}{\partial r}\left(r\frac{\partial C}{\partial r}\right) \tag{8-82}$$

当采用稳定连续方式注入示踪气体时，方程可简化为

$$\frac{u}{\varepsilon}\frac{\partial C}{\partial z} = D_a \frac{\partial^2 C}{\partial z^2} + \frac{D_r}{r}\frac{\partial}{\partial r}\left(r\frac{\partial C}{\partial r}\right) \tag{8-83}$$

式中，C 为出口处测量的示踪气体浓度；u 为表观气速，m/s；ε 为床层空隙率；D_a 为轴向扩散系数，m²/s；D_r 为径向扩散系数，m²/s；z 为轴向位置，m；r 为径向位置，m。

上述方程求解时，需根据具体研究体系对方程进一步简化，并结合边界条件和初始条件进行求解。

张小平和张蕴璧[158]采用 He 和 O₂ 两种示踪气体对细颗粒湍动流化床内气体的返混和扩散进行了研究。实验中，当流化床稳定运行后，向床内连续恒定地释放示踪气体(注入口向下)，释放点位于床面稍下方中心轴线上，沿释放点上游布置有 5 个采样探头，各探头的径向位置可以改变，以便检测不同径向位置处示踪气体的浓度。通过将采样探头接入气相色谱仪进行示踪浓度的在线检测。由于实验采用连续稳定的方式注入示踪气体，在只考虑一维轴向扩散的情况下，式(8-83)可以简化为

$$\frac{u}{\varepsilon}\frac{\partial C}{\partial z} = D_a \frac{\partial^2 C}{\partial^2 z^2} \tag{8-84}$$

根据边界条件，①注入点 H 处示踪气体浓度为 C_0，即 $z=H$，$C=C_0$；②无穷远处示踪气体浓度为 0，即 $z=\infty$，$C=0$，故式(8-84)可以积分为

$$\ln\frac{C}{C_0} = \frac{u}{D_a\varepsilon}(z-H) \tag{8-85}$$

式中，C 为轴向不同截面内示踪气体的平均浓度；ε 为床层平均空隙率；u 为表观气速，m/s。

床层轴向不同截面内示踪气体的平均浓度可以通过色谱仪测得，而截面内的平均空隙率可以通过压差法测得，代入式(8-85)可以求取不同高度处气体的轴向扩散系数 D_a。

在研究循环流化床内气体径向扩散时，根据白丁荣等[159]以及 Kunii 和 Toci[160]在循环流化床内得到的研究结论，式(8-83)可简化为

$$\frac{u}{\varepsilon}\frac{\partial C}{\partial z} = \frac{D_r}{r}\frac{\partial}{\partial r}\left(r\frac{\partial C}{\partial r}\right) \tag{8-86}$$

根据边界条件，$r=0$，$C=C_0$，式(8-86)可以积分为

$$\ln\frac{C_{r_1}}{C_{r_2}} = \frac{Pe_a Pe_r}{4HR}(r_1^2 - r_2^2) \tag{8-87}$$

式中，R 为床层半径，m；C_{r_1}、C_{r_2} 为径向位置 r_1 和 r_2 处测量的示踪气体浓度；Pe_a 为轴向佩克莱数，$Pe_a = uL/D_a\varepsilon$；Pe_r 为径向佩克莱数，$Pe_r = uR/D_r\varepsilon$；L 为示踪气体注入点至检测点之间的距离，m。

最后，将轴向扩散系数及不同径向位置测量的示踪气体浓度代入式(8-87)可以得到流化床内不同径向位置气体的扩散系数 D_r。

Zhang 等[161-163]采用稳定连续注入 He 气示踪法，对挡板流化床内气体的轴向扩散和返混特性进行了研究。如图 8-40 所示，He 气示踪气体在床层上部由竖直圆管持续向下注入，示踪气体入口下方布置 4 根取样管，每根取样管沿径向布置 5 个采样点，各采样口通过软管引出接入气体采样袋，然后利用 TCD 检测器对采集气中的 He 气浓度进行离线分析，最后根据简单一维稳态轴向扩散模型对自由床和挡板床内气体的轴向扩散系数进行了分析，结果如图 8-41 所示。研究发现，床层内布置的斜片挡板内构件可以显著抑制流化床内气体的轴向返混，相比于自由床内气体的轴向扩散明显降低，这对气体停留时间分布敏感的反应过程非常有利。

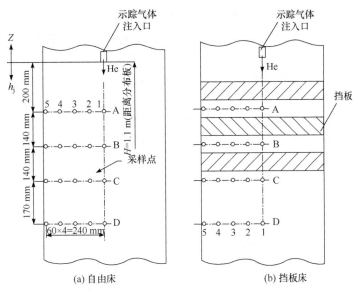

图 8-40　自由床和挡板床内示踪气体注入位置及采样管布置示意图[161]

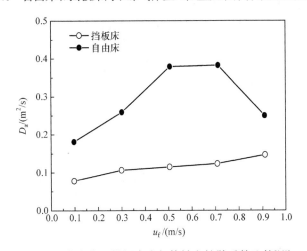

图 8-41　自由床和挡板床内气体轴向扩散系数比较[161]

3. 其他测量

在催化裂化、甲醇制烯烃等工艺过程中，待生催化剂进入再生器进行烧焦之前，必须通过汽提器将催化剂孔道及催化剂颗粒之间夹带的气体产物置换出来，以提高工业装置的产品收率和降低再生器的燃烧负荷[164]。连续稳态注入示踪气体技术也是研究汽提器效率的重要手段，汽提效率定义为

$$\eta = \frac{C_0 - C}{C_0} \tag{8-88}$$

式中，η 为汽提效率，%；C_0 为汽提器入口处气体产物浓度；C 为汽提器出口处气体产物浓度。

张永民等[165]采用 O_2 气作为示踪气体，对三种不同结构催化裂化汽提器(空筒结构、盘环形挡板结构和两段环流结构)的汽提效率进行了研究。实验中以催化剂吸附和夹带的空气模拟油气，以纯氮气模拟汽提蒸汽。通过一次性注射器从床层中采样气体，然后在气相色谱仪上离线分析采样气中氧气的浓度，最后根据氧气浓度的降低量计算出不同结构汽提器的汽提效率。董群等[166]采用氢气作为示踪气体对散装填料汽提器的效率进行了研究，以示踪气体氢气模拟油气，以空气模拟汽提蒸汽，示踪氢气以恒定流量注入床层，催化剂吸附和夹带氢气后向下流动，在汽提器出口采用真空泵将气体抽出后接入热导池检测器，检测出口示踪氢气的浓度。研究表明，填料汽提器和空筒汽提器相比不仅具有较高的汽提效率，还允许更高的催化剂循环量。Zhang 等[163]采用 He 气作为示踪气体，对图 8-40 所示挡板床汽提器的效率进行了研究，研究表明挡板床汽提器的汽提效率明显高于空筒汽提器。

此外，连续稳态注入示踪气体技术也可用于流化床内两种气体的混合特性研究，郑守忠和付金良[167]通过在喷动流化床内注入两种不同示踪气体的方法，考察了喷动床内喷动区与环形区之间的气体交换特性以及环形区的气体混合特性。实验中，在主喷动气中加入 CO 示踪气体，流化气中加入 SO_2 示踪气体，两种示踪气体分别在底部的喷动气和流化气管路上注入。在床层轴向不同高度处安装示踪气体取样口，通过便携式气体分析仪内置的气泵从取样管抽取气体后进行示踪气体浓度测定。通过检测 CO 和 SO_2 气体的径向浓度分布定性分析了喷动区和环形区气体的混合特性。Shah 等[168]对气体示踪技术在气液或气液固三相流化床体系的应用进行了总结，其测量原理与气固流化床体系相同。

8.4　传　热　测　量

多相反应往往涉及吸热或放热过程，为了满足反应温度要求，需要在反应器内安装换热构件来调节反应器温度。由于流化床反应器内复杂的多相混合流动，反应器内部的传热也十分复杂。传热规律研究主要涉及床层介质与换热构件表面以及床层介质与床壁间的传热系数测量。床层介质与换热壁面之间的传热包括对流传热和热辐射传热两种方式，当操作温度较低时，热辐射可以忽略，因此床层介质与换热壁面之间的换热量可以描述为

$$q = h_c A(T_w - T_b) \tag{8-89}$$

式中，q 为换热量，J；A 为换热面积，m^2；T_w 为换热壁面温度，℃；T_b 为床层温度，℃；h_c 为对流传热系数，$W/(m^2 \cdot ℃)$。

当操作温度较高时，辐射传热变为不可忽略的传热过程，床层介质与换热壁面之间的传热包括对流传热和辐射传热两部分，即

$$q = h_c A(T_w - T_b) + h_r A(T_w - T_b) = h_s A(T_w - T_b) \tag{8-90}$$

式中，h_r 为辐射传热系数，$W/(m^2 \cdot ℃)$；h_s 为表观传热系数，$W/(m^2 \cdot ℃)$。

当存在多种传热方式时，通常引入表观传热系数 h_s 来描述流化床内的传热过程，并不需要将对流传热与辐射传热分开测量。但是，如果需要单独研究辐射传热时，可采取

相应的措施将二者分开进行测量,具体测量方法在 8.4.3 节介绍。

根据传热测量方法不同,测量结果分为平均传热系数和瞬时局部传热系数。平均传热系数是指整个换热面的平均传热系数,主要用于为工业反应器设计提供基础数据支撑。瞬时局部传热系数是指换热面内某一局部位置的瞬态传热系数,多用于流化床反应器内换热面与床层介质之间的传热特性及传热机理研究,为建立准确的理论传热模型奠定基础。

8.4.1　平均传热系数测量

在稳态条件下,平均传热系数测量常采用的方法是在测量区域安装一根或多根换热水管,由进、出口的水温变化可以求得管壁面与床层介质之间的换热量,同时采用热电偶测定床层温度和管壁温度,在不考虑热辐射的情况下,由式(8-89)可以直接计算得床层介质和换热管壁之间的平均传热系数。由于流化床内介质混合剧烈,流体与颗粒以及不同区域的介质之间极易达到热平衡,通常认为床层内不同区域的温度是一致的。

Wu 等[169]在沙子作为流化物料的方形截面气固循环流化床内,将两组管束分别安装在分布器上方不同高度处,每组管束包含 4 根换热圆管,圆管的一半嵌入床壁,另一半浸没在床层内,形成类似带有两片翅片的换热圆管,如图 8-42 所示。每根管中都有冷却水从底部进入顶部流出,在中间圆管的内、外表面沿轴向等距布置了 8 个热电偶,每个热电偶可以测定其所在位置处冷却水的温度 T_i,因此任意两热电偶之间的管壁与床层介质之间的换热量可表示为

$$q = C_{\mathrm{w}} \Delta S A \rho_{\mathrm{w}} (T_{i+1} - T_i) \tag{8-91}$$

式中, C_{w} 为水的比热容, J/(kg · ℃); ρ_{w} 为水的密度, kg/m³; ΔS 为两热电偶之间的间距, m; A 为圆管的横截面积, m²。

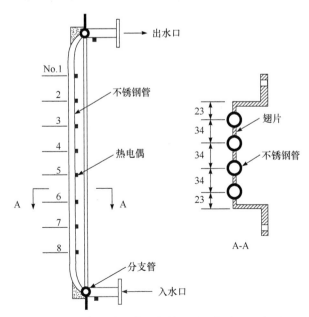

图 8-42　嵌入床壁换热管的安装及热电偶布置示意图[169]

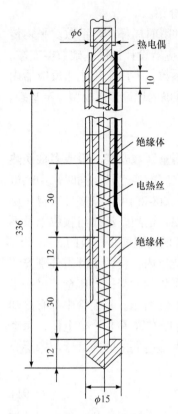

图 8-43   组合式换热管的结构
示意图(单位：mm)[171]

最后，结合圆管外表面所布置热电偶测得的管外壁温度 T_{wi} 和床层温度 T_b，将 q、T_{wi}、T_b 代入式(8-89)即可求得任意两热电偶之间管壁与床层介质之间的平均传热系数。

孙富伟等[170]利用相同的测量方法，对催化裂化取热器内竖直翅片管束的平均传热系数进行了测定，但与上述实验采用的传热方向刚好相反，实验中热量是由圆管内流动的热水传递至床内的冷颗粒及气体。

另外，为了实验方便，研究人员还常采用电加热的方式进行平均传热系数测定。白丁荣等[171]设计了如图 8-43 所示的组合式竖直换热圆管，圆管沿轴向被分成 7 节，每节圆管内部都有电热丝进行加热，各节之间通过聚四氟乙烯绝热体隔开，以尽可能地降低各节之间的轴向热传导。每节圆管轴向的中间位置安装有热电偶，可以测得各节圆管表面的温度 T_i，同时利用在流化床内布置的热电偶测得床层温度 T_b。其中，竖直换热圆管内部设置的各段电热丝的总发热量可表示为

$$q = UI \qquad (8\text{-}92)$$

式中，U 为电热丝两端的电压，V；I 为流过电热丝的电流，A。

考虑到每节圆管内电热丝的发热量可能并不完全相同，故在床层只通入气体的条件下对换热圆管进行了标定。因为气体沿圆管长度方向达到了充分发展的流动，每节圆管的对流传热系数接近一致($h_{gi} = h$)，在忽略轴向热传导的情况下，任意单节圆管的散热量与圆管总的散热量之比可表示为

$$
\begin{aligned}
q_i/q &= h_{gi}A(T_i - T_b) \Big/ \sum_{i=1}^{8} h_{gi}A(T_i - T_b) \\
&= (T_i - T_b) \Big/ \sum_{i=1}^{8}(T_i - T_b)
\end{aligned}
\qquad (8\text{-}93)
$$

式中，A 为每节圆管的换热面积，m^2。

实验结果表明，该比值与操作气速无关，仅受圆管结构的影响。实际测量时，在不改变圆管结构的情况下，任意单节圆管的散热量与圆管的总散热量也应满足式(8-92)，因此任意单节圆管的散热量可表示为

$$q_i = UI(T_i - T_b) \Big/ \sum_{i=1}^{8}(T_i - T_b) \qquad (8\text{-}94)$$

因此，实际测量的单节圆管的平均传热系数可表示为

$$h_i = \frac{UI}{A\sum_{i=1}^{8}(T_i - T_b)} \tag{8-95}$$

采用这种测量方式的优点是整根圆管的总传热量容易根据电加热直接求得，同时换热管的结构简单。Yao(姚秀颖)等[172-173]采用相似的换热圆管结构对气固环流取热器内竖直圆管的换热特性进行了大量实验研究。

8.4.2　瞬时局部传热系数测量

微型金属热探头是测量流化床内换热管壁瞬时局部传热系数的重要方式，通过将制作的热探头嵌入换热管壁(或床壁)进行测量，热探头传热表面与圆管外壁(或床壁)面保持平齐，以避免热探头对床内气固流动行为产生干扰。目前常见的热探头主要有表面恒温热探头和表面温度可变热探头。

1. 表面恒温热探头

Beasley 团队对表面恒温热探头开展了大量研究工作[174-177]，下面以该团队设计的热探头为例，对表面恒温热探头的测量原理进行介绍。

如图 8-44 所示，表面恒温热探头主要由金属薄膜热电阻和反馈电路组成。在绝热玻璃片基体表面镀一层大小为 1.2 mm × 0.3 mm 的铂金属薄膜，镀层厚度为 2 μm，然后在铂金属薄膜表面覆盖一层导热性能很好的氧化铝涂层来防止床层物料对金属薄膜电阻的侵蚀。铂金属薄膜两端接入差分反馈电路，通过改变薄膜电阻两端的电压大小来控制其发热量。由于铂金属薄膜电阻与温度之间具有很好的线性关系，其本身就是很好的温度传感器，通过测量电阻大小可以测定它的实时温度。根据反馈电路，当温度低于设定值时，控制电路会迅速增大电压提高热探头的发热量，反之则会降低电压来减少发热量，从而实现金属薄膜电阻的实时恒温加热。在这种测量方式下，热量是由金属薄膜电阻传递给床层内的冷物料介质。金属热探头通常是嵌入换热管壁进行测量的，换热圆管其余部分采用电加热方式使其保持与金属热探头接近的温度。对于此类热探头，探头的瞬时发热量可由薄膜电阻两端的电压 U 及其内部的瞬态电流 I 求得，即可表示为

$$q = UI \tag{8-96}$$

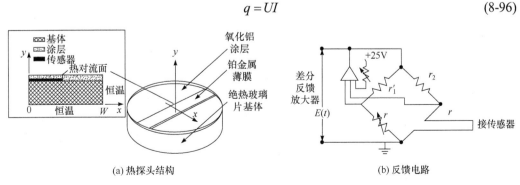

(a) 热探头结构　　　　　　　　　　　　　　　　(b) 反馈电路

图 8-44　热探头结构及反馈电路图[174]

由于测量过程中热探头表面温度 T_p 保持恒定,同时床层温度 T_b 也通过热电偶进行了测定,因此表面恒温热探头测量的瞬时局部传热系数可表示为

$$h = \frac{UI}{A_e(T_p - T_b)} \tag{8-97}$$

必须指出的是,由于金属薄膜电阻表面覆盖的氧化铝涂层周向与管壁之间没有绝热分隔,会发生一定的热量交换,因此,实际的传热面积 A_e 并不是金属薄膜电阻的上表面积 A_p,而是大于该表面积,因此实际测量过程中,需要通过给金属薄膜电阻施加一个已知传热系数的静态热载荷来校正热探头的实际传热面积。此外,Fitzgerald 等[178]还提出在氧化铝涂层表面再涂一层绝热层的校正方式。这种情况下,金属薄膜电阻的发热量只能通过氧化铝涂层的周向向外传递,氧化铝涂层向外传递的总热量可表示为

$$q_0 = U_0 I_0 \tag{8-98}$$

因此,实际测量过程中金属薄膜电阻表面散发的热量为

$$q = UI - U_0 I_0 \tag{8-99}$$

故采用表面恒温热探头测量的瞬时局部传热系数可以表示为

$$h = \frac{UI - U_0 I_0}{A_p(T_p - T_b)} \tag{8-100}$$

这种表面恒温热探头的优势是总传热量可以由电阻的发热量直接求得,因此,传热系数计算十分方便。通过采用热敏性非常好的材料,热探头响应时间能达到 2～20 ms,且体积很小,便于在圆管周向同时布置多个热探头。此外,将热探头与测量局部气固流动参数的其他探头组合使用,能够更深入地认识流化床反应器内浸入壁面的传热机理[176]。但是,为了防止热探头的高温损坏,这类探头通常只能在低于 100℃ 的条件下使用。

2. 表面温度可变热探头

表面温度可变热探头主要由两个热电偶和金属导热体组成,其中一个热电偶布置在金属导热体外表面,另一个热电偶布置在金属导热体内部。实际测量中,热探头也是通过嵌入换热管壁进行测量的,导热体外表面与换热管外表面保持平齐,导热体四周安装有绝热介质,以阻止导热体与管壁之间的热量传递,热量只能从导热体外表面向内部单向传递,属于一维非稳态传热问题,此类热探头测量瞬态传热系数的基本原理就是求解一维非稳态传热的解。这类热探头的优点是适用于高温流化床内局部瞬态传热系数的测量,可测温度达到 1000℃ 以上。测量过程中,热量是由床层热介质传递给热探头,与表面恒温热探头的热量传递方向刚好相反。下面以 Khan 和 Turton[179]设计的表面温度可变热探头为例对此类探头的具体测量原理进行介绍。

如图 8-45 所示,表面温度可变热探头由两个 304 不锈钢半柱体、三片 2.5 μm 厚的绝缘云母薄片、带状镍铝合金条、带状镍铬合金条及套筒组成。带状镍铝合金条和镍铬合金条位于三片绝缘云母之间,使得两条带状合金条之间及其与不锈钢柱体之间保持绝缘,所有部件通过插入套筒组装在一起。两条带状合金条的上端焊接在一起,在换热表面处

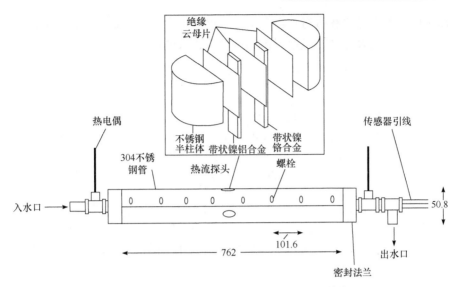

图 8-45 热探头结构及其在换热管壁的安装示意图(单位：mm)[177]

形成热电偶触点，可以测定换热表面的瞬态温度。实际测量过程中，热探头被嵌入换热管壁，探头的换热面与圆管外壁保持平齐。圆管内有冷却水从一端流入另一端流出，由于采用的水流速度很大，圆管入口和出口处的水温几乎不变，因此，求解过程中可认为热探头内表面的温度与水流温度相等。水流温度由布置在入口或出口处的热电偶测得。热探头的周向安装有绝热体，可以隔绝探头周向与圆管之间的热传导，因此，热探头内部的传热就简化为一维非稳态导热问题。在柱坐标下，一维非稳态导热微分方程可以表示为

$$\frac{\partial^2 T}{\partial r^2} + \frac{1}{r}\frac{\partial T}{\partial r} = \frac{1}{\alpha}\frac{\partial T}{\partial t} \tag{8-101}$$

在上述情况下，边界条件可表示为

$$T(R_o, t) = T_W(t) \tag{8-102}$$

$$T(R_i, t) = T_C \tag{8-103}$$

式中，$T(R_o, t)$ 为热探头外表面温度，℃；$T(R_i, t)$ 为热探头内表面温度，℃；$T_W(t)$ 为热电偶测量的热探头外表面温度，℃；T_C 为冷却水温度，℃；R_i、R_o 为圆管的内、外径，m。

假设初始条件下热探头内部温度均匀分布，故初始条件可表示为

$$T(R, 0) = \langle T_W \rangle \tag{8-104}$$

式中，$\langle T_W \rangle$ 为热电偶测量的热探头外表面时间平均温度，℃。

虽然初始条件下热探头内部的温度分布假设与真实情况有所差异，但是在非稳态传热过程中，初始条件的影响随着传热的进行会逐渐减弱，达到一定时间后，探头内部的传热并不依赖于初始温度分布，通常会忽略前一段时间的求解结果，以消除初始条件设置引起的误差。根据已知的边界条件和初始条件，采用解析解法、近似分析法或数值解

法对式(8-101)中偏微分方程进行求解，即可求得探头内部的瞬态温度场分布。

热探头外表面的瞬态热流量可以由热传导公式求得：

$$q(t) = -\lambda \frac{\partial T}{\partial r}\bigg|_{r=R_0} \tag{8-105}$$

式中，λ 为材料的导热系数，W/(m·℃)。

因此，任意时刻由热探头测量的瞬态局部传热系数可表示为

$$h(t) = \frac{q(t)}{T_b - T_W(t)} \tag{8-106}$$

基于相似的测量方法，George 等[180-181]报道了一种嵌入床壁的热探头，利用该热探头对高温流化床壁面的瞬态局部传热特性进行了测量。Li 等[182-183]将设计的金属热探头与电容探头进行了组合，在 1034℃的高温流化床内对水平圆管的局部传热特性及床内气固流动规律进行了同步测量。

8.4.3　辐射传热测量

在高温流化床体系内，辐射传热是不可忽略的，为了单独研究流化床内辐射传热的特性，研究人员也设计开发了相应的热探头测量技术，具体测量方法如下：

第一种方法是在上节介绍的热探头前端安装石英玻璃或其他易于辐射热量传递的保护窗，利用保护窗将热探头与床层内气体和颗粒分割开，从而排除对流传热的影响，使得热探头测量的传热系数只是辐射传热系数[184-185]。

第二种方法是通过间接测量得到辐射传热系数，即用表面黑度很高的热探头测量总传热系数，然后用表面黑度接近于零的热探头测量对流传热系数，二者之差即为辐射传热系数[186]。常用的高黑度材料包括铜、不锈钢氧化层等，低黑度材料有镀金、镀银或镀铂表层。

习　题

8-1　用 K 型热电偶测量某加热炉的温度，在冷端温度为室温 30℃时，测得热电势为 38.122 mV，热电偶所测的实际温度为多少？

8-2　光纤探头测量技术可用于测量多相流态化体系的哪些参数？测量哪些参数时必须进行标定？

8-3　已知双光束多普勒测速仪器的基本参数：$\lambda = 532$ nm，$\theta/2 = \alpha = 5°$，若颗粒以 20 m/s 的速度，沿着激光干涉条纹所在平面，与干涉条纹成 30°夹角的方向穿越测量区域，求多普勒测速仪所测得多普勒频率的大小。

8-4　在某气固流化床反应器内，在反应器入口瞬态注入一股示踪气体，同时在反应器出口用色谱仪检测示踪气体的浓度，检测的示踪气体浓度满足：$C(t) = \frac{1}{\sqrt{2\pi}}\exp\left(-\frac{t^2}{2}\right)(t \geq 0)$，已知反应器内气体的体积流量为 0.06 m³/s，注入床层示踪气体的体积为 0.005 m³。试求示踪气体在床层内的平均停留时间。

8-5　在多相流态化体系颗粒浓度测量技术中，哪些技术用于局部浓度测量？哪些技术用于整体平均浓度测量？

8-6　在现有的多相流测量技术中，哪些技术适用于高温体系？哪些技术有潜力应用于工业反应器测量？

参 考 文 献

[1] 金涌. 流态化工程原理[M]. 北京: 清华大学出版社, 2001.

[2] Ye M. Non-invasive techniques for measuring particle concentration and particle velocity in dense solid-gas two-phase flows[D]. Enschede: Twente University, 2001.

[3] 陈俊武. 催化裂化工艺与工程[M]. 2 版. 北京: 中国石化出版社, 2005.

[4] 刘中民. 甲醇制烯烃[M]. 北京: 科学出版社, 2015.

[5] Saxena S, Srivastava K, Vadivel R. Experimental techniques for the measurement of radiative and total heat transfer in gas fluidized beds: A review[J]. Experimental Thermal and Fluid Science, 1989, 2(3): 350-364.

[6] 李少丹, 林原胜, 谭思超, 等. 双色平面激光诱导荧光法测温技术研究[J]. 核动力工程, 2014, 35(4): 137-141.

[7] 苏铁, 陈爽, 杨富荣, 等. 双色平面激光诱导荧光瞬态燃烧场测温实验[J]. 红外与激光工程, 2014, 43(6): 1750-1754.

[8] 汪家铭. 红外测温技术及其在设备诊断中的应用[J]. 石油化工设备, 1989, 18(1): 44-46.

[9] Patil A V, Peters E A J F, Sutkar V S, et al. A study of heat transfer in fluidized beds using an integrated DIA/PIV/IR technique[J]. Chemical Engineering Journal, 2015, 259: 90-106.

[10] Li Z, Janssen T C E, Buist K A, et al. Experimental and simulation study of heat transfer in fluidized beds with heat production[J]. Chemical Engineering Journal, 2017, 317: 242-257.

[11] Dang T Y N, Kolkman T, Gallucci F, et al. Development of a novel infrared technique for instantaneous, whole-field, non-invasive gas concentration measurements in gas-solid fluidized beds[J]. Chemical Engineering Journal, 2013, 219: 545-557.

[12] Dang T, Gallucci F, van Sint Annaland M. Gas mixing study in freely bubbling and turbulent gas-solid fluidized beds with a novel infrared technique coupled with digital image analysis[J]. Chemical Engineering Science, 2014, 116: 38-48.

[13] Medrano J A, de Nooijer N C, Gallucci F, et al. Advancement of an infra-red technique for whole-field concentration measurements in fluidized beds[J]. Sensors, 2016, 16(3): 300.

[14] Noymer P D, Glicksman L R. Cluster motion and particle-convective heat transfer at the wall of a circulating fluidized bed[J]. International Journal of Heat and Mass Transfer, 1998, 41(1): 147-158.

[15] Bi H T. A critical review of the complex pressure fluctuation phenomenon in gas-solids fluidized beds[J]. Chemical Engineering Science, 2007, 62(13): 3473-3493.

[16] Werther J. Measurement techniques in fluidized beds[J]. Powder Technology, 1999, 102(1): 15-36.

[17] Yerushalmi J, Cankurt N T. Further studies of the regimes of fluidization[J]. Powder Technology, 1979, 24(2): 187-205.

[18] Xie H Y, Geldart D. The response time of pressure probes[J]. Powder Technology, 1997, 90(2): 149-151.

[19] Boyer C, Duquenne A M, Wild G. Measuring techniques in gas-liquid and gas-liquid-solid reactors[J]. Chemical Engineering Science, 2002, 57(16): 3185-3215.

[20] Herbert P M, Gauthier T A, Briens C L, et al. Application of fiber optic reflection probes to the measurement of local particle velocity and concentration in gas-solid flow[J]. Powder Technology, 1994, 80(3): 243-252.

[21] Zhang H, Johnston P M, Zhu J X, et al. A novel calibration procedure for a fiber optic solids concentration probe[J]. Powder Technology, 1998, 100(2-3): 260-272.

[22] 董元吉, 李静海, 郭慕孙. 快速流化床径向空隙率分布测定及关联[J]. 化学反应工程与工艺, 1988, 4(1): 75-81.

[23] 刘明言, 杨扬, 薛娟萍, 等. 气液固三相流化床反应器测试技术[J]. 过程工程学报, 2005, 5(2): 217-

222.

[24] 刘利群, 孙勤, 杨阿三, 等. 气液固三相流化床局部相含率[J]. 化学工程, 2015, 43(10): 45-49.

[25] Wang T F, Wang J F, Yang W G, et al. Experimental study on bubble behavior in gas-liquid-solid three-phase circulating fluidized beds[J]. Powder Technology, 2003, 137(1-2): 83-90.

[26] Huang J K, Lu Y J. Characteristics of bubble, cloud and wake in jetting fluidised bed determined using a the capacitance probe[J]. Chemical Engineering Research and Design, 2018, 136(A): 687-697.

[27] van Ommen J R, Mudde R F. Measuring the gas-solids distribution in fluidized beds: A review[J]. International Journal of Chemical Reactor Engineering, 2008, 6(1): 1-29.

[28] Wiesendorf V, Werther J. Capacitance probes for solids volume concentration and velocity measurements in industrial fluidized bed reactors[J]. Powder Technology, 2000, 110(1): 143-157.

[29] Hage B, Werther J. The guarded capacitance probe-a tool for the measurement of solids flow patterns in laboratory and industrial fluidized bed combustors[J]. Powder Technology, 1997, 93(3): 235-245.

[30] 周云龙, 张学清, 孙斌. 应用电导探针技术识别气液两相流流型方法及电导波动信号噪声的辨识[J]. 传感技术学报, 2008, 21(10): 1708-1712.

[31] 胡宗定, 王一平. 用电导法进行气-液-固三相流化床各相局部含率的测定[J]. 天津大学学报, 1984, 1: 17-22.

[32] Turner J C R. Two-phase conductivity: The electrical conductance of liquid-fluidized beds of spheres[J]. Chemical Engineering Science, 1976, 31(6): 487-492.

[33] 董淑芹, 曹长青, 刘明言, 等. 气-液-固三相流化床气体分布器区局部相含率和床层膨胀比的实验研究[J]. 青岛科技大学学报(自然科学版), 2007, 28(6): 516-520.

[34] Cao C Q, Liu M Y, Guo Q J. Experimental investigation into the radial distribution of local phase holdups in a gas-liquid-solid fluidized bed[J]. Industrial & Engineering Chemistry Research, 2007, 46(11): 3841-3848.

[35] 梁五更, 张书良, 俞芷青, 等. 液固循环流化床的研究（Ⅰ）: 相含率及颗粒循环速率[J]. 化工学报, 1993, 44(6): 666-671.

[36] Liang W, Wu Q, Yu Z, et al. Hydrodynamics of a gas-liquid-solid three phase circulating fluidized bed[J]. The Canadian Journal of Chemical Engineering, 1995, 73(5): 656-661.

[37] Begovich J M, Watson J. An electroconductivity technique for the measurement of axial variation of holdups in three-phase fluidized beds[J]. AIChE Journal, 1978, 24(2): 351-354.

[38] Sun J Y, Yan Y. Non-intrusive measurement and hydrodynamics characterization of gas-solid fluidized beds: A review[J]. Measurement Science and Technology, 2016, 27(11): 1-31.

[39] Shollenberger K A, Torczynski J R, Adkins D R, et al. Gamma-densitometry tomography of gas holdup spatial distribution in industrial-scale bubble columns[J]. Chemical Engineering Science, 1997, 52(13): 2037-2048.

[40] Nedeltchev S, Ahmed F, Al-Dahhan M. A new method for flow regime identification in a fluidized bed based on gamma-ray densitometry and information entropy[J]. Journal of Chemical Engineering of Japan, 2012, 45(3): 197-205.

[41] Bhusarapu S, Fongarland P, Al-Dahhan M, et al. Measurement of overall solids mass flux in a gas-solid circulating fluidized bed[J]. Powder Technology, 2004, 148(2): 158-171.

[42] Tortora P R, Ceccio S L, O'Hern T J, et al. Quantitative measurement of solids distribution in gas-solid riser flows using electrical impedance tomography and gamma densitometry tomography[J]. International Journal of Multiphase Flow, 2006, 32(8): 972-995.

[43] Jafari R, Tanguy P A, Chaouki J. Characterization of minimum impeller speed for suspension of solids in liquid at high solid concentration, using gamma-ray densitometry[J]. International Journal of Chemical

Engineering, 2012, 2012(1): 1-15.

[44] Kumara W A S, Halvorsen B M, Melaaen M C. Single-beam gamma densitometry measurements of oil-water flow in horizontal and slightly inclined pipes[J]. International Journal of Multiphase Flow, 2010, 36(6): 467-480.

[45] 王翠苹. 气固悬浮床流场优化及 ECT 应用的实验研究[D]. 北京: 清华大学, 2005.

[46] 石冶郝, 余玉峰, 程小红. CT 扫描中的数学-拉东(Radon)变换[J]. 首都师范大学学报, 2013, 34(4): 15-18.

[47] Wu C N, Cheng Y L, Ding Y, et al. A novel X-ray computed tomography method for fast measurement of multiphase flow[J]. Chemical Engineering Science, 2007, 62(16): 4325-4335.

[48] Bieberle M, Barthel F, Hampel U. Ultrafast X-ray computed tomography for the analysis of gas-solid fluidized beds[J]. Chemical Engineering Journal, 2012, 189-190: 356-363.

[49] Saayman J, Nicol W, van Ommen J R, et al. Fast X-ray tomography for the quantification of the bubbling, turbulent and fast fluidization-flow regimes and void structures[J]. Chemical Engineering Journal, 2013, 234(12): 437-447.

[50] Chetih N, Messali Z. Tomographic image reconstruction using filtered back projection (FBP) and algebraic reconstruction technique (ART)[C]. Kathmandu: International Conference on Control IEEE, 2015.

[51] Beister M, Kolditz D, Kalender W A. Iterative reconstruction methods in X-ray CT[J]. Physica Medica, 2012, 28(2): 94-108.

[52] Hubers J L, Striegel A C, Heindel T J, et al. X-ray computed tomography in large bubble columns[J]. Chemical Engineering Science, 2005, 60(22): 6124-6133.

[53] Rabha S, Schubert M, Wagner M, et al. Bubble size and radial gas hold-up distributions in a slurry bubble column using ultrafast electron beam X-ray tomography[J]. AIChE Journal, 59(5): 1709-1722.

[54] Patel A K, Waje S S, Thorat B N, et al. Tomographic diagnosis of gas maldistribution in gas-solid fluidized beds[J]. Powder Technology, 2008, 185(3): 239-250.

[55] de Mesquita C H, de Sousa Carvalho D V, Kirita R, et al. Gas-liquid distribution in a bubble column using industrial gamma-ray computed tomography[J]. Radiation Physics and Chemistry, 2014, 95: 396-400.

[56] Limtrakul S, Chen J W, Ramachandran P A, et al. Solids motion and holdup profiles in liquid fluidized beds[J]. Chemical Engineering Science, 2005, 60(7): 1889-1900.

[57] Yang W, Peng L. Image reconstruction algorithms for electrical capacitance tomography[J]. Measurement Science and Technology, 2003, 14(1): R1-R13.

[58] Yang W Q. Design of electrical capacitance tomography sensors[J]. Measurement Science and Technology, 2010, 21(4): 447-453.

[59] Smolik W T, Klos M, Szabatin R. Single-shot charge-discharge circuit for dynamic electrical capacitance tomography[J]. AIP Conference Proceedings, 2012, 1428(2): 175-181.

[60] Yang W Q. A self-balancing circuit to measure capacitance and loss conductance for industrial transducer applications[J]. IEEE Transactions on Instrumentation and Measurement, 1996, 45(6): 955-958.

[61] Xie C G, Huang S M, Beck M S, et al. Electrical capacitance tomography for flow imaging: System model for development of image reconstruction algorithms and design of primary sensors[J]. IEE Proceedings G Circuits, Devices and Systems, 1992, 139(1): 89-98.

[62] 陈德运. 两相流电容层析成像技术的研究[D]. 哈尔滨: 哈尔滨理工大学, 2008.

[63] Yan H, Sun Y H, Wang Y F, et al. Comparisons of three modelling methods for the forward problem in three-dimensional electrical capacitance tomography[J]. IET Science Measurement & Technology, 2015, 9(5): 615-620.

[64] 牟昌华, 彭黎辉, 姚丹亚, 等. 一种基于电势分布的电容成像敏感分布计算方法[J]. 计算物理, 2006,

23(1): 87-92.

[65] Makkawi Y T, Wright P C. Fluidization regimes in a conventional fluidized bed characterized by means of electrical capacitance tomography[J]. Chemical Engineering Science, 2002, 57(13): 2411-2437.

[66] Qiu G Z, Ye J M, Wang H G, et al. Investigation of flow hydrodynamics and regime transition in a gas-solids fluidized bed with different riser diameters[J]. Chemical Engineering Science, 2014, 116(1): 195-207.

[67] Chaplin G, Pugsley T. Application of electrical capacitance tomography to the fluidized bed drying of pharmaceutical granule[J]. Chemical Engineering Science, 2005, 60(24): 7022-7033.

[68] Huang K, Meng S H, Guo Q, et al. High-temperature electrical capacitance tomography for gas-solid fluidised beds[J]. Measurement Science and Technology, 2018, 29(10): 1-19.

[69] Wang D W, Xu M Y, Marashdeh Q, et al. Electrical capacitance volume tomography for characterization of gas-solid slugging fluidization with Geldart group D particles under high temperatures[J]. Industrial & Engineering Chemistry Research, 2018, 57(7): 2687-2697.

[70] Dickin F, Wang M. Electrical resistance tomography for process applications[J]. Measurement Science and Technology, 1996, 7(3): 247-260.

[71] Razzak S A, Barghi S, Zhu J X. Electrical resistance tomography for flow characterization of a gas-liquid-solid three-phase circulating fluidized bed[J]. Chemical Engineering Science, 2007, 62(24): 7253-7263.

[72] Razzak S, Barghi S, Zhu J. Axial hydrodynamic studies in a gas-liquid-solid circulating fluidized bed riser[J]. Powder Technology, 2010, 199(1): 77-88.

[73] Kazemzadeh A, Ein-Mozaffari F, Lohi A. Hydrodynamics of solid and liquid phases in a mixing tank containing high solid loading slurry of large particles via tomography and computational fluid dynamics[J]. Powder Technology, 2020, 360: 635-648.

[74] Wu Z, McCann H, Davis L E, et al. Microwave-tomographic system for oil and gas-multiphase-flow imaging[J]. Measurement Science and Technology, 2009, 20(10): 1-8.

[75] Wang H G, Zhang J L, Ramli M F, et al. Imaging wet granules with different flow patterns by electrical capacitance tomography and microwave tomography[J]. Measurement Science and Technology, 2016, 27(11): 1-13.

[76] Che H Q, Wang H G, Ye J M, et al. Application of microwave tomography to investigation the wet gas-solids flow hydrodynamic characteristics in a fluidized bed[J]. Chemical Engineering Science, 2018, 180: 20-32.

[77] Mallach M, Gebhardt P, Musch T. 2D microwave tomography system for imaging of multiphase flows in metal pipes[J]. Flow Measurement and Instrumentation, 2017, 53(A): 80-88.

[78] Fennell P S, Davidson J F, Dennis J S, et al. A study of the mixing of solids in gas-fluidized beds, using ultra-fast MRI[J]. Chemical Engineering Science, 2005, 60(7): 2085-2088.

[79] Müller C R, Holland D J, Sederman A J, et al. Magnetic resonance imaging of fluidized beds[J]. Powder Technology, 2008, 183(1): 53-62.

[80] Fabich H T, Sederman A J, Holland D J. Development of ultrafast ute imaging for granular systems[J]. Journal of Magnetic Resonance, 2016, 273: 113-123.

[81] Fabich H T, Sederman A J, Holland D J. Study of bubble dynamics in gas-solid fluidized beds using ultrashort echo time (UTE) magnetic resonance imaging (MRI)[J]. Chemical Engineering Science, 2017, 172: 476-486.

[82] Tayler A B, Holland D J, Sederman A J, et al. Applications of ultra-fast MRI to high voidage bubbly flow: Measurement of bubble size distributions, interfacial area and hydrodynamics[J]. Chemical Engineering Science, 2012, 71: 468-483.

[83] Sankey M H, Holland D J, Sederman A J, et al. Magnetic resonance velocity imaging of liquid and gas two-phase flow in packed beds[J]. Journal of Magnetic Resonance, 2008, 196(2): 142-148.

[84] 赵黎明, Reto T M. 光纤探针法颗粒速度和浓度测试技术[C]. 北京: 中国颗粒学会流态化专业委员会全国流态化会议, 2013.

[85] Wei X. Experimental Investigations on the Instantaneous Flow Structure in Circulating Fluidized Beds[D]. London: The University of Western Ontario, 2019.

[86] He Y L, Lim C J, Grace J R, et al. Measurements of voidage profiles in spouted beds[J]. The Canadian Journal of Chemical Engineering, 1994, 72(2): 229-234.

[87] 赵香龙, 姚强, 李水清. 导流管喷动床环隙区颗粒流动分析[J]. 工程热物理学报, 2006, 27(5): 802-804.

[88] 鄂承林, 卢春喜, 高金森, 等. 气固两相流中局部颗粒速度的变化特点[C]. 北京: 中国化工学会石油化工学术年会, 2003.

[89] Yang Y L, Jin Y, Yu Z Q, et al. Investigation on slip velocity distributions in the riser of dilute circulating fluidized bed[J]. Powder Technology, 1992, 73(1): 67-73.

[90] Adrian R J, Yao C S. Pulsed laser technique application to liquid and gaseous flows and the scattering power of seed materials[J]. Applied Optics, 1985, 24(1): 44-52.

[91] 卢平, 章名耀, 陆勇. 利用 PIV 测量水煤膏雾化粒径的试验研究[J]. 东南大学学报(自然科学版), 2003, 33(4): 446-449.

[92] Miyazaki K, Chen G, Yamamoto F, et al. PIV measurement of particle motion in spiral gas-solid two-phase flow[J]. Experimental Thermal and Fluid Science, 1999, 19(4): 194-203.

[93] Lindken R, Merzkirch W. A novel PIV technique for measurements in multi-phase flows and its application to two-phase bubbly flows[J]. Experiments in Fluids, 2002, 33(6): 814-825.

[94] 张东东, 许宏庆, 何枫. 气固两相射流瞬时速度场和浓度场的 PIV 研究[J]. 清华大学学报(自然科学版), 2003, 43(11): 1491-1494.

[95] 黄亚飞, 徐亮, 徐春江, 等. 上升流场颗粒分离的 PIV 测量[J]. 选煤技术, 2010, (2): 14-19.

[96] Shen X. A historical review for the 50th anniversary of laser doppler velocimetry[J]. Journal of Experiments in Fluid Mechanics, 2014, 28(6): 51-55.

[97] Sommerfeld M. Analysis of isothermal and evaporating turbulent sprays by phase-doppler anemometry and numerical calculations[J]. International Journal of Heat and Fluid Flow, 1998, 19(2): 173-186.

[98] 杨国强, 魏飞, 汪展文, 等. LDV 测试技术在测量稀相气固并流上行和下行循环流化床两相速度中的应用[J]. 流体力学实验与测量, 1997, 11(1): 35-42.

[99] 刘新华, 高士秋, 李静海. 循环流化床中颗粒团聚物性质的 PDPA 测量[J]. 化工学报, 2004, 55(4): 555-562.

[100] 刘锦涛, 王乐勤, 程俊, 等. 轴流风速下旋流喷嘴的外流场实验研究[J]. 浙江大学学报(工学版), 2010, 44(6): 1160-1163, 1177.

[101] Lu Y, Tong Z B, Glass D H, et al. Experimental and numerical study of particle velocity distribution in the vertical pipe after a 90° elbow[J]. Powder Technology, 2017, 314: 500-509.

[102] Shaffer F, Gopalan B, Breault R W, et al. High speed imaging of particle flow fields in CFB risers[J]. Powder Technology, 2013, 242: 86-99.

[103] Qian L, Lu Y, Zhong W Q, et al. Developing a novel fibre high speed photography method for investigating solid volume fraction in a 3D spouted bed[J]. The Canadian Journal of Chemical Engineering, 2013, 91(11): 1793-1799.

[104] Mondal D N, Kallio S, Saxén H, et al. Experimental study of cluster properties in a two-dimensional fluidized bed of Geldart B particles[J]. Powder Technology, 2016, 291: 420-438.

[105] 侯宝林. 循环流化床中结构与"三传一反"的关系研究[D]. 北京: 中国科学院过程工程研究所, 2011.

[106] Cahyadi A, Anantharaman A, Yang S L, et al. Review of cluster characteristics in circulating fluidized bed (CFB) risers[J]. Chemical Engineering Science, 2017, 158: 70-95.

[107] Wilhelm R H, Kwauk M. Fluidization of solid particles[J]. Chemical Engineering Progress, 1948, 44: 201-218.

[108] Li H, Zhu Q, Liu H, et al. The cluster size distribution and motion behavior in a fast fluidized bed[J]. Powder Technology, 1995, 84(3): 241-246.

[109] Kiani A R, Sotudeh-Gharebagh R, Mostoufi N. Cluster size distribution in the freeboard of a gas-solid fluidized bed[J]. Powder Technology, 2013, 246: 1-6.

[110] Firuzian N, Sotudeh-Gharebagh R, Mostoufi N. Experimental investigation of cluster properties in dense gas-solid fluidized beds of different diameters[J]. Particuology, 16(5): 69-74.

[111] Takeuchi H, Hirama T. Flow visualization in the riser of a circulating fluidized bed[C]. Beijing: Circulating Fluidized Bed Technology Science Press Beijing, 1991.

[112] Takeuchi H, Pyatenko A, Tatano H. Flowing behavior of particles in the riser of a circulating fluidized bed[C]. Beijing: Circulating Fluidized Bed Technology Science Press Beijing, 1996.

[113] Li H Z, Xia Y S, Tung Y, et al. Micro-visualization of clusters in a fast fluidized bed[J]. Powder Technology, 1991, 66(3): 231-235.

[114] Hatano H, Kido N, Takeuchi H. Microscope visualization of solid particles in circulating fluidized beds[J]. Powder Technology, 1994, 78(2): 115-119.

[115] Zou B, Li H Z, Xia Y S, et al. Cluster structure in a circulating fluidized bed[J]. Powder Technology, 1994, 78(2): 173-178.

[116] Matsuda S, Hatano H, Takeuchi H, et al. Motion of individual solid particles in a circulating fluidized bed riser[C]. Beijing: Circulating Fluidized Bed Technology Science Press Beijing, 1996.

[117] Shi H, Wang Q, Xu L, et al. Visualization of clusters in a circulating fluidized bed by means of particle-imaging velocimetry (PIV) technique[C]. Hamburg: Proceedings of the 9th International Conference on Circulating Fluidized Beds, 2008: 1013-1019.

[118] Horio M, Kuroki H. Three-dimensional flow visualization of dilutely dispersed solids in bubbling and circulating fluidized beds[J]. Chemical Engineering Science, 1994, 49(15): 2413-2421.

[119] Kuroki H, Horio M. The flow structure of a three-dimensional circulating fluidized bed observed by the laser sheet technique[C]. Hidden Valley: Proceedings of the 4th international Conference on Circulating Fluidized Beds, 1993.

[120] Gidaspow D, Tsuo Y, Luo K. Computed and experimental cluster formation and velocity profiles in circulating fluidized beds[C]. Fluidization VI, 1989: 81-88.

[121] Rhodes M, Mineo H, Hirama T. Particle motion at the wall of a circulating fluidized bed[J]. Powder Technology, 1992, 70(3): 207-214.

[122] Lim K, Zhou J, Finley C, et al. Cluster descending velocity at the wall of circulating fluidized bed risers[C]. Beijing: The 5th International Conference on Circulating Fluidized Beds, 1996.

[123] Danckwerts P. Continuous flow system[J]. Chemical Engineering Science, 1953, 2: 1-14.

[124] Butt J B, Bliss H, Walker C A. Rates of reaction in a recycling system-dehydration of ethanol and diethyl ether over alumina[J]. AIChE Journal, 1962, 8(1): 42-47.

[125] Shah Y. Gas-Liquid-Solid Reactor Design[M]. New York: McGraw-Hill Book Co., 1979.

[126] Smith J M. Chemical Engineering Kinetics[M]. 3rd ed. New York: McGraw-Hill Book Co., 1981.

[127] Levenspiel O. Chemical Reaction Engineering[M]. 3rd ed. New York: John Wiley & Sons, 1999.

[128] 朱炳辰. 化学反应工程[M]. 2 版. 北京: 化学工业出版社, 2008.

[129] Bi J, Yang G, Kojima T. Lateral mixing of coarse particles in fluidized beds of fine particles[J]. Chemical Engineering Research & Design, 1995, 73(A2): 162-167.

[130] Lim K S, Gururajan V S, Agarwal P K. Mixing of homogeneous solids in bubbling fluidized beds: Theoretical modelling and experimental investigation using digital image analysis[J]. Chemical Engineering Science, 1993, 48(12): 2251-2265.

[131] Jin Y, Yu Z, Wang Z, et al. A study of particle movement in a gas-fluidized bed//Grace J, Matsen J. Fluidization[M]. New York: Plenum Press, 1980.

[132] 魏飞, 金涌, 俞芝青, 等. 磷光颗粒示踪技术在循环流态化中的应用[J]. 化工学报, 1994, 45(2): 230-234.

[133] Cole K, Buffler A, Cilliers J J, et al. A surface coating method to modify tracers for positron emission particle tracking (PEPT) measurements of froth flotation[J]. Powder Technology, 2014, 263: 26-30.

[134] Leadbeater T W, Parker D J, Gargiuli J. Positron imaging systems for studying particulate, granular and multiphase flows[J]. Particuology, 2012, 10(2): 146-153.

[135] Leadbeater T W. The Development of Positron Imaging Systems for Applications in Industrial Process Tomography[D]. Birmingham: University of Birmingham, 2009.

[136] Parker D J, Broadbent C J, Fowles P, et al. Positron emission particle tracking-A technique for studying flow within engineering equipment[J]. Nuclear Instruments & Methods in Physics Research Section A: Accelerators, Spectrometers, Detectors and Associated Equipment, 1993, 326(3): 592-607.

[137] Hawkesworth M R, O'Dwyer M A, Walker J, et al. A positron camera for industrial application[J]. Nuclear Instruments and Methods in Physics Research Section A: Accelerators, Spectrometers, Detectors and Associated Equipment, 1986, 253(1): 145-157.

[138] Parker D J, Fan X F. Positron emission particle tracking-application and labelling techniques[J]. Particuology, 2008, 6(1): 16-23.

[139] Fan X, Parker D J, Smith M D. Enhancing ^{18}F uptake in a single particle for positron emission particle tracking through modification of solid surface chemistry[J]. Nuclear Instruments and Methods in Physics Research Section A: Accelerators, Spectrometers, Detectors and Associated Equipment, 2006, 558(2): 542-546.

[140] Fan X, Parker D J, Smith M D. Labelling a single particle for positron emission particle tracking using direct activation and ion-exchange techniques[J]. Nuclear Instruments & Methods in Physics Research Section A: Accelerators, Spectrometers, Detectors and Associated Equipment, 2006, 562(1): 345-350.

[141] Armitage A. Neural networks in measurement and control[J]. Measurement & Control, 1995, 28(7): 208-215.

[142] 徐苓安. 相关流量测量技术[M]. 天津: 天津科学技术出版社, 1988.

[143] Yan Y. Flow rate measurement of bulk solids in pneumatic pipelines problems and solutions[J]. Bulk Solids Handling, 1995, 15(3): 447-457.

[144] 刘会娥, 魏飞, 金涌. 气固循环流态化研究中常用的测试技术[J]. 化学反应工程与工艺, 2001, 17(2): 165-173.

[145] 姜凡, 刘石, 王海刚, 等. 电容层析成像技术在流化床气固两相流测量中的应用[J]. 动力工程, 2004, 24(6): 831-835.

[146] Yang G Q, Du B, Fan L S. Bubble formation and dynamics in gas-liquid-solid fluidization: A review[J]. Chemical Engineering Science, 2007, 62(1/2): 2-27.

[147] 何广湘, 郭晓燕, 杨索和, 等. 气液鼓泡床反应器中气泡行为光纤探针测量方法[J]. 北京航空航天大学学报, 2017, 43(2): 253-258.

[148] 吕术森, 陈雪莉, 于广锁, 等. 应用电导探针测定鼓泡塔内气泡参数[J]. 化学反应工程与工艺,

2003, 19(4): 344-351.

[149] 程易, 王铁峰. 多相流测量技术及模型化方法[M]. 北京: 化学工业出版社, 2018.

[150] 李向阳, 王浩亮, 冯鑫, 等. 多相反应器的非均相特性测量技术进展[J]. 化工进展, 2019, 38(1): 45-71.

[151] Tyagi P, Buwa V V. Experimental characterization of dense gas-liquid flow in a bubble column using voidage probes[J]. Chemical Engineering Journal, 2017, 308: 912-928.

[152] 李庆浩, 赵陆海波, 张彪, 等. 基于光场成像的气液两相流中气泡三维测量方法[J]. 东南大学学报 (自然科学版), 2018, 48(6): 1143-1151.

[153] Horio M, Kobylecki R, Tsukada M. Instrumentation and measurements//Yang W. Handbook of Fluidization and Fluid Particle Systems[M]. New York: Marcel Dekker Inc., 2003.

[154] 吴占松, 马润田, 汪展文. 流态化技术基础及应用[M]. 北京: 化学工业出版社, 2008.

[155] 白丁荣, 易江林, 施国强, 等. 循环流化床气体返混及停留时间的分布[J]. 高校化学工程学报, 1992, 6(3): 258-263.

[156] Brereton C M H, Grace J R, Yu J. Axial gas mixing in a circulating fluidized bed[J]. Circulating Fluidized Bed Technology, 1988: 307-314.

[157] 赵书琨. 气体示踪法在流态化研究中的应用: 流化床中相间交换系数的测定[J]. 化学反应工程与 工艺, 1987, 2: 75-88.

[158] 张小平, 张蕴璧. 细颗粒湍动流化床气固流动及混合规律的研究[J]. 华南理工大学学报(自然科学 版), 1995, 23(7): 77-84.

[159] 白丁荣, 金涌, 俞芷青. 循环流态化 (IV): 气、固混合[J]. 化学反应工程与工艺, 1992, 8(1): 116-125.

[160] Kunii D, Toci R. Engineering Foundation[M]. New York: McGraw-Hill Book Co. Inc., 1984.

[161] Zhang Y M, Grace J R, Bi X T, et al. Effect of louver baffles on hydrodynamics and gas mixing in a fluidized bed of FCC particles[J]. Chemical Engineering Science, 2009, 64(14): 3270-3281.

[162] Zhang Y M, Lu C X, Grace J R, et al. Gas back-mixing in a two-dimensional baffled turbulent fluidized bed[J]. Industrial & Engineering Chemistry Research, 2008, 47(21): 8484-8491.

[163] Zhang Y M, Lu C X, Shi M X. Evaluating solids dispersion in fluidized beds of fine particles by gas backmixing experiments[J]. Chemical Engineering Research and Design, 2009, 87(10): 1400-1408.

[164] 卢春喜, 王祝安. 催化裂化流态化技术[M]. 北京: 中国石化出版社, 2002.

[165] 张永民, 卢春喜, 时铭显. 催化裂化新型环流汽提器的大型冷模实验[J]. 高校化学工程学报, 2004, 18(3): 377-380.

[166] 董群, 张国甲, 许长辉, 等. 散装填料汽提器流态化试验研究[J]. 化学工业与工程, 2008, 25(6): 539-542.

[167] 郑守忠, 付金良. 喷动流化床气体混合特性实验研究[J]. 锅炉技术, 2007, 38(5): 25-29.

[168] Shah Y T, Stiegel G J, Sharma M M. Backmixing in gas-liquid reactors[J]. AIChE Journal, 1978, 24(3): 369-400.

[169] Wu R L, Lim C J, Chaouki J, et al. Heat transfer from a circulating fluidized bed to membrane water wall surfaces[J]. AIChE Journal, 2010, 33(11): 1888-1893.

[170] 孙富伟, 张永民, 卢春喜, 等. 催化裂化外取热器传热与流动特性的大型冷模实验[J]. 石油学报 (石油加工), 2013, 29(4): 633-640.

[171] 白丁荣, 金涌, 俞芷青. 快速流化床床层与内浸表面间的传热特性实验研究[J]. 化工学报, 1992, 43(4): 475-481.

[172] Yao X Y, Han X, Zhang Y M, et al. Systematic study on heat transfer and surface hydrodynamics of a vertical heat tube in a fluidized bed of FCC particles[J]. AIChE Journal, 2014, 61(1): 68-83.

[173] Yao X Y, Zhang Y M, Lu C X, et al. Investigation of the heat transfer intensification mechanism for a new fluidized catalyst cooler[J]. AIChE Journal, 2015, 61(8): 2415-2427.

[174] Beasley D E, Figliola R S. A generalised analysis of a local heat flux probe[J]. Journal of Physics E: Scientific Instruments, 1988, 21(3): 316-322.

[175] Dinu C, Beasley D E, Figliola R. Frequency response characteristics of an active heat flux gage[J]. Journal of Heat Transfer, 1998, 120(3): 577-582.

[176] Figliola R S, Swaminathan M, Beasley D E. A study of the dynamic response of a local heat flux probe[J]. Measurement Science and Technology, 1993, 4(10): 1052-1057.

[177] Pence D V, Beasley D E. Heat transfer in pulse-stabilized fluidization-Part I : Overall cylinder and average local analyses[J]. International Journal of Heat and Mass Transfer, 2002, 45(17): 3609-3619.

[178] Fitzgerald T J, Catipovic N M, Jovanovic G N. An instrumented cylinder for studying heat transfer to immersed tubes in fluidized beds[J]. Industrial & Engineering Chemistry Fundamentals, 1981, 20(1): 82-88.

[179] Khan T, Turton R. The measurement of instantaneous heat transfer coefficients around the circumference of a tube immersed in a high temperature fluidized bed[J]. International Journal of Heat and Mass Transfer, 1992, 35(12): 3397-3408.

[180] George A H. A transducer for the measurement of instantaneous local heat flux to surfaces immersed in high-temperature fluidized beds[J]. International Journal of Heat and Mass Transfer, 1987, 30(4): 763-769.

[181] George A H, Smalley J L. An instrumented cylinder for the measurement of instantaneous local heat flux in high temperature fluidized beds[J]. International Journal of Heat and Mass Transfer, 1991, 34(12): 3025-3038.

[182] Li H S, Huang W, Qian R. An instrumented cylinder for simultaneous measurements of instantaneous local heat transfer coefficients and hydrodynamics in high-temperature fluidized beds[J]. Powder Technology, 1995, 83(3): 281-285.

[183] Li H S, Qian R Z, Huang W D, et al. An investigation on instantaneous local heat-transfer coefficients in high-temperature fluidized beds- I experimental results[J]. International Journal of Heat and Mass Transfer, 1993, 36(18): 4389-4395.

[184] Basu P, Konuche F. Radiative heat transfer from a fast fluidized bed[J]. Circulating Fluidized Bed Technology, 1988, 19(9): 245-253.

[185] Ozhaynak T, Chen J, Frankenfield T. An experimental investigation of radiation heat transfer in a high temperature fluidized bed//Kunii D, Toei E. Fluidization IV [M]. New York: United Engineering Foundation, 1984.

[186] Botterill J S M, Teoman Y, Yüregir K R. Factors affecting heat transfer between gas-fluidized beds and immersed surfaces[J]. Powder Technology, 1984, 39(2): 177-189.